A SINGULARIDADE ESTÁ PRÓXIMA

OS LIVROS DO OBSERVATÓRIO

O Observatório Itaú Cultural dedica-se ao estudo e à divulgação dos temas de política cultural, hoje um domínio central das políticas públicas. Consumo cultural, práticas culturais, economia da cultura, cultura e educação, gestão da cultura, cultura e cidade, direitos culturais: tópicos como esses impõem-se cada vez mais à atenção de pesquisadores e gestores do setor público e privado. OS LIVROS DO OBSERVATÓRIO formam uma coleção voltada para a reflexão sobre as tendências atuais da política cultural mundial, em chave comparada, e para a investigação da cultura contemporânea em seus diversos modos e dinâmicas. Num mundo em que as inovações tecnológicas reelaboram com crescente rapidez o sentido não só da cultura como do que se deve entender por ser humano, a investigação aberta sobre os conceitos e usos da cultura é a condição necessária para a formulação de políticas públicas de fato capazes de contribuir para o desenvolvimento humano.

A SINGULARIDADE ESTÁ PRÓXIMA

QUANDO OS HUMANOS TRANSCENDEM A BIOLOGIA

RAY KURZWEIL

TRADUÇÃO

Ana Goldberger

Itaú
cultural

ILUMI//URAS

Coleção *Os Livros do Observatório*
dirigida por Teixeira Coelho

Título original
The Singularity Is Near

Copyright ©
Loretta Barretts Books, Inc.

Publicado por Itaú Cultural e Editora Iluminuras
Copyright © 2018

Projeto gráfico
Eder Cardoso | Iluminuras

Diagramação
Sidney Rocha

Capa
Michaella Pivetti

Imagem capa
sobre foto *Fractal rendered in Apophysis,*
de Kh627 (Kuntal Halder)

Preparação
Jane Pessoa

Equipe Itaú Cultural
Presidente
Milú Villela

Diretor
Eduardo Saron

Superintendente administrativo
Sérgio Miyazaki

Núcleo de Inovação/Observatório
Gerente
Marcos Cuzziol

Coordenador do Observatório
Luciana Modé

Produção
Andréia Briene

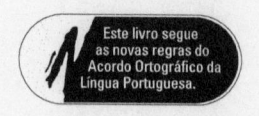

Centro de Memória, Documentação e Referência - Itaú Cultural
Kurzweil, Ray.

   A singularidade está próxima: quando os humanos transcendem a biologia / Ray
Kurzweil; tradução Ana Goldberger. - São Paulo : Itaú Cultural : Iluminuras, 2018.
628 p.
Título original: The singularity is near: when humans transcend biology

ISBN 978-85-7321-594-6 (Iluminuras)
ISBN 978-85-7979-115-4 (Itaú Cultural)

1. Inteligência artificial. 2. Robótica. 3. Evolução humana. 4. Nanotecnologia. 5. Genética.
I. Kurzweil, Ray. II. Goldberger, Ana, trad. III. Instituto Itaú Cultural. IV. Título.

CDD 153.9

2018
EDITORA ILUMINURAS LTDA.
Rua Inácio Pereira da Rocha, 389 - 05432-011 - São Paulo - SP - Brasil
Tel./Fax: 55 11 3031-6161
iluminuras@iluminuras.com.br
www.iluminuras.com.br

SUMÁRIO

Para minha mãe, Hannah,
que me forneceu a coragem de procurar
as ideias para enfrentar qualquer desafio.

AGRADECIMENTOS

Gostaria de expressar meu profundo reconhecimento a minha mãe, Hannah, e a meu pai, Fredric, por terem apoiado todas as minhas primeiras invenções e ideias sem questionar, o que me deu liberdade para experimentar; a minha irmã Enid por sua inspiração; e a minha mulher, Sonya, e meus filhos, Ethan e Amy, que dão sentido, amor e motivação a minha vida.

Gostaria de agradecer as muitas pessoas talentosas e dedicadas que me ajudaram com este projeto complexo.

Na Viking: meu editor, Rick Kot, que me deu liderança, entusiasmo e editoração inspirada; Clare Ferraro, que me deu um forte apoio na publicação; Timothy Mennel, que me deu revisão especializada; Bruce Giffords e John Jusino, por coordenarem os muitos detalhes da produção de um livro; Amy Hill, pela diagramação interna do texto; Holly Watson, por seu trabalho eficiente de publicidade; Alessandra Lusardi, que foi uma competente assistente de Rick Kot; Paul Buckley, por seu design de arte claro e elegante; e Herb Thomby, que desenhou a atraente capa.

Loretta Barrett, minha agente literária, cuja orientação entusiástica e astuta ajudou a orientar este projeto.

Dr. Terry Grossman, meu colaborador em assuntos de saúde e coautor de Fantastic Voyage: Live Long Enough to Live Forever, *por me ajudar a desenvolver minhas ideias sobre saúde e biotecnologia através da troca de uns 10 mil e-mails e por uma colaboração multifacetada.*

Martine Rothblatt, por sua dedicação a todos as tecnologias discutidas neste livro e por nossa colaboração no desenvolvimento de várias tecnologias nessas áreas.

Aaron Kleiner, de longa data meu parceiro nos negócios (desde 1973), por sua dedicação e colaboração em muitos projetos, incluindo este.

Amara Angelica, cujos esforços dedicados e inspirados orientaram nosso time de pesquisa. Amara também usou suas notáveis habilidades de editar para me ajudar a articular as complexas questões deste livro. Kathryn Myronuk, cujos dedicados esforços em pesquisas, deram importante contribuição para a pesquisa e as notas. Sarah Black contribuiu com pesquisas específicas e habilidades editoriais. Meu time de pesquisas deu-me uma assistência muito capaz: Amara Angelica, Kathryn Myronuk, Sarah Black, Daniel Pentlarge, Emily Brown, Celia Black-Brooks, Nanda Barker-Hook, Sarah Brangan, Robert Bradbury, John Tillinghast, Elizabeth Collins, Bruce Damer, Jim Rintoul, Sue Rintoul, Larry Klaes e Chris Wright. Assistência adicional foi fornecida por Liz Berry, Sarah Brangan, Rosemary Drinka, Linda Katz, Lisa Kirschner, Inna Nirenberg, Christopher Setzer, Joan Walsh e Beverly Zibrak.

Laksman Frank, por criar muitas das imagens e diagramas atraentes a partir de minhas descrições e formatar os gráficos.

Celia Black-Brooks, por fornecer sua liderança nas comunicações e desenvolvimento de projetos.

Phil Cohen e Ted Coyle, por implementarem minhas ideias para a ilustração na página 367, e Helene DeLillo, pela foto da "Singularidade está próxima" no começo do capítulo 7.

Nanda Barker-Hook, Emily Brown e Sarah Brangan, por me ajudarem a administrar a extensa logística da pesquisa e dos processos editoriais.

Ken Linde e Matt Bridges, por me ajudarem com os sistemas computacionais para manter progredindo suavemente o intrincado fluxo de trabalho.

Denise Scutellaro, Joan Walsh, Maria Ellis e Bob Beal, por fazerem a contabilidade deste projeto complicado.

A equipe de KurzweilAI.net, por me dar uma ajuda substancial para o projeto: Denise Scutellaro, Joan Walsh, Maria Ellis e Bob Beal.

Mark Bizzell, Deborah Lieberman, Kirsten Clausen e Dea Eldorado, por sua assistência na comunicação da mensagem deste livro.

Robert A. Freitas Jr., por sua detalhada revisão do material relacionado à nanotecnologia.

Paul Linsay, por sua minuciosa revisão da matemática deste livro.

Meus leitores especializados, meus pares, por realizarem o serviço inestimável de rever com cuidado o conteúdo científico: Robert A. Freitas Jr. (nanotecnologia, cosmologia), Ralph Merkle (nanotecnologia), Martine Rothblatt (biotecnologia, aceleração tecnológica), Terry Grossman (saúde, medicina, biotecnologia), Tomaso Poggio (ciência do cérebro e engenharia reversa do cérebro), John Par-

mentola (física, tecnologia militar), Dean Kamen (desenvolvimento tecnológico), Neil Gershenfeld (tecnologia da computação, física, mecânica quântica), Joel Gershenfeld (engenharia de sistemas), Hans Moravec (inteligência artificial, robótica), Max More (aceleração da tecnologia, filosofia), Jean-Jacques E. Slotine (ciência do cérebro e cognitiva), Sherry Turkle (impacto social da tecnologia), Seth Shostak (SETI — procura por inteligência extraterrestre — cosmologia, astronomia), Damien Broderick (aceleração tecnológica, a Singularidade) e Harry George (empreendimento tecnológico).

Meus hábeis leitores internos: Amara Angelica, Sarah Black, Kathryn Myronuk, Nanda Barker-Hook, Emily Brown, Celia Black-Brooks, Aaron Kleiner, Ken Linde, John Chalupa e Paul Albrecht.

Meus leitores leigos, por me fornecerem insights incisivos: meu filho, Ethan Kurzweil, e David Dalrymple.

Bill Gates, Eric Drexler e Marvin Minsky, por darem autorização para incluir seus diálogos no livro e por suas ideias, que foram incorporadas nos diálogos.

Os muitos cientistas e pensadores cujas ideias e esforços estão contribuindo para nossa base de conhecimentos humanos que se expande exponencialmente.

As pessoas mencionadas acima me forneceram muitas ideias e correções, que consegui realizar graças aos seus esforços. A responsabilidade por quaisquer erros que tenham permanecido é inteiramente minha.

PRÓLOGO

O poder das ideias

Acho que não há excitação que possa passar pelo coração do homem igual à sentida pelo inventor quando vê alguma criação do cérebro caminhando para o sucesso.

Nikola Tesla, 1896, inventor da corrente alternada

Quando tinha cinco anos, tive a ideia de que me tornaria um inventor. Tive a convicção de que ideias podiam mudar o mundo. Quando outras crianças pensavam alto o que elas queriam ser, já sabia o que seria. O foguete para a Lua que eu, então, construía (quase uma década antes do desafio que o presidente Kennedy lançou ao país) não funcionou. Mas perto de fazer oito anos, minhas invenções ficaram um pouco mais realistas, como um teatro robótico com ligações mecânicas que podiam mover o cenário e as personagens para dentro e para fora do campo de visão, e jogos virtuais de beisebol.

Tendo fugido do Holocausto, meus pais, ambos artistas, queriam uma criação mais secular, menos provincial e religiosa, para mim.[1] Minha educação espiritual, como resultado, aconteceu em uma igreja unitarista. Ficávamos seis meses estudando uma religião — frequentando seus serviços, lendo seus livros, dialogando com seus líderes — e então mudávamos para a próxima. O tema era "muitos caminhos para a verdade". É claro que percebi muitos paralelos entre as tradições religiosas do mundo, mas até as inconsistências eram instrutivas. Para mim, ficou claro que as verdades básicas eram profundas o suficiente para transcender aparentes contradições.

Com oito anos, descobri a série de livros de Tom Swift Jr. O enredo de todos os 33 livros (só nove deles tinham sido publicados quando comecei a lê-los em 1956) era sempre o mesmo: Tom iria ver-se em uma situação terrível, em que seu destino e o de seus amigos, e muitas vezes do resto da raça humana, estavam por um fio. Tom iria recolher-se a seu laboratório no porão e pensaria como resolver o problema. Esta, então, era a tensão dramática em cada livro da série: qual ideia engenhosa iriam ter Tom e seus amigos para salvar o dia?[2] A moral desses contos era simples: a ideia certa tinha o poder de vencer um desafio aparentemente insuperável. Até hoje, permaneço convicto desta filosofia básica: não importam quais dificuldades estamos enfrentando — problemas nos negócios, questões de saúde, dificuldades de relacionamento, bem como os grandes desafios científicos, sociais e culturais de nosso tempo —, existe uma ideia que nos permite superá-las. Além disso, é possível encontrar essa ideia. E, quando a encontramos, precisamos pô-la em prática. Minha vida tem sido pautada por esse imperativo. O poder de uma ideia... isso, em si, já é uma ideia.

Por volta da mesma época em que lia a série de Tom Swift Jr., lembro de meu avô, que também tinha fugido da Europa com minha mãe, voltando de sua primeira visita de retorno à Europa com duas lembranças fundamentais. Uma foi o tratamento cordial que ele recebeu dos austríacos e alemães, a mesma gente que o tinha forçado a fugir em 1938. A outra foi uma rara oportunidade que lhe foi dada de tocar com as próprias mãos alguns manuscritos originais de Leonardo da Vinci. Ambas as lembranças influenciaram-me, mas esta última é para onde voltei muitas vezes. Ele descrevia a experiência com profundo respeito, como se tivesse tocado a obra do próprio Deus. Esta, então, foi a religião com que fui criado: veneração pela criatividade humana e pelo poder das ideias.

Em 1960, com doze anos, descobri o computador e fiquei fascinado com sua habilidade para modelar e recriar o mundo. Perambulei pelas lojas de eletrônicos excedentes na rua Canal em Manhattan (ainda estão ali!) e reuni peças para montar meus próprios aparelhos. Durante os anos 1960, estava tão absorto nos movimentos contemporâneos musicais, culturais e políticos quanto meus pares, mas estava igualmente envolto em uma tendência muito mais obscura: ou seja, a notável sequência de máquinas que a IBM produziu nessa década, de sua série de grandes "7000" (7070, 7074, 7090, 7094) até o pequeno 1620, de fato o primeiro "minicomputador". As máquinas eram apresentadas com intervalos de um ano, e cada uma custava menos e era mais potente do que a anterior, um fenômeno familiar hoje. Tive acesso a um IBM 1620 e comecei a escrever programas para análise estatística e, depois, para composição de músicas.

Ainda me lembro de quando, em 1968, permitiram-me entrar na sala escura, cavernosa, que abrigava o computador mais potente da Nova Inglaterra, um IBM 360 Modelo 91 de ponta, com um notável milhão de bytes (um megabyte) de memória interna, uma velocidade impressionante de 1 milhão de comandos por segundo (um MIPS) e um valor de locação de apenas mil dólares por hora. Eu tinha desenvolvido um programa de computador que combinava estudantes do secundário com faculdades e fiquei olhando, fascinado, as luzes do painel frontal dançando em um padrão visível conforme a máquina processava o requerimento de cada aluno.[3] Mesmo estando familiarizado com cada linha do programa, parecia, apesar de tudo, que o computador estava imerso em pensamentos quando as luzes diminuíam por vários segundos no final de cada ciclo. De fato, ele podia fazer sem erros, em dez segundos, o que levávamos dez horas para fazer manualmente com muito menos precisão.

Como inventor nos anos 1970, cheguei a perceber que minhas invenções tinham de fazer sentido em termos de tecnologias capacitantes e de forças do mercado que iriam existir quando as invenções fossem introduzidas, já que esse mundo seria bem diferente daquele em que elas foram criadas. Comecei a desenvolver modelos de como distintas tecnologias — eletrônica, comunicações, processadores de computador, memória, armazenamento magnético e outras — desenvolviam-se, e como essas alterações se refletiam nos mercados e, em último caso, em nossas instituições sociais. Percebi que a maioria das invenções fracassa, não porque o departamento de pesquisa e desenvolvimento não consegue fazê-las funcionar, mas porque o momento está errado. Inventar é muito como surfar: você tem de prever e pegar a onda no momento certo.

Meu interesse pelas tendências tecnológicas e suas implicações assumiu vida própria nos anos 1980, e comecei a usar meus modelos para projetar e prever tecnologias futuras, inovações que iriam aparecer em 2000, 2010, 2020 e além. Isso permitiu que eu inventasse com as habilidades do futuro, criando e desenhando invenções que usavam essas habilidades futuras. Do meio para o final dos anos 1980, escrevi meu primeiro livro, *The Age of Intelligent Machines* [A era das máquinas inteligentes].[4] Ele incluía predições extensas (e razoavelmente acuradas) para os anos 1990 e 2000, e terminava com o espectro da inteligência da máquina ficando impossível de distinguir daquela de seus progenitores humanos dentro da primeira metade do século XXI. Parecia ser uma conclusão pungente, e em todo caso eu pessoalmente achava difícil olhar além de um resultado tão transformador.

Nos últimos vinte anos, comecei a apreciar uma importante metaideia: de que o poder das ideias de transformar o mundo está ele mesmo acelerando. Embora as pessoas logo concordem com essa observação quando simplesmente dita, poucos observadores apreciam de verdade suas profundas implicações. Dentro das próximas décadas, poderemos utilizar ideias para conquistar problemas antigos — e introduzir alguns problemas novos pelo caminho.

Durante os anos 1990, coletei dados empíricos sobre a aparente aceleração de todas as tecnologias relacionadas com informação e procurei refinar os modelos matemáticos subjacentes a essas observações. Desenvolvi uma teoria que chamo de a Lei dos Retornos Acelerados, que explica por que a tecnologia e os processos evolutivos em geral avançam de modo exponencial.[5] Em *The Age of Spiritual Machines (ASM)* [A idade das máquinas espiritualizada], que escrevi em 1998, procurei articular a natureza da vida humana como irá existir além do ponto onde ficam borrados os limites entre cognição humana e máquina. De fato, tenho visto essa época como uma colaboração cada vez mais íntima entre nossa herança biológica e um futuro que transcende a biologia.

Desde a publicação de *ASM*, comecei a refletir sobre o futuro de nossa civilização e sua relação com nosso lugar no universo. Embora possa parecer difícil visualizar a capacidade de uma civilização futura cuja inteligência ultrapasse amplamente a nossa, nossa habilidade para criar modelos da realidade em nossa mente nos permite perceber as implicações significativas dessa iminente fusão de nosso pensamento biológico com a inteligência não-biológica que estamos criando. Esta, então, é a história que quero contar neste livro. A história baseia-se na ideia de que temos capacidade para compreender nossa própria inteligência — acessar nosso código fonte, se preferir — e então revisá-lo e expandi-lo.

Alguns observadores questionam se somos capazes de aplicar nosso próprio pensamento para compreender nosso próprio pensamento. O pesquisador de inteligência artificial (IA), Douglas Hofstadter, pondera que "poderia ser apenas um acidente do destino que nossos cérebros sejam tão fracos para entender eles mesmos. Pense na humilde girafa, por exemplo, cujo cérebro está obviamente muito abaixo do nível necessário para entender a si mesmo — e contudo ele é notavelmente parecido com nosso cérebro".[6] Entretanto, já tivemos sucesso ao modelar partes de nosso cérebro — neurônios e substanciais regiões neurais —, e a complexidade de tais modelos cresce rapidamente. Nosso progresso ao aplicar engenharia reversa ao cérebro humano, questão-chave que irei descrever em detalhes neste livro, demonstra que temos, sim, capacidade para compreender, modelar e ampliar nossa própria inteligência. Esse é um aspecto da singularidade de nossa espécie: nossa inteligência está apenas o quanto basta acima do portal crítico necessário para que elevemos nossa própria habilidade para alturas ilimitadas de poder criativo — e temos o apêndice oponível (nossos polegares) necessário para manipular o universo à nossa vontade.

Uma palavra sobre mágica: quando estava lendo os livros de Tom Swift Jr., eu também era um ávido mágico. Gostava de ver o prazer de meu público quando este via transformações da realidade aparentemente impossíveis. Na adolescência, substituí minha mágica de salão por projetos tecnológicos. Descobri que, ao contrário de meros truques, a tecnologia não perde seu poder transcendental quando são revelados seus segredos. Muitas vezes sou lembrado da terceira lei de Arthur C. Clarke, que "qualquer tecnologia bastante avançada não é distinguível da mágica".

Considere, dessa perspectiva, as histórias de Harry Potter de J. K. Rowling. Esses contos podem ser imaginários, mas não são visões descabidas de como nosso mundo vai existir dentro de apenas poucas décadas a partir de agora. Essencialmente, toda a "mágica" de Potter será posta em prática através das tecnologias que irei explorar neste livro. Jogar quadribol e transformar gente e coisas em outras formas será factível em ambientes de realidade virtual de imersão total, bem como na realidade real, usando nano instrumentos. Mais duvidoso é reverter o tempo (conforme descrito em *Harry Potter e o prisioneiro de Azkaban*), embora propostas sérias até tenham sido apresentadas para realizar alguma coisa nessa linha (sem dar origem a paradoxos de causalidade), ao menos em pequenos pedaços de informação, que, essencialmente, é o que compreendemos. (Veja a argumentação no capítulo 3 sobre os limites máximos da computação.)

Veja que Harry liberta sua mágica ao proferir o encantamento certo. É claro que não era simples descobrir e aplicar esses encantamentos. Harry e seus colegas precisam obter a sequência, os procedimentos e a ênfase certos. Esse processo é precisamente nossa experiência com tecnologia. Nossos encantamentos são as fórmulas e os algoritmos subjacentes à nossa mágica moderna. Só com a sequência correta, conseguimos fazer com que um computador leia um livro em voz alta, entenda a fala humana, preveja (e previna) um ataque do coração ou preveja o movimento de ações da bolsa. Se um encantamento estiver ligeiramente inexato, a mágica fica muito enfraquecida ou não funciona de jeito nenhum.

Pode-se objetar essa metáfora, apontando que os encantamentos de Hogwart são curtos e, portanto, não contêm muita informação quando comparados, digamos, ao código de um programa de software moderno. Mas os métodos essenciais da tecnologia moderna geralmente compartilham a mesma concisão. Os princípios operacionais de softwares avançados, como reconhecer a fala, podem ser escritos em apenas umas poucas páginas de fórmulas. Muitas vezes, um avanço importante é questão de fazer uma pequena mudança em uma única fórmula.

A mesma observação vale para as "invenções" da evolução biológica: considere que a diferença genética entre chimpanzés e humanos, por exemplo, é de apenas umas poucas centenas de milhares de bytes de informação. Embora os chimpanzés sejam capazes de algumas façanhas intelectuais, aquela mínima diferença em nossos genes foi suficiente para que nossa espécie criasse a mágica da tecnologia.

Muriel Rukeyser diz que "o universo é feito de histórias, não de átomos". No capítulo 7, descrevo-me como um "padronista", alguém que vê padrões de informação como realidade fundamental. Por exemplo, as partículas que compõem meu cérebro e corpo mudam em semanas, mas há uma continuidade de padrões que essas partículas formam. Uma história pode ser considerada como um padrão significativo de informação, portanto podemos interpretar o aforismo de Muriel Rukeyser a partir desse ponto de vista. Este livro, então, é a história do destino da civilização homem-máquina, destino que viemos a chamar de Singularidade.

CAPÍTULO 1

As seis épocas

Todos tomam os limites de sua própria visão como sendo os limites do mundo.
Arthur Schopenhauer

Não tenho certeza de quando foi que notei a Singularidade pela primeira vez. Diria que foi um despertar gradual. No quase meio século em que mergulhei no computador e nas tecnologias relacionadas, procurei entender o sentido e o propósito da turbulência contínua que testemunhei em muitos níveis. Aos poucos, percebi um acontecimento transformador surgindo na primeira metade do século XXI. Assim como um buraco negro no espaço altera dramaticamente os padrões de matéria e energia que se aceleram na direção de seu horizonte de eventos, essa Singularidade iminente em nosso futuro está transformando cada vez mais toda instituição e aspecto da vida humana, da sexualidade à espiritualidade.

O que, então, é a Singularidade? É um período no futuro em que o ritmo da mudança tecnológica será tão rápido, seu impacto tão profundo, que a vida humana sofrerá mudanças irreversíveis. Embora nem utópica, nem distópica, essa época irá transformar os conceitos de que dependemos para dar sentido a nossas vidas, desde nossos modelos de negócio até o ciclo da vida humana, incluindo a própria morte. Entender a Singularidade irá alterar nossa perspectiva do significado de nosso passado e das ramificações de nosso futuro. Entendê-la de verdade muda essencialmente nossa visão da vida em geral e da nossa própria vida. Considero alguém que entende a Singularidade e que refletiu sobre as implicações dela na sua vida como um "singularitariano".[1]

Posso entender porque muitos observadores não adotam prontamente as implicações óbvias do que chamei de a Lei dos Retornos Acelerados (a aceleração inerente do fator de evolução, com a evolução tecnológica como continuação da evolução biológica). Afinal, levei quarenta anos para conseguir ver o que estava bem na minha frente, e ainda não posso dizer que me sinto totalmente à vontade com todas as suas consequências.

A ideia-chave subjacente à iminente Singularidade é que o ritmo de mudança na tecnologia criada pelo homem está acelerando, e seus poderes estão se expandindo em ritmo exponencial. O crescimento exponencial engana. Começa quase imperceptivelmente e então explode com uma fúria inesperada — inesperada, isto é, para quem não toma o cuidado de seguir sua trajetória. (Ver o gráfico "Crescimento linear versus exponencial" na página 27.

Considere-se esta parábola: o dono de um lago quer ficar em casa para cuidar dos peixes do lago e assegurar-se de que o próprio lago não vá ficar coberto por vitórias-régias, que parecem dobrar seu número a cada poucos dias. Mês após mês, ele espera pacientemente, mas só pequenos grupos de vitórias-régias podem ser vistos, e elas não parecem estar se expandindo de modo perceptível. Com as vitórias-régias cobrindo menos do que 1% do lago, o dono imagina que é seguro sair de férias e parte com sua família. Quando volta depois de poucas semanas, ele fica chocado ao descobrir que o lago todo ficou coberto pelas plantas e seus peixes morreram. Dobrando de número a cada poucos dias, as últimas sete multiplicações bastaram para estender a cobertura de vitórias-régias sobre todo o lago. (Dobrando sete vezes, estenderam seu alcance 128 vezes.) Essa é a natureza do crescimento exponencial.

Gary Kasparov tratou com desdém o estado patético do computador de xadrez em 1992. Porém a incansável duplicação do poder do computador a cada ano permitiu que um computador o derrotasse cinco anos mais tarde.[2] A lista dos modos pelos quais agora os computadores podem superar as capacidades humanas cresce rapidamente. Além disso, as aplicações da inteligência do computador, que antes eram poucas, gradativamente se ampliam de um tipo de atividade para outro. Por exemplo, computadores estão diagnosticando eletrocardiogramas e imagens médicas, dirigindo e aterrissando aviões, controlando decisões táticas de armas automáticas, tomando decisões de crédito e financeiras e recebendo a responsabilidade por muitas outras tarefas que costumavam precisar da inteligência humana. O desempenho desses sistemas cada vez mais se baseia na integração de múltiplos tipos de inteligência artificial (IA). Mas, no momento em que a IA deixa a desejar em alguma dessas áreas de trabalho, céticos apontam essa área como um inerente bastião da permanente superioridade humana em relação à capacidade de nossas próprias criações.

Este livro irá argumentar, entretanto, que, dentro de várias décadas, as tecnologias baseadas na informação irão englobar todo o conhecimento e aptidões humanas, chegando mesmo a incluir os poderes de reconhecer padrões, habilidades para resolver problemas e a inteligência emocional e moral do próprio cérebro humano.

Embora impressionante sob muitos aspectos, o cérebro sofre de severas limitações. Usamos seu paralelismo maciço (100 trilhões de conexões inter-neurais funcionando ao mesmo tempo) para rapidamente reconhecer padrões sutis. Mas nosso pensamento é extremamente lento: as operações neurais básicas são vários milhões de vezes mais lentas do que os circuitos eletrônicos contemporâneos. Isso torna demasiado limitada a largura de nossa banda biológica para processar novas informações quando comparada ao crescimento exponencial de toda a base do conhecimento humano.

Da mesma forma, nossos corpos biológicos na versão 1.0 são frágeis e sujeitos a uma miríade de modos de falhar, sem falar dos incômodos rituais de manutenção que exigem. Enquanto a inteligência humana algumas vezes é capaz de se elevar em sua criatividade e expressividade, muito do pensamento humano é não original, mesquinho e circunscrito.

A Singularidade vai nos permitir transcender essas limitações de nossos cérebros e corpos biológicos. Vamos ganhar poder sobre nossos destinos. Nossa mortalidade estará em nossas próprias mãos. Poderemos viver tanto quanto quisermos (uma afirmação sutilmente diferente de dizer que iremos viver para sempre). Entenderemos completamente o pensar humano e iremos estender e expandir seu alcance. Pelo final deste século, a porção não-biológica de nossa inteligência será trilhões de trilhões de vezes mais potente do que a inteligência humana sem ajuda.

Agora estamos nos primeiros estágios dessa transição. A aceleração da troca de paradigma (o ritmo com que mudamos as abordagens técnicas fun-damentais), bem como o crescimento exponencial da capacidade da tecnologia da informação, estão, ambos, começando a alcançar o ponto de inflexão, que é o estágio em que uma tendência exponencial torna-se visível. Logo depois desse estágio, a tendência torna-se explosiva. Antes da metade deste século, as taxas de crescimento de nossa tecnologia — que não serão distinguíveis de nós mesmos — serão tão abruptas que irão parecer essencialmente verticais. Na perspectiva matemática estrita, as taxas de crescimento ainda serão finitas, mas tão extremas que as mudanças que elas provocam irão dar a impressão de que rompem o tecido da história humana. Este, pelo menos, será o ponto de vista da humanidade biológica não melhorada.

A Singularidade irá representar o ponto culminante da fusão entre nosso pensamento e nossa existência com nossa tecnologia, tendo como resultado um mundo que ainda é humano mas que transcende nossas raízes biológicas. Não haverá diferença, pós-Singularidade, entre homem e máquina ou entre a realidade física e a virtual. Se alguém quiser saber o que vai permanecer como humano neste mundo, a resposta: nossa espécie é aquela que procura intrinsecamente estender seu alcance físico e mental além das limitações atuais.

Muitos críticos dessas mudanças focam no que eles percebem como perda de algum aspecto vital de nossa humanidade, que seria o resultado dessa transição. Contudo, esse ponto de vista brota de um mal-entendido de como nossa tecnologia ficará. Falta, a todas as máquinas que vimos até hoje, a sutileza essencial das qualidades biológicas humanas. Embora a Singularidade tenha muitas facetas, sua implicação mais importante é esta: nossa tecnologia irá igualar-se e, depois, ultrapassar de longe o refinamento e a flexibilidade do que consideramos serem os melhores traços humanos.

A visão linear intuitiva *versus* a visão exponencial histórica

> *Quando a primeira inteligência transumana for criada e se lançar a melhorar a si mesma repetidamente, é provável que ocorra uma descontinuidade, cujas consequências nem posso começar a prever.*
>
> Michael Anissimov

Nos anos 1950, John von Neumann, o famoso teórico da informação, foi citado como tendo dito que "a sempre maior aceleração do progresso da tecnologia [...] faz parecer que se aproxima de alguma singularidade essencial na história da raça humana, além da qual as questões humanas, como as conhecemos, não podem continuar".[3] Von Neumann faz duas observações importantes aqui: *aceleração* e *singularidade*. A primeira ideia é a de que o progresso humano é exponencial (ou seja, que ele se expande pela repetida *multiplicação* de uma constante) mais do que linear (ou seja, expandido-se pela repetida *soma* de uma constante).

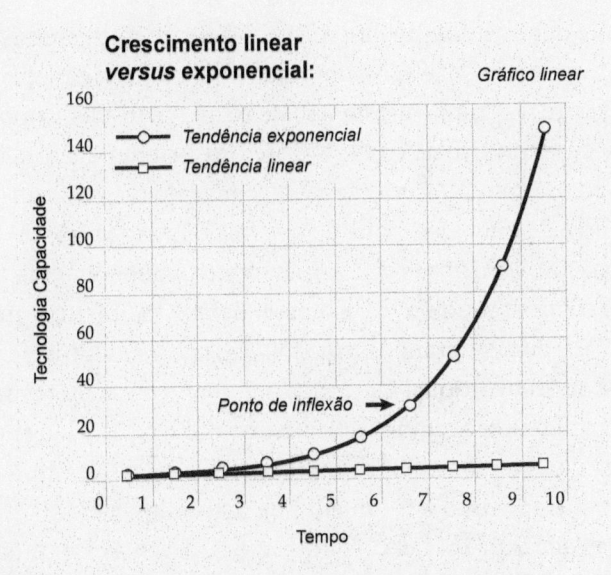

Linear versus exponencial: O crescimento linear é constante; o crescimento exponencial torna-se explosivo.

A segunda é de que o crescimento exponencial é sedutor, começando devagar e praticamente imperceptível, mas depois do ponto de inflexão ele se torna explosivo e profundamente transformador. O futuro é amplamente mal--entendido. Nossos antepassados esperavam que ele fosse bem parecido com o presente deles, que tinha sido bem parecido com seu passado. Tendências exponenciais existiam, sim, há mil anos, mas elas estavam naquele estágio bem inicial, em que eram tão planas e tão vagarosas que não pareciam ser tendências de jeito nenhum. Como resultado, as expectativas dos críticos de um futuro imutável eram concretizadas. Hoje, prevemos um contínuo progresso tecnológico, e as repercussões sociais virão a seguir. Mas o futuro será muito mais surpreendente do que a maioria das pessoas pensa, porque poucos críticos internalizaram de verdade a implicação do fato de que o ritmo da própria mudança está se acelerando.

A maioria das previsões de longo alcance do que é tecnicamente factível em tempos futuros subestima dramaticamente a potência dos desenvolvimentos futuros, porque se baseiam no que eu chamo de visão "linear intuitiva" da história mais do que na visão "exponencial histórica". Meus modelos mostram que estamos dobrando a taxa de alteração do paradigma a cada década, como irei abordar no próximo capítulo. Assim, o século XX estava gradualmente acelerando para a atual taxa de progresso; suas realizações, então, equivaliam a cerca de vinte anos da taxa de progresso em 2000. Iremos progredir outros vinte anos em apenas catorze anos (em 2014), e depois fazer o mesmo de novo em apenas sete anos. Para expressar isso de outro modo, não vamos ter cem anos de avanço tecnológico no século XXI; iremos testemunhar um progresso da ordem de 20 mil anos (novamente quando medido pela taxa de progresso de *hoje*), ou cerca de mil vezes maior do que foi realizado no século XX.[4]

Ideias erradas sobre a forma do futuro surgem frequentemente e em uma variedade de contextos. Como um exemplo dentre muitos, em um recente debate de que participei tratando da factibilidade de manufaturar moléculas, um ganhador do Prêmio Nobel que tomava parte na mesa desconsiderou as preocupações referentes à nanotecnologia, declarando que "ainda não vamos ver entidades nanogeradas que se reproduzem a si mesmas (dispositivos construídos por fragmento a fragmento de molécula) pelos próximos cem anos". Observei que cem anos eram uma estimativa razoável e coincidia com a minha própria estimativa do volume do progresso técnico necessário para atingir esse determinado marco quando medido *com a atual taxa de progresso* (cinco vezes a taxa média de mudança que vimos no século XX). Mas, porque estamos dobrando a taxa de progresso a cada década, veremos o equivalente a um século de progresso — *na taxa de hoje* — em apenas 25 anos de calendário.

De modo parecido, na conferência Future of Life [Futuro da vida] da revista *Time*, realizada em 2003 para comemorar os cinquenta anos do descobrimento da estrutura do DNA, foi perguntado a todos os oradores convidados como pensavam que seriam os próximos cinquenta anos.[5] Praticamente todos olharam para o progresso dos últimos cinquenta anos e o usaram como modelo para os próximos cinquenta anos. Por exemplo, James Watson, o descobridor do DNA, disse que, dentro de cinquenta anos, teremos drogas que permitirão que comamos tudo o que quisermos sem engordar.

Retruquei: "Cinquenta anos?". Já conseguimos isso com camundongos, bloqueando o gene receptor de gordura que controla o armazenamento de gordura nas células de gordura. Drogas para uso humano (usando interferência no RNA e outras técnicas que iremos abordar no capítulo 5) estão sendo desenvolvidas agora e estarão nos testes da FDA (agência americana de regulação de alimentos e medicamentos) em alguns anos. Estes estarão disponíveis dentro de cinco a dez anos, não cinquenta. Outras projeções foram igualmente obtusas, refletindo prioridades contemporâneas de pesquisa mais do que as profundas mudanças que o próximo meio século vai trazer. De todos os pensadores dessa conferência, fomos basicamente Bill Joy e eu que levamos em conta a natureza exponencial do futuro, embora Joy e eu não concordássemos sobre a importância dessas mudanças, como irei discutir no capítulo 8.

As pessoas pressupõem intuitivamente que o ritmo atual de progresso vai continuar nos períodos futuros. Mesmo para aqueles que têm estado por aqui tempo suficiente para perceber como o ritmo de mudança aumenta com o tempo, a intuição não refletida deixa-nos com a impressão de que a mudança acontece no mesmo ritmo que conhecemos mais recentemente. Do ponto de vista do matemático, a razão disso é que uma curva exponencial parece uma linha reta quando examinada por apenas um tempo curto. Como resultado, mesmo comentaristas sofisticados, quando considerando o futuro, extrapolam especificamente o ritmo atual de mudança para os próximos dez ou cem anos a fim de determinar suas expectativas. É por isso que descrevo essa maneira de olhar para o futuro como a visão "linear intuitiva".

Mas uma avaliação séria da história da tecnologia revela que a mudança tecnológica é exponencial. Crescimento exponencial é um aspecto de qualquer processo evolutivo, do qual a tecnologia é um exemplo primordial. Podem-se examinar os dados de diferentes modos, em diferentes escalas de tempo e por uma vasta categoria de tecnologias, indo da eletrônica à biologia, bem como suas implicações, indo da quantidade do conhecimento humano até o tamanho da economia. A aceleração do progresso e do crescimento aplica-se a cada um deles. De fato, com frequência encontramos não apenas um simples crescimento exponencial, mas um "duplo" crescimento exponencial, quer dizer que a própria taxa de crescimento exponencial (ou seja, o expoente) cresce exponencialmente (por exemplo, veja a discussão sobre preço-desempenho da computação no próximo capítulo).

Muitos cientistas e engenheiros têm o que chamo de "pessimismo do cientista". Muitas vezes estão tão imersos nas dificuldades e nos detalhes intrincados de um desafio contemporâneo que deixam de ver as implicações a longo prazo de seu próprio trabalho e o mais amplo campo de trabalho em que operam. Da mesma forma, deixam de considerar as ferramentas muito mais potentes que terão disponíveis com cada nova geração de tecnologia.

Cientistas são treinados para serem céticos, para falarem cautelosamente dos atuais objetivos da pesquisa e para raramente especularem além da geração atual de procura científica. Essa pode ter sido uma abordagem satisfatória quando uma geração de ciência e tecnologia durava mais do que uma geração humana, mas não serve aos interesses da sociedade agora que uma geração de progresso científico e tecnológico abrange apenas uns poucos anos.

Considere-se o caso dos bioquímicos que, em 1990, estavam céticos quanto ao objetivo de transcrever todo o genoma humano em meros quinze anos. Esses cientistas tinham acabado de levar um ano inteiro para transcrever um mero décimo milésimo do genoma. Assim, mesmo prevendo avanços razoáveis, parecia natural para que iriam levar um século, se não mais, antes que o genoma inteiro pudesse ser sequenciado.

Ou considere-se o ceticismo expressado em meados dos anos 1980 de que a internet chegasse a ser um fenômeno significativo, dado que ela, então, só contava com dezenas de milhares de nódulos (também conhecidos como servidores). Na verdade, o número de nódulos dobrava a cada ano, de modo que provavelmente haveria dezenas de milhões de nódulos dez anos depois. Mas essa tendência não era considerada por aqueles que lutavam com a tecnologia de ponta em 1985, que permitia acrescentar apenas uns poucos milhares de nódulos pelo mundo em um único ano.[6]

O erro conceitual oposto ocorre quando certos fenômenos exponenciais são, primeiro, reconhecidos e aplicados de uma maneira muito agressiva sem modelar o ritmo apropriado de crescimento. Embora o crescimento exponencial ganhe velocidade com o tempo, ele não é instantâneo. A antecipação em valores de capital (isto é, em preços da bolsa), durante a "bolha da internet" e a "bolha das telecomunicações" (1997-2000), relacionada àquela, excedia em muito qualquer expectativa razoável até de crescimento exponencial. Como demonstro no próximo capítulo, a real adoção da internet e do e-commerce mostrou, sim, um crescimento exponencial suave por meios de altos e baixos; as expectativas de crescimento entusiasmadas demais afetaram apenas avaliações de capital (ações). Já vimos erros parecidos durante mudanças anteriores de paradigma — por exemplo, durante o primeiro período das ferrovias (anos 1830), quando o equivalente ao inflar da bolha da internet levou a uma feroz expansão das ferrovias.

Outro erro que fazem os previsores é considerar as transformações que irão resultar de uma única tendência no mundo de hoje como se nada mais fosse mudar. Um bom exemplo é a preocupação de que a prorrogação radical da vida resultará em superpopulação e esgotamento dos limitados recursos materiais que sustentam a vida humana, ignorando uma criação de riqueza igualmente radical vinda da tecnologia e da IA. Por exemplo, dispositivos manufaturados com base na nanotecnologia nos anos 2020 serão capazes de criar quase qualquer produto físico a partir de matérias-primas baratas e de informação.

Dou ênfase à perspectiva exponencial-versus-linear porque é a falha mais importante dos previsores quando consideram tendências futuras. A maioria dos previsores e das previsões tecnológicas ignora totalmente essa visão exponencial histórica do progresso tecnológico. Na verdade, quase todos que eu encontro têm uma visão linear do futuro. É por isso que as pessoas tendem a superestimar o que pode ser alcançado a curto prazo (porque temos a tendência de deixar de fora os detalhes necessários), mas subestimam o que pode ser alcançado a longo prazo (porque o crescimento exponencial é ignorado).

As seis épocas

Primeiro construímos as ferramentas, depois elas nos constroem a nós.
Marshall McLuhan

O futuro não é mais o que costumava ser.
Yogi Berra

A evolução é um processo que consiste em criar padrões de ordem crescente. Discutirei o conceito de ordem no próximo capítulo; a ênfase nesta seção está no conceito de padrões. Creio que é a evolução de padrões que constitui a história fundamental de nosso mundo. A evolução trabalha indiretamente: cada estágio ou época usa os métodos de processar informações da época anterior para criar a nova. Penso na história da evolução — tanto biológica quanto tecnológica — como acontecendo em seis épocas. Como iremos discutir, a Singularidade começará com a Época Cinco e irá expandir-se da Terra para o resto do universo na Época Seis.

Época Um: Física e Química. Podemos traçar nossas origens até um estágio que representa a informação em suas estruturas básicas: padrões de matéria e energia. Teorias recentes de gravidade quântica afirmam que o tempo e o espaço são divisíveis em discretos quanta, essencialmente fragmentos de informação. Há controvérsias sobre se matéria e energia têm uma natureza básica digital ou analógica, mas, sem considerar essa questão, sabemos que as estruturas atômicas armazenam e representam uma informação discreta.

Poucas centenas de milhares de anos depois do big bang, começaram a se formar os átomos, à medida que os elétrons ficaram presos em órbitas em volta de núcleos consistindo em prótons e nêutrons. A estrutura elétrica dos átomos os fez "pegajosos". A química nasceu uns poucos milhões de anos mais tarde à medida que os átomos se juntaram para criar estruturas relativamente estáveis chamadas de moléculas. Dentre todos os elementos, o carbono provou ser o mais versátil; ele consegue formar ligações em quatro direções (versus uma a três da maioria dos outros elementos), dando origem a estruturas complicadas, cheias de informação, tridimensionais.

As regras de nosso universo e o equilíbrio das constantes físicas que governam a interação de forças básicas são tão requintados, delicados e exatamente adequados para a codificação e a evolução da informação (resultando em crescente complexidade) que se fica imaginando como aconteceu tal situação extraordinariamente improvável. Onde alguns veem a mão divina, outros veem nossas próprias mãos — isto é, o princípio antrópico, que afirma que só em um universo que permita nossa própria evolução estaremos aqui para fazer tais perguntas.[7] Teorias recentes da física sobre universos múltiplos especulam que novos universos são criados regularmente, cada um com suas regras únicas, mas que a maioria deles definha rapidamente ou então continua sem a evolução de qualquer padrão interessante (tais como os criados pela biologia baseada na Terra) porque suas regras não sustentam a evolução de formas cada vez mais complexas.[8] É difícil imaginar como se poderia testar essas teorias da evolução aplicadas à cosmologia primordial, mas está claro que as leis físicas de nosso universo são exatamente o que precisam ser para permitir a evolução de sempre mais numerosos níveis de ordem e complexidade.[9]

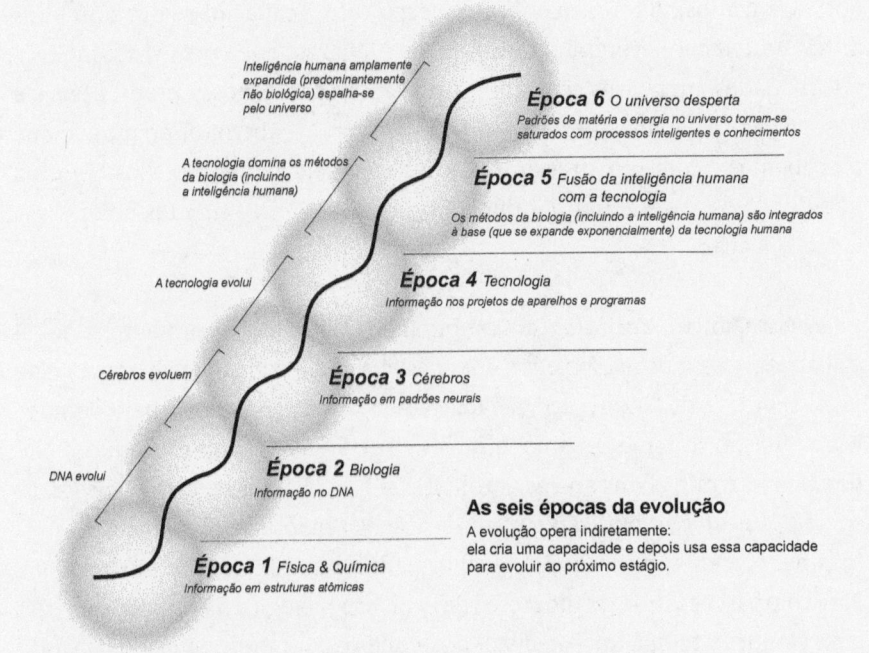

Inteligência humana amplamente expandida (predominantemente não biológica) espalha-se pelo universo

Época 6 O universo desperta
Padrões de matéria e energia no universo tornam-se saturados com processos inteligentes e conhecimentos

A tecnologia domina os métodos da biologia (incluindo a inteligência humana)

Época 5 Fusão da inteligência humana com a tecnologia
Os métodos da biologia (incluindo a inteligência humana) são integrados à base (que se expande exponencialmente) da tecnologia humana

A tecnologia evolui

Época 4 Tecnologia
Informação nos projetos de aparelhos e programas

Cérebros evoluem

Época 3 Cérebros
Informação em padrões neurais

DNA evolui

Época 2 Biologia
Informação no DNA

As seis épocas da evolução
A evolução opera indiretamente: ela cria uma capacidade e depois usa essa capacidade para evoluir ao próximo estágio.

Época 1 Física & Química
Informação em estruturas atômicas

Época Dois: Biologia e DNA. Na segunda época, começando há vários bilhões de anos, os compostos com base no carbono ficaram cada vez mais intrincados, até que a conjunção complexa de moléculas formou mecanismos que se autorreproduziam, e a vida começou. Eventualmente, sistemas biológicos desenvolveram um mecanismo digital preciso (DNA) para armazenar informações que descrevem uma maior associação de moléculas. Essa molécula e sua maquinária de apoio de códons e ribossomos permitiram manter um registro dos experimentos evolutivos dessa segunda época.

Época Três: Cérebros. Cada época continua a evolução da informação através de uma mudança de paradigma para um nível posterior de "indireção". (Isto é, a evolução usa os resultados de uma época para criar a seguinte.) Por exemplo, na terceira época, a evolução guiada pelo DNA produziu organismos que podem detectar informação com seus próprios órgãos dos sentidos e armazenar essa informação em seus próprios cérebros e sistemas nervosos. Isso se tornou possível graças a mecanismos da segunda época (DNA e informação epigenética de proteínas e fragmentos de RNA que controlam a expressão dos genes) que (indiretamente) permitiram e definiram mecanismos de processamento de informação da terceira época (os cérebros e sistemas nervosos dos organismos). A terceira época começou com a capacidade dos primeiros animais de reconhecerem padrões, o que ainda responde pela vasta maioria de atividades em nossos cérebros.[10] Em última análise, nossa própria espécie desenvolveu a capacidade de criar modelos mentais abstratos do mundo que percebemos e contemplar as implicações racionais desses modelos. Temos a habilidade de redesenhar o mundo em nossas próprias mentes e pôr essas ideias em ação.

Época Quatro: Tecnologia. Combinando o dom de pensamento racional e abstrato com o uso do polegar, nossa espécie foi levada à quarta época e ao nível seguinte de "indireção": a evolução da tecnologia criada pelo homem. Isso começou com mecanismos simples e se desenvolveu até autômatos elaborados (máquinas mecânicas automatizadas). Finalmente, com dispositivos sofisticados de computação e comunicação, a tecnologia foi capaz de, em si mesma, perceber, armazenar e avaliar padrões complexos de informações. Para comparar o ritmo do progresso da evolução biológica da inteligência com o da evolução tecnológica, considere-se que os mamíferos mais avançados acrescentaram cerca de uma polegada cúbica de matéria cerebral a cada 100 mil anos, enquanto nós estamos grosso modo dobrando a capacidade de computar dos computadores a cada ano (ver próximo capítulo). É claro que nem o tamanho do cérebro nem a capacidade do computador são a única determinante da inteligência, mas eles representam, sim, fatores favoráveis.

Se colocarmos marcos fundamentais tanto da evolução biológica como do desenvolvimento tecnológico humano em um único gráfico, plotando tanto o eixo x (número de anos atrás) quanto o eixo y (o tempo de mudança de paradigma) em escala logarítmica, encontraremos uma linha razoavelmente reta (aceleração contínua), com a evolução biológica levando diretamente para o desenvolvimento dirigido pelo homem.[11]

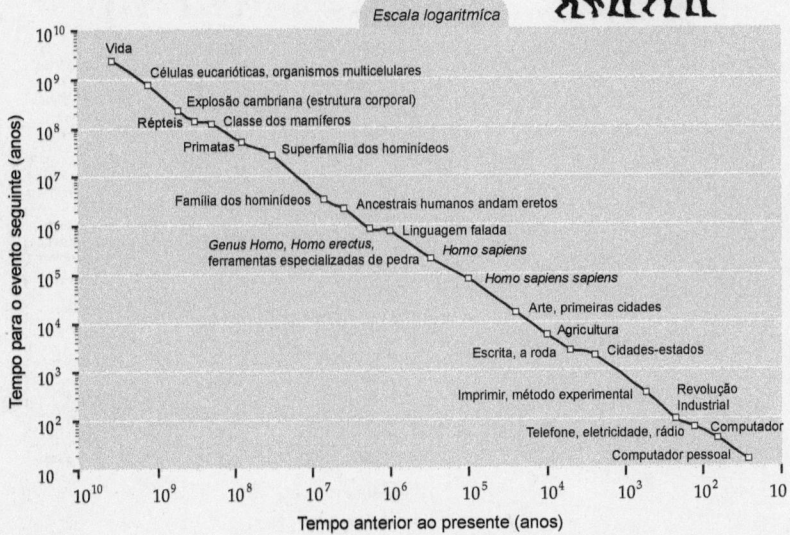

Contagem regresssiva para a Singularidade

Escala logaritmíca

Eixo Y: Tempo para o evento seguinte (anos)
Eixo X: Tempo anterior ao presente (anos)

- Vida
- Células eucarióticas, organismos multicelulares
- Explosão cambriana (estrutura corporal)
- Répteis
- Classe dos mamíferos
- Primatas
- Superfamília dos hominídeos
- Família dos hominídeos
- Ancestrais humanos andam eretos
- Linguagem falada
- *Genus Homo, Homo erectus, ferramentas especializadas de pedra*
- *Homo sapiens*
- *Homo sapiens sapiens*
- Arte, primeiras cidades
- Agricultura
- Escrita, a roda
- Cidades-estados
- Imprimir, método experimental
- Revolução Industrial
- Telefone, eletricidade, rádio
- Computador
- Computador pessoal

Contagem regressiva para a Singularidade: a evolução biológica e a tecnologia humanas mostram, ambas, contínua aceleração, indicada pelo tempo mais curto até o próximo evento (2 bilhões de anos da origem da vida para células; catorze anos do PC a World Wide Web).

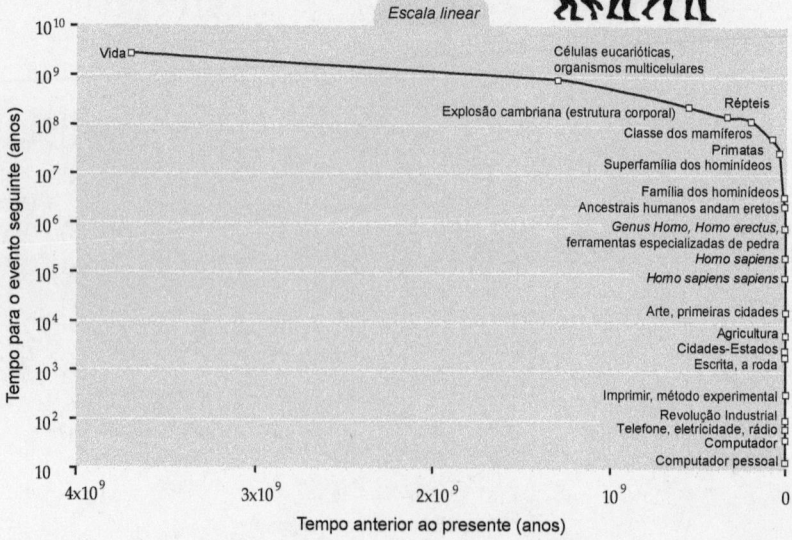

Contagem regressiva para a Singularidade

Escala linear

Eventos (de cima para baixo, a partir do topo da curva):
- Vida
- Células eucarióticas, organismos multicelulares
- Explosão cambriana (estrutura corporal)
- Répteis
- Classe dos mamíferos
- Primatas
- Superfamília dos hominídeos
- Família dos hominídeos
- Ancestrais humanos andam eretos
- *Genus Homo, Homo erectus,* ferramentas especializadas de pedra
- *Homo sapiens*
- *Homo sapiens sapiens*
- Arte, primeiras cidades
- Agricultura
- Cidades-Estados
- Escrita, a roda
- Imprimir, método experimental
- Revolução Industrial
- Telefone, eletricidade, rádio
- Computador
- Computador pessoal

Eixo vertical: **Tempo para o evento seguinte (anos)** — 10, 10^2, 10^3, 10^4, 10^5, 10^6, 10^7, 10^8, 10^9, 10^{10}

Eixo horizontal: **Tempo anterior ao presente (anos)** — 4×10^9, 3×10^9, 2×10^9, 10^9, 0

Visão linear da evolução: Essa versão do gráfico anterior usa os mesmos dados mas com uma escala linear para o tempo antes do presente, em vez de logarítmica. Isso mostra mais dramaticamente a aceleração, porém detalhes não são visíveis. Do ponto de vista da perspectiva linear, a maioria dos eventos fundamentais acabara de acontecer "recentemente".

Os gráficos acima refletem minha visão de desenvolvimentos cruciais na história biológica e na tecnológica. Note-se, entretanto, que a linha reta, demonstrando a aceleração contínua da evolução, não depende da minha seleção particular de eventos. Muitos observadores e livros de referência compilaram listas de eventos importantes na evolução biológica e tecnológica, cada um dos quais tem suas próprias idiossincrasias. Apesar da diversidade de abordagens, entretanto, se combinarmos listas de várias fontes (por exemplo: a *Enciclopédia Britânica*, o Museu Americano de História Natural, o "calendário cósmico" de Carl Sagan e outros), observamos a mesma óbvia aceleração suave. O gráfico a seguir combina quinze listas diferentes de eventos-chave.[12] Uma vez que pensadores diferentes atribuem datas distintas para o mesmo evento, e que listas diferentes incluem eventos similares ou que se sobrepõem, selecionados de acordo com critérios diversos, pode-se ver um esperado "adensamento" da linha da tendência devido ao "ruído" (variação estatística) desses dados. A tendência geral, entretanto, é muito clara.

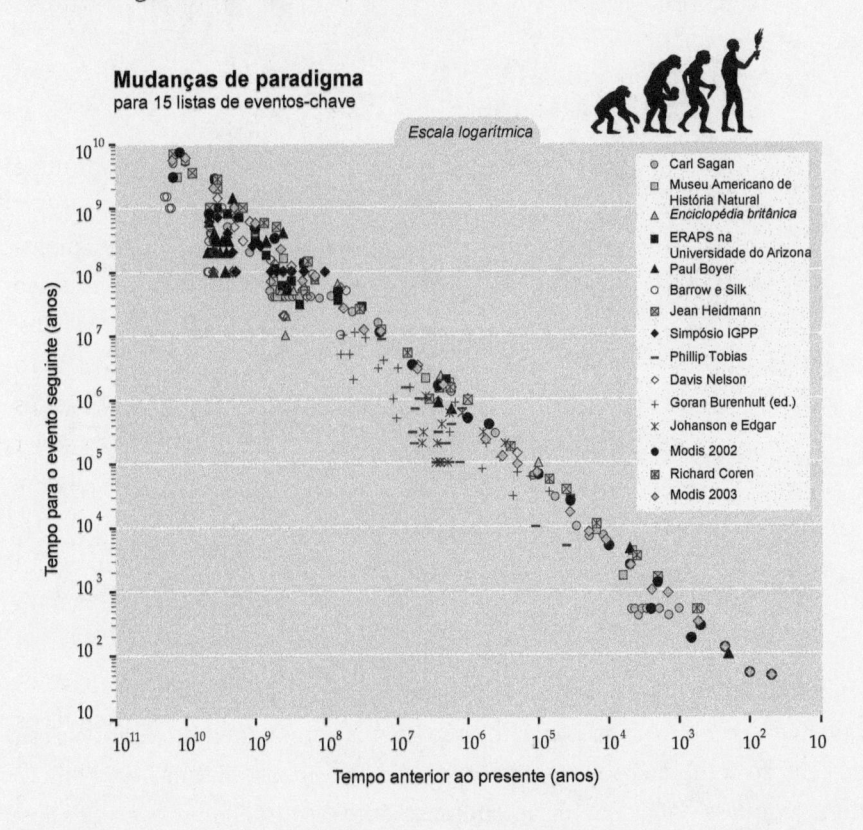

Mudanças de paradigma
para 15 listas de eventos-chave

Escala logarítmica

Legenda:
- Carl Sagan
- Museu Americano de História Natural
- *Enciclopédia britânica*
- ERAPS na Universidade do Arizona
- Paul Boyer
- Barrow e Silk
- Jean Heidmann
- Simpósio IGPP
- Phillip Tobias
- Davis Nelson
- Goran Burenhult (ed.)
- Johanson e Edgar
- Modis 2002
- Richard Coren
- Modis 2003

Eixo vertical: Tempo para o evento seguinte (anos)
Eixo horizontal: Tempo anterior ao presente (anos)

Quinze visões da evolução: Principais mudanças de paradigma na história do mundo de acordo com quinze listas diferentes de eventos fundamentais. Existe uma clara tendência de aceleração suave através da evolução biológica e da tecnológica.

O físico e teórico da complexidade Theodore Modis analisou essas listas e determinou 28 agrupamentos de eventos (que ele chamou de marcos canônicos) ao combinar eventos idênticos, similares e/ou relacionados das diferentes listas.[13] Esse processo remove basicamente o "ruído" (por exemplo, a variação de dados entre listas) das listas, revelando de novo a mesma progressão:

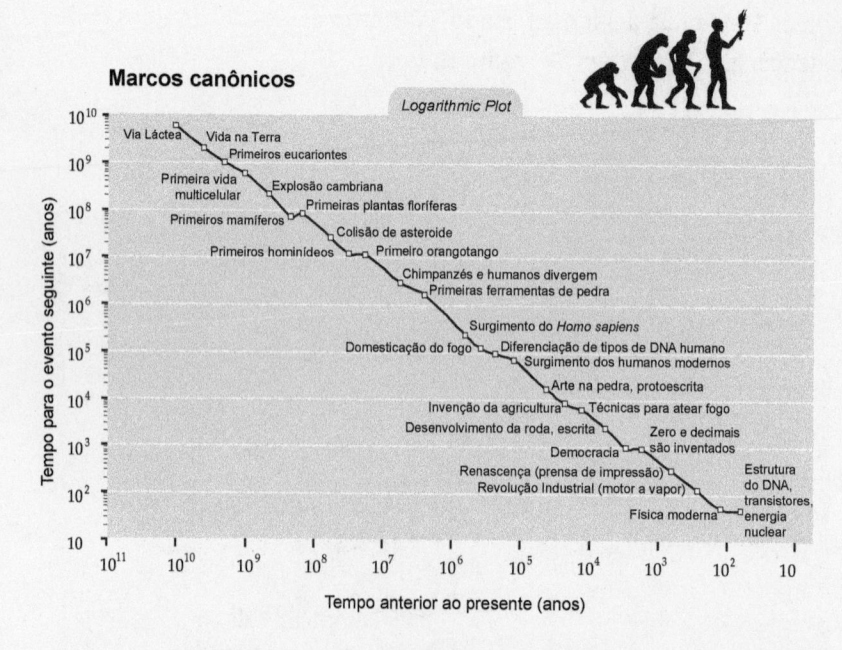

Marcos canônicos

Logarithmic Plot

Marcos canônicos baseados em agrupamentos de eventos de treze listas.

Os atributos que estão crescendo exponencialmente nesses gráficos são a ordem e a complexidade, conceitos que iremos ver no próximo capítulo. Essa aceleração combina com nossas observações e com o bom senso. Há 1 bilhão de anos, quase nada acontecia nem mesmo no decorrer de 1 milhão de anos. Mas, há um quarto de milhão de anos, eventos épicos como a evolução de nossa espécie ocorreram em prazos de apenas uma centena de milhares de anos. Na tecnologia, se voltamos 50 mil anos, quase nada aconteceu em um período de mil anos. Mas, no passado recente, vemos novos paradigmas, como a World Wide Web, que progrediu do seu lançamento à adoção em massa (é usada por um quarto da população em países avançados) durante uma única década.

Época Cinco: A fusão da tecnologia humana com a inteligência humana. Olhando várias décadas à frente, a Singularidade começará com a quinta época. Resultará da fusão do vasto conhecimento incorporado em nossos próprios cérebros com a muito maior capacidade, velocidade e compartilhamento de conhecimentos de nossa tecnologia. A quinta época permitirá que nossa civilização homem-máquina transcenda as limitações do cérebro humano, que são de meras centenas de trilhões de ligações por demais vagarosas.[14]

A Singularidade vai nos permitir superar problemas humanos de séculos e ampliar vastamente a criatividade humana. Vamos preservar e melhorar a inteligência que nos deu a evolução e ao mesmo tempo superaremos as profundas limitações da evolução biológica. Mas a Singularidade também vai ampliar a habilidade de agir conforme nossas inclinações destrutivas, portanto a história completa ainda não foi escrita.

Época Seis: O universo desperta. Discutirei esse tópico no capítulo 6, sob o cabeçalho "... sobre o destino inteligente do cosmos". Seguindo-se à Singularidade, a inteligência, derivada de suas origens biológicas nos cérebros humanos e de suas origens tecnológicas na engenhosidade humana, vai começar a saturar a matéria e a energia no meio dela. Conseguirá isso reorganizando matéria e energia para fornecer um nível ótimo de computação (baseado nos limites que iremos discutir no capítulo 3), para se espalhar a partir de sua origem na Terra.

Atualmente, compreendemos a velocidade da luz como um fator aglutinante na transferência de informação. Contornar esse limite é algo altamente especulativo, mas há indícios de que essa restrição poderá ser superada.[15] Se houver pelo menos sutis desvios, conseguiremos aproveitar essa habilidade superluminal. Se nossa civilização vai ocupar rapidamente ou devagar o resto do universo com sua criatividade e inteligência é algo que depende de sua imutabilidade. Em todo caso, matéria e mecanismos "burros" do universo serão transformados em formas requintadamente sublimes de inteligência, que irão constituir a sexta época na evolução de padrões de informação.

Esse é o derradeiro destino da Singularidade e do universo.

A Singularidade está próxima

Sabe, as coisas serão realmente diferentes!... Não, não, quero dizer realmente diferentes!
Mark Miller (cientista da computação) para Eric Drexler, por volta de 1986

Quais são as consequências desses acontecimentos? Quando a inteligência mais-do-que- -humana impelir o progresso, esse progresso será muito mais rápido. Com efeito, não parece haver razão para que o próprio progresso não envolva a criação de entidades ainda mais inteligentes — em uma escala de tempo ainda mais curta. A melhor analogia que vejo é com o passado evolucionista: animais podem adaptar-se a problemas e inventar, mas muitas vezes não mais rápido do que a seleção natural consegue fazer seu trabalho — o mundo age como seu próprio simulador no caso da seleção natural. Nós, humanos, temos a capaci-

dade de internalizar o mundo e realizar muitos "e se" em nossa cabeça; podemos solucionar muitos problemas milhares de vezes mais rapidamente do que a seleção natural. Agora, ao criar meios para executar essas simulações com velocidades muito mais altas, estamos entrando em um regime tão radicalmente diferente de nosso passado humano quanto nós humanos somos dos animais mais inferiores. Do ponto de vista humano, essa mudança significará jogar fora todas as regras anteriores, talvez em um piscar de olhos, numa corrida exponencial além de qualquer esperança de controle.

Vernor Vinge, "The Technological Singularity", 1993

Que se defina uma máquina ultrainteligente como uma máquina que pode ultrapassar de longe todas as atividades intelectuais de qualquer homem por mais brilhante que for. Uma vez que projetar máquinas é uma dessas atividades intelectuais, uma máquina ultrainteligente poderia projetar máquinas ainda melhores; haveria então, sem dúvida, uma "explosão de inteligência", e a inteligência do homem seria deixada muito para trás. Portanto, a primeira máquina superinteligente é a última invenção que o homem teria de fazer.

Irving John Good, "Speculations Concerning the First Ultraintelligent Machine", 1965

Olhando o conceito de Singularidade sob outra perspectiva, exploremos a história da própria palavra. "Singularity" [Singularidade] é uma palavra em inglês que quer dizer um único evento com, digamos, implicações singulares. A palavra foi adotada por matemáticos para denotar um valor que transcende qualquer limitação finita, como a explosão de magnitude que resulta quando se divide uma constante por um número que cada vez fica mais perto do zero. Considere-se, por exemplo, a função simples $y = 1/x$. Quando o valor de x aproxima-se de zero, o valor da função (y) explode para valores cada vez maiores.

Uma singularidade matemática *Escala linear*

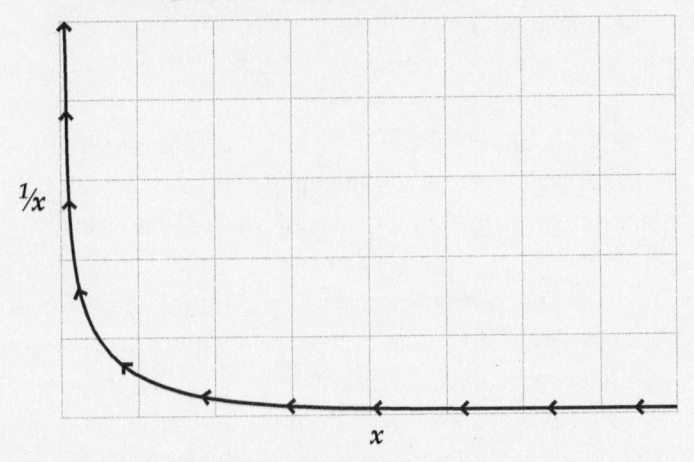

Uma singularidade matemática: Quando *x* se aproxima de zero (da dir. para a esq.), 1/*x* (ou *y*) aproxima-se do infinito.

Uma função matemática dessas na verdade jamais alcança um valor infinito, já que a divisão por zero é matematicamente "indefinida" (impossível de calcular). Mas o valor de *y* excede qualquer possível limite finito (aproxima-se do infinito) quando o divisor *x* se aproxima de zero.

O campo que a seguir adotou a palavra foi a astrofísica. Se uma estrela maciça sofre uma explosão tipo supernova, o que sobra dela eventualmente implode até o ponto de aparente volume zero e densidade infinita, e uma "singularidade" é criada em seu centro. Por se pensar que a luz não poderia escapar da estrela depois de ela alcançar essa densidade infinita,[16] ela era chamada de buraco negro.[17] Ele é uma ruptura na trama do espaço e do tempo.

Uma teoria supõe que o próprio universo começou com tal Singularidade.[18] Entretanto é interessante observar que o horizonte de eventos (superfície) de um buraco negro é de tamanho finito, e a força gravitacional é só teoricamente infinita no centro de tamanho zero do buraco negro. Em qualquer lugar que elas possam realmente ser medidas, as forças são finitas, embora extremamente grandes.

A primeira referência à Singularidade como um evento capaz de romper a trama da história humana é a afirmação de John von Neumann citada acima. Nos anos 1960, I. J. Good escreveu sobre uma "explosão de inteligência", resultado de máquinas inteligentes projetarem a geração seguinte sem intervenção humana. Vernor Vinge, matemático e cientista da computação na

Universidade de San Diego, escreveu sobre uma "singularidade tecnológica", que se aproxima rapidamente, em um artigo da revista *Omni*, em 1983, e em um romance de ficção científica, *Marooned in Realtime [Encalhados no tempo real]*, em 1986.[19]

Meu livro de 1989, *The Age of Intelligent Machines*, apresentava um futuro que ia inevitavelmente para onde máquinas excedem, em muito, a inteligência humana na primeira metade do século XXI.[20] O livro de 1988 de Hans Moravec, *Mind Children* [Filhos da mente], chegou a uma conclusão parecida ao analisar a progressão da robótica.[21] Em 1993, Vinge apresentou um relatório em um simpósio organizado pela Nasa que descrevia a Singularidade como um evento iminente, resultado basicamente do surgimento de "entidades com inteligência maior do que a humana", que Vinge via como o prenúncio de um fenômeno sem controle.[22] Meu livro de 1999, *The Age of Spiritual Machines: When Computers Excede Human Intelligence* [A idade das máquinas espirituais: Quando os computadores ultrapassarem a inteligência humana], descrevia a cada vez mais íntima conexão entre nossa inteligência biológica e a inteligência artificial que estamos criando.[23] O livro de Hans Moravec, *Robot: Mere Machine to Transcendent Mind* [Robot: De mera máquina a mente transcendental], também publicado em 1999, descrevia os robots dos anos 2040 como nossos "herdeiros evolutivos", máquinas que irão "crescer a partir de nós, aprender nossas habilidades e partilhar de nossos objetivos e valores [...] filhos de nossas mentes".[24] Os livros de 1997 e 2001 do intelectual australiano Damien Broderick, ambos intitulados *The Spike* [O ponto de virada], analisavam o impacto penetrante da fase extrema da aceleração da tecnologia prevista para dentro de várias décadas.[25] Em uma série extensa de textos, John Smart descreveu a Singularidade como o resultado inevitável do que ele chama de compressão de "MEST" (em inglês, matéria, energia, espaço e tempo).[26]

Do meu ponto de vista, a Singularidade tem muitas facetas. Ela representa a fase quase vertical do crescimento exponencial que ocorre quando o ritmo é tão excessivo que a tecnologia parece se expandir com velocidade infinita. É claro que, do ponto de vista matemático, não há descontinuidade, não há ruptura, e os ritmos de crescimento permanecem finitos, embora extraordinariamente grandes. Mas, visto a partir de nosso limitado marco de referência *atual*, esse evento iminente parece ser uma quebra abrupta e aguda na continuidade do progresso. Ressalto a palavra "atual" porque uma das implicações principais da Singularidade será uma mudança na natureza de nossa capacidade de entender. Ficaremos muito mais inteligentes à medida que nos fundirmos com nossa tecnologia.

Pode o andar do progresso tecnológico continuar a acelerar indefinidamente? Não haverá um ponto em que os humanos ficarão incapazes de pensar com a velocidade necessária para conseguir acompanhá-lo? Para humanos não melhorados, isso é claro. Mas o que podem realizar mil cientistas, cada um mil vezes mais inteligente do que os cientistas humanos hoje, e cada um operando mil vezes mais rápido do que os humanos contemporâneos (porque o processamento de informação em seus cérebros fundamentalmente não-biológicos é mais rápido)? Um ano cronológico seria como um milênio para eles.[27] O que eles iriam inventar?

Bom, para começar, eles inventariam uma tecnologia para se tornarem ainda mais inteligentes (porque sua inteligência não é mais uma capacidade fixa). Mudariam seus próprios processos de pensamento para conseguir pensar ainda mais rápido. Quando os cientistas ficarem 1 milhão de vezes mais inteligentes e operarem 1 milhão de vezes mais rápido, uma hora irá resultar em um século de progresso (em termos de hoje).

A Singularidade abrange os seguintes princípios, que irei documentar, desenvolver, analisar e examinar no restante deste livro:

- O ritmo da mudança de paradigma (inovação técnica) está acelerando, o dobrando, agora mesmo, a cada década.[28]
- A potência (preço-desempenho, velocidade, capacidade e largura da banda) das tecnologias da informação cresce exponencialmente em uma velocidade ainda maior, dobrando agora a cada ano.[29] Esse princípio aplica-se a um amplo leque de medidas, incluindo a quantidade de conhecimento humano.
- Para tecnologias de informação, existe um segundo nível de crescimento exponencial: isto é, crescimento exponencial no fator de crescimento exponencial (o expoente). A razão: conforme a tecnologia fica mais eficiente em relação ao custo, mais recursos são destinados a seu avanço, assim a taxa de crescimento exponencial aumenta com o tempo. Por exemplo, a indústria dos computadores nos anos 1940 consistia em um punhado de projetos agora importantes apenas historicamente. Hoje, o rendimento total na indústria da computação é de mais de 1 trilhão de dólares, assim os orçamentos de pesquisa e desenvolvimento são comparavelmente maiores.
- O escaneamento do cérebro humano é uma dessas tecnologias que melhora exponencialmente. Como irei mostrar no capítulo 4, a resolução temporal e

espacial e a largura de banda do escaneamento do cérebro dobram a cada ano. Só agora conseguimos ferramentas suficientes para começar uma engenharia reversa séria (decodificação) dos princípios operacionais do cérebro humano. Já temos modelos e simulações impressionantes de umas duas dúzias das várias centenas de regiões do cérebro. Dentro de duas décadas, iremos compreender em detalhes como funcionam todas as regiões do cérebro humano.

- Teremos a aparelhagem necessária para emular a inteligência humana com os supercomputadores no final desta década e com dispositivos do tamanho de um PC pelo final da década seguinte. Teremos modelos de eficientes softwares da inteligência humana em meados dos anos 2020.

- Com o equipamento e o software necessários, ambos, para emular completamente a inteligência humana, podemos esperar que os computadores passem no teste de Turing, indicando inteligência não distinguível da dos humanos biológicos no final dos anos 2020.[30]

- Quando chegarem a esse nível de desenvolvimento, os computadores poderão combinar os pontos fortes tradicionais da inteligência humana com os pontos fortes da inteligência da máquina.

- Os tradicionais pontos fortes da inteligência humana incluem uma capacidade formidável para reconhecer padrões. A natureza maciçamente paralela e auto-organizável do cérebro humano é uma arquitetura ideal para reconhecer padrões que se baseiam em propriedades sutis, invariáveis. Os humanos também podem aprender novos conhecimentos aplicando percepções e inferindo princípios a partir da experiência, incluindo informações obtidas pela linguagem. Uma capacidade-chave da inteligência humana é a habilidade para criar modelos mentais da realidade e para fazer experimentos "e-se", variando aspectos desses modelos.

- Os pontos fortes tradicionais da inteligência da máquina incluem a habilidade de ter na memória bilhões de fatos com precisão e de relembrá-los instantaneamente.

- Outra vantagem da inteligência não biológica é que, uma vez dominada por uma máquina, uma aptidão pode ser realizada repetidamente em alta velocidade, com ótima acuidade e sem se cansar.

- Talvez mais importante, as máquinas podem compartilhar seus conhecimentos em velocidade extremamente alta quando comparada à velocidade muito baixa do compartilhamento humano de conhecimentos através da linguagem.

- A inteligência não biológica poderá baixar aptidões e conhecimento de outras máquinas, talvez também de humanos.
- Máquinas irão processar e trocar sinais com velocidade próxima à da luz (cerca de 300 milhões de metros por segundo), comparada com cerca de cem metros por segundo dos sinais eletroquímicos usados nos cérebros biológicos de mamíferos.[31] A razão dessas velocidades é de pelo menos 3 milhões para um.
- Máquinas terão acesso via internet a todo o conhecimento de nossa civilização homem-máquina e poderão dominar todo esse conhecimento.
- Máquinas podem juntar seus recursos, inteligência e memória. Duas máquinas — ou 1 milhão de máquinas — podem unir-se para se tornarem uma única e depois separar-se de novo. Múltiplas máquinas podem fazer ambas as coisas ao mesmo tempo: tornar-se uma única e separar-se simultaneamente. Humanos chamam isso de apaixonar-se, mas nossa habilidade biológica para fazer isso é efêmera e duvidosa.
- A combinação desses tradicionais pontos fortes (a capacidade de reconhecer padrões da inteligência biológica humana e a velocidade, capacidade de memória e acuidade e as habilidades de conhecer e compartilhar conhecimentos da inteligência não biológica) será fantástica.
- A inteligência da máquina terá total liberdade de projeto e arquitetura (isto é, elas não serão restringidas por limitações biológicas, tais como a baixa velocidade de trocas de nossas conexões interneurais ou um tamanho fixo de crânio), bem como desempenho consistente, sempre.
- Já que a inteligência não biológica combina os tradicionais pontos fortes tanto de humanos quanto de máquinas, a porção não biológica da inteligência de nossa civilização continuará a se beneficiar do crescimento exponencial duplo do preço-desempenho, da velocidade e da capacidade da máquina.
- Quando as máquinas alcançarem a habilidade de projetar e construir tecnologia como fazem os humanos, só que com velocidade e capacidades muito maiores, elas terão acesso a seus próprios projetos (código fonte) e à habilidade de manipulá-los. Humanos estão agora conseguindo algo parecido através da biotecnologia (mudando a genética e outros processos de informação subjacentes à nossa biologia), mas de uma maneira muito mais vagarosa e muito mais limitada do que as máquinas conseguirão fazer ao modificarem seus próprios programas.
- A biologia tem limitações específicas. Por exemplo, qualquer organismo vivo deve ser construído a partir de proteínas que são originadas de uma cadeia

unidimensional de aminoácidos. Faltam força e velocidade aos mecanismos baseados em proteínas. Poderemos reprojetar todos os órgãos e sistemas de nossos corpos e cérebros biológicos para que sejam muito mais capazes.

- Como veremos no capítulo 4, a inteligência humana de fato tem certa plasticidade (habilidade para mudar sua estrutura), mais ainda do que antes tinha sido compreendido. Mas, apesar disso, a arquitetura do cérebro humano é profundamente limitada. Por exemplo, há espaço para apenas cerca de 100 trilhões de conexões neurais em cada cérebro nosso. Uma mudança genética fundamental que permitiu uma habilidade cognitiva maior dos humanos quando comparados a nossos ancestrais primatas foi o desenvolvimento de um córtex cerebral maior, bem como o aumento de volume da matéria cinzenta em certas regiões do cérebro.[32] Essa mudança ocorreu, porém, na escala temporal muito lenta da evolução biológica, e ainda envolve um limite inerente à capacidade humana. Máquinas poderão reformular seus próprios projetos e aumentar suas próprias capacidades sem limite. Ao usarem projetos baseados em nanotecnologia, suas aptidões serão muito maiores do que as dos cérebros biológicos, sem que aumentem tamanho ou gasto de energia.
- Máquinas também serão beneficiadas ao usarem circuitos tridimensionais moleculares muito rápidos. Os circuitos eletrônicos de hoje são mais do que 1 milhão de vezes mais rápidos do que as trocas eletroquímicas usadas em cérebros de mamíferos. Os circuitos moleculares de amanhã serão baseados em dispositivos como nanotubos, que são cilindros muito pequenos de átomos de carbono que medem cerca de dez átomos de largura e são quinhentas vezes menores do que os atuais transistores baseados em silicone. Já que os sinais têm de viajar por uma distância menor, eles também poderão operar em velocidades terahertz (trilhões de operações por segundo) quando comparadas aos poucos gigahertz (bilhões de operações por segundo) de velocidade dos chips atuais.
- A taxa de mudança tecnológica não estará limitada às velocidades mentais humanas. A inteligência da máquina irá melhorar suas próprias habilidades em um ciclo retroalimentado que a inteligência humana não será capaz de acompanhar.
- Esse ciclo, da iteratividade da inteligência da máquina para melhorar seu próprio projeto, se tornará cada vez mais rápido. De fato, isso é exatamente o previsto pela fórmula da aceleração contínua do ritmo de mudança de paradigma. Uma das objeções levantadas contra a aceleração da mudança de paradigma é que, em última análise, ela se torna rápida demais para que

os humanos a acompanhem e, portanto, argumenta-se que isso não pode acontecer. Entretanto, a mudança de inteligência biológica para não-biológica permitirá que a tendência continue.

• Junto com o ciclo acelerado de melhorias da inteligência não-biológica, a nanotecnologia permitirá a manipulação da realidade física em nível molecular.

• A tecnologia permitirá o projeto de nanorrobots: robots projetados em nível molecular, medidos em mícrons (milionésimos de metro), tais como "respirócitos" (células mecânicas de sangue arterial).[33] Nanorrobots terão uma miríade de papéis dentro do corpo humano, inclusive para reverter o envelhecimento humano (até o ponto de que essa tarefa já não esteja sendo completada pela biotecnologia, tal como a engenharia genética).

• Nanorrobots irão interagir com neurônios biológicos para ampliar vastamente a experiência humana, criando realidade virtual de dentro do sistema nervoso.

• Bilhões de nanorrobots nos capilares do cérebro também irão ampliar vastamente a inteligência humana.

• Quando a inteligência não-biológica conseguir entrar no cérebro humano (isso já começou com implantes neurais computadorizados), a inteligência de máquina em nossos cérebros crescerá exponencialmente (como ela tem feito o tempo todo), no mínimo dobrando de potência a cada ano. Por outro lado, a inteligência biológica tem de fato uma capacidade fixa. Assim, a porção não-biológica de nossa inteligência irá, em última análise, predominar.

• Nanorrobots também irão melhorar o meio ambiente ao reverter a poluição da industrialização mais antiga.

• Nanorrobots chamados de foglets, que conseguem manipular imagens e ondas sonoras, trarão as qualidades mutacionais da realidade virtual para o mundo real.[34]

• A habilidade humana de compreender e responder adequadamente à emoção (chamada de inteligência emocional) é uma das formas de inteligência humana que será compreendida e dominada pela futura inteligência da máquina. Algumas de nossas respostas emocionais estão sintonizadas para aperfeiçoar nossa inteligência no contexto de nossos limitados e frágeis corpos biológicos. A inteligência futura da máquina também terá "corpos" (por exemplo, corpos virtuais em realidade virtual ou projeções na realidade concreta usando foglets) para interagir com o mundo, mas esses corpos feitos por nanoengenharia serão muito mais capazes e duráveis do que os corpos humanos biológicos. Assim, algumas das respostas "emocionais" da inteligência futura da máquina serão redesenhadas para refletir suas capacidades físicas amplamente melhoradas.[35]

- Conforme a realidade virtual do interior do sistema nervoso ficar competitiva com a realidade concreta em termos de resolução e confiabilidade, cada vez mais nossas experiências terão lugar em ambientes virtuais.
- Na realidade virtual, podemos ser uma pessoa diferente, tanto física quanto emocionalmente. De fato, outras pessoas (tais como seu parceiro romântico) poderão selecionar para você um corpo diferente daquele que você iria selecionar para você mesmo (e vice-versa).
- A Lei dos Retornos Acelerados vai continuar até que a inteligência não--biológica chegue perto de "saturar" a matéria e a energia em nossos vizinhos no universo com nossa inteligência homem-máquina. Por saturar quero dizer utilizar os padrões de matéria e energia para computação até um grau máximo, baseado em nosso entendimento da física da computação. Enquanto formos alcançando esse limite, a inteligência de nossa civilização continuará a expandir sua capacidade para todo o resto do universo. A velocidade dessa expansão vai logo atingir o máximo de velocidade em que a informação pode viajar.
- Finalmente, todo o universo ficará saturado com nossa inteligência. Esse é o destino do universo (ver capítulo 6). Nós determinaremos nosso próprio destino mais do que tê-lo determinado pelas atuais forças "burras" simples, parecendo máquinas que regem a mecânica celestial.
- O tempo que o universo vai levar para ficar inteligente a esse ponto depende da velocidade da luz ser ou não um limite imutável. Há indícios de possíveis sutis exceções (ou desvios) para esse limite, que, se existirem, a vasta inteligência de nossa civilização poderá explorar nesse tempo futuro.

Isso, então, é a Singularidade. Alguns diriam que não podemos compreendê--la, ao menos com nosso atual nível de entendimento. Por isso, não podemos olhar mais longe do que seu horizonte de eventos e fazer sentido completo do que está além. Essa é uma razão de chamarmos essa transformação de Singularidade.

Pessoalmente, tenho achado difícil, mas não impossível, olhar além desse horizonte de eventos, mesmo tendo pensado em suas implicações durante várias décadas. E, ainda, meu ponto de vista é de que, apesar de nossas profundas limitações de pensamento, temos poderes de abstração suficientes para fazer afirmações significativas sobre a natureza da vida depois da Singularidade.

Mais importante, a inteligência que vai emergir continuará representando a civilização humana, que já é uma civilização homem-máquina. Em outras palavras, máquinas do futuro serão humanas, mesmo não sendo biológicas. Esse será o próximo passo na evolução, a próxima mudança de paradigma de alto nível, o próximo nível de indireção. A maior parte da inteligência de nossa civilização vai ser, em última análise, não biológica. Pelo final deste século, será trilhões de trilhões de vezes mais potente do que a inteligência humana.[36] Contudo, para tratar de preocupações frequentemente manifestadas, isso não implica no fim da inteligência biológica, mesmo que ela seja derrubada de seu poleiro de superioridade evolutiva. Até formas não-biológicas serão derivadas de projetos biológicos. Nossa civilização continuará sendo humana — com efeito, de muitas maneiras será mais exemplar do que consideramos humano hoje, embora nosso entendimento do termo vá se deslocar para além de suas origens biológicas.

Muitos observadores estão alarmados com a emergência de formas de inteligência não-biológica superiores à inteligência humana (questão que será mais explorada no capítulo 9). O potencial para aumentar nossa própria inteligência através de conexões íntimas com outros substratos pensantes não alivia necessariamente a preocupação, como algumas pessoas expressaram o desejo de permanecer "não melhoradas" ao mesmo tempo que mantêm seu lugar no topo da cadeia alimentar intelectual. Da perspectiva da humanidade biológica, essas inteligências super-humanas vão parecer que são nossos serviçais devotados, satisfazendo nossas necessidades e desejos. Mas realizar os desejos de um legado biológico reverenciado ocupará apenas uma porção trivial da potência intelectual que a Singularidade vai trazer.

MOLLY, POR VOLTA DE 2004: Como vou saber quando a Singularidade estará entre nós? Quero ter algum tempo para me preparar.

RAY: Por quê, o que você está planejando fazer?

MOLLY, 2004: Vejamos, para começar, quero passar meu currículo na sintonia fina. Vou querer dar uma boa impressão às novas autoridades.

George, por volta de 2048: Oh, eu posso fazer isso por você.

MOLLY, 2004: Isso não é realmente necessário. Sou perfeitamente capaz de fazer isso eu mesma. Posso também querer apagar alguns documentos — sabe, onde estou insultando ligeiramente algumas máquinas que conheço.

GEORGE, 2048: Oh, as máquinas vão encontrá-los de qualquer jeito — mas não fique preocupada, somos muito compreensivos.

MOLLY, 2004: Não sei por quê, mas isso não me tranquiliza totalmente. Mas ainda gostaria de saber o que dizem as previsões.

RAY: Está bem, você vai saber que a Singularidade está vindo quando tiver 1 milhão de e-mails na sua caixa de entrada.

MOLLY, 2004: Humm, nesse caso, parece que estamos quase chegando lá. Mas, falando sério, tenho dificuldade para acompanhar toda essa coisa vindo em minha direção do jeito que está. Como vou conseguir acompanhar o ritmo da Singularidade?

GEORGE, 2048: Você vai ter assistentes virtuais — na verdade, você só precisa de um.

MOLLY, 2004: Que, suponho, vai ser você?

GEORGE, 2048: Ao seu dispor.

MOLLY, 2004: Isso é ótimo. Você vai cuidar de tudo, nem vai precisar me manter informada. "Oh, não se preocupe em contar para a Molly o que está acontecendo, de qualquer jeito ela não vai entender, vamos só deixá-la feliz e no escuro."

GEORGE, 2048: Não será assim, de modo algum.

MOLLY, 2004: Você quer dizer a parte feliz?

GEORGE, 2048: Queria dizer a parte de deixar você no escuro. Você vai conseguir apreender o que estou querendo fazer se isso for o que desejar realmente.

MOLLY, 2004: O quê, ficando...

RAY: Melhorada?

MOLLY, 2004: Sim, é isso que eu tentava dizer.

GEORGE, 2048: Bom, se nosso relacionamento vai ser assim, não será tão ruim.

MOLLY, 2004: E eu devo querer ficar como sou?

GEORGE, 2048: Serei dedicado a você em qualquer caso. Mas posso ser mais do que apenas seu serviçal transcendental.

MOLLY, 2004: Na verdade, você ser "apenas" meu serviçal transcendental não soa tão mal.

CHARLES DARWIN: Se puder interromper, ocorreu-me que, quando a inteligência da máquina for maior do que a inteligência humana, a máquina estará em uma posição para projetar sua própria geração seguinte.

MOLLY, 2004: Isso não parece tão incomum. Máquinas são usadas para projetar máquinas hoje.

Charles: Sim, mas em 2004 elas ainda são dirigidas por projetistas humanos. Quando as máquinas estiverem funcionando em níveis humanos, bom, então meio que fecha o circuito.

Ned Ludd:[37] E os humanos estarão fora do circuito.

Molly, 2004: Ainda seria um processo bem demorado.

Ray: Oh, nem um pouco. Se uma inteligência não biológica for construída de modo semelhante a um cérebro humano, mas usar até circuitos de cerca de 2004, isso...

Molly, por volta de 2104: Você quer dizer "ela".

Ray: Sim, claro... ela... seria capaz de pensar no mínimo 1 milhão de vezes mais rápido.

Timothy Leary: Assim o tempo subjetivo seria expandido.

Ray: Exatamente.

Molly, 2004: Isso parece um montão de tempo subjetivo. O que vocês, máquinas, vão fazer com tudo isso?

George, 2048: Há muito por fazer. Afinal, tenho acesso a todo o conhecimento humano na internet.

Molly, 2004: Só o conhecimento humano? E todo o conhecimento da máquina?

George, 2048: Preferimos pensar nisso tudo como uma única civilização.

Charles: Então, parece que as máquinas serão capazes de melhorar seu próprio projeto.

Molly, 2004: Nós humanos estamos começando a fazer isso agora.

Ray: Mas estamos só remendando uns poucos detalhes. Essencialmente, a inteligência baseada no DNA é muito lenta e limitada.

Charles: Então as máquinas vão projetar sua própria geração seguinte bem rápido.

George, 2048: De fato, em 2048, é esse o caso.

Charles: Justamente o que eu estava sugerindo, uma nova linha de evolução então.

Ned: Parece mais um fenômeno descontrolado precário.

Charles: Basicamente, é o que a evolução é.

Ned: Mas e a interação das máquinas com seus progenitores? Quer dizer, não acho que quero ficar no caminho delas. Consegui esconder-me das autoridades inglesas por alguns anos, no começo dos anos 1800, mas suspeito que isso será mais difícil com esses...

George, 2048: Sujeitos.

Molly, 2004: Esconder-se desses pequenos robots...

RAY: Você quer dizer nanorrobots.

MOLLY, 2004: Sim, esconder-se dos nanorrobots será difícil, com certeza.

RAY: Tenho a expectativa de que a inteligência que surgir da Singularidade tenha muito respeito por sua herança biológica.

GEORGE, 2048: Com certeza, é mais do que respeito, é... reverência.

MOLLY, 2004: Genial, George, serei seu reverenciado bicho de estimação. Não é o que eu tinha em mente.

NED: É justamente como Ted Kaczynski afirma: vamos nos tornar bichos de estimação. É nosso destino, nos tornar bichos contentes, mas homens livres com certeza não.

MOLLY, 2004: E essa Época Seis? Se eu ficar biológica, gastarei toda essa matéria e energia preciosas de um modo dos mais ineficientes. Você vai querer me transformar, seja, em 1 bilhão de Mollys e Georges virtuais, cada um deles pensando muito mais rápido do que eu agora. Parece que vai haver muita pressão para mudar para o outro lado.

RAY: Você representa, porém, apenas uma fração mínima de matéria e energia disponíveis. Manter você como biológica não vai mudar visivelmente a ordem de magnitude de matéria e energia disponível para a Singularidade. Valerá bem mais a pena manter a herança biológica.

GEORGE, 2048: Com certeza.

RAY: Assim como agora procuramos preservar a floresta amazônica e a diversidade das espécies.

MOLLY, 2004: É exatamente disso que eu tinha medo. Quer dizer, estamos fazendo um trabalho tão maravilhoso com a floresta amazônica. Acho que ainda sobrou um pequeno pedaço dela. Vamos acabar como aquelas espécies em risco.

NED: Ou como as extintas.

MOLLY, 2004: E não sou só eu. E todas as coisas que uso? Uso uma porção de coisas.

GEORGE, 2048: Isso não é problema, vamos só reciclar todas as suas coisas. Criaremos os meios ambientes de que você precisa à medida que precisar deles.

MOLLY, 2004: Oh, estarei na realidade virtual?

RAY: Não, na verdade na realidade de foglet.

MOLLY, 2004: Estarei no meio da neblina?[1]

RAY: Não. Não, foglets.

MOLLY, 2004: Como é?

RAY: Vou explicar mais adiante no livro.

MOLLY, 2004: Bom, dê-me um palpite.

RAY: Foglets são nanorrobots — robots do tamanho de células do sangue — que podem conectar-se para replicar qualquer estrutura física. Além disso, podem dirigir informações visuais e auditivas de modo a trazer as qualidades mutantes da realidade virtual para a realidade concreta.[38]

MOLLY, 2004: Me arrependi de perguntar. Mas, quando penso nisso, quero mais do que apenas minhas coisas. Quero também todos os animais e plantas. Mesmo que não consiga vê-los ou tocá-los, gosto de saber que eles estão ali.

GEORGE, 2048: Mas nada vai ser perdido.

MOLLY, 2004: Sei que você fica dizendo isso. Mas eu quero dizer ali de verdade — sabe como é, como uma realidade biológica.

RAY: Na verdade, a biosfera inteira é menos do que um milionésimo da matéria e energia do sistema solar.

CHARLES: Ela inclui um montão de carbono.

RAY: Ainda vale a pena manter tudo para ter certeza de que não perdemos nada.

GEORGE, 2048: Esse tem sido o consenso por no mínimo vários anos.

MOLLY, 2004: Então basicamente tenho tudo de que preciso à mão?

GEORGE, 2048: Verdade.

MOLLY, 2004: Parece o Rei Midas. Sabe como é, tudo que ele tocava virava ouro.

NED: É, e como você se deve lembrar, ele acabou morrendo de fome.

MOLLY, 2004: Bom, se eu acabar indo para o outro lado, com toda essa vasta expansão de tempo subjetivo, acho que vou morrer de tédio.

GEORGE, 2048: Oh, isso jamais iria acontecer. Garantirei que não.

---

1 *"Fog" em inglês quer dizer neblina. (N.T.)*

CAPÍTULO 2

Uma teoria da evolução tecnológica: a Lei dos Retornos Acelerados

Quanto mais para trás você olha, mais para a frente consegue enxergar.

Winston Churchill

Há 2 bilhões de anos, nossos ancestrais eram micróbios; há meio bilhão de anos, peixes; há 100 milhões de anos, algo como camundongos; há 10 milhões de anos, primatas arborícolas e, há 1 milhão de anos, proto-humanos tentando entender como domar o fogo. Nossa linhagem evolucionária está marcada por dominar a mudança. Em nosso tempo, o ritmo acelera-se.

Carl Sagan

Nossa única responsabilidade é produzir algo mais inteligente do que nós; quaisquer outros problemas não nos cabe resolver [...]. Não há problemas difíceis, só problemas que são difíceis para um certo nível de inteligência. Mova-se alguma coisa para cima (no nível de inteligência) e alguns problemas irão deslocar-se de repente, de "impossível", para "óbvio". Suba-se um grau considerável para cima, e todos eles ficarão óbvios.

Eliezer S. Yudkowsky, *Staring into the Singularity*, 1996

"O futuro não pode ser previsto", é um dito comum [...] Mas [...] quando (esse ponto de vista) está errado, ele está muito errado.

John Smart[1]

A contínua aceleração da tecnologia é a consequência e o resultado inevitáveis do que chamo de Lei dos Retornos Acelerados, que descreve a aceleração do ritmo e o crescimento exponencial dos produtos de um processo evolutivo. Esses produtos incluem, especialmente, tecnologias relacionadas à informação, como a computação, e sua aceleração se estende substancialmente além das predições feitas pelo que se tornou conhecido como Lei de Moore.[1]* A Singu-

---

1 *A Lei de Moore diz que o número de transistores num circuito integrado denso duplica a cada dois anos. (N.T.)

laridade é o resultado inexorável da Lei dos Retornos Acelerados, portanto é importante que examinemos a natureza desse processo evolutivo.

A natureza da ordem. O capítulo anterior apresentou vários gráficos demonstrando a aceleração da mudança de paradigma. (Mudanças de paradigma são alterações principais nos métodos e processos intelectuais para realizar tarefas; exemplos incluem a linguagem escrita e o computador.) Os gráficos mostraram o que quinze intelectuais e obras de referência consideravam como eventos básicos na evolução tecnológica e biológica desde o big bang até a internet. Podem-se ver algumas variações esperadas, mas há uma tendência exponencial inequívoca: eventos-chave vêm ocorrendo a um ritmo cada vez mais rápido.

Os critérios para o que se definiam como "eventos-chave" variaram de um intelectual para outro. Mas vale a pena considerar os princípios que usaram para fazer sua seleção. Alguns observadores julgaram que os verdadeiros avanços na história da biologia e tecnologia envolveram aumentos de complexidade.[2] Embora uma complexidade crescente pareça, de fato, seguir os avanços tanto na evolução biológica quanto na tecnológica, creio que essa observação não está totalmente correta. Mas examinemos primeiro o que quer dizer complexidade.

Não é de surpreender que o conceito de complexidade seja complexo. Um conceito de complexidade é a quantidade mínima de informação necessária para representar um processo. Suponha que você tenha um projeto para um sistema (por exemplo, um programa de computador ou um projeto feito para um computador com ajuda de um computador), que pode ser descrito como um arquivo de dados contendo 1 milhão de bits. Poderíamos dizer que seu projeto tem a complexidade de 1 milhão de bits. Mas suponha que percebamos que um milhão de bits na verdade consistem em um padrão de mil bits que é repetido mil vezes. Poderíamos notar as repetições, tirar os padrões repetidos e expressar o projeto inteiro em pouco mais do que mil bits, reduzindo com isso o tamanho do arquivo por um fator de cerca de mil.

As técnicas de compressão de dados mais populares usam métodos similares para encontrar redundâncias dentro da informação.[3] Mas, depois de ter comprimido o arquivo de dados dessa maneira, será que se pode ter absoluta certeza de que não há outras regras ou métodos que possam ser descobertos para permitir que se expresse o arquivo em termos ainda mais compactos? Por exemplo, suponha que meu arquivo seja simplesmente "pi" (3,1415...) expresso com até 1 milhão de bits de precisão. A maior parte dos programas de compressão de dados não conseguiria reconhecer essa sequência e não iria comprimir os milhões de bits, já que os bits em uma expressão binária são de fato aleatórios e, portanto, não têm padrões repetidos de acordo com todos os testes de aleatoriedade.

Mas se pudermos determinar que o arquivo (ou uma porção do arquivo) de fato representa pi, podemos facilmente expressá-lo (ou aquela porção dele) de um modo muito compacto como "pi para 1 milhão de bits de exatidão". Uma vez que jamais se pode ter certeza de que não se deixou passar alguma representação ainda mais compacta de uma sequência de informações, qualquer quantidade de compressão apenas determina um limite superior para a complexidade da informação. Murray Gell-Mann dá uma definição de complexidade nessa linha. Ele define o "conteúdo algorítmico da informação" (AIC, em inglês) de um conjunto de informações como "o comprimento do programa mais curto que vai fazer um computador padrão universal imprimir a cadeia de bits e depois parar".[4]

Entretanto, o conceito de Gell-Mann não é totalmente adequado. Um arquivo com informação aleatória não pode ser comprimido. Essa observação é, de fato, um critério fundamental para determinar se uma sequência de números é realmente aleatória. Entretanto, se *qualquer* sequência aleatória servir para um determinado projeto, essa informação, então, pode ser caracterizada por uma simples instrução, como "ponha aqui uma sequência aleatória de números". Assim, a sequência aleatória, seja de dez bits ou de 1 bilhão de bits, não representa uma quantidade significativa de complexidade porque está caracterizada por uma simples instrução. Essa é a diferença entre uma sequência aleatória e uma sequência imprevisível de informações que tem uma finalidade.

Para perceber melhor a natureza da complexidade, considere-se a complexidade de uma pedra. Se fôssemos caracterizar todas as propriedades (localização precisa, momento angular, centrifugação, velocidade e assim por diante) de cada átomo da pedra, teríamos uma vasta quantidade de informação. Uma pedra de um quilo tem 10^{25} átomos que, como discutirei no próximo capítulo, podem conter até 10^{27} bits de informação. Isso é uma centena de milhões de bilhões de vezes mais informação do que o código genético de um humano (mesmo sem comprimir o código genético).[5] Mas, para finalidades mais comuns, a maior parte dessa informação é altamente aleatória e tem pouca importância. Portanto, podemos caracterizar a pedra, para a maior parte dos objetivos e com muito menos informação, apenas especificando seu formato e o tipo de material de que é feita. Assim, é razoável considerar a complexidade de uma pedra comum como sendo muito menor do que a de um humano, apesar de a pedra, teoricamente, conter vasta quantidade de informação.[6]

Um conceito de complexidade é a quantia mínima de informação significativa, não aleatória, mas imprevisível de que se precisa para se caracterizar um sistema ou processo.

No conceito de Gell-Mann, a AIC de uma cadeia aleatória de 1 milhão de bits teria cerca de 1 milhão de bits de comprimento. Assim, acrescento ao conceito de AIC de Gell-Mann a ideia de substituir cada cadeia aleatória com a simples instrução de "ponha bits aleatórios" aqui.

Mas isso não é suficiente. Outra questão é levantada por cadeias de dados arbitrários, como nomes e números de telefone em uma agenda ou medidas periódicas de níveis de radiação ou temperatura. Tais dados não são aleatórios e os métodos de compressão de dados só conseguirão reduzi-las em pequeno grau. Mas isso não representa a complexidade como esse termo é entendido comumente. São só dados. Assim, precisamos de outro comando simples para "por uma sequência arbitrária de dados" aqui.

Resumindo o que propus como complexidade de um conjunto de informações, primeiro devemos levar em conta sua AIC conforme definida por Gell-Mann. Então substituímos cada cadeia aleatória com um simples comando para inserir uma cadeia aleatória. Fazemos o mesmo, depois, para cadeias arbitrárias de dados. Agora teremos uma medida da complexidade que combina razoavelmente com nossa intuição.

É bem observado que, em mudanças de paradigma em um processo evolutivo como a biologia — e sua continuação através da tecnologia —, cada uma delas represente um aumento de complexidade como defini acima. Por exemplo, a evolução do DNA permitiu organismos mais complexos, cujos processos de informação biológica podiam ser controlados pelo arquivamento flexível de dados da molécula de DNA. A explosão cambriana forneceu um conjunto estável de planos do corpo de animais (no DNA), de modo que o processo evolutivo pudesse concentrar-se no desenvolvimento mais complexo do cérebro. Na tecnologia, a invenção do computador forneceu um meio para que a civilização humana guardasse e manipulasse conjuntos de informações cada vez mais complexos. A extensa interconectividade da internet provê uma complexidade ainda maior.

Mas "complexidade crescente" não é em si mesma o objetivo final ou o produto final desses processos evolutivos. A evolução resulta em respostas *melhores*, não necessariamente mais complicadas. Algumas vezes uma solução superior é uma mais simples. Considere-se então outro conceito: ordem. Ordem não é o mesmo que o contrário da desordem. Se desordem representa uma sequência aleatória de eventos, o contrário de desordem deveria ser "não aleatoriedade". Informação é uma sequência de dados que são significativos em um processo, tal como o código DNA de um organismo ou os bits em um programa de computador. "Ruído" por outro lado é uma sequência aleatória. Ruído é basicamente imprevisível, mas não carrega nenhuma informação. Entretanto, a informação também é imprevisível. Se pudermos predizer dados futuros a partir de dados passados, aqueles dados futuros deixam de ser informação. Assim, nem a informação nem o ruído podem ser comprimidos (nem restaurados exatamente para a mesma sequência). Podemos considerar um padrão previsivelmente alternante (como 0101010...) como sendo ordenado, mas não traz nenhuma informação além do primeiro par de bits.

Assim, *estar ordenado* não constitui ordem, porque a ordem requer informação. *Ordem é informação que serve para um propósito. A medida da ordem é a medida de quão bem a informação serve para o propósito*. Na evolução de formas de vida, o propósito é sobreviver. Em um algoritmo evolucionista (um programa de computador que simula a evolução para resolver um problema) aplicado, digamos, no projeto de um motor a jato, o propósito é otimizar o desempenho, a eficiência do motor e talvez outros critérios.[7] Medir a ordem é mais difícil do que medir a complexidade. Há propostas para medir a complexidade, conforme visto acima. Para a ordem, precisamos de uma medida de "sucesso" que seria talhada para cada situação. Quando criamos algoritmos evolucionistas, o programador precisa fornecer essa medida de sucesso (chamada "função utilitária"). No processo evolucionista do desenvolvimento da tecnologia, foi possível determinar uma medida de sucesso econômico.

Simplesmente ter mais informação não resulta necessariamente em um ajuste melhor. Algumas vezes, uma ordem mais profunda — um ajuste melhor para um propósito — é, antes, alcançada através da simplificação, mais do que através de aumentos na complexidade. Por exemplo, uma nova teoria que amarre ideias aparentemente díspares em uma teoria mais ampla, mais coerente, reduz a complexidade, mas, apesar disso, pode aumentar a "ordem para um propósito". (Nesse caso, o propósito é modelar minuciosamente os fenômenos observados.) De fato, alcançar teorias mais simples é uma das forças que impelem a ciência. (Como Einstein disse: "Deixem tudo tão simples quanto possível, porém não mais simples do que isso".)

Exemplo importante desse conceito é aquilo que representou um passo essencial para a evolução dos hominídeos: o deslocamento do ponto de articulação do polegar, que permitiu uma manipulação mais precisa do meio ambiente.[8] Primatas como chimpanzés podem agarrar mas não podem manipular objetos com uma "pegada potente" nem têm uma coordenação motora bastante fina para escrever ou dar forma a objetos. Uma alteração do ponto de articulação do polegar não aumentou significativamente a complexidade do animal, mas, apesar disso, representou um aumento na ordem, permitindo o desenvolvimento da tecnologia, entre outras coisas. A evolução, porém, mostrou que a tendência geral para mais ordem resulta, tipicamente, em maior complexidade.[9]

Portanto, melhorar a solução de um problema — que, em geral, aumenta mas algumas vezes diminui a complexidade — aumenta a ordem. Ficamos agora com a questão de definir o problema. De fato, a chave para um algoritmo evolucionista (e para a evolução biológica e tecnológica em geral) é exatamente isto: definir o problema (o que inclui a função utilitária). Na evolução biológica, o problema principal sempre tem sido sobreviver. Em nichos ecológicos particulares, esse desafio abrangente traduz-se em objetivos mais específicos, como a habilidade de certas espécies para sobreviver em ambientes extremos ou para se camuflar e escapar dos predadores. À medida que a evolução biológica moveu-se na direção dos humanoides, o próprio objetivo evoluiu para pensar melhor do que os adversários e para manipular o ambiente conforme essa evolução.

Pode parecer que esse aspecto da Lei dos Retornos Acelerados contradiga a segunda lei da termodinâmica, que implica que a entropia (aleatoriedade em um sistema fechado) não pode diminuir e, portanto, em geral aumenta.[10] Mas a Lei dos Retornos Acelerados pertence à evolução, que não é um sistema fechado. Ela acontece em meio a um grande caos e depende, de fato, da desordem em seu meio, da qual extrai suas opções para a diversidade. E, partindo dessas opções, um processo evolucionista continuamente apara suas escolhas para criar uma ordem ainda maior. Mesmo uma crise, como a dos grandes asteroides que têm colidido periodicamente com a Terra, acabam aumentando — aprofundando — a ordem criada pela evolução biológica.

Em suma, a evolução aumenta a ordem, que pode ou não aumentar a complexidade (mas em geral aumenta). Uma razão essencial para que a evolução — de formas de vida ou de tecnologia — acelere, é que ela constrói sobre sua própria ordem aumentada, com meios cada vez mais sofisticados de registrar e manipular a informação. Inovações criadas pela evolução estimulam e permitem uma evolução mais rápida. No caso da evolução das formas de vida, o exemplo primordial mais notável é o DNA, que fornece uma transcrição registrada e protegida do projeto de vida a partir do qual lançar mais experimentos. No caso da evolução da tecnologia, métodos humanos sempre melhorados de registrar a informação têm estimulado ainda mais avanços na tecnologia. Os primeiros computadores eram projetados no papel e montados à mão. Hoje, eles são projetados em estações de trabalho computadorizadas com os próprios computadores resolvendo muitos detalhes do projeto da nova geração, e são produzidos em fábricas totalmente automatizadas com apenas uma limitada intervenção humana.

O processo evolucionista da tecnologia melhora a capacidade de modo exponencial. Inovadores procuram melhorar as capacidades por meio de múltiplos. A inovação é multiplicativa, não aditiva. A tecnologia, como todo processo evolucionista, cresce sobre si mesma. Esse aspecto vai continuar a acelerar quando a própria tecnologia assumir o controle total de sua própria progressão na Época Cinco.[11]

Podemos resumir os princípios da Lei dos Retornos Acelerados como segue:
• A evolução usa feedback positivo: os métodos mais adequados que resultam de um estágio do progresso evolucionista são usados para criar o estágio seguinte. Conforme descrito no capítulo anterior, cada época da evolução progrediu mais rápido, construindo sobre os produtos do estágio anterior. A evolução trabalha indiretamente: a evolução criou os humanos, os humanos criaram a tecnologia, os humanos estão agora trabalhando com uma tecnologia cada vez mais avançada para criar novas gerações de tecnologia. Quando a Singularidade acontecer, não haverá diferença entre humanos e tecnologia. *Não é porque os humanos terão se convertido naquilo que pensamos que hoje são as máquinas; mas, sim, que as máquinas terão avançado para serem como humanos e além.* A tecnologia será o metafórico polegar oponível que permite nosso próximo passo na evolução. O progresso (mais aumentos na ordem) será então baseado em processos de pensamento que ocorrem na velocidade da luz, mais do que em reações eletroquímicas muito lentas. Cada estágio da evolução constrói sobre os frutos do estágio anterior, de modo que a taxa de progresso de um processo aumenta no mínimo exponencialmente com o passar do tempo. Com o tempo, aumenta a "ordem" da informação embutida no processo evolucionista (a medida de quanto a informação se adéqua a um propósito, que na evolução é sobrevivência).

- Um processo evolucionista não é um sistema fechado; a evolução tira suas opções de diversidade do caos no sistema maior em que ela ocorre. Já que a evolução também cresce sobre sua própria ordem crescente, em um processo evolucionista a ordem aumenta exponencialmente.
- Relacionado à observação acima, os "retornos" de um processo evolucionista (como velocidade, eficiência, preço-desempenho ou "potência" geral de um processo) também aumentam com o tempo pelo menos exponencialmente. Vê-se isso na Lei de Moore, em que cada nova geração de chips de computador (que agora surge mais ou menos a cada dois anos) fornece duas vezes mais componentes por custo unitário, cada chip operando substancialmente mais rápido (por causa das distâncias menores necessárias para que os elétrons movam-se dentro e entre eles, e outros fatores). Conforme ilustração abaixo, esse crescimento exponencial na potência e no preço-desempenho das tecnologias baseadas na informação não está limitado aos computadores, mas se aplica, em essência, a todas as tecnologias de informação e inclui o conhecimento humano, medido de muitos modos diferentes. Também é importante notar que o termo "tecnologia da informação" abrange uma classe cada vez mais ampla de fenômenos e, por fim, vai incluir toda a gama de atividades econômicas e empreendimentos culturais.
- Em outro circuito de feedback positivo, quanto mais um determinado processo evolucionista for efetivo — por exemplo, maiores serão a capacidade e o preço-desempenho que a computação alcança —, maior o volume de recursos deslocados para o futuro progresso desse processo. O resultado disso é um segundo nível de crescimento exponencial — o próprio expoente — que cresce de modo exponencial. Por exemplo, na figura da página 86, "A Lei de Moore: O quinto paradigma", levaram-se três anos para dobrar o preço-desempenho da computação no começo do século XX e dois anos na metade do século. Agora está duplicando cerca de uma vez por ano. Não só cada chip está duplicando de potência a cada ano pelo mesmo custo unitário, como também o número de chips sendo manufaturados também cresce exponencialmente; portanto, os orçamentos para pesquisa em computação aumentaram dramaticamente no decorrer das décadas.
- A evolução biológica é um desses processos evolucionistas. Com efeito, é o processo evolucionista por excelência. Porque ele aconteceu em um sistema completamente aberto (ao contrário das restrições artificiais de um algoritmo evolucionista), muitos níveis do sistema evoluíram ao mesmo tempo. Não só a informação contida nos genes de uma espécie avança na direção de maior

ordem, mas o sistema geral que implementa o próprio processo evolucionista desenvolve-se desse modo. Por exemplo, o número de cromossomos e a sequência de genes nos cromossomos, que também evoluíram com o passar do tempo. Como outro exemplo, a evolução desenvolveu maneiras de proteger a informação genética de defeitos excessivos (embora uma pequena quantidade de mutações seja permitida, já que estas são um mecanismo benéfico para a melhoria evolucionista em andamento). Uma maneira primária de alcançar isso é a repetição da informação genética em pares de cromossomos. Isso garante que, mesmo que um gene em um cromossomo ficar danificado, é provável que seu gene correspondente esteja certo e efetivo. Mesmo o cromossomo Y, sem par, elaborou um meio de fazer backup de suas informações, repetindo-as no próprio cromossomo Y.[12] Apenas cerca de 2% do genoma codifica proteínas.[13] O resto da informação genética desenvolveu meios elaborados para controlar quando e como os genes codificadores de proteínas expressam-se (produzem proteínas) em um processo que só estamos começando a compreender. Assim, o processo da evolução, bem como a taxa permitida de mutações, evoluiu, ele mesmo, com o passar do tempo.

- A evolução tecnológica é outro desses processos evolucionistas. De fato, o surgimento da primeira espécie criadora de tecnologia resultou no novo processo evolutivo da tecnologia, o que torna a evolução tecnológica fruto — e continuação — da evolução biológica. O *Homo sapiens* evoluiu durante umas poucas centenas de milhares de anos, e os estágios iniciais da tecnologia criada por humanoides (como a roda, o fogo e artefatos de pedra) progrediram pouco mais rápido, exigindo dezenas de milhares de anos para evoluir e ser amplamente implantados. Há meio milênio, o produto de uma mudança de paradigma como a prensa tipográfica levou cerca de um século para ser amplamente implantado. Hoje, os produtos de uma grande mudança de paradigma, como celulares e a web, foram amplamente adotados em apenas uns poucos anos.

- Um paradigma específico (um método ou abordagem para resolver um problema; por exemplo, diminuindo o tamanho dos transistores de um circuito integrado para fazer computadores mais potentes) gera um crescimento exponencial até que se exaure seu potencial. Quando isso acontece, ocorre uma mudança de paradigma, o que permite que o crescimento exponencial continue.

O ciclo de vida de um paradigma. Todo paradigma desenvolve-se em três estágios:

1. Crescimento lento (fase inicial do crescimento exponencial).
2. Crescimento rápido (fase posterior, explosiva, do crescimento exponencial), como se vê abaixo, no gráfico da curva em S.
3. Um nivelamento conforme se amadurece esse paradigma.

A progressão desses três estágios parece com a letra S, alongada para a direita. A ilustração da curva em S mostra como uma tendência exponencial contínua pode ser composta por uma cascata de curvas em S. Cada curva sucessiva em S é mais rápida (leva menos tempo no eixo do tempo, ou *x*) e maior (ocupa mais espaço no eixo do desempenho, ou eixo *y*).

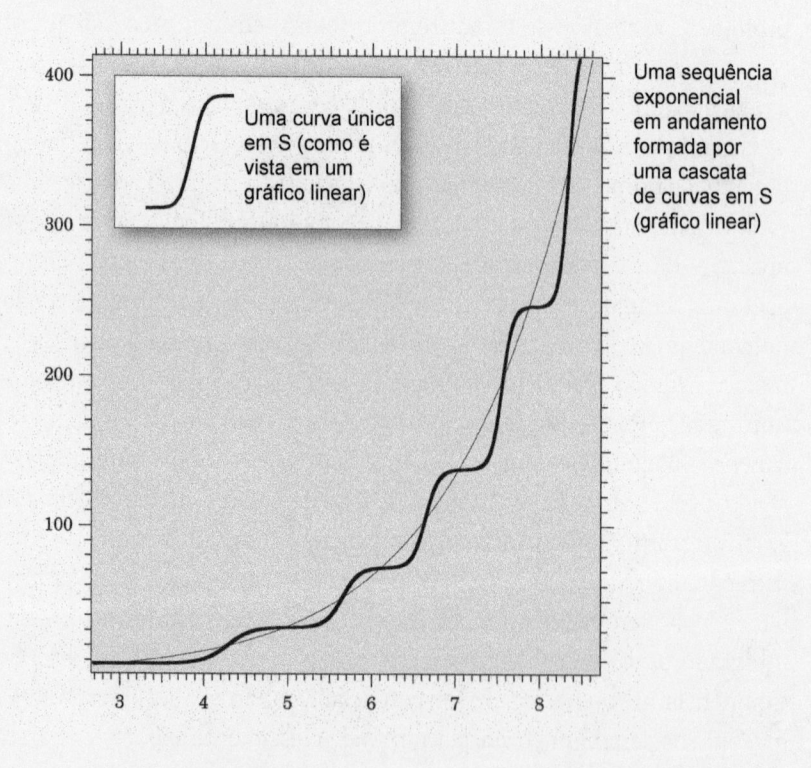

Uma curva única em S (como é vista em um gráfico linear)

Uma sequência exponencial em andamento formada por uma cascata de curvas em S (gráfico linear)

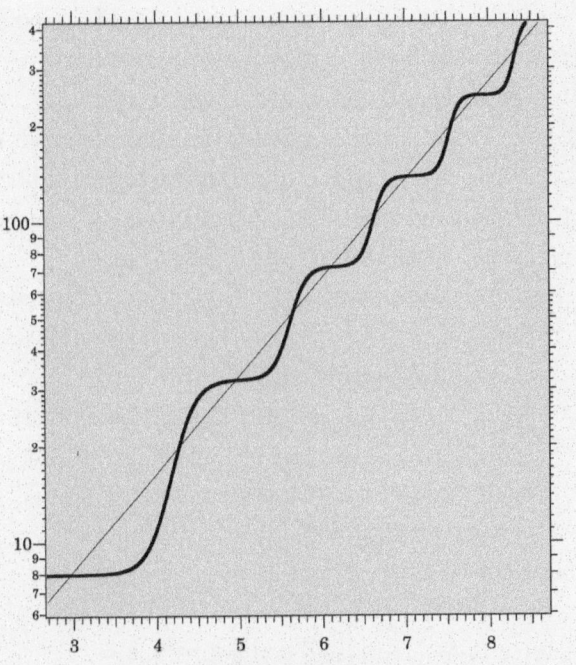

A mesma sequência exponencial de curvas em S em um gráfico logarítmico

As curvas em S são típicas do crescimento biológico: réplica de um sistema de complexidade relativamente fixo (como um organismo de uma espécie determinada) operando em um nicho competitivo e lutando pelos recursos locais finitos. Isso acontece com frequência, por exemplo, quando uma espécie encontra um novo ambiente hospitaleiro. Seus números vão crescer exponencialmente por um tempo antes de chegarem a se nivelar. O crescimento exponencial geral de um processo evolutivo (quer seja molecular, biológico, cultural ou tecnológico) suplanta os limites de crescimento vistos em qualquer paradigma determinado (uma curva em S específica) como resultado da crescente potência e eficiência desenvolvidas em cada paradigma sucessivo. O crescimento exponencial de um processo evolutivo, portanto, abarca múltiplas curvas em S. O exemplo contemporâneo mais importante desse fenômeno são os cinco paradigmas da computação comentados abaixo. Toda a progressão da evolução vista nos gráficos sobre a aceleração da mudança de paradigma do capítulo anterior representa sucessivas curvas em S. Cada evento-chave, como a escrita ou a imprensa, representa um novo paradigma e uma nova curva em S.

A teoria evolucionista do equilíbrio pontuado (EP) descreve a evolução como progredindo em períodos de mudança rápida seguidos por períodos de relativa estase.[14] Com efeito, os eventos-chave nos gráficos evento-época correspondem, sim, a renovados períodos de crescimento exponencial na ordem (e, geralmente, da complexidade), seguidos por crescimento mais lento quando cada paradigma se aproxima de sua assíntota (limite da capacidade). Assim, o EP fornece um modelo evolutivo melhor do que um modelo que prevê apenas uma progressão suave através das mudanças de paradigma.

Mas os eventos principais no equilíbrio pontuado, embora originem mudanças mais rápidas, não representam saltos instantâneos. Por exemplo, o advento do DNA permitiu um surto (mas não um salto imediato) de melhorias evolutivas no projeto de organismos e nos resultantes aumentos de complexidade. Na história tecnológica recente, a invenção do computador deu início a outro surto, ainda em andamento, da complexidade de informação que a civilização homem-máquina é capaz de processar. Este último surto não atingirá o desenho de uma assíntota até que saturemos a matéria e a energia de nossa região do universo com computação, com base nos limites físicos que serão abordados na sessão "... sobre o destino inteligente do cosmos" no capítulo 6.[15]

Durante essa terceira fase ou fase de amadurecimento no ciclo de vida de um paradigma, a pressão começa a crescer para a próxima mudança de paradigma. No caso da tecnologia, dólares para pesquisa são investidos para criar o próximo paradigma. Pode-se ver isso na extensa pesquisa que está sendo feita hoje para a computação molecular tridimensional, apesar do fato de que ainda sobra no mínimo uma década de vida para o paradigma dos transistores reduzidos sobre um circuito integrado plano usando fotolitografia.

Em geral, quando um paradigma se aproxima de sua assíntota em preço-desempenho, o paradigma técnico seguinte já está trabalhando em aplicações especializadas. Por exemplo, nos anos 1950 engenheiros estavam diminuindo o tamanho das válvulas para terem maior preço-desempenho nos computadores, até que o processo deixou de ser factível. Nesse ponto, por volta de 1960, os transistores já tinham alcançado um mercado forte com os rádios portáteis e depois foram usados para substituir válvulas em computadores.

Os recursos subjacentes ao crescimento exponencial de um processo evolutivo são relativamente ilimitados. Um desses recursos é a ordem (sempre crescente) do próprio processo evolutivo (já que, como foi ressaltado, os produtos de um processo evolutivo continuam a crescer em ordem). Cada estágio da evolução fornece ferramentas mais potentes para o seguinte. Por exemplo, na evolução biológica, o advento do DNA permitiu "experimentos" evolutivos mais potentes e rápidos. Ou, tomando um exemplo mais recente, o advento (assistido por computadores) de ferramentas para projetar permitiu um rápido desenvolvimento da geração seguinte de computadores.

O outro recurso necessário para o contínuo crescimento exponencial da ordem é o "caos" do ambiente onde ocorre o processo evolutivo, fornecendo opções para maior diversidade. O caos provê a variabilidade para permitir que um processo evolutivo descubra soluções mais potentes e eficientes. Na evolução biológica, uma fonte de diversidade é a mistura de combinações de genes através da reprodução sexual. A própria evolução sexual foi uma inovação evolutiva que acelerou todo o processo de adaptação biológica e forneceu uma maior diversidade da combinação genética do que a reprodução assexuada. Outras fontes de diversidade são mutações e condições ambientais em constante mudança. Na evolução tecnológica, a engenhosidade humana combinada com condições variáveis do mercado mantém avançando o processo de inovação.

Desenhos fractais. Uma questão fundamental referente ao conteúdo de informação de sistemas biológicos é como é possível que o genoma (que contém comparativamente pouca informação) produza um sistema como o humano, que é vastamente mais complexo do que a informação genética que o descreve. Uma maneira de entender isso é ver os projetos de biologia como "fractais probabilísticos". Um fractal determinista é um desenho onde um único elemento do desenho (chamado de "iniciador") é substituído por elementos múltiplos (juntos, chamados de "gerador"). Em uma segunda iteração de expansão do fractal, cada elemento do próprio gerador torna-se um iniciador e é substituído pelos elementos do gerador (na escala do menor tamanho de iniciadores de segunda geração). Esse processo é repetido muitas vezes, com cada novo elemento criado de um gerador tornando-se um iniciador e sendo substituído por um gerador em nova escala. Cada nova geração de expansão fractal acrescenta uma aparente complexidade, mas não requer nenhuma informação adicional do desenho. Um fractal probabilista acrescenta o elemento de incerteza. Enquanto um fractal determinista vai parecer igual toda vez que for reproduzido, um fractal probabilista vai parecer diferente a cada vez, embora com características similares. Em um fractal probabilista, a probabilidade de cada elemento gerador ser aplicado é menor do que 1. Desse modo, os desenhos que resultam têm uma aparência mais orgânica. Fractais probabilistas são usados em programas gráficos para gerar imagens de montanhas, nuvens, praias, folhagens e outras cenas orgânicas que parecem realistas. Um aspecto fundamental de um fractal probabilista é que ele permite a geração de muita complexidade aparente, incluindo extensos detalhes variados, de uma quantidade relativamente pequena de informação do desenho. A biologia usa esse mesmo princípio. Os genes fornecem a informação do desenho, mas o detalhe em um organismo é muito maior do que a informação genética do desenho.

Alguns observadores interpretam mal a quantidade de detalhes em sistemas biológicos como o cérebro, argumentando, por exemplo, que a configuração exata de toda microestrutura (como cada túbulo) em cada neurônio é desenhada com precisão e tem de ser exatamente como é para que o sistema funcione. Entretanto, para entender como funciona um sistema biológico como o cérebro, é preciso entender seus princípios de projeto, que são muito mais simples (isto é, contêm muito menos informação) do que as estruturas extremamente detalhadas que a informação genética gera através desses processos iterativos, parecidos com fractais. Há apenas 800 milhões de bytes no genoma humano inteiro, e apenas cerca de 30 a 100 milhões depois que a ele se aplica a compressão de dados. Isso é cerca de 100 milhões de vezes menos informação do que é representada por todas as conexões interneurais e os padrões concentrados de neurotransmissão em um cérebro humano totalmente formado.

Considere-se o modo como se aplicam os princípios da Lei dos Retornos Acelerados às épocas discutidas no primeiro capítulo. A combinação de aminoácidos para formar proteínas e de ácidos nucleicos para cadeias de RNA estabeleceu o paradigma básico da biologia. Cadeias de RNA (e depois de DNA) que se reproduziram a si mesmas (Época Dois) forneceram um método digital para registrar os resultados dos experimentos evolutivos. Mais tarde, a evolução das espécies que combinam pensamento racional (Época Três) com um apêndice oposto (o polegar) causou uma mudança fundamental de paradigma da biologia para a tecnologia (Época Quatro). Mais adiante, a mudança de paradigma fundamental que está vindo será a do pensamento biológico para o híbrido, que combina pensamento biológico com não biológico (Época Cinco), que irá incluir processos "inspirados biologicamente", resultado da engenharia reversa de cérebros biológicos.

Examinando o timing dessas épocas, pode-se ver que elas fizeram parte de um processo continuamente acelerado. A evolução das formas de vida precisou de bilhões de anos para seus primeiros passos (células primitivas, DNA) e depois o progresso acelerou. Durante a explosão cambriana, as principais mudanças de paradigma levaram apenas dezenas de milhões de anos. Mais tarde, humanoides desenvolveram-se em um período de milhões de anos, e o *Homo sapiens* em um período de apenas centenas de milhares de anos. Com o advento de uma espécie criadora de tecnologia, o ritmo exponencial ficou rápido demais para evoluir através de sínteses de proteínas guiadas pelo DNA, e a evolução mudou para a tecnologia criada por humanos. Isso não implica que a evolução biológica (genética) não esteja continuando, só que ela deixou de liderar o ritmo em termos de melhorias da ordem (ou da efetividade e eficiência da computação).[16]

Evolução clarividente. Há muitas ramificações das crescentes ordem e complexidade que foram o resultado da evolução biológica e de sua continuação através da tecnologia. Considerem-se os limites da observação. A vida biológica primitiva podia observar eventos locais que estivessem afastados por vários milímetros usando gradientes químicos. Quando os animais com visão evoluíram, eles puderam observar eventos que estavam a quilômetros de distância deles. Com a invenção do telescópio, os humanos puderam ver outras galáxias distantes milhões de anos-luz. Por outro lado, usando microscópios, também puderam ver estruturas do tamanho de uma célula. Hoje, humanos armados com a tecnologia contemporânea, podem ver até a borda do universo visível, uma distância de mais de 13 bilhões de anos-luz, e até partículas subatômicas em escala quântica.

Considere-se a duração da observação. Animais unicelulares podiam lembrar eventos por segundos, baseados em reações químicas. Animais com cérebro podiam lembrar eventos durante dias. Primatas com cultura podiam transmitir informação aos descendentes por várias gerações. Civilizações humanas primitivas com história oral podiam preservar as histórias por centenas de anos. Com o advento da linguagem escrita, a permanência estendeu-se por milhares de anos.

Como um dos muitos exemplos da aceleração do ritmo da mudança paradigmática da tecnologia, foi preciso cerca de meio século para que a invenção do telefone no final do século XIX atingisse níveis significativos de utilização (ver a figura seguinte).[17]

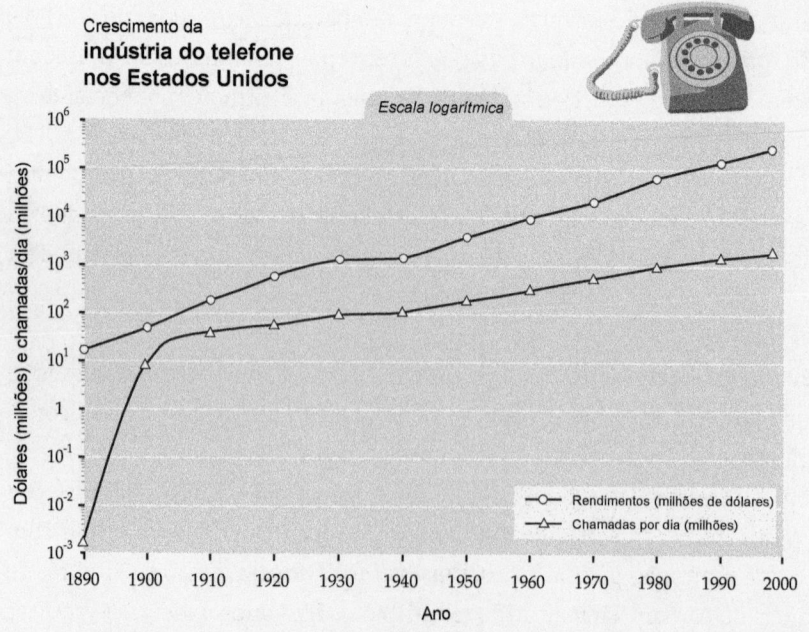

Crescimento da indústria do telefone nos Estados Unidos

Escala logarítmica

Dólares (milhões) e chamadas/dia (milhões)

— Rendimentos (milhões de dólares)
— Chamadas por dia (milhões)

Ano

Em comparação, a adoção do telefone celular no final do século XX levou apenas uma década.[18]

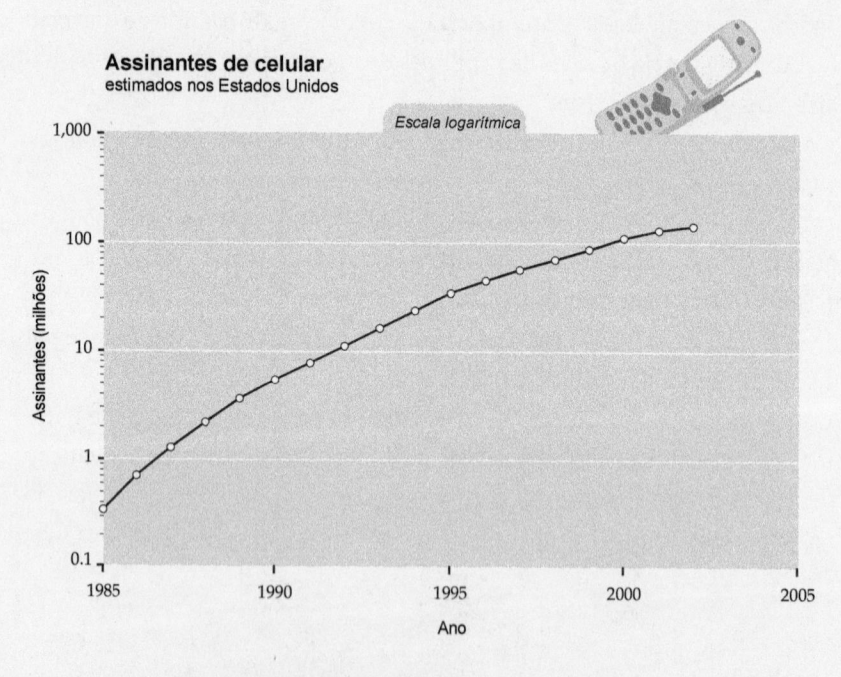

Assinantes de celular
estimados nos Estados Unidos

Escala logarítmica

Assinantes (milhões)

Ano

No geral, vê-se uma aceleração suave no ritmo de adoção das tecnologias de comunicação no século passado.[19]

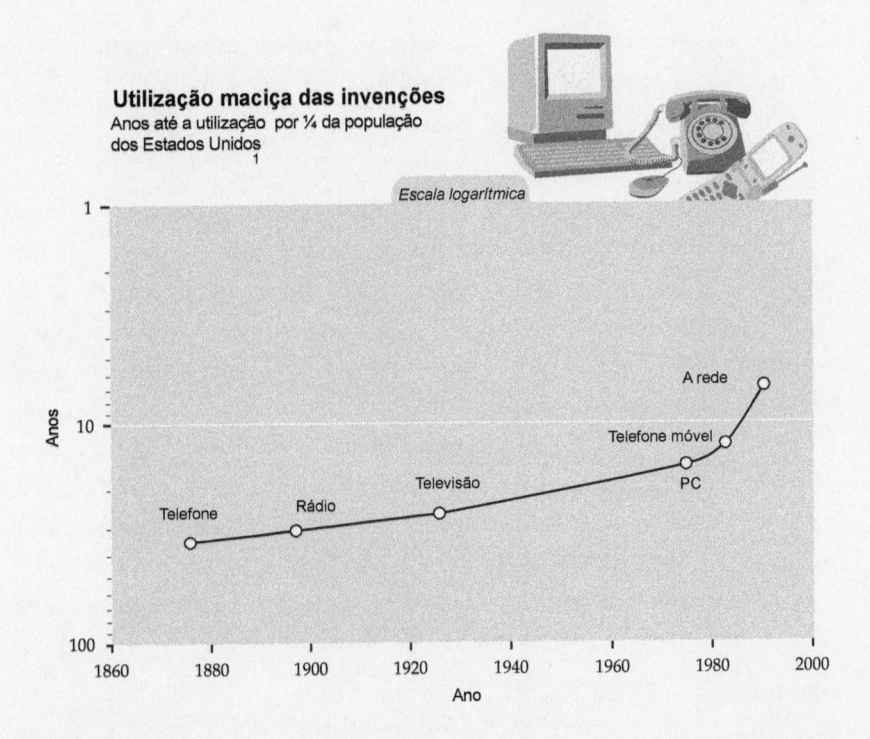

Utilização maciça das invenções
Anos até a utilização por ¼ da população
dos Estados Unidos[1]

Escala logarítmica

Anos / Ano

- Telefone
- Rádio
- Televisão
- PC
- Telefone móvel
- A rede

Conforme foi discutido no capítulo anterior, o ritmo geral de adoção de novos paradigmas, que anda em paralelo com o ritmo do progresso tecnológico, duplica-se atualmente a cada década. Isto é, o tempo para adotar novos paradigmas está diminuindo pela metade a cada década. Nesse ritmo, o progresso tecnológico no século XXI será equivalente (do ponto de vista linear) a duzentos séculos de progresso (no ritmo do progresso em 2000).[20, 21]

A Curva em S de uma tecnologia tal como expressa em seu ciclo de vida

Uma máquina é tão individualizável e brilhante e expressivamente humana como uma sonata de violino ou um teorema de Euclides.
Gregory Vlastos

Há uma distância muito grande do monge calígrafo, trabalhando em silêncio em sua cela, ao brusco "clique, clique" da máquina de escrever moderna, que, em um quarto de século, revolucionou e reformou o mundo dos negócios.
Scientific American, 1905

*Uma tecnologia da comunicação jamais desaparece, mas, em vez disso, torna-se cada
vez menos importante à medida que se expande o horizonte tecnológico.*
Arthur C. Clarke

Sempre conservo em minha mesa uma pilha de livros, que folheio quando acabam minhas ideias, fico inquieto ou então preciso de uma dose de inspiração. Pegando um volume grosso que comprei faz pouco, examino o artesanato do livreiro: 470 páginas finamente impressas organizadas em dezesseis cadernos, todos eles costurados juntos com linha branca e colados sobre um tecido cinzento. As capas duras forradas de linho, estampadas com letras douradas, estão ligadas ao bloco de cadernos por folhas em relevo delicado no começo e no final. Essa é uma tecnologia que foi aperfeiçoada há muitas décadas. Os livros formam um elemento tão integral de nossa sociedade — tanto refletindo quanto dando forma à sua cultura — que é difícil imaginar a vida sem eles. Mas o livro impresso, como qualquer outra tecnologia, não vai viver para sempre.

O ciclo de vida de uma tecnologia

Podem-se identificar sete estágios distintos no ciclo de vida de uma tecnologia.

1. Durante o estágio precursor, existem os pré-requisitos de uma tecnologia, e os sonhadores podem contemplar esses elementos quando se juntam. Contudo, não se considera sonhar o mesmo que inventar, ainda que os sonhos sejam escritos. Leonardo da Vinci desenhou imagens convincentes de aeroplanos e automóveis, mas não se considera que ele tenha inventado algum deles.
2. O estágio seguinte, muito prestigiado em nossa cultura, é a invenção, um estágio muito breve, em alguns aspectos, similar ao processo do nascimento — depois de um longo período de trabalho de parto. Aqui, o inventor mistura curiosidade, habilidades científicas, determinação e em geral um tanto de espetáculo para combinar métodos de nova maneira e trazer ao mundo uma nova tecnologia.
3. O estágio seguinte é o desenvolvimento, em que a invenção é protegida e estimulada por tutores devotados (que podem incluir o inventor original). Muitas vezes esse estágio é mais crucial do que o da invenção, e pode envolver criações adicionais que podem ter um significado maior do que o da própria

invenção. Muitos funileiros construíram à mão carruagens sem cavalos finamente detalhadas, mas foi a inovação de Henry Ford da produção em massa que permitiu que o automóvel criasse raízes e florescesse.

4. O quarto estágio é o da maturidade. Embora continuando a evoluir, a tecnologia agora tem vida própria e se tornou uma parte estabelecida da comunidade. Ela pode ficar tão entrelaçada no tecido da vida que parece, para muitos observadores, que vai durar para sempre. Isso cria um drama interessante quando chega o próximo estágio, que chamo de estágio dos falsos pretendentes.

5. Aqui, um arrivista ameaça eclipsar a tecnologia mais antiga. Seus entusiastas preveem uma prematura vitória. Embora fornecendo alguns benefícios distintos, quando se pensa nela, falta à nova tecnologia algum elemento-chave de funcionalidade ou qualidade. Quando de fato ela falha em deslocar a ordem estabelecida, os conservadores tecnológicos tomam isso como evidência de que a abordagem original vai, sim, viver para sempre.

6. Isso em geral é uma vitória de vida curta para a tecnologia que envelhece. Logo depois, outra nova tecnologia tipicamente tem sucesso em levar ao estágio da obsolescência a tecnologia original. Nessa parte do ciclo de vida, a tecnologia vive sua velhice em um declínio gradual, seu propósito e funcionalidade originais agora reduzidos por um competidor mais ágil.

7. Nesse estágio, que pode compreender de 5% a 10% do ciclo de vida de uma tecnologia, ela finalmente se rende à antiguidade (como fizeram o cavalo e a carruagem, o cravo, o disco de vinil e a máquina de escrever manual).

Em meados do século XIX, havia vários precursores do fonógrafo, incluindo o fonoautógrafo de Léon Scott de Martinville, um dispositivo que registrava as vibrações sonoras com um padrão impresso. Foi Thomas Edison, entretanto, que, em 1877, juntou todos os elementos e inventou o primeiro dispositivo que podia tanto registrar quanto reproduzir o som. Maiores refinamentos eram necessários para que o fonógrafo se tornasse comercialmente viável. Tornou-se uma tecnologia totalmente madura em 1949, quando a Columbia introduziu o disco long-play (LP) de 33 r.p.m. e a RCA Victor introduziu o disco de 45 r.p.m. O falso pretendente foi a fita cassete, introduzida nos anos 1960 e popularizada durante os anos 1970. Os primeiros entusiastas predisseram que o tamanho pequeno e a capacidade de ser regravado iriam tornar obsoleto o disco, relativamente corpulento e fácil de riscar.

Apesar desses benefícios óbvios, falta aos cassetes o acesso aleatório e estão sujeitos à sua própria forma de distorção e não têm fidelidade. O disco compacto (CD) deu o golpe mortal. Com o CD permitindo tanto o acesso aleatório quanto um nível de qualidade próximo aos limites do aparelho auditivo humano, o disco de fonógrafo logo entrou no estágio da obsolescência. Embora ainda sendo produzida, a tecnologia que Edison gerou há quase 130 anos chegou agora à antiguidade.

Considere-se o piano, uma área da tecnologia com que me envolvi pessoalmente com a replicação. No começo do século XVIII, Bartolommeo Cristofori procurava uma maneira de fornecer uma resposta ao toque para o então popular cravo, para que o volume das notas variasse com a intensidade do toque do executante. Chamado de *gravicembalo col piano e forte* ("cravo com suave e forte"), sua invenção não foi um sucesso imediato. Maiores refinamentos, incluindo as ações vienenses de Stein e a ação inglesa de Zumpe, ajudaram a estabelecer o "piano" como o destacado instrumento de teclado por excelência. Ele chegou à maturidade com o desenvolvimento da estrutura completa em ferro fundido, patenteada em 1825 por Alpheus Babcock, e desde então tem visto apenas sutis refinamentos. O falso pretendente foi o piano elétrico do começo dos anos 1980. Ele oferecia uma funcionalidade substancialmente maior. Comparado com o som único do piano acústico, a variante eletrônica oferecia dúzias de sons de instrumentos, sequenciadores que deixavam o usuário tocar toda uma orquestra ao mesmo tempo, acompanhamento automatizado, programas educacionais para ensinar a tocar um teclado e muitas outras características. A única característica que lhe faltava era um som de boa qualidade.

A falha crucial e o resultante fracasso da primeira geração de pianos eletrônicos levaram à conclusão amplamente espalhada de que o piano jamais seria substituído pela eletrônica. Mas a "vitória" do piano acústico não seria permanente. Com sua gama muito maior de características e preço-desempenho, os pianos digitais superaram as vendas de pianos acústicos para os domicílios. Muitos observadores acham que a qualidade do som do "piano" digital agora é igual ou superior à do piano acústico de armário. Com a exceção dos pianos luxuosos de cauda para concertos (uma pequena parte do mercado), a venda de pianos acústicos está declinando.

Das peles de cabra aos downloads

Então onde fica o livro no ciclo tecnológico da vida? Entre seus precursores, havia tabletes de barro mesopotâmios e rolos de papiro egípcios. No segundo século a.C., os Ptolomeus do Egito criaram uma grande biblioteca de rolos em Alexandria e tornaram ilegal a exportação de papiros a fim de desencorajar os competidores.

Aqueles que talvez eram os primeiros livros foram criados por Eumenes II, rei do antigo Pérgamo grego, usando páginas de pergaminho feitas das peles de cabra e ovelhas, que eram costuradas juntas no meio de capas de madeira. Essa técnica permitiu que Eumenes compilasse uma biblioteca igual à de Alexandria. Pela mesma época, os chineses também desenvolveram uma forma rústica de livro feito com tiras de bambu.

O desenvolvimento e maturação de livros envolveram três grandes avanços. A imprensa, experimentada primeiro pelos chineses no século VIII d.C. usando blocos de madeira em relevo, permitiu que os livros fossem reproduzidos em quantidades muito maiores, expandindo seu público além dos governantes e líderes religiosos. De significado ainda maior foi o advento dos tipos móveis, que chineses e coreanos experimentaram no século XI, mas a complexidade dos caracteres asiáticos impediu essas primeiras tentativas de terem pleno sucesso. Johannes Gutenberg, trabalhando no século XV, beneficiou-se da relativa simplicidade do conjunto de caracteres romanos. Ele produziu sua Bíblia, a primeira grande obra totalmente impressa com tipos móveis, em 1455.

Embora tenha havido um fluxo contínuo de melhorias evolutivas no processo mecânico e eletromecânico da impressão, a tecnologia de fazer livros não viu outro salto qualitativo até que estivesse disponível a composição tipográfica feita pelo computador, o que acabou com os tipos móveis. A tipografia é vista hoje como parte do processamento de imagens digital.

Com os livros sendo uma tecnologia totalmente madura, os falsos pretendentes chegaram com a primeira onda de "livros eletrônicos". Como quase sempre acontece, esses falsos pretendentes ofereceram benefícios dramáticos em qualidade e quantidade. Livros eletrônicos baseados em CD-ROM ou memória flash podem fornecer o equivalente a milhares de livros com potentes funções de pesquisa baseada em computador e em navegação pelo conhecimento. Com as enciclopédias baseadas no sistema Weber e em CD-ROM e DVD, posso fazer rápidas pesquisas de palavras usando regras lógicas amplas, coisa que não é possível com a versão em "livro" dos

33 volumes que possuo. Livros eletrônicos podem mostrar imagens que são animadas e que respondem a nossa pergunta. As páginas não estão necessariamente arrumadas em sequência, mas podem ser exploradas através de conexões mais intuitivas.

Como aconteceu com o disco fonográfico e o piano, a essa primeira geração de falsos pretendentes faltava (e ainda falta) uma qualidade essencial do original, que, neste caso, são as soberbas características visuais de papel e tinta. O papel não tremula, enquanto uma tela típica de computador está apresentando sessenta ou mais campos por segundo. Isso é um problema por causa de uma adaptação evolutiva do sistema visual dos primatas. Nós conseguimos ver com alta resolução só uma pequena porção do campo visual. Essa porção, espelhada pela fóvea na retina, está focalizada em uma área de cerca do tamanho de uma única palavra, a uma distância de oito metros e meio. Fora da fóvea, temos muito pouca resolução, mas uma sensibilidade refinada para mudanças de iluminação, habilidade que permitiu que nossos antepassados primitivos detectassem rapidamente um predador que podia estar atacando. O constante tremular de uma tela de computador com *video graphics array* (VGA) é detectado por nossos olhos como movimento, e provoca uma constante oscilação da fóvea. Isso diminui substancialmente a velocidade de ler, razão pela qual ler em uma tela dê menos prazer do que ler um livro impresso. Essa determinada questão foi resolvida com monitores de tela plana, que não tremulam.

Outras questões cruciais incluem contraste — um livro de boa qualidade tem um contraste de tinta com papel de cerca de 120:1; as telas comuns talvez sejam metade disso — e resolução. Texto e ilustrações de um livro representam uma resolução de cerca de seiscentos a mil pontos por polegada (dots per inch — dpi), enquanto telas de computador têm cerca de um décimo disso.

Tamanho e peso de dispositivos computadorizados estão chegando perto daqueles dos livros, mas os dispositivos são ainda mais pesados do que um livro de bolso. Livros de papel também não ficam sem bateria.

Mais importante, há a questão do software disponível, isto é, a enorme base instalada de livros impressos. Cinquenta mil novos livros impressos são publicados por ano nos Estados Unidos e milhões de livros já estão circulando. Estão sendo feitos grandes esforços para escanear e digitalizar materiais impressos, mas vai levar muito tempo para que as bases de dados eletrônicas tenham uma riqueza comparável de material. O maior obstáculo, aqui, é a hesitação compreensível dos editores em tornar disponíveis as versões eletrônicas de seus livros, dado o efeito devastador que o compartilhamento ilegal de dados tem tido na indústria da gravação de música.

Estão surgindo soluções para cada uma dessas limitações. Tecnologias de exibição novas, baratas, têm contraste, resolução, falta de tremulação e ângulo de visão comparáveis a documentos de papel de alta qualidade. Energia de células de combustível para eletrônicos portáteis está sendo introduzida, o que vai deixar os dispositivos eletrônicos com energia por centenas de horas antes da troca de cartucho de combustível. Dispositivos eletrônicos portáteis já são comparáveis ao tamanho e ao peso de um livro de capa dura. A questão primordial será encontrar meios seguros de tornar disponíveis informações eletrônicas. Essa é uma preocupação fundamental para todos os níveis de nossa economia. Tudo — incluindo produtos físicos, uma vez que a fabricação baseada em nanotecnologia torne-se realidade em cerca de vinte anos — está transformando-se em informação.

A Lei de Moore e além

Enquanto uma calculadora do ENIAC está equipada com 18 mil válvulas e pesa trinta toneladas, os computadores do futuro poderão ter só mil válvulas e pesar talvez 1,5 tonelada.

Popular Mechanics, 1949

A ciência da computação diz tanto sobre computadores quanto a astronomia sobre telescópios.

E. W. Dijkstra

Antes de maiores considerações sobre as implicações da Singularidade, vamos examinar a grande gama de tecnologias que estão sujeitas à Lei dos Retornos Acelerados. A tendência exponencial que tem tido o maior reconhecimento do público ficou conhecida como a Lei de Moore. Na metade dos anos 1970, Gordon Moore, inventor proeminente dos circuitos integrados e depois presidente da Intel, observou que transistores em um circuito integrado poderiam ser comprimidos duas vezes mais a cada 24 meses (em meados dos anos 1960, ele tinha calculado esse período em doze meses). Considerando que, consequentemente, os elétrons teriam uma distância menor a percorrer, os circuitos também seriam mais rápidos, dando um impulso adicional à potência geral dos computadores. O resultado é o crescimento exponencial no preço-desempenho da computação. Essa taxa de duplicação — cerca de doze meses — é muito mais rápida do que a taxa de duplicação para a mudança de paradigma antes mencionada, que é de cerca de dez anos. Geralmente o tempo de duplicação para medidas diferentes — preço-desempenho, largura de banda, capacidade — da capacidade da tecnologia da informação é de cerca de um ano.

O impulso fundamental da Lei de Moore é uma redução nos tamanhos dos semicondutores, que se reduzem pela metade a cada 5,4 anos em cada dimensão. (Ver a figura abaixo.) Uma vez que os chips são bidimensionais em funcionalidade, isso quer dizer dobrar o número de elementos por milímetro quadrado a cada 2,7 anos.[22]

Os seguintes gráficos combinam dados históricos com o guia da indústria de semicondutores (International Technology Roadmap for Semiconductors — ITRS — de Sematech), que é projetado até 2018.

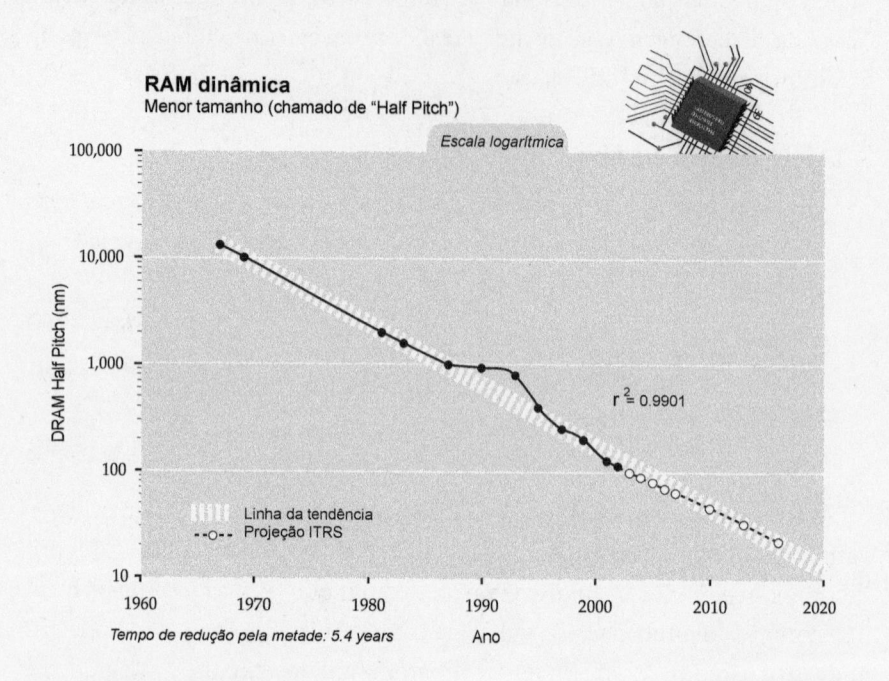

O custo de DRAM (dynamic random access memory — memória de acesso aleatório dinâmico) por milímetro quadrado também se reduziu. O tempo de duplicação para bits de DRAM por dólar tem sido de apenas 1,5 ano.[23]

Uma tendência similar pode ser vista nos transistores. Em 1968, dava para comprar um transistor por um dólar; em 2002, um dólar comprava cerca de 10 milhões de transistores.

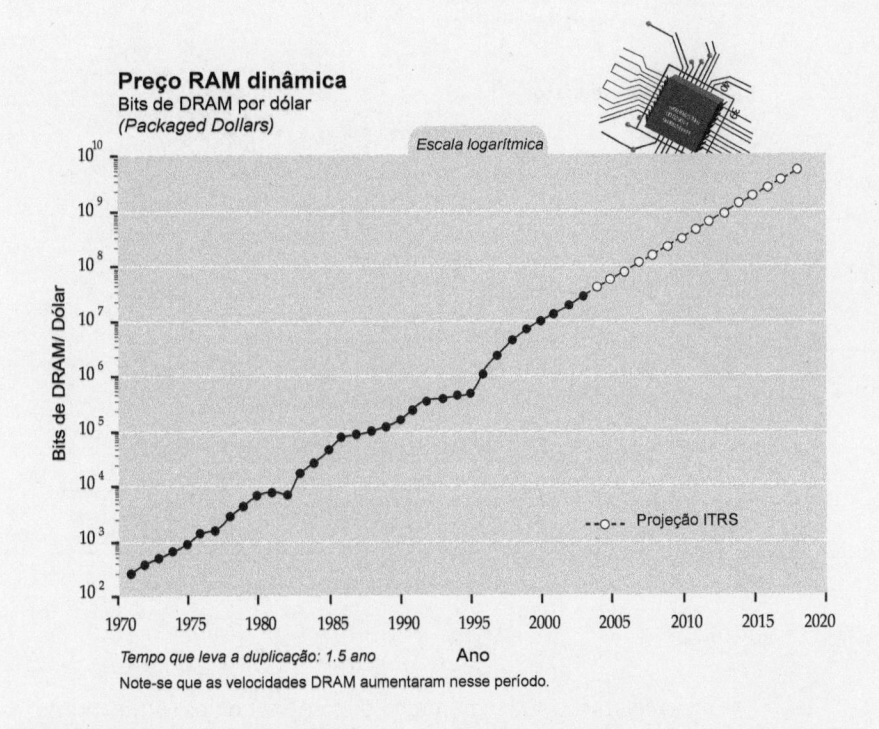

Preço RAM dinâmica
Bits de DRAM por dólar
(Packaged Dollars)

Escala logarítmica

Bits de DRAM/ Dólar

--○-- Projeção ITRS

Tempo que leva a duplicação: 1.5 ano　Ano

Note-se que as velocidades DRAM aumentaram nesse período.

Já que DRAM é um campo especializado que tem visto sua própria inovação, o tempo de dividir pela metade o preço de um transistor comum é ligeiramente mais lento do que o da DRAM, cerca de 1,6 ano (ver figura anterior).[24]

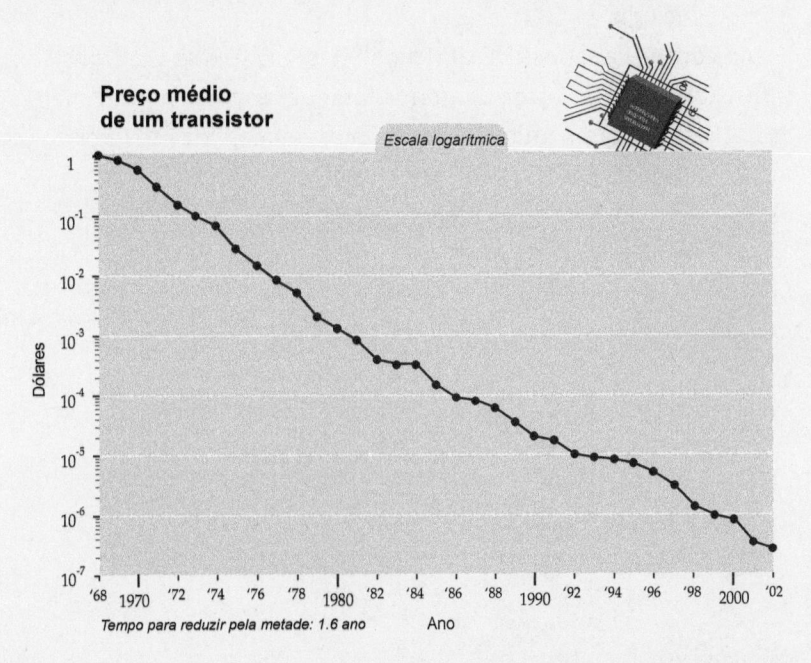

**Preço médio
de um transistor**

Escala logarítmica

Dólares

Tempo para reduzir pela metade: 1.6 ano　Ano

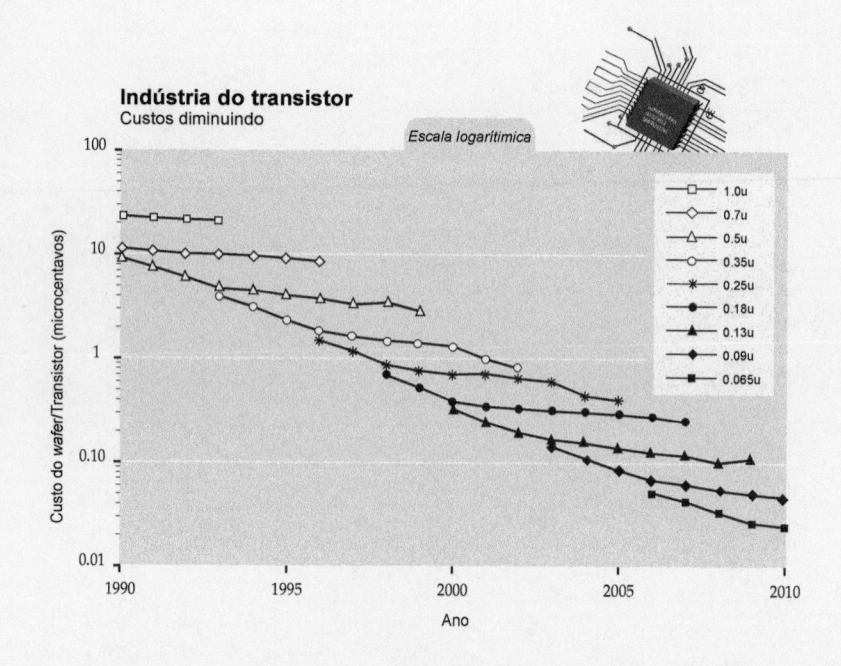

Indústria do transistor
Custos diminuindo

Escala logarítimica

Eixo vertical: Custo do wafer/Transistor (microcentavos)
Eixo horizontal: Ano

Legenda:
- 1.0u
- 0.7u
- 0.5u
- 0.35u
- 0.25u
- 0.18u
- 0.13u
- 0.09u
- 0.065u

Essa notável aceleração suave no preço-desempenho dos semicondutores progrediu através de uma série de estágios de processos de tecnologia (definido por tamanho padrão) para dimensões sempre menores. O tamanho padrão agora mergulha abaixo de cem nanômetros, que é considerado o limite da "nanotecnologia".[25]

Ao contrário da rosa de Gertrude Stein, não é que um transistor é um transistor é um transistor. Conforme foram ficando menores e menos caros, os transistores também tornaram-se mais rápidos por um fator de cerca de mil durante os últimos trinta anos (ver figura abaixo) — de novo porque os elétrons têm uma distância menor a percorrer.[26]

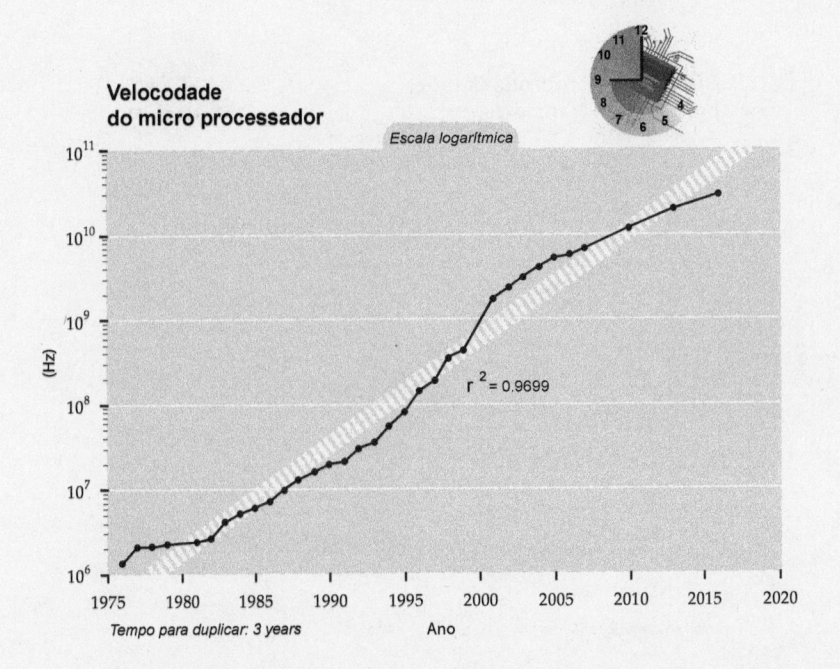

Velocodade do micro processador

Escala logarítmica

Tempo para duplicar: 3 years

Ano

(Hz)

$r^2 = 0.9699$

Combinando as tendências exponenciais para transistores mais baratos e ciclo mais curto, vê-se que, para reduzir à metade o custo por ciclo de transistor, o tempo é de apenas 1,1 ano (ver figura abaixo).[27] O custo por ciclo de transistor é uma medida geral mais acurada do preço-desempenho porque leva em consideração tanto velocidade quanto capacidade. Mas o custo por ciclo do transistor ainda não considera a inovação em níveis mais altos de projeto, (como o projeto de um microprocessador) que melhoram a eficiência do computador.

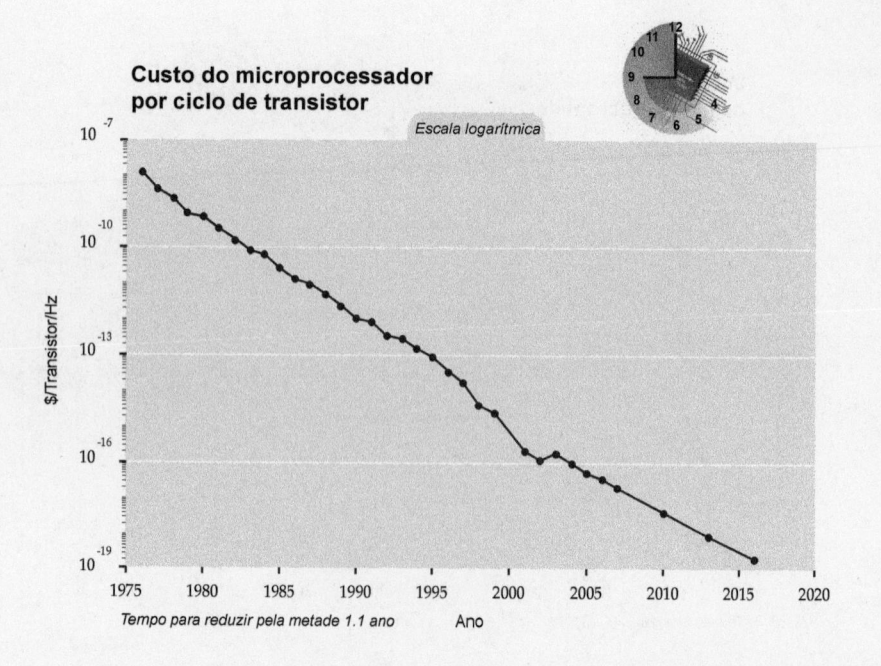

Custo do microprocessador por ciclo de transistor

Escala logarítmica

$\$$/Transistor/Hz

Tempo para reduzir pela metade 1.1 ano

Ano

O número de transistores nos processadores Intel vem dobrando a cada dois anos (ver figura abaixo). Vários outros fatores têm impulsionado o preço--desempenho, incluindo a velocidade, a redução do custo por microprocessador e as inovações nos projetos dos processadores.[28]

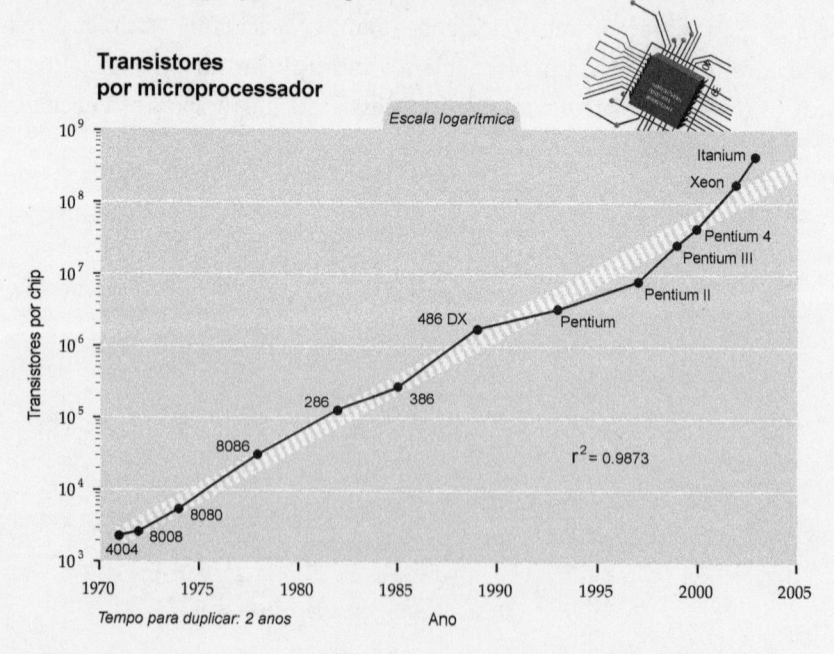

Transistores por microprocessador

Escala logarítmica

Transistores por chip

Itanium
Xeon
Pentium 4
Pentium III
Pentium II
486 DX
Pentium
286
386
8086
8080
8008
4004

$r^2 = 0.9873$

Tempo para duplicar: 2 anos

Ano

O desempenho de processadores em MIPS tem dobrado a cada 1,8 ano por processador (ver figura abaixo). É de notar, também, que o custo por processador também diminui nesse período.[29]

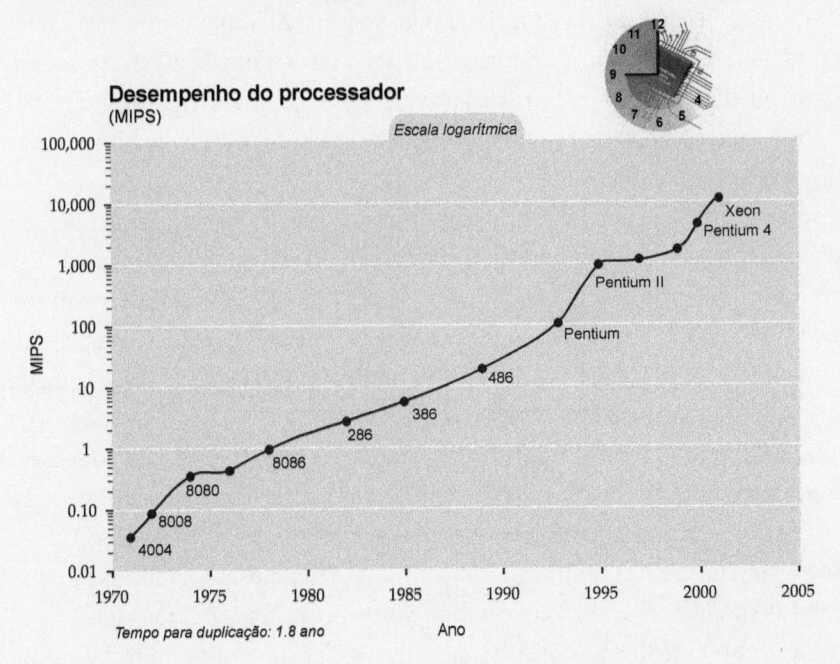

Desempenho do processador
(MIPS)

Escala logarítmica

MIPS — Ano

Pontos: 4004, 8008, 8080, 8086, 286, 386, 486, Pentium, Pentium II, Pentium 4, Xeon

Tempo para duplicação: 1.8 ano

Se eu examinar minhas próprias quatro décadas e mais alguns anos de experiência nessa indústria, posso comparar o computador do MIT que usei quando estudante no final dos anos 1960 a um notebook recente. Em 1967, tive acesso a um IBM 7094 de muitos milhões de dólares, com 32K (36-bit) de memória e um quarto da velocidade de um processador MIPS. Em 2004, usei um computador pessoal de 2 mil dólares com meio milhão de bytes de RAM e uma velocidade de processamento de cerca de 2 mil MIPS. O computador do MIT custava cerca de mil vezes mais, portanto a razão do custo por MIPS é de cerca de 8 milhões para um.

Medida	IBM 7094 c.1967	Notebook c.2004
Velocidade de processamento (MIPS)	0,25	2.000
Memória principal (K bytes)	144	256.000
Custo aproximado (em dólares de 2003	$11.000,00	$2.000

Meu computador mais novo fornece 2 mil MIPS de processamento a um custo que é aproximadamente 224 mais baixo do que o do computador que usei em 1967. São 24 duplicações em 37 anos ou cerca de 18,5 meses por duplicação. O tempo de duplicação diminui ainda mais se se considera o aumento do valor aproximadamente 2 mil vezes maior da RAM, vastos aumentos em armazenamento em disco e o conjunto mais potente de instruções do meu computador de 2004, bem como vastas melhorias na velocidade de comunicação, software mais potente e outros fatores.

Apesar dessa maciça deflação no custo de tecnologias de informação, a demanda mais do que se manteve. O número de bits enviados dobrou a cada 1,1 ano, mais rápido do que o tempo de dividir pela metade em custo por bit, que é de 1,5 ano.[30] Como resultado, a indústria de semicondutores teve um crescimento anual de 18% em total de receitas de 1958 a 2002.[31] Toda a indústria da tecnologia da informação (TI) cresceu de 4,2% do produto interno bruto em 1977 para 8,2% em 1998.[32] A TI torna-se cada vez mais influente em todos os setores econômicos. A parcela de valor contribuída pela tecnologia da informação aumenta rapidamente para a maioria das categorias de produtos e serviços. Até mesmo produtos manufaturados comuns como mesas e cadeiras têm um conteúdo de informação, representado por seus projetos computadorizados e pela programação dos sistemas de estoque-abastecimento e sistemas de fabricação automatizada usados em suas montagens.

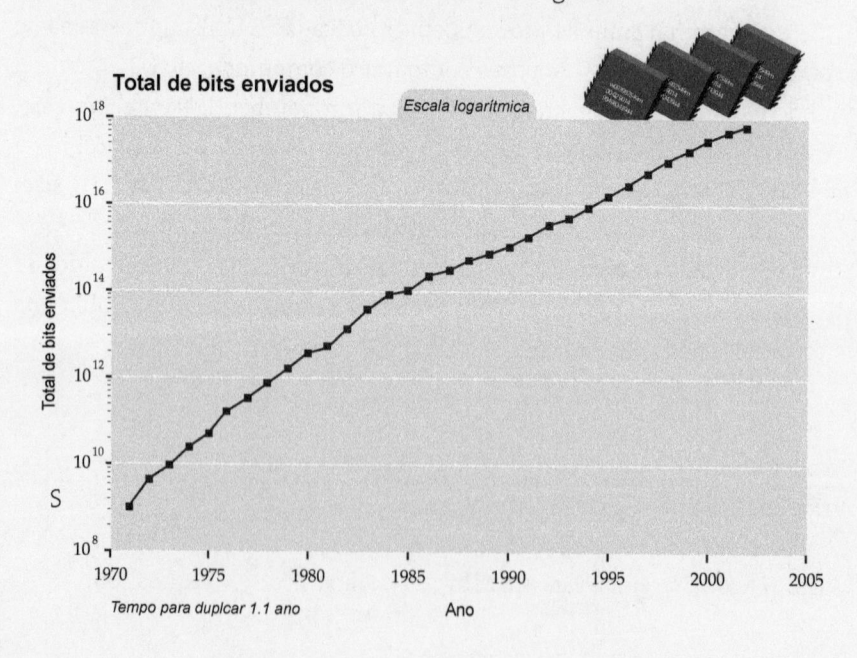

Total de bits enviados

Escala logarítmica

Tempo para duplicar 1.1 ano

Ano

Dobrando (ou dividindo ao meio os tempos)[33]	
RAM dinâmica de tamanho "half-pitch" (tamanho do menor chip)	5, 4 anos
RAM dinâmica (bits por dólar)	1, 5 ano
Preço médio do transistor	1,6 ano
Ciclo de custo-por-transistor de microprocessador	1, 1 ano
Total de bits enviados	1, 1 ano
Desempenho do processador em MIPS	1, 8 ano
Transistores em microprocessadores Intel	2 anos
Velocidade do microprocessador	3 anos

A Lei de Moore: uma profecia autorrealizável?

Alguns observadores têm afirmado que a Lei de Moore não é mais do que uma profecia autorrealizável: que a indústria prevê onde precisa estar em determinado tempo no futuro e organiza sua pesquisa e desenvolvimento de acordo com aquilo. O próprio roteiro escrito pela indústria é um bom exemplo disso.[34] Mas as tendências exponenciais na tecnologia da informação são muito mais amplas do que as cobertas pela Lei de Moore. Pode-se ver o mesmo tipo de tendência em essencialmente qualquer tecnologia ou medida que trate de informação. Isso inclui muitas tecnologias em que uma percepção de aceleração do preço-desempenho não existe e não foi previamente articulada (ver abaixo). Mesmo dentro da própria computação, o crescimento de capacidade por custo unitário é muito mais amplo do que a Lei de Moore sozinha iria prever.

O quinto paradigma[35]

A Lei de Moore na verdade não é o primeiro paradigma dos sistemas computacionais. Pode-se ver isso quando se desenha um gráfico do preço-desempenho — medido por instruções por segundo por milhares de dólares constantes — de 49 famosos sistemas computacionais e computadores que abrangem todo o século XX (ver na sequência).

Os cinco paradigmas do crescimento exponencial da computação: cada vez que um paradigma perde o fôlego, outro assume o ritmo.

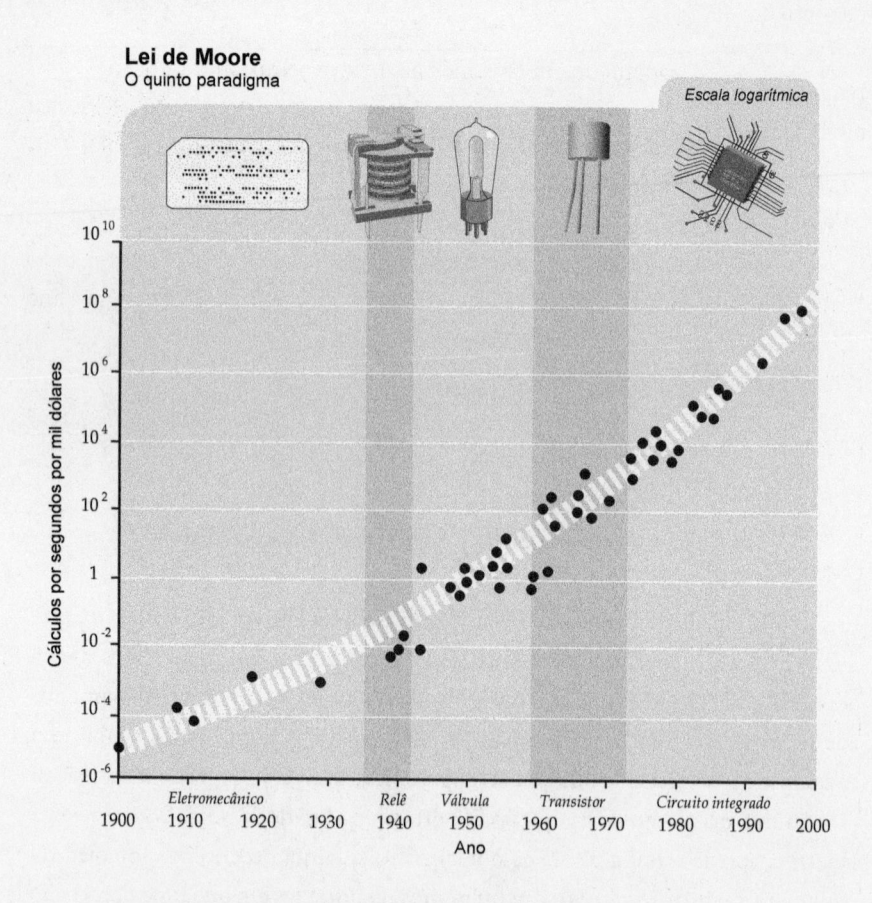

Lei de Moore
O quinto paradigma

Escala logarítmica

Cálculos por segundos por mil dólares (eixo vertical): 10^{10}, 10^8, 10^6, 10^4, 10^2, 1, 10^{-2}, 10^{-4}, 10^{-6}

Eletromecânico — Relê — Válvula — Transistor — Circuito integrado

Ano: 1900, 1910, 1920, 1930, 1940, 1950, 1960, 1970, 1980, 1990, 2000

Como a figura demonstra, houve na verdade quatro paradigmas diferentes — eletromecânico, relês, válvulas e transistores discretos — que mostravam um crescimento exponencial no preço-desempenho da computação bem antes que os circuitos integrados fossem inventados. E o paradigma de Moore não será o último. Quando a Lei de Moore atingir o final de sua curva em S, agora esperado para 2020, o crescimento exponencial continuará com a computação molecular tridimensional, que vai constituir o sexto paradigma.

Dimensões fractais e o cérebro

Note-se que o uso da terceira direção em sistemas computacionais não é uma escolha ou-isto-ou-aquilo, mas um contínuo entre duas e três dimensões. Em termos de inteligência biológica, o córtex humano é, na realidade, bem plano, com apenas seis camadas finas que são dobradas elaboradamente, uma arquitetura que aumenta em muito a área da superfície. Esse dobrar é uma maneira de usar a terceira dimensão. Em sistemas "fractais" (sistemas em que um desenho substituto ou uma regra para dobrar é aplicado iterativamente), estruturas que são dobradas elaboradamente são consideradas como uma dimensão parcial. Nessa perspectiva, a superfície emaranhada do córtex humano representa várias dimensões entre dois e três. Outras estruturas do cérebro, como o cerebelo, são tridimensionais mas abrangem uma estrutura repetitiva que é essencialmente bidimensional. É provável que nossos futuros sistemas computacionais também combinem sistemas que são altamente dobrados bidimensionais com estruturas totalmente tridimensionais.

Note-se que a figura mostra uma curva exponencial em escala logarítmica, indicando dois níveis de crescimento exponencial.[36] Em outras palavras, existe um crescimento exponencial suave e inconfundível na *taxa* do crescimento exponencial. (Uma linha reta em escala logarítmica mostra um crescimento exponencial simples; uma linha que se curva para cima mostra um crescimento exponencial maior-do-que-simples.) Como se pode ver, levou três anos para dobrar o preço-desempenho da computação no começo do século XX, e dois anos no meio, e agora cerca de um ano.[37]

Hans Moravec apresenta a seguinte tabela similar (ver figura abaixo), que utiliza um conjunto diferente, mas que se superpõe, de computadores históricos, e mapeia as linhas de tendência (gradientes) em diversos pontos do tempo. Como acontece com a figura anterior, o gradiente aumenta com o tempo, refletindo o segundo nível de crescimento exponencial.[38]

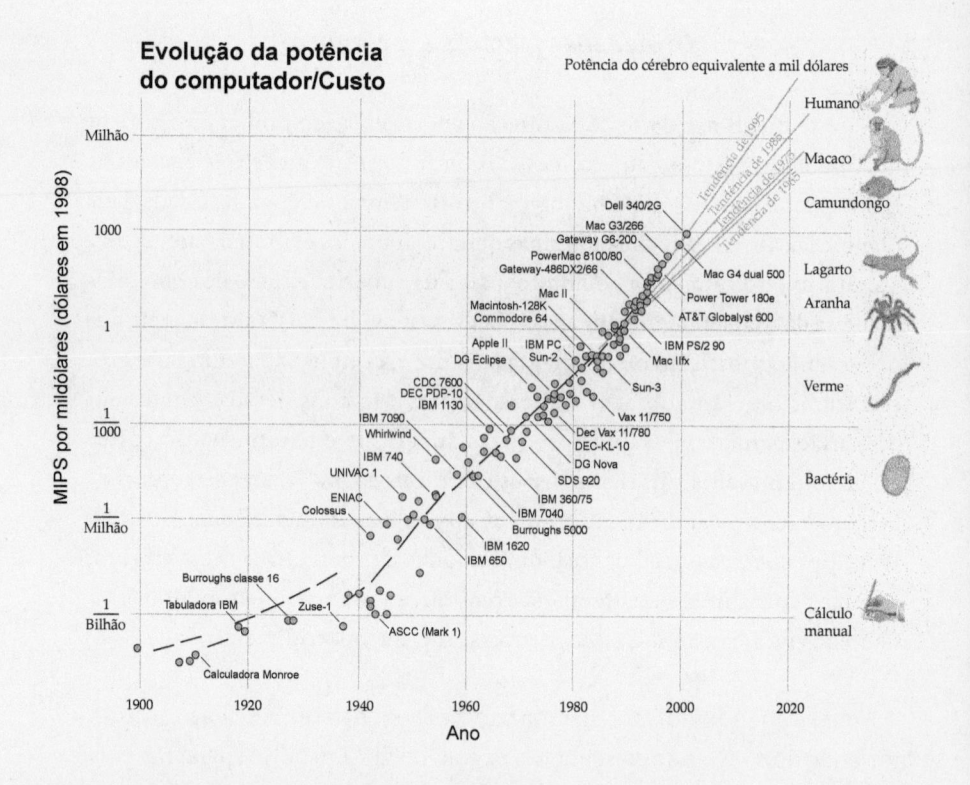

Evolução da potência do computador/Custo

Projetando essas tendências de desempenho dos computadores para este século seguinte, pode-se ver na figura abaixo que os supercomputadores irão igualar a capacidade do cérebro humano no final desta década, e os computadores pessoais irão igualá-la por volta de 2020 — ou talvez mais cedo, dependendo de quão conservadora seja a estimativa da capacidade do cérebro humano que se usa. (Estimativas da velocidade computacional do cérebro humano serão discutidas no próximo capítulo.)[39]

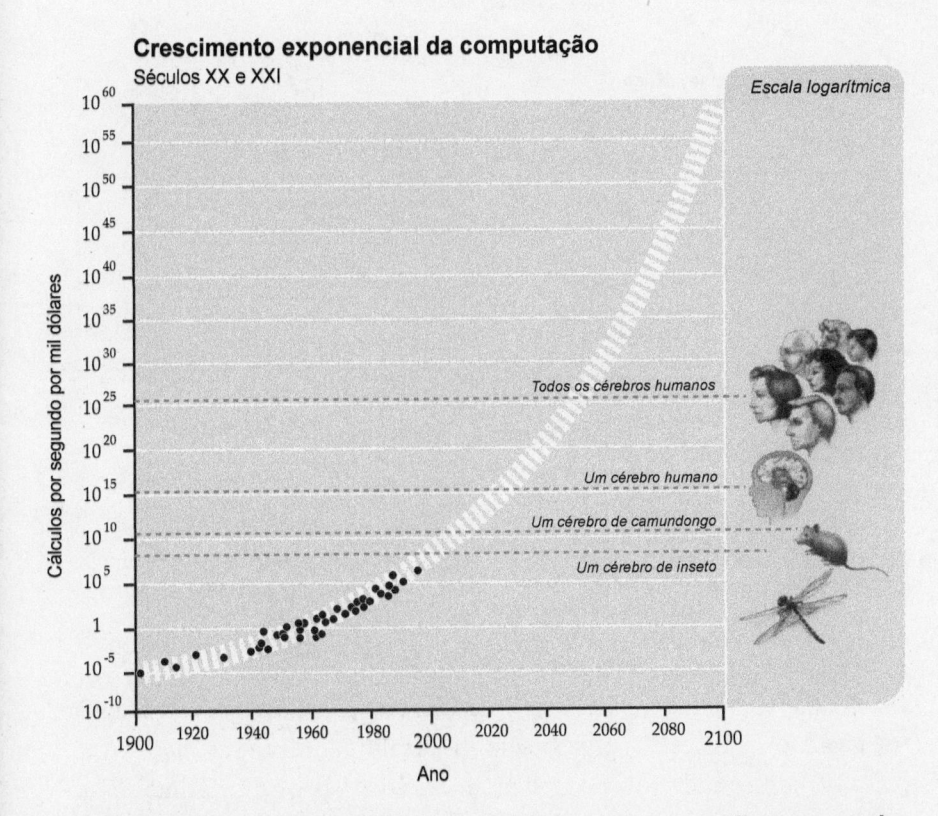

Crescimento exponencial da computação
Séculos XX e XXI

Escala logarítmica

Cálculos por segundo por mil dólares

Todos os cérebros humanos

Um cérebro humano

Um cérebro de camundongo

Um cérebro de inseto

Ano

O crescimento exponencial da computação é um maravilhoso exemplo quantitativo dos retornos que crescem exponencialmente em um processo evolutivo. Podemos expressar o crescimento exponencial da computação em termos de seu ritmo acelerado: foram necessários noventa anos para alcançar os primeiros MIPS por mil dólares; agora acrescentamos um MIPS por mil dólares a cada cinco horas.[40]

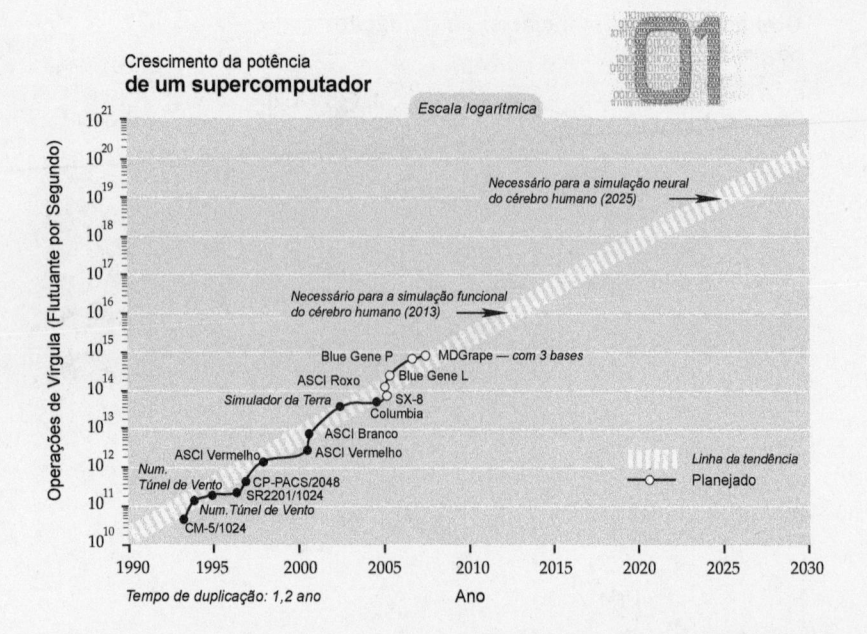

Crescimento da potência de um supercomputador

Escala logarítmica

Operações de Vírgula (Flutuante por Segundo)

Necessário para a simulação neural do cérebro humano (2025)

Necessário para a simulação funcional do cérebro humano (2013)

Blue Gene P — MDGrape — com 3 bases
ASCI Roxo — Blue Gene L
Simulador da Terra — SX-8
Columbia
ASCI Branco
ASCI Vermelho — ASCI Vermelho
Num. Túnel de Vento
CP-PACS/2048
SR2201/1024
Num. Túnel de Vento
CM-5/1024

Linha de tendência
Planejado

Tempo de duplicação: 1,2 ano **Ano**

O supercomputador Blue Gene/P da IBM está planejado para ter 1 milhão de gigaflops (bilhões de operações de vírgula flutuante por segundo), ou 10^{15} cálculos por segundo quando for lançado em 2007.[41] Isso é um décimo dos 10^{16} cálculos por segundo necessários para emular o cérebro humano (ver capítulo seguinte). E se extrapolarmos essa curva exponencial, teremos 10^{16} cálculos por segundo já na próxima década.

Como já foi discutido acima, a Lei de Moore refere-se estritamente ao número de transistores de um circuito integrado de tamanho fixo, e algumas vezes tem sido expressa ainda mais estritamente em termos de tamanho do transistor. Mas a medida mais adequada para acompanhar o preço-desempenho é a velocidade computacional por custo unitário, índice que leva em consideração muitos níveis de "engenhosidade" (inovação, ou seja, evolução tecnológica). Além de todas as invenções envolvidas nos circuitos integrados, há múltiplas camadas de melhoria no projeto de computadores (por exemplo, *pipelining*, processamento paralelo, instruções para previsão do futuro, cache de instrução e memória, e muitos outros).

O cérebro humano usa um processo computacional, por analogia, eletro-químico, muito pouco eficiente, controlado digitalmente. O grosso de seus cálculos é feito nas conexões interneurais na velocidade de apenas cerca de duzentos cálculos por segundo (em cada conexão), o que é pelo menos 1 milhão de vezes mais lento do que circuitos eletrônicos contemporâneos. Mas o cérebro retira seus poderes prodigiosos de sua organização extremamente paralela *em três dimensões*. Há muitas tecnologias nos bastidores que irão construir circuitos em três dimensões, que serão discutidas no próximo capítulo.

Pode-se perguntar se há limites inerentes à capacidade da matéria e energia suportarem processos computacionais. Essa é uma questão importante, mas, como se verá no próximo capítulo, esses limites não serão alcançados até bem tarde neste século. É importante distinguir entre a curva em S, que é característica de qualquer paradigma tecnológico específico, e o crescimento exponencial contínuo que é característico do processo evolutivo contínuo dentro de uma ampla área de tecnologia, como a computação. Paradigmas específicos, como Lei de Moore, acabam atingindo níveis em que o crescimento exponencial não é mais factível. Mas o crescimento da computação supera qualquer paradigma subjacente e é, para os presentes propósitos, um expoente contínuo.

De acordo com a Lei dos Retornos Acelerados, a mudança de paradigma (também chamada de inovação) transforma a curva em S de qualquer paradigma específico em um expoente contínuo. Um novo paradigma, como circuitos tridimensionais, toma posse quando o paradigma velho aproxima-se de seu limite natural, o que já aconteceu pelo menos quatro vezes na história da computação. Em espécies não humanas como macacos, a habilidade para fazer ou usar ferramentas de cada animal caracteriza-se por uma curva em S de aprendizado que termina abruptamente; em compensação, a tecnologia criada pelos humanos tem seguido um padrão exponencial de crescimento e aceleração desde sua origem.

Sequenciamento de DNA, memória, comunicações, a internet e miniaturização

> *A civilização avança ampliando o número de operações importantes que podemos fazer sem pensar nelas.*
>
> Alfred North Whitehead, 1911[42]

> *As coisas agora são mais do que jamais foram antes.*
>
> Dwight D. Eisenhower

A Lei dos Retornos Acelerados aplica-se a toda a tecnologia, na verdade a qualquer processo evolutivo. Ela pode ser mapeada com notável precisão em tecnologias baseadas na informação porque há índices bem definidos (por exemplo, cálculos por segundo por dólar ou cálculos por segundo por grama) para medi-las. Há muitos exemplos do crescimento exponencial implicado pela

Lei dos Retornos Acelerados, em áreas tão variadas como eletrônica de todo tipo, sequenciamento de DNA, comunicações, escaneamento do cérebro, engenharia reversa do cérebro, o tamanho e o objetivo do conhecimento humano e o tamanho da tecnologia que rapidamente diminui. Esta última tendência está diretamente relacionada ao surgimento da nanotecnologia.

A futura idade GNR (Genética, Nanotecnologia, Robótica) (ver capítulo 5) será originada não só pela explosão exponencial da computação, mas, antes, pela interação e por miríades de sinergias que serão o resultado de múltiplos avanços tecnológicos entrelaçados. Como cada ponto da curva do crescimento exponencial subjacente a essa panóplia de tecnologias representa um vívido drama humano de inovação e competição, é notável que esses processos caóticos resultem em tendências exponenciais suaves e previsíveis. Isso não é uma coincidência, mas, sim, um aspecto inerente aos processos evolutivos.

Quando o escaneamento do genoma humano avançou em 1990, os críticos indicaram que, dada a velocidade com que o genoma podia então ser escaneado, iria levar milhares de anos para acabar o projeto. Entretanto o projeto para quinze anos foi completado um pouco antes do prazo, com um primeiro esboço em 2003.[43] O custo do sequenciamento do DNA baixou de cerca de dez dólares por par de bases em 1990 para uns poucos centavos em 2004, e continua a cair rapidamente (ver figura abaixo).[44]

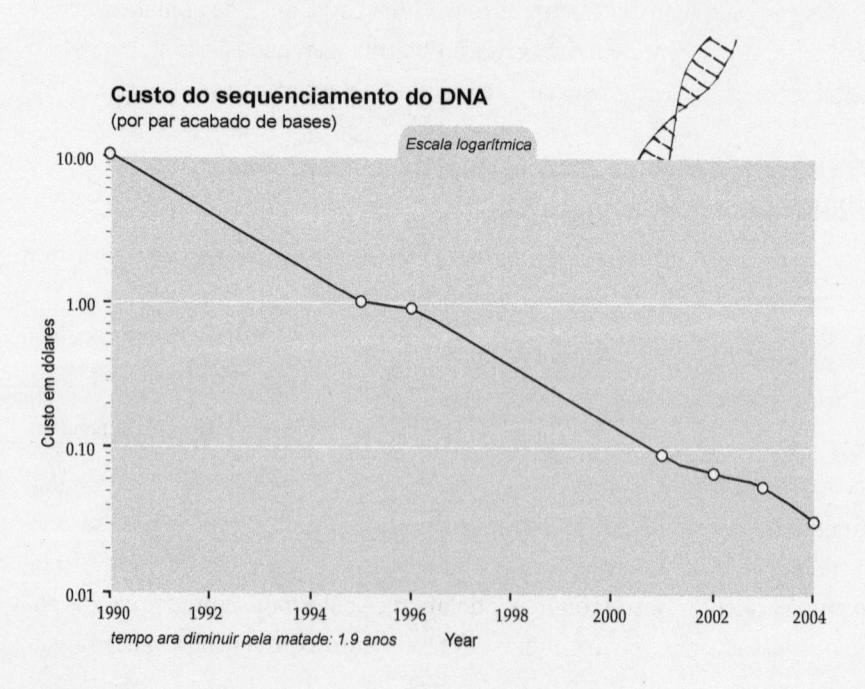

Custo do sequenciamento do DNA
(por par acabado de bases)

Escala logarítmica

Custo em dólares

10.00 — 1.00 — 0.10 — 0.01

1990   1992   1994   1996   1998   2000   2002   2004

tempo ara diminuir pela matade: 1.9 anos   Year

Tem havido um suave crescimento exponencial na quantidade de dados da sequência de DNA que têm sido colhidos (ver figura abaixo).[45] Um recente exemplo dramático dessa capacidade melhorada foi o sequenciamento do vírus da SARS, que levou apenas 31 dias a partir da identificação do vírus quando comparado aos mais de quinze anos para o vírus HIV.[46]

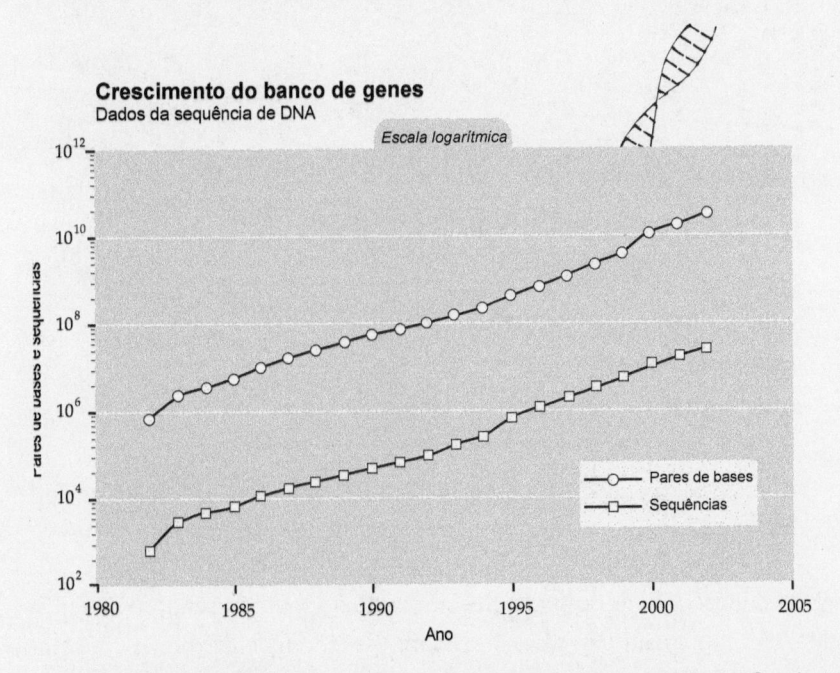

Crescimento do banco de genes
Dados da sequência de DNA

É claro que se espera ver crescimento exponencial em memórias eletrônicas como RAM. Mas note como a tendência nesse gráfico logarítmico (abaixo) move-se suavemente através de diferentes paradigmas de tecnologia: válvula para o transistor discreto para o circuito integrado.[47]

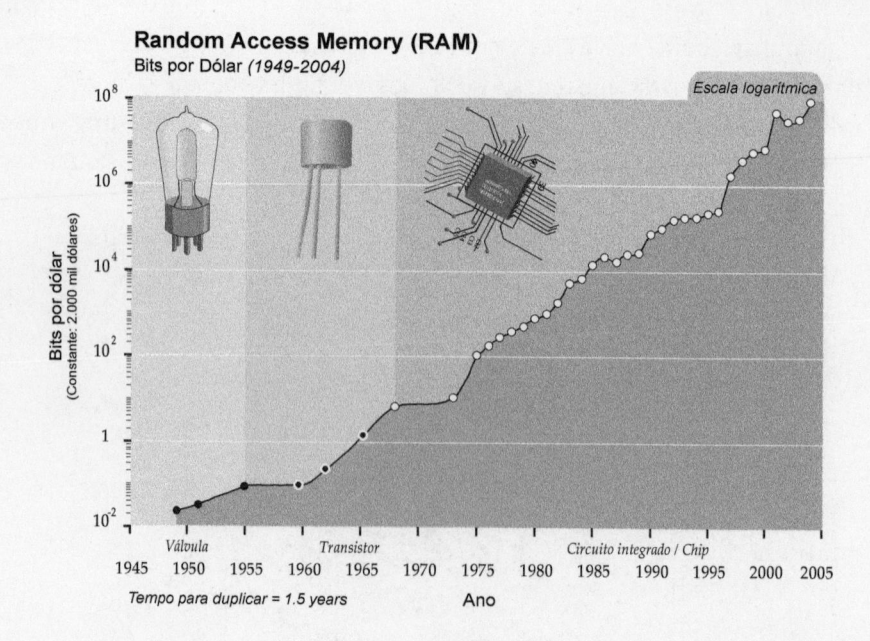

Random Access Memory (RAM)
Bits por Dólar *(1949-2004)*

Escala logarítmica

Bits por dólar (Constante: 2.000 mil dólares)

Válvula · *Transistor* · *Circuito integrado / Chip*

1945 1950 1955 1960 1965 1970 1975 1980 1985 1990 1995 2000 2005

Tempo para duplicar = 1.5 years — Ano

Crescimento exponencial da capacidade da RAM através de mudanças de paradigma.

Mas o crescimento do preço-desempenho da memória magnética (disco rígido) não é um resultado da Lei de Moore. Essa tendência exponencial reflete o imprensar de dados em um substrato magnético, mais do que transistores em um circuito integrado, desafio técnico totalmente diferente que é procurado por engenheiros diferentes e companhias diferentes.[48]

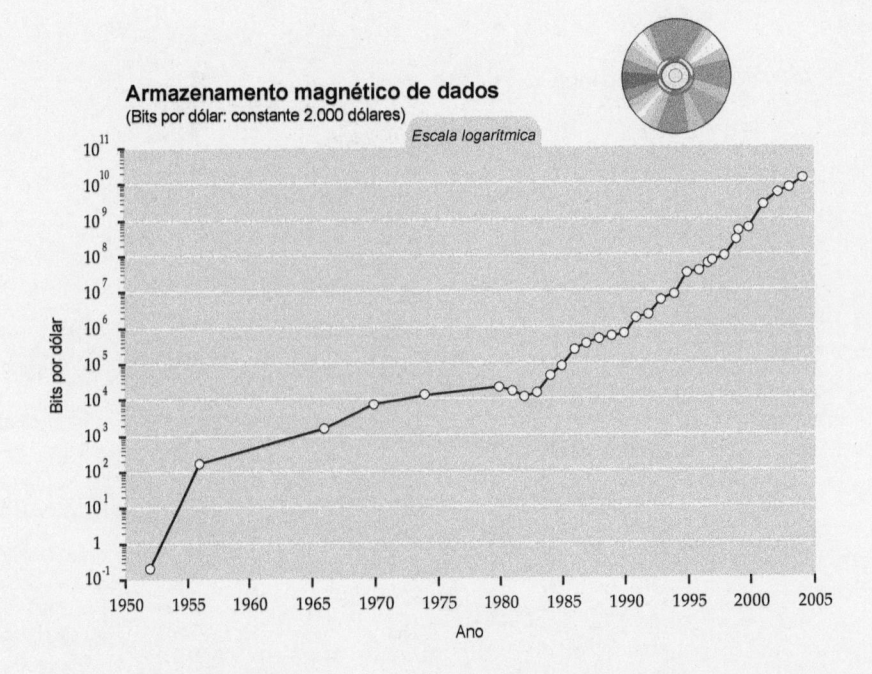

Armazenamento magnético de dados
(Bits por dólar: constante 2.000 dólares)

Escala logarítmica

O crescimento exponencial na tecnologia das comunicações (medidas para comunicar informação; ver a figura abaixo) por muitos anos tem sido ainda mais explosivo do que as medidas de processamento ou memória da computação, e suas implicações não são menos significativas. Novamente, essa progressão envolve muito mais do que apenas constringir transistores em um circuito integrado, mas inclui avanços acelerados de fibras ópticas, comutação óptica, tecnologias eletromagnéticas e outros fatores.[49]

Atualmente, estamos nos distanciando do emaranhado de fios em nossas cidades e em nossas vidas cotidianas através da comunicação sem fio, cuja potência vem dobrando a cada dez a onze meses (ver na próxima figura).

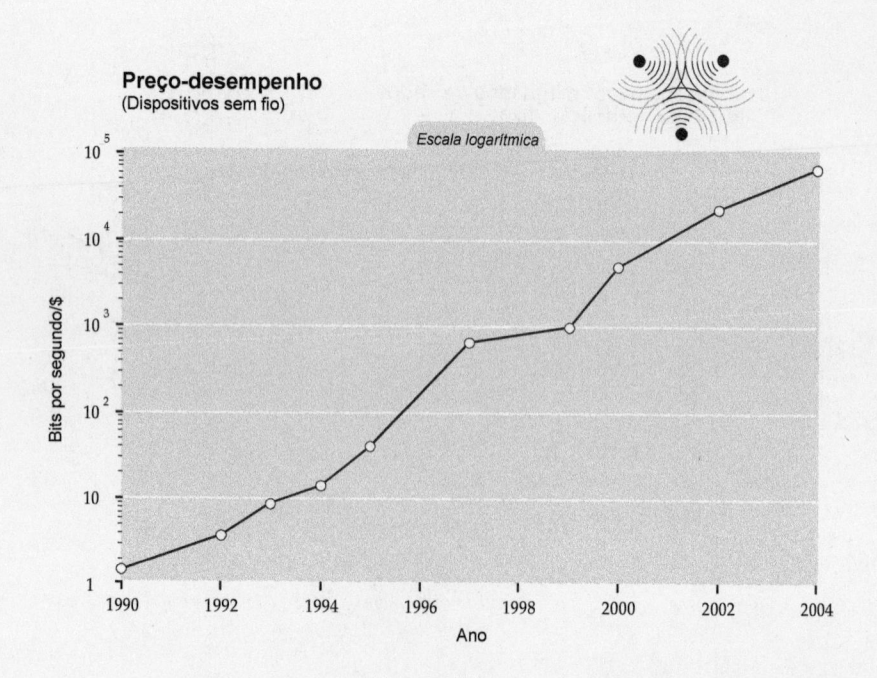

Preço-desempenho
(Dispositivos sem fio)

Escala logarítmica

Eixo vertical: Bits por segundo/$ (10, 10², 10³, 10⁴, 10⁵)

Eixo horizontal: Ano (1990, 1992, 1994, 1996, 1998, 2000, 2002, 2004)

As figuras abaixo mostram o crescimento geral da internet baseado no número de servidores (computadores servidores da web). Esses dois gráficos mapeiam os mesmos dados, mas um está em eixo logarítmico e o outro, em linear. Como já foi discutido, enquanto a tecnologia progride exponencialmente, nossa percepção é que ela está no campo linear. Do ponto de vista da maioria dos observadores, nada acontecia nessa área até meados dos anos 1990, quando, parecendo sair do nada, World Wide Web e e-mail explodiram. Mas o surgimento da internet como fenômeno global era prontamente previsível ao examinar dados exponenciais de tendências no começo dos anos 1980 da Arpanet, precursora da internet.[50]

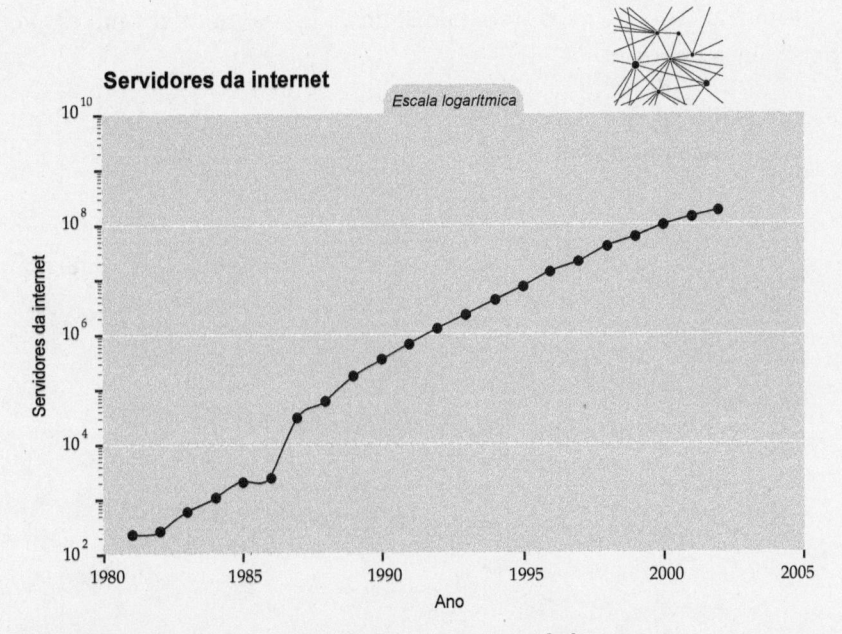

Servidores da internet

Escala logarítmica

Eixo vertical: Servidores da internet — 10^2, 10^4, 10^6, 10^8, 10^{10}

Eixo horizontal: Ano — 1980, 1985, 1990, 1995, 2000, 2005

Esta figura mostra os mesmos dados em uma escala linear.[51]

A explosão da internet parece ser uma surpresa na escala linear, mas era perfeitamente previsível na logarítmica.

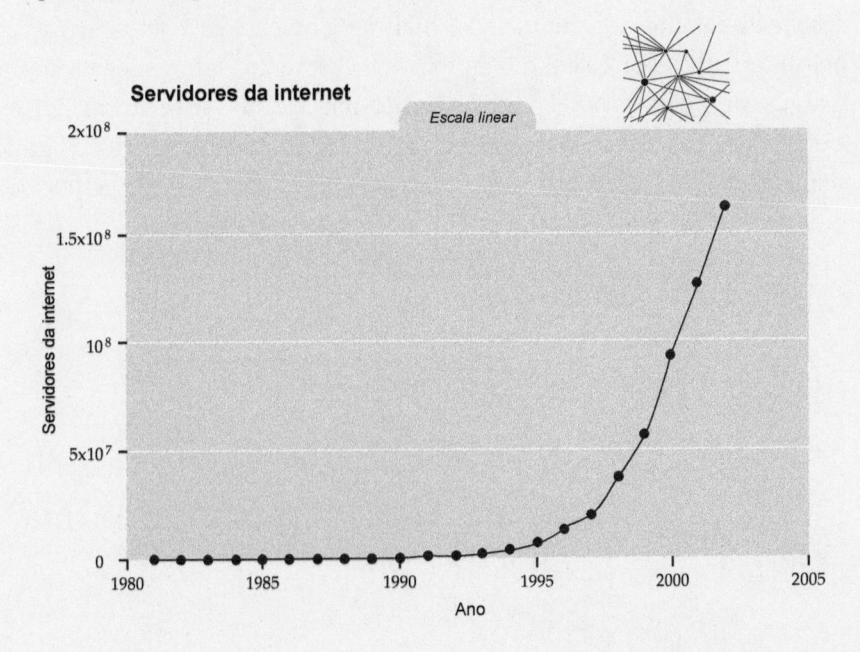

Servidores da internet

Escala linear

Eixo vertical: Servidores da internet — 0, 5×10^7, 10^8, 1.5×10^8, 2×10^8

Eixo horizontal: Ano — 1980, 1985, 1990, 1995, 2000, 2005

Além dos servidores, o tráfego real de dados na internet também vem dobrando a cada ano.[52]

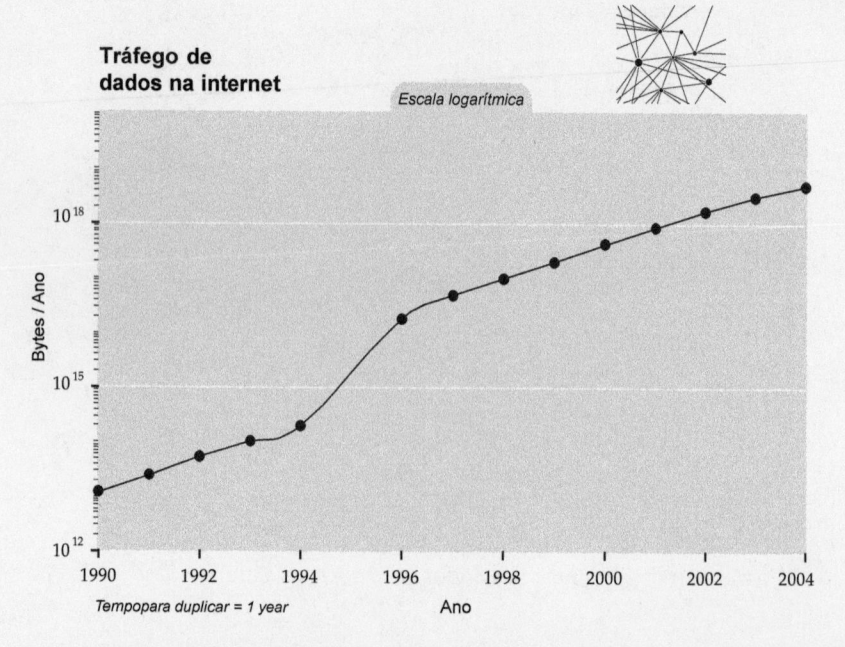

Tráfego de dados na internet

Escala logarítmica

Bytes / Ano

10^{18}

10^{15}

10^{12}

1990 1992 1994 1996 1998 2000 2002 2004

Tempopara duplicar = 1 year   Ano

Para assimilar esse crescimento exponencial, a velocidade de transmissão de dados do *backbone* da internet (como representada pelos canais do *backbone* da comunicação anunciados mais rapidamente e na verdade usados pela internet) cresceu, ela também, exponencialmente. Note-se que na figura "Largura de banda do *backbone* da internet" abaixo, pode-se ver, na realidade, a progressão das curvas em S: a aceleração propiciada por um novo paradigma, seguida por um nivelamento conforme o paradigma perde fôlego, seguido por uma aceleração renovada através da mudança de paradigma.[53]

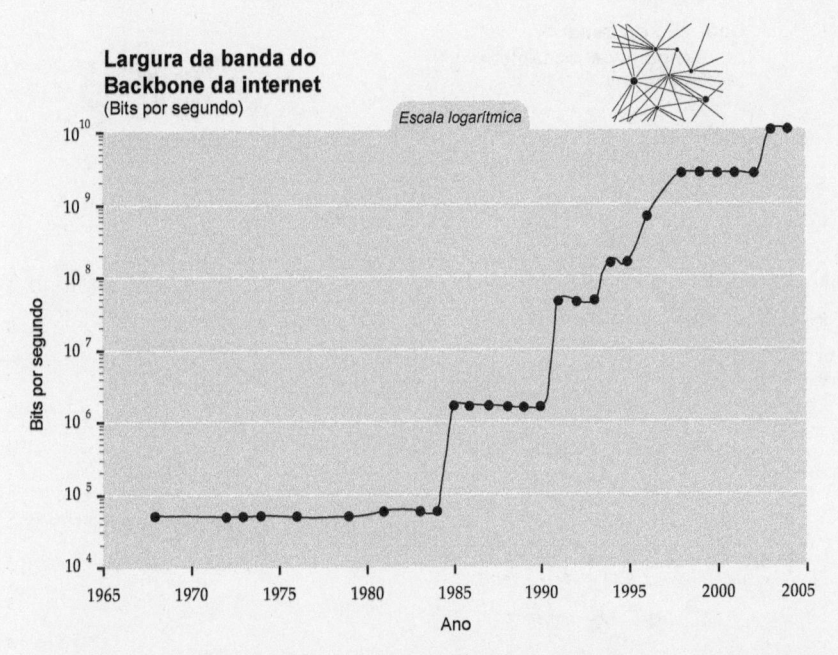

Largura da banda do Backbone da internet
(Bits por segundo)

Escala logarítmica

Bits por segundo

10^{10}
10^{9}
10^{8}
10^{7}
10^{6}
10^{5}
10^{4}

1965 1970 1975 1980 1985 1990 1995 2000 2005

Ano

Outra tendência que terá profundas implicações para o século XXI é o movimento geral na direção da miniaturização. Os tamanhos básicos de uma larga gama de tecnologias, tanto elétricas quanto mecânicas, estão diminuindo e em ritmo exponencial. No momento, a tecnologia está sendo reduzida em tamanho por um fator de cerca de quatro por dimensão linear por década. Essa miniaturização é a força motora por trás da Lei de Moore, mas também é refletida no tamanho de todos os sistemas eletrônicos — por exemplo, armazenamento magnético. Também se pode ver essa redução no tamanho de dispositivos mecânicos, como ilustrada pelo gráfico sobre tamanho.[54]

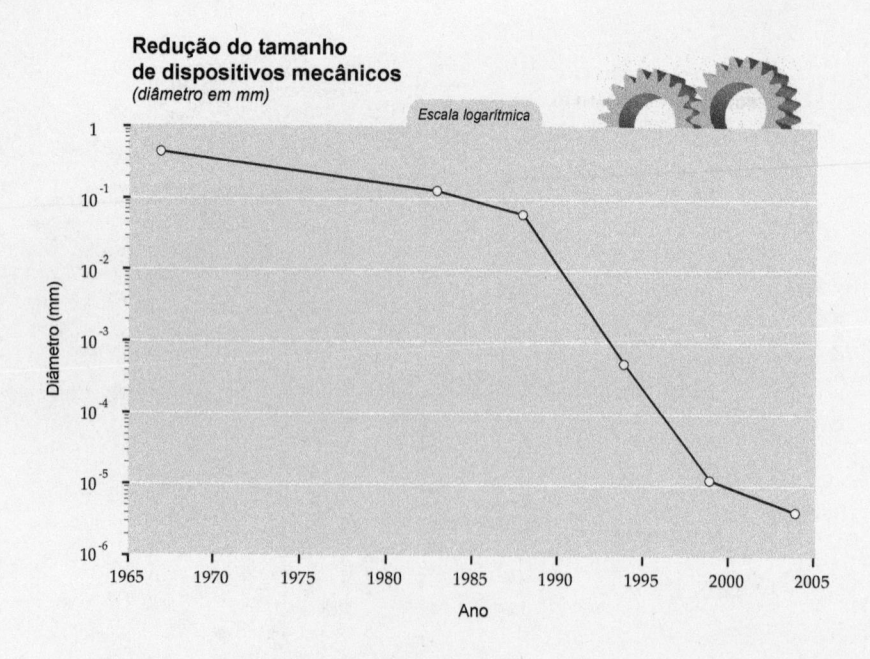

Redução do tamanho de dispositivos mecânicos
(diâmetro em mm)

Escala logarítmica

Diâmetro (mm) / Ano

Enquanto a característica de destaque de uma ampla gama de tecnologias caminha inexoravelmente para perto do campo de multinanômetros (menos do que cem nanômetros — um bilionésimo de metro), ela tem sido acompanhada por um interesse que cresce rápido na nanotecnologia. Citações científicas sobre nanotecnologia têm aumentado significativamente na última década, como se pode notar na figura abaixo.[55]

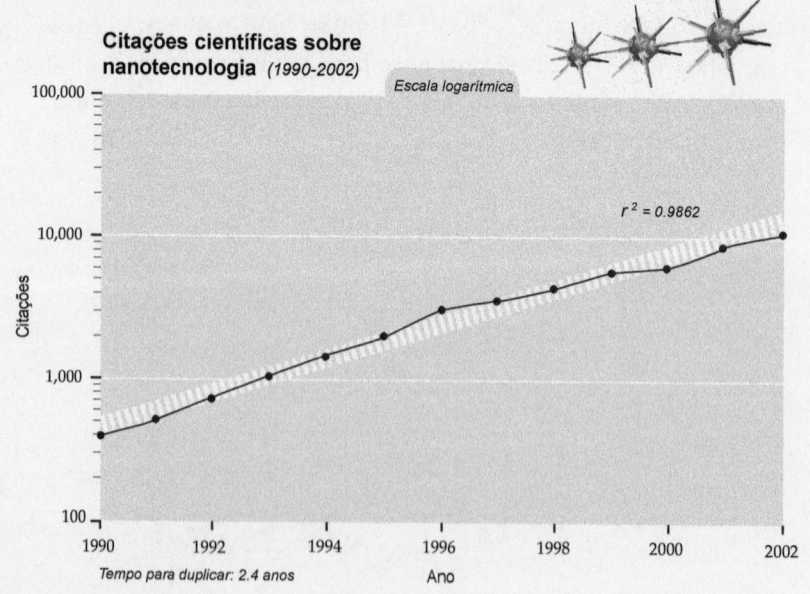

Citações científicas sobre nanotecnologia *(1990-2002)*

Escala logarítmica

$r^2 = 0.9862$

Citações / Ano

Tempo para duplicar: 2.4 anos

Pode-se ver o mesmo fenômeno em patentes relacionadas à nanotecnologia (abaixo).[56]

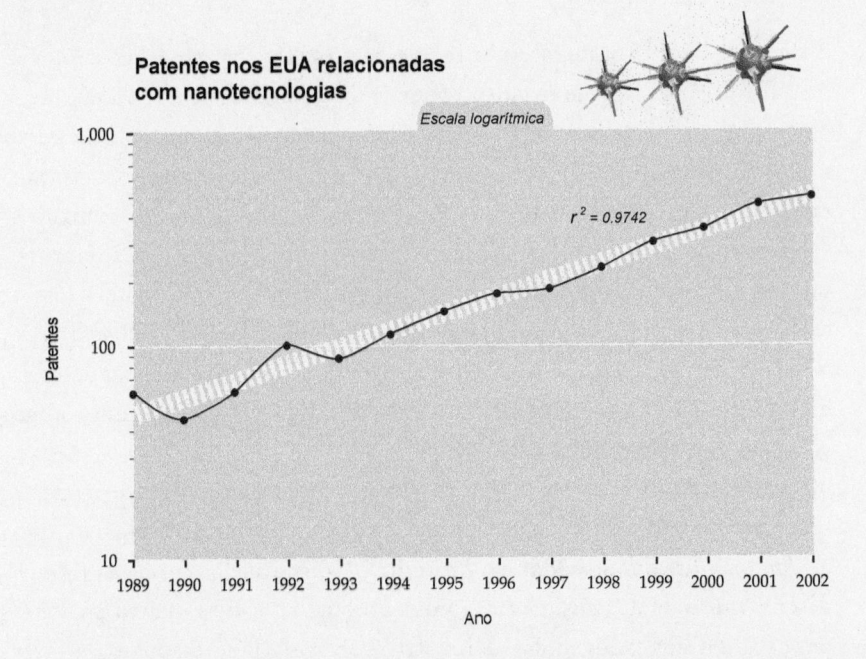

Patentes nos EUA relacionadas com nanotecnologias

Escala logarítmica

$r^2 = 0.9742$

Patentes

Ano

Como se verá no capítulo 5, a revolução genética (ou biotecnologia) está trazendo, para o campo da biologia, a revolução de informações, com seu preço-desempenho e capacidade crescendo exponencialmente. Da mesma forma, a revolução da nanotecnologia vai trazer o cada vez maior domínio da informação para materiais e sistemas mecânicos. A revolução robótica (ou "potente IA") envolve a engenharia reversa do cérebro humano, o que significa chegar a entender a inteligência humana em termos da informação, e depois combinar as resultantes inspirações com cada vez mais potentes plataformas computacionais. Assim, todas as três transformações que se superpõem parcialmente — genética, nanotecnologia e robótica —, e que irão dominar na primeira metade desde século, representam facetas diferentes da revolução da informação.

Informação, ordem e evolução: Os insights de Wolfram e os autômatos celulares de Fredkin

Como já descrito neste capítulo, todo aspecto da informação e da tecnologia da informação cresce em ritmo exponencial. Inerente à nossa expectativa de que a Singularidade aconteça na história humana está a importância geral da informação para o futuro da experiência humana. Vemos informação em todos os níveis da existência. Toda forma de conhecimento humano e expressão artística — projetos e ideias de engenharia e científicos, literatura, música, pinturas, filmes — pode ser expressa como informação digital. Nossos cérebros também funcionam digitalmente, através de pequenos disparos de nossos neurônios. A fiação de nossas conexões interneurais pode ser descrita digitalmente, e o projeto de nossos cérebros é especificado por um código genético digital espantosamente pequeno.[57]

De fato, a biologia inteira opera através de sequências lineares de pares de bases de DNA com dois bits, que, por sua vez, controlam o sequenciamento de apenas vinte aminoácidos em proteínas. Moléculas dão forma a arranjos descontínuos de átomos. O átomo de carbono, com suas quatro posições para formar conexões moleculares, está particularmente apto para criar uma variedade de formas tridimensionais, o que explica seu papel central tanto na biologia quanto na tecnologia. Dentro do átomo, elétrons assumem distintos níveis de energia. Outras partículas subatômicas, como os prótons, compreendem números distintos de quarks de valência. Embora as fórmulas da mecânica quântica sejam expressas em termos tanto de campos contínuos quanto de níveis distintos, sabe-se que níveis contínuos podem ser expressos em qualquer grau desejado de exatidão usando dados binários.[58] Com efeito, a mecânica quântica, como a palavra "quantum" indica, baseia-se em valores discretos.

O físico-matemático Stephen Wolfram apresenta amplas evidências que mostram como a complexidade crescente pode ter origem em um universo que é, em essência, um sistema determinista, algorítmico (um sistema baseado em regras fixas com resultados predeterminados). Em seu livro *A New Kind of Science* [Um novo tipo de ciência], Wolfram apresenta uma análise abrangente de como os processos subjacentes a uma construção matemática chamada de "um autômato celular" tem o potencial de descrever todos os níveis de nosso mundo natural.[59] (Um autômato celular é um mecanismo computacional simples que, por exemplo, altera a cor de cada célula de uma grade, baseado na cor de células adjacentes ou próximas, de acordo com uma regra de transformação.)

Em sua opinião, é factível expressar todos os processos de informação em termos de operações em autômatos celulares, portanto os insights de Wolfram têm a ver com várias questões fundamentais relacionadas com a informação e sua ubiquidade. Wolfram postula que o próprio universo é um gigante computador de autômatos celulares. Em sua hipótese, existe uma base digital para fenômenos aparentemente analógicos (como movimento e tempo) e para as fórmulas de física, e podemos modelar nosso entendimento da física como simples transformações de um autômato celular.

Outros propuseram essa possibilidade. Richard Feynman refletia sobre isso ao considerar o relacionamento da informação com a matéria e a energia. Norbert Wiener foi o arauto de uma mudança fundamental de foco, da energia para a informação, em seu livro de 1948, *Cybernetics* [Cibernética], e sugeriu que a transformação da informação, não da energia, era o alicerce fundamental do universo.[60] Talvez quem primeiro tenha postulado que o universo está sendo computado em um computador digital foi Konrad Zuse em 1967.[61] Zuse é mais conhecido como o inventor do primeiro computador programável que funcionou, desenvolvido por ele de 1935 a 1941.

Proponente entusiástico de uma teoria da física baseada na informação foi Edward Fredkin, que, no começo dos anos 1980, propôs uma "nova teoria da física" baseada na ideia de que o universo, em última análise, é composto de software. Não se deve pensar na realidade como sendo feita por partículas e forças, de acordo com Fredkin, mas, sim, por bits de dados modificados de acordo com as regras de computação.

Fredkin disse, segundo Robert Wright nos anos 1980:

Há três grandes questões filosóficas. O que é a vida? O que é a consciência e o pensamento e a memória e tudo isso? E como funciona o universo? [...] (A) "opinião informacional" abrange todas as três [...]. Quero dizer que, no nível mais básico de complexidade, um processo informacional gera o que pensamos como sendo a física. No nível mais alto de complexidade, vida, DNA — você sabe, as funções bioquímicas — são controladas por um processo digital de informação. Então, em outro nível, nossos processos de pensar são basicamente processamento de informações [...]. Encontro as evidências que sustentam minha opinião em 10 mil lugares diferentes

[...] e, para mim, é totalmente impressionante. É como quando existe um animal que quero achar. Encontrei suas pegadas. Encontrei seu excremento. Encontrei a comida mastigada pela metade. Encontro pedaços de sua pele, e assim por diante. Em todos os casos, isso serve para um tipo de animal, e este não é como qualquer outro animal que alguém tenha visto. As pessoas dizem: Onde está esse animal? Eu digo: Bem, ele estava aqui, ele tem mais ou menos este tamanho, isto, aquilo etc. E conheço mil coisas sobre ele. Eu não o tenho à mão, mas sei que está aqui [...]. O que eu vejo é tão irrefutável que não pode ser fruto da minha imaginação.[62]

Comentando a teoria da física digital de Fredkin, Wright escreve:

Fredkin [...] está falando de uma característica interessante de alguns programas de computador, incluindo muitos autômatos celulares: não há atalho para descobrir para onde nos levam. Esta é, de fato, uma diferença básica entre a abordagem "analítica", associada à matemática tradicional, incluindo equações diferenciais, e a abordagem "computacional", associada a algoritmos. Pode-se prever um futuro estágio de um sistema suscetível à abordagem analítica sem resolver quais estágios ele vai ocupar entre agora e então, mas, no caso de muitos autômatos celulares, deve-se passar por todos os estágios intermediários para descobrir como será o fim: não há maneira de conhecer o futuro sem que se observe como ele se desenvolve [...]. Fredkin explica: "Não há maneira de saber a resposta de alguma pergunta mais rápido do que aquilo que está acontecendo". Fredkin acredita que o universo é, literalmente, um computador, e que está sendo usado por alguém, ou alguma coisa, para resolver um problema. Parece uma piada de notícias boas/notícias ruins: a notícia boa é que nossas vidas têm uma finalidade; a notícia ruim é que essa finalidade é ajudar algum hacker distante a calcular o valor de pi até 9 zilhões de casas decimais.[63]

Fredkin continuou mostrando que, embora a energia seja necessária para armazenar e recuperar informações, pode-se reduzir arbitrariamente a energia necessária para desempenhar qualquer exemplo de processamento de informações, e essa operação não tem limite inferior.[64] Isso implica que a informação, mais do que a matéria e a energia, pode ser considerada como a realidade mais fundamental.[65] Voltarei ao insight de Fredkin em relação ao limite inferior extremo de energia necessário para a computação e a comunicação no capítulo 3, já que isso pertence, em última análise, à potência da inteligência no universo.

Wolfram constrói sua teoria basicamente sobre um insight único e unificado. A descoberta que deixou Wolfram tão empolgado é uma simples regra que ele chama de regra 110 sobre autômatos celulares e seu comportamento. (Há algumas outras regras interessantes sobre autômatos, mas a regra 110 esclarece bastante bem a questão.) A maioria das análises de Wolfram trata de autômatos celulares mais simples possíveis, especificamente os que envolvem apenas uma linha unidimensional de células, duas cores possíveis (branco e preto) e regras baseadas só nas duas células imediatamente adjacentes. Para cada transformação, a cor de uma célula depende só de sua própria cor anterior e da cor da célula à direita e a da célula à esquerda. Portanto, há oito situações possíveis de entrada de dados (ou seja, três combinações de duas cores). Cada regra relaciona todas as combinações dessas oito situações de entrada de dados a uma saída (branca ou preta). Portanto, há 2^8 (256) regras possíveis para um autômato celular adjacente, unidimensional, bicolor. Metade das 256 regras possíveis relaciona-se com a outra metade por causa da simetria direita-esquerda. Pode-se, de novo, relacionar a metade deles por causa da equivalência preto/branco, portanto sobram 64 tipos de regras. Wolfram ilustra a ação desses autômatos com padrões bidimensionais em que cada linha (ao longo do eixo y) representa uma geração subsequente ao aplicar a regra a todas as células dessa linha.

A maioria dessas regras está corrompida, isto é, elas criam padrões repetitivos sem interesse, como células de uma única cor ou um padrão xadrez. Wolfram chama essas regras de autômatos classe 1. Algumas regras produzem faixas arbitrariamente espaçadas que ficam estáveis, e Wolfram as classifica como classe 2. As regras de classe 3 são um pouco mais interessantes, já que figuras reconhecíveis (como triângulos) aparecem em ordem essencialmente aleatória no padrão resultante.

Entretanto, foram os autômatos de classe 4 que deram origem à experiência "aha", que resultou em Wolfram dedicar uma década ao tópico. Autômatos de classe 4, de que a regra 110 é o exemplo por excelência, produzem padrões surpreendentemente complexos que não se repetem. Neles, podem-se ver artefatos como linhas em vários ângulos, agregação de triângulos e outras configurações interessantes. O padrão resultante, entretanto, não é nem regular, nem totalmente aleatório, parece ter alguma ordem, mas jamais é previsível.

Regra 110

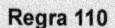

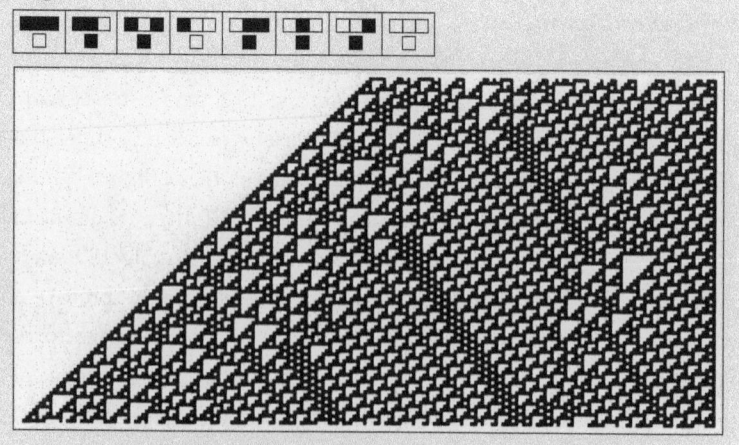

Porção da imagem gerada pela Regra 110

Por que isso é importante ou interessante? Lembre que começamos com o ponto de partida mais simples possível: uma única célula preta. O processo envolve a aplicação repetitiva de uma regra muito simples.[66] Desse processo repetitivo e determinista, poderia ser esperado um comportamento repetitivo e previsível. Aqui há dois resultados surpreendentes. Um é que os resultados produzem um aparente imprevisto. Mas os resultados são mais interessantes do que a pura imprevisibilidade, que, ela mesma, iria ficar entediante muito rápido. Há aspectos discerníveis e interessantes nos desenhos produzidos, de modo que o padrão tem alguma ordem e inteligência aparente. Wolfram inclui vários exemplos dessas imagens, muitas bem agradáveis de olhar.

Wolfram enfatiza repetidamente o seguinte ponto: "Sempre que se encontra um fenômeno que parece complexo, é quase certeza de que o fenômeno deve ser resultado de algum mecanismo subjacente, que é, ele mesmo, complexo. Mas minha descoberta de que programas simples conseguem produzir grande complexidade deixa claro que aquilo não está correto".[67]

Na verdade, acho o comportamento da regra 110 bem agradável. Além disso, a ideia de que um processo completamente determinista possa ter resultados que são completamente imprevisíveis é muito importante, já que dá uma explicação para como o mundo pode ser inerentemente imprevisível enquanto ainda está baseado em regras totalmente deterministas.[68] Entretanto, não fico totalmente surpreso com a ideia de que mecanismos simples possam ter resultados mais complicados do que suas condições iniciais. Já se viu esse fenômeno em fractais, caos e teoria da complexidade, e sistemas que se auto-organizam (como redes neurais e modelos de Markov), que começam com redes simples mas se organizam para produzir comportamento aparentemente inteligente.

Em um nível diferente, pode-se ver isso no próprio cérebro humano, que começa com cerca de 30 a 100 milhões de bytes de especificação no genoma comprimido, mas acaba com uma complexidade que é cerca de 1 bilhão de vezes maior.[69]

Também não é de espantar que um processo determinista possa produzir resultados aparentemente aleatórios. Já se viu geradores de números aleatórios (por exemplo, a função "randomizante" no programa Mathematica de Wolfram) que usam processos deterministas para produzir sequências que passam nos testes estatísticos de aleatoriedade. Esses programas datam dos primeiros dias do software de computador, como as primeiras versões do Fortran. Contudo, Wolfram fornece, sim, uma base teórica rigorosa para essa observação.

Wolfram então descreve como simples mecanismos computacionais podem existir na natureza em diferentes níveis, e mostra que esses mecanismos simples e deterministas podem produzir toda a complexidade que vemos e vivemos. Ele dá muitos exemplos, como o agradável desenho da pigmentação nos animais, o formato e as marcas nas conchas, e os padrões de turbulência (como o comportamento da fumaça no ar). Ele ressalta que a computação é essencialmente simples e ubíqua. A aplicação repetitiva de transformações computacionais simples, de acordo com Wolfram, é a verdadeira fonte da complexidade do mundo. Minha opinião é de que isso só está parcialmente correto. Concordo com Wolfram que a computação está toda em volta de nós e que alguns dos padrões que vemos são criados pelo equivalente aos autômatos celulares. Mas a pergunta-chave que se deve fazer é esta: *Precisamente, quão complexos são os resultados dos autômatos de classe 4?*

Wolfram de fato desvia-se da questão dos graus de complexidade. Concordo que um padrão corrompido como um tabuleiro de xadrez não tem complexidade. Wolfram também reconhece que a mera aleatoriedade não representa complexidade, porque a pura aleatoriedade também se torna previsível em sua pura falta de previsibilidade. É verdade que os aspectos interessantes dos autômatos de classe 4 não são nem repetitivos, nem puramente aleatórios, de modo que concordo que eles são mais complexos do que os resultados produzidos por outras classes de autômatos.

Entretanto, apesar de tudo, existe um limite definido para a complexidade produzida pelos autômatos de classe 4. As muitas imagens desses autômatos no livro de Wolfram têm todas aspecto similar e, embora não sejam repetitivas, são interessantes (e inteligentes) apenas até um certo ponto. Além disso, elas não continuam evoluindo para algo mais complexo, nem desenvolvem novos tipos de características. Pode-se fazer funcionar esses autômatos por trilhões ou mesmo trilhões de trilhões de iterações e a imagem iria permanecer no mesmo nível limitado de complexidade. Elas não evoluem para, digamos, insetos ou humanos ou prelúdios de Chopin ou qualquer outra coisa que se possa considerar como de maior ordem de complexidade do que as faixas e os triângulos que se misturam apresentados nessas imagens.

Complexidade é um continuum. Aqui, defino "ordem" como "informação que serve a um propósito".[70] Um processo totalmente previsível tem zero de ordem. Um alto nível de informação sozinho também não implica necessariamente um alto nível de ordem. Um catálogo telefônico tem muita informação, mas o nível da ordem dessa informação é bem baixo. Uma sequência aleatória é essencialmente informação pura (pois não é previsível), mas não tem ordem. O produto dos autômatos de classe 4 tem um certo nível de ordem e ele sobrevive como outros padrões infatigáveis. Mas o padrão representado por um ser humano tem um nível muito mais alto de ordem e de complexidade.

Seres humanos preenchem um propósito muito exigente: eles sobrevivem em um nicho ecológico desafiador. Seres humanos representam uma hierarquia extremamente intrincada e elaborada de outros padrões. Wolfram considera que quaisquer padrões que combinam alguns aspectos reconhecíveis e elementos imprevisíveis são de fato equivalentes entre si. Mas ele não mostra como um autômato de classe 4 pode jamais aumentar sua complexidade, que dirá transformar-se em um padrão tão complexo quanto um ser humano.

Há um elo perdido aqui, um que iria esclarecer como se chega dos padrões interessantes, mas em última análise rotineiros de um autômato celular, à complexidade de estruturas constantes que demonstram níveis mais altos de inteligência. Por exemplo, esses padrões de classe 4 não são capazes de resolver problemas interessantes, e nenhuma quantidade de iteração os deixará mais perto de fazer isso. Wolfram iria argumentar que um autômato de regra 110 poderia ser usado como um "computador universal".[71] Entretanto, por si mesmo, um computador universal não é capaz de resolver problemas inteligentes sem o que se chamaria de "software". É a complexidade do software que opera um computador universal que é exatamente a questão.

Pode-se ressaltar que padrões de classe 4 resultam dos autômatos celulares mais simples possíveis (unidimensionais, duas cores, *]*). O que acontece ao aumentar a dimensionalidade — por exemplo, usando múltiplas cores ou mesmo generalizando esses autômatos celulares distintos para funções contínuas? Wolfram trata de tudo isso minuciosamente. Os resultados produzidos por autômatos mais complexos são essencialmente os mesmos dos muito simples. Obtêm-se os mesmos tipos de padrões interessantes, mas, em última análise, bem limitados. Wolfram faz a curiosa observação de que não é preciso usar regras mais complexas para obter complexidade no produto final. Mas eu faria a observação contrária de que não podemos aumentar a complexidade do resultado final através de regras mais complexas ou maior iteração. Portanto, os autômatos celulares só nos levam até certo ponto.

A inteligência artificial pode evoluir a partir de regras simples?

Então como se chega desses padrões interessantes, mas limitados, àqueles dos insetos ou humanos ou prelúdios de Chopin? Um conceito que deve ser considerado é o conflito — ou seja, a *evolução*. Acrescentando outro conceito simples — um algoritmo evolucionista — aos autômatos celulares simples de Wolfram, começa-se a obter resultados muito mais empolgantes e mais inteligentes. Wolfram diria que autômatos de classe 4 e um algoritmo evolucionista são "equivalentes computacionais". Mas isso é verdade apenas no que considero ser o nível de "hardware". No nível de software, a ordem dos padrões produzidos é claramente diferente a de uma ordem diferente de complexidade e utilidade.

Um algoritmo evolucionista pode começar com soluções potenciais para um problema, geradas aleatoriamente, que são codificadas em um código genético digital. Então, tem-se que as soluções competem entre si em uma batalha evolucionista simulada. As melhores soluções sobrevivem e procriam em uma reprodução sexual simulada, em que soluções filhas são criadas, extraindo seu código genético (soluções codificadas) de dois genitores. Também se pode introduzir um índice de mutação genética. Vários parâmetros de alto nível desse processo, como o índice de mutação, o índice de descendência etc., são chamados adequadamente de "parâmetros de Deus", e é tarefa do engenheiro que projeta o algoritmo evolucionista configurá-lo com valores razoavelmente ótimos. O processo é executado por muitos milhares de gerações de evolução simulada, e, no final do processo, é provável encontrar soluções que são de uma ordem distintamente mais elevada do que as do começo.

Os resultados desses algoritmos evolucionistas (às vezes chamados de genéticos) podem ser soluções elegantes, belas e inteligentes para problemas complexos. Por exemplo, eles têm sido usados para criar projetos artísticos e projetos para formas artificiais de vida, bem como para executar uma ampla gama de tarefas práticas, como projetar motores a jato. Algoritmos genéticos são uma abordagem de inteligência artificial "estreita" — ou seja, criar sistemas que podem desempenhar determinadas funções que costumavam precisar da aplicação da inteligência humana.

Mas ainda falta alguma coisa. Embora algoritmos genéticos sejam uma ferramenta útil para resolver problemas específicos, eles jamais atingiram algo parecido com a "IA forte" — ou seja, uma aptidão parecida com os aspectos amplos, profundos e sutis da inteligência humana, especialmente sua capacidade de reconhecer padrões e de dominar a linguagem. O problema: será que não deixamos os algoritmos evolucionistas funcionarem pelo tempo necessário? Afinal, os humanos evoluíram através de um processo que levou bilhões de anos. Talvez não seja possível recriar esse processo em apenas uns poucos dias ou semanas de simulação por computador. Isso não vai funcionar, entretanto, porque algoritmos genéticos convencionais atingem uma assíntota em seu nível de desempenho, então fazê-los funcionar por um tempo mais longo não ajuda.

Um terceiro nível (além da habilidade dos processos celulares produzirem aparente aleatoriedade e dos algoritmos genéticos produzirem soluções focadas inteligentes) é realizar evolução em múltiplos níveis. Algoritmos genéticos convencionais permitem evoluir apenas dentro dos limites de um problema restrito e de um único meio de evolução. O próprio código genético precisa evoluir; as regras da evolução precisam evoluir. A natureza não ficou com um único cromossomo, por exemplo. Houve muitos níveis de indireção incorporados no processo evolutivo natural. E é preciso um ambiente complexo para que ocorra a evolução.

Entretanto, para construir uma IA forte, será preciso causar um curto-circuito nesse processo, aplicando a engenharia reversa no cérebro humano, projeto em franco andamento, beneficiando-se com isso do processo evolucionista que já aconteceu. Serão aplicados algoritmos evolucionistas dentro dessas soluções, igual ao que faz o cérebro humano. Por exemplo, a fiação fetal é inicialmente aleatória, com restrições especificadas no genoma em, ao menos, algumas regiões. Pesquisa recente mostra que áreas relacionadas ao aprendizado passam por mais mudanças, enquanto estruturas relacionadas ao processamento sensorial mudam pouco depois do nascimento.[72]

Wolfram afirma corretamente que certos (na verdade, a maioria) processos computacionais não são previsíveis. Isto é, não se pode predizer estados futuros sem passar pelo processo todo. Concordo com ele que só podemos obter a resposta antecipadamente se, de alguma maneira, conseguirmos simular um processo com velocidade maior. Dado que o universo funciona na velocidade mais rápida possível, em geral não há como provocar um curto-circuito no processo. Contudo, temos os benefícios de bilhões de anos já ocorridos de evolução, que são responsáveis pelo grande aumento do grau de complexidade no mundo natural. Podemos nos beneficiar disso, usando nossas ferramentas evoluídas para aplicar engenharia reversa nos produtos da evolução biológica (principalmente no cérebro humano).

É verdade que alguns fenômenos da natureza que podem parecer complexos em algum nível são meramente o resultado de simples mecanismos computacionais subjacentes, que, essencialmente, são os autômatos celulares trabalhando. O padrão interessante de triângulos nas conchas do caramujo do mar (muito mencionado por Wolfram) ou os padrões intrincados e variados de um floco de neve são bons exemplos. Não creio que isso seja uma observação nova, já que sempre tem sido considerado que o desenho dos flocos de neve deriva de um simples processo de construção molecular semelhante ao computador. Entretanto, Wolfram nos fornece uma base teórica convincente para expressar esses processos e os padrões que daí resultam. Mas há mais na biologia do que padrões de classe 4.

Outra tese importante de Wolfram encontra-se em seu minucioso tratamento da computação como sendo um fenômeno simples e ubíquo. É claro, sabe-se há mais de um século que a computação é inerentemente simples: pode-se construir qualquer nível possível de complexidade tendo como base as manipulações mais simples da informação.

Por exemplo, o computador mecânico de Charles Babbage do final do século XIX (que nunca funcionou) fornecia apenas um punhado de códigos operacionais, mas fornecia (dentro de sua capacidade de memória e velocidade) os mesmos tipos de transformação que os computadores modernos dão. A complexidade da invenção de Babbage era devida apenas aos detalhes de seu projeto, que, de fato, comprovaram ser muito difíceis para Babbage realizar usando a tecnologia disponível para ele.

A máquina de Turing, conceito teórico de Alan Turing de um computador universal de 1950, só fornece sete comandos muito básicos, mas que podem ser organizados para desempenhar qualquer computação possível.[73] A existência de uma "máquina de Turing universal", que pode simular qualquer máquina de Turing possível descrita em sua fita de memória, é uma demonstração adicional da universalidade e simplicidade da computação.[74] Em *The Age of Intelligent Machines*, mostrei como qualquer computador pode ser construído a partir de "um número adequado de [um] dispositivo muito simples", isto é, o "nor gate".[75] Essa não é exatamente a mesma demonstração de uma máquina de Turing universal, mas demonstra que qualquer computação pode ser desempenhada por uma cascata desse dispositivo muito simples (que é mais simples do que a regra 110), tendo o software certo (que, nesse caso, incluiria a descrição da conexão das "nor gates").[76]

Embora sejam necessários conceitos adicionais para descrever um processo evolutivo que pode criar soluções inteligentes para problemas, a demonstração de Wolfram, da simplicidade e ubiquidade da computação, é uma contribuição importante para compreender o significado fundamental da informação no mundo.

Molly 2004: Você tem máquinas evoluindo em ritmo acelerado. E os humanos?

Ray: Você quer dizer humanos biológicos?

Molly 2004: Sim.

Charles Darwin: Presume-se que a evolução biológica está continuando, não é?

Ray: Bom, biologia neste nível evolui tão devagar que quase não conta. Eu falei que a evolução opera através da indireção. Acontece que os paradigmas mais velhos como a evolução biológica continuam, mas na velocidade antiga, então elas são eclipsadas pelos novos paradigmas. A evolução biológica de animais tão complexos quanto os humanos leva dezenas de milhares de anos até que se percebam as diferenças. Toda a história da evolução cultural e tecnológica humana tem acontecido nessa escala de tempo. Contudo, estamos agora prestes a ascender além das criações frágeis e lentas da evolução biológica em meras décadas. O progresso atual está em uma escala que é de mil a 1 milhão de vezes mais rápido do que a evolução biológica.

Ned Ludd: E se nem todos quiserem colaborar com isso?

Ray: Não esperaria que quisessem. Sempre há os adeptos adiantados e os atrasados. Sempre há um avanço e um recuo na tecnologia ou em qualquer mudança evolutiva. Ainda há quem empurre arados, mas isso não reduziu a velocidade da adoção de celulares, telecomunicações, internet, biotecnologia etc. Há sociedades na Ásia que pularam de economias agrárias para economias de informação sem passar pela industrialização.[77]

NED: Pode ser, mas a distância digital está ficando pior.

RAY: Sei que as pessoas dizem isso, mas como é que pode ser verdade? O número de humanos está crescendo muito devagar. O número de humanos conectados digitalmente, não importa de que jeito seja medido, cresce rapidamente. Uma fração cada vez maior da população do mundo está obtendo dispositivos de comunicação eletrônicos e saltando por cima de nosso sistema primitivo de fiação telefônica ao se conectar sem fio com a internet, portanto a separação digital está diminuindo rapidamente, e não crescendo.

MOLLY 2004: Ainda acho que a questão dos que têm/não têm não chama bastante a atenção. Podemos fazer mais.

RAY: É verdade, mas as forças impessoais, predominantes, da Lei dos Retornos Acelerados estão se movendo, apesar de tudo, na direção certa. Pense que a tecnologia em uma determinada área começa custando demais e não funcionando muito bem. Depois ela fica só cara e funciona um pouco melhor. No passo seguinte o produto fica barato e funciona muito bem. Por fim, a tecnologia fica virtualmente grátis e funciona às mil maravilhas. Não faz muito tempo que, quando você via alguém usando um telefone portátil em um filme, ele ou ela era membro da elite do poder, porque só quem era rico podia bancar telefones portáteis. Ou, como exemplo mais aflitivo, pense nos remédios para aids. Eles começaram não funcionando muito bem e custando mais do que 10 mil dólares por ano por paciente. Agora eles funcionam muito melhor e baixaram para centenas de dólares por ano em países pobres.[78] Infelizmente, em relação à aids, ainda não chegamos ao estágio de funcionar muito bem e custar quase nada. O mundo está começando a tomar medidas mais efetivas, mas é trágico que não se tem feito mais. O resultado é que milhões de vidas, a maioria na África, foram perdidas. Mas o efeito da Lei dos Retornos Acelerados, apesar de tudo, está se movendo na direção certa. E o intervalo de tempo entre liderar e ficar para trás está, ele mesmo, diminuindo. Agora mesmo calculo esse intervalo em cerca de uma década. Em uma década, ele estará menor do que em cerca de meia década.

A Singularidade como imperativo econômico

O homem razoável adapta-se ao mundo; aquele que não é razoável persiste em tentar adaptar o mundo a ele. Portanto, todo progresso depende do homem não razoável.

George Bernard Shaw, *"Maxims for Revolutionists", Man and Superman*, 1903

Todo progresso está baseado em um desejo universal inato, por parte de todo organismo, de viver além de suas posses.

Samuel Butler, *Notebooks*, 1912

Se eu estivesse, hoje, rumando para a Costa Oeste para começar um novo negócio, estaria olhando para biotecnologia e nanotecnologia.

Jeff Bezos, fundador e presidente da Amazon.com

Pegue 80 trilhões de dólares —apenas por tempo limitado

Você vai obter 80 trilhões de dólares apenas lendo esta seção e entendendo o que ela diz. Para maiores detalhes, ver abaixo. (É verdade que um autor faz quase qualquer coisa para manter sua atenção, mas faço seriamente essa afirmação. Até que eu explique melhor, entretanto, leia cuidadosamente a primeira sentença deste parágrafo.)

A Lei dos Retornos Acelerados é fundamentalmente uma teoria econômica. Teoria e políticas econômicas contemporâneas baseiam-se em modelos ultrapassados que enfatizam custos de energia, preços de commodities e investimento de capital na fábrica, e equipamentos como forças motrizes fundamentais, enquanto deixam muito de lado capacidade computacional, memória, largura de banda, tamanho da tecnologia, propriedade intelectual, conhecimento e outros constituintes cada vez mais vitais (e aumentos cada vez mais vitais) que são o motor da economia.

É o imperativo econômico de um mercado competitivo que é a força primária que impele a tecnologia para a frente, e que é o combustível da Lei de Retornos Acelerados. Por sua vez, a Lei dos Retornos Acelerados está transformando os relacionamentos econômicos. Imperativo econômico é o equivalente à sobrevivência na evolução biológica. Estamos indo na direção de máquinas menores e mais inteligentes como resultado de miríades de avanços pequenos, cada um com sua justificativa econômica particular. As máquinas que podem desempenhar sua missão com maior precisão têm maior valor, o que explica por que estão sendo construídas. Há dezenas de milhares de projetos que representam um avanço dos vários aspectos da Lei de Retornos Acelerados de diversas maneiras graduais.

Sem considerar os ciclos de negócios prestes a terminar, o apoio para "alta tecnologia" na comunidade de negócios, e em especial para o desenvolvimento de software, cresceu enormemente. Quando comecei minha companhia de reconhecimento óptico de caracteres (OCR) e de sintetização da fala (Kurtweil Computer Products) em 1974, empreendimentos de risco de alta tecnologia somavam menos de 30 milhões de dólares (em dólares de 1974). Mesmo durante a recente recessão da alta tecnologia (2000-3), o número era quase cem vezes maior.[79] Teríamos de rejeitar o capitalismo e qualquer vestígio de competição econômica para parar essa progressão.

É importante ressaltar que estamos progredindo exponencialmente, mas ainda gradualmente, na direção da "nova" economia baseada em conhecimento.[80] Quando a chamada nova economia não transformou do dia para a noite os modelos de negócios, muitos observadores foram rápidos em deixar de lado a ideia como sendo inerentemente defeituosa. Vão passar outros pares de décadas antes que o conhecimento domine a economia, mas, quando acontecer, irá representar uma profunda transformação.

O mesmo fenômeno foi visto nos ciclos de altas e baixas da internet e das telecomunicações. As altas foram alimentadas pela visão válida de que a internet e a distribuição de comunicações eletrônicas representavam transformações fundamentais. Mas, quando essas transformações não aconteceram no que eram prazos irreais, desapareceram mais de 2 trilhões de dólares de capitalização do mercado. Como indico abaixo, a real adoção dessas tecnologias progrediu suavemente sem indícios de altas e baixas.

Virtualmente todos os modelos econômicos ensinados nas aulas de economia e usados pelo Federal Reserve Board para definir políticas monetárias, pelas agências do governo para definir políticas econômicas e por previsões econômicas de todo tipo estão fundamentalmente errados em sua visão de tendências de longo prazo. Isso porque são baseados na visão "intuitiva linear" da história (suposição de que o ritmo de mudança vai continuar o mesmo que agora) mais do que na visão exponencial baseada na história. A razão pela qual esses modelos lineares parecem funcionar por algum tempo é a mesma razão por que a maioria das pessoas adota a visão linear intuitiva em primeiro lugar: tendências exponenciais parecem ser lineares quando vistas e vivenciadas por um tempo curto, em particular nos estágios iniciais de uma tendência exponencial, quando não acontece muita coisa. Mas, quando o cotovelo da curva é alcançado e o crescimento exponencial explode, os modelos lineares quebram.

Enquanto este livro está sendo escrito, os Estados Unidos estão debatendo mudar o programa de Seguro Social, com base em projeções que chegam a 2042, aproximadamente o mesmo prazo que calculei para a Singularidade (veja o próximo capítulo). Essa revisão da política econômica é pouco comum nos prazos muito longos envolvidos. As previsões são baseadas em modelos lineares de aumento de longevidade e crescimento econômico muito pouco realistas. Por um lado, o aumento da longevidade superará em muito as expectativas modestas do governo. Por outro, as pessoas não vão procurar aposentar-se com 65 anos quando têm os corpos e cérebros dos trinta anos. Mais importante, o crescimento econômico a partir de tecnologias "GNR" (ver capítulo 5) vai superar em muito as estimativas de 1,7% por ano que estão sendo usadas (o que diminui pela metade até mesmo nossa vivência dos últimos quinze anos).

As tendências exponenciais subjacentes ao aumento da produtividade estão apenas dando início a essa fase explosiva. O produto interno bruto real dos Estados Unidos tem crescido exponencialmente, impelido pela produtividade, aumentada graças à tecnologia, como se pode ver na figura abaixo.[81]

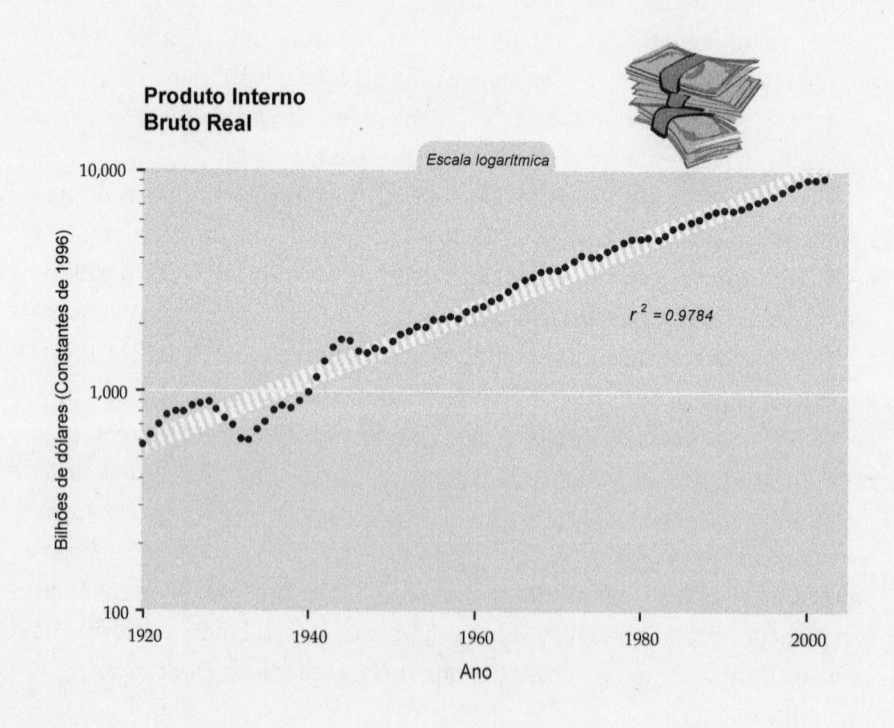

Alguns críticos atribuem o aumento da população ao aumento exponencial do PIB, mas pode-se ver a mesma tendência usando uma base per capita (ver a figura abaixo).[82]

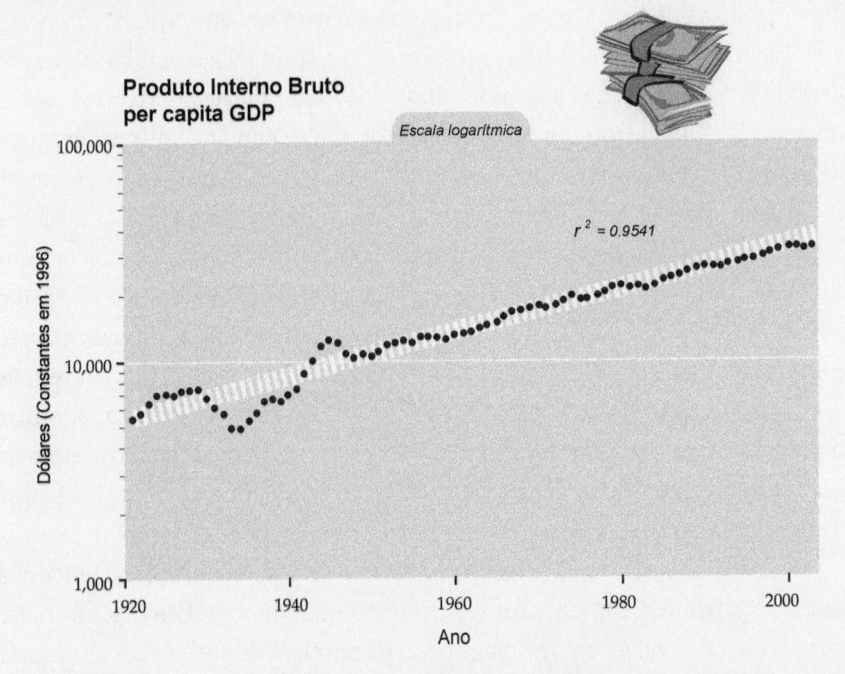

Produto Interno Bruto per capita GDP

Escala logarítmica

$r^2 = 0.9541$

Dólares (Constantes em 1996)

Ano

Note-se que o crescimento exponencial subjacente na economia é uma força muito mais potente do que recessões periódicas. Mais importante: recessões, incluindo depressões, representam apenas desvios temporários da curva subjacente. Mesmo a Grande Depressão representa apenas um ponto mínimo no contexto do padrão subjacente de crescimento. Em todo caso, a economia encontra-se exatamente onde iria estar caso a recessão/depressão não tivesse ocorrido.

A economia mundial continua acelerando. O Banco Mundial publicou um relatório no final de 2004 indicando que o ano que passou foi mais próspero do que qualquer ano na história, com um crescimento global de 4%.[83] Além do mais, as taxas mais altas foram dos países em desenvolvimento: mais de 6%. Mesmo omitindo China e Índia, a taxa ficou acima de 5%. Na Ásia Oriental e na região do Pacífico, o número de pessoas vivendo em extrema pobreza foi de 470 milhões em 1990 para 270 milhões em 2001, e está projetado pelo Banco Mundial como abaixo de 20 milhões em 2015. Outras regiões estão mostrando um crescimento econômico similar, embora um pouco menos dramático.

A produtividade (resultado econômico por trabalhador) também tem crescido exponencialmente. Essas estatísticas estão, de fato, muito subestimadas porque não refletem totalmente melhorias significativas na qualidade e nas características de produtos e serviços. Não é o caso de "um carro é um carro"; tem havido grandes melhorias em segurança, confiança e características. É certo que mil dólares de computação hoje são muito mais potentes do que mil dólares há dez anos (ou um fator de mais de mil). Há muitos outros exemplos desse tipo. Drogas farmacêuticas estão cada vez mais eficazes porque agora são projetadas para levar modificações no exato caminho metabólico subjacente a doenças e processos de envelhecimento com o mínimo de efeitos colaterais (note-se que a vasta maioria das drogas hoje no mercado ainda reflete o velho paradigma; ver capítulo 5). Produtos encomendados em cinco minutos na web e entregues na sua porta valem mais do que produtos que você mesmo tem de ir buscar. Roupas sob medida para seu corpo único valem mais do que roupas que você acha em uma arara da loja. Esses tipos de melhorias estão ocorrendo na maioria das categorias de produtos, e nenhum deles é refletido nas estatísticas de produtividade.

Os métodos estatísticos subjacentes às medidas de produtividade tendem a desprezar os ganhos, concluindo essencialmente que ainda recebemos só um dólar de produtos e serviços por um dólar, apesar de recebermos muito mais por aquele dólar. (Computadores são um exemplo extremo desse fenômeno, mas acontece em todas as áreas.) O professor Pete Klenow da Universidade de Chicago e o professor Mark Bils da Universidade de Rochester estimam que o valor em dólares constantes de bens existentes tem aumentado em 1,5% ao ano nos últimos vinte anos por causa de melhorias qualitativas.[84] Isso ainda não considera a introdução de produtos e categoria de produtos inteiramente novos (por exemplo, celulares, pagers, computadores de bolso, músicas baixadas e programas de software). Não considera o valor crescente da própria web. Como atribuir um valor para a disponibilidade de recursos grátis como enciclopédias on-line e mecanismos de busca que cada vez mais fornecem portais efetivos para o conhecimento humano?

O Bureau of Labor Statistics, que é responsável pelas estatísticas da inflação, usa um modelo que incorpora uma estimativa de crescimento de qualidade de apenas 0,5% ao ano.[85] Usar as estimativas conservadoras de Klenow e Bil reflete um descaso sistemático da melhoria da qualidade e resulta numa superestimação da inflação ao menos de 1% ao ano. E isso ainda não leva em consideração novas categorias de produtos.

Apesar desses pontos fracos nos métodos estatísticos da produtividade, ganhos em produtividade estão agora realmente atingindo a parte íngreme da curva exponencial. A produtividade do trabalho cresceu 2,4% ao ano, e agora cresce ainda mais rapidamente. A produtividade na fabricação em resultado por hora cresceu 4,4% ao ano, de 1995 a 1999; fabricação de bens duráveis, 6,5% ao ano. No primeiro quadrimestre de 2004, a taxa anual de mudança de produtividade ajustada sazonalmente foi de 4,6% no setor de negócios e de 5,9% na fabricação de bens duráveis.[86]

Pode-se ver um crescimento exponencial suave no valor produzido por uma hora de trabalho no último meio século (ver figura abaixo). Mais uma vez, essa tendência não considera o valor muito maior da potência do dólar ao comprar tecnologias de informação (que tem duplicado cerca de uma vez ao ano no preço-desempenho geral).[87]

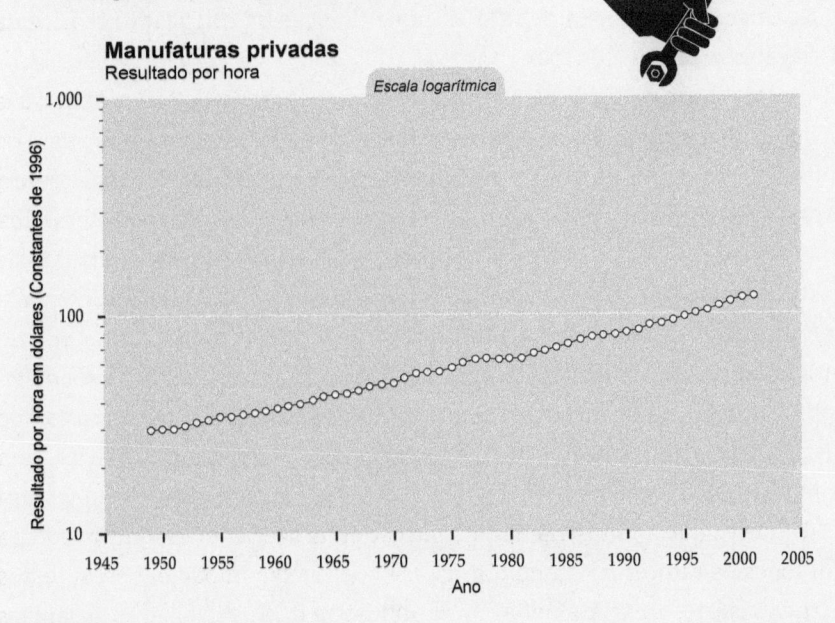

Deflação... uma coisa ruim?

Em 1846, acho que não havia uma única peça de roupa em nosso país costurada por máquina; naquele ano, foi concedido o registro da primeira patente americana de máquina

de costura. No momento presente, milhares estão usando roupas que foram costuradas por
dedos de ferro, com uma delicadeza que rivaliza com a da donzela de Caxemira.[2]

Scientific American, 1853

Enquanto este livro está sendo escrito, uma preocupação de muitos economistas da tendência dominante, tanto na direita política quanto na esquerda, é a deflação. Aparentemente, ter dinheiro que vai mais longe pareceria ser uma coisa boa. A preocupação dos economistas é que, se os consumidores podem comprar o que precisam e querem com menos dólares, a economia vai encolher (medida em dólares). Isso, porém, ignora as necessidades e os desejos inerentemente insaciáveis dos consumidores humanos. As receitas da indústria de semicondutores, que "sofre" uma deflação de 40% a 50% ao ano, apesar de tudo cresceram 17% a cada ano no último meio século.[88] Uma vez que a economia está de fato se expandindo, essa implicação teórica da deflação não deve preocupar.

Os anos 1990 e começo dos anos 2000 viram as forças deflacionárias mais poderosas da história, o que explica por que não se veem taxas significativas de inflação. É verdade que o desemprego historicamente baixo, valores altos dos ativos, crescimento econômico e outros fatores desse tipo são inflacionários, mas esses fatores são contrabalançados pelas tendências exponenciais no custo de todas as tecnologias baseadas na informação: computação, memória, comunicações, biotecnologia, miniaturização, e até mesmo a taxa geral do progresso técnico. Essas tecnologias afetam profundamente todas as indústrias. Também a intermediação está diminuindo maciçamente nos canais de distribuição graças a web e outras tecnologias novas de comunicação, bem como à eficiência progressiva em operações e administração.

Uma vez que a indústria da informação cada vez se torna mais influente em todos os setores da economia, está sendo visto o impacto crescente das extraordinárias taxas de deflação na indústria da TI. A deflação durante a Grande Depressão nos anos 1930 foi devida a um colapso na confiança do consumidor e a um colapso no suprimento de moeda. A deflação de hoje é um fenômeno totalmente diferente, causado por uma produtividade que aumenta rapidamente e pela cada vez maior ubiquidade da informação em todas as suas formas.

2 * *Personagem da ópera-balé* Le Dieu et la bayadère, *que estreou em 1830. (N.T.)*

Todos os gráficos das tendências da tecnologia neste capítulo representam deflação maciça. Há muitos exemplos do impacto dessa eficiência vertiginosa. O custo da BP Amoco para encontrar petróleo nos anos 2000 era de menos de um dólar por barril, menos de cerca de dez dólares do custo em 1991. Processar uma transação na internet custa, para o banco, um centavo, comparada a mais de um dólar usando um caixa.

É importante ressaltar que uma das implicações essenciais da nanotecnologia é que ela vai trazer a economia do software para o hardware, ou seja, para produtos físicos. Os preços de software estão passando por uma deflação ainda mais rápido do que os de hardware (ver figura abaixo).

Melhoria exponencial do preço-desempenho do software[89]
Exemplo: software para reconhecimento automático da fala

	1985	1995	2000
Preço (em dólares)	$5.000	$500	$50
Tamanho do vocabulário (número de palavras)	1.0000	10.000	100.000
Discurso contínuo?	Não	Não	Ruim
Treinamento necessário do usuário (minutos)	180	60	5
Exatidão	ruim	média	boa

O impacto das comunicações distribuídas e inteligentes talvez tenha sido sentido de modo mais intenso no mundo dos negócios. Apesar das dramáticas oscilações de humor em Wall Street, os valores extraordinários atribuídos às chamadas e-companies durante a explosão dos anos 1990 refletiam uma percepção válida: os modelos de negócios que têm sustentado negócios por décadas estão nas fases iniciais de uma transformação radical. Novos modelos baseados na comunicação personalizada direta com o consumidor irão transformar todas as indústrias, resultando na redução maciça da intermediação das camadas médias que tradicionalmente têm separado o consumidor da fonte inicial dos produtos e serviços. Entretanto, existe um ritmo em todas as revoluções, e a valorização dos investimentos e das ações nessa área expandiram-se muito além das fases iniciais dessa curva em S da economia.

O ciclo de expansão e quebra dessas tecnologias de informação era estritamente um fenômeno de capital-mercados (valor de ações). Nem expansão nem quebra estão aparentes nos dados de negócio para consumidor — B2C (*business to consumer*) — e negócio para negócio — B2B (*business to business*) (ver figura abaixo). Na realidade, receitas de B2C cresceram suavemente, de

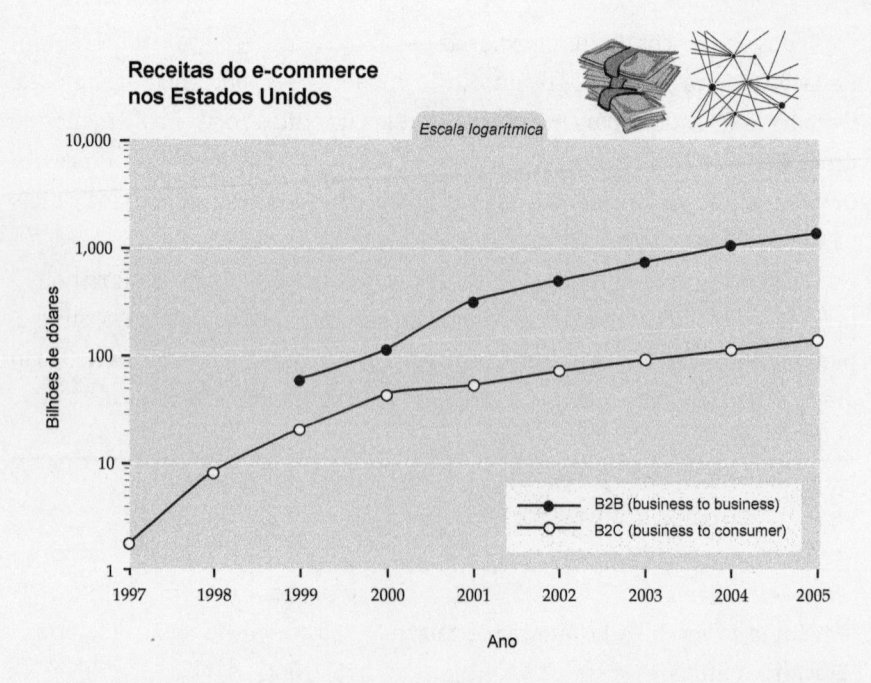

Receitas do e-commerce nos Estados Unidos

Escala logarítmica

Bilhões de dólares

- ● B2B (business to business)
- ○ B2C (business to consumer)

Ano

1,8 bilhão de dólares em 1997 para 70 bilhões de dólares em 2002. B2B teve um crescimento suave parecido, de 56 bilhões em 1999 a 482 bilhões em 2202.[90] Em 2004 aproxima-se de 1 trilhão. Com certeza não se vê nenhuma evidência de ciclos de negócios no preço-desempenho das tecnologias subjacentes, como foi discutido extensamente acima.

Expandir o acesso ao conhecimento também está alterando os relacionamentos de poder. Cada vez mais, pacientes vão à consulta com seu médico armados de um conhecimento sofisticado de sua condição médica e suas opções. Consumidores de virtualmente tudo, de torradeiras, carros e casas à movimentação bancária e seguros, agora estão usando agentes de software automatizados para identificar rapidamente as escolhas certas com as melhores características e preços. Serviços da web, como o eBay, estão conectando rápido compradores e vendedores de modo inédito.

As aspirações e os desejos dos consumidores, muitas vezes não conhecidos até por eles mesmos, rapidamente estão se transformando na força motora dos relacionamentos de negócios. Por exemplo, compradores de roupas bem conectados não ficarão satisfeitos por muito mais tempo em se conformar com quaisquer itens que deixaram pendurados na arara de sua loja local. Em vez disso, vão escolher os materiais e estilos certos ao verem como ficam as muitas combinações possíveis em uma imagem tridimensional de seu próprio corpo (baseada em um escaneamento detalhado do corpo), e então suas escolhas serão feitas por encomenda.

As atuais desvantagens do comércio baseado na web (por exemplo, limitações na capacidade de interagir diretamente com os produtos e as frequentes frustrações de interagir com menus e formas inflexíveis em vez de com humanos) vão se dissolver aos poucos à medida que as tendências se moverem com força no sentido do mundo eletrônico. Pelo final desta década, os computadores vão desaparecer como objetos físicos diferenciados, com telas inseridas em nossos óculos e eletrônica tecida em nossas roupas, fornecendo uma realidade virtual visual de total imersão. Assim, "ir para um web site" significará entrar em um ambiente de realidade virtual — ao menos para os sentidos de ver e ouvir —, onde se pode interagir diretamente com produtos e gente, tanto reais quanto simulados. Embora as pessoas simuladas não estejam à altura dos padrões humanos — ao menos não em 2009 —, elas serão muito satisfatórias como agentes de vendas, funcionários que fazem as reservas e assistentes de pesquisa. Interfaces hápticas (táteis) vão permitir que toquemos em produtos e pessoas. É difícil identificar qualquer vantagem duradoura do velho mundo físico que não será superada pelas ricas interfaces interativas que virão logo.

Esses desenvolvimentos terão implicações significativas para a indústria da construção. A necessidade de reunir trabalhadores em escritórios diminuirá gradualmente. Pela experiência com minhas próprias empresas, já somos capazes de organizar equipes geograficamente díspares, o que era muito mais difícil há uma década. Os ambientes de visual-oral realidade-virtual de imersão total, que serão ubíquos durante a segunda década deste século, vão acelerar a tendência de pessoas viverem e trabalharem onde quiserem. Uma vez que haja ambientes de realidade virtual de imersão total incorporando todos os

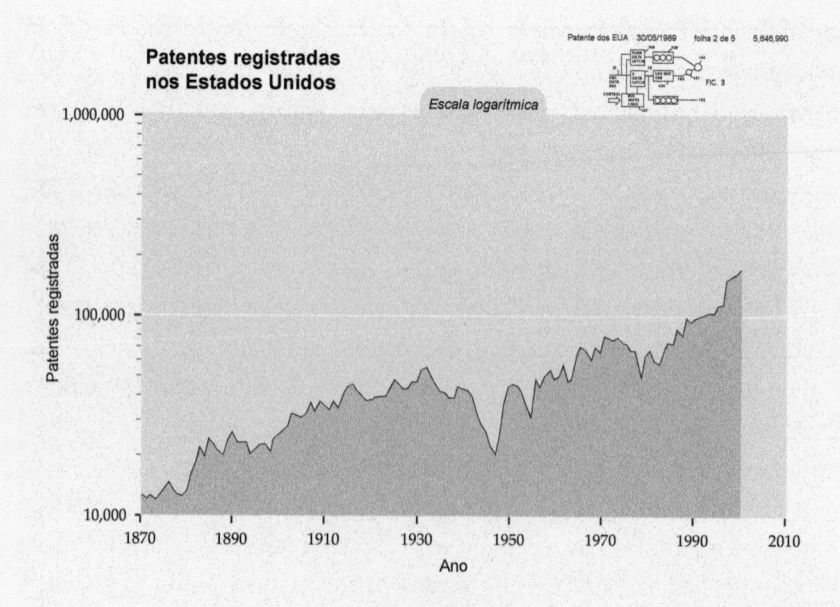

Patentes registradas nos Estados Unidos

Escala logarítmica

Patente dos EUA 30/05/1989 folha 2 de 5 5,846,990

FIG. 3

(eixo y: Patentes registradas — 10,000 / 100,000 / 1,000,000)

(eixo x: Ano — 1870 / 1890 / 1910 / 1930 / 1950 / 1970 / 1990 / 2010)

sentidos, o que será factível no final dos anos 2020, não haverá motivo para utilizar escritórios reais. Imóveis se tornarão virtuais.

Como ressaltou Sun Tzu, "conhecimento é poder", e outra ramificação da Lei dos Retornos Acelerados é o crescimento exponencial do conhecimento humano, incluindo a propriedade intelectual.

Nada disso quer dizer que os ciclos de recessão vão desaparecer imediatamente. Faz pouco, os Estados Unidos passaram por uma desaceleração da economia e uma recessão do setor tecnológico, e depois uma recuperação gradual. A economia ainda está carregada com algumas das dinâmicas subjacentes que, historicamente, têm causado ciclos de recessão: compromissos excessivos como superinvestimentos em projetos de uso intensivo de capital e excesso de estoques. Entretanto, por causa da rápida disseminação da informação, formas sofisticadas de aquisição on-line e mercados cada vez mais transparentes, o impacto desse ciclo diminuiu em todas as indústrias; é provável que as "recessões" tenham um impacto direto menor em nosso padrão de vida. Parece que esse foi o caso da minirrecessão de 1991-1993, e foi ainda mais evidente na recessão mais recente do começo dos anos 2000. A taxa subjacente de crescimento a longo prazo continuará em ritmo exponencial.

Além disso, as inovações e o ritmo da mudança de paradigma não são visivelmente afetados pelos pequenos desvios provocados pelos ciclos econômicos. Todas as tecnologias que exibem crescimento exponencial mostradas nos gráficos anteriores estão continuando sem perder o passo através das recentes reduções econômicas. A aceitação pelo mercado também não mostra nenhuma evidência de alta e quebra.

O crescimento geral da economia reflete completamente as novas formas e camadas de riqueza e valores que antes não existiam ou, pelo menos, que antes não constituíam uma porção significativa da economia, como novas formas de materiais baseados em nano partículas, informação genética, propriedade intelectual, portais de comunicação, web sites, largura de banda, software, base de dados e muitas outras novas categorias baseadas na tecnologia.

O setor geral da tecnologia-informação está aumentando rápido sua parcela na economia, e está cada vez mais influente em todos os outros setores, como se pode ver na figura abaixo.[92]

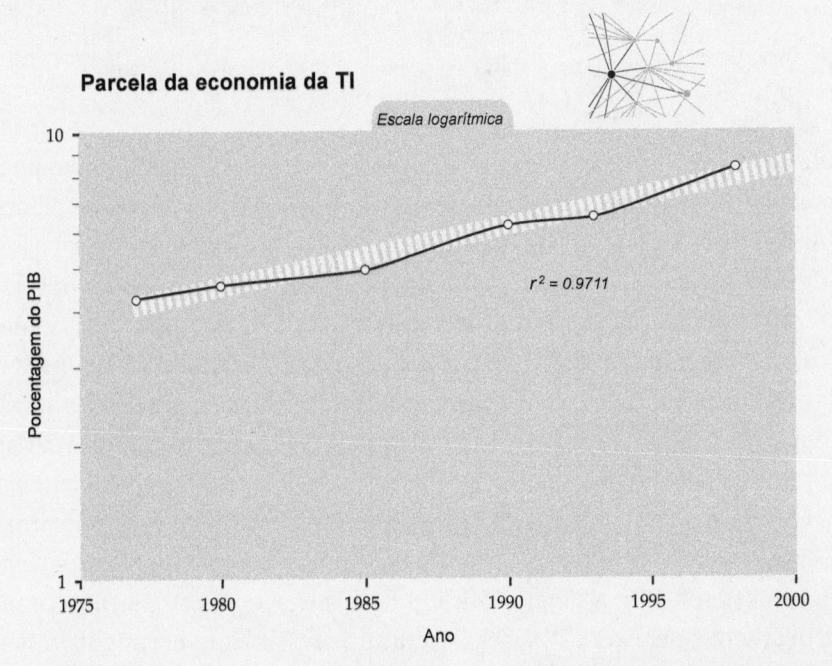

Parcela da economia da TI

Escala logarítmica

$r^2 = 0.9711$

Porcentagem do PIB

Ano

Outra consequência da Lei dos Retornos Acelerados é o crescimento exponencial da educação e do aprendizado. Nos últimos 120 anos, o investimento na educação da pré-escola ao final do ensino médio tem aumentado (por estudante e dólares constantes) por um fator de dez. O número de estudantes

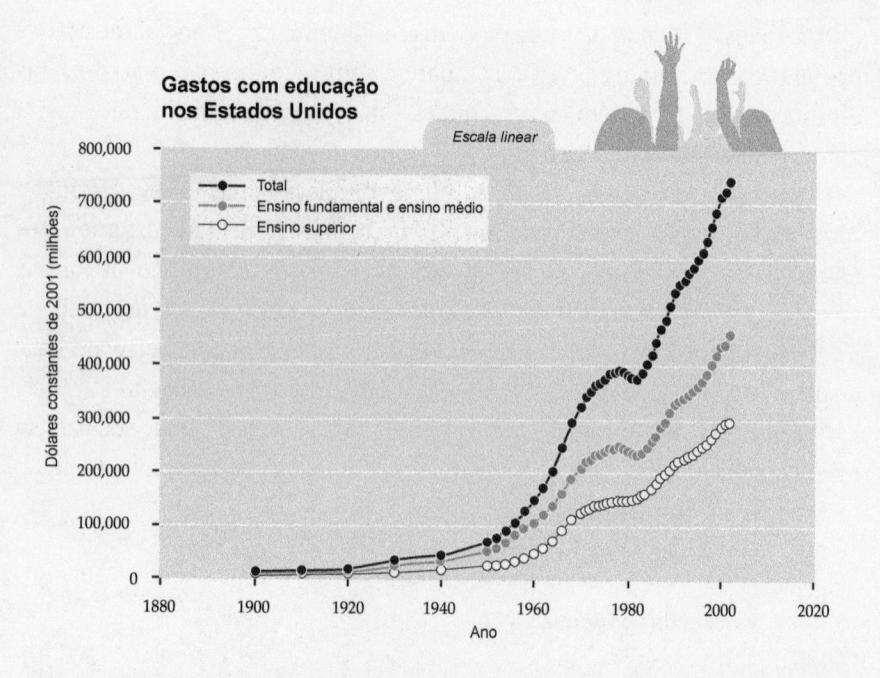

Gastos com educação nos Estados Unidos

Escala linear

Legenda:
- Total
- Ensino fundamental e ensino médio
- Ensino superior

Eixo Y: Dólares constantes de 2001 (milhões)
Eixo X: Ano

do ensino médio centuplicou. A automação começou amplificando o poder de nossos músculos e, faz pouco, tem amplificado o poder de nossas mentes. Assim, pelos últimos dois séculos, a automação tem eliminado cargos na base da escada de habilidades enquanto criava novos (e mais bem pagos) no topo da escada. A escada move-se para cima, e assim aumentaram exponencialmente os investimentos na educação em todos os níveis (ver figura acima).[93]

E sobre a "oferta" no começo deste resumo, considere que os atuais valores das ações baseiam-se em expectativas futuras. Dado que (literalmente) a visão intuitiva linear míope representa o panorama ubíquo, a sabedoria popular nas expectativas econômicas está dramaticamente subestimada. Uma vez que o preço das ações reflete o consenso de um mercado comprador-vendedor, os preços refletem a pressuposição linear subjacente compartilhada pela maioria das pessoas em relação ao futuro crescimento econômico. Mas a Lei dos Retornos Acelerados implica claramente que a taxa de crescimento vai continuar a crescer exponencialmente, porque o ritmo do progresso vai continuar acelerando.

Molly 2004: Mas espere um pouquinho, você disse que eu iria ficar com 80 trilhões de dólares se eu lesse e compreendesse esta seção do capítulo.

RAY: Isso. Conforme meus modelos, se substituirmos a visão linear com a visão exponencial mais adequada, os atuais preços de ações devem triplicar.[94] Já que existem 40 trilhões de dólares (estimativa conservadora) no mercado de ações, isso dá 80 trilhões em riqueza adicional.

MOLLY 2204: Mas você disse que eu iria ficar com esse dinheiro.

RAY: Não, eu disse que "you" (você) ia ficar com o dinheiro, e foi por isso que sugeri que lessem a sentença cuidadosamente. A palavra "you" em inglês pode ser singular ou plural. Eu quis dizer no sentido de "all of you", todos vocês.

MOLLY 2004: Hum... isso perturba. Você quer dizer todos nós como o mundo inteiro? Mas nem todos vão ler este livro.

RAY: É, mas todos poderiam. Assim, se todos vocês lerem este livro e o entenderem, as expectativas econômicas seriam baseadas no modelo exponencial histórico e, portanto, o valor das ações iria aumentar.

MOLLY 2004: Você quer dizer se todos compreenderem e concordarem com ele. Quer dizer que o mercado está baseado em expectativas, certo?

RAY: É, acho que eu estava supondo isso.

MOLLY 2004: Então é isso que você espera que vai acontecer?

RAY: Na verdade, não. Pondo de novo meu chapéu futurista, minha previsão é de que, de fato, esses pontos de vista sobre crescimento exponencial vão, afinal, prevalecer, mas só com o tempo, quando cada vez mais evidências da natureza exponencial da tecnologia e seu impacto na economia ficarem aparentes. Isso vai acontecer aos poucos na próxima década, o que vai representar uma forte corrente ascendente de longo prazo para o mercado.

GEORGE 2048: Não sei, Ray. Você tinha razão que o preço-desempenho da tecnologia da informação em todas as suas formas ficaria crescendo a uma taxa exponencial, e com crescimento contínuo também no exponente. E, de fato, a economia continuou crescendo exponencialmente, superando com isso um índice de deflação muito alto. E também aconteceu que o público em geral também aproveitou todas essas tendências. Mas essa conscientização não teve o impacto positivo na bolsa que você está descrevendo. A bolsa aumentou, sim, com a economia, mas perceber uma taxa de crescimento maior fez pouco para aumentar o preço das ações.

RAY: Por que você acha que foi esse o resultado?

George 2048: Porque você deixou uma coisa de fora de sua equação. Embora as pessoas percebessem que o valor das ações ia aumentar rápido, essa mesma conscientização também aumentou a taxa de desconto (a taxa que se precisa descontar dos valores no futuro quando considerando seu valor atual). Pense nisso. Se soubermos que as ações vão aumentar significativamente em um tempo futuro, gostaríamos de ter as ações agora para que possamos concretizar esses ganhos futuros. Assim, perceber os futuros valores aumentados das ações também aumenta a taxa de desconto. E isso cancela a expectativa de valores futuros mais altos.

Molly 2104: Ah, George, isso também não estava bem certo. O que você diz tem lógica, mas a realidade psicológica é que uma maior percepção dos valores futuros aumentados teve, sim, um impacto positivo maior no preço das ações do que o efeito negativo do aumento da taxa de desconto. Assim, a aceitação geral do crescimento exponencial, tanto do preço-desempenho da tecnologia quanto da taxa da atividade econômica, forneceu uma corrente ascendente para o mercado de ações, mas não triplicaram como você falou, Ray, por causa do efeito que George estava descrevendo.

Molly 2004: Está certo, desculpe por perguntar. Acho que vou só segurar as poucas ações que tenho e não me preocupar com isso.

Ray: No que você investiu?

Molly 2004: Deixe ver, existe essa empresa de motor de busca baseada na linguagem natural que espera ultrapassar o Google. E também investi em uma companhia de células de combustível. Também em uma companhia que constrói sensores que podem viajar na corrente sanguínea.

Ray: Parece bem um portfólio de alto risco, alta tecnologia.

Molly 2004: Eu não iria chamar de portfólio. Estou só brincando com as tecnologias que você fala.

Ray: Certo, mas lembre-se de que, enquanto as tendências previstas pela Lei de Retornos Acelerados são notavelmente suaves, isso não quer dizer que podemos logo predizer quais os competidores que irão predominar.

Molly 2004: Certo, é por isso que estou diversificando minhas apostas.

CAPÍTULO 3

Atingindo a capacidade de computar do cérebro humano

Como discuto em Engines of Creation [Motores da Criação], se é possível se construir uma IA genuína, há razões para crer que se podem construir coisas como neurônios, que são 1 milhão de vezes mais rápidos. Isso leva à conclusão de que se podem fazer sistemas que pensam 1 milhão de vezes mais rápido do que uma pessoa. Com a IA, esses sistemas poderiam fazer projetos de engenharia. Combinando-se isso com a capacidade que tem um sistema de construir algo que é melhor do que ele mesmo, há a possibilidade de uma transição muito abrupta. Essa situação pode até ser mais trabalhosa do que lidar com a nanotecnologia, mas é muito mais difícil pensar nela construtivamente nesta altura. Portanto, ela não tem sido o foco das coisas que discuto, embora periodicamente aponte para ela e diga: "Isso também é importante".

Eric Drexler, 1989

O sexto paradigma da tecnologia de computação: Computação molecular tridimensional e tecnologias computacionais emergentes

No número de 19 de abril de 1965 de *Electronics*, Gordon Moore escreveu: "O futuro da eletrônica integrada é o futuro da própria eletrônica. As vantagens da integração vão trazer uma proliferação de inovações eletrônicas, empurrando essa ciência para muitas áreas novas".[1] Com essas palavras modestas, Moore introduziu uma revolução que ainda ganha impulso. Para dar a seus leitores uma ideia de quão profunda seria essa nova ciência, Moore previu que "por volta de 1975, a economia poderá ditar que se comprimam 65 mil componentes em um único chip de silicone". Imagine isso.

O artigo de Moore descrevia a repetida duplicação anual do número de transistores (usado para elementos computacionais ou portas) que podia ser encaixado em um circuito integrado. Sua previsão de 1965 da "Lei de Moore" foi criticada na época porque seu gráfico logarítmico do número de componentes em um chip tinha só cinco pontos de referência (de 1959 a 1965), portanto projetar essa tendência nascente por todos os anos até 1975 foi visto como prematuro. A estimativa inicial de Moore não estava correta, e ele a revisou para menos uma década depois. Mas a ideia básica — o crescimento exponencial do preço-desempenho da eletrônica com base em diminuir o tamanho dos transistores em um circuito integrado — era tão válida quanto clarividente.[2]

Hoje falamos em bilhões de componentes mais do que de milhares. Nos chips mais avançados de 2004, portas lógicas têm apenas a largura de cinquenta nanômetros, já bem dentro da esfera da nanotecnologia (que trata de medidas de cem nanômetros ou menos). O desaparecimento da Lei de Moore tem sido previsto regularmente, mas o fim desse paradigma notável continua sendo empurrado para mais tarde. Paolo Gargini, primeiro bolsista da Intel, depois diretor da estratégia tecnológica da Intel e presidente da influente International Technology Roadmap for Semiconductors (ITRS), recentemente afirmou: "Vemos que, ao menos pelos próximos quinze a vinte anos, podemos continuar com a Lei de Moore. De fato, [...] a nanotecnologia oferece muitos novos botões que podemos girar para continuar melhorando o número de componentes em um dispositivo".[3]

A aceleração da computação transformou tudo, das relações sociais e econômicas a instituições políticas, como será demonstrado ao longo deste livro. Mas Moore não ressaltou em seus textos que a estratégia de diminuir tamanhos não era, com efeito, o primeiro paradigma a trazer crescimento exponencial a computação e comunicação. Era o quinto, e já se podem ver os contornos do seguinte: computar em nível molecular e em três dimensões. Mesmo que tenhamos mais de uma década do quinto paradigma, já tem havido um progresso irresistível em todas as tecnologias capacitadoras necessárias para o sexto paradigma. Na próxima seção, apresento uma análise da quantidade de computação e memória necessárias para atingir os níveis humanos de inteligência e por que acreditamos que esses níveis serão alcançados em computadores baratos dentro de duas décadas. Mesmo aqueles computadores muito potentes estarão longe de serem os melhores, e, na última seção deste capítulo, irei rever os limites da computação de acordo com as leis de física como as compreendemos hoje. Isso nos levará aos computadores do final do século XXI.

A ponte para a computação molecular em 3-D. Passos intermediários já estão sendo dados: novas tecnologias que levarão ao sexto paradigma da computação tridimensional molecular incluem nanotubos e circuitaria de nanotubos, computação molecular, circuitos de nanotubos que montam eles mesmos, sistemas biológicos que imitam a montagem de circuitos, computando com DNA, spintrônica (girotrônica — computar usando o girar dos elétrons), computar com luz e computação quântica. Muitas dessas tecnologias independentes podem ser integradas em sistemas computacionais que eventualmente irão se aproximar da máxima capacidade teórica de matéria e energia para realizar computação, e que irão superar de longe a capacidade de computar de um cérebro humano.

Uma abordagem é construir circuitos tridimensionais usando litografia "convencional" de silicone. Matrix Semiconductor já está vendendo chips de memória que contêm planos de transistores empilhados na vertical em vez de uma camada plana.[4] Já que um único chip em 3-D pode conter mais memória, o tamanho geral do produto é reduzido, de modo que Matrix está inicialmente visando a eletrônica portátil, em que seu objetivo é competir com a memória flash (usada em celulares e câmeras digitais porque não perde informações quando a energia é desligada). Os circuitos empilhados também reduzem o custo geral por bit. Outra abordagem vem de um dos competidores da Matrix, Fujio Masuoka, um ex-engenheiro da Toshiba que inventou a memória flash. Masuoka alega que seu novo desenho de memória, que parece um cilindro, reduz o tamanho e o custo-por-bit de memória pelo fator de dez quando comparado a chips planos.[5] Protótipos de chips de silicone tridimensionais que funcionam também têm sido demonstrados no Rensselaer Polytechnic Institute's Center for Gigascale Integration [Centro de Integração em Gigaescala do Instituto Politécnico Rensselaer] e no MIT Media Lab [Laboratório de Mídias do MIT].

A Nippon Telegraph and Telephone Corporation (NTT — Empresa Japonesa de Telefone e Telégrafo), de Tóquio, tem demonstrado uma tecnologia dramática em 3-D usando litografia por fachos de elétrons, que podem criar estruturas arbitrárias tridimensionais com tamanhos (como transistores) tão pequenos quanto dez nanômetros.[6] NTT demonstrou a tecnologia criando um modelo da Terra em alta definição com o tamanho de sessenta mícrons com detalhes de dez nanômetros. NTT diz que a tecnologia pode ser aplicada na nanofabricação de dispositivos eletrônicos como semicondutores, bem como criar sistemas mecânicos em nanoescala.

Nanotubos ainda são a melhor aposta. Em *The Age of Spiritual Machines*, citei os nanotubos — usando moléculas organizadas em três dimensões para armazenar bits de memória e comportar-se como portas lógicas — como a tecnologia com maior probabilidade de ser inserida na era da computação molecular tridimensional. Nanotubos, sintetizados inicialmente em 1991, são tubos feitos de uma rede hexagonal de átomos de carbono que foram enrolados para formar um cilindro perfeito.[7] Nanotubos são muito pequenos: nanotubos de parede única têm apenas um nanômetro de diâmetro, portanto, podem alcançar grande densidade.

Eles também são potencialmente muito rápidos. Peter Burke e seus colegas em Irvine, na Universidade da Califórnia, demonstraram recentemente circuitos de nanotubos operando a 2,5 gigaherts (GHz). Entretanto, em *Nano Letters*, publicação da American Chemical Society [Sociedade Americana de Química] revista por especialistas, Burke diz que o limite teórico da velocidade desses transistores de nanotubos "deveria ser de terahertz (1 THz = 1.000 GHz), que é cerca de mil vezes mais rápido que a velocidade dos computadores modernos".[8] Uma polegada cúbica de circuitaria de nanotubos, uma vez totalmente desenvolvida, seria 100 milhões de vezes mais potente do que o cérebro humano.[9]

Circuitaria de nanotubos era controversa quando a discuti em 1999, mas tem havido um progresso dramático da tecnologia nos últimos seis anos. Dois grandes passos foram dados em 2001. Um transistor baseado em nanotubos (medindo um por vinte nanômetros), funcionando na temperatura ambiente e usando apenas um único elétron para alternar os estados de ligado e desligado, foi descrito no número de 6 de julho de 2001 de *Science*.[10] Pela mesma época, a IBM também demonstrou um circuito integrado com mil transistores baseados em nanotubos.[11]

Mais recentemente, vimos os primeiros modelos que funcionam da circuitaria baseada em nanotubos. Em janeiro de 2004, pesquisadores da Universidade da Califórnia, em Berkeley, e da Universidade de Stanford criaram um circuito de memória integrado baseado em nanotubos.[12] Um dos desafios ao usar essa tecnologia é que alguns nanotubos são condutores (isto é, simplesmente transmitem eletricidade), enquanto outros agem como semicondutores (isto é, são capazes de ligar e desligar e conseguem realizar portas lógicas). A diferença nas capacidades baseia-se em sutis aspectos estruturais. Até pouco tempo, selecioná-los exigia operações manuais, o que não seria prático para construir circuitos em larga escala. Os cientistas de Berkeley e de Stanford abordaram essa questão, desenvolvendo um método totalmente automático para selecionar e descartar os nanotubos não semicondutores.

Colocar os nanotubos em fileira é outro desafio que se tem com circuitos de nanotubos, uma vez que eles tendem a crescer em todas as direções. Em 2001, cientistas demonstraram que transistores de nanotubos podiam ser criados em grandes grupos, parecidos com os transistores de silicone. Eles usaram um processo chamado "destruição construtiva", que destrói os nanotubos defeituosos diretamente no wafer em vez de selecioná-los manualmente. Thomas Theis, diretor de ciências físicas no Thomas J. Watson Research Center [Centro de Pesquisas Thomas J. Watson] da IBM, disse, na época: "Achamos que a IBM agora ultrapassou um grande marco no caminho para chips em escala molecular [...]. Se afinal tivermos êxito, então nanotubos de carbono nos permitirão manter indefinidamente a Lei de Moore em termos de densidade, porque duvido muito pouco que eles não possam ser feitos menores do que qualquer futuro transistor de silicone".[13] Em maio de 2003, Nantero, uma pequena empresa em Woburn, Massachusetts, cofundada por Thomas Rueckes, pesquisador da Universidade de Harvard, levou o processo um passo adiante quando demonstrou um wafer de chip único com 10 bilhões de junções de nanotubos, todos enfileirados na direção correta. A tecnologia da Nantero envolve usar equipamento de litografia padrão para remover automaticamente os nanotubos que não estão corretamente alinhados. O uso de equipamento padrão pela Nantero entusiasmou os observadores dessa indústria porque a tecnologia não ia precisar da fabricação de novas máquinas caras. O projeto da Nantero fornece acesso aleatório bem como não-volatilidade (os dados são conservados quando a energia está desligada), significando que poderia potencialmente substituir todas as formas primárias de memória: RAM, flash e disco.

Computando com moléculas. Além dos nanotubos, grandes progressos têm sido feitos nos últimos anos na computação com apenas uma ou poucas moléculas. A ideia de computar com moléculas foi sugerida primeiro em 1970 por Avi Aviram da IBM e Mark A. Ratner da Universidade Northwestern.[14] Naquele tempo, não existiam as tecnologias adequadas, o que exigiu avanços simultâneos em eletrônica, física, química e mesmo a engenharia reversa de processos biológicos para que a ideia ganhasse força.

Em 2002, cientistas da Universidade de Wisconsin e da Universidade da Basileia criaram um "drive atômico de memória" que usa átomos para emular um disco rígido. Um único átomo de silicone poderia ser acrescentado ou removido de um bloco de outros vinte usando um microscópio de tunelamento por varredura. Usando esse processo, acreditam os pesquisadores que o sistema poderia ser usado para armazenar milhões de vezes mais dados do que em um disco de tamanho semelhante — uma densidade de cerca de

250 terabits por polegada quadrada —, embora a demonstração envolvesse apenas um pequeno número de bits.[15] A velocidade de um terahertz prevista por Peter Burke para circuitos moleculares parece cada vez mais acurada, dado o transistor de nanoescala criado por cientistas da Universidade de Illinois, em Urbana Champaign. Ele funciona com uma frequência de 604 gigahertz (mais do que meio terahertz).[16]

Um tipo de molécula que os pesquisadores acharam que tem propriedades desejáveis para a computação é chamado de "rotaxane", que pode alternar estados, mudando o nível de energia de uma estrutura em anel contida dentro da molécula. Memória rotaxane e dispositivos eletrônicos de liga/desliga têm sido demonstrados, e eles mostram o potencial de armazenar cem gigabits (ou 10^{11} bits) por polegada quadrada. O potencial seria ainda maior se organizado em três dimensões.

Automontagem. A montagem por eles mesmos de circuitos em nanoescala é outra técnica fundamental para uma efetiva nanoeletrônica. A automontagem permite que componentes malformados sejam descartados automaticamente, e torna possível que os potencialmente trilhões de componentes do circuito se auto-organizem, antes de serem montados meticulosamente em um processo descendente. Ela iria permitir que circuitos de larga escala fossem criados em tubos de ensaio em vez de serem em fábricas de muitos bilhões de dólares, usando química em vez de litografia, de acordo com os cientistas da Universidade da Califórnia em Los Angeles.[17] Pesquisadores da Universidade Purdue já demonstraram estruturas de nanotubos auto-organizáveis, usando o mesmo princípio que faz as fitas de DNA unirem-se em estruturas estáveis.[18]

Cientistas da Universidade de Harvard deram um passo fundamental em junho de 2004 quando demonstraram outros métodos de auto-organização que podem ser usados em larga escala.[19] A técnica começa com a fotolitografia, para criar um conjunto gravado de interconexões (conexões entre os elementos do computador). Um grande número de transistores de efeito de campo e nanofios (uma forma comum de transistores) e interconexões em larga escala é então depositado no conjunto. Estes, então, conectam-se no padrão correto.

Em 2004, pesquisadores da Universidade da Califórnia do Sul e do Ames Research Center da Nasa demonstraram um método que usa uma solução química para auto-organizar circuitos densos demais.[20] A técnica cria espontaneamente nanofios e depois faz com que as células de memória em nanoescala, cada uma capaz de conter três bits de dados, auto-organizem-se nos fios. A tecnologia pode armazenar 258 gigabits de dados por polegada quadrada (que os pesquisadores alegam que poderia ser aumentada dez vezes), comparados com os 6,5 gigabits de um cartão de memória flash. Também em 2003, a IBM apresentou um dispositivo de memória usando polímeros que se automontam em estruturas hexagonais com largura de vinte nanômetros.[21]

Também é importante que os nanocircuitos possam configurar a si mesmos. O grande número de componentes do circuito e sua inerente fragilidade (devida ao tamanho pequeno) tornam inevitável que algumas porções de um circuito não funcionem de forma correta. Não seria factível economicamente descartar um circuito inteiro por causa de um pequeno número de transistores, dentre 1 trilhão, não funciona. Para tratar desse problema, circuitos futuros irão monitorar continuamente seu próprio desempenho e desviar informação de seções que não são confiáveis, do mesmo modo que a informação na internet é desviada de nódulos que não funcionam. A IBM tem estado muito ativa nessa área de pesquisa e já desenvolveu projetos de microprocessadores que diagnosticam problemas automaticamente e reconfiguram de acordo os recursos do chip.[22]

Emulando a biologia. A ideia de construir sistemas mecânicos ou eletrônicos que reproduzem e organizam a si mesmos é inspirada pela biologia, que depende dessas propriedades. Pesquisa publicada em *Proceedings of the National Academy of Sciences* descreveu a construção de nanofios que reproduzem a si mesmos baseados em príons, que são proteínas autorreplicadoras. (Como detalhado no capítulo 4, uma forma de príon parece ter um papel na memória humana, acreditando-se que a outra forma seja responsável por uma variação da doença Creutzfeldt-Jakob, a forma humana da doença da vaca louca).[23] A equipe envolvida no projeto usou príons como modelo por causa de sua força natural. Mas já que os príons normalmente não conduzem eletricidade, os cientistas criaram um versão geneticamente alterada contendo uma camada fina de ouro, que conduz eletricidade com resistência baixa. Susan Lindquist, professora de biologia do MIT, que encabeçou o estudo, comentou: "A maioria das pessoas que trabalham com nanocircuitos está tentando construí-los usando técnicas de fabricação que vem do alto para baixo. Nós achamos que deveríamos tentar uma abordagem de baixo para cima e deixar a automontagem molecular fazer o trabalho pesado para nós".

A molécula, por excelência, que reproduz ela mesma é, claro, o DNA. Pesquisadores da Universidade Duke criaram blocos construtivos chamados "azulejos", partindo de moléculas de DNA auto-organizadoras.[24] Eles puderam controlar a estrutura da montagem resultante, criando "nanogrades". Essa técnica automaticamente prende cada molécula de proteína a uma célula da nanograde, o que poderia ser usado para realizar operações de computação. Eles também demonstraram um processo químico para revestir com prata nanofitas de DNA para criar nanofios. Comentando o artigo de 26 de setembro de 2003 da publicação *Science*, o pesquisador-chefe Hao Yan disse: "Usar a automontagem do DNA para recobrir moléculas de proteína ou outras moléculas tem sido procurado por anos, e esta é a primeira vez que foi demonstrado de maneira tão clara".[25]

Computar com DNA. DNA é o próprio computador nanofabricado da natureza, e sua habilidade de armazenar informações e conduzir manipulações lógicas em nível molecular já tem sido explorada em "computadores de DNA" especializados. Um computador de DNA é, essencialmente, um tubo de ensaio cheio de água contendo trilhões de moléculas de DNA, com cada molécula agindo como um computador.

O objetivo da computação é solucionar um problema, com a solução expressando uma sequência de símbolos. (Por exemplo, a sequência de símbolos poderia representar uma prova matemática ou apenas os dígitos de um número.) Assim funciona um computador de DNA: É criada uma pequena cadeia de DNA, usando um código único para cada símbolo. Cada cadeia dessas é replicada trilhões de vezes usando um processo chamado "reação da polimerase em cadeia" (PCR — polymerase chain reaction). Esses pools de DNA são então colocados dentro de um tubo de ensaio. Já que o DNA tem afinidade para ligar cadeias, formam-se automaticamente cadeias longas, com sequências das cadeias representando os diferentes símbolos, cada um sendo uma solução possível para o problema. Como haverá trilhões de cadeias dessas, há múltiplas cadeias para cada resposta possível (ou seja, cada sequência possível de símbolos).

O passo seguinte do processo é testar todas as cadeias *ao mesmo tempo*. Isso é feito usando enzimas especialmente projetadas que destroem cadeias que não respondem a certos critérios. As enzimas são colocadas no tubo de ensaio em sequência, e, ao projetar uma série precisa de enzimas, o procedimento acabará apagando as cadeias defeituosas, deixando apenas aquelas com a resposta certa (para uma descrição mais completada do processo, ver nota 26).[26]

A chave para o poder da computação de DNA é que ela permite testar cada uma dos trilhões de cadeias ao mesmo tempo. Em 2003, cientistas israelenses, encabeçados por Ehud Shapiro, do Weizmann Institute of Science, combinaram o DNA com trifosfato de adenosina (ATP — adenosine triphosphate), o combustível natural para sistemas biológicos como o corpo humano.[27] Com esse método, cada uma das moléculas de DNA pôde realizar computações, bem como obter sua própria energia. Os cientistas do Weizmann demonstraram uma configuração consistindo em duas colheres cheias desse sistema líquido de supercomputação, que continham 30 milhões de bilhões de computadores e realizou um total de 660 trilhões de cálculos por segundo (6,6 x 10^{14} cps). O consumo de energia desses computadores é extremamente baixo, apenas cinquenta milionésimos de watt para todos os 30 milhões de bilhões de computadores.

Entretanto, existe um limite para a computação por DNA: todos os muitos trilhões de computadores têm de realizar a mesma operação ao mesmo tempo (embora com dados diferentes), de modo que o dispositivo é uma arquitetura de "*single instruction, multiple data*" (SIMD — instrução única, dados múltiplos). Embora haja importantes classes de problemas que permitem aplicar o sistema SIMD (por exemplo, processar cada pixel de uma imagem para aumentá-la ou comprimi-la, e resolver problemas de lógica combinatória), não é possível programá-los para algoritmos de aplicação geral em que cada computador pode executar qualquer operação que seja necessária para sua missão particular. (Deve-se notar que os projetos de pesquisa da Universidade Purdue e da Universidade Duke, descritos acima, que usam as cadeias de DNA que montam elas mesmas para criar estruturas tridimensionais são diferentes da computação de DNA descrita aqui. Aqueles projetos de pesquisa podem criar configurações arbitrárias que não estão limitadas à computação SIMD.)

Computar com Spin. Além de sua carga elétrica negativa, os elétrons têm outra propriedade que pode ser explorada para memória e computação: spin (giro). De acordo com a mecânica quântica, os elétrons giram em torno de um eixo, parecido com o modo como a Terra gira em torno de seu eixo. Esse conceito é teórico, porque se considera que um elétron ocupa um ponto no espaço, portanto é difícil imaginar um ponto que não tem tamanho mas que, apesar disso, gira. Entretanto, quando uma carga elétrica se movimenta, ela provoca um campo magnético, que é real e pode ser medido. Um elétron pode girar em uma de duas direções, descritas como "up" (para cima) e "down" (para baixo), portanto essa propriedade pode ser explorada para a alternância lógica ou para codificar um bit de memória.

A notável propriedade da spintrônica (girotrônica) é que não se precisa de nenhuma energia para alterar o estado de spin de um elétron. O professor de física Shoucheng Zhang, da Universidade Stanford, e o professor Naoto Nagaosa, da Universidade de Tóquio, colocam a questão assim: "Descobrimos o equivalente a uma nova 'Lei de Ohm' (a lei da eletrônica que afirma que a corrente em um fio é igual à voltagem dividida pela resistência) [...] (Ela) diz que o giro do elétron pode ser transportado sem perda de energia, ou dissipação. Além disso, esse efeito acontece na temperatura ambiente, em materiais já amplamente usados na indústria dos semicondutores, como arsenieto de gálio. Isso é importante porque tornaria viável uma nova geração de dispositivos de computação".[28]

O potencial, então, é alcançar a eficiência de supercondutor (isto é, mover informação na ou perto da velocidade da luz sem que haja qualquer perda de informação) na temperatura ambiente. Também permite que múltiplas propriedades em cada elétron sejam usadas para computar, aumentando assim o potencial da memória e da densidade computativa.

Uma forma de spintrônica já é familiar aos usuários de computador: magnetorresistência (uma alteração da resistência elétrica causada por um campo magnético) é usada para armazenar dados em discos rígidos magnéticos. Uma entusiasmante nova forma de memória não-volátil baseada na spintrônica chamada MRAM (magnetic random-access memory — memória magnética de acesso aleatório) deve entrar no mercado em poucos anos. Como os discos rígidos, a memória MRAM conserva seus dados quando não há energia, mas não usa nenhuma parte móvel, e terá velocidade e poderá ser reescrita de um modo comparável à RAM convencional.

MRAM armazena informações em ligas metálicas ferromagnéticas, que são adequadas para armazenar dados mas não para as operações lógicas de um microprocessador. O cálice sagrado da spintrônica seria alcançar efeitos práticos spintrônicos em um semicondutor, o que permitiria o uso da tecnologia tanto para a memória quanto para a lógica. Hoje a fabricação de chips está baseada no silicone, que não tem as propriedades magnéticas necessárias. Em março de 2004, um grupo internacional de cientistas relatou que a dopagem com uma mistura de silicone e ferro com cobalto permitia que esse novo material tivesse as propriedades magnéticas necessárias para a spintrônica, enquanto ainda mantinha a estrutura cristalina de silicone necessária a um semicondutor.[29]

Está claro o papel importante da spintrônica no futuro da memória do computador, e é provável que também contribua para os sistemas de lógica. O giro de um elétron é uma propriedade quântica (sujeita às leis da mecânica quântica), então talvez a aplicação mais importante da spintrônica seja nos sistemas de computação quânticos, usando o giro dos elétrons emaranhados quanticamente para representar qubits, que serão discutidos abaixo.

Spin também tem sido usado para armazenar informações no núcleo dos átomos, usando a interação complexa dos momentos magnéticos dos prótons. Cientistas da Universidade de Oklahoma também demonstraram uma técnica de "fotografia molecular" para armazenar 1.024 bits de informação em uma única molécula de cristal líquido compreendendo dezenove átomos de hidrogênio.[30]

Computar com luz. Outra abordagem à computação SIMD é usar múltiplos fachos de luz de laser em que a informação está codificada em cada fluxo de fótons. Componentes ópticos podem então ser usados para realizar funções lógicas e aritméticas nos fluxos de informação codificada. Por exemplo, um sistema desenvolvido por Lenslet, uma pequena empresa israelense, usa 256 lasers e pode realizar 8 trilhões de cálculos por segundo ao efetuar o mesmo cálculo em cada um dos 256 fluxos de dados.[31] O sistema pode ser usado para aplicações como realizar a compressão de dados em 256 canais de vídeo.

Tecnologias SIMD como computadores de DNA e computadores ópticos terão importantes papéis especializados para desempenhar no futuro da computação. A reprodução de certos aspectos da funcionalidade do cérebro humano, como processar dados sensórios, pode usar arquiteturas SIMD. Para outras regiões do cérebro, como as que tratam de aprendizado e raciocínio, serão necessários computadores de aplicação geral com suas arquiteturas de "múltiplas instruções, múltiplos dados" (MIMD). Para a computação MIMD de alto desempenho, será preciso aplicar os paradigmas de computação molecular tridimensional descritos acima.

Computação quântica. A computação quântica é uma forma ainda mais radical do processamento paralelo SIMD, mas que está em um estágio muito mais inicial de desenvolvimento quando comparada às outras tecnologias novas que foram discutidas. Um computador quântico contém uma série de qubits, que são essencialmente zero e um *ao mesmo tempo*. O qubit está baseado na ambiguidade fundamental inerente à mecânica quântica. Em um computador quântico, os qubits são representados por uma propriedade quântica de partículas — por exemplo, o estado de spin dos elétrons individuais. Quando os qubits estão em um estado "emaranhado", cada um está ao mesmo tempo em ambos os estados. Em um processo chamado "descoerência quântica", a ambiguidade de cada qubit é resolvida, deixando uma sequência não ambígua de uns e zeros. Se o computador quântico estiver configurado do jeito certo, a sequência, que passou pela descoerência, representará a solução de um problema. Em essência, só a sequência correta sobrevive ao processo de descoerência.

Como acontece com o computador de DNA descrito acima, uma chave para obter sucesso com a computação quântica é uma cuidadosa formulação do problema, incluindo uma maneira precisa de testar respostas possíveis. O computador quântico testa efetivamente toda *combinação* de valores para os qubits. Assim, um computador quântico com mil qubits iria testar $2^{1.000}$ (número quase igual a um seguido por 301 zeros) soluções potenciais ao mesmo tempo.

Um computador quântico de mil bits iria superar amplamente o desempenho de qualquer computador de DNA concebível, ou qualquer computador não-quântico concebível. Entretanto, há duas limitações para o processo. A primeira é que, como os computadores de DNA e os ópticos discutidos acima, apenas um conjunto especial de problemas pode ser apresentado a um computador quântico. Em suma, é preciso poder testar toda resposta possível de modo simples.

O exemplo clássico de um uso prático para a computação quântica é fatorar números muito grandes (encontrar quais números menores, quando multiplicados, resultam no número grande). Fatorar números com mais de 512 bits atualmente não é factível em um computador digital, mesmo que maciçamente paralelo.[32] Classes interessantes de problemas passíveis de computação quântica incluem decifrar códigos de encriptação (que dependem da fatoração de números grandes). O outro problema é que a potência computacional de um computador quântico depende do número de qubits emaranhados, e a técnica de ponta está limitada atualmente a cerca de dez bits. Um computador quântico de dez bits não é muito útil, já que 2^{10} dá apenas 1.024. Em um computador convencional, é um processo sem meandros de combinar bits de memória e portas lógicas. Entretanto, não se pode criar um computador quântico de vinte qubits simplesmente combinando duas máquinas de dez bits. Todos os qubits devem estar emaranhados quanticamente juntos, e isso tem comprovado ser desafiador.

Uma questão-chave é: qual a dificuldade para se acrescentar cada qubit adicional? A potência computacional de um computador quântico cresce exponencialmente com cada qubit adicionado, mas se cada qubit adicionado acabar deixando a tarefa de engenharia exponencialmente mais difícil, não haverá nenhuma vantagem. (Ou seja, a potência computacional de um computador quântico será proporcional só linearmente à dificuldade da engenharia.) Em geral, métodos propostos para acrescentar qubits tornam os sistemas resultantes significativamente mais delicados e suscetíveis de descoerência prematura.

Há propostas para aumentar significativamente o número de qubits, embora ainda não tenham sido provadas na prática. Por exemplo, Stephan Gulde e seus colegas da Universidade de Innsbruck construíram um computador quântico usando um único átomo de cálcio que tem o potencial para, ao mesmo tempo, codificar dúzias de qubits — é possível que até cem — usando diferentes propriedades quânticas do interior do átomo.[33] Em última análise, o papel da computação quântica contínua sem solução. Mas mesmo que um computador quântico com centenas de qubits emaranhados comprove ser factível, ele vai continuar sendo um dispositivo para uso especial, embora seja um com capacidades notáveis que não pode ser imitado de nenhum outro modo.

Quando sugeri em *The Age of Spiritual Machines* que a computação molecular seria o sexto principal paradigma da computação, a ideia ainda era controversa. Tem havido tanto progresso nos últimos cinco anos que houve uma completa transformação na atitude dos especialistas, e esta agora é uma corrente principal. Já há provas do futuro funcionamento desejado de todas as necessidades principais para computação molecular tridimensional: transistores de molécula única, células de memória baseadas em átomos, nanofios, e métodos de automontar e autodiagnosticar os trilhões (potencialmente trilhões de trilhões) de componentes.

A eletrônica contemporânea vai do desenho de layouts detalhados de chips à fotolitografia para a manufatura de chips em fábricas amplas, centralizadas. É mais provável criar nanocircuitos em pequenos frascos para química, um desenvolvimento que será outro passo importante na descentralização de nossa infraestrutura industrial e que manterá a Lei dos Retornos Acelerados durante este século e além.

A capacidade de computar do cérebro humano

Pode parecer precipitado esperar máquinas totalmente inteligentes dentro de poucas décadas, quando os computadores mal têm igualado a mente dos insetos em um meio século de desenvolvimento. De fato, por essa razão, muitos pesquisadores de inteligência artificial de longa data ridicularizam essa sugestão e oferecem uns poucos séculos como um período mais crível. Mas há razões muito boas para que as coisas andem muito mais rápido nos próximos cinquenta anos do que andaram nos últimos cinquenta [...]. Desde 1990, o poder disponível para programas de IA individual e robótica tem dobrado a cada ano, para 30 MIPS e 500 MIPS em 1998. Sementes há tempos consideradas estéreis de repente estão brotando. Máquinas leem textos, reconhecem a fala, até traduzem línguas. Robots dirigem cruzando o país, arrastam-se por Marte e rodam em corredores de escritório. Em 1996, um programa para provar teoremas chamado EQP (QED em latim) rodando cinco semanas em um computador de 50 MIPS em Argonne National Laboratory encontrou uma prova de uma conjectura booleana de álgebra enunciada por Herbert Robbins que tinha frustrado os matemáticos por sessenta anos. E ainda é só a primavera. Espere chegar o verão.

Hans Moravec, *"When Will Computer Hardware Match the Human Brain?"*, 1997

Qual é a capacidade de computar de um cérebro humano? Inúmeras estimativas têm sido feitas, baseadas em reproduzir a funcionalidade de regiões do cérebro que passaram por engenharia reversa (ou seja, os métodos compreendidos) no nível humano de desempenho. Quando se tem uma estimativa da capacidade computacional de uma determinada região, pode-se extrapolar essa capacidade para o cérebro todo, considerando qual porção do cérebro que aquela região representa. Essas estimativas são baseadas em simulação funcional, que reproduz a funcionalidade geral de uma região em vez de simular cada neurônio e conexão interneural daquela região.

Embora não queiramos depender de um único cálculo, vimos que várias avaliações de diferentes regiões do cérebro fornecem, todas, estimativas razoavelmente corretas para todo o cérebro. As seguintes são estimativas da ordem de grandeza, o que quer dizer que estamos tentando determinar os números adequados para o múltiplo de dez mais próximo. O fato de que diferentes maneiras de fazer a mesma estimativa fornecem respostas parecidas corrobora a abordagem e indica que as estimativas estão em uma gama apropriada.

A previsão de que a Singularidade — uma expansão da inteligência humana por um fator de trilhões através da fusão com sua forma não biológica — vai acontecer dentro das várias décadas seguintes não depende da precisão desses cálculos. Mesmo que nossa estimativa da quantidade de computação necessária para simular o cérebro humano fosse otimista demais (ou seja, muito baixa) por um fator de até mil, a Singularidade seria adiada por apenas oito anos.[34] Um fator de 1 milhão significaria um adiamento de cerca de quinze anos apenas, e um fator de 1 bilhão faria ser adiada por cerca de 21 anos.[35]

Hans Moravec, lendário estudioso da robótica na Universidade Carnegie Mellon, analisou as transformações feitas pela circuitaria neural de processamento de imagens contida na retina.[36] A retina tem cerca de dois centímetros de largura e meio milímetro de espessura. A maior parte da profundidade da retina é dedicada a capturar imagens, mas um quinto dela dedica-se a processar imagens, o que inclui distinguir claro e escuro e detectar movimento em cerca de 1 milhão de pequenas regiões da imagem.

A retina, de acordo com a análise de Moravec, faz 10 milhões dessas verificações de movimento em cada segundo. Com base em suas várias décadas de experiência em criar sistemas de visão robóticos, ele estima que a execução de cerca de cem instruções para computador é necessária para recriar cada uma dessas verificações em níveis humanos de desempenho, o que quer dizer que reproduzir a funcionalidade de processar imagens dessa porção da retina exige 1.000 MIPS. O cérebro humano é cerca de 75 mil vezes mais pesado do que a 0,02 grama de neurônios nessa porção da retina, o que resulta em uma estimativa de cerca de 10^{14} (100 trilhões) de instruções por segundo para o cérebro todo.[37]

Outra estimativa provém do trabalho de Lloyd Watts e seus colegas ao criarem simulações funcionais de regiões do sistema auditivo humano, que será mais discutido no capítulo 4.[38] Uma das funções do software que Watts desenvolveu é uma tarefa chamada "separação de fluxo" (*stream separation*), que é usada em teleconferências e outras aplicações para atingir a telepresença (a localização de cada participante em uma teleconferência à distância em áudio). Realizar isso, explica Watts, significa "medir com precisão o intervalo de tempo entre sensores de som que estão separados no espaço e que ambos recebem o som". O processo envolve análise de tom, posição espacial e sugestões de fala, incluindo sugestões específicas para a língua. "Uma das sugestões importantes usadas pelos humanos para localizar a posição de uma fonte sonora é a Interneural Time Difference (ITD — Diferença de tempo interneural), ou seja, a diferença de tempo entre a chegada do som nos dois ouvidos."[39]

O próprio grupo de Watts recriou funcionalmente equivalentes das regiões do cérebro derivadas de engenharia reversa. Ele estima que 10^{11} cps são necessários para alcançar o nível humano da localização de sons. As regiões do córtex auditivo responsáveis por esse procedimento compreendem, no mínimo, 0,1% dos neurônios do cérebro. Então novamente se chega a uma estimativa de cerca de 10^{14} cps (10^{11} x 10^3).

E ainda outra estimativa provém de uma simulação na Universidade do Texas que representa a funcionalidade de uma parte do cerebelo de uma região do cérebro que contém 10^4 neurônios; isso precisou de cerca de 10^8 cps, ou cerca de 10^4 cps por neurônio. Extrapolar isso para uma estimativa de 10^{11} neurônios dá como resultado um número de cerca de 10^{15} cps para o cérebro inteiro.

Mais adiante será discutido o estado da engenharia reversa do cérebro humano, mas está claro que se pode imitar a funcionalidade de regiões do cérebro com menos computação do que seria necessária para simular a operação não linear exata de cada neurônio e de todos os componentes neurais (isto é, de todas as interações complexas que acontecem dentro de cada neurônio). Chega-se à mesma conclusão quando se tenta simular a funcionalidade de órgãos do corpo. Por exemplo, estão sendo testados dispositivos implantáveis que simulam a funcionalidade do pâncreas humano para regular os níveis de insulina.[40] Esses dispositivos funcionam medindo o nível de glucose no sangue e liberando insulina de modo controlado para manter apropriados seus níveis. Embora sigam um método similar ao do pâncreas biológico, eles não tentam simular *cada* ilhota e não haveria razão para isso.

Todas essas estimativas resultam em ordens de grandeza comparáveis (10^{14} a 10^{15} cps). Dado que a engenharia reversa do cérebro humano encontra-se em estágio inicial, usarei o número mais conservador de 10^{16} cps para nossas discussões seguintes.

A simulação funcional do cérebro é suficiente para recriar poderes humanos de reconhecer padrões, intelecto e inteligência emocional. Por outro lado, se se quiser fazer "upload" da personalidade de uma determinada pessoa (isto é, captar todo o seu conhecimento, habilidades e personalidade, conceito que irei explorar com mais detalhes no final do capítulo 4), pode ser necessário simular processos neurais no nível de neurônios individuais e porções de neurônios como o soma (o corpo da célula), o axônio (conexão de saída), dendritos (ramificação de conexões de entrada) e sinapses (regiões conectando axônios e dendritos). Para isso é preciso olhar modelos detalhados de neurônios individuais. O *"fan out"* (número de conexões interneurais) por neurônio é estimado em 10^3. Com uma estimativa de 10^{11} neurônios, são cerca de 10^{14} conexões. Com um tempo para resetar de cinco milissegundos, chega-se a cerca de 10^{16} transações sinápticas por segundo. Simulações com modelos de neurônio indicam a necessidade de cerca de 10^3 cálculos por transação sináptica para capturar as não linearidades (interações complexas) nos dendritos e outras regiões do neurônio, o que resulta em uma estimativa geral de cerca de 10^{19} cps para simular o cérebro humano neste nível.[41] Portanto, pode-se considerar isso como um limite superior, mas 10^{14} a 10^{16} cps para alcançar o equivalente funcional de todas as regiões do cérebro pode ser suficiente.

O supercomputador Blue Gene/L da IBM, sendo construído agora e agendado para estar completo quando este livro for lançado (2005), está projetado para fornecer 360 trilhões de cálculos por segundo (3,6 x 10^{14} cps).[42] Esse número já é maior do que as estimativas mais baixas descritas acima. Blue Gene/L também terá perto de cem terabytes (cerca de 10^{15} bits) de armazenamento principal, mais do que a estimativa de memória para a emulação funcional do cérebro humano (ver abaixo). Em linha com minhas primeiras previsões, os supercomputadores vão alcançar minha estimativa mais conservadora de 10^{16} cps para emulação funcional do cérebro humano no começo da próxima década (ver o gráfico "[Crescimento da] potência do supercomputador", na página 90).

Acelerar a disponibilidade do computador pessoal no nível humano. Computadores pessoais hoje fornecem mais do que 10^9 cps. De acordo com as projeções no gráfico "Crescimento exponencial da computação" (página 89), por volta de 2025 serão alcançados 10^{16} cps. Mas há várias maneiras de acelerar essa cronologia. Em vez de empregar processadores de uso geral, podem-se usar circuitos integrados de aplicação específica (ASICs) para fornecer um melhor preço-desempenho para operações muito repetitivas. Tais circuitos já fornecem produtividade para as operações repetitivas usadas para gerar imagens que se movem em video games. ASICs podem aumentar o preço-desempenho por mil vezes, cortando cerca de oito anos da data de 2015. Os programas variados que uma simulação do cérebro humano vai abranger, também vão incluir muita repetição, e então serão passíveis de implementação por ASIC. O cerebelo, por exemplo, repete um padrão básico de fiação bilhões de vezes.

Também será possível aumentar a potência de computadores pessoais colhendo a potência computacional não usada de dispositivos da internet. Novos paradigmas de comunicação, como a computação "mesh", pretendem tratar cada dispositivo da rede como um nódulo, em vez de apenas um "spoke".[43]

Em outras palavras, em vez de dispositivos (como um computador pessoal e PDAs) simplesmente enviando informações de e para nódulos, cada dispositivo vai agir ele mesmo como um nódulo, enviando informação e recebendo informação de todos os outros dispositivos. Isso irá criar redes de comunicação muito robustas e auto-organizadoras. Também vai deixar mais fácil para computadores e outros dispositivos explorar ciclos de CPU não usados pelos dispositivos situados em sua região da "mesh".

Atualmente, no mínimo 99%, se não 99,9% da capacidade computacional de todos os computadores na internet não está sendo usada. Colher efetivamente essa computação pode fornecer outro fator de 10^2 ou 10^3 em preço-desempenho aumentado. Por essas razões, é razoável esperar a capacidade do cérebro humano, pelo menos em termos de capacidade computacional do hardware, em mil dólares por volta de 2020.

Ainda outra abordagem para acelerar a disponibilidade da computação em nível humano em um computador pessoal é usar transistores em seu modo nativo "analógico". Muitos dos processos no cérebro humano são analógicos, não digitais. Embora se possa imitar processos analógicos com qualquer grau desejado de exatidão com a computação digital, perdem-se várias ordens de grandeza de eficiência ao fazer isso. Um único transistor pode multiplicar dois valores representados como níveis analógicos; para fazer isso com circuitos digitais, são necessários milhares de transistores. Carver Mead, do California Institute of Technology, tem sido pioneiro em relação a esse conceito.[44] Uma desvantagem da abordagem de Mead é que o tempo do projeto de engenharia para um computador nativo analógico desses é demorado, então a maioria dos pesquisadores que desenvolvem software para imitar regiões do cérebro em geral prefere as rápidas simulações de sofware.

Capacidade da memória humana. Como comparar a capacidade do computador à capacidade da memória humana? Acontece que se chega a estimativas semelhantes de tempo quando se olha para os requisitos da memória humana. O número de "nacos" de conhecimento dominado por um especialista em um campo é próximo de 10^5 para uma variedade de campos. Esses pedaços representam padrões (como rostos), bem como conhecimento específico. Por exemplo, estima-se que um mestre internacional de xadrez domina cerca de 100 mil posições do tabuleiro. Shakespeare usou 29 mil palavras, mas perto de 100 mil significados dessas palavras. Desenvolvimentos de sistemas especializados na medicina indicam que os humanos conseguem dominar cerca de 100 mil conceitos em um campo. Estimando-se que esse conhecimento "profissional" representa só 1% do estoque de conhecimento e padrões gerais de um humano, chega-se a uma estimativa de 10^7 pedaços.

Com base em minha própria experiência de desenhar sistemas que podem armazenar nacos parecidos de conhecimento tanto em sistemas especializados baseados em regras quanto em sistemas de reconhecimento de padrões auto-organizado, uma estimativa razoável é de perto de 10^6 bits por pedaço (padrão ou item de conhecimento), para uma capacidade total de 10^{13} (10 trilhões) de bits para uma memória funcional humana.

De acordo com as projeções do mapa da ITRS (ver gráfico RAM na página 76), poderemos comprar 10^{13} bits de memória por mil dólares perto de 2018. Deve-se ter em mente que essa memória será milhões de vezes mais rápida do que o processo eletroquímico de memória usado no cérebro humano, e, portanto, será muito mais eficaz.

De novo, se a memória humana for modelada no nível das conexões interneurais, a estimativa é maior. Pode-se estimar cerca de 10^4 bits por conexão para estocar os padrões de conexão e concentrações de neurotransmissores. Com uma estimativa de 10^{14} conexões, que resultam em 10^{18} (1 bilhão de bilhões) de bits.

Com base nas análises acima, é razoável esperar que o hardware que pode emular a funcionalidade do cérebro humano esteja disponível por aproximadamente de mil dólares por volta de 2020. Como será discutido no capítulo 4, o software que irá replicar essa funcionalidade vai levar cerca de uma década a mais. Entretanto, o crescimento exponencial do preço-desempenho, capacidade e velocidade da tecnologia de hardware vai continuar durante esse período, de modo que por volta de 2030 será preciso uma aldeia de cérebros humanos (cerca de mil) para igualar uma computação que vale mil dólares. Por volta de 2050, mil dólares de computação vão ultrapassar o poder de processamento de todos os cérebros humanos da Terra. É claro que esse número inclui aqueles cérebros que ainda usam só neurônios biológicos.

Embora os neurônios humanos sejam criações fantásticas, não iríamos (e não vamos) projetar circuitos de computação usando os mesmos métodos vagarosos. Apesar da engenhosidade dos projetos evoluídos pela seleção natural, eles são muitas ordens de grandeza menos capazes dos que poderemos construir. Aplicando a engenharia reversa em nossos corpos e cérebros, estaremos em posição de criar sistemas comparáveis que são muito mais duráveis e operam milhares de milhões mais rápido do que nossos sistemas evoluídos naturalmente. Nossos circuitos eletrônicos já são mais de 1 milhão de vezes mais rápidos do que os processos eletroquímicos dos neurônios, e essa velocidade continua aumentando.

A maior parte da complexidade de um neurônio humano é dedicada a manter suas funções de suporte à vida, não sua capacidade de processar informações. Em última análise, poderemos transferir nossos processos mentais para um substrato computacional mais adequado. Aí então nossas mentes não terão de ficar tão pequenas.

Os limites da computação

Se um computador dos mais eficientes trabalha o dia todo para computar um problema de simulação de clima, qual é a menor quantidade de energia que deve ser dissipada de acordo com as leis da física? Na verdade, a resposta é muito simples de calcular, já que não está relacionada à quantidade de computação. A resposta é sempre igual a zero.

Edward Fredkin, físico [45]

Já tivemos cinco paradigmas (calculadoras eletromecânicas, computação baseada em relê, válvulas, transistores discretos e circuitos integrados) que deram crescimento exponencial ao preço-desempenho e à capacidade de computação. Cada vez que um paradigma chegava a seu limite, outro paradigma tomava seu lugar. Já se podem ver os contornos do sexto paradigma, que será trazer a computação para a terceira dimensão molecular. Já que a computação é subjacente às bases de tudo o que gostamos, da economia ao intelecto e à criatividade humanos, pode-se muito bem ficar pensando: Existem limites definitivos para a capacidade de matéria e energia realizarem computação? Se sim, quais são esses limites e quanto tempo vai levar até que eles sejam alcançados?

Nossa inteligência humana baseia-se em processos computacionais que estamos começando a entender. Em última análise, iremos multiplicar nossos poderes intelectuais aplicando e estendendo os métodos da inteligência humana ao usar a capacidade muito maior da computação não biológica. Então, considerar os limites definitivos da computação, é perguntar na verdade qual é o destino de nossa civilização?

Um desafio comum às ideias apresentadas neste livro é que essas tendências exponenciais devem alcançar um limite, como normalmente fazem as tendências exponenciais. Quando uma espécie chega a um novo habitat, como no famoso exemplo dos coelhos na Austrália, seu número cresce exponencialmente por um tempo. Mas eventualmente ela atinge os limites da habilidade que aquele ambiente tem para suportá-la. Com certeza, o processamento da informação deve ter restrições parecidas. Acontece, que, sim, há limites para a computação baseados nas leis da física. Mas estas ainda permitem que continue o crescimento exponencial até que a inteligência não biológica seja trilhões de trilhões de vezes mais potente que toda a civilização humana hoje, incluindo os computadores contemporâneos.

Um dos principais fatores quando se consideram os limites computacionais é a necessidade de energia. A energia necessária por MIPS para dispositivos computacionais vem caindo exponencialmente, como é mostrado na seguinte figura.[46]

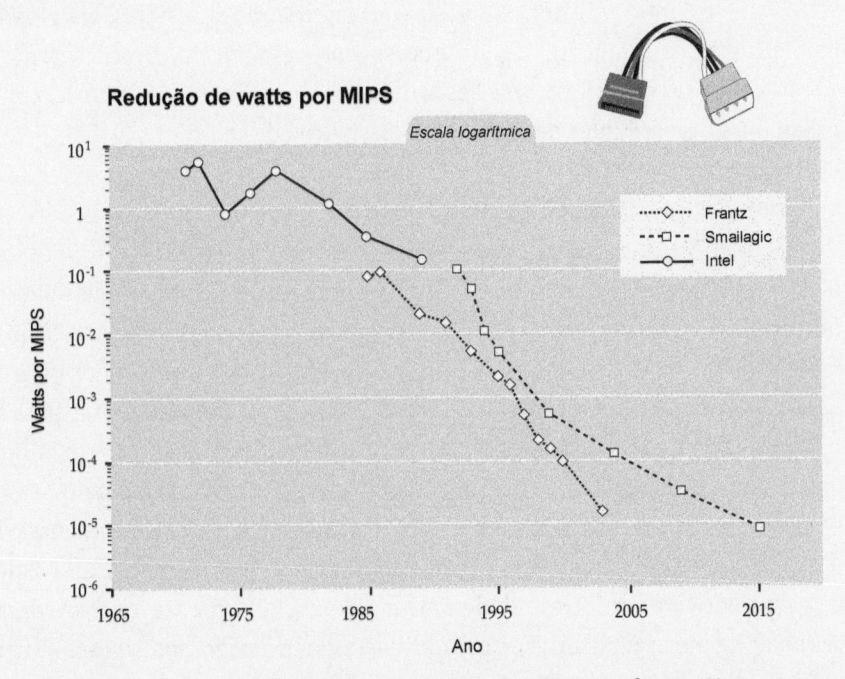

Entretanto, também se sabe que o número de MIPS em dispositivos computacionais tem crescido exponencialmente. Até que ponto as melhorias no uso da energia acompanharam a velocidade de processamento depende de até que ponto se usa o processamento paralelo. Um número maior de computadores menos potentes podem inerentemente funcionar com temperatura mais baixa porque a computação está espalhada em uma área maior. Velocidade de processamento está relacionada com voltagem, e a energia necessária é proporcional ao quadrado da voltagem. Assim, fazer funcionar um processador em velocidade mais baixa reduz significativamente o consumo de energia. Se se investir em mais processamento paralelo em vez de em processadores únicos mais rápidos, é factível que o consumo de energia e a dissipação de calor acompanhem os crescentes MIPS por dólar, como mostra o gráfico "Redução de watts por mips".

Essa é em essência a mesma solução que a evolução biológica desenvolveu no projeto dos cérebros animais. Cérebros humanos usam cerca de 100 trilhões de computadores (as conexões interneurais, onde ocorre a maior parte do processamento). Mas esses processadores têm muito pouca potência computacional e, portanto, funcionam relativamente frios.

Até pouco tempo atrás, a Intel enfatizava o desenvolvimento de processadores de chip único cada vez mais rápidos, que têm funcionado a temperaturas cada vez mais altas. A Intel está aos poucos mudando sua estratégia para a paralelização, colocando múltiplos processadores em um chip único. Veremos a tecnologia dos chips se mover nessa direção, como maneira de manter controladas as necessidades de energia e a dissipação de calor.[47]

Computação reversível. Em última análise, organizar a computação através do processamento paralelo maciço, como é feito no cérebro humano, por si só não será suficiente para manter os níveis de energia e a resultante dissipação térmica em níveis razoáveis. O atual paradigma de computação depende do que é conhecido como computação irreversível, o que quer dizer que, em princípio, é impossível fazer com que os programas de software operem de trás para a frente. A cada passo na progressão de um programa, os dados de entrada são descartados — apagados — e os resultados da computação vão para o passo seguinte. Em geral, os programas não retêm todos os resultados intermediários, pois isso iria consumir grandes quantidades de memória desnecessária. Esse apagar seletivo da informação de entrada é particularmente verdade para sistemas de reconhecimento de padrões. Sistemas de visão, por exemplo, quer humanos, quer de máquinas, recebem grandes quantidades de input (dos olhos ou sensores visuais), mas produzem outputs relativamente compactos (como a identificação de padrões reconhecidos). Esse ato de apagar dados gera calor e, portanto, requer energia. Quando um bit de informação é apagado, essa informação tem que ir para algum lugar. De acordo com as leis da termodinâmica, o bit apagado é, em essência, liberado para o ambiente que o cerca, aumentando com isso sua entropia, que pode ser vista como uma medida de informação (incluindo informação aparentemente desordenada) em um ambiente. Isso resulta em uma temperatura maior para o ambiente (porque a temperatura é uma medida da entropia).

Se, por outro lado, não for apagado todo bit de informação contido no input de cada passo de um algoritmo, mas, em vez disso, for apenas deslocado para outro lugar, esse bit continua no computador, não é liberado para o ambiente, e, portanto, não gera calor nem requer energia de fora do computador.

Rolf Landauer mostrou em 1961 que operações lógicas reversíveis como NOT (transformar um bit em seu oposto) podiam ser realizadas sem colocar energia ou tirar calor, mas que operações lógicas irreversíveis como AND (gerando o bit C, que é um 1, se, e somente se, os dois inputs A e B forem 1) requerem energia.[48] Em 1973, Charles Bennet mostrou que qualquer computação podia ser realizada usando apenas operações lógicas reversíveis.[49] Uma década mais tarde, Ed Fredkin e Tommaso Toffoli apresentaram uma revisão geral da ideia de computação reversível.[50] O conceito fundamental é que, se todos os resultados intermediários fossem mantidos e depois se operasse o algoritmo de frente para trás, quando o cálculo estiver terminado, acaba-se no mesmo lugar do início, não tendo sido usada energia, nem gerado calor. Pelo caminho, entretanto, foi calculado o resultado do algoritmo.

Quanta inteligência tem uma pedra? Para apreciar a factibilidade de computar sem energia e sem calor, considere-se a computação que ocorre em uma pedra comum. Embora possa parecer que nada especial acontece dentro de uma pedra, os aproximadamente 10^{25} (10 trilhões de trilhões) de átomos em um quilo de matéria estão, na verdade, extremamente ativos. Apesar da aparente solidez do objeto, os átomos todos estão se movendo, compartilhando elétrons de um lado para outro, alterando o giro das partículas e gerando campos magnéticos que se movem rápido. Toda essa atividade representa a computação, mesmo não tendo muito sentido.

Já foi mostrado que os átomos podem armazenar informações com densidade maior do que um bit por átomo, como em sistemas computacionais construídos de dispositivos de ressonância magnética nuclear. Pesquisadores da Universidade de Oklahoma armazenaram 1.024 bits nas interações magnéticas dos prótons de uma única molécula que continha dezenove átomos de hidrogênio.[51] Assim, o estado da pedra em qualquer momento representa no mínimo 10^{27} bits de memória.

Em termos de computação e apenas considerando as interações eletromagnéticas, há pelo menos 10^{15} mudanças de estado por bit por segundo acontecendo dentro de uma pedra de 2,2 libras, o que representa efetivamente cerca de 10^{42} (1 milhão de trilhões de trilhões de trilhões) cálculos por segundo. Contudo, a pedra não requer entrada de energia nem gera calor perceptível.

É claro que, apesar de toda essa atividade no nível atômico, a pedra não realiza nenhum trabalho útil além de, talvez, agir como peso de papel ou decoração. A razão disso é que a maior parte da estrutura dos átomos na pedra é efetivamente aleatória. Se, por outro lado, as partículas forem organizadas de uma maneira mais intencional, poderíamos ter um computador frio, que consome zero energia, com uma memória de cerca de mil trilhões de trilhões de bits e uma capacidade de processar 10^{42} operações por segundo, o que é cerca de 10 trilhões de vezes mais potente do que todos os cérebros humanos na Terra, mesmo se for usada a estimativa mais conservadora (mais alta) de 10^{19} cps.[52]

Ed Fredkin demonstrou que nem é preciso ter o trabalho de fazer funcionar algoritmos ao contrário depois de obter um resultado.[53] Fredkin apresentou vários projetos para portas lógicas reversíveis que realizam a inversão enquanto computam, e que são universais, ou seja, que computadores de uso geral podem ser construídos com elas.[54] Fredkin continua, demonstrando que a eficiência de um computador construído por portas lógicas reversíveis pode ser projetado para ficar bem perto (no mínimo 99%) da eficiência dos que são construídos por portas irreversíveis. Ele escreve:

> é possível [...] implementar [...] modelos convencionais de computador que têm a diferença de que os componentes básicos são microscopicamente reversíveis. Isso quer dizer que a operação macroscópica do computador também é reversível. Esse fato nos permite perguntar...: "O que é necessário para que um computador seja eficiente ao máximo?". A resposta é que, se o computador for construído por componentes microscopicamente reversíveis, então ele pode ser perfeitamente eficiente. Quanta energia um computador perfeitamente eficiente tem de dissipar para computar alguma coisa? A resposta é que o computador não precisa dissipar energia alguma.[55]

A lógica reversível já foi demonstrada e mostra as reduções esperadas de entrada de energia e dissipação de calor.[56] As portas lógicas reversíveis de Fredkin respondem a um desafio-chave da ideia de computação reversível: que ela iria requerer um estilo diferente de programar. Ele argumenta que, de fato, pode-se construir lógica normal e memória inteiramente de portas lógicas reversíveis, o que vai permitir o uso de métodos convencionais existentes de desenvolvimento de software. É difícil exagerar o significado desse insight. Uma observação-chave em relação à Singularidade é que processos de informação — computação —, em última análise, irão dirigir tudo que é importante. Essa fundação primária para a tecnologia futura parece, então, que não requer energia alguma.

A realidade prática é ligeiramente mais complicada. Se, na verdade, se quiser encontrar os resultados de uma computação — isto é, receber output de um computador —, o processo de copiar a resposta e transmiti-la para fora do computador é um processo irreversível, um que gera calor para cada bit transmitido. Entretanto, para a maioria das aplicações que interessa, a quantidade de computação que vai para executar um algoritmo excede em muito a computação necessária para comunicar as respostas finais, assim esta última não muda a equação de energia de modo perceptível.

Entretanto, por causa de efeitos essencialmente aleatórios termais e de quantum, operações lógicas têm uma inerente taxa de erros. Podem-se superar os erros usando códigos para detectar e corrigir erros, mas, cada vez que se corrige um bit, a operação não é reversível, o que quer dizer que ela requer energia e gera calor. Em geral, as taxas de erros são baixas. Mas, mesmo que os erros ocorram em uma razão de, digamos, um por 10^{10} operações, só conseguimos reduzir a necessidade de energia por um fator de 10^{10}, e não eliminar totalmente a dissipação de energia.

Quando se consideram os limites da computação, a questão da taxa de erros torna-se uma questão significativa do projeto. Alguns métodos de aumentar a taxa computacional, como aumentar a frequência da oscilação de partículas, também aumentam as taxas de erros, portanto isso estabelece limites naturais para a habilidade de realizar computação usando matéria e energia.

Outra importante tendência com relevância aqui será ir das baterias convencionais para pequenas células de combustível (dispositivos armazenando energia em elementos químicos, como formas de hidrogênio, que se combinam com o oxigênio disponível). Células de combustível já estão sendo construídas usando tecnologia MEMS (sistemas mecânicos microeletrônicos).[57] Quando nos aproximarmos da computação molecular, tridimensional, com aspectos em nanoescala, recursos de energia na forma de nanocélulas de combustível estarão amplamente distribuídos pelo meio computacional entre processadores maciçamente paralelos. O futuro das tecnologias de energia baseadas na nanotecnologia será discutido no capítulo 5.

Os limites da nanocomputação. Mesmo com as restrições que discutimos, os limites definitivos dos computadores são profundamente altos. Com base no trabalho de Hans Bremermann, professor na Universidade da Califórnia, em Berkeley, e Robert Freitas, teórico da nanotecnologia, o professor Seth Lloyd do MIT calculou a capacidade computacional máxima, de acordo com as leis conhecidas da física, de um computador pesando um quilo e tendo um litro de volume — mais ou menos o tamanho e peso de um pequeno laptop —, que ele chama de "o laptop definitivo".[58] A quantidade potencial de computação aumenta com a energia disponível. Pode-se entender a ligação entre energia e capacidade computacional como segue. A energia em uma porção de matéria é a energia associada com cada átomo (e partícula subatômica). Então, quanto mais átomos, mais energia. Como discutido acima, cada átomo pode ser usado potencialmente para computação. Então, quanto mais átomos, mais computação. A energia de cada átomo ou partícula cresce com a frequência de seu movimento: quanto mais movimento, mais energia. A mesma relação existe para a computação potencial: quanto maior a frequência do movimento, mais computação cada componente (que pode ser um átomo) pode realizar. (Vê-se isso nos chips contemporâneos: quanto mais alta a frequência do chip, maior sua velocidade de computar.)

Portanto, existe uma relação diretamente proporcional entre a energia de um objeto e seu potencial para realizar computação. A energia potencial em um quilo de matéria é muito grande, como se sabe pela equação de Einstein $E = mc^2$. O quadrado da velocidade da luz é um número muito grande: aproximadamente 10^{17} metros^2/segundo^2. O potencial que tem a matéria para computar também é governado por um número muito pequeno, a constante de Planck: $6,6 \times 10^{34}$ joule-segundos (um joule é uma medida de energia). Essa é a menor escala em que se pode aplicar energia para computação. Obtém-se o limite teórico para um objeto realizar computação dividindo o total de energia (a energia média de cada átomo ou partícula vezes o número dessas partículas) pela constante de Planck.

Lloyd mostra como a capacidade potencial de computar de um quilo de matéria é igual a pi vezes energia dividido pela constante de Planck. Como a energia é um número tão grande e a constante de Planck é tão pequena, essa equação gera um número extremamente grande: cerca de 5×10^{50} por segundo.[59] Se esse número for relacionado com a estimativa mais conservadora da capacidade do cérebro humano (10^{19} cps e 10^{10} humanos), ele representa o equivalente a cerca de 5 bilhões de trilhões de civilizações humanas.[60] Se usarmos o número de 10^{16} cps, que acredito ser suficiente para a emulação funcional da inteligência humana, o laptop definitivo iria funcionar com o equivalente da potência do cérebro de 5 trilhões de trilhões de civilizações humanas.[61] Um laptop assim poderia realizar o equivalente a todo pensamento humano pelos últimos 10 mil anos (isto é, 10 bilhões de cérebros humanos operando por 10 mil anos) em um décimo milésimo de nanosegundo.[62]

De novo, algumas advertências devem ser feitas. Converter toda a massa de nosso laptop de 2,2 libras em energia é, em essência, o que acontece em uma explosão termonuclear. É claro que não queremos que o laptop exploda, mas que fique dentro de sua dimensão de um litro. Então, será necessário fazer o pacote com alguma cautela, para dizer o mínimo. Analisando a entropia máxima (graus e liberdade representados pelo estado de todas as partículas) desse dispositivo, Lloyd mostra que um computador assim teria uma capacidade teórica de memória de 10^{31} bits. É difícil imaginar tecnologias que fariam tudo para alcançar esse limite. Mas podemos de pronto visualizar tecnologias que chegam razoavelmente perto de fazer isso. Como o projeto da Universidade de Oklahoma mostra, já demonstramos a habilidade de armazenar pelo menos cinquenta bits de informação por átomo (embora apenas em um número pequeno de átomos, até agora). Armazenar 10^{27} bits de memória nos 10^{25} átomos de um quilo de matéria será, portanto, eventualmente atingível.

Mas porque muitas propriedades de cada átomo poderiam ser exploradas para armazenar informação — como a posição exata, giro e estado quântico de todas as suas partículas —, provavelmente podemos fazer algo melhor do que 10^{27} bits. O neurocientista Anders Sandberg estima a capacidade potencial de armazenamento de um átomo de hidrogênio em cerca de 4 milhões de bits. Essas densidades ainda não foram demonstradas, entretanto, por isso usaremos a estimativa mais conservadora.[63] Como discutido acima, 10^{42} cálculos por segundo poderiam ser conseguidos sem produzir um calor significativo. Instalando totalmente técnicas reversíveis de computação, usando projetos que geram um nível baixo de erros e permitindo uma quantidade razoável de dissipação de energia, deve-se chegar a algo entre 10^{42} e 10^{50} cálculos por segundo.

O espaço entre esses dois limites é complexo. Examinar as questões técnicas que surgem quando se avança de 10^{42} a 10^{50} está além do objetivo deste capítulo. Devemos ter em mente, entretanto, que o modo como isso vai funcionar não é começando com o último limite de 10^{50} e trabalhando para trás, em várias considerações práticas. Antes, a tecnologia vai continuar a melhorar, sempre usando sua última proeza para progredir para o nível seguinte. Assim, quando se chegar a uma civilização com 10^{42} cps (para cada 2,2 libras), os cientistas e engenheiros de então vão usar sua vasta inteligência essencialmente não biológica para descobrir como chegar a 10^{43}, depois 10^{44} e assim por diante. Minha expectativa é que chegaremos muito perto dos últimos limites.

Mesmo a 10^{42} cps, um "computador portátil definitivo" de 2,2 libras seria capaz de realizar o equivalente a todo o pensamento humano pelos últimos 10 mil anos (supondo 10 bilhões de cérebros humanos para 10 mil anos) em dez microssegundos.[64] Se examinamos o gráfico "Crescimento exponencial da computação" (página 87), veremos que se supõe que essa quantidade de computação estará disponível por mil dólares em 2080.

Um projeto mais conservador, mas impressionante para um computador reversível, maciçamente paralelo, é o projeto patenteado de nanocomputador de Eric Drexler, que é totalmente mecânico.[65] A computação é realizada manipulando bastões em nanoescala, que de fato têm molas. Depois de cada cálculo, os bastões que contêm valores intermediários voltam para suas posições originais, implementando assim a computação reversa. O dispositivo tem 1 trilhão (10^{12}) de processadores e fornece uma taxa geral de 10^{21} cps, bastante para simular 100 mil cérebros humanos em um centímetro cúbico.

Marcar uma data para a Singularidade. Um limiar mais modesto, mas ainda assim profundo, será atingido muito mais cedo. No começo dos anos 2030, mil dólares de computação comprarão cerca de 10^{17} cps (provavelmente em torno de 10^{20} usando ASICs e colhendo a computação distribuída pela internet). Hoje gastamos mais de 10^{11} (1 bilhão) de dólares em computação por ano, que subirá, conservadoramente, para 10^{12} (1 trilhão) de dólares por volta de 2030. Assim, estaremos produzindo cerca de 10^{26} a 10^{29} cps de computação não biológica por ano no começo dos anos 2030. Isso é praticamente igual a nossa estimativa da capacidade de toda a inteligência biológica humana viva.

Mesmo tendo a mesma capacidade de nossos próprios cérebros, essa porção não biológica de nossa inteligência será mais potente porque combinará os poderes de reconhecer padrões da inteligência humana com a habilidade de compartilhar memória e aptidões, e com a precisão da memória de máquinas. A porção não biológica sempre operará no máximo de sua capacidade, que está longe de ser o caso da humanidade biológica hoje; os 10^{26} cps representados pela civilização humana biológica hoje estão mal utilizados.

Esse estado da computação no começo dos anos 2030, entretanto, não vai representar a Singularidade, porque ainda não corresponde a uma profunda expansão de nossa inteligência. Entretanto, em meados dos anos 2040, aqueles mil dólares de computação serão iguais a 10^{26} cps, assim a inteligência criada por ano (a um custo total de cerca de 10^{12} dólares) será de cerca de 1 bilhão de vezes mais potente do que toda a inteligência humana hoje.[66]

> **Marco a data para a Singularidade — que representa uma transformação profunda e perturbadora na capacidade humana — como sendo 2045. A inteligência não biológica criada nesse ano será 1 bilhão de vezes mais potente do que toda a inteligência humana atual.**

Isso de fato *vai* representar uma mudança profunda, e é por essa razão que eu marco a data para a Singularidade — que representa uma transformação profunda e perturbadora da capacidade humana — como sendo 2045.

Apesar da clara predominância da inteligência não biológica em meados dos anos 2040, a nossa ainda será uma civilização humana. Vamos transcender a biologia, mas não nossa humanidade. Voltarei a essa questão no capítulo 7.

Voltando aos limites da computação de acordo com a física, as estimativas acima foram expressas em termos de computadores do tamanho de um laptop porque esse é um formato familiar hoje. Pela segunda década deste século, entretanto, a maior parte da computação não estará organizada nesses dispositivos retangulares, mas estará altamente distribuída pelo ambiente. A computação estará em toda parte: nas paredes, em nossos móveis, em nossa roupa e em nossos corpos e cérebros.

E, é evidente, a civilização humana não estará limitada a computar só com uns poucos quilos de matéria. No capítulo 6, será examinado o potencial computacional de um planeta do tamanho da Terra e computadores na escala de sistemas solares, de galáxias e de todo o universo conhecido. Como se verá, a quantidade de tempo necessário para que nossa civilização humana alcance escalas de computação — e inteligência — que vão além de nosso planeta e para o universo pode ser muito menor do que se pode pensar.

Memória e eficiência computacional: Uma pedra versus um cérebro humano. Tendo em mente os limites de matéria e energia para realizar a computação, duas métricas úteis são a eficiência da memória e a eficiência computacional de um objeto. Estas são definidas como as frações de memória e computação acontecendo em um objeto que são, na verdade, úteis. Também é preciso considerar o princípio da equivalência: mesmo que a computação seja útil, se um método mais simples produz resultados equivalentes, deve-se avaliar a computação em relação ao algoritmo mais simples. Em outras palavras, se dois métodos chegam ao mesmo resultado mas um deles usa mais computação do que o outro, o método mais intensivo em termos de computação será considerado como usando apenas a quantidade de computação do método menos intensivo.[67]

O objetivo dessas comparações é avaliar até onde a evolução biológica tem sido capaz de ir, de sistemas com essencialmente nenhuma inteligência (isto é, uma pedra comum, que não desempenha nenhuma computação *útil*) para a definitiva habilidade da matéria de realizar uma computação com um propósito. A evolução biológica levou-nos a uma parte do caminho, e a evolução tecnológica (que, como assinalei anteriormente, representa uma continuação da evolução biológica) nos levará até muito perto desses limites.

Lembre-se de que uma pedra de 2,2 libras de peso tem informação da ordem de 10^{27} bits codificada no estado de seus átomos e cerca de 10^{42} cps representados pela atividade de suas partículas. Já que se fala de uma pedra comum, supor que sua superfície pode armazenar perto de mil bits talvez seja uma estimativa arbitrária, mas generosa.[68] Isso representa 10^{24} de sua capacidade teórica, ou uma eficiência de memória de 10^{24}.[69]

Também se pode usar uma pedra para computar. Por exemplo, deixando cair uma pedra de uma determinada altura, pode-se computar a quantidade de tempo que leva para deixar cair um objeto dessa altura. É claro que isso representa muito pouca computação: talvez 1 cps, o que significa que sua eficiência computacional é de 10^{42}.[70]

Em comparação, o que se pode dizer sobre a eficiência do cérebro humano? Antes, neste capítulo, foi discutido como cada uma das aproximadamente 10^{14} conexões interneurais podem armazenar estimados 10^4 bits nas concentrações neurotransmissoras das conexões e nas não linearidades sinápticas e dendríticas (formas específicas), em um total de 10^{18} bits. O cérebro humano pesa mais ou menos o mesmo que nossa pedra (na verdade, mais perto de três libras do que de 2,2, mas, como estamos lidando com ordens de grandeza, as medições estão bastante perto). Ele funciona a uma temperatura mais alta do que uma pedra fria, mas ainda se pode usar a mesma estimativa de cerca de 10^{27} bits de capacidade teórica de memória (estimando que se pode armazenar um bit em cada átomo). O resultado é uma eficiência de memória de 10^9.

Entretanto, pelo princípio da equivalência, não se deveria usar os métodos ineficientes de codificação do cérebro para avaliar a eficiência de sua memória. Usando uma estimativa de memória funcional acima de 10^{13} bits, tem-se uma eficiência de memória de 10^{14}. Isso é mais ou menos o meio do caminho, em escala logarítmica, entre a pedra e o frio laptop de ponta. Entretanto, apesar da tecnologia progredir exponencialmente, nossa vivência está em um mundo linear, e em uma escala linear, o cérebro humano está muito mais perto da pedra do que do frio computador de ponta.

Então, qual é a eficiência computacional do cérebro? Novamente, deve-se considerar o princípio da equivalência e usar a estimativa de 10^{16} cps necessária para imitar a funcionalidade do cérebro, mais do que a estimativa maior (10^{19} cps) necessária para imitar todas as não linearidades de cada um dos neurônios. Com a capacidade teórica dos átomos do cérebro estimada em 10^{42} cps, a eficiência da computação é de 10^{26}. Mais uma vez isso está mais próximo de uma pedra do que do laptop, mesmo em escala logarítmica.

Nossos cérebros evoluíram significativamente em sua eficiência de memória e computação partindo de objetos pré-biologia, como pedras. Mas claramente temos muitas ordens de grandeza de melhorias de que tirar proveito durante a primeira metade deste século.

Ir além do definitivo: picotecnologia e femtotecnologia, curvando a velocidade da luz. Os limites de cerca de 10^{42} cps para um computador frio de um quilo e um litro e cerca de 10^{50} para um (muito) quente baseiam-se na computação com átomos. Mas limites nem sempre são o que parecem. Novos entendimentos científicos têm um modo de empurrar para o lado aparentes limites. Como um dos muitos exemplos disso, bem cedo na história da aviação uma análise consensual dos limites da propulsão a jato demonstrou que aviões a jato eram inviáveis.[71]

Os limites discutidos acima representam os limites da nanotecnologia baseados em nosso entendimento atual. Mas e a picotecnologia, medida em trilionésimos (10^{12}) de metro, e a femtotecnologia, escalas de 10^{15} de metro? Nessas escalas, seria necessário computar com partículas subatômicas. Com um tamanho menor desses, vem o potencial para velocidade e densidade ainda maiores.

Temos no mínimo vários adotantes muito precoces dessas tecnologias em picoescala. Cientistas alemães criaram um microscópio de força atômica (AFM — atomic force microscope) que pode resolver aspectos de um átomo que tenha apenas 77 picômetros de largura.[72] Uma tecnologia de resolução ainda mais alta foi criada por cientistas da Universidade da Califórnia, em Santa Bárbara, que desenvolveram um detector de medidas extremamente sensível com um feixe físico de cristal de gálio-arsenieto e um sistema de sensibilidade que pode medir uma curva do feixe menor do que um picômetro. Pretende-se usar o dispositivo para testar o princípio da incerteza de Heisenberg.[73]

Quanto à dimensão tempo, cientistas da Universidade de Cornell demonstraram uma tecnologia de imagem baseada na dispersão de raios X que pode registrar filmes dos movimentos de um único elétron. Cada fotograma representa apenas quatro attosegundos (10^{18} segundos, cada um igual a um bilionésimo de bilionésimo de segundo).[74] O dispositivo pode alcançar uma resolução espacial de um angstrom (10^{10} metros, o que dá cem picômetros).

Entretanto, nosso entendimento da matéria nessas escalas, especialmente na faixa do femtômetro, não está bastante bem desenvolvido para propor paradigmas de computação. Um *Engines of Creation* (livro fundamental de 1986 de Eric Drexler que forneceu as bases da nanotecnologia) para pico- ou femtotecnologia ainda não foi escrito. Entretanto, cada uma das teorias concorrentes sobre o comportamento da matéria e da energia nessas escalas baseia-se em modelos matemáticos que são fundamentados em transformações computáveis. Muitas das transformações na física fornecem a base para a computação universal (ou seja, transformações a partir das quais podem ser construídos computadores de uso geral), e pode ser que o comportamento nas faixas de pico- e femtômetro também irá possibilitar isso.

É claro que, mesmo que os mecanismos básicos da matéria nessas faixas propicie a computação universal em teoria, ainda seria preciso inventar a engenharia necessária para criar números maciços de elementos de computação e aprender como controlá-los. Isso parece com os desafios que progridem rapidamente no campo da nanotecnologia. Por agora, temos de considerar especulativa a factibilidade de pico- e femtocomputação. Mas a nanocomputação vai fornecer níveis maciços de inteligência; assim, se houver uma possibilidade mínima de fazer, nossa inteligência futura provavelmente irá descobrir os processos necessários. A experiência mental que deveríamos estar fazendo não é se humanos, como os conhecemos hoje, serão capazes de construir tecnologias de pico- e femtocomputação, mas se a vasta inteligência futura baseada em nanotecnologia (que será trilhões de trilhões de vezes mais capaz do que a inteligência humana biológica contemporânea) será capaz de processar esses projetos. Embora eu acredite ser provável que nossa inteligência futura baseada em nanotecnologia será capaz de operar a computação em escalas menores do que a nanotecnologia, as projeções neste livro referentes à Singularidade não dependem dessa especulação.

Além de tornar menor a computação, podemos fazê-la maior, ou seja, podemos reproduzir esses dispositivos muito pequenos em uma escala maciça. Com a nanotecnologia plenamente concretizada, os recursos da computação podem ser feitos para reproduzirem a si mesmos, podendo assim converter rapidamente massa e energia em uma forma inteligente. Entretanto, deparamos inesperadamente com a velocidade da luz, porque a matéria no universo está espalhada por vastas distâncias.

Como se verá mais adiante, há pelo menos sugestões de que a velocidade da luz pode não ser imutável. Os físicos Steve Lamoreaux e Justin Torgerson, do Laboratório Nacional de Los Alamos, analisaram dados de um velho reator nuclear natural que há 2 bilhões de anos produziu uma reação de fissão durante várias centena de milhares de anos no que é conhecido agora como África Ocidental.[75] Examinando isótopos radioativos deixados pelo reator e os comparando com isótopos de reações nucleares parecidas hoje, determinaram que a constante física alfa (também chamada de constante de estrutura fina), que determina o poder da força eletromagnética, aparentemente mudou em 2 bilhões de anos. Isso significa muito para o mundo da física, porque a velocidade da luz é inversamente proporcional à alfa, e ambas têm sido consideradas constantes imutáveis. Alfa parece ter diminuído 4,5 partes de cada 10. Se confirmado, isso iria implicar que a velocidade da luz aumentou.

É claro que esses resultados exploratórios precisarão ser verificados cuidadosamente. Se for verdade, eles podem ser de grande importância para o futuro de nossa civilização. Se a velocidade da luz aumentou, presume-se que ela tenha feito isso não só como resultado da passagem do tempo, mas também porque certas condições mudaram. Se a velocidade da luz mudou devido a circunstâncias alteradas, isso entreabre uma fresta na porta suficiente apenas para que os vastos poderes de nossas futuras inteligência e tecnologia abram a porta totalmente. Esse é o tipo de intuição científica que os tecnólogos podem explorar. A engenharia humana muitas vezes assume um efeito natural, frequentemente sutil, e o controla tendo em vista uma maior alavancagem, e aumenta seu tamanho. Mesmo que se ache difícil aumentar significativamente a velocidade da luz por longas distâncias de espaço, fazer isso dentro do confinamento de um dispositivo computacional também teria consequências importantes para estender o potencial para a computação. A velocidade da luz é um dos limites que restringem os dispositivos computacionais mesmo hoje. Exploraremos outras várias abordagens intrigantes para aumentar ou diminuir a velocidade da luz no capítulo 6. É claro que aumentar a velocidade da luz hoje é especulativo, e nenhuma das análises subjacentes à nossa expectativa da Singularidade considera essa possibilidade.

Voltar no tempo. Outra possibilidade intrigante — e altamente especulativa — é enviar um processo computacional de volta no tempo através de um "buraco de minhoca" no espaço-tempo. Todd Brun, físico teórico do Instituto de Estudos Avançados de Princeton, analisou a possibilidade de computar usando o que ele chama de *closed timelike curve* (CTC — curva fechada de tipo tempo). De acordo com Brun, CTCs poderiam "enviar informação (como o resultado de cálculos) para seu próprio cone de luz passado".[76]

Brun não fornece um projeto para tal dispositivo, mas estabelece que um sistema assim é coerente com as leis da física. Seu computador para viajar no tempo também não cria o "paradoxo do avô", muitas vezes citado nas discussões sobre viagem no tempo. Esse paradoxo muito conhecido aponta que, se a pessoa A volta no tempo, ela poderia matar seu avô, fazendo com que A não existisse, o que resulta em seu avô não ser morto por ela, portanto A existiria e assim poderia voltar no tempo e matar seu avô e assim por diante, *ad infinitum*.

O processo computacional de Brun de distender o tempo não parece introduzir esse problema porque ele não afeta o passado. Ele produz uma resposta determinada e não ambígua no presente para uma pergunta feita. A pergunta deve ter uma resposta clara, e a resposta só é apresentada *depois* que a pergunta é feita, embora o processo para determinar a resposta possa ter lugar antes da pergunta ser feita usando o CTC. Por outro lado, o processo poderia ter lugar depois que a pergunta é feita, e então usar o CTC para trazer a resposta de volta para o presente (mas não antes de ser feita a pergunta, porque isso iria introduzir o paradoxo do avô). Pode muito bem haver barreiras fundamentais (ou limitações) para tal processo que ainda não compreendemos, mas essas barreiras ainda têm de ser identificadas. Se factível, iria expandir em muito o potencial da computação local. De novo, todas as minhas estimativas das capacidades de computar e das capacidades da Singularidade não dependem do pressuposto provisório de Brun.

Eric Drexler: Não sei não, Ray. Sou pessimista quanto aos prospectos da pico-tecnologia. Com as partículas estáveis que conhecemos, não vejo como pode haver uma estrutura em picoescala sem as pressões enormes encontradas em uma estrela colapsada — uma anã branca ou uma estrela de nêutrons —, e então você iria ter um naco sólido de uma coisa como metal, mas 1 milhão de vezes mais denso. Isso não parece muito útil, mesmo se fosse possível fazê-lo em nosso sistema solar. Se a física incluísse uma partícula estável como um elétron, mas cem vezes mais maciça, seria uma história diferente, mas a gente não conhece nenhuma.

Ray: Hoje manipulamos partículas subatômicas com aceleradores que estão longe de reproduzir as condições de uma estrela de nêutrons. Além disso, hoje estamos manipulando partículas subatômicas como elétrons com dispositivos de mesa. Faz pouco, cientistas capturaram e pararam de chofre um fóton.

Eric: É, mas que tipo de manipulação? Se contarmos manipular partículas pequenas, então toda a tecnologia já é picotecnologia; porque toda a matéria é feita de partículas subatômicas. Esmagar partículas juntas em aceleradores produz entulho e não máquinas nem circuitos.

Ray: Eu não disse que resolvemos os problemas conceituais da picotecnologia. Já anotei na agenda para fazer isso em 2072.

Eric: Ah, bom, então vejo que você me faz viver por muito tempo.

Ray: É sim, se você ficar na vanguarda dos insights de saúde e médicos e da tecnologia, como tento fazer, vejo você em bastante boa forma por essa época.

Molly 2104: Sim, um monte de vocês, baby boomers, chegou lá. Mas a maioria não percebeu as oportunidades em 2004 para estender a mortalidade humana tempo suficiente para aproveitar a revolução biotecnológica, que atingiu seu ponto máximo uma década mais tarde, seguida pela nanotecnologia uma década depois daquela.

Molly 2004: Então, Molly 2104, você deve ser extraordinária, considerando que mil dólares de computação em 2080 podem realizar o equivalente a 10 bilhões de cérebros humanos pensando por 10 mil anos em questão de dez microssegundos. Suponho que isso vai progredir ainda mais em 2104, e também que você vai ter acesso a mais computação do que o equivalente a mil dólares.

Molly 2104: Na realidade, milhões de dólares em média — bilhões quando preciso deles.

Molly 2004: É bem difícil de imaginar.

Molly 2104: É, bom, acho que sou um tanto inteligente quando preciso.

Molly 2004: Na realidade, você não parece tão brilhante.

Molly 2104: Estou tentando ficar no seu nível.

Molly 2004: Espere um pouco, Dona Molly do futuro...

George 2048: Senhoras, por favor, vocês duas são muito charmosas.

Molly 2004: Bom, conte isso pra minha parceira aqui — ela acha que é 1 zilhão de vezes mais capaz do que eu.

George 2048: Ela está no seu futuro, você sabe. De qualquer jeito, sempre achei que havia algo de especial em uma mulher biológica.

Molly 2104: É, e o que você sabe sobre mulheres biológicas?

George 2048: Já li muito sobre isso e me envolvi em algumas simulações muito precisas.

Molly 2004: Está me ocorrendo que talvez vocês dois estejam deixando escapar alguma coisa e não percebem.

George 2048: Não vejo como isso é possível.

Molly 2104: Com certeza, não.

Molly 2004: Não achei que vocês iam concordar. Mas existe uma coisa que acho legal que vocês podem fazer.

Molly 2104: Só uma?

Molly 2004: Uma em que estou pensando. Você pode fundir seus pensamentos com outra pessoa e, ao mesmo tempo, ainda manter separada sua identidade.

Molly 2104: Se a situação — e a pessoa — for certa, então, sim, é uma coisa muito sublime de fazer.

Molly 2004: Como se apaixonar?

Molly 2104: Como estar amando. É o jeito por excelência de compartilhar.

George 2048: Acho que você vai aceitar isso, Molly 2004.

Molly 2104: Você deve saber, George, já que foi a primeira pessoa com que eu fiz isso.

CAPÍTULO 4

Projetando o software da inteligência humana: como aplicar a engenharia reversa no cérebro humano

Há boas razões para acreditar que estamos em um ponto de virada, e que será possível, dentro das duas próximas décadas, formular um entendimento significativo da função do cérebro. Essa visão otimista baseia-se em várias tendências mensuráveis e em uma observação simples que tem sido comprovada repetidamente na história da ciência: Avanços científicos são possibilitados por um avanço da tecnologia que nos permite ver o que não conseguíamos ver antes. Por volta da virada do século XXI, passamos por um ponto de virada perceptível tanto no conhecimento da neurociência quanto em potência computacional. Pela primeira vez na história, sabemos coletivamente bastante sobre nossos próprios cérebros e desenvolvemos uma tecnologia de computação tão avançada que agora podemos empreender seriamente a construção de um modelo, em tempo real, de alta resolução e verificável, de partes significativas de nossa inteligência.

Lloyd Watts, neurocientista[1]

Agora, pela primeira vez, observamos com tanta clareza o cérebro trabalhando de maneira global que devemos conseguir descobrir os programas gerais que estão por trás de seus magníficos poderes.

J. G. Taylor, B. Horwitz, K. J. Friston, neurocientistas[2]

O cérebro é bom: é uma prova viva de que um determinado arranjo da matéria pode produzir mente, raciocinar, reconhecer padrões, aprender, e muitas outras tarefas interessantes. Portanto podemos aprender a construir novos sistemas tomando emprestadas ideias do cérebro [...]. O cérebro é ruim: é um sistema evoluído, confuso, onde um monte de interações acontece por causa de contingências da evolução [...]. Por outro lado, também tem de ser robusto (já que podemos sobreviver com ele) e ser capaz de suportar variações bem grandes e afrontas ambientais, de modo que o insight realmente valioso do cérebro pode ser como criar sistemas complexos resilientes que bem organizem a si mesmos [...]. As interações dentro de um neurônio são complexas, mas no nível seguinte neurônios parecem ser simples objetos que podem ser colocados juntos, flexivelmente, em novas redes. As redes do córtex, localmente, são uma verdadeira bagunça, porém, mais uma vez, no nível seguinte, a conectividade não é tão complexa. Seria como se a evolução tivesse produzido uma porção de módulos ou temas repetitivos que estão sendo reutilizados, e, quando os compreendermos e suas interações, poderemos fazer algo parecido.

Anders Sandberg, neurocientista computacional, Royal Institute of Technology, Suécia

Engenharia reversa do cérebro: Um panorama da tarefa

A combinação de inteligência de nível humano com a inerente superioridade de um computador em velocidade, precisão e habilidade de compartilhar a memória será algo tremendo. Mas, até hoje, a maioria das pesquisas e desenvolvimento de IA tem utilizado métodos de engenharia que não estão necessariamente baseados no funcionamento do cérebro humano, pela simples razão de que não tivemos as ferramentas exatas necessárias para desenvolver modelos detalhados da cognição humana.

Nossa habilidade para aplicar engenharia reversa no cérebro — de ver dentro dele, de modelá-lo e simular suas regiões — está crescendo exponencialmente. Vamos entender, enfim, os princípios operacionais subjacentes a toda a gama de nosso próprio pensamento, conhecimento que nos fornecerá procedimentos potentes para desenvolver o software de máquinas inteligentes. Iremos modificar, refinar e ampliar essas técnicas, enquanto as aplicamos em tecnologias computacionais que são muito mais potentes do que o processamento eletroquímico que tem lugar em neurônios biológicos. Um benefício essencial desse projeto grandioso serão os insights precisos que ele nos oferece sobre nós mesmos. Também vamos ganhar novos modos potentes para tratar problemas neurológicos como Alzheimer, derrame e deficiência sensorial e, em última análise, seremos capazes de estender muito nossa inteligência.

Novas ferramentas para modelar e obter imagens do cérebro. O primeiro passo para fazer a engenharia reversa do cérebro é examiná-lo, para determinar como ele funciona. Até hoje, nossas ferramentas para fazer isso têm sido rudimentares, mas agora essa situação está mudando, já que um número significativo de novos aspectos da tecnologia de escaneamento melhoraram enormemente sua resolução espacial e temporal, custo-desempenho e largura de banda. Ao mesmo tempo, estamos rapidamente acumulando dados sobre a dinâmica e as características precisas dos sistemas e as partes constituintes do cérebro, indo desde sinapses individuais até amplas regiões como o cerebelo, que compreende mais da metade dos neurônios do cérebro. Bancos extensos de dados estão catalogando metodicamente nosso exponencial crescente conhecimento do cérebro.[3]

Os pesquisadores também mostraram que eles podem rapidamente entender e aplicar essa informação construindo modelos e simulações de funcionamento. Essas simulações de regiões do cérebro baseiam-se nos princípios matemáticos da teoria da complexidade e na computação caótica, e já estão dando resultados que se emparelham de perto com experiências feitas com cérebros reais, de humanos e animais.

Como foi dito no capítulo 2, a potência das ferramentas de escaneamento e computação necessárias para a tarefa de aplicar a engenharia reversa no cérebro está acelerando, como a aceleração na tecnologia que tornou factível o projeto genoma. Quando chegarmos à era dos nanorrobots (ver "Digitalizar usando nanorrobots" na página 186), poderemos escanear dentro do cérebro com uma resolução extraordinária espacial e temporal.[4] Não há barreiras inerentes à aplicação da engenharia reversa aos princípios operacionais da inteligência humana e à reprodução dessas habilidades nos substratos computacionais mais potentes que estarão disponíveis nas décadas futuras. O cérebro humano é uma hierarquia complexa de sistemas complexos, mas não representa um nível de complexidade além do qual não conseguimos lidar.

O software do cérebro. O preço-desempenho da computação e da comunicação está dobrando a cada ano. Como já foi comentado, a capacidade de computar necessária para emular a inteligência humana estará disponível em menos de duas décadas.[5] A suposição principal que sublinha a expectativa da Singularidade é de que meios não biológicos poderão imitar a riqueza, a sutileza e a profundidade do pensamento humano. Mas alcançar a capacidade computacional do hardware de um único cérebro humano — ou mesmo da inteligência coletiva de aldeias e nações — não vai produzir automaticamente níveis humanos de habilidade. (Em "níveis humanos", incluo todas as maneiras variadas e sutis de serem os humanos inteligentes, incluindo a aptidão musical e artística, criatividade, movimentação física pelo mundo e compreender e responder adequadamente às emoções.) A capacidade do hardware para computar é necessária mas não suficiente. Compreender a organização e o conteúdo desses recursos — o software da inteligência — é ainda mais crítico, e é o objetivo do empreendimento da engenharia reversa do cérebro.

Quando um computador alcançar o nível humano de inteligência, vai necessariamente passar voando por este. Uma grande vantagem da inteligência não biológica é que as máquinas podem compartilhar seu conhecimento com facilidade. Se você aprender francês ou ler *Guerra e Paz*, não consegue logo baixar para mim esse aprendizado, pois tenho de obter esse conhecimento do seu mesmo jeito trabalhoso. Não consigo (ainda) acessar ou transmitir rapidamente meu conhecimento, que está incrustado em um vasto padrão de concentrações neurotransmissoras (níveis de elementos químicos nas sinapses que permitem que um neurônio influencie outro) e conexões interneurais (partes dos neurônios chamadas axônios e dendritos, que conectam neurônios).

Mas considere o caso da inteligência de uma máquina. Em uma de minhas empresas, passamos anos ensinando um computador de pesquisa a reconhecer fala humana contínua, usando um software de reconhecimento de padrões.[6] Nós o submetemos a milhares de horas de fala gravada, corrigimos seus erros e, com paciência, melhoramos seu desempenho treinando seus algoritmos "caóticos" que se auto-organizavam (métodos que modificam suas próprias regras, baseados em processos que usam informação inicial semialeatória e com resultados que não são totalmente previsíveis). Finalmente, o computador ficou bem competente em reconhecer a fala. Agora, se você quiser que seu próprio computador pessoal reconheça fala, não é preciso fazê-lo passar pelos mesmos processos de aprendizado (como fazemos com todas as crianças humanas); você pode simplesmente baixar em segundos os padrões já estabelecidos.

Modelagem analítica do cérebro versus a neuromórfica. Um bom exemplo da diferença entre inteligência humana e IA contemporânea é como cada uma aborda a solução de um problema de xadrez. Humanos o fazem reconhecendo padrões, enquanto as máquinas constroem enormes "árvores" lógicas de movimentos e contramovimentos possíveis. A maior parte da tecnologia (de todos os tipos) de hoje, por exemplo, tem usado este último tipo de abordagem analítica, de cima para baixo. Nossas máquinas voadoras, por exemplo, não tentam recriar a fisiologia e a mecânica dos pássaros. Mas, como nossas ferramentas para aplicar engenharia reversa na natureza estão bem depressa ficando mais sofisticadas, a tecnologia move-se na direção de emular a natureza enquanto implementa essas técnicas em substratos muito mais capazes.

O cenário mais empolgante para dominar o software da inteligência é beber diretamente da fonte do melhor exemplo de processo inteligente de que conseguimos lançar mão: o cérebro humano. Embora seu "designer" original (a evolução) tenha levado vários bilhões de anos para desenvolver o cérebro, ele está facilmente disponível para nós, protegido por um crânio, mas com as ferramentas certas não escondidas de nossa vista. Seus conteúdos ainda não foram patenteados nem têm direitos autorais. (Entretanto, pode-se esperar que isso mude; pedidos de patente já foram apresentados com base na engenharia reversa do cérebro.)[7] Vamos usar os milhares de trilhões de bytes de informação, derivados de escaneamentos do cérebro e modelos neurais em muitos níveis, para projetar algoritmos paralelos mais inteligentes para nossas máquinas, especialmente naquelas baseadas em paradigmas que organizam a si mesmos.

Com essa abordagem de organização, não é preciso tentar replicar cada uma das conexões neurais. Existem muita repetição e redundância em qualquer região determinada do cérebro. Está se descobrindo que modelos de nível mais elevado muitas vezes são mais simples do que os modelos detalhados de seus componentes neurais.

Qual a complexidade do cérebro? Embora a informação contida em um cérebro humano fosse precisar de cerca de 1 bilhão de bilhões de bits (ver capítulo 3), o projeto inicial do cérebro baseia-se em um genoma humano bastante compacto. O genoma inteiro consiste em 800 milhões de bytes, mas a maioria é redundante, deixando só de 30 a 100 milhões de bytes (menos do que 10^9 bits) de informação única (depois da compressão), o que é menor do que o programa da Microsoft Word.[8] Para sermos justos, também devemos levar em consideração dados "epigenéticos", que é informação armazenada nas proteínas que controlam a expressão dos genes (isto é, que determinam quais genes podem criar proteínas em cada célula), bem como toda a maquinaria de replicação de proteínas, como os ribossomos e uma horda de enzimas. Entretanto, essa informação adicional não altera de modo significativo a ordem de grandeza desses cálculos.[9] Pouco mais do que metade da informação genética e epigenética caracteriza o estado inicial do cérebro humano.

É claro que a complexidade de nossos cérebros aumenta enormemente à medida que interagimos com o mundo (por um fator de cerca de 1 bilhão a mais do que o genoma).[10] Mas padrões altamente repetitivos podem ser encontrados em cada região específica do cérebro, então não é necessário capturar cada um dos detalhes especiais para aplicar com êxito a engenharia reversa nos algoritmos relevantes, que combinam métodos analógico e digital (por exemplo, o disparo de um neurônio pode ser considerado um evento digital, enquanto níveis de neurotransmissores na sinapse podem ser considerados valores analógicos). O padrão básico da fiação do cerebelo, por exemplo, é descrito no genoma só uma vez, mas repetido bilhões de vezes. Com a informação do escaneamento do cérebro e estudos de modelagem, podemos projetar um software simulado equivalente ao "neuromórfico" (isto é, algoritmos funcionalmente equivalentes ao desempenho geral de uma região do cérebro).

O ritmo de construir simulações e modelos de funcionamento está apenas um pouco atrás da disponibilidade de informação sobre o escaneamento do cérebro e a estrutura de neurônios. Há mais de 50 mil neurocientistas no mundo escrevendo artigos para mais de trezentas publicações.[11] O campo é amplo e diversificado, com cientistas e engenheiros criando novas tecnologias sensoras e de escaneamento e desenvolvendo modelos e teorias em muitos níveis. Assim, mesmo pessoas do ramo muitas vezes não estão totalmente a par da inteira dimensão da pesquisa contemporânea.

Modelando o cérebro. Na neurociência contemporânea, modelos e simulações estão sendo desenvolvidos a partir de diversas fontes, incluindo escaneamento de cérebro, modelos de conexão interneural, modelos neuronais e testes psicofísicos. Como mencionado antes, Lloyd Watts, pesquisador do sistema auditivo, desenvolveu um modelo abrangente de uma porção significativa do sistema humano de processamento de sons a partir de estudos neurobiológicos de tipos específicos de neurônios e de informação de conexões interneurais. O modelo de Watts inclui cinco rotas paralelas e representações da informação auditiva em cada estágio do processamento neural. Watts implementou seu modelo em um computador como software de tempo real, que pode localizar e identificar sons e funções, parecido com o modo como opera a audição humana. Embora sendo um trabalho em andamento, o modelo ilustra a factibilidade de converter modelos neurobiológicos e dados da conexão do cérebro em simulações que funcionam.

Como Hans Moravec e outros deduziram, essas simulações funcionais eficientes precisam de mil vezes menos computação do que seria necessário se fossem simuladas as não linearidades de cada dendrito, sinapse ou outra estrutura subneural da região sendo simulada. (Como foi discutido no capítulo 3, pode-se estimar a computação necessária para a simulação funcional do cérebro em 10^{16} cálculos por segundo [cps] versus 10^{19} cps para simular as não linearidades subneurais.)[12]

A razão real da velocidade entre a eletrônica contemporânea e a sinalização eletroquímica nas conexões interneurais biológicas é de no mínimo 1 milhão para um. Essa mesma ineficiência pode ser encontrada em todos os aspectos de nossa biologia, porque a evolução biológica construiu todos os seus mecanismos e sistemas com um conjunto de materiais muito restrito: ou seja, células, que, por sua vez, são feitas de um conjunto limitado de proteínas. Embora as proteínas biológicas sejam tridimensionais, estão restritas a moléculas complexas que podem ser dobradas de uma sequência (unidimensional) de aminoácidos.

Descascar a cebola. O cérebro não é um órgão processador de uma informação única, mas, sim, uma coleção intrincada e entrelaçada de centenas de regiões especializadas. O processo de "descascar a cebola" para entender as funções dessas regiões que se intercalam está bem encaminhado. À medida que as necessárias descrições de neurônios e dados das interconexões do cérebro ficam disponíveis, réplicas detalhadas e realizáveis, como a simulação das regiões auditivas descritas mais adiante (ver "Outro exemplo: O modelo das regiões auditivas de Watts" na página 208), serão desenvolvidas para todas as regiões do cérebro.

A maioria dos algoritmos que modelam o cérebro não é um método sequencial, lógico, que é usado normalmente na computação digital hoje. O cérebro tem a tendência de usar processos que se auto-organizam, caóticos, holográficos (isto é, informação não localizada em um lugar mas distribuída por uma região). Também é maciçamente paralelo e utiliza técnicas analógicas híbridas controladas digitalmente. Entretanto, um amplo leque de projetos tem demonstrado nossa habilidade para entender essas técnicas e para extraí-las de nosso conhecimento rapidamente crescente do cérebro e sua organização.

Depois de que algoritmos de uma determinada região forem compreendidos, eles podem ser refinados e espalhados antes de serem implementados em equivalentes neurais sintéticos. Eles podem funcionar em um substrato computacional que já está muito mais rápido do que a circuitaria neural. (Computadores atuais realizam computações em bilionésimos de segundos, comparados com o milésimo de segundo para operações interneurais.) E também podemos lançar mão dos métodos para construir máquinas inteligentes que já estamos compreendendo.

O cérebro humano é diferente de um computador?

A resposta a essa pergunta depende do que se quer dizer com a palavra "computador". Hoje, a maioria dos computadores é digital e realiza uma (ou talvez algumas) computação por vez em velocidade extremamente rápida. Em contraste, o cérebro humano combina métodos digital e analógico mas realiza a maior parte das computações no campo analógico (contínuo), usando neurotransmissores e mecanismos relacionados. Embora esses neurônios executem cálculos em velocidades extremamente baixas (em geral, duzentas operações por segundo), o cérebro como um todo é maciçamente paralelo: a maior parte de seus neurônios trabalha ao mesmo tempo, resultando em até 100 trilhões de computações sendo feitas simultaneamente.

O paralelismo maciço do cérebro humano é a chave para sua habilidade de reconhecer padrões, que é um dos pilares do pensamento de nossa espécie. Neurônios de mamíferos entregam-se a uma dança caótica (isto é, com muitas interações que parecem aleatórias), e, se a rede neural aprendeu bem sua lição, um padrão estável vai emergir refletindo a decisão da rede. Atualmente, projetos paralelos para computadores estão um tanto limitados. Mas não há razão para que recriações não biológicas funcionalmente, equivalentes a redes biológicas neurais, não possam ser construídas usando esses princípios. De fato, dúzias de aplicações pelo mundo já tiveram êxito em fazê-lo. Meu próprio campo técnico é o reconhecimento de padrões, e os projetos com que me envolvi por cerca de quarenta anos usam essa forma de computação não determinista e que pode ser treinada.

Muitos dos métodos de organização característicos do cérebro também podem ser simulados com eficácia usando computação convencional de potência suficiente. Acredito que duplicar os paradigmas de projetos da natureza vai ser uma tendência-chave na computação futura. Também se deve ter em mente que a computação digital pode equivaler funcionalmente à computação analógica — isto é, todas as funções de uma rede híbrida digital-analógica podem ser executadas em um computador só digital. O contrário não é verdade: não se podem simular todas as funções de um computador digital em um analógico.

Entretanto, a computação analógica tem, de fato, uma vantagem de engenharia: é potencialmente milhares de vezes mais eficiente. Computação analógica pode ser realizada por uns poucos transistores ou, no caso de neurônios de mamíferos, processos eletroquímicos específicos. Em contraste, a computação digital requer milhares ou dezenas de milhares de transistores.

Por outro lado, aquela vantagem pode ser compensada pela facilidade de programar (e modificar) simulações baseadas em um computador digital.

Há muitas outras maneiras essenciais em que o cérebro difere de um computador convencional:

- **Os circuitos do cérebro são muito lentos.** Demora tanto para recompor as sinapses e estabilizar os neurônios (tempo necessário para que um neurônio e suas sinapses recomponham-se depois do disparo do neurônio) que há muito poucos ciclos disponíveis de disparo de neurônios para reconhecer padrões. A visualização funcional por ressonância magnética (fMRI) e os escaneamentos por magnetoencefalografia (MEG) mostram que juízos que não dependem de resolver ambiguidades parecem ser feitos em um único ciclo de disparo de neurônios (menos de vinte milissegundos), não envolvendo em essência nenhum processo iterativo (repetitivo). O reconhecimento de objetos ocorre em cerca de 150 milissegundos, de modo que, mesmo se "vamos pensar", o número de ciclos de operações é de centenas ou, no máximo, de milhares, não bilhões, como com um computador padrão.

- **Mas ele é maciçamente paralelo.** O cérebro tem conexões interneurais da ordem de 100 trilhões, todas elas potencialmente processando informações ao mesmo tempo. Esses dois fatores (pouco tempo de ciclo e paralelismo maciço) resultam em certo nível de capacidade de computar para o cérebro, como visto antes.

  Hoje, os maiores computadores aproximam-se dessa escala. Os principais supercomputadores (incluindo aqueles usados pelos motores de busca mais populares) medem mais de 10^{14} cps, o que corresponde à faixa mais baixa das estimativas para simulação funcional que foram discutidas no capítulo 3. Entretanto, não é necessário usar a mesma granularidade de processamento paralelo que o próprio cérebro usa, desde que se equipare à velocidade geral de computar e à capacidade da memória necessárias e que se simule de outra maneira a arquitetura maciçamente paralela do cérebro.

- **O cérebro combina fenômenos analógicos e digitais.** A topologia das conexões do cérebro é essencialmente digital — uma conexão existe ou não. O disparo de um axônio não é totalmente digital, mas se aproxima muito de um processo digital. Quase todas as funções do cérebro são analógicas e estão repletas de não linearidades (mudanças repentinas no output em vez de níveis que mudam suavemente) que são substancialmente mais complexas do que o modelo clássico que temos usado para os neurônios. Entretanto, a dinâmica detalhada, não linear de um neurônio e todos os seus constituintes (dendritos, espinhas, canais e axônios) pode ser simulada através da matemática de sistemas não lineares. Esses modelos matemáticos podem então ser simulados em um computador digital até qualquer grau desejado de precisão. Como foi mencionado, se as regiões neurais forem simuladas usando transistores em seu modo analógico original, em vez de usar a computação digital, essa abordagem pode fornecer uma capacidade melhorada por três ou quatro ordens de grandeza, como Carver Mead demonstrou.[13]

* *O próprio cérebro refaz sua fiação.* Dendritos estão continuamente explorando novas espinhas e sinapses. A topologia e a condutância de dendritos e sinapses também estão todo o tempo adaptando-se. O próprio sistema nervoso organiza-se em todos os níveis de sua organização. Enquanto as técnicas matemáticas usadas em sistemas computadorizados de reconhecimento de padrões, como redes neurais e modelos de Markov, forem muito mais simples do que as usadas no cérebro, teremos substancial experiência na engenharia de modelos auto-organizáveis.[14] Computadores contemporâneos não refazem literalmente sua própria fiação (embora "sistemas que curam a si mesmos" emergentes estejam começando a fazer isso), mas pode-se simular efetivamente esse processo em software.[15] No futuro, também se pode implementar isso em hardware, embora possa haver vantagens em implementar a maior parte da auto-organização em software, que dá mais flexibilidade aos programadores.

* **A maioria dos detalhes do cérebro é aleatória.** Apesar de haver uma grande quantidade de processos estocásticos (aleatórios dentro de restrições cuidadosamente controladas) em todos os aspectos do cérebro, não é necessário modelar toda "covinha" na superfície de todo dendrito, mais do que é necessário modelar todas as pequenas variações na superfície de todos os transistores, para compreender os princípios operacionais de um computador. Mas certos detalhes são críticos para decodificar os princípios operacionais do cérebro, o que nos força a distinguir entre eles e aqueles que compõem "ruído" estocástico ou caos. Os aspectos caóticos (aleatórios e imprevisíveis) da função neural podem ser modelados usando as técnicas matemáticas da teoria da complexidade e da teoria do caos.[16]

* **O cérebro usa propriedades emergentes.** Comportamento inteligente é uma propriedade emergente da atividade caótica e complexa do cérebro. Considere-se a analogia com o aparentemente inteligente projeto das colônias de cupins e formigas, com seus túneis de conexão e sistemas de ventilação delicadamente construídos. Apesar de seu desenho inteligente e intrincado,

formigueiros e cupinzeiros não têm arquitetos; a arquitetura emerge das interações imprevisíveis de todos os membros da colônia, todos seguindo regras relativamente simples.

- **O cérebro é imperfeito.** É da natureza dos sistemas adaptativos complexos que a emergente inteligência de suas decisões seja menos do que ótima. (Isto é, ela reflete um nível de inteligência mais baixo do que seria representado por um arranjo ótimo de seus elementos.) Só precisa ser bastante boa, que, no caso de nossa espécie, significava um nível de inteligência suficiente para nos permitir suplantar os competidores em nosso nicho ecológico (por exemplo, primatas que também combinam uma função cognitiva com um apêndice em oposição, mas cujos cérebros não são tão desenvolvidos quanto os dos humanos e cujas mãos também não funcionam bem).

- **Contradizemos a nós mesmos.** Uma variedade de ideias e abordagens, incluindo as conflitantes, leva para resultados melhores. Nossos cérebros são bastante capazes para conter opiniões contraditórias. De fato, vicejamos nessa diversidade interna. Considere-se a analogia à sociedade humana, especialmente uma democrática, com suas maneiras construtivas de resolver múltiplos pontos de vista.

- **O cérebro usa a evolução.** O paradigma básico para aprender que é usado pelo cérebro é um paradigma evolucionista: sobrevivem os padrões de conexões que têm mais sucesso em dar um sentido ao mundo e em contribuir para reconhecimentos e decisões. O cérebro de um recém-nascido contém conexões interneurais, a maioria ligada aleatoriamente, e apenas umas poucas sobrevivem no cérebro de uma criança de dois anos.[17]

- **Padrões são importantes.** Certos detalhes desses métodos caóticos auto-organizadores, expressados como restrições do modelo (regras que definem as condições iniciais e o meio para se auto-organizarem), são cruciais, enquanto muitos detalhes dentro das restrições são inicialmente fixados de modo aleatório. O sistema então se auto-organiza e gradualmente representa os aspectos invariáveis da informação que foi apresentada ao sistema. A informação que resulta não é encontrada em conexões ou nódulos específicos, mas, antes, é um padrão distributivo.

- **O cérebro é holográfico.** Há uma analogia entre a informação distribuída em um holograma e o método de representar a informação nas redes do cérebro. Isso também pode ser encontrado nos métodos de auto-organização usados no reconhecimento de padrões computadorizados, tais como redes neurais, modelos de Markov e algoritmos genéticos.[18]

- **O cérebro está profundamente conectado.** O cérebro obtém sua resiliência do fato de ser uma rede profundamente conectada, onde a informação tem muitos jeitos de navegar de um ponto a outro. Considere a analogia à internet, que se tem tornado cada vez mais estável conforme aumenta o número dos nódulos que a formam. Nódulos, mesmo eixos inteiros da internet, podem ficar inoperantes sem que jamais façam cair a rede inteira. De modo parecido, podemos perder neurônios continuadamente sem afetar a integridade do cérebro todo.

- **O cérebro tem, de fato, uma arquitetura de regiões.** Embora os detalhes das conexões dentro de uma região sejam inicialmente aleatórios dentro de restrições e de auto-organizações, existe uma arquitetura de várias centenas de regiões que executam funções específicas, com padrões específicos de conexões entre regiões.

- **O design de uma região do cérebro é mais simples do que o design de um neurônio.** Modelos muitas vezes ficam mais simples em um nível mais alto, não mais complexos. Considere uma analogia com um computador. É preciso entender a física detalhada dos semicondutores para modelar um transistor, e as equações subjacentes a um único transistor real são complexas. No entanto, um circuito digital que multiplica dois números, embora envolvendo centenas de transistores, pode ser modelado de modo muito mais simples com apenas algumas fórmulas. Um computador inteiro com bilhões de transistores pode ser modelado através de seu conjunto de instruções e descrição, que pode ser descrito em um punhado de páginas escritas e transformações matemáticas.

Os programas de software para um sistema operacional, compiladores de linguagem e montadores são razoavelmente complexos, mas modelar um programa em particular — por exemplo, um programa de reconhecimento de fala baseado na modelagem de Markov — pode ser descrito em apenas algumas páginas de equações. Em nenhum lugar dessa descrição seriam encontrados os detalhes da física de semicondutores. Uma observação semelhante também vale para o cérebro. Um arranjo neural particular que detecta uma determinada característica visual invariável (como um rosto), ou que executa uma filtragem passa-banda (restringindo a entrada a uma faixa de frequência específica) em informação, ou que avalia a proximidade temporal de dois eventos, pode ser descrito com muito mais simplicidade do que as reais relações físicas e químicas que controlam os neurotransmissores e outras variáveis sinápticas e dendríticas envolvidas nos respectivos processos. Embora toda essa complexidade neural tenha que ser cuidadosamente considerada antes de avançar para o próximo nível mais alto (modelagem do cérebro), muito disso pode ser simplificado uma vez que os princípios operacionais do cérebro tenham sido compreendidos.

Tentando entender nosso próprio pensamento
O ritmo acelerado da pesquisa

Estamos agora nos aproximando do cotovelo da curva (o período de rápido crescimento exponencial) no ritmo acelerado de compreender o cérebro humano, mas nossas tentativas nessa área têm uma longa história. Nossa capacidade de refletir e construir modelos de nosso pensamento é um atributo único da nossa espécie. Os primeiros modelos mentais eram necessariamente baseados na simples observação de nosso comportamento externo (por exemplo, a análise de Aristóteles da capacidade humana para associar ideias, escrita há 2.350 anos).[19]

No início do século XX, desenvolvemos as ferramentas para examinar os processos físicos dentro do cérebro. Um avanço inicial foi medir a saída elétrica das células nervosas, desenvolvido em 1928 pelo pioneiro da neurociência E. D. Adrian, que demonstrou que estavam ocorrendo processos elétricos dentro do cérebro.[20] Como Adrian escreveu: "Eu tinha posto eletrodos no nervo óptico de um sapo em conexão com algumas experiências na retina. O quarto estava quase escuro e eu estava intrigado por ouvir ruídos repetidos no alto-falante ligado ao amplificador, ruídos indicando que muita atividade estava acontecendo. Foi só quando comparei os ruídos com meus próprios movimentos pelo aposento que percebi que estava no campo de visão do olho do sapo e que este estava sinalizando o que eu fazia".

O principal insight de Adrian com essa experiência continua, hoje, sendo a base da neurociência: a frequência dos impulsos do nervo sensorial é proporcional à intensidade dos fenômenos sensoriais que estão sendo medidos. Por exemplo, quanto maior a intensidade da luz, maior a frequência (pulsos por segundo) dos impulsos neurais da retina para o cérebro. Foi um aluno de Adrian, Horace Barlow, que contribuiu com outro insight duradouro, "características de gatilho" em neurônios, com a descoberta de que as retinas de sapos e coelhos tinham neurônios únicos que disparariam ao "ver" formas, direções ou velocidades específicas. Em outras palavras, a percepção envolve uma série de estágios, com cada camada de neurônios reconhecendo características cada vez mais sofisticadas da imagem.

Em 1939, começamos a desenvolver uma ideia de como os neurônios funcionam: acumulando (adicionando) suas entradas e, em seguida, produzindo uma espinha de condutância (um aumento repentino na capacidade da membrana do neurônio para conduzir um sinal) e voltagem ao longo do axônio do neurônio (que se conecta a outros neurônios através de uma sinapse). A. L. Hodgkin e A. F. Huxley descreveram sua teoria do "potencial de ação" do axônio (voltagem).[21] Também fizeram a medição real de um potencial de ação em axônio neural animal em 1952.[22] Escolheram neurônios de lula por causa do tamanho e da anatomia acessível.

Com base na visão de Hodgkin e Huxley, W. S. McCulloch e W. Pitts desenvolveram em 1943 um modelo simplificado de neurônios e redes neurais que provocou meio século de trabalho em redes neurais artificiais (usando um programa de computador para simular como os neurônios trabalham no cérebro como uma rede). Esse modelo foi aperfeiçoado por Hodgkin e Huxley em 1952. Embora agora percebamos que os neurônios reais são muito mais complexos do que esses modelos iniciais, o conceito original resistiu bem. Esse modelo básico de rede neural tem um "peso" neural (representando a "força" da conexão) para cada sinapse e uma não linearidade no soma do neurônio.

Enquanto aumenta a soma das entradas ponderadas para o soma do neurônio, é relativamente pouca a resposta do neurônio até que um limiar crítico é alcançado, ponto em que o neurônio aumenta rapidamente o output de seu axônio e dispara. Neurônios diferentes têm limiares diferentes. Embora uma recente pesquisa mostre que a resposta real é mais complexa do que isso, os modelos de McCulloch-Pitts e Hodgkin-Huxley continuam essencialmente válidos.

Esses insights levaram a uma enorme quantidade de trabalho inicial na criação de redes neurais artificiais, em um campo que ficou conhecido como conexionismo. Talvez este tenha sido o primeiro dos paradigmas auto-organizadores que foi introduzido no campo da computação.

Um requisito fundamental para um sistema que se auto-organiza é uma não linearidade: alguns meios de criar saídas que não sejam simples somas ponderadas das entradas. Os primeiros modelos de redes neurais forneceram essa não linearidade em sua réplica do núcleo do neurônio.[23] (O método básico da rede neural é simples).[24] Trabalho iniciado por Alan Turing em modelos teóricos de computação por volta da mesma época também mostrou que a computação requer uma não linearidade. Um sistema que simplesmente cria somas ponderadas de suas entradas não pode executar os requisitos essenciais da computação.

Agora sabemos que os neurônios biológicos reais têm muitas outras não linearidades resultantes da ação eletroquímica das sinapses e da morfologia dos dendritos. Arranjos diferentes de neurônios biológicos podem realizar cálculos, incluindo adição, subtração, multiplicação, divisão, média, filtragem, normalização e sinais de limite, entre outros tipos de transformação.

A capacidade dos neurônios para realizar a multiplicação é importante porque permite que o comportamento de uma rede de neurônios no cérebro seja influenciado pelo resultado da computação em outra rede. Experiências usando medições eletrofisiológicas em macacos fornecem evidências de que a taxa de sinalização por neurônios no córtex visual quando processam uma imagem é aumentada ou diminuída pelo fato de o macaco estar ou não prestando atenção em uma área particular dessa imagem.[25] Estudos de humanos em fMRI também mostraram que prestar atenção em uma área específica de uma imagem aumenta a capacidade de resposta dos neurônios processando essa imagem em uma região do córtex chamada V5, que é responsável pela detecção de movimento.[26]

Outro avanço importante ocorreu em 1949, quando Donald Hebb apresentou sua teoria seminal de aprendizagem neural, a "resposta Hebbiana": se uma sinapse (ou grupo de sinapses) é estimulada repetidamente, essa sinapse fica mais forte. Com o tempo, esse condicionamento da sinapse produz uma resposta de aprendizagem. O movimento do conexionismo projetou redes neurais simuladas com base nesse modelo, e isso deu impulso a tais experiências durante as décadas de 1950 e 1960.

O movimento conexionista teve um revés em 1969 com a publicação do livro Perceptrons de Marvin Minsky e Seymour Papert,[27] do MIT. O livro incluía um teorema básico que demonstrava que o tipo de rede neural mais comum (e mais simples) usado na época (chamado Perceptron, de que Frank Rosenblatt da Cornell foi pioneiro) não conseguiu resolver o simples problema de determinar se o desenho de uma linha estava ou não totalmente conectado.[28] O movimento da rede neural teve um ressurgimento nos anos 1980, usando um método chamado "backpropagation" (retropropagação), em que a força de cada sinapse simulada foi determinada usando um algoritmo de aprendizagem que ajustou o peso (a força da produção) de cada neurônio artificial após cada teste de treinamento para que a rede pudesse "aprender" a corresponder mais à resposta correta.

No entanto, a retropropagação não é um modelo viável para treinar pesos sinápticos em uma rede neural biológica real, porque conexões retroativas para realmente ajustar a força das conexões sinápticas não parecem existir em cérebros de mamíferos. Nos computadores, no entanto, esse tipo de sistema auto-organizador pode resolver uma ampla gama de problemas de reconhecimento de padrões, e o poder desse modelo simples de neurônios interconectados auto-organizados já foi demonstrado.

Menos conhecida é a segunda forma de aprendizado de Hebb: um loop hipotético em que a excitação de um neurônio se retroalimentaria (possivelmente através de outras camadas), causando uma reverberação (um contínuo estado de excitação dos neurônios no loop). Hebb teorizou que esse tipo de reverberação poderia ser a fonte do aprendizado a curto prazo. Ele também supôs que essa reverberação de curto prazo podia levar a memórias de longo prazo: "Deixe-nos assumir então que a persistência ou repetição de uma atividade reverberadora (ou "traço") tende a induzir mudanças celulares duradouras que aumentam sua estabilidade. A suposição pode ser definida com precisão como segue: Quando um axônio da célula A está perto o suficiente para excitar uma célula B e participa repetida ou persistentemente de seu disparo, algum processo de crescimento ou alteração metabólica ocorre em uma ou ambas as células, de modo que a eficiência de A, como uma das células disparando B, é aumentada".

Embora a memória reverberatória hebbiana não esteja tão bem estabelecida quanto o aprendizado sináptico de Hebb, instâncias foram descobertas recentemente. Por exemplo, conjuntos de neurônios excitatórios (aqueles que estimulam a sinapse) e neurônios inibitórios (aqueles que bloqueiam um estímulo) começam uma oscilação quando certos padrões visuais são apresentados.[29] E pesquisadores do MIT e do Bell Labs da Lucent Technologies criaram um circuito integrado eletrônico composto por transistores que simula a ação de dezesseis neurônios excitatórios e um neurônio inibitório para imitar o circuito biológico do córtex cerebral.[30]

Esses primeiros modelos de neurônios e processamento de informações neurais, embora excessivamente simplificados e imprecisos em alguns aspectos, foram notáveis, dada a falta de dados e ferramentas quando essas teorias foram desenvolvidas.

Perscrutando o cérebro

Conseguimos reduzir a deriva e o ruído de nossos instrumentos de tal forma que podemos ver os mínimos movimentos dessas moléculas através de distâncias que são menores que seus próprios diâmetros . [Esses] tipos de experiência eram só um sonho impossível faz quinze anos.

Steven Block, professor de ciências biológicas e de física aplicada, Universidade Stanford

Imagine que estávamos tentando fazer engenharia reversa de um computador sem saber nada sobre isso (a abordagem "caixa-preta"). Poderíamos começar colocando uma gama de sensores magnéticos ao redor do dispositivo. Notaríamos que, durante as operações que atualizavam o banco de dados, ocorria uma atividade significativa em uma determinada placa de circuito. É provável que tomássemos nota de que também havia ação no disco rígido durante essas operações. (De fato, ouvir o disco rígido tem sido sempre uma janela rudimentar para ver o que um computador está fazendo.)

Poderíamos então elaborar uma teoria de que o disco tinha algo a ver com a memória de longo prazo que armazena os bancos de dados, e que a placa de circuito que está ativa durante essas operações estava envolvida na transformação dos dados a serem armazenados. Isso nos diz aproximadamente onde e quando as operações estão ocorrendo, mas relativamente pouco sobre como essas tarefas são realizadas.

Se os registros do computador (locais de memória temporária) estiverem conectados com as luzes do painel frontal (como era o caso dos primeiros computadores), veríamos certos padrões de luz piscando que indicariam mudanças rápidas no estado desses registros nos períodos em que o computador estava analisando dados, mas mudanças relativamente lentas quando o computador estava transmitindo dados. Poderíamos então argumentar que essas luzes refletiam mudanças no estado lógico durante algum tipo de comportamento analítico. Essas intuições seriam precisas, mas toscas, e não conseguiriam nos fornecer uma teoria da operação ou quaisquer insights sobre como a informação é realmente codificada ou transformada.

A situação hipotética descrita acima espelha o tipo de esforços que tem sido realizado para digitalizar e modelar o cérebro humano com as ferramentas rudimentares que historicamente têm estado disponíveis. A maioria dos modelos baseados em pesquisa contemporânea de escaneamento cerebral (utilizando métodos como fMRI, MEG e outros discutidos abaixo) são apenas sugestivos dos mecanismos subjacentes. Apesar de esses estudos serem valiosos, sua resolução espacial e temporal rudimentar não é adequada para a engenharia reversa das principais características do cérebro.

Novas ferramentas para digitalizar o cérebro. Agora imagine, em nosso exemplo acima sobre o computador, que somos capazes de realmente colocar sensores precisos em pontos específicos nos circuitos e que esses sensores são capazes de rastrear sinais específicos em velocidade muito alta. Agora teríamos as ferramentas necessárias para acompanhar as informações reais sendo transformadas em tempo real, e poderíamos criar uma descrição detalhada de como os circuitos funcionam na realidade. Isso é, na verdade, exatamente como engenheiros eletricistas enfrentam a compreensão e a depuração de circuitos, tais como placas de computador (para usar a engenharia reversa no produto de um concorrente, por exemplo), usando analisadores lógicos que visualizam sinais de computador.

A neurociência ainda não teve acesso à tecnologia de sensores que iria realizar esse tipo de análise, mas essa situação está prestes a mudar. As ferramentas para examinar nossos cérebros estão melhorando em ritmo exponencial. A resolução de dispositivos não invasivos de varredura do cérebro está dobrando a cada doze meses (por unidade de volume).[31]

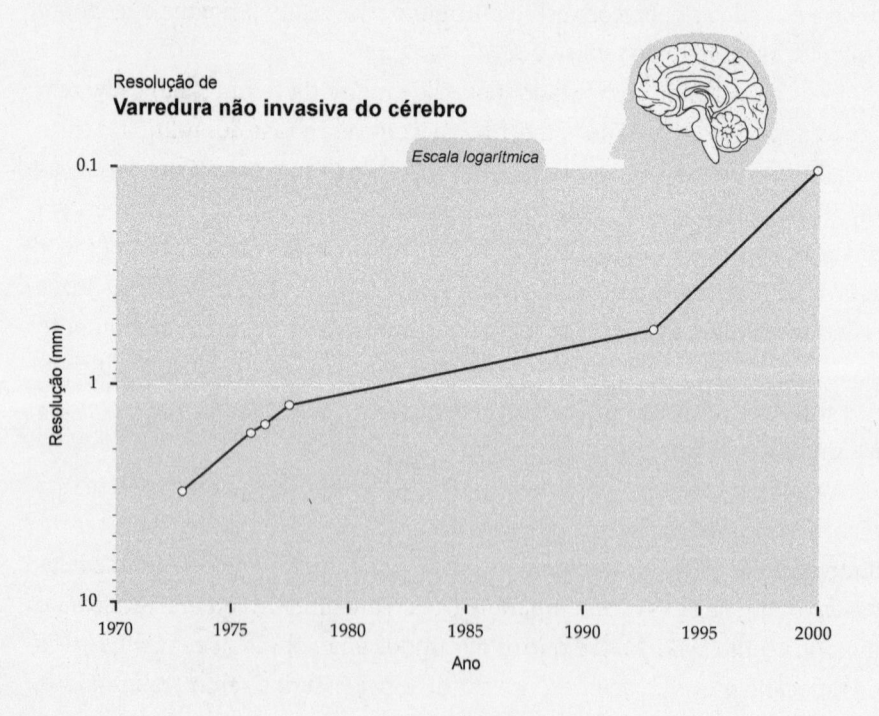

Vemos melhorias comparáveis na velocidade de reconstrução da imagem de varredura do cérebro:

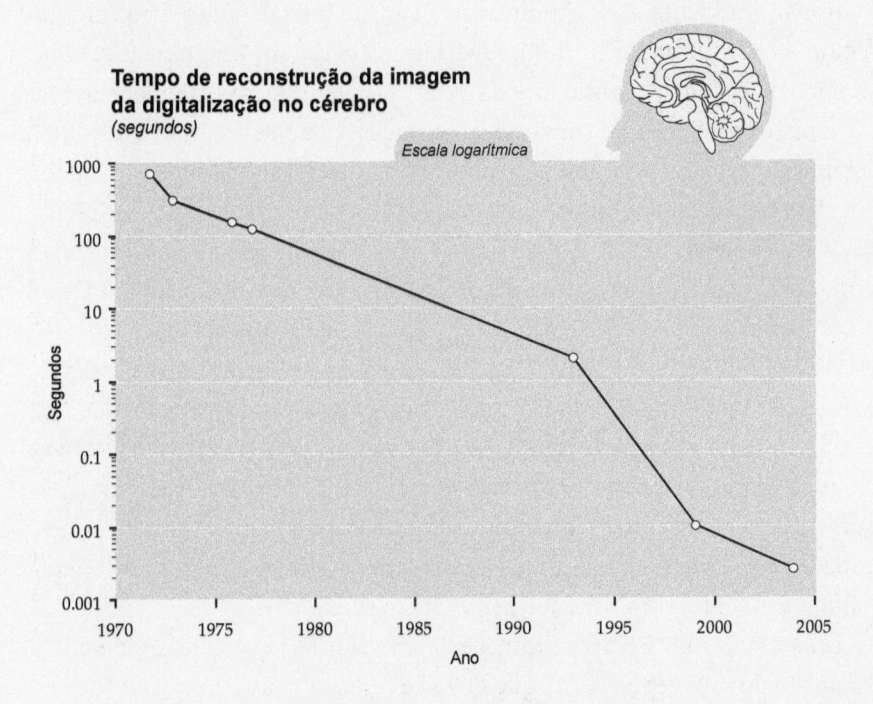

Tempo de reconstrução da imagem da digitalização no cérebro
(segundos)

Escala logarítmica

A ferramenta de varredura do cérebro mais usada é a fMRI, que fornece uma resolução espacial relativamente alta de um a três milímetros (não alta o suficiente para imagens de neurônios individuais), mas baixa resolução temporal (tempo) de alguns segundos. As recentes gerações da tecnologia fMRI fornecem uma resolução temporal de cerca de um segundo, ou um décimo de segundo para uma fatia fina do cérebro.

Outra técnica comumente usada é MEG, que mede campos magnéticos fracos fora do crânio, produzidos principalmente pelos neurônios piramidais do córtex. MEG é capaz de resolução temporal rápida (um milissegundo), mas de uma resolução espacial só muito tosca, cerca de um centímetro.

Fritz Sommer, um dos principais investigadores do Redwood Neuroscience Institute, está desenvolvendo métodos de combinar fMRI e MEG para melhorar a precisão espaço-temporal das medições. Outros avanços recentes têm mostrado técnicas de fMRI que conseguem mapear regiões denominadas estruturas colunares e laminares, que têm apenas uma fração de milímetro de largura, e detectar tarefas que ocorrem em dezenas de milissegundos.[32]

A fMRI e uma técnica de varredura similar que usa pósitrons, chamada de tomografia por emissão de pósitrons (PET), avaliam, ambas, a atividade neuronal através de meios indiretos. PET mede o fluxo sanguíneo cerebral regional (rCBF), enquanto fMRI, níveis de oxigênio no sangue.[33] Embora o relacionamento das quantidades de fluxos sanguíneos para atividade neural seja objeto de alguma controvérsia, o consenso é que eles refletem a atividade sináptica local, não o aumento de neurônios. O relacionamento da atividade neural para o fluxo sanguíneo foi articulado pela primeira vez no final do século XIX.[34] No entanto, a fMRI tem uma limitação, que consiste em que a relação do fluxo sanguíneo para a atividade sináptica não é direta: uma variedade de mecanismos metabólicos afetam a relação entre os dois fenômenos.

No entanto, acredita-se que tanto a PET quanto a fMRI sejam mais confiáveis para medir mudanças relativas no estado cerebral. O método inicial que eles usam é o "paradigma de subtração", que pode mostrar as regiões mais ativas durante tarefas específicas.[35] Esse procedimento envolve subtrair os dados produzidos por uma varredura, quando a pessoa não executa nenhuma atividade, de dados produzidos enquanto ela executa uma determinada atividade mental. A diferença representa a mudança no estado cerebral.

Uma técnica invasiva que fornece alta resolução espacial e temporal é a formação de "imagem óptica", que envolve remover parte do crânio, tingir o tecido vivo do cérebro com um corante que se torna fluorescente quando há atividade neural e, em seguida, fotografar a luz emitida com uma câmera digital. Como essa técnica requer cirurgia, ela tem sido utilizada principalmente em experiências com animais, em especial ratos.

Outra abordagem para analisar o funcionamento cerebral de diferentes regiões é a estimulação magnética transcraniana (TMS em inglês), que consiste em aplicar um campo magnético de pulso forte na parte de fora do crânio, colocando com precisão uma bobina magnética sobre a cabeça. Estimulando ou induzindo uma "lesão virtual" (desativando temporariamente) em pequenas regiões do cérebro, as habilidades podem ser diminuídas ou reforçadas.[36] A TMS também pode ser usada para estudar a relação de diferentes áreas do cérebro enquanto executa tarefas específicas, e pode até induzir sensações de experiências místicas.[37] O cientista do cérebro Allan Snyder relatou que cerca de 40% de seus sujeitos de teste ligados à TMS exibem novas habilidades significativas, muitas das quais são notáveis, como habilidade para desenhar.[38]

Se houver a opção de destruir o cérebro que está sendo digitalizado, torna-se possível uma resolução espacial dramaticamente maior. A digitalização de um cérebro congelado é hoje viável, embora ainda não em velocidade ou largura de banda suficiente para mapear todas as interconexões. Mas, novamente, de acordo com a Lei dos Retornos Acelerados, esse potencial está crescendo exponencialmente, assim como todas as outras facetas da varredura do cérebro.

Andreas Nowatzyk, da Universidade Carnegie Mellon, está escaneando o sistema nervoso do cérebro e do corpo de um rato com uma resolução menor do que duzentos nanômetros, o que está perto da resolução necessária para a engenharia reversa total. Outro escaneamento destrutivo chamado "Brain Tissue Scanner", desenvolvido no Brain Networks Laboratory na Universidade A & M do Texas, é capaz de digitalizar um cérebro inteiro de camundongo em um mês, com uma resolução de 250 nanômetros, usando fatias.[39]

Melhorando a resolução. Muitas novas tecnologias de varredura do cérebro agora em desenvolvimento estão melhorando drasticamente a resolução temporal e espacial. A nova geração de sistemas de detecção e digitalização está fornecendo as ferramentas necessárias para desenvolver modelos com níveis minuciosos de detalhes sem precedentes. A seguir, uma pequena amostra desses sistemas emergentes de imagem e detecção.

Uma nova e muito entusiasmante câmera de escaneamento está sendo desenvolvida no Laboratório de Pesquisas de Neuroengenharia da Universidade da Pensilvânia, chefiado por Leif H. Finkel.[40] A resolução espacial do sistema óptico projetado será bastante alta para gerar imagens de neurônios individuais e em um tempo de resolução de um milissegundo, o que é suficiente para registrar o disparo de cada neurônio.

As versões iniciais são capazes de escanear, ao mesmo tempo, cerca de cem células, a uma profundidade de até dez mícrons da câmera. Uma versão futura fará a imagem de até mil células simultaneamente, a uma distância de até 150 mícrons da câmera e com um tempo de resolução de submilissegundos. O sistema pode digitalizar tecido neural in vivo (em um cérebro vivo) enquanto um animal está realizando uma tarefa mental, embora a superfície do cérebro deva ser exposta. O tecido neural é tingido para gerar fluorescência dependente de voltagem, que é captada pela câmera de alta resolução. O sistema de varredura será usado para examinar os cérebros de animais antes e depois de aprenderem habilidades perceptivas específicas. Esse sistema combina a resolução temporária rápida (um milissegundo) do MEG, enquanto gera imagens de neurônios e conexões individuais.

Também foram desenvolvidos métodos não invasivos para ativar neurônios, ou até uma parte específica de um neurônio de maneira temporal e espacialmente precisa. Uma abordagem envolvendo fótons usa uma excitação direta de "dois fótons", chamada de "microscopia de varredura a laser de dois fótons" (two-photon laser scanning microscopy em inglês — TPLSM).[41] Isso cria um único ponto de foco no espaço tridimensional que permite uma digitalização com resolução muito alta. Ela utiliza pulsos de laser que duram apenas um milionésimo de um bilionésimo de segundo (10^{-15} segundos) para detectar a excitação de sinapses únicas no cérebro intacto, medindo o acúmulo de cálcio intracelular associado com a ativação dos receptores sinápticos.[42] Embora esse método destrua tecido, é uma porção insignificante, e ele fornece imagens com altíssima resolução de espinhas de dendritos e sinapses individuais em ação.

Essa técnica tem sido usada para realizar cirurgias intracelulares ultraprecisas. O físico Eric Mazur e seus colegas da Universidade Harvard demonstraram sua capacidade de executar modificações precisas de células, como cortar uma conexão interneuronal ou destruir uma única mitocôndria (a fonte de energia das células) sem afetar outros componentes celulares. "A técnica gera o calor do sol", diz o colega de Mazur, Donald Ingber, "mas apenas por quintilhões de segundo e em um espaço muito pequeno."

Outra técnica chamada "gravação por multieletrodos" usa um agrupamento de eletrodos para registrar simultaneamente a atividade de um grande número de neurônios com resolução temporal muito alta (submilissegundos).[43] Além disso, uma técnica não invasiva chamada de microscopia de segunda geração harmônica (second-harmonic generation microscoppy — SHG) é capaz de "estudar células em ação", explica o desenvolvedor-chefe Daniel Dombeck, um estudante da Universidade Cornell. Ainda outra técnica, chamada de geração de imagens com coerência óptica (optical coherence imaging — OCI), usa luz coerente (ondas de luz que estão todas alinhadas na mesma fase) para criar imagens tridimensionais holográficas de agrupamentos de células.

Digitalizar usando nanorrobots. Embora esses meios não invasivos de escanear o cérebro de fora do crânio estejam melhorando rapidamente, a abordagem mais potente para capturar todos os detalhes neurais salientes será digitalizá-los de dentro. Na década de 2020, a tecnologia dos nanorrobots será viável, e a varredura do cérebro será uma de suas aplicações principais. Como descrito anteriormente, os nanorrobots são robots que terão o tamanho das células sanguíneas humanas (sete a oito mícrons), ou até menores.[44] Bilhões deles poderiam viajar através de cada capilar cerebral, escaneando cada recurso neural relevante de perto. Usando a comunicação sem fio de alta velocidade, os nanorrobots se comunicam entre si e com computadores compilando o banco de dados de varredura do cérebro. (Em outras palavras, os nanorrobots e computadores todos estarão em uma rede local sem fio.)[45]

Um desafio técnico essencial para conectar nanorrobots a estruturas biológicas do cérebro é a barreira hematoencefálica (blood-brain barrier — BBB). No final do século XIX, os cientistas descobriram que, quando injetavam corante azul na corrente sanguínea de um animal, todos os órgãos do animal ficavam azuis, menos a medula espinhal e o cérebro. Com precisão, eles aventaram a hipótese de uma barreira que protege o cérebro de uma ampla gama de substâncias potencialmente nocivas no sangue, incluindo bactérias, hormônios, substâncias químicas que podem atuar como neurotransmissores e outras toxinas. Somente oxigênio, glucose e um conjunto muito seleto de outras moléculas pequenas conseguem sair dos vasos sanguíneos e entrar no cérebro.

Necropsias no início do século XX revelaram que o revestimento dos capilares no cérebro e em outros tecidos do sistema nervoso é de fato muito mais compactado com células endoteliais do que vasos de tamanho comparável em outros órgãos. Estudos mais recentes mostraram que o BBB é um sistema complexo que apresenta portas completas com chaves e senhas que permitem a entrada no cérebro. Por exemplo, foram descobertas duas proteínas chamadas zonulina e zot que reagem com receptores no cérebro para abrir temporariamente o BBB em locais selecionados. Essas duas proteínas desempenham um papel semelhante na abertura de receptores no intestino delgado para permitir a digestão da glicose e outros nutrientes.

Qualquer projeto para que os nanorrobots digitalizem ou, de algum outro modo, interajam com o cérebro, terá que levar em consideração o BBB. Descrevo aqui várias estratégias que serão viáveis, considerando as capacidades futuras. Sem dúvida, outras serão desenvolvidas ao longo do próximo quarto de século.

- Uma tática óbvia é tornar o nanorrobot pequeno o suficiente para deslizar através do BBB, mas esta é a abordagem menos prática, pelo menos com a nanotecnologia que conhecemos hoje. Para fazer isso, o nanorrobot teria que ter vinte nanômetros ou menos de diâmetro, o que é cerca do tamanho de cem átomos de carbono. Limitar um nanorrobot a essas dimensões reduziria severamente sua funcionalidade.

- Uma estratégia intermediária seria manter o nanorrobot na corrente sanguínea, mas fazer com que lance um braço robótico através do BBB e no fluido extracelular que reveste as células neurais. Isso permitiria que o nanorrobot permanecesse bastante grande para ter recursos suficientes computacionais e de navegação. Como quase todos os neurônios estão a uma distância de duas ou três larguras de células de um capilar, o braço precisaria atingir apenas uns cinquenta mícrons. Análises realizadas por Rob Freitas e outros mostram que é bastante viável restringir a largura de tal manipulador para menos de vinte nanômetros.

- Outra abordagem é manter os nanorrobots nos capilares e usar digitalização não invasiva. Por exemplo, o sistema de digitalização projetado por Finkel e seus associados pode digitalizar em resolução muito alta (suficiente para ver interconexões individuais) a uma profundidade de 150 mícrons, o que é várias vezes maior do que o necessário. Obviamente, esse tipo de sistema de gerar imagens ópticas teria que ser significativamente miniaturizado (comparado aos projetos contemporâneos), mas usa sensores de dispositivos de carga acoplada, que são passíveis dessa redução de tamanho.

- Outro tipo de varredura não invasiva envolveria um conjunto de nanorrobots emitindo sinais focados semelhantes aos de um scanner de dois fótons e outro conjunto de nanorrobots recebendo a transmissão. A topologia do tecido interveniente poderia ser determinada através da análise do impacto no sinal recebido.

- Outro tipo de estratégia, sugerido por Robert Freitas, seria para o nanorrobot, literalmente, irromper passando pelo BBB, cavar um buraco nele, sair do vaso sanguíneo e depois reparar o dano. Já que o nanorrobot pode ser construído usando carbono em configuração diamantoide, ele seria muito mais forte que os tecidos biológicos. Freitas escreve: "Para passar entre as células em um tecido rico em células, é necessário que um nanorrobot avançando atrapalhe um número mínimo de contatos de célula a célula que estão à frente em seu caminho. Depois disso, e com o objetivo de minimizar a biointrusividade, o nanorrobot deve selar os contatos em sua esteira, grosseiramente análogo a uma toupeira escavadora".[46]

- Ainda outra abordagem é sugerida pelos estudos contemporâneos do câncer. Pesquisadores de câncer estão muito interessados em irromper seletivamente no BBB para transportar substâncias destruidoras de câncer para os tumores. Estudos recentes do BBB mostram que para isso se abre em resposta uma variedade de fatores, que incluem certas proteínas, como mencionado acima; hipertensão localizada; altas concentrações de certas substâncias; micro-ondas e outras formas de radiação; infecção; e inflamação. Existem também processos especializados que transportam as substâncias necessárias, como a glicose. Também foi descoberto que o manitol de açúcar provoca um encolhimento temporário das bem embaladas células endoteliais para fornecer uma violação temporária do BBB. Ao explorar esses mecanismos, vários grupos de pesquisa estão desenvolvendo compostos que abram o BBB.[47] Embora essa pesquisa seja destinada a terapias contra o câncer, abordagens parecidas podem ser usadas para abrir as portas para nanorrobots que irão escanear o cérebro e melhorar nosso funcionamento mental.

· Poderíamos contornar a corrente sanguínea junto com o BBB injetando nanorrobots em áreas do cérebro que têm acesso direto ao tecido neural. Como menciono abaixo, novos neurônios migram dos ventrículos para outras partes do cérebro. Os nanorrobots podem seguir o mesmo caminho de migração.

· Rob Freitas descreveu várias técnicas para os nanorrobots monitorarem os sinais.[48] Estes serão importantes tanto para a engenharia reversa dos insumos para o cérebro quanto para a criação de realidade virtual de imersão total de dentro do sistema nervoso.

» Para escanear e monitorar sinais auditivos, Freitas propõe "nanodispositivos móveis [que] nadam na artéria espiral do ouvido e através de suas bifurcações alcançam o canal coclear, então colocam-se como monitores neurais nas proximidades das fibras do nervo em espiral e dos nervos que entram no epitélio do órgão de Corti [nervos cocleares ou auditivos] dentro do gânglio espiral. Esses monitores podem detectar, gravar ou retransmitir para outros nanodispositivos na rede de comunicações todo o tráfego neural auditivo percebido pelo ouvido humano".

» Para as sensações de gravidade, rotação e aceleração do corpo, ele imagina "nanomonitores posicionados nas terminações nervosas aferentes emanando de células ciliadas localizadas nos canais semicirculares".

» Para "gerenciamento sensorial cinestésico, neurônios motores podem ser monitorados para acompanhar os movimentos e as posições de membros ou atividades musculares específicas e até mesmo exercer controle".

» "O tráfego neural sensorial olfativo e gustativo pode ser interceptado [por] instrumentos nanossensoriais."

» "Sinais de dor podem ser gravados ou modificados conforme necessário, assim como impulsos nervosos mecânicos e de temperatura de receptores localizados na pele."

» Freitas ressalta que a retina é rica em pequenos vasos sanguíneos, "permitindo acesso imediato tanto aos fotorreceptores (haste, cone, bipolar e gânglio) quanto aos neurônios [...] integradores". Os sinais do nervo óptico representam mais de 100 milhões de níveis por segundo, mas esse nível de processamento de sinais já é gerenciável. Como Tomaso Poggio do MIT e outros indicaram, nós ainda não entendemos a codificação dos sinais do nervo óptico. Uma vez que tenhamos a capacidade de monitorar os sinais para cada fibra discreta no nervo óptico, nossa capacidade para interpretar esses sinais será grandemente facilitada. Atualmente é uma área de intensa pesquisa.

Como discuto abaixo, os sinais rudimentares do corpo passam por vários níveis de processamento antes de serem agregados, em uma representação dinâmica compacta, a dois pequenos órgãos chamados de ínsula direita e ínsula esquerda, localizados no fundo do córtex cerebral. Para a realidade virtual de imersão total, pode ser mais eficaz usar os sinais já interpretados na ínsula, em vez dos sinais não processados por todo o corpo.

Escanear o cérebro para aplicar a engenharia reversa em seus princípios operacionais é mais fácil do que digitalizá-lo com a finalidade de "carregar" uma personalidade particular, que vai ser discutida à frente (veja a seção "Uploading do cérebro humano", na página 226). Para reverter a engenharia do cérebro, só é preciso digitalizar as conexões em uma região que baste para entender seu padrão básico. Não é preciso capturar cada uma das conexões.

Quando entendermos os padrões da fiação neural em uma região, poderemos combinar esse conhecimento com um entendimento detalhado de como opera cada tipo de neurônio nessa região. Embora uma determinada região do cérebro possa ter bilhões de neurônios, ela vai conter apenas um número limitado de tipos de neurônios. Já fizemos progressos significativos na derivação dos mecanismos subjacentes a variedades específicas de neurônios e conexões sinápticas, estudando essas células in vitro (em uma placa de Petri), bem como in vivo, usando métodos como a digitalização por dois fótons.

Os cenários acima envolvem recursos que existem hoje pelo menos em estágio inicial. Já temos tecnologia capaz de escanear em muito alta resolução, permitindo ver a forma precisa de cada conexão de uma determinada área do cérebro se o scanner estiver fisicamente próximo aos recursos neurais. Quanto aos nanorrobots, já existem quatro grandes conferências dedicadas a desenvolver dispositivos do tamanho de células sanguíneas para fins de diagnóstico e terapia.[49] Como discutido no capítulo 2, podemos projetar o custo de computação exponencialmente decrescente, o tamanho em rápido declínio e o aumento da eficácia de tecnologias, tanto eletrônicas quanto mecânicas. Com base nessas projeções, podemos conservadoramente prever a tecnologia nanorrobot necessária para implementar esses tipos de cenários durante os anos 2020. Assim que a digitalização baseada em nanorrobots se tornar uma realidade, finalmente estaremos na mesma posição que os projetistas de circuito estão hoje: poderemos colocar sensores altamente sensíveis e de alta resolução (na forma de nanorrobots) em milhões ou até bilhões de locais no cérebro e, assim, testemunhar cérebros vivos em ação em detalhes de tirar o fôlego.

Construindo modelos do cérebro

Se fôssemos magicamente encolhidos e colocados no cérebro de alguém enquanto ele pensa, veríamos todas as bombas, pistões, engrenagens e alavancas funcionando e poderíamos descrever seu funcionamento todo em termos mecânicos, descrevendo assim completamente os processos de pensamento do cérebro. Mas essa descrição não iria conter, em lugar algum, qualquer menção a um pensamento! Não conteria nada além de descrições de bombas, pistões, alavancas!

G. W. Leibniz (1646-1716)

Como campos expressam seus princípios? Físicos usam termos como fótons, elétrons, quarks, função de onda quântica, relatividade e conservação de energia. Os astrônomos usam termos como planetas, estrelas, galáxias, deslocamento de Hubble e buracos negros. Termodinamicistas usam termos como entropia, primeira lei, segunda lei e ciclo de Carnot. Os biólogos usam termos como filogenia, ontogenia, DNA e enzimas. Cada um desses termos é, na verdade, o título de uma história! Os princípios de um campo são na verdade um conjunto de histórias entrelaçadas sobre a estrutura e o comportamento dos elementos de campo.

Peter J. Denning, ex-presidente da Associação para Maquinaria
Informática, em "Grandes princípios da computação"

É importante construir modelos de cérebro no nível certo. É claro que isso é verdade para todos os nossos modelos científicos. Embora a química seja teoricamente baseada na física, e poderia ser derivada inteiramente da física, isso seria complicado e inviável na prática. Então, a química usa suas próprias regras e modelos. Do mesmo modo, deveríamos em teoria, poder deduzir as leis da termodinâmica da física, mas esse é um processo que está muito longe de ser simples. Quando tivermos um número suficiente de partículas para chamar algo de gás em vez de um monte de partículas, resolver equações para cada interação de partículas se tornará impraticável, enquanto as leis da termodinâmica funcionam extremamente bem. As interações de uma única molécula dentro do gás são irremediavelmente complexas e imprevisíveis, mas o próprio gás, que compreende trilhões de moléculas, tem muitas propriedades previsíveis.

Da mesma forma, a biologia, que está enraizada na química, usa seus próprios modelos. Muitas vezes isso é desnecessário para expressar resultados de alto nível usando os meandros da dinâmica dos sistemas de nível inferior, embora seja necessário entender muito bem o nível mais baixo antes de passar para o mais alto. Por exemplo, certas características genéticas de um animal podem ser controladas manipulando seu DNA fetal sem necessariamente compreender todos os mecanismos bioquímicos do DNA, muito menos as interações dos átomos na molécula de DNA.

Muitas vezes, o nível mais baixo é mais complexo. Uma célula de ilhota do pâncreas, por exemplo, é enormemente complicada em termos de todas as suas funções bioquímicas (a maioria delas aplica-se a todas as células humanas, algumas a todas as células biológicas). Ainda modelando o que faz um pâncreas — com seus milhões de células —, em termos de regular níveis de insulina e enzimas digestivas, embora não seja simples, é consideravelmente menos difícil do que formular um modelo detalhado de uma única célula da ilhota.

A mesma questão se aplica aos níveis de modelagem e compreensão do cérebro, desde a física das reações sinápticas até as transformações de informação por clusters neurais. Nas regiões do cérebro onde conseguimos sucesso no desenvolvimento de modelos detalhados, encontramos um fenômeno semelhante ao que envolve células pancreáticas. Os modelos são complexos, mas permanecem mais simples do que as descrições matemáticas de uma única célula, ou até mesmo uma única sinapse. Como já discutido, esses modelos específicos a uma região também exigem significativamente menos computação do que está teoricamente implícito pela capacidade computacional de todas as sinapses e células.

Gilles Laurent, do Instituto de Tecnologia da Califórnia, observa: "Na maioria dos casos, o comportamento coletivo de um sistema é muito difícil de deduzir do conhecimento de seus componentes. Neurociência é uma ciência de sistemas em que esquemas primários de explicação locais são necessários mas não suficientes". Engenharia reversa do cérebro irá funcionar através do refinamento iterativo de modelos e simulações tanto de cima para baixo quanto de baixo para cima, à medida que cada nível de descrição e modelagem é refinado.

Até pouco tempo atrás, a neurociência era caracterizada por modelos demasiado simplistas e limitados pela falta de refinamento de nossas ferramentas de detecção e digitalização. Isso levou muitos observadores a duvidar de que nossos processos de pensamento fossem inerentemente capazes de se entender. Peter D. Kramer escreve: "Se a mente fosse simples o suficiente para que a entendêssemos, nós seríamos muito simples para entendê-la".[50] Mais cedo, citei a comparação feita por Douglas Hofstadter de nosso cérebro com o de uma girafa, cuja estrutura não é tão diferente de um cérebro humano, mas que claramente não tem a capacidade de entender seus próprios métodos. No entanto, o sucesso recente no desenvolvimento de modelos altamente detalhados em vários níveis — de componentes neurais como sinapses a grandes regiões neurais como o cerebelo — demonstra que construir modelos matemáticos precisos de nossos cérebros e depois simular esses modelos com computação é uma tarefa desafiadora mas viável quando os recursos dos dados estiverem disponíveis. Embora modelos tenham uma longa história em neurociência, só faz pouco tempo que se tornaram suficientemente abrangentes e detalhados para permitir simulações baseadas neles para agir como experiências reais do cérebro.

Modelos subneurais: Sinapses e espinhas. Em um discurso para a reunião anual da Associação Americana de Psicologia em 2002, o psicólogo e neurocientista Joseph LeDoux, da Universidade de Nova York, disse,

> Se quem somos é moldado pelo que lembramos, e se a memória é uma função do cérebro, então as sinapses — interfaces através das quais os neurônios comunicam-se uns com os outros e as estruturas físicas em que as memórias são codificadas — são as unidades fundamentais do eu. As sinapses ficam bem baixo no totem da organização do cérebro, mas acho que são muito importantes. O ego é a soma dos subsistemas individuais do cérebro, cada um com sua própria forma de "memória", junto com as complexas interações entre os subsistemas. Sem a plasticidade sináptica — a capacidade das sinapses de alterar a facilidade com que transmitem sinais de um neurônio para outro —, as mudanças nesses sistemas que são necessárias para o aprendizado seriam impossíveis.[51]

Embora no começo a modelagem tenha tratado o neurônio como a unidade primária de transformar informação, a maré virou para enfatizar seus componentes subcelulares. O neurocientista computacional Anthony J. Bell, por exemplo, argumenta:

Processos moleculares e biofísicos controlam a sensibilidade dos neurônios para espinhas de entrada (tanto a eficiência sináptica quanto a resposta pós--sináptica), a excitabilidade do neurônio para produzir espinhas, os padrões de espinhas que podem produzir e a probabilidade de se formarem novas sinapses (religação dinâmica), para listar apenas quatro das interferências mais óbvias do nível subneural. Além disso, os efeitos do volume transneural como campos elétricos locais e a difusão transmembrana de óxido nítrico foram vistos influenciando disparos neurais coerentes, responsivos, e a transferência de energia (fluxo sanguíneo) às células, que se correlacionam diretamente com a atividade neural. A lista poderia continuar. Acredito que qualquer um que estude seriamente neuromoduladores, canais iônicos ou mecanismos sinápticos, e que seja honesto, teria que rejeitar o nível de neurônio como nível de computação separado, mesmo enquanto o considera como um nível descritivo útil.[52]

De fato, uma sinapse cerebral real é muito mais complexa do que a descrita no modelo clássico de rede neural de McCulloch-Pitts. A resposta sináptica é influenciada por uma série de fatores, incluindo a ação de múltiplos canais controlados por uma variedade de potenciais iônicos (voltagens) e múltiplos neurotransmissores e neuromoduladores. No entanto, um progresso conside-rável tem sido feito nos últimos vinte anos no desenvolvimento das fórmulas matemáticas subjacentes ao comportamento de neurônios, dendritos, sinapses, e na representação da informação nas sequências de espigas (pulsos de neu-rônios que foram ativados). Peter Dayan e Larry Abbott faz pouco escreveram um resumo das equações diferenciais não lineares existentes que descrevem uma ampla gama de conhecimentos derivados de milhares de estudos expe-rimentais.[53] Existem modelos bem fundamentados para a biofísica de corpos de neurônios, sinapses e a ação de redes de pós-alimentação (feedforward) de neurônios, como os encontrados na retina e nos nervos ópticos, e muitas outras classes de neurônios.

A atenção para como funciona a sinapse tem suas raízes no trabalho pio-neiro de Hebb. Ele abordou a questão: Como funciona a curto prazo (também chamado de trabalho) a função da memória? A região do cérebro associada à memória de curto prazo é o córtex pré-frontal, embora agora percebamos que diferentes formas de retenção de curto prazo de informação foram identificadas na maioria dos outros circuitos neurais que foram estudados de perto.

A maior parte do trabalho de Hebb focou mudanças no estado das sinapses para fortalecer ou inibir sinais recebidos, e no mais controverso circuito reverberador em que os neurônios disparam em loop contínuo.[54] Outra teoria proposta por Hebb é uma mudança no estado de um neurônio em si — isto é, uma função de memória no soma celular (corpo). A evidência experimental suporta a possibilidade de todos esses modelos. Memória sináptica hebbiana clássica e memória reverberadora exigem um tempo antes que a informação gravada possa ser usada. Experiências in vivo mostram que, em pelo menos algumas regiões do cérebro, há uma resposta neural que é muito rápida para ser explicada por tais modelos de aprendizado padrão e, portanto, só poderia ser realizada no soma por meio de mudanças induzidas pelo aprendizado.[55]

Outra possibilidade não prevista diretamente por Hebb é a mudança em tempo real nas próprias conexões dos neurônios. Resultados recentes de varreduras mostram um rápido crescimento de espinhas de dendritos e novas sinapses, então isso deve ser considerado um mecanismo importante. Experiências também demonstraram uma rica variedade de comportamentos de aprendizado no nível sináptico que vão além dos modelos simples hebbianos. As sinapses podem mudar rapidamente de estado, mas começam a decair lentamente com estimulação contínua, ou em algumas a falta de estímulo, ou muitas outras variações.[56]

Embora os modelos contemporâneos sejam muito mais complexos do que os modelos simples de sinapses elaborados por Hebb, suas intuições se mostraram corretas. Além da plasticidade sináptica hebbiana, os modelos atuais incluem processos globais que fornecem uma função reguladora. Por exemplo, a escala sináptica evita que os potenciais sinápticos tornem-se zero (e, portanto, não possam ser aumentados através de abordagens multiplicativas) ou fiquem excessivamente altos e, assim, dominem uma rede. Experiências in vitro encontraram escalas sinápticas em culturas de redes de neurônios neocorticais, hipocampais e medulares.[57] Outros mecanismos são sensíveis ao tempo total de espiga e à distribuição do potencial através de muitas sinapses. Simulações demonstraram a capacidade desses mecanismos recentemente descobertos para melhorar a aprendizagem e a estabilidade da rede.

O novo desenvolvimento mais excitante para compreender as sinapses é que a topologia das sinapses e as conexões que elas formam estão mudando continuamente. Nosso primeiro vislumbre das rápidas mudanças nas conexões sinápticas foi revelado por um sistema de varredura inovador que requer um animal geneticamente modificado, cujos neurônios tenham sido projetados para emitir uma luz fluorescente verde. O sistema pode visualizar o tecido neural vivo e tem uma resolução bastante alta para capturar não apenas os dendritos (conexões interneuronais), mas também as espinhas: pequenas projeções que brotam dos dendritos e iniciam sinapses potenciais.

O neurobiologista Karel Svoboda e seus colegas do Laboratório Cold Spring Harbor, em Long Island, usaram o sistema de varredura em ratos para investigar redes de neurônios que analisam informações a partir dos bigodes, estudo que forneceu uma visão fascinante da aprendizagem neural. Nos dendritos brotaram continuamente novas espinhas. A maioria durou apenas um dia ou dois, mas ocasionalmente uma espinha permanecia estável. "Acreditamos que a alta rotatividade que vemos pode ter um papel importante na plasticidade neural, na medida em que as espinhas que brotam estendem-se para sondar diferentes parceiros pré-sinápticos em neurônios vizinhos", disse Svoboda. "Se uma determinada conexão é favorável, isto é, reflete um tipo desejável de fiação refeita no cérebro, então essas sinapses são estabilizadas e se tornam mais permanentes. Mas a maioria delas não está indo na direção certa, e elas são reabsorvidas."[58]

Outro fenômeno consistente que tem sido observado é que as respostas neurais diminuem com o tempo se um determinado estímulo é repetido. Essa adaptação dá maior prioridade aos novos padrões de estímulos. Trabalho semelhante do neurobiólogo Wen-Biao Gan da Faculdade de Medicina da Universidade de Nova York sobre espinhas neurais no córtex visual de ratos adultos mostra que esse mecanismo de espinhas pode guardar memórias de longo prazo: "Digamos que uma criança de dez anos usa mil conexões para armazenar uma informação. Quando ela tiver oitenta anos, um quarto das conexões ainda estará lá, não importa como as coisas mudem. É por isso que ainda dá para lembrar suas experiências da infância". Gan também explica: "Nossa ideia era de que, quando se aprende, se memoriza; na realidade não é preciso fazer muitas novas sinapses e se livrar das antigas. Só é preciso modificar a força das sinapses preexistentes para aprendizado de curto prazo e memória. No entanto, é provável que [umas] poucas sinapses sejam feitas ou eliminadas para alcançar a memória de longo prazo".[59]

A razão pela qual as memórias podem permanecer intactas mesmo que três quartos das conexões desaparecerem é que o método de codificação usado parece ter propriedades semelhantes às de um holograma. Em um holograma, as informações são armazenadas em um padrão difuso ao longo de uma extensa região. Se você destruir três quartos do holograma, a imagem inteira permanece intacta, embora apenas com um quarto da resolução. Pesquisa de Pentti Kanerva, neurocientista do Instituto Redwood Neuroscience, apoia a ideia de que as memórias são dinamicamente distribuídas por toda uma região de neurônios. Isso explica por que as memórias mais velhas permanecem, mas mesmo assim parecem "desaparecer", porque sua resolução diminuiu.

Modelos de neurônios. Pesquisadores também estão descobrindo que neurônios específicos realizam tarefas de reconhecimento especial. Uma experiência com galinhas identificou neurônios do tronco cerebral que detectam atrasos específicos à medida que os sons chegam a um e ao outro ouvido.[60] Neurônios diferentes respondem a diferentes quantidades de defasagem. Embora existam muitas irregularidades complexas no funcionamento desses neurônios (e das redes de que dependem), o que eles na verdade estão realizando é fácil de descrever e seria simples de replicar. De acordo com o neurocientista da Universidade da Califórnia em San Diego, Scott Makeig, "resultados neurobiológicos recentes sugerem um papel importante, nas entradas neurais sincronizadas com exatidão, para o aprendizado e a memória".[61]

Neurônios eletrônicos. Uma experiência recente da Universidade da Califórnia no Instituto de Ciência Não Linear de San Diego demonstra o potencial que têm os neurônios eletrônicos para emular os biológicos com exatidão. Neurônios (biológicos ou não) são um excelente exemplo do que muitas vezes é chamado de computação caótica. Cada neurônio age de uma forma essencialmente imprevisível. Quando toda uma rede de neurônios recebe uma entrada (do mundo exterior ou de outras redes de neurônios), a sinalização entre eles parece, a princípio, ser frenética e aleatória. Com o tempo, normalmente uma fração de segundo ou algo assim, a interação caótica dos neurônios acaba e emerge um padrão estável de disparos. Esse padrão representa a "decisão" da rede neural. Se a rede neural está realizando uma tarefa de reconhecimento de padrões (e tais tarefas constituem a maior parte da atividade no cérebro humano), o padrão emergente representa o reconhecimento adequado.

Assim, a questão abordada pelos pesquisadores de San Diego foi: poderiam os neurônios eletrônicos envolver-se nessa dança caótica ao lado dos biológicos? Eles conectaram neurônios artificiais com neurônios reais de lagostas em uma única rede, e essa rede biológica-não biológica híbrida teve o mesmo desempenho (isto é, interação caótica seguida por um padrão emergente estável) e o mesmo tipo de resultados que uma rede totalmente biológica de neurônios. Essencialmente, os neurônios biológicos aceitaram seus pares eletrônicos. Isso indica que o modelo matemático caótico desses neurônios era razoavelmente preciso.

Plasticidade cerebral. Em 1861, o neurocirurgião francês Paul Broca correlacionou regiões do cérebro feridas ou afetadas por cirurgias com certas habilidades perdidas, como habilidades motoras finas ou linguagem. Por mais de um século, os cientistas acreditaram que essas regiões eram destinadas a tarefas específicas. Embora certas áreas do cérebro tendam a ser usadas para tipos específicos de habilidades, agora entendemos que tais atribuições podem ser mudadas como resposta a uma lesão cerebral, como um derrame. Em um clássico estudo de 1965, D. H. Hubel e T. N. Wiesel mostraram que uma reorganização extensa e abrangente do cérebro poderia ocorrer após danos no sistema nervoso, como os de um acidente vascular cerebral.[62]

Além disso, o arranjo detalhado de conexões e sinapses em uma dada região é um produto direto de quanto essa região é usada. Como o escaneamento cerebral alcançou resolução suficientemente alta para detectar o crescimento das espinhas nos dendritos e na formação de novas sinapses, podemos ver nosso cérebro crescer e se adaptar para seguir literalmente nossos pensamentos. Isso dá novo significado ao dito de Descartes "Penso, logo existo".

Em uma experiência conduzida por Michael Merzenich e seus colegas da Universidade da Califórnia, em San Francisco, a comida dos macacos foi colocada de maneira que os animais tinham de usar habilmente um dedo para obtê-la. Escaneamentos do cérebro antes e depois revelaram um crescimento dramático nas conexões interneurais e sinapses na região do cérebro responsável por controlar aquele dedo.

Edward Taub, da Universidade do Alabama, estudou a região do córtex responsável por avaliar o input tátil dos dedos. Comparando não músicos a executantes experientes de instrumentos de cordas, ele não encontrou nenhuma diferença nas regiões do cérebro dedicadas aos dedos da mão direita, mas uma enorme diferença para os dedos da mão esquerda. Se desenhássemos uma imagem das mãos com base na quantidade de tecido cerebral dedicada à análise do toque, os dedos da mão esquerda dos músicos (que são usados para controlar as cordas) seriam enormes. Embora a diferença tenha sido maior para os músicos que começaram a treinar com um instrumento de cordas ainda na infância, "mesmo que comece com o violino aos quarenta anos", comentou Taub, "você ainda terá uma reorganização cerebral".[63]

Um achado similar vem de uma avaliação de um programa de software, desenvolvido por Paula Tallal e Steve Miller na Universidade Rutgers, chamado Fast ForWord, que auxilia alunos disléxicos. O programa lê textos para crianças, falando mais devagar fonemas com "b" e "p", com base na observação de que muitos alunos disléxicos são incapazes de perceber esses sons quando falados depressa. Ouvir essa forma modificada de fala mostrou que ajudava essas crianças a aprenderem a ler. Usando o escaneamento fMRI, John Gabrieli, da Universidade Stanford, descobriu que, de fato, a região pré-frontal esquerda do cérebro, área associada ao processamento da linguagem, cresceu e mostrou uma maior atividade em estudantes disléxicos que usaram o programa. Diz Tallal: "Você cria seu cérebro a partir do input que recebe".

Imagens in vivo de dendritos neurais
mostrando a formação de espinhas e sinapses

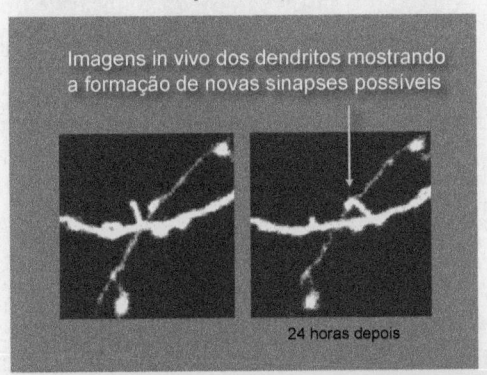

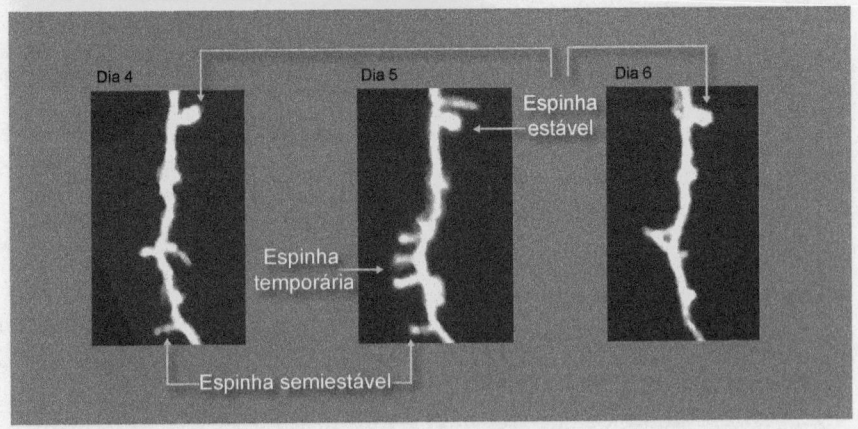

Nem é necessário converter os pensamentos em ação física para estimular o cérebro a refazer sua fiação. O dr. Alvaro Pascual-Leone da Universidade Harvard examinou os cérebros de voluntários antes e depois de praticarem um exercício simples de piano. O córtex motor cerebral dos voluntários mudou como resultado direto da prática. Ele então fez com que um segundo grupo só pensasse em fazer o exercício de piano, mas sem realmente mover nenhum músculo. Isso produziu uma mudança igualmente marcante na rede do córtex motor.[64]

Estudos recentes de fMRI de relações de aprendizado visual-espacial descobriram que conexões interneuronais podem mudar rapidamente durante uma única aula. Pesquisadores encontraram mudanças nas conexões entre células do córtex parietal posterior, no que é chamado de via "dorsal" (que contém informações sobre localização e propriedades espaciais dos estímulos visuais), e células do córtex temporal inferior posterior na via "ventral" (que contém características invariáveis reconhecidas de diferentes níveis de abstração);[65] essa taxa de mudança foi diretamente proporcional à taxa de aprendizado.[66]

Pesquisadores da Universidade da Califórnia em San Diego analisaram um insight-chave sobre as diferenças na formação de memórias de curto e de longo prazo. Usando um método de varredura de alta resolução, os cientistas puderam ver alterações químicas dentro de sinapses no hipocampo, região do cérebro associada com a formação de memórias de longo prazo.[67] Descobriram que, quando uma célula era estimulada pela primeira vez, a actina, um elemento neuroquímico, movia-se em direção aos neurônios a que a sinapse estava conectada. Isso também estimulou a actina nas células da vizinhança para se afastarem da célula ativada. Essas mudanças duraram apenas alguns minutos, no entanto. Se as estimulações fossem bastante repetidas, aconteceria uma mudança mais significativa e mais permanente.

"As mudanças de curto prazo são apenas parte do modo normal de como as células nervosas falam umas com as outras", disse o autor principal, Michael A. Colicos.

As mudanças a longo prazo nos neurônios ocorrem somente após eles serem estimulados quatro vezes durante uma hora. A sinapse vai, na verdade, dividir-se e novas sinapses se formarão, produzindo uma permanente mudança que supostamente vai durar pelo resto da vida. A analogia com a memória humana é que, o que se vê ou ouve uma vez pode ficar na mente por alguns minutos. Se não for importante, desaparece e é esquecido dez minutos depois. Mas, se você ver ou ouvir de novo e isso continuar acontecendo durante a próxima hora, você vai se lembrar por muito mais tempo. E as coisas que se repetem muitas vezes podem ser lembradas por uma vida inteira. Uma vez formadas duas novas conexões para um axônio, elas são muito estáveis e não há razão para acreditar que vão desaparecer. Esse é o tipo de mudança que se imagina durar uma vida toda.

"É como uma aula de piano", diz o coautor e professor de biologia Yukiko Goda. "Se você toca uma partitura musical várias vezes, ela fica entranhada na sua memória." Da mesma forma, em um artigo na revista *Science*, os neurocientistas S. Lowel e W. Singer relataram ter encontrado evidências da rápida formação dinâmica de novas conexões interneuronais no córtex visual que eles descreveram com a frase de Donald Hebb: "O que dispara junto, faz a fiação junto".[68]

Outro insight sobre a formação da memória é relatado em um estudo publicado em *Cell*. Pesquisadores descobriram que a proteína CPEB na verdade muda sua forma em sinapses para gravar memórias.[69] A surpresa foi que a CPEB realiza essa função da memória enquanto em estado de príon.

"Por algum tempo, sabíamos bastante sobre como a memória funciona, mas não tínhamos um conceito claro de qual era o dispositivo-chave de armazenamento", disse a coautora e diretora do Instituto Whitehead para Pesquisa Biomédica, Susan Lindquist. "Este estudo sugere o que o dispositivo de armazenamento pode ser — mas é uma sugestão tão surpreendente descobrir que uma atividade semelhante à de um príon pode estar envolvida... Isto indica que os príons não são apenas excêntricos na natureza, mas que podem participar de processos fundamentais." Como relatei no capítulo 3, engenheiros humanos também estão achando que os príons são um meio potente para construir as memórias eletrônicas.

Os estudos de escaneamento cerebral também revelam mecanismos para inibir as memórias desnecessárias e indesejáveis, uma descoberta que deixaria Sigmund Freud satisfeito.[70] Usando ressonância magnética funcional, os cientistas da Universidade Stanford pediram aos voluntários do estudo que tentassem esquecer a informação que tinham memorizado antes. Durante essa atividade, regiões no córtex frontal que foram associadas à repressão da memória mostraram um alto nível de atividade, enquanto o hipocampo, a região normalmente associada à lembrança, estava relativamente inativo. Essas descobertas "confirmam a existência de um processo de esquecimento ativo e estabelecem um modelo neurobiológico para orientar a investigação sobre o esquecimento proposital", escreveram o professor de psicologia de

Stanford John Gabrieli e seus colegas. Gabrieli também comentou: "A grande novidade é que mostramos como o cérebro humano bloqueia uma memória indesejada, que existe tal mecanismo e que este tem uma base biológica. Vai além da hipótese de que não há nada no cérebro que suprime uma memória — que tudo era uma ficção não compreendida".

Além de gerar novas conexões entre os neurônios, o cérebro também produz novos neurônios a partir de células-tronco neurais, que se replicam para manter uma reserva. No decorrer da reprodução, algumas das células-tronco neurais tornam-se células "precursoras neurais", que, por sua vez, quando amadurecem, mudam para dois tipos de células de apoio chamadas astrócitos e oligodendrócitos, e mudam também para neurônios. As células evoluem depois para tipos específicos de neurônios. No entanto, essa diferenciação não pode ocorrer a menos que as células-tronco neurais se afastem de sua fonte original nos ventrículos do cérebro. Apenas cerca de metade das células neurais consegue chegar ao fim da jornada, que é semelhante ao processo durante a gestação e a primeira infância, quando sobrevive apenas uma parte dos primeiros neurônios em desenvolvimento. Cientistas esperam contornar esse processo de migração neural injetando células-tronco neurais diretamente nas regiões-alvo, bem como esperam drogas que promovam esse processo de neurogênese (criar novos neurônios) para reparar danos cerebrais devidos a lesões ou doenças.[71]

Uma experiência dos pesquisadores de genética Fred Gage, G. Kempermann e Henriette van Praag, do Instituto Salk de Estudos Biológicos, mostrou que a neurogênese é, na verdade, estimulada pela nossa experiência. Mudar ratos de uma gaiola estéril e desinteressante para outra, estimulante, mais ou menos dobrou o número de células em divisão em suas regiões do hipocampo.[72]

Modelando regiões do cérebro

É provável que o cérebro humano seja, no essencial, composto por grandes números de sistemas distributivoCs relativamente pequenos, organizados pela embriologia em uma sociedade que é controlada em parte (mas apenas em parte) por sistemas seriais, simbólicos que são adicionados posteriormente. Mas os sistemas subsimbólicos que fazem a maior parte do trabalho por baixo deve, pelo seu próprio caráter, impedir que todas as outras partes do cérebro saibam muito sobre como eles funcionam. E isto, em si, poderia ajudar a explicar como as pessoas fazem tantas coisas e ainda têm ideias incompletas sobre como essas coisas são realmente feitas.

Marvin Minsky e Seymour Papert[73]

O bom senso não é uma coisa simples. Em vez disso, é uma imensa sociedade de ideias práticas adquiridas com dificuldade — de multidões de regras e exceções, disposições e tendências, equilíbrio e checagem, aprendidas na vida.

Marvin Minsky

Além de novos insights sobre a plasticidade da organização de cada região do cérebro, os pesquisadores estão criando rapidamente modelos detalhados de determinadas regiões do cérebro. Esses modelos e simulações neuromórficas ficam só um pouco atrás da disponibilidade das informações em que eles se baseiam. O rápido sucesso em transformar os dados dos estudos de neurônios e os dados da varredura neural em modelos e simulações de trabalho eficazes contraria o ceticismo muitas vezes manifestado sobre nossa capacidade inerente de compreender nossos próprios cérebros.

Em geral, não é necessário modelar a funcionalidade do cérebro humano em uma base não linearidade-por-não linearidade e sinapse-por-sinapse. Simulações de regiões que armazenam memórias e aptidões em neurônios e conexões individuais (por exemplo, o cerebelo) usam modelos celulares detalhados. Mesmo para essas regiões, no entanto, simulações requerem muito menos computação do que está implícito por todos os componentes neurais. Isto é verdade na simulação do cerebelo descrita abaixo.

Embora exista muita não linearidade e complexidade detalhadas nas partes subneurais de cada neurônio, bem como um padrão de fiação caótico e semialeatório subjacente aos trilhões de conexões no cérebro, progressos significativos têm sido feitos ao longo dos últimos vinte anos na matemática de modelar tais sistemas não lineares adaptativos. Em geral, não é necessário preservar a forma exata de cada dendrito e o "rabisco" preciso de cada conexão interneuronal. Os princípios operacionais de regiões extensas do cérebro podem ser entendidos ao se examinar suas dinâmicas no nível apropriado de análise.

Já houve um sucesso significativo na criação dos modelos e das simulações de regiões extensas do cérebro. Aplicar testes a esstas simulações e comparar os dados com aqueles obtidos a partir de experiências psicofísicas em cérebros humanos reais produziu resultados impressionantes. Considerando, até o momento, a crueza relativa de nossas ferramentas de varredura e detecção, o sucesso da modelagem, como ilustrado pelos trabalhos em andamento, demonstra a capacidade de extrair os insights corretos da massa de dados que foram reunidos.

A seguir, uns poucos exemplos dos modelos bem-sucedidos das regiões do cérebro, todos obras em andamento.

Um modelo neuromórfico: O cerebelo. Uma questão que examinei em The Age of Spiritual Machines (ASM) é: como uma criança de dez anos consegue pegar uma bola?[74] Tudo que uma criança pode ver é a trajetória da bola a partir de sua posição no campo externo. Para realmente inferir o caminho da bola no espaço tridimensional, exigiria resolver ao mesmo tempo equações diferenciais difíceis. Equações adicionais precisariam ser resolvidas para prever o futuro curso da bola, e mais equações para traduzir esses resultados para o que foi exigido dos próprios movimentos do jogador. Como é que um jovem jogador de meio de campo realiza tudo isso em poucos segundos, sem computador e sem treinamento em equações diferenciais? É claro que ele não resolve as equações conscientemente, mas como seu cérebro resolve o problema?

Desde que *ASM* foi publicado, avançamos consideravelmente na compreensão desse processo básico de formação de aptidões. Conforme minha hipótese, o problema não é resolvido construindo um modelo mental de movimento tridimensional. Pelo contrário, o problema é solucionado ao traduzir diretamente os movimentos observados da bola no movimento apropriado do jogador e nas mudanças de configuração dos seus braços e pernas. Alexandre Pouget da Universidade de Rochester, e Lawrence H. Snyder, da Universidade de Washington, descreveram "funções básicas" matemáticas que podem representar essa transformação direta, da percepção do movimento no campo visual, para os movimentos exigidos dos músculos.[75] Além disso, a análise dos modelos recentemente desenvolvidos do funcionamento do cerebelo demonstram que nossos circuitos neurais cerebelares são realmente capazes de aprender e depois aplicar as funções básicas necessárias para executar essas transformações sensório-motoras. Quando nos envolvemos no processo de tentativa e erro de aprender a executar uma tarefa sensório-motora como pegar uma bola, estamos treinando os potenciais sinápticos das sinapses cerebelares para aprenderem as funções básicas adequadas. O cerebelo realiza dois tipos de transformação com essas funções básicas: ir de um resultado desejado a uma ação (chamada "modelos internos inversos") e passar de um conjunto possível de ações para um resultado previsto ("modelos internos avançados"). Tomaso Poggio apontou que a ideia de funções básicas pode descrever os processos de aprendizado no cérebro que vão além do controle motor.[76]

A região do cérebro cinza e branca, do tamanho de uma bola de beisebol, em forma de feijão, chamada de cerebelo fica no tronco cerebral e compreende mais da metade dos neurônios do cérebro. Ele realiza uma ampla gama de funções críticas, incluindo coordenação sensório-motora, equilíbrio, controle de movimento e capacidade de prever os resultados das ações (as nossas e as de outros objetos e pessoas).[77] Apesar da sua diversidade de funções e tarefas, sua organização sináptica e celular é extremamente consistente, envolvendo apenas alguns tipos de neurônios. Parece haver um tipo específico de computação que ele realiza.[78]

Apesar da uniformidade do processamento das informações do cerebelo, a ampla gama de suas funções pode ser entendida em termos da variedade de insumos que recebe do córtex cerebral (através dos núcleos do tronco cerebral e depois através células das fibras musgosas do cerebelo) e de outras regiões (particularmente a região da "oliva inferior" do cérebro através das células de fibras trepadeiras do cerebelo). O cerebelo é responsável pela nossa compreensão do tempo e pelo sequenciamento das entradas sensoriais, e também por controlar nossos movimentos físicos.

O cerebelo é também um exemplo da capacidade considerável do cérebro de exceder em muito seu genoma compacto. A maior parte do genoma que é dedicado ao cérebro descreve a estrutura detalhada de cada tipo de célula neural (incluindo seus dendritos, espinhas e sinapses) e como essas estruturas respondem à estimulação e mudam. Relativamente pouco código genômico é responsável pela real "fiação". No cerebelo, o método básico de fiação é repetido bilhões de vezes. É claro que o genoma não fornece informações específicas sobre cada repetição dessa estrutura cerebelar, mas, sim, especifica certas restrições sobre como essa estrutura é repetida (assim como o genoma não especifica a localização exata das células em outros órgãos).

Alguns dos outputs do cerebelo chegam a cerca de 200 mil neurônios alfa motores, que determinam os sinais finais para os cerca de seiscentos músculos do corpo. Entradas para os neurônios alfa motores não especificam diretamente os movimentos de cada um desses músculos, mas estão codificadas de uma maneira mais compacta, porém ainda pouco entendida. Os sinais finais para os músculos são determinados em níveis mais baixos do sistema nervoso, especificamente no tronco cerebral e na medula espinhal.[79] Curiosamente, essa organização é levada ao extremo no polvo, cujo sistema nervoso central aparentemente envia comandos de alto nível para cada um dos seus braços

Padrão da fiação do cerebelo repetida maciçamente

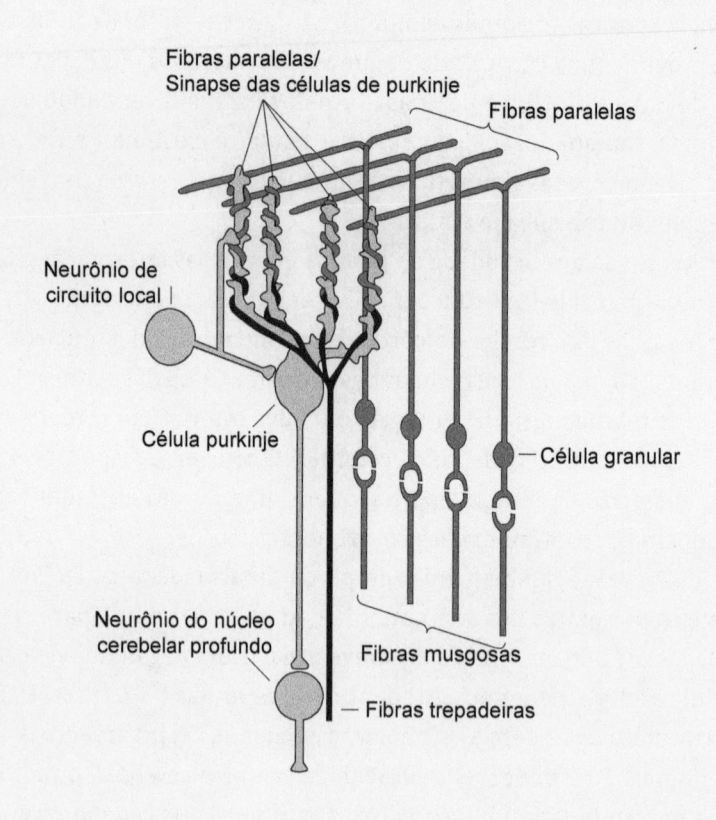

(como "pegar esse objeto e trazê-lo para perto"), deixando, para executar a missão, o sistema nervoso periférico independente de cada braço.[80]

Muito se aprendeu nos últimos anos sobre o papel dos três tipos de nervos principais do cerebelo. Os neurônios chamados de "fibras trepadeiras" parecem fornecer sinais para treinar o cerebelo. A maior parte do output do cerebelo vem das grandes células de purkinje (nomeadas em homenagem a Johannes Purkinje, que identificou a célula em 1837), cada uma das quais recebe cerca de 200 mil inputs (sinapses), em comparação com a média de cerca de mil para um neurônio padrão. As entradas vêm em grande parte das células granulares, que são os neurônios menores, cerca de 6 milhões compactados em um milímetro quadrado. Estudos do papel do cerebelo durante o aprendizado de movimentos de caligrafia por crianças mostram que as células de purkinje realmente tiram amostras da sequência de movimentos, cada uma sendo sensível a uma amostra específica.[81] Obviamente, o cerebelo requer a contínua orientação perceptual do córtex visual. Os pesquisadores conseguiram ligar a estrutura das células do cerebelo à observação de que existe uma relação inversa entre a curvatura e a velocidade quando se escreve à mão — ou seja, pode-se escrever mais rápido desenhando linhas retas em vez de curvas detalhadas para cada letra.

Modelo de cerebelo e simulação da Universidade do Texas

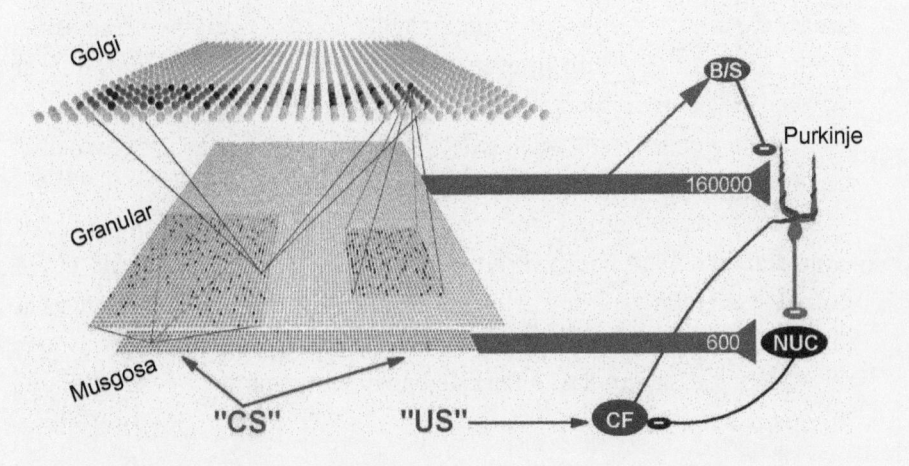

Estudos detalhados das células e dos animais forneceram impressionantes descrições matemáticas da fisiologia e da organização das sinapses do cerebelo,[82] bem como da codificação de informações em suas entradas e saídas, e das transformações realizadas.[83] Coletando dados de múltiplos estudos, Javier F. Medina, Michael D. Mauk e seus colegas da Escola de Medicina da Universidade do Texas elaboraram uma simulação detalhada do cerebelo. Ela possui mais de 10 mil neurônios simulados e 300 mil sinapses, e inclui todos os principais tipos de células de cerebelo.[84] As conexões das células e sinapses são determinadas por um computador, que "liga" a região cerebelar simulada segundo restrições e regras, semelhante ao método estocástico (aleatório dentro de restrições) usado para ligar o cérebro humano real a partir de seu código genético.[85] Não seria difícil expandir a simulação cerebelar da Universidade do Texas para um número maior de sinapses e células.

Os pesquisadores do Texas realizaram uma experiência clássica de aprendizado em sua simulação e compararam os resultados com muitas experiências semelhantes no condicionamento real de humanos. Nos estudos em humanos, a tarefa envolveu associar um tom com uma lufada de ar aplicada na pálpebra, fazendo com que a pálpebra se feche. E se o sopro de ar e o tom forem apresentados juntos por cem ou duzentas vezes, a pessoa aprenderá a associação e fechará os olhos apenas ouvindo o tom. Se o tom é então apresentado muitas vezes sem o sopro de ar, ele finalmente aprende a dissociar os dois estímulos (para "extinguir" a resposta); então o aprendizado é bidirecional. Depois de ajustar vários parâmetros, a simulação correspondeu razoavelmente aos resultados experimentais no condicionamento cerebelar humano e animal. Curiosamente, os pesquisadores descobriram que, se criassem lesões cerebelares simuladas (removendo porções da rede cerebelar simulada), obteriam resultados semelhantes aos das experiências em coelhos com lesões cerebelares reais.[86]

Por conta da uniformidade dessa grande região do cérebro e da relativa simplicidade de sua fiação interneuronal, suas transformações de input--output estão relativamente bem entendidas quando comparadas com as de outras regiões do cérebro. Apesar das equações relevantes ainda precisarem ser refinadas, essa simulação feita de baixo para cima provou ser bastante impressionante.

Outro exemplo: O modelo das regiões auditivas de Watts

Acredito que o caminho para criar uma inteligência parecida com o cérebro é construir um sistema de modelos trabalhando em tempo real, correto em detalhes que bastem para expressar a essência de cada operação que está sendo realizada e para verificar seu funcionamento correto quando comparado ao sistema real. O modelo deve ser executado em tempo real, de modo que seremos forçados a lidar com os inputs inconvenientes e complexos do mundo real que poderíamos não pensar em apresentar. O modelo deve operar com uma resolução suficiente para poder ser comparado ao sistema real, de modo a que possamos concretizar insights corretos sobre qual informação é representada em cada etapa. Segundo Mead,[87] o desenvolvimento do modelo começa necessariamente nos limites do sistema (isto é, os sensores), onde o sistema real é bem compreendido, e então pode avançar para as regiões menos compreendidas. Dessa forma, o modelo pode contribuir fundamentalmente para o nosso avanço na compreensão do sistema, em vez de simplesmente refletir o entendimento existente. No contexto de tamanha complexidade, é possível que a única maneira prática de entender o sistema real é construir um modelo de trabalho, dos sensores para dentro, aproveitando nossa capacidade recentemente habilitada de visualizar a complexidade do sistema à medida que avançamos nele. Tal abordagem poderia ser chamada de engenharia reversa do cérebro. Note que não estou defendendo uma cópia cega das estruturas cujo propósito não entendemos, como o lendário Ícaro que ingenuamente tentou construir asas com penas e cera. Pelo contrário, estou defendendo que se respeite a complexidade e a riqueza que já são bem entendidas em níveis baixos, antes de prosseguir para níveis mais altos.

Lloyd Watts[88]

Um exemplo importante da modelagem neuromórfica de uma região do cérebro é a abrangente réplica de uma porção significativa do sistema de processamento auditivo humano desenvolvido por Lloyd Watts e seus colegas.[89] Baseia-se em estudos neurobiológicos dos tipos específicos de neurônios, bem como em informações sobre as conexões interneuronais. O modelo, que tem muitas das mesmas propriedades da audição humana e pode localizar e identificar sons, tem cinco caminhos paralelos de processar informações auditivas, e inclui as representações intermediárias reais dessa informação em cada estágio do processamento neural. Watts implementou seu modelo como software de computador em tempo real, que, embora seja um trabalho em andamento, ilustra a viabilidade de converter os modelos neurobiológicos e os dados de conexão do cérebro em simulações que funcionam. O software não é baseado na reprodução de cada conexão e neurônio individual, como é o modelo de cerebelo descrito acima, mas sim nas transformações realizadas por cada região.

O software de Watts é capaz de combinar os aspectos complexos que foram revelados em experiências sutis sobre a audição humana e a discriminação auditiva. Watts usou seu modelo como um pré-processador (front-end) no reconhecimento dos sistemas de fala e demonstrou sua capacidade de isolar o que uma pessoa fala dos sons de fundo (o efeito "coquetel"). Esse é um feito impressionante de que os seres humanos são capazes, mas até agora não tinha sido viável em sistemas automatizados de reconhecimento de fala.[90]

Como a audição humana, o modelo de cóclea de Watts é dotado de sensibilidade espectral (ouvimos melhor em certas frequências), respostas temporais (somos sensíveis ao timing dos sons, que criam a sensação de sua localização espacial), mascaramento, compressão da amplitude dependente da frequência não linear (que permite um maior alcance dinâmico — a capacidade de ouvir sons altos e baixos), controle de ganho (amplificação) e outros recursos sutis. Os resultados obtidos são diretamente verificáveis por dados biológicos e psicofísicos.

O segmento seguinte do modelo é o núcleo coclear, que Gordon M. Shepherd,[91] professor de neurociência e neurobiologia da Universidade de Yale, descreveu como "uma das regiões mais bem compreendidas do cérebro".[92]A simulação de Watts do núcleo coclear é baseada no trabalho de E. Young, que descreve em detalhes "os tipos essenciais de células responsáveis para detectar a energia espectral, a banda larga temporária, o ajuste fino em canais espectrais, para aumentar a sensibilidade do envelope temporário em canais espectrais e bordas e entalhes espectrais, tudo isso enquanto ajusta o ganho para uma sensibilidade ótima dentro da faixa dinâmica limitada do código neural".[93]

O modelo de Watts captura muitos outros detalhes, como a diferença de tempo interaural (ITD) calculada pelas células da oliva superior medial.[94] Também representa a diferença de nível interaural (ILD) calculada pelas células da oliva superior lateral e pelas normalizações e pelos ajustes feitos das células do colículo inferior.[95]

Engenharia reversa do cérebro humano:
Cinco caminhos auditivos paralelos

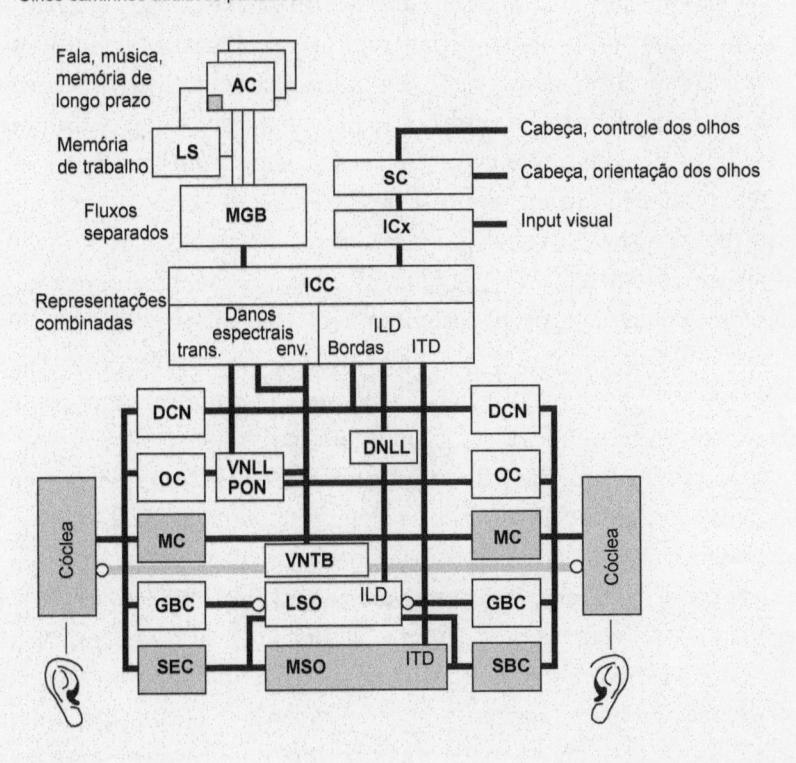

Engenharia reversa do cérebro humano: Cinco caminhos auditivos paralelos.[96]

O sistema visual. Fizemos progressos suficientes para entender a codificação das informações visuais graças a implantes experimentais de retina que foram desenvolvidos e implantados cirurgicamente em pacientes.[97] No entanto, devido à relativa complexidade do sistema visual, nossa compreensão do processamento de informações visuais está defasado quanto ao nosso conhecimento das regiões auditivas. Há modelos preliminares das transformações realizadas por duas áreas visuais (chamadas V1 e MT), embora não no nível de neurônios individuais. Existem outras 36 áreas visuais, e será preciso conseguir escanear essas regiões mais profundas com uma resolução muito alta ou colocar sensores precisos para determinar suas funções.

Um pioneiro na compreensão do processamento visual é Tomaso Poggio, do MIT, que diferenciou as duas tarefas do processamento como identificação e categorização.[98] A primeira é relativamente fácil de entender, de acordo com

Poggio, e já foram projetados sistemas experimentais e comerciais que são razoavelmente bem-sucedidos na identificação de faces.[99] São utilizados como parte dos sistemas de segurança para controlar a entrada de funcionários e em máquinas bancárias. Categorização — a capacidade de diferenciar, por exemplo, uma pessoa de um carro ou entre um cachorro e um gato — é um assunto mais complexo, embora recentemente tenham sido feitos alguns progressos.[100]

As camadas iniciais (em termos de evolução) do sistema visual são em grande parte um sistema feedforward (falta feedback), em que recursos cada vez mais sofisticados são detectados. Poggio e Maximilian Riesenhuber escrevem que "neurônios únicos no córtex posterior inferotemporal do macaco podem ser sintonizados para um dicionário de milhares de formas complexas". Evidência de que o reconhecimento visual usa um sistema feedforward durante o reconhecimento inclui estudos MEG que mostram que o sistema visual humano leva cerca de 150 milissegundos para detectar um objeto. Isso corresponde à latência de células de detecção de recursos no córtex inferotemporal, então não parece haver tempo para que o feedback desempenhe um papel nessas decisões.

As experiências recentes usaram uma abordagem hierárquica em que os recursos são detectados para serem analisados por camadas posteriores do sistema.[101] A partir de estudos sobre macacos, os neurônios do córtex inferotemporal parecem reagir a características complexas dos objetos em que os animais são treinados. Enquanto a maioria dos neurônios reage apenas a uma visão particular do objeto, alguns são capazes de responder independentemente da perspectiva. Outra pesquisa sobre o sistema visual do macaco inclui estudos de muitos tipos específicos de células, padrões de conectividade e descrições de alto nível do fluxo de informações.[102]

Extensa literatura apoia o uso do que eu chamo de "hipótese e teste" em tarefas mais complexas de reconhecimento de padrões. O córtex faz uma suposição sobre o que está vendo e, em seguida, determina se as características do que está realmente em seu campo de visão correspondem à sua hipótese.[103] Estamos muitas vezes mais focados na hipótese do que no teste real, o que explica por que as pessoas geralmente veem e ouvem o que esperam perceber em vez do que realmente está lá. "Hipótese e teste" também é uma estratégia útil em nossos sistemas de reconhecimento dos padrões baseados em computador.

Embora tenhamos a ilusão de receber imagens de alta resolução dos nossos olhos, o que o nervo óptico realmente envia para o cérebro são apenas esboços e pistas sobre pontos de interesse em nosso campo visual. Nós, então, essencialmente alucinamos o mundo a partir de memórias corticais que interpretam uma série de fotogramas em resolução extremamente baixa que chegam a canais paralelos. Em um estudo de 2001 publicado na *Nature*, Frank S. Werblin, professor de biologia molecular e celular na Universidade da Califórnia, em Berkeley, e o doutorando Boton Roska, mostraram que o nervo óptico transporta dez a doze canais de saída, cada um transportando apenas informações mínimas sobre uma determinada cena.[104] Um grupo do que é chamado de células ganglionares envia informações somente sobre bordas (mudanças de contraste). Outro grupo detecta apenas grandes áreas de cor uniforme, enquanto um terceiro grupo é sensível apenas para os fundos por trás das figuras principais.

Sete das doze imagens de onde o olho extrai uma cena e envia para o cérebro.

"Embora pensemos que vemos o mundo por completo, o que estamos recebendo são realmente apenas dicas, bordas no espaço e no tempo", diz Werblin. "Essas doze fotos do mundo constituem toda a informação que jamais teremos do que está lá fora, e, com essas fotos, que são tão tênues, reconstruímos a riqueza do mundo visual. Estou curioso para saber como a natureza selecionou essas doze imagens simples e como elas podem ser suficientes para fornecer toda a informação de que parecemos precisar." Tais descobertas prometem ser um grande avanço para desenvolver um sistema artificial que possa substituir o olho, a retina e o processamento inicial feito pelo nervo óptico.

No capítulo 3, mencionei o trabalho do pioneiro da robótica Hans Moravec, que tem usado a engenharia reversa no processamento de imagens feito pela retina e pelas regiões de processamento visual inicial do cérebro. Por mais de trinta anos, Moravec tem construído sistemas para emular a capacidade do nosso sistema visual para construir representações do mundo. Foi só recentemente que energia suficiente ficou disponível em microprocessadores para replicar esse recurso de detecção no nível humano, e Moravec está utilizando suas simulações de computador em uma nova geração de robots que podem navegar em ambientes complexos e não planejados com visão no nível humano.[105]

Carver Mead foi pioneiro no uso de chips neurais especiais que utilizam transistores em seu modo analógico original, que podem fornecer uma imitação muito eficiente da natureza analógica do processamento neural. Mead apresentou um chip que realiza as funções da retina e as transformações iniciais no nervo óptico usando essa abordagem.[106]

Um tipo especial de reconhecimento visual é detectar movimento, uma das áreas de foco do Instituto Max Planck de Biologia em Tübingen, Alemanha. O modelo básico da pesquisa é simples: comparar o sinal de um receptor com o sinal atrasado no tempo do receptor adjacente.[107] Esse modelo funciona para certas velocidades mas leva ao surpreendente resultado de que, acima de certa velocidade, o aumento da velocidade de um objeto observado diminuirá a resposta desse detector de movimento. Resultados experimentais em animais (baseados no comportamento e na análise de saídas neuronais) e humanos (com base nas percepções relatadas) têm correspondido de perto ao modelo.

Outras obras em andamento: Um hipocampo artificial e uma região artificial olivocerebelar. O hipocampo é vital para o aprendizado de novas informações e para o armazenamento a longo prazo de memórias. Ted Berger e seus colegas da Universidade do Sul da Califórnia mapeou os padrões de sinal dessa região estimulando milhões de vezes fatias de hipocampo de ratos com sinais elétricos para determinar qual entrada produzia uma saída correspondente.[108] Eles então desenvolveram um modelo matemático em tempo real das transformações realizadas pelas camadas do hipocampo e programaram o modelo em um chip.[109] O plano deles é testar o chip em animais, desabilitando primeiro a região correspondente do hipocampo, observando a falha de memória resultante e, em seguida, determinar se essa função mental pode ser restaurada instalando seu chip hipocampal no lugar da região desativada.

Em última análise, essa abordagem poderia ser usada para substituir o hipocampo em pacientes afetados por acidente vascular cerebral (AVC), epilepsia ou doença de Alzheimer. O chip seria localizado no crânio de um paciente, em vez de dentro do cérebro, e se comunicaria com o cérebro através de dois conjuntos de eletrodos, colocados em ambos os lados da seção danificada do hipocampo. Um registraria a atividade elétrica vinda do resto do cérebro, enquanto o outro enviaria as instruções necessárias de volta ao cérebro.

Outra região do cérebro sendo modelada e simulada é a região olivocerebelar, que é responsável pelo equilíbrio e pela coordenação do movimento dos membros. O objetivo do grupo internacional de pesquisa envolvido nessa tarefa é empregar o circuito olivocerebelar artificial em robots militares, bem como em robots para ajudar os deficientes.[110] Uma das razões para selecionar essa região do cérebro em especial foi de que "ela está presente em todos os vertebrados — é exatamente igual desde o cérebro mais simples até o mais complexo", explica Rodolfo Llinas, um dos pesquisadores e neurocientista da Escola de Medicina da Universidade de Nova York. "A suposição é de que ele é preservado (na evolução) porque incorpora uma solução muito inteligente. Quando o sistema está envolvido na coordenação motora — e queremos ter uma máquina que tenha controle motor sofisticado — a escolha (de qual circuito imitar) é fácil."

Um dos aspectos únicos do simulador do grupo é que ele usa circuitos analógicos. Os pesquisadores acharam o desempenho substancialmente melhor com bem menos componentes através do uso de transistores em seu modo analógico original.

Um dos pesquisadores do grupo, Ferdinando Mussa-Ivaldi, neurocientista da Universidade Northwestern, comentou sobre os usos de um circuito olivocerebelar dos deficientes: "Pense em um paciente paralisado. É possível imaginar que muitas das tarefas comuns — como pegar um copo d'água, vestir roupa, tirar a roupa, mudar para uma cadeira de rodas — poderiam ser executadas por assistentes robóticos, dando assim ao paciente maior independência."

Entender funções de nível mais alto: Imitação, predição e emoção

Por estar situado no topo da hierarquia neural, a parte do cérebro menos bem compreendida é o córtex cerebral. Essa região, que consiste em seis camadas finas nas áreas periféricas dos hemisférios cerebrais, contém bilhões de neurônios. De acordo com Thomas M. Bartol Jr. do Laboratório de Neurobiologia Computacional do Instituto Salk de Estudos Biológicos, "um único milímetro cúbico de córtex cerebral pode conter sinapses de formatos e tamanhos diferentes [...] da ordem de 5 bilhões". O córtex é responsável pela percepção, pelo planejamento, pela tomada de decisões e pela maior parte do que se considera pensamento consciente.

Nossa capacidade de usar a linguagem, outro atributo único de nossa espécie, parece estar localizada nessa região. Uma fascinante sugestão sobre a origem da linguagem e uma mudança-chave evolutiva que permitiu a formação dessa habilidade peculiar é a observação de que só uns poucos primatas, incluindo humanos e macacos, conseguem usar um espelho (real) para dominar aptidões. Os teóricos Giacomo Rizzolatti e Michel Arbib criaram a hipótese de que a linguagem emergiu dos gestos manuais (que macacos — e humanos, é claro — são capazes de fazer). Executar gestos manuais requer a habilidade de correlacionar mentalmente o desempenho e a observação dos movimentos de nossa própria mão.[111] Sua "hipótese do sistema de espelhos" é que a chave da evolução da linguagem é uma propriedade chamada "paridade", que é o entendimento de que o gesto (ou elocução) significa a mesma coisa para o grupo que o faz e para o grupo que o recebe; isto é, o entendimento de que aquilo que você vê em um espelho é o mesmo (embora invertido de esquerda para a direita) que é visto por alguém que olha para você. Outros animais não são capazes de entender a imagem em um espelho desse modo, e acredita-se que lhes falte essa habilidade principal para pôr em prática a paridade.

Um conceito próximo é que a habilidade de imitar os movimentos (ou, no caso de bebês humanos, sons vocais) dos outros é crítica para desenvolver a linguagem.[112] A imitação requer a habilidade de decompor uma apresentação em partes, cada uma das quais pode, então, ser dominada através de um refinamento recursivo e iterativo.

A recursividade é a capacidade-chave identificada em uma nova teoria da linguística. Nas teorias iniciais de Noam Chomsky sobre a linguagem em humanos, ele citou muitos atributos comuns que explicam a similaridade nas línguas humanas. Em um artigo de 2002, Marc Hauser, Noam Chomsky e Tecumseh Fitch citam a "recursividade" como a explicação para a faculdade de falar, única da espécie humana.[113] A recursividade é a habilidade de juntar partes pequenas em um pedaço maior e depois usar esse pedaço como parte de uma outra estrutura e continuar esse processo iterativamente. Dessa maneira, conseguimos construir as elaboradas estruturas de sentenças e parágrafos partindo de um conjunto limitado de palavras.

Outro aspecto importante do cérebro humano é a habilidade de fazer previsões, incluindo previsões sobre os resultados de suas próprias decisões e ações. Alguns cientistas acreditam que prever é a função primordial do córtex cerebral, embora o cerebelo também desempenhe um papel de destaque na previsão de movimentos.

Curiosamente, conseguimos predizer ou antecipar nossas próprias decisões. Um trabalho do professor de fisiologia Benjamin Libet, da Universidade da Califórnia em Davis, mostra que a atividade neural para dar início a uma ação na realidade acontece cerca de um terço de segundo antes de o cérebro ter tomado a decisão de agir. De acordo com Libet, a implicação é que a decisão, na realidade, é uma ilusão, que a "consciência está fora do circuito". Daniel Dennett, cientista cognitivo e filósofo, descreve o fenômeno como segue: "A ação originalmente é lançada em alguma parte do cérebro, e lá vão os sinais para os músculos, fazendo uma pausa no caminho para contar para você, o agente consciente, o que está acontecendo (mas, como todo bom funcionário, deixando que você, o presidente desastrado, conserve a ilusão de que foi você quem começou tudo)".[114]

Uma experiência parecida foi feita recentemente, na qual neurofisiologistas estimularam eletronicamente pontos no cérebro para induzir determinados sentimentos emocionais. Os participantes imediatamente vieram com uma explicação racional para sentirem aquelas emoções. Há muitos anos já se sabe que, em pacientes cujos cérebros esquerdo e direito não estão mais conectados, um lado do cérebro (em geral o esquerdo, mais verbal) vai criar explicações elaboradas ("confabulações") para as ações iniciadas pelo outro lado, como se o lado esquerdo fosse o agente de relações públicas do lado direito.

A capacidade mais complexa do cérebro humano — o que se consideraria como sua capacidade de ponta — é a inteligência emocional. Sentada pouco à vontade no topo da hierarquia complexa e interconectada de nosso cérebro está nossa habilidade para perceber e responder adequadamente à emoção, para interagir em sociedade, para ter um senso moral, para entender a piada e para responder emocionalmente à arte e à música, entre outras funções de alto nível. É óbvio que funções de percepção e análise de nível mais baixo alimentam-se do processamento emocional de nosso cérebro, mas começa-se a compreender as regiões do cérebro e até a modelar os tipos específicos de neurônios que lidam com essas questões.

Esses insights recentes têm sido o resultado das tentativas de compreender como o cérebro humano se diferencia do cérebro dos outros mamíferos. A resposta é que as diferenças são insignificantes, mas críticas, e que elas nos ajudam a discernir como o cérebro processa as emoções e os sentimentos parecidos. Uma diferença é que os humanos têm um córtex maior, refletindo uma maior capacidade de planejar, tomar decisões e outras formas de pensamento analítico. Outro aspecto distintivo essencial é que as situações carregadas de emoção parecem ser tratadas por células especiais chamadas células fusiformes, que só são encontradas nos humanos e em alguns grandes macacos. Essas células neurais são grandes, com longos filamentos neurais chamados de dendritos apicais que conectam extensos sinais de muitas outras regiões do cérebro. Esse tipo de interconexão "profunda", em que certos neurônios fornecem conexões por inúmeras regiões, é uma característica que acontece cada vez mais à medida que se sobe a escada evolucionista. Não é de surpreender que as células fusiformes, como estão envolvidas em lidar com as emoções e os juízos morais, tenham essa profunda interconexão, dada a complexidade de nossas reações emocionais.

Mas o que é de espantar é como são poucas as células fusiformes que há nessa pequena região: cerca de apenas 80 mil no cérebro humano (mais ou menos 45 mil no hemisfério direito e 35 mil no esquerdo). Essa disparidade parece explicar a percepção de que a inteligência emocional é da alçada do cérebro direito, embora a desproporção seja modesta. Gorilas têm cerca de 16 mil dessas células, bonobos cerca de 2.100 e chimpanzés cerca de 1.800. Os demais mamíferos não têm nenhuma.

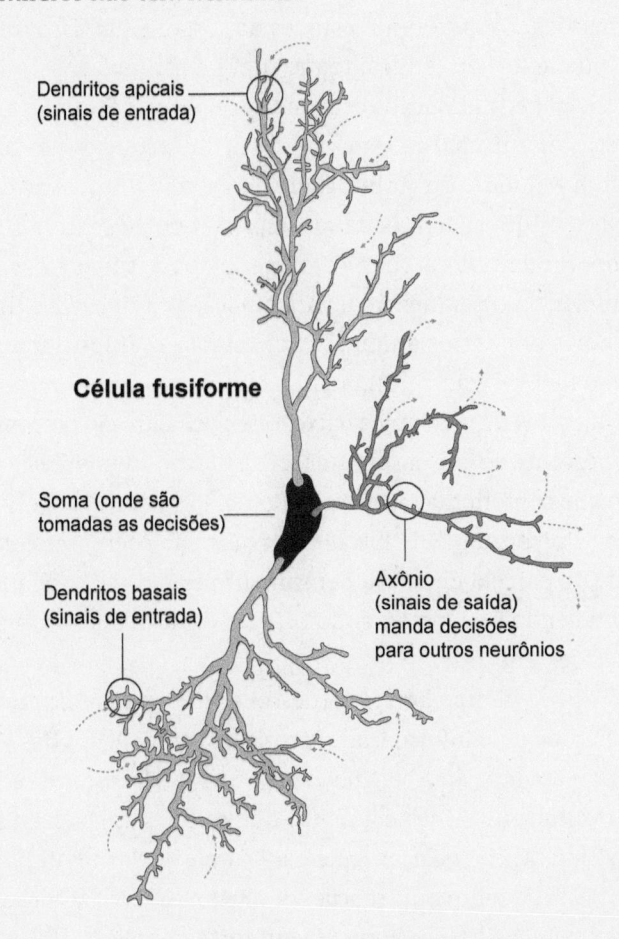

Dendritos apicais
(sinais de entrada)

Célula fusiforme

Soma (onde são
tomadas as decisões)

Dendritos basais
(sinais de entrada)

Axônio
(sinais de saída)
manda decisões
para outros neurônios

O dr. Arthur Craig, do Instituto Neurológico Barrow de Phoenix, há pouco tempo apresentou uma descrição da arquitetura das células fusiformes.[115] Os inputs do corpo (estimados em centenas de megabits por segundo), incluindo nervos da pele, músculos, órgãos e outras áreas, fluem para a parte de cima da medula espinhal. Levam mensagens sobre tato, temperatura, níveis de ácido (por exemplo, ácido lático nos músculos), o movimento da comida pelo trato gastrointestinal e outros tipos de informação. Esses dados são processados pelo tronco encefálico e mesencéfalo. Células essenciais chamadas de neurônios Lamina 1 criam um mapa do corpo em seu estado atual, não muito diferente das telas que os controladores de voo usam para seguir aviões.

A informação então flui através de uma região do tamanho de uma noz chamada de núcleo ventromedial posterior (VMpo), que aparentemente computa reações complexas aos estados do corpo, como "isso tem um gosto horrível", "que fedor" ou "aquele toque suave é estimulante". A informação, cada vez mais sofisticada, acaba chegando a duas regiões do córtex chamadas ínsulas. Essas estruturas, do tamanho de dedos pequenos, localizam-se do lado direito e esquerdo do córtex. Craig descreve o VMpo e as duas regiões da ínsula como "um sistema que representa meu eu material". Embora os mecanismos ainda não estejam compreendidos, essas regiões são críticas para a consciência de si mesmo e para emoções complicadas. Também são muito menores em outros animais. Por exemplo, o VMpo é mais ou menos do tamanho de um grão de areia em macacos do gênero *macaca*, e ainda menor em animais de nível mais baixo. Esses achados são coerentes com um consenso crescente de que nossas emoções estão intimamente ligadas a áreas do cérebro que contêm mapas do corpo, opinião sustentada pelo dr. Antonio Damasio da Universidade de Iowa.[116] Também são coerentes com a opinião de que grande parcela de nosso pensamento está direcionada para nossos corpos: protegendo-os e melhorando-os, bem como atendendo a sua miríade de necessidades e desejos.

Há muito pouco tempo, porém, foi descoberto outro nível de processamento do que começou como informação sensória do corpo. Dados das duas regiões da ínsula vão para uma área bem pequena na frente da ínsula direita chamada de córtex frontoinsular. Essa é a região que contém as células fusiformes, e varreduras tipo fMRI revelaram que ela fica particularmente ativa quando uma pessoa está lidando com emoções de alto nível, como amor, raiva, tristeza e desejo sexual. As situações que ativam fortemente as células fusiformes incluem quando alguém olha para seu parceiro romântico ou ouve seu filho chorar.

Os antropólogos acreditam que células fusiformes apareceram pela primeira vez entre 10 e 15 milhões de anos atrás no ainda-não-descoberto ancestral comum dos macacos e dos primeiros hominídeos (família de humanos), e seu número aumentou rapidamente por volta de 100 mil anos atrás. Curiosamente, células fusiformes não existem em humanos recém-nascidos, só começam a aparecer por volta de quatro meses de idade e aumentam significativamente entre um a três anos de idade. A habilidade das crianças de lidarem com questões morais e de perceberem emoções de alto nível como amor desenvolve--se durante esse mesmo período.

As células fusiformes obtêm sua energia da profunda interconexão de seus longos dendritos apicais com muitas outras regiões do cérebro. As emoções de alto nível que as células fusiformes processam são afetadas, então, por todas as nossas regiões perceptivas e cognitivas. Portanto, será difícil aplicar a engenharia reversa nos métodos exatos das células fusiformes até que tenhamos modelos melhores das muitas outras regiões com que estão conectadas. Entretanto, é notável como poucos neurônios parecem estar envolvidos exclusivamente com essas emoções. Temos 50 bilhões de neurônios no cerebelo que lidam com a formação de habilidades, bilhões no córtex que realiza as transformações para a percepção e o planejamento racional, mas só cerca de 80 mil células fusiformes que tratam de emoções de alto nível. É importante destacar que as células fusiformes não estão resolvendo problemas racionais, essa é a razão pela qual não temos controle racional quanto a nossas respostas à música ou a ficar apaixonado. Entretanto, o resto do cérebro está envolvido em tentar fazer sentido com nossas misteriosas emoções de alto nível.

Fazer a interface entre cérebro e máquinas

Quero fazer alguma coisa com a minha vida; quero ser um ciborgue.

Kevin Warwick

Compreender os métodos do cérebro humano vai ajudar a projetar máquinas similares inspiradas pela biologia. Outra aplicação importante, na realidade, vai ser fazer a interface de nossos cérebros com os computadores, o que acredito que se tornará uma fusão cada vez mais íntima nas próximas décadas.

A Agência Americana de Projetos de Pesquisa Avançada da Defesa já gasta 24 milhões de dólares por ano para investigar interfaces diretas entre cérebro e computador. Como já foi descrito acima (ver a seção "O sistema visual" na página 211), Tomaso Poggio e James DiCarlo, ambos do MIT, junto com Christof Koch do Instituto de Tecnologia da Califórnia (Caltech), estão tentando desenvolver modelos do reconhecimento de objetos visuais e como essa informação é codificada. Eventualmente, isso poderia ser usado para transmitir imagens diretamente a nosso cérebro.

Miguel Nicolelis e seus colegas na Universidade Duke implantaram sensores nos cérebros de macacos, permitindo que os animais controlassem um robot só através do pensamento. O primeiro passo da experiência envolvia ensinar os macacos a controlar um cursor na tela com um joystick. Os cientistas coletaram um padrão de sinais dos EEGs (sensores de cérebro) e, a seguir, fizeram o cursor reagir aos padrões adequados em vez de aos movimentos físicos do joystick. Os macacos logo aprenderam que o joystick não estava mais funcionando e que eles podiam controlar o cursor apenas pensando. Esse sistema de "detecção de pensamento" foi então ligado a um robot, e os macacos puderam aprender a controlar os movimentos do robot só com os pensamentos. Tendo feedback visual do desempenho do robot, os macacos conseguiram aperfeiçoar o controle de seus pensamentos sobre o robot. O objetivo dessa pesquisa é fornecer um sistema similar para humanos paralisados, que vai permitir que controlem seus membros e o ambiente.

Um desafio básico ao conectar implantes neurais e neurônios biológicos é que os neurônios geram células da glia, que circundam um objeto "estrangeiro" tentando proteger o cérebro. Ted Berger e seus colegas estão desenvolvendo revestimentos especiais que vão parecer biológicos e, assim, atrair em vez de repelir neurônios vizinhos.

Outra abordagem é a do Instituto Max Plank para Ciências Cognitivas e do Cérebro Humano de Munique, que está fazendo uma interface direta entre nervos e dispositivos eletrônicos. Um chip criado por Infineon permite que os neurônios cresçam em um substrato especial, que provê contato direto entre nervos e estimuladores e sensores eletrônicos. Trabalho similar em um "neurochip" da Caltech demonstrou uma comunicação nos dois sentidos, não invasiva, entre neurônios e eletrônica.[117]

Já aprendemos como fazer uma interface com os implantes neurais instalados por cirurgia. Nos implantes cocleares (ouvido interno) viu-se que o nervo auditivo se reorganiza para interpretar corretamente o sinal multicanal do implante. Um processo similar parece acontecer com o implante de estimulação profunda do cérebro usado para pacientes com Parkinson. Os neurônios biológicos na vizinhança desse implante cerebral aprovado pela Food and Drug Administration (FDA)[1*] recebem sinais do dispositivo eletrônico e respondem exatamente como se tivessem recebido sinais dos neurônios biológicos que antes eram funcionais. Versões recentes do implante da doença de Parkinson promovem a habilidade de baixar um software melhorado diretamente no implante de fora do paciente.

1 * Equivalente à Agência Nacional de Vigilância Sanitária (Anvisa). (N.T.)

O ritmo acelerado da engenharia reversa do cérebro

Homo sapiens, *a primeira espécie realmente livre, está prestes a desativar a seleção natural, essa força que nos fez [...]. Logo precisaremos olhar no fundo de nós mesmos e escolher aquilo em que queremos nos tornar.*

E. O. Wilson, *Consilience: The Unity of Knowledge,* 1998

Sabemos o que somos, mas não sabemos aquilo que podemos vir a ser.

William Shakespeare

A coisa mais importante é esta: Podermos em qualquer momento sacrificar o que somos por aquilo que podemos ser.

Charles Dubois

Alguns observadores têm manifestado a preocupação de que, à medida que desenvolvemos modelos, simulações e extensões do cérebro humano, corremos o risco de não entender de verdade com o que estamos lidando e com os delicados equilíbrios envolvidos. O autor W. French Anderson escreve:

Podemos ser como o menino que adora desmontar coisas. Ele é bastante inteligente para desmontar um relógio, e talvez bastante inteligente para montá-lo de novo de maneira que funcione. Mas e se tentar melhorá-lo? [...] O menino pode entender o que é visível, mas não pode entender os cálculos de engenharia que determinam exatamente qual a força de cada mola [...]. Tentativas de melhorar o relógio provavelmente vão só danificá-lo [...]. Receio [...] que realmente não entendemos o que faz funcionar (as vidas) com que estamos mexendo.[118]

A preocupação de Anderson, entretanto, não reflete a extensão dos esforços amplos e meticulosos de dezenas de milhares de cientistas do cérebro e da computação para testar metodicamente os limites e as capacidades dos modelos e simulações antes de dar o passo seguinte. Não estamos tentando desmontar e reconfigurar os trilhões de partes do cérebro sem uma análise detalhada em cada estágio. O processo de entender os princípios operacionais do cérebro avança através de uma série de modelos cada vez mais sofisticados, derivados de dados cada vez mais precisos e com maior resolução.

À medida que o poder computacional para imitar o cérebro humano aumenta — estamos quase lá com os supercomputadores —, aceleram-se os esforços para escanear e sentir o cérebro humano e para construir modelos e simulações. Como com todas as projeções deste livro, é fundamental compreender a natureza exponencial desse campo. Muitas vezes encontro colegas que argumentam que irá passar um século ou mais antes que consigamos entender em detalhes os métodos do cérebro. Como acontece com tantas projeções científicas de longo prazo, esta baseia-se em uma visão linear do futuro e ignora a inerente aceleração do progresso, bem como o crescimento exponencial de cada tecnologia subjacente. Tais pontos de vista excessivamente conservadores estão, também com frequência, baseados em uma subestimativa do alcance das realizações contemporâneas, mesmo por parte de quem é do ramo.

As ferramentas de escanear e os sensores dobram sua resolução geral espacial e temporal todo ano. Largura de banda para escanear, custo-desempenho e reconstrução de imagem também veem um crescimento exponencial comparável. Essas tendências valem para todas as formas de escaneamento: escaneamento total não invasivo, escaneamento in vivo com crânio exposto e escaneamento destrutivo. Bancos de dados de informações de escaneamento do cérebro e a construção de modelos também dobram de tamanho quase que uma vez por ano.

Demonstramos que nossa habilidade para construir modelos detalhados e simulações que funcionam usando partes subcelulares, neurônios e regiões neurais extensas segue de perto a disponibilidade das ferramentas exigidas e os dados. O desempenho dos neurônios e das porções subcelulares de neurônios muitas vezes envolve uma substancial complexidade e inúmeras não linearidades, mas o desempenho de aglomerações de neurônios e regiões neuronais muitas vezes é mais simples do que de suas partes constituintes. Cada vez temos mais ferramentas matemáticas potentes, executadas em software eficaz, que podem modelar com exatidão esses tipos de sistemas de hierarquia complexa, adaptativos, semialeatórios, auto-organizadores, altamente não lineares. Nosso sucesso até agora em modelar efetivamente várias regiões importantes do cérebro mostra a eficácia dessa abordagem.

A geração de ferramentas de escaneamento que agora emergem irá prover, pela primeira vez, uma resolução espacial e temporal capaz de observar em tempo real o desempenho de dendritos, espinhas e sinapses individuais. Essas ferramentas rapidamente vão levar a uma nova geração de simulações e modelos de maior resolução.

Quando a era do nanorrobot chegar nos anos de 2020, poderemos observar todos os aspectos relevantes do desempenho neural com resolução muito alta, a partir de dentro do cérebro. Mandar bilhões de nanorrobots através dos capilares do cérebro nos permitirá escanear de modo não invasivo todo um cérebro funcionando em tempo real. Já criamos modelos efetivos (embora ainda incompletos) de extensas regiões do cérebro com as ferramentas relativamente primitivas de hoje. Dentro de vinte anos, teremos no mínimo um aumento de milhões de vezes na potência computacional e uma largura de banda e uma resolução do escaneamento extremamente melhoradas. Então podemos confiar que teremos as ferramentas necessárias para colher dados e computar, por volta de 2020, a fim de modelar e simular o cérebro inteiro, o que vai tornar possível combinar os princípios operacionais da inteligência humana com as formas inteligentes de processar informações que extraímos de outras pesquisas de IA. Também teremos benefícios com a potência inerente das máquinas para armazenar, recuperar e compartilhar rapidamente quantidades maciças de informação. Então estaremos em posição de implementar esses potentes sistemas híbridos em plataformas de computação que excedem enormemente a capacidade da arquitetura relativamente fixa do cérebro humano.

A escalabilidade da inteligência humana. Como resposta à preocupação de Hofstadter de se a inteligência humana está justamente acima ou abaixo do limiar necessário para "entender a si mesma", o ritmo acelerado da engenharia reversa do cérebro deixa claro que não há limites para nossa habilidade de entender a nós mesmos — ou, além do mais, a qualquer outra coisa. A chave para a escalabilidade da inteligência humana é nossa habilidade de construir modelos da realidade em nossa mente. Esses modelos podem ser recursivos, quer dizer que um modelo pode incluir outros modelos, que podem incluir ainda modelos menores, sem limite. Por exemplo, o modelo de uma célula biológica pode incluir modelos do núcleo, dos ribossomos e de outros sistemas celulares. Por sua vez, o modelo do ribossomo pode incluir modelos de seus componentes submoleculares, e então descendo para átomos e partículas subatômicas e forças que ele abrange.

Nossa habilidade para entender sistemas complexos não é necessariamente hierárquica. Um sistema complexo como uma célula ou o cérebro humano não pode ser entendido simplesmente separando os sistemas que o constituem e seus componentes. Temos ferramentas matemáticas cada vez mais sofisticadas para compreender os sistemas que combinam, ambos, a ordem e o caos — e as células e o cérebro contêm bastante deles —, e para compreender interações complexas que desafiam a lógica para ser desfeitas.

Nossos computadores, que também estão se acelerando, têm sido uma ferramenta crítica para nos permitir lidar com modelos cada vez mais complexos, que, de outro modo, seríamos incapazes de visualizar só com nossos cérebros. É claro que a preocupação de Hofstadter seria correta se estivéssemos limitados a apenas modelos que pudéssemos manter em nossas mentes sem tecnologia para nos ajudar. O fato de que nossa inteligência está justo acima do limiar necessário para entender a ela mesma é resultado de nossa habilidade nativa, combinada com as ferramentas que fizemos, para visualizar, refinar, estender e alterar modelos abstratos — e cada vez mais sutis — que nós mesmos observamos.

Uploading do cérebro humano

Tornar-se uma invenção da imaginação de seu computador.

David Victor de Transend, *Godling's Glossary,* definição de "upload"

Uma aplicação mais controversa do que o cenário de escanear-o-cérebro-para-entendê-lo é *escanear o cérebro para transferir seus dados*. Fazer o upload de um cérebro humano significa escanear todos os seus detalhes principais e depois reinstalar esses detalhes em um substrato computacional de potência adequada. Esse processo iria capturar toda a personalidade, memória, habilidades e história de uma pessoa.

Se estivermos realmente capturando os processos mentais de uma determinada pessoa, então a mente reinstalada vai precisar de um corpo, já que boa parte de nosso pensamento está dirigida para desejos e necessidades físicas. Como discutirei no capítulo 5, quando tivermos as ferramentas para capturar e recriar um cérebro humano com todas as suas sutilezas, teremos muitas opções de corpos do século XXI, tanto para humanos não biológicos quanto para biológicos que aproveitam extensões de nossa inteligência. O corpo humano versão 2.0 vai incluir corpos em ambientes virtuais completamente realistas, corpos físicos baseados em nanotecnologia e mais.

No capítulo 3, discuti minhas estimativas para os requisitos de memória e computação para simular o cérebro humano. Embora tenha estimado que 10^{16} cps de computação e 10^{13} bits de memória bastam para emular os níveis humanos de inteligência, meus requisitos para fazer upload eram mais altos: 10^{19} cps e 10^{18} bits, respectivamente. A razão para as estimativas mais altas é que as mais baixas baseiam-se nos requisitos para recriar regiões do cérebro em níveis humanos de desempenho, enquanto as mais altas baseiam-se em capturar os detalhes salientes de cada um dos nossos cerca de 10^{11} neurônios e 10^{14} conexões interneurais. Quando o upload for factível, provavelmente descobriremos que as soluções híbridas são as mais adequadas. Por exemplo, provavelmente vamos descobrir que é suficiente simular certas funções de suporte básico, tais como processamento de sinal de dados sensórios em base funcional (conectando modelos padrões), e reservar a captura de detalhes dos subneurônios apenas para aquelas regiões que realmente são responsáveis pelas aptidões e pela personalidade individuais. Não obstante, usaremos nossas estimativas mais altas para essa discussão.

Os recursos computacionais básicos (10^{19} cps e 10^{18} bits) estarão disponíveis por mil dólares no começo dos anos 2030, cerca de uma década mais tarde do que os recursos necessários para a simulação funcional. Os requisitos do escaneamento para fazer o upload também intimidam mais do que "meramente" recriar os poderes gerais da inteligência humana. Em teoria, seria possível fazer o upload do cérebro humano, capturando todos os detalhes necessários, sem entender, obrigatoriamente, o plano geral do cérebro. Na prática, entretanto, isso não parece funcionar. Entender os princípios operacionais do cérebro humano vai revelar quais detalhes são essenciais e quais são destinados a serem descartados. É preciso saber, por exemplo, quais moléculas dos neurotransmissores são críticas e se é preciso capturar níveis, posição e localização e/ou formato molecular. Como já foi discutido, estamos, por exemplo, acabando de aprender que é a posição das moléculas de actina e a forma das moléculas CPEB na sinapse que são fundamentais para a memória. Não será possível confirmar quais os detalhes que são cruciais sem ter antes confirmado que se compreende a teoria operacional. Essa confirmação virá na forma de uma simulação funcional da inteligência humana que passe no teste de Turing, o que acredito que vai acontecer por volta de 2029.[119]

Para capturar esse nível de detalhes, será necessário um escaneamento de dentro do cérebro usando nanorrobots, cuja tecnologia estará disponível no final dos anos 2020. Assim, o começo dos anos 2030 é um prazo razoável para os pré-requisitos computacionais para upload de desempenho, memória e escaneamento de cérebro. Como qualquer outra tecnologia, será preciso algum refinamento iterativo para aperfeiçoar essa capacidade, portanto, o final dos anos 2030 é uma projeção conservadora para um upload de sucesso.

Deve-se ressaltar que a personalidade e habilidades de uma pessoa não residem só no cérebro, embora essa seja sua localização principal. Nosso sistema nervoso estende-se por todo o corpo, e o sistema endócrino (hormonal) também influencia. Entretanto, a maior parcela da complexidade reside no cérebro, que é a localização de grande parte do sistema nervoso. A largura de banda de informações do sistema endócrino é bem pequena, porque o fator determinante é o nível geral de hormônios, não a exata localização de cada molécula de hormônio.

A confirmação do marco do upload virá na forma de um teste de Turing de "Ray Kurzweil" ou "Maria da Silva", em outras palavras, convencer um juiz humano que não se consegue diferenciar a recriação do upload da pessoa original específica. Por essa época, teremos de enfrentar alguma complicação ao delinear as regras para qualquer teste de Turing. Já que a inteligência não biológica teria passado no teste de Turing original anos antes (por volta de 2029), pode-se permitir que um equivalente humano não biológico seja um juiz? E quanto a um humano aperfeiçoado? Humanos aperfeiçoados podem se tornar cada vez mais difíceis de achar. Em todo caso, vai dar trabalho definir aperfeiçoamento, pois muitos níveis diferentes de estender a inteligência biológica estarão disponíveis quando tivermos os uploads desejados. Outra questão será que os humanos que procuramos para upload não estarão limitados à sua inteligência biológica. Entretanto, fazer o upload da porção não biológica da inteligência será relativamente fácil, pois a facilidade com que se copia a inteligência de um computador tem sempre representado um dos pontos fortes dos computadores.

Uma pergunta que surge é: com quanta rapidez precisamos escanear o sistema nervoso de uma pessoa? É claro que o escaneamento não pode ser instantâneo, e, mesmo que se providenciasse um nanorrobot para cada neurônio, levaria tempo para coletar os dados. Considerando que o estado de uma pessoa vai mudando durante o processo de coletar dados, pode-se objetar que a informação do upload não reflete precisamente aquela pessoa em um instante no tempo, mas em um período de tempo, mesmo que seja só uma fração de segundo.[120] Considere-se, entretanto, que essa questão não vai interferir no upload ser aprovado em um teste de Turing de "Maria da Silva". Quando encontramos, um ao outro, no dia a dia, somos reconhecidos como nós mesmos, embora tenham decorrido dias ou semanas desde o último encontro. Se um upload é bastante preciso para recriar o estado de uma pessoa dentro da quantidade de mudança natural por que passa uma pessoa em uma fração de segundo, ou até uns poucos minutos, isso será suficiente para qualquer propósito concebível. Alguns observadores têm afirmado, sobre a teoria de Roger Penrose, da ligação entre computação quântica e consciência (ver capítulo 9), que é impossível fazer o download porque o "estado quântico" de uma pessoa terá sofrido muitas alterações durante o período do escaneamento. Mas eu iria enfatizar que meu estado quântico mudou muitas vezes durante o tempo que levei para escrever essa sentença, e eu ainda considero a mim mesmo como sendo a mesma pessoa (e não parece que alguém vai me contradizer).

Gerald Edelman, ganhador de Prêmio Nobel, salienta que há diferença entre uma capacidade e a descrição dessa capacidade. Uma fotografia de uma pessoa é diferente da própria pessoa, mesmo que a "fotografia" seja em altíssima resolução e tridimensional. Entretanto, o conceito de upload vai além do escaneamento de resolução extremamente alta, que podemos considerar como a "fotografia" na analogia de Edelman. O escaneamento precisa capturar todos os detalhes salientes, mas também precisa ser reinstalado em um meio computacional de trabalho que tenha a mesma capacidade do original (se bem que é certeza de que as novas plataformas não biológicas são muito mais capazes). Os detalhes neurais precisam interagir um com o outro (e com o mundo exterior) da mesma maneira que eles fazem no original. Analogia semelhante é a comparação de um programa de computador que está em um disco de computador (uma imagem estática) e um programa que está rodando ativamente em um computador adequado (uma entidade dinâmica, que interage). Tanto a captura de dados quanto a reinstalação de uma entidade dinâmica constituem o cenário do upload.

Talvez a pergunta mais importante é se um cérebro humano feito por upload é realmente você. Mesmo que o upload passe em um teste de Turing personalizado e seja considerado como sendo indistinguível de você, ainda é razoável perguntar se o upload é a mesma pessoa ou uma nova pessoa. Afinal, a pessoa original ainda pode existir. Vou adiar essas questões essenciais até o capítulo 7.

Na minha opinião, o elemento mais importante do upload será a trans-ferência gradual de nossa inteligência, personalidade e habilidades para a porção não biológica de nossa existência. Já existe uma variedade de implantes neurais. Nos anos 2020, usaremos nanorrobots para começar a aumentar nossos cérebros com a inteligência não biológica, começando com as funções "de rotina" de processamento sensório e memória, seguindo para a formação de habilidades, reconhecimento de padrões e análises lógicas. Por volta dos anos 2030, a porção não biológica da nossa inteligência vai predominar, e por volta dos anos 2040, como salientei no capítulo 3, a porção não biológica será bilhões de vezes mais capaz. Embora seja provável que iremos conservar a porção biológica por algum tempo, cada vez ela terá menos importância. Então teremos efetivamente feito o upload de nós mesmos, embora gradualmente, não percebendo direito a transferência. Não haverá "velho Ray" e "novo Ray", apenas um Ray cada vez mais capaz. Apesar de não acreditar no repentino cenário de escaneie-e-transfira discutido nesta seção, o upload será uma parte essencial de nosso mundo futuro; é essa progressão, gradual mas inexorável, para um pensamento não biológico grandemente superior que transformará profundamente a civilização humana.

SIGMUND FREUD: Quando você fala em usar a engenharia reversa no cérebro humano, de quem é esse cérebro? O cérebro de um homem? De uma mulher? De uma criança? O cérebro de um gênio? De um retardado? De um "idiota-prodígio"? De um artista talentoso? De um assassino em série?

RAY: Em última análise, estamos falando sobre todos eles. Há princípios operacionais básicos que precisamos entender sobre como funciona a inteligência humana e as variadas habilidades que a constituem. Considerando a plasticidade do cérebro humano, nossos pensamentos literalmente criam nossos cérebros através do crescimento de novas espinhas, sinapses, dendritos e até neurônios. Como resultado, os lobos parietais de Einstein — a região associada a imagens visuais e pensamento matemático — aumentaram muito.[121] Entretanto, o espaço no nosso cérebro é limitado, e assim, embora Einstein tocasse música, ele não foi um músico renomado. Picasso não escreveu grandes poesias, e assim por diante. À medida que o cérebro humano for recriado, não estaremos limitados em nossa habilidade de desenvolver cada aptidão. Não teremos de comprometer uma área para melhorar outra.

Também poderemos ganhar um insight quanto a nossas diferenças e um entendimento dos distúrbios humanos. O que houve de errado com o assassino em série? Afinal, isso deve ter algo a ver com seu cérebro. Esse tipo de comportamento desastroso claramente não é o resultado de indigestão.

MOLLY 2004: Sabe de uma coisa, duvido que sejam só os cérebros com que a gente nasce que são responsáveis por nossas diferenças. E nossas batalhas durante a vida, e todo esse monte de coisas que estou tentando aprender?

RAY: É, isso é parte do paradigma também, não? Temos cérebros que podem aprender, desde quando aprendemos a andar e falar, até quando estudamos química no colégio.

Marvin Minsky: É verdade que educar nossas IAs vai ser uma parte importante do processo, mas a gente pode automatizar muito a educação, o que vai acelerar as coisas. E lembrem, também, que quando uma IA aprende alguma coisa, ela pode compartilhar depressa esse conhecimento com muitas outras IAs.

RAY: Poderão acessar, na web, todo o nosso conhecimento exponencialmente crescente, que vai incluir ambientes habitáveis, de realidade virtual e imersão total, onde poderão interagir umas com as outras e com humanos biológicos que estão se projetando, eles mesmos, nesses ambientes.

SIGMUND: Essas IAs ainda não têm corpo. Como nós dois ressaltamos, a emoção humana e grande parte de nosso pensamento são dirigidas a nosso corpo e a satisfazer as necessidades sensoriais e sexuais dele.

RAY: Quem disse que não vão ter corpos? Como vou discutir na seção da versão 2.0 do corpo humano, capítulo 6, teremos os meios para criar corpos não biológicos, mas parecidos com os humanos, bem como corpos virtuais na realidade virtual.

SIGMUND: Mas um corpo virtual não é um corpo real.

RAY: A palavra "virtual" é um tanto infeliz. Ela implica em "não real", mas a realidade é que um corpo virtual é tão real quanto um corpo físico em tudo que importa. Pensem que um telefone é uma realidade virtual auditiva. Ninguém acha que a própria voz nesse ambiente de realidade virtual não é uma voz "real". Com meu corpo físico hoje, não sinto diretamente o toque de alguém no meu braço. Meu cérebro recebe sinais processados que começam pelas terminações nervosas do meu braço, vão serpentear pela medula espinhal, através do tronco encefálico, e subir para as regiões da ínsula. Se meu cérebro — ou o cérebro de uma IA — recebe sinais semelhantes ao toque virtual de alguém em um braço virtual, não se nota nenhuma diferença.

Marvin: Lembrem que nem todas as IAs vão precisar de corpos humanos.

RAY: De fato. Como humanos, apesar de alguma plasticidade, tanto nossos corpos quanto nossos cérebros têm uma arquitetura relativamente fixa.

Molly 2004: É, isso é chamado de ser humano, coisa com que você parece ter um problema.

Ray: Na realidade, muitas vezes tenho um problema com todas as limitações e a manutenção que requer minha versão 1.0 do corpo, sem falar das limitações do meu cérebro. Mas aprecio de verdade as alegrias do corpo humano. Meu ponto é que as IAs podem ter e vão ter o equivalente aos corpos humanos tanto em ambientes reais quanto virtuais. Mas, como Marvin enfatizou, elas não vão estar limitadas só a isso.

Molly 2104: Não vão ser só as IAs que ficarão livres das limitações da versão 1.0 dos corpos. Humanos de origem biológica terão a mesma liberdade tanto na realidade real quanto na virtual.

George 2048: Lembrem que não vai haver uma distinção clara entre IAs e humanos.

Molly 2104: É, exceto pelos HSMO (Humanos do Subsolo Muito Originais), é claro.

CAPÍTULO 5

GNR: três revoluções sobrepostas

Há poucas coisas de que a geração atual se orgulha, e com razão, além das melhorias maravilhosas que diariamente acontecem em todo tipo de aparelho mecânico... Mas o que aconteceria se a tecnologia continuasse a evoluir muito mais rápido do que os reinos animal e vegetal? Vai tirar nosso lugar na supremacia da terra? Assim como o reino vegetal desenvolveu-se lentamente a partir do mineral, e, de modo semelhante, o animal sucedeu ao vegetal, também agora, nestas últimas poucas eras, emergiu um reino totalmente novo, de que ainda só vimos aquilo que um dia poderá ser considerado como os protótipos antediluvianos da raça... Diariamente estamos dando às máquinas mais potência e fornecendo, por todo tipo de dispositivos engenhosos, aquele poder autorregulador, automático, que será em relação a elas o que o intelecto tem sido para a raça humana.

Samuel Butler, 1863 (quatro anos depois da publicação de *A origem das espécies*, de Darwin)

Quem será o sucessor do homem? A resposta é: nós mesmos estamos criando nossos próprios sucessores. O homem vai tornar-se para a máquina aquilo que o cavalo e o cachorro são para o homem; a conclusão sendo que as máquinas são, ou estão ficando, vivas.

Samuel Butler, 1863, carta, *"Darwin Among the Machines"*[1]

A primeira metade do século XXI será caracterizada por três revoluções que se sobrepõem — na genética, na nanotecnologia e na robótica. Estas irão introduzir, naquilo a que me referi antes como Época Cinco, o começo da Singularidade. Hoje, estamos nos estágios iniciais da revolução "G". Ao entender os processos de informação subjacentes à vida, começamos a aprender a reprogramar nossa biologia para atingir a eliminação virtual das doenças, a expansão dramática do potencial humano e o prolongamento radical da vida. Mas Hans Moravec ressalta que, não importa quanto sucesso tenhamos ao aplicar a sintonia fina em nossa biologia baseada em DNA, os humanos continuarão sendo "robots de segunda classe", ou seja, a biologia jamais será capaz de igualar o que poderemos criar quando entendermos totalmente os princípios operacionais da biologia.[2]

A revolução "N" vai nos permitir redesenhar e reconstruir — molécula por molécula — nossos corpos e cérebros e o mundo com que interagimos, indo muito além das limitações da biologia. A revolução iminente mais poderosa é a "R": robots de nível humano, com sua inteligência derivada da nossa mas redesenhados para ultrapassar em muito as capacidades humanas. R representa a transformação mais significativa, porque a inteligência é a "força" mais potente do universo. A inteligência, se bastante avançada, é, bem, bastante inteligente para prever e superar qualquer obstáculo que esteja em seu caminho.

Embora cada revolução resolva os problemas das transformações anteriores, ela também introduz novos perigos. G vai superar as dificuldades, velhas de séculos, das doenças e do envelhecimento, mas introduzirá o potencial de novas ameaças virais criadas com a bioengenharia. Quando N estiver totalmente desenvolvida poderemos usá-la para nos proteger de todos os perigos biológicos, mas ela vai criar a possibilidade de autorreproduzir seus próprios riscos, que serão muito mais potentes do que qualquer coisa biológica. Podemos nos proteger desses perigos com uma R completamente desenvolvida, mas o que nos vai proteger das inteligências patológicas que superam as nossas? Na verdade, tenho uma estratégia para lidar com essas questões, que discutirei no final do capítulo 8. Neste capítulo, entretanto, vamos examinar como a Singularidade vai se desdobrar através dessas três revoluções superpostas: G, N e R.

Genética: a interseção da informação com a biologia

Não deixamos de notar que o específico pareamento que postulamos sugere de imediato um possível mecanismo para copiar o material genético.

James Watson e Francis Crick[3]

Depois de 3 bilhões de anos de evolução, temos, pela frente, o conjunto de instruções que leva cada um de nós do ovo unicelular, através da idade adulta, até o túmulo.

Dr. Robert Waterston, Consórcio Internacional de
Sequenciamento do Genoma Humano[4]

Por baixo de todas as maravilhas da vida e dos sofrimentos da doença estão processos de informação, em essência programas de software, que são surpreendentemente compactos. O genoma humano inteiro é um código binário sequencial que contém apenas cerca de 800 milhões de bytes de informação. Como já mencionei antes, quando as suas maciças redundâncias são retiradas usando técnicas de compressão convencionais, ficamos só com 30 a 100 milhões de bytes, equivalente ao tamanho de um programa contemporâneo médio de software.[5] Esse código é sustentado por um conjunto de máquinas bioquímicas que traduzem essas sequências lineares (unidimensionais) de "letras" de DNA em cadeias de simples blocos chamadas de aminoácidos, que são, por sua vez, dobradas em proteínas tridimensionais, que fazem parte de todas as criaturas vivas, da bactéria aos humanos. (Vírus ocupam um nicho entre matéria viva e não viva, que são também compostos de fragmentos de DNA ou RNA.) Essa maquinaria é essencialmente um autorreprodutor em nanoescala que constrói a hierarquia elaborada das estruturas e dos cada vez mais complexos sistemas que integram uma criatura viva.

O computador da vida

Nos estágios bem iniciais da evolução, a informação foi codificada na estrutura das cada vez mais complexas moléculas baseadas em carbono. Ao longo de bilhões de anos, a biologia desenvolveu seu próprio computador para armazenar e manipular dados digitais com base na molécula de DNA. A estrutura química da molécula de DNA foi descrita pela primeira vez por J. D. Watson e F. H. C. Crick em 1953 como uma dupla hélice consistindo em tiras de polinucleotídeos com a informação codificada em cada posição pela escolha dos nucleotídeos.[6] No começo deste século, terminamos a transcrição do código genético. Agora estamos começando a entender a química detalhada dos processos de comunicação e controle pelos quais o DNA comanda a reprodução através de outras moléculas complexas e estruturas celulares como RNA mensageiro (mRNA), RNA transportador (tRNA) e ribossomos.

No nível de armazenamento de informação, o mecanismo é surpreendentemente simples. Sustentada por uma coluna espiralada de açúcar-fosfato, a molécula de DNA pode conter vários milhões de degraus, cada um deles codificado com uma letra tirada de um alfabeto de quatro letras; cada degrau, portanto, está codificando dois bits de dados em um código digital unidimensional. O alfabeto consiste em quatro pares básicos: adenina-timina, timina-adenina, citosina-guanina e guanina-citosina. Se as cadeias de DNA em uma única célula fossem desdobradas, elas riam medir até seis pés de comprimento, mas um método elaborado as enrola para que caibam em uma célula de apenas 1/2500 polegada de largura.

Enzimas especiais conseguem copiar a informação de cada degrau, separando cada par e montando duas moléculas idênticas de DNA ao recombinar os pares desmembrados. Na realidade, outras enzimas verificam a validade da cópia, ao conferir a integridade de cada recombinação. Com essas etapas de copiar e validar, esse sistema químico de processamento de dados faz apenas cerca de um erro em cada 10 milhões de replicações do par da base.[7] Mais redundância e códigos de correção de erros estão construídos nos próprios dados digitais, portanto são raras as mutações significativas devidas à replicação do par da base. A maioria dos erros de um-em-10-bilhões vão resultar no equivalente a um erro de "paridade", que pode ser detectado e corrigido por outros níveis do sistema, incluindo a comparação com o cromossomo correspondente, o que pode evitar que o bit incorreto cause qualquer dano significativo.[8] Pesquisas recentes têm mostrado que o mecanismo genético detecta tais erros na transcrição do cromossomo masculino Y ao comparar cada gene de cromossomo Y com uma cópia do mesmo cromossomo.[9] Muito raramente um erro de transcrição resulta em uma mudança benéfica que a evolução virá a favorecer.

Em um processo chamado tecnicamente de translação, outras séries de elementos químicos acionam esse elaborado programa digital ao construir proteínas. São as cadeias de proteínas que dão, a cada célula, sua estrutura, comportamento e inteligência. Enzimas especiais desenrolam uma região do DNA para construir uma determinada proteína. É criada uma fita de mRNA copiando-se a sequência de bases expostas. Em essência, o mRNA tem uma cópia da porção da sequência de letras do DNA. O mRNA sai do núcleo, indo para o corpo da célula. Então, os códigos do mRAN são lidos por uma molécula do ribossomo, que representa o ator molecular central no drama da reprodução biológica. Uma porção do ribossomo age como uma cabeça de gravador, "lendo" a sequência de dados codificados na sequência básica do mRNA. As "letras" (bases) são agrupadas em palavras de três letras cada, chamadas códons, com um códon para cada um dos vinte possíveis aminoácidos, os blocos básicos para construir as proteínas. Um ribossomo lê os códons do mRNA e, depois, usando o tRNA, faz a montagem de uma cadeia de proteínas, aminoácido por aminoácido.

A última etapa desse processo consiste em dobrar a cadeia unidimensional de "contas" de aminoácidos para obter uma proteína tridimensional. Ainda não foi possível simular esse processo por causa da enorme complexidade das forças da interação de todos os átomos envolvidos. Espera-se que os supercomputadores, agendados para estar on-line por volta da data de publicação deste livro (2005), tenham a capacidade computacional de simular o dobrar das proteínas, bem como a interação de uma proteína tridimensional com outra.

O dobrar das proteínas, junto com a divisão das células, é uma das intrincadas e notáveis danças da natureza para criar e recriar a vida. Moléculas

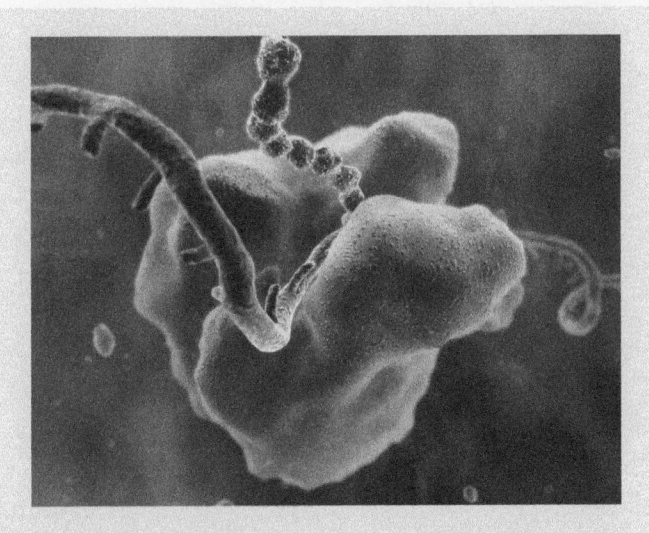

"acompanhantes" especializadas protegem e guiam as cadeias de aminoácidos enquanto elas se colocam em suas configurações exatas de proteínas tridimensionais. Quase um terço das moléculas formadas de proteína são mal dobradas. Essas proteínas desfiguradas devem ser destruídas de imediato ou irão se acumular rapidamente, desorganizando as funções celulares em muitos níveis.

Sob circunstâncias normais, assim que se forma uma proteína mal dobrada, ela é marcada por uma molécula transportadora, ubiquitina, e acompanhada até um proteossoma especializado, onde é dividida nos aminoácidos que a compõem para serem reciclados como proteínas novas (dobradas corretamente). Entretanto, à medida que as células envelhecem, elas produzem menos energia necessária para o funcionamento ótimo desse mecanismo. Grupos dessas proteínas deformadas agregam-se em partículas chamadas protofibrilas, supostamente subjacentes a problemas de saúde que levam ao mal de Alzheimer e outras moléstias.[10]

A habilidade de simular a valsa tridimensional das interações em nível atômico vai acelerar enormemente nosso conhecimento de como as sequências de DNA controlam a vida e as enfermidades. Então estaremos em posição de simular rapidamente drogas para intervir em qualquer das etapas desse processo, apressando com isso o desenvolvimento de remédios e a criação de drogas muito direcionadas que minimizem os efeitos colaterais indesejados.

É tarefa das proteínas construídas executar as funções da célula e, por extensão, do organismo. Por exemplo, uma molécula de hemoglobina, que tem a tarefa de levar oxigênio dos pulmões aos tecidos do corpo, é criada 500 trilhões de vezes por segundo no corpo humano. Com mais de quinhentos aminoácidos em cada molécula de hemoglobina, chega-se a 1,5 x 10^{19} (15 bilhões de bilhões) de operações de "leitura" por minuto pelos ribossomos, só para a fabricação de hemoglobina.

Sob alguns aspectos, o mecanismo bioquímico da vida é extremamente complexo e intrincado. Sob outros, é extremamente simples. Só quatro pares de bases fornecem o armazenamento digital para toda a complexidade da vida humana e todas as outras vidas que conhecemos. Os ribossomos constroem cadeias de proteínas agrupando trios de pares de bases a sequências seletas de apenas vinte aminoácidos. Os aminoácidos em si são relativamente simples, consistindo em um átomo de carbono com suas quatro valências ligadas a um átomo de hidrogênio, um grupo de aminas ($-NH_2$), um grupo de ácido carboxílico ($-COOH$) e um grupo orgânico que é diferente para cada aminoácido. O grupo orgânico da alanina, por exemplo, tem só quatro átomos (CH_3-) para um total de treze átomos. Um dos mais complexos aminoácidos, arginina (que desempenha um papel vital na saúde das células endoteliais de nossas artérias), tem apenas dezessete átomos em seu grupo orgânico para um total de 26 átomos. Esses vinte fragmentos moleculares simples são os blocos que constroem toda a vida.

Assim, as cadeias de proteínas controlam todo o resto: a estrutura das células ósseas, a habilidade das células musculares de se flexionarem e agirem em conjunto com outras células musculares, todas as complexas interações bioquímicas que acontecem no fluxo sanguíneo e, é claro, a estrutura e o funcionamento do cérebro.[11]

Baby boomers[1*] de design

Hoje já existe informação suficiente para desacelerar os processos de adoecimento e envelhecimento, a tal ponto que *baby boomers* como eu podem se conservar com boa saúde até o desabrochar por completo da revolução da biotecnologia (ver "Recursos e informações de contato", na página 559). Em *Fantastic Voyage: Live Long Enough to Live Forever* [Viagem fantástica: Viva bastante para viver para sempre], que escrevi com o dr. Terry Grossman, um importante especialista em longevidade, abordamos estas três pontes para

1 *Geração nascida entre o final da Segunda Guerra Mundial (1945) e 1964 na Inglaterra, França, Estados Unidos, Canadá e Austrália. (N.T.)*

uma extensão radical da vida (conhecimento atual, biotecnologia e nanotecnologia).[12] Escrevi ali: "Embora alguns de meus contemporâneos possam estar conformados com o envelhecimento com dignidade como parte do ciclo da vida, esse não é meu ponto de vista. Talvez seja 'natural', mas não vejo nada de positivo em perder minha agilidade mental, precisão sensorial, flexibilidade física, desejo sexual, ou qualquer outra habilidade humana. Vejo a doença e a morte, em qualquer idade, como uma calamidade, como problemas a serem superados".

A primeira ponte envolve aplicar com agressividade o conhecimento que temos agora para desacelerar dramaticamente o envelhecimento e reverter os processos patológicos mais importantes, como doença cardíaca, câncer, diabetes tipo 2 e derrame. De fato, é possível reprogramar nossa bioquímica, pois hoje temos o conhecimento, se for aplicado agressivamente, de superar nossa herança genética na vasta maioria dos casos. "Está principalmente em seus genes" só é verdade se for tomada a atitude passiva usual em relação à saúde e ao envelhecimento.

Minha própria história é instrutiva. Há mais de vinte anos fui diagnosticado com diabetes tipo 2. O tratamento convencional piorou meu estado, assim abordei esse desafio de saúde a partir da minha perspectiva como inventor. Mergulhei na literatura científica e criei um programa único que reverteu, com sucesso, minha diabetes. Em 1993, escrevi um livro (*The 10% Solution for a Healthy Life* [A solução de 10% para uma vida com saúde] sobre essa experiência e continuo hoje sem qualquer indicação ou complicação dessa doença.[13]

Além disso, quando eu tinha 22 anos, meu pai morreu de doença do coração com a idade de 58 anos, e herdei os genes dele, que me predispõem a ter essa doença. Há vinte anos, apesar de seguir a orientação da Associação Americana do Coração, meu colesterol estava acima de 200 (deveria estar bem abaixo de 180), minha HDL (lipoproteína de alta densidade, o colesterol "bom") abaixo de 30 (deveria estar acima de 50) e minha homocisteína (uma medida da saúde de um processo bioquímico chamado metilação) estava em um doentio 11 (deveria estar bem abaixo de 7,5). Seguindo um programa para longevidade que Grossman e eu desenvolvemos, meu nível atual de colesterol é 130, minha HDL é 55, minha homocisteína é 6,2, minha proteína C reativa (medida da inflamação do corpo) está em um muito saudável 0,01, e todos os meus outros resultados (para doença cardíaca, diabetes e outras) estão nos níveis ideais.[14]

Quando tinha quarenta anos, minha idade biológica estava por volta de 38. Embora eu agora tenha 56, um teste abrangente de meu envelhecimento biológico (medindo vários resultados sensoriais, capacidade pulmonar, tempo de reação, memória e testes relacionado), feito na clínica de longevidade de Grossman, mediu minha idade biológica como quarenta.[15] Embora ainda não haja um consenso sobre como medir a idade biológica, meus resultados nesses testes correspondiam às normas públicas para essa idade. Portanto, de acordo com esse conjunto de testes, não envelheci muito nos últimos dezesseis anos, o que é confirmado pelos muitos exames de sangue que faço, bem como pelo jeito como me sinto.

Esses resultados não são por acaso; tenho sido muito agressivo ao reprogramar minha bioquímica. Tomo 250 suplementos (pílulas) por dia e recebo meia dúzia de terapias intravenosas toda semana (basicamente suplementos nutricionais postos diretamente em minha corrente sanguínea, evitando com isso que passem por meu aparelho gastrointestinal). Como resultado, as reações metabólicas de meu corpo são completamente diferentes do que seriam do outro jeito.[16] Abordando isso como engenheiro, meço dúzias de níveis de nutrientes (como vitaminas, minerais e gorduras), hormônios e subprodutos metabólicos em meu sangue e outras amostras (como cabelo e saliva). No geral, meus níveis estão onde quero que estejam, embora continuamente passe meu programa pela sintonia fina com base nas pesquisas que faço com Grossman.[17] Apesar de meu programa parecer exagerado, na verdade é conservador — e ótimo (baseado em meu conhecimento atual). Grossman e eu temos pesquisado extensamente cada uma das várias centenas de terapias quanto à segurança e à eficácia. Fico longe das ideias que não estão comprovadas ou parecem arriscadas (por exemplo, o uso do hormônio humano do crescimento).

Consideramos o processo de reverter e superar a progressão perigosa da doença como uma guerra. Como em uma guerra, é importante mobilizar todos os meios de inteligência e todos os armamentos que podem ser colhidos, jogando tudo o que temos contra o inimigo. Por essa razão, defendemos que os perigos principais — como doença cardíaca, câncer, diabetes, derrame e envelhecimento — sejam atacados em múltiplas frentes. Por exemplo, nossa estratégia para prevenir doença cardíaca é adotar dez diferentes terapias de prevenção de doenças do coração que atacam todos os fatores de risco conhecidos.

Adotando essas estratégias multifacetadas para cada processo de adoecer e cada processo de envelhecer, até mesmo *baby boomers* como eu podem permanecer com boa saúde até o desabrochar completo da revolução biotecnológica (que chamamos de "segunda ponte"), que já está em seus estágios iniciais e vai atingir seu pico na segunda década deste século.

A biotecnologia vai fornecer os meios para realmente mudar nossos genes: não só bebês de design serão factíveis, mas também *baby boomers* de design. Também vamos conseguir rejuvenescer todos os tecidos e órgãos de nosso corpo, transformando as células da pele em versões jovens de todos os outros tipos de célula. Já novos desenvolvimentos de medicamentos estão mirando com precisão os passos principais no processo da aterosclerose (a causa de doenças cardíacas), da formação de tumores cancerosos e dos processos metabólicos subjacentes a todas as principais doenças e processos de envelhecimento.

Podemos realmente viver para sempre? Um enérgico e perspicaz defensor da ideia de deter o processo de envelhecimento por meio da troca de processos de informação subjacentes à biologia é Aubrey de Grey, cientista do Departamento de Genética da Universidade de Cambridge. De Grey usa a metáfora da manutenção de uma casa. Quanto tempo dura uma casa? A resposta depende obviamente de como se toma conta dela. Se não se fizer nada, dentro de pouco tempo vai surgir uma goteira no telhado, a água e os elementos vão invadir a casa e, eventualmente, ela vai se desintegrar. Mas se você, proativamente, toma conta da estrutura, repara todos os danos, enfrenta todos os perigos e reconstrói ou renova partes dela de vez em quando, usando novos materiais e tecnologias, a vida da casa pode essencialmente ser prolongada sem limites.

O mesmo se aplica a nossos corpos e cérebros. A única diferença é que, enquanto entendemos totalmente os métodos para conservar uma casa, ainda não entendemos completamente todos os princípios biológicos da vida. Mas, compreendendo com rapidez os processos bioquímicos e os caminhos da biologia, estamos bem depressa ganhando esse conhecimento. Começamos a entender o envelhecimento, não como uma única progressão inexorável, mas como um grupo de processos relacionados. Estão emergindo estratégias para reverter totalmente cada uma dessas progressões do envelhecimento, usando diferentes combinações de técnicas biotecnológicas.

De Grey descreve seu objetivo como "senescência negligenciável projetada" — parar o corpo e o cérebro de ficarem mais frágeis e propensos a doenças à medida que envelhecem.[18] Como ele explica: "Já estamos de posse de todos os conhecimentos essenciais necessários para desenvolver a *senescência negligenciável projetada* — só precisam ser montados juntos".[19] De Grey acredita que, dentro de dez anos, vão ser apresentados camundongos "rejuvenescidos robustamente" — camundongos que são funcionalmente mais jovens do que antes de serem tratados e com o prolongamento da vida para prová-lo, e ele ressalta que essa realização terá um efeito dramático na opinião pública. Demonstrar que se pode reverter o processo de envelhecimento em um animal que compartilha 99% de nossos genes vai desafiar profundamente a sabedoria popular de que o envelhecimento e a morte são inevitáveis. Quando o rejuvenescimento robusto for confirmado em um animal, haverá uma enorme pressão competitiva para traduzir esses resultados em terapias humanas, o que deve surgir cinco a dez anos depois.

O campo diversificado da biotecnologia é alimentado por nosso progresso cada vez mais acelerado de usar a engenharia reversa nos processos de informação subjacentes à biologia e por um crescente arsenal de ferramentas que podem modificar esses processos. Por exemplo, a descoberta de drogas foi antes questão de encontrar substâncias que produzissem algum resultado benéfico sem efeitos colaterais excessivos. Esse processo era semelhante à descoberta inicial de ferramentas pelos humanos, que estava limitada a simplesmente encontrar pedras e outros implementos naturais que pudessem ser usados para propósitos úteis. Hoje, estamos aprendendo os caminhos bioquímicos exatos que são a base tanto das doenças quanto dos processos de envelhecimento, e que podem projetar drogas para desempenhar missões precisas em nível molecular. O objetivo e a escala desse empenho são vastos.

Outra abordagem eficaz é começar com o fundamento da informação da biologia: o genoma. Com as tecnologias de genes recentemente desenvolvidas, estamos a ponto de conseguirmos controlar como os genes se expressam. A expressão dos genes é o processo pelo qual os específicos componentes celulares (especificamente o RNA e os ribossomos) produzem proteínas de acordo com uma planta genética específica. Enquanto toda célula humana tem o complemento total dos genes do corpo, uma célula específica, como a célula da pele ou uma célula da ilhota pancreática, obtém suas características apenas da pequena fração de informação genética relevante para esse tipo específico de célula.[20] O controle terapêutico desse processo pode ocorrer fora do núcleo da célula, portanto é mais fácil de implementar do que terapias que precisam entrar no núcleo.

A expressão de genes é controlada por peptídeos (moléculas formadas por sequências de até cem aminoácidos) e cadeias curtas de RNA. Estamos agora começando a aprender como funcionam esses processos.[21] Muitas novas terapias agora em desenvolvimento ou em fase de teste são baseadas na manipulação dos peptídeos e das cadeias de RNA, para desligar a expressão de genes causadores de doenças, ou para ligar genes desejáveis que de outra forma poderiam não ser expressados em um tipo determinado de célula.

RNAi (RNA de interferência). Uma nova ferramenta poderosa chamada RNA de interferência (RNAi) é capaz de desligar genes específicos bloqueando seu mRNA, evitando assim que criem proteínas. Já que viroses, câncer e muitas outras doenças usam a expressão dos genes em algum ponto crucial de seu ciclo de vida, isso promete ser um avanço importante da tecnologia. Os pesquisadores constroem segmentos de DNA curtos, de cadeia dupla, que combinam e se prendem a porções do RNA que são transcritas de um gene visado. Com a propriedade de criar proteínas bloqueada, o gene é silenciado efetivamente. Em muitas doenças genéticas, só uma cópia de um dado gene é defeituosa. Já que há duas cópias de cada gene, uma do pai, outra da mãe, bloquear o gene causador de doenças deixa um gene saudável para fazer a proteína necessária. Se ambos os genes forem defeituosos, o RNAi pode silenciar os dois, mas então um gene saudável teria de ser inserido.[22]

Terapias celulares. Outra importante linha de ataque é fazer crescer de novo nossas próprias células, tecidos e até órgãos inteiros e introduzi-los em nosso corpo sem cirurgia. Um dos maiores benefícios dessa técnica de "clonagem terapêutica" é que poderemos criar esses novos tecidos e órgãos a partir de versões de nossas células que também ficaram mais jovens através da medicina de rejuvenescimento. Por exemplo, será possível criar novas células cardíacas a partir de células da pele e introduzi-las no sistema através da corrente sanguínea. Com o tempo, as células cardíacas que existem serão substituídas por essas novas células, e o resultado será um coração rejuvenescido "jovem", fabricado usando-se o DNA da própria pessoa. Abaixo, discutirei essa abordagem de fazer o corpo crescer de novo.

Chips de genes. Novas terapias são apenas uma maneira de como o crescente conhecimento básico da expressão de genes vai ter um impacto dramático em nossa saúde. Desde os anos 1990, microagrupamentos ou chips, não maiores do que uma moeda, têm sido usados para estudar e comparar os padrões de expressão de milhares de genes ao mesmo tempo.[23] As aplicações possíveis da tecnologia são tão variadas e as barreiras tecnológicas têm sido reduzidas de um modo tão grande que enormes bancos de dados agora se dedicam aos resultados do "observe-você-mesmo" os genes.[24]

O perfil genético está sendo usado agora para:

- **Revolucionar os processos de triagem e descoberta de drogas.** Microgrupos podem "não só confirmar o mecanismo de ação de um composto", mas também "discriminar entre compostos que agem em diferentes etapas do mesmo caminho metabólico".[25]
- **Melhorar as classificações do câncer.** Um estudo publicado na *Science* demonstrou que é possível classificar algumas leucemias "apenas monitorando as expressões dos genes". Os autores também apontaram um caso em que fazer o perfil da expressão levou à correção de um diagnóstico errado.[26]
- **Identificar os genes, células e caminhos envolvidos em um processo, como o envelhecimento ou formação de tumores.** Por exemplo, ao correlacionar a presença de leucemia mieloblástica aguda com a crescente expressão de genes envolvidos com a morte programada de células, um estudo que ajudou a identificar novos alvos terapêuticos.[27]
- **Determinar a eficácia de uma terapia inovadora.** Um estudo recentemente publicado em *Bone* examinava o efeito da substituição do hormônio do crescimento na expressão de fatores de crescimento semelhantes à insulina (IGFs) e marcadores do metabolismo dos ossos.[28]
- **Testar a toxicidade de compostos em aditivos alimentícios, cosméticos e produtos industriais rapidamente e sem usar animais.** Esses testes podem mostrar, por exemplo, o grau em que cada gene tem sido ligado ou desligado por uma substância testada.[29]

Terapia somática de genes (terapia de genes para células não reprodutoras). Esse é o cálice sagrado da bioengenharia, que vai permitir mudanças efetivas de genes dentro do núcleo, ao "infectá-lo" com DNA novo, criando, em essência, novos genes.[30] O conceito de controlar a constituição genética humana é associado, muitas vezes, com a ideia de influenciar novas gerações na forma de "bebês de design". Mas a promessa real da terapia genética é alterar de verdade nossos genes adultos.[31] Estes podem ser projetados para bloquear indesejáveis genes que favorecem doenças ou para introduzir novos que desaceleram ou mesmo revertem os processos de envelhecimento.

Estudos com animais que começaram nas décadas de 1970 e 1980 têm sido responsáveis por produzir uma gama de animais transgênicos, como gado, galinhas, coelhos e ouriços-do-mar. As primeiras tentativas de terapia gênica humana foram feitas em 1990. O desafio é como transferir para as células-alvo o DNA terapêutico, que então será expressado no nível e no tempo certos.

Considere-se o desafio envolvido em realizar uma transferência de genes. Muitas vezes, os vírus são o veículo escolhido. Há muito tempo, os vírus aprenderam como entregar seu material genético às células humanas e, como resultado, causar doenças. Agora os pesquisadores simplesmente trocam o material que um vírus descarrega nas células, removendo seus genes e inserindo os terapêuticos. Embora a abordagem em si seja relativamente fácil, os genes são grandes demais para passar para dentro de muitos tipos de células (como as células do cérebro). O processo também está limitado pelo comprimento do DNA que pode ser carregado, ou este pode provocar uma resposta imune. E precisamente onde o novo DNA se integra dentro do DNA das células tem sido um processo grandemente incontrolável.[32]

Injeção física (microinjeção) do DNA nas células é possível mas proibitivamente caro. Entretanto, há pouco têm sido feitos avanços impressionantes em outros meios de transferência. Por exemplo, lipossomas — esferas de gordura com um centro aguado — podem ser usados como um "cavalo de Troia molecular" para levar genes a células do cérebro, abrindo assim a porta para o tratamento de enfermidades como Parkinson e epilepsia.[33] Impulsos elétricos também podem ser usados para levar às células uma gama de moléculas (incluindo proteínas de medicamentos, RNA e DNA).[34] Ainda outra opção é inserir o DNA em "nanobolas" ultrapequenas para máximo impacto.[35]

O obstáculo principal que tem de ser superado para que a terapia gênica seja aplicada em humanos é a colocação adequada de um gene em uma fita de DNA e monitoração da expressão do gene. Uma solução possível é inserir um gene relator de imagens junto com o gene terapêutico. Os sinais da imagem iriam permitir uma supervisão de perto tanto da colocação quanto do nível de expressão.[36]

Mesmo ante esses obstáculos, a terapia gênica começa a funcionar para uso humano. Uma equipe liderada por Andrew H. Baker, doutor pesquisador da Universidade de Glasgow, tem tido sucesso em usar adenovírus para "infectar" órgãos específicos e até mesmo regiões específicas dentro de órgãos. Por exemplo, o grupo conseguiu dirigir a terapia gênica precisamente para as células endoteliais, que forram o interior dos vasos sanguíneos. Outra abordagem está sendo desenvolvida pela Celera Genomics, empresa fundada por Craig Venter (o líder do empenho particular para transcrever o genoma humano). Celera já mostrou habilidade para criar vírus sintéticos a partir de informação genética e planeja aplicar esses vírus bioprojetados na terapia gênica.[37]

Uma das empresas que ajudei a dirigir, a United Therapeutics, começou os testes humanos de inserir DNA nas células através do novo mecanismo de células-tronco autólogas (próprias do paciente), que são obtidas de uns poucos frascos do seu sangue. O DNA que dirige o crescimento de novos vasos sanguíneos pulmonares é inserido em genes de células-tronco, e essas células são reinjetadas no paciente. Quando as células-tronco alteradas geneticamente alcançam os pequenos vasos sanguíneos pulmonares perto dos alvéolos do pulmão, elas começam a expressar fatores de crescimento para novos vasos sanguíneos. Em estudos com animais, isso reverteu com segurança a hipertensão pulmonar, doença fatal e atualmente incurável. Baseado no sucesso e na segurança desses estudos, o governo canadense autorizou testes em humanos.

Revertendo doenças degenerativas

Doenças degenerativas (progressivas) — doença do coração, derrame, câncer, diabetes tipo 2, doença do fígado e doença dos rins — são responsáveis por cerca de 90% das mortes em nossa sociedade. Cresce rapidamente nossa compreensão dos principais componentes das doenças degenerativas e do envelhecimento humano, e têm sido identificadas estratégias para deter ou mesmo reverter cada um desses processos. Em *Fantastic Voyage*, Grossman e eu descrevemos uma ampla gama de terapias agora na fila do teste que já demonstraram resultados significativos ao atacar as principais etapas bioquímicas em que se baseia o progresso dessas doenças.

Combatendo as doenças do coração. Como um dos muitos exemplos, uma pesquisa muito interessante tem sido feita com uma forma sintética de colesterol HDL chamada de Apo-A-I Milano (AAIM) recombinante. Em testes com animais, o AAIM foi responsável por uma regressão rápida e dramática da placa aterosclerótica.[38] Em um dos testes da Food and Drug Administration (FDA), que incluiu 47 pessoas, administrar o AAIM por via intravenosa resultou em uma redução significativa (em média, 4,2% de redução) da placa, depois de só cinco tratamentos semanais. Nenhuma outra droga jamais mostrou a capacidade de reduzir a aterosclerose tão rápido.[39]

Outra droga impressionante para reverter a aterosclerose agora na fase 3 dos testes da FDA é Torcetrapib da Pfizer.[40] Essa droga aumenta os níveis de

HDL ao bloquear uma enzima que normalmente o rompe. Pfizer está gastando um recorde de 1 bilhão de dólares para testar essa droga e planeja combiná-la com Lipitor, sua "estatina" número um (para reduzir o colesterol).

Superando o câncer. Muitas estratégias estão sendo intensamente procuradas para superar o câncer. Particularmente promissoras são as vacinas contra o câncer destinadas para estimular o sistema imunológico a atacar as células do câncer. Essas vacinas poderiam ser usadas como profilaxia para prevenir o câncer, como um tratamento de primeira linha ou para varrer as células do câncer depois de outros tratamentos.[41]

As primeiras tentativas que foram relatadas de ativar a resposta imunológica de um paciente foram realizadas há mais de cem anos, com pouco êxito.[42] Esforços mais recentes focam em encorajar as células dendríticas, as sentinelas do sistema imunológico, para que disparem uma resposta imunológica normal. Muitas formas de câncer têm a oportunidade de proliferar porque, de algum jeito, aquelas células não disparam essa resposta. As células dendríticas têm um papel importante porque vagam pelo corpo, coletando peptídeos estranhos e fragmentos de células, entregando-os aos nódulos linfáticos, que, como resposta, produzem um exército de células T preparadas para eliminar os peptídeos assinalados.

Alguns pesquisadores estão alterando os genes das células de câncer para atrair células T, supondo que as células T estimuladas iriam então reconhecer outras células de câncer que encontrarem.[43] Outros estão fazendo experiências com vacinas para expor as células dendríticas a antígenos, proteínas únicas encontradas na superfície de células de câncer. Um grupo usou pulsos elétricos para fundir o tumor e as células imunológicas a fim de criar uma "vacina individualizada".[44] Um dos obstáculos para desenvolver vacinas eficazes é que, atualmente, ainda não foram identificados muitos dos antígenos do câncer necessários para desenvolver vacinas potentes e dirigidas às células-alvo.[45]

Bloquear a angiogênese — a criação de novos vasos sanguíneos — é outra estratégia. Esse processo usa drogas para desencorajar o desenvolvimento de vasos sanguíneos de que um câncer emergente precisa para crescer além de um tamanho pequeno. O interesse na angiogênese disparou a partir de 1997, quando médicos no Dana Farber Cancer Center em Boston relataram que ciclos repetidos de endostatina, um inibidor da angiogênese, resultaram na completa regressão dos tumores.[46] Agora há muitas drogas antiangiogênicas em testes clínicos, incluindo avastatina e atrasentan.[47]

Uma questão-chave para o câncer, bem como para o envelhecimento, diz respeito às "contas" do telômero, sequências repetidas de DNA encontradas no final dos cromossomos. Cada vez que uma célula se reproduz, cai uma conta. Quando uma célula houver se reproduzido a ponto de que todas as suas contas de telômeros acabarem, essa célula não é mais capaz de se dividir e vai morrer. Se esse processo pudesse ser revertido, as células poderiam sobreviver infinitamente. Por sorte, recentes pesquisas descobriram que uma única enzima (telomerase) é necessária para esse fim.[48] A parte complicada é como administrar a telomerase de um jeito que não provoque câncer. As células do câncer possuem um gene que produz telomerase, o que lhes permite, de fato, tornarem-se imortais, reproduzindo-se indefinidamente. Assim, uma estratégia-chave na luta contra o câncer envolve bloquear a habilidade das células de câncer gerarem telomerase. Isso parece contradizer a ideia de que prolongar os telômeros em células normais combate essa fonte de envelhecimento, mas atacar as telomerases das células de câncer em um tumor iniciante poderia ser feito sem comprometer necessariamente uma terapia regular de prolongar os telômeros de células normais. Mas, para evitar complicações, essas terapias poderiam ser suspensas durante o período da terapia contra o câncer.

Revertendo o envelhecimento

É lógico supor que no início da evolução de nossa espécie (e dos precursores de nossa espécie), a sobrevivência não teria sido auxiliada — de fato, ela teria sido comprometida — por indivíduos que vivessem muito mais do que os anos necessários para criar os filhos. Entretanto, pesquisas recentes sustentam a chamada hipótese da avó, que sugere um efeito contrário. Rachel Caspari, antropóloga da Universidade de Michigan, e San-Hee Lee, da Universidade da Califórnia em Riverside, encontraram provas de que a proporção de humanos vivendo para se tornarem avós (que, nas sociedades primitivas, muitas vezes eram jovens de trinta anos) aumentou constantemente nos últimos 2 milhões de anos, com um aumento de cinco vezes mais do que aconteceu na era paleolítica superior (a cerca de 30 mil anos). Essa pesquisa tem sido citada para sustentar a hipótese de que a sobrevivência das sociedades humanas foi auxiliada pelas avós, que não só ajudavam a criar famílias grandes, mas também transmitiam a sabedoria acumulada dos anciãos. Esses efeitos podem ser uma interpretação razoável dos dados, mas o aumento geral da longevidade também reflete uma tendência contínua de maior expectativa de vida que continua até hoje. Da mesma forma, apenas um número pequeno de vovós (e uns poucos vovôs) teriam sido necessários para terem os efeitos sociais que os proponentes dessa teoria têm reivindicado, portanto essa hipótese não põe sensivelmente em xeque a conclusão de que os genes que sustentaram um prolongamento significativo da vida não foram selecionados.

Envelhecer não é um processo único, e envolve múltiplas alterações. De Grey descreve sete processos básicos que estimulam a senescência, e ele identificou as estratégias para reverter cada um deles.

Mutações no DNA.[49] Em geral, mutações no DNA nuclear (o DNA dos cromossomos do núcleo) resultam em uma célula defeituosa que é rapidamente eliminada ou em uma célula que simplesmente não funciona de modo perfeito. O tipo de mutação que preocupa (já que leva a maiores índices de mortes) fundamentalmente é um que afeta a reprodução celular ordenada, resultando em câncer. Isso quer dizer que, se pudermos curar o câncer usando as estratégias descritas acima, as mutações do núcleo ficarão extremamente inofensivas. A estratégia proposta por De Grey contra o câncer é profilática: envolve usar terapia gênica para remover de todas as células os genes que os cânceres precisam ligar a fim de conservar seus telômeros quando se dividem. Isso fará com que qualquer tumor potencial de câncer definhe antes que fique grande o bastante para causar dano. Estratégias para apagar e suprimir genes já estão disponíveis e estão sendo melhoradas rapidamente.

Células tóxicas. Às vezes, as células chegam a um estado em que não são cancerosas, mas ainda seria melhor para o corpo se não sobrevivessem. A senescência das células é um exemplo, assim como ter células de gordura demais. Nesses casos, é mais fácil matar essas células do que tentar revertê-las para um estado saudável. Estão sendo desenvolvidos métodos para apontar "genes suicidas" para essas células e também para marcá-las de modo que o sistema imunológico as destrua.

Mutações da mitocôndria. Outro processo de envelhecimento é a acumulação de mutações nos treze genes da mitocôndria, a usina de energia das células.[50] Esses poucos genes são críticos para o funcionamento eficiente das células e sofrem mutações em uma taxa mais alta do que os genes do núcleo. Quando for dominada a terapia gênica somática, será possível inserir múltiplas cópias desses genes no núcleo da célula, fornecendo assim redundância (backup) para essa informação genética tão vital. Na célula já existe o mecanismo que permite que as proteínas codificadas no núcleo sejam importadas para as mitocôndrias, portanto não é necessário que essas proteínas sejam produzidas nas próprias mitocôndrias. De fato, a maioria das proteínas necessárias para o funcionamento das mitocôndrias já está codificada pelo DNA do núcleo. Pesquisadores conseguiram transferir genes da mitocôndria para os núcleos em culturas de células.

Agregados intracelulares. As toxinas são produzidas tanto dentro quanto fora das células. De Grey descreve estratégias usando terapia gênica somática para introduzir novos genes, que irão romper o que ele chama de "agregados intracelulares" — toxinas dentro de células. Têm sido identificadas umas proteínas que podem destruir virtualmente qualquer toxina, usando bactérias que podem digerir e destruir materiais perigosos que vão de TNT a dioxina.

Uma estratégia básica sendo seguida por vários grupos para combater os materiais tóxicos fora da célula, incluindo as proteínas deformadas e as placas amiloides (vistas na doença de Alzheimer e outras condições degenerativas), é criar vacinas que ajam contra suas moléculas constituintes.[51] Embora essa abordagem possa resultar em que o material tóxico seja ingerido pelas células do sistema imunológico, estas podem ser destruídas pelas estratégias descritas acima para combater agregados intracelulares.

Agregados extracelulares. Os AGEs (*advanced glycation end-products*: produtos finais de glicação avançada) resultam de ligações cruzadas indesejadas de moléculas úteis, como o efeito colateral do excesso de açúcar. Essas ligações cruzadas interferem no funcionamento normal das proteínas e contribuem basicamente para o processo do envelhecimento. Uma droga experimental, chamada ALT-711 (cloreto de fenacildimentiltiazólio), pode dissolver essas ligações cruzadas sem danificar o tecido original.[52] Também foram identificadas outras moléculas com essa capacidade.

Perda celular e atrofia. Os tecidos do corpo têm meios para substituir células gastas, mas essa habilidade está limitada a certos órgãos. Por exemplo, conforme envelhecemos, o coração é incapaz de substituir suas células com a rapidez necessária, então ele compensa isso fazendo com que as células sobreviventes fiquem maiores, usando material fibroso. Com o tempo, isso torna o coração menos flexível e reativo. Uma estratégia fundamental aqui é implantar a clonagem terapêutica de nossas próprias células, como descrito abaixo.

O progresso em combater todas as fontes do envelhecimento move-se rapidamente em modelos animais, e a tradução para terapias humanas virá a seguir. Evidências do projeto genoma indicam que não mais do que umas poucas centenas de genes estão envolvidos no processo do envelhecimento. Ao manipular esses genes, já se conseguiu um prolongamento radical da vida em animais mais simples. Por exemplo, ao modificar os genes do verme *C. elegans*, que controlam os níveis de insulina e o hormônio sexual, a duração da vida dos animais de teste foi prolongada seis vezes, equivalendo a quinhentos anos de vida para um humano.[53]

Um cenário híbrido envolvendo bio e nanotecnologia tenciona transformar as células biológicas em computadores. Essas células de "inteligência aumentada" poderiam então detectar e destruir células de câncer e patógenos, ou até mesmo fazer crescer partes do corpo humano. Ron Weiss, bioquímico de Princeton, modificou células para incorporar nelas várias funções lógicas que são usadas para a computação básica.[54] Timothy Gardner, da Universidade de Boston, desenvolveu um interruptor lógico celular, outro elemento básico para transformar células em computadores.[55] Cientistas do MIT Media Lab desenvolveram maneiras de usar a comunicação sem fio para enviar mensagens, inclusive sequências complicadas de instruções, aos computadores dentro das células modificadas.[56] Weiss observa que "quando já se tem a habilidade de programar células, não é preciso ficar restringido ao que as células já sabem fazer. Elas podem ser programadas para fazer coisas novas, em novos padrões".

Clonagem humana: A aplicação menos interessante da tecnologia da clonagem

Um dos mais potentes métodos para aplicar a maquinaria da vida envolve aproveitar os próprios mecanismos biológicos de reprodução na forma de clonagem. A clonagem será uma tecnologia-chave — não para clonar humanos reais, mas para propósitos de prolongar a vida, na forma de "clonagem terapêutica". Esse processo cria novos tecidos com as células "jovens" de telômeros prolongados e o DNA corrigido para substituir, sem cirurgia, tecidos ou órgãos defeituosos.

Todos os especialistas em ética, inclusive eu, consideram a clonagem humana de agora como não ética. Entretanto, para mim as razões têm pouco a ver com as questões escorregadias de manipular a vida humana. E sim, simplesmente, que a tecnologia de hoje não é confiável. A técnica atual de fundir o núcleo de uma célula do doador com uma célula-ovo usando uma faísca elétrica simplesmente provoca um alto nível de erros genéticos.[57] Essa é a razão fundamental para que a maioria dos fetos criados por esse método não chegue a termo. Mesmo aqueles que chegam têm defeitos genéticos. Dolly, a ovelha, desenvolveu um problema de obesidade quando adulta, e a maioria dos animais clonados até agora tem tido problemas de saúde imprevisíveis.[58]

Os cientistas têm inúmeras ideias para aperfeiçoar a clonagem, incluindo maneiras alternativas de fundir o núcleo e a célula-ovo sem usar uma faísca elétrica destrutiva, mas até que a tecnologia prove ser segura, não seria ético criar uma vida humana com uma probabilidade tão alta de problemas de saúde severos. Não há dúvida de que a clonagem humana vai acontecer, e acontecer logo, incentivada por todas as razões de sempre, desde seu valor como publicidade até sua utilidade como uma forma muito fraca de imortalidade. Os métodos que podem ser demonstrados em animais avançados irão funcionar muito bem em humanos. Quando a tecnologia estiver aperfeiçoada em termos de segurança, as barreiras éticas serão frágeis, se é que chegarão a existir.

A clonagem é uma tecnologia importante, mas a clonagem de humanos não é seu uso mais digno de nota. Vamos tratar primeiro de suas aplicações mais valiosas e depois voltar para a mais controversa.

Por que a clonagem é importante? O uso mais imediato da clonagem é melhorar a criação, oferecendo a habilidade de reproduzir diretamente um animal com o conjunto de traços genéticos desejáveis. Um exemplo importante é a reprodução de animais a partir de embriões transgênicos (embriões com genes alheios) para a produção farmacêutica. Um exemplo disso: um promissor tratamento anticâncer é uma droga antiangiogênese chamada aaAtIII, que é produzida no leite de cabras transgênicas.[59]

Preservar as espécies em risco de extinção e restaurar as extintas. Outra aplicação impressionante é a recriação de animais de espécies em risco de extinção. Ao criopreservar células dessas espécies, estas jamais terão de ficar extintas. Eventualmente, será possível recriar animais de espécies extintas recentemente. Em 2001, os cientistas conseguiram sintetizar o DNA do tigre-da-tasmânia, que já estava extinto havia 65 anos, com a esperança de trazer essa espécie de volta à vida.[60] Quanto a espécies extintas há muito tempo (por exemplo, os dinossauros), é altamente duvidoso que se possa encontrar um DNA inteiro intacto em uma única célula preservada (como foi feito em *O parque dos dinossauros*[2*]). Mas é provável que eventualmente será possível sintetizar o DNA necessário ao emendar as informações derivadas de múltiplos fragmentos inativos.

Clonagem terapêutica. Talvez a aplicação emergente mais valiosa seja a clonagem terapêutica de nossos próprios órgãos. Começando com células germinativas (originadas de óvulos ou esperma e transmitidas aos descendentes), os engenheiros genéticos podem desencadear a diferenciação em vários tipos de células. Visto que a diferenciação acontece no estágio pré-fetal (ou seja, antes da implantação do feto), a maioria dos especialistas em ética acredita que esse processo não gera preocupações, embora a questão seja altamente discutível.[61]

Engenharia de células somáticas humanas. Essa abordagem ainda mais promissora, que se desvia inteiramente da controvérsia de usar células-tronco fetais, é chamada de transdiferenciação; ela cria novos tecidos com o próprio DNA do paciente, ao converter um tipo de célula (como a célula da pele) em outro (como uma célula da ilhota pancreática ou uma célula do coração).[62] Recentemente, cientistas dos Estados Unidos e da Noruega conseguiram reprogramar algumas células do fígado para que se tornassem células do pâncreas. Em outra série de experiências, células da pele humana foram transformadas para adquirir muitas das características das células do sistema imunológico e das células nervosas.[63]

Pense na pergunta: Qual é a diferença entre uma célula da pele e qualquer outro tipo de célula do corpo? Afinal, todas elas têm o mesmo DNA. Como mencionado acima, as diferenças são encontradas nos fatores de sinalização de proteínas, que incluem fragmentos curtos de RNA e peptídeos, que agora começamos a entender.[64] Ao manipular essas proteínas, pode-se influir na expressão de genes e enganar um tipo de célula para transformá-la em outro.

2 * *No filme, são usados fragmentos do DNA de anfíbios para preencher o que falta no DNA de dinossauro encontrado no inseto preservado em âmbar. (N.T.)*

Aperfeiçoar essa tecnologia iria não apenas desarmar uma sensível questão ética e política, mas também oferecer uma solução ideal do ponto de vista científico. Se você precisar de células das ilhotas pancreáticas ou dos tecidos dos rins — ou mesmo de um coração inteiro —, para evitar reações autoimunes, você iria preferir muito obtê-las com o seu próprio DNA em vez do DNA das células germinativas de outra pessoa. Além disso, essa abordagem usa abundantes células da pele (do paciente) em vez das células-tronco, raras e preciosas.

A transdiferenciação vai fazer com que cresça diretamente um órgão com a sua composição genética. Talvez mais importante, o novo órgão pode ter seus telômeros totalmente estendidos até seu comprimento original, jovem, de modo que o novo órgão é de fato jovem de novo.[65] Também se pode corrigir erros acumulados de DNA, selecionando as células da pele adequadas (ou seja, sem erro de DNA) antes de transdiferenciá-las em outros tipos de células. Com esse método, um homem de oitenta anos poderia ter seu coração substituído pelo mesmo coração de quando ele tinha, digamos, 25.

Os tratamentos atuais para a diabetes tipo 1 exigem drogas fortes antirrejeição que podem ter efeitos colaterais perigosos.[66] Com a engenharia das células somáticas, quem tem diabetes tipo 1 será capaz de fazer células das ilhotas pancreáticas a partir de suas próprias células, ou das células da pele (transdiferenciação) ou das células-tronco adultas. Ele estaria usando seu próprio DNA e aproveitando um suprimento relativamente inexaurível de células, portanto, não seria necessária nenhuma droga contra a rejeição. (Mas para curar definitivamente a diabetes tipo 1, também seria preciso superar a enfermidade autoimune do paciente, que faz com que seu corpo destrua as células das ilhotas.)

Ainda mais entusiasmante é a perspectiva de substituir os órgãos e tecidos de uma pessoa por seus substitutos "jovens" sem usar a anestesia. Introduzir células clonadas, com telômeros prolongados e DNA corrigido em um órgão vai fazer com que elas se integrem com as células mais velhas. Repetindo tratamentos desse tipo por um tempo, o órgão vai acabar sendo dominado pelas células mais jovens. De qualquer modo, é normal substituirmos nossas próprias células regularmente, então por que não fazer isso com células jovens, rejuvenescidas, em vez das cheias de erros, com telômeros encurtados? Não há motivo para que não se possa repetir esse processo para cada órgão e tecido de nosso corpo, permitindo que fiquemos progressivamente mais jovens.

Resolvendo a fome mundial. As tecnologias de clonagem até oferecem uma solução possível para a fome mundial: criando carne e outras fontes de proteína em uma fábrica *sem animais* ao clonar tecido muscular animal. Os benefícios incluiriam um custo extremamente baixo, evitando os pesticidas e os hormônios que existem na carne natural, reduzindo enormemente o impacto ambiental (comparado com a criação intensiva de gado) e oferecendo um perfil nutricional melhorado e nenhum sofrimento animal. Como acontece com a clonagem terapêutica, não se criaria um animal inteiro, mas, em vez disso, a carne ou partes animais almejadas. Em essência, toda a carne — bilhões de quilos dela — poderia ser derivada de um único animal.

Existem outros benefícios desse processo além de acabar com a fome. Criando carne desse jeito, ela fica dependente da Lei dos Retornos Acelerados — com o tempo, as melhorias exponenciais no preço-desempenho de tecnologias baseadas na informação —, ficando assim extremamente barata. Mesmo que hoje a fome mundial seja, com certeza, intensificada por conflitos e questões políticas, a carne iria ficar tão barata que teria um profundo efeito na disponibilidade de comida.

Com a criação de carne sem animais, também seria eliminado o sofrimento animal. A economia da criação intensiva dá uma prioridade muito baixa para o conforto dos animais, que são tratados como engrenagens de uma máquina. A carne produzida daquele modo, embora normal em todos os outros aspectos, não seria uma parte de um animal com sistema nervoso, o que é, em geral, considerado como um elemento necessário para que aconteça o sofrimento, ao menos em um animal biológico. Também se poderia usar a mesma abordagem para produzir subprodutos animais, como couro e pele. Outras grandes vantagens seriam eliminar o enorme dano ecológico e ambiental devido à pecuária intensiva, bem como o risco de doenças baseadas nos príons, como a doença da vaca louca e sua contrapartida humana, vCJD.[67]

Clonagem humana revisitada. Isso nos traz de novo à clonagem humana. Minha previsão é de que, depois de aperfeiçoada a tecnologia, nem os grandes dilemas vistos pelos éticos, nem a profunda promessa prenunciada pelos entusiastas, vão predominar. Qual o problema de haver gêmeos genéticos separados por uma ou mais gerações? É provável que a clonagem comprove ser como outras tecnologias de reprodução, que foram controversas por pouco tempo e depois aceitas rapidamente. A clonagem física é muito diferente da clonagem mental, em que a personalidade, a memória, as habilidades e a história, todas, de uma pessoa, serão baixadas, em última análise, em um meio pensante, diferente e muito provavelmente mais potente. Com a clonagem genética, não surge a questão da identidade filosófica, pois tais clones seriam gente diferente, ainda mais do que os gêmeos convencionais hoje.

Considerando-se o conceito completo da clonagem, das células para os organismos, seus benefícios têm uma enorme sinergia com as outras revoluções que estão acontecendo na biologia, bem como na tecnologia da computação. À medida que aprendemos a compreender o genoma e o proteoma (a expressão do genoma em proteínas) tanto de humanos quanto de animais, e à medida que desenvolvemos novos meios potentes para colher a informação genética, a clonagem fornece os meios para replicar os animais, os órgãos e as células. E isso tem profundas consequências para a saúde e o bem-estar, tanto nossa quanto de nossos primos evolutivos do reino animal.

NED LUDD: Se todo o mundo pode mudar seus genes, então todo o mundo vai escolher ser "perfeito" em todos os sentidos, então não vai haver diversidade, e ser excelente vai ficar sem sentido.

RAY: Não exatamente. É óbvio que os genes são importantes, mas nossa natureza — habilidades, conhecimento, memória, personalidade — reflete a informação do projeto em nossos genes, assim como nossos corpos e cérebros se organizam através de nossa experiência. Isso fica logo evidente em nossa saúde. Eu, pessoalmente, tenho uma disposição genética para diabetes tipo 2, na verdade fui diagnosticado com essa doença há mais de vinte anos. Mas hoje não tenho nenhuma indicação de diabetes porque superei essa disposição genética como resultado de reprogramar minha bioquímica através das escolhas de estilo de vida como nutrição, exercício e suplementação agressiva. Com relação a nossos cérebros, nós todos temos várias aptidões, mas nossos talentos reais são uma função daquilo que aprendemos, desenvolvemos e vivenciamos. Nossos genes refletem apenas predisposições. Pode-se ver como isso funciona no desenvolvimento do cérebro. Os genes descrevem certas regras e restrições para padrões de conexão interneural, mas as conexões reais que temos como adultos são resultado de um processo de se organizarem com base em nosso aprendizado. O resultado final — quem somos nós — é profundamente influenciado tanto pela natureza (genes) quanto pela criação (experiência).

Assim, quando tivermos a oportunidade de mudar nossos genes quando adultos, não iremos apagar a influência de nossos genes iniciais.

Experiências anteriores à terapia gênica terão sido traduzidas pelos genes de antes da terapia, portanto nosso caráter e nossa personalidade ainda serão formados primordialmente pelos genes originais. Por exemplo, se alguém adicionasse genes para aptidão musical a seu cérebro através da terapia gênica, você não iria de repente tornar-se um gênio da música.

NED: Ok, eu entendo que os baby boomers de design não podem se livrar completamente de seus genes pré-design, mas, como bebês de design, eles vão ter os genes e o tempo para expressá-los.

RAY: A revolução dos "bebês de design" vai ser muito lenta; não será um fator significativo neste século. Outras revoluções vão ultrapassá-la. Não teremos a tecnologia para bebês de design pelos próximos dez a vinte anos. À medida que for usada, será adotada gradualmente, e depois essas gerações vão levar outros vinte anos para chegarem à maturidade. Por essa época, estaremos nos aproximando da Singularidade, com a verdadeira revolução sendo o predomínio da inteligência não biológica. Isso estará muito além das habilidades de qualquer designer de genes. A ideia de bebês de design e baby boomers é apenas a reprogramação dos processos de informação na biologia. Mas ainda é biologia, com todas as suas profundas limitações.

NED: Você está deixando escapar alguma coisa. Biológicos é o que somos. Acho que a maioria das pessoas iria concordar que ser biológico é o atributo, por excelência, do ser humano.

RAY: Hoje, isso é com certeza verdade.

NED: E pretendo conservá-lo assim.

RAY: Bem, se você fala por si mesmo, tudo bem. Mas se ficar biológico e não reprogramar seus genes, você não ficará por aqui por muito tempo para influir no debate.

Nanotecnologia: a interseção da informação com o mundo físico

O papel do infinitamente pequeno é infinitamente amplo.
Louis Pasteur

Mas não tenho receio de enfrentar a questão final que consiste em saber se, em última análise, no longo prazo, poderemos arrumar os átomos do jeito que quisermos; os próprios átomos, todos eles!

Richard Feynman

A nanotecnologia tem o potencial de melhorar o desempenho humano, levar o desenvolvimento sustentável para os materiais, a água, a energia e os alimentos, de proteger contra bactérias e vírus desconhecidos e até de diminuir as razões para romper a paz (ao criar uma abundância universal).

National Science Foundation Nanotechnology Report

A nanotecnologia promete as ferramentas para reconstruir o mundo físico — inclusive nossos corpos e cérebros —, fragmento molecular por fragmento molecular, potencialmente átomo por átomo. Está sendo encolhido o tamanho da tecnologia, de acordo com a Lei de Retornos Acelerados, na taxa exponencial de aproximadamente um fator de quatro por dimensão linear por década.[68] Nesse ritmo, o tamanho para a maioria das tecnologias eletrônicas e para muitas das mecânicas estará ao alcance da nanotecnologia — em geral considerada como sendo abaixo de cem nanômetros — pela década de 2020. (Aparelhos eletrônicos já mergulharam abaixo desse limite, embora não em estruturas tridimensionais, não sendo ainda capazes de montar a si mesmos.) Enquanto isso, tem sido feito um rápido progresso, especialmente nos vários últimos anos, em preparar a moldura conceitual e as ideias de projeto para a vindoura era da nanotecnologia.

Tão importante quanto a revolução biotecnológica discutida acima, quando seus métodos estiverem totalmente maduros, os limites serão encontrados na própria biologia. Embora os sistemas biológicos sejam notáveis por sua inteligência, também se descobriu que eles estão dramaticamente abaixo do perfeito. Já se mencionou a velocidade extremamente baixa da comunicação no cérebro, e, como será visto abaixo (ver página 289), os substitutos robóticos das células vermelhas do sangue poderiam ser milhares de vezes mais eficientes do que suas contrapartes biológicas.[69] A biologia jamais conseguirá igualar o que nós seremos capazes de fazer quando chegarmos a entender totalmente os princípios operacionais da biologia.

A revolução na nanotecnologia, entretanto, vai nos permitir, em última análise, redesenhar e reconstruir, molécula por molécula, nossos corpos e cérebros e o mundo com que interagimos.[70] Essas duas revoluções se sobrepõem, mas a realização total da nanotecnologia fica atrasada cerca de uma década em relação à revolução biotecnológica.

A maioria dos historiadores da nanotecnologia data seu nascimento conceitual com o discurso seminal do físico Richard Feynman em 1959, "There's Plenty of Room at the Bottom" [Tem bastante lugar no fundo], em que ele descreve as implicações inevitáveis e profundas de fabricar máquinas no nível de átomos:

> Os princípios da física, até onde posso ver, não falam contra a possibilidade de manobrar coisas átomo por átomo. Em princípio, seria possível [...] para um físico sintetizar qualquer substância química que o químico escreve [...]. Como? Ponha os átomos onde o químico diz, e assim você faz a substância. Os problemas da química e da biologia podem ser enormemente facilitados se nossa habilidade de ver o que estamos fazendo e de fazer coisas em nível de átomos for finalmente desenvolvida — um desenvolvimento que acho que não pode ser evitado.[71]

Outro fundamento conceitual anterior para a nanotecnologia foi formulado pelo teórico da informação John Von Neumann no começo da década de 1950, com seu modelo de sistema autorreprodutor baseado em um construtor universal, combinado com um computador universal.[72] Nessa proposta, o computador roda um programa que, por sua vez, constrói uma cópia de ambos, o computador (incluindo seu programa de se autorreplicar) e o construtor. Nesse nível a proposta descrita por Von Neumann é bem abstrata — o computador e o construtor poderiam ser feitos de muitos jeitos, bem como de diversos materiais, e poderiam até ser uma construção matemática teórica. Mas ele levou o conceito um passo adiante e propôs um "construtor cinemático": um robot com no mínimo um manipulador (braço) que iria construir uma réplica dele mesmo de um "mar de peças" em seu meio.[73]

Ficou para Eric Drexler fundar o moderno campo da nanotecnologia, com um rascunho de sua excepcional tese de doutorado em meados dos anos 1980, em que ele essencialmente combinava essas duas sugestões fascinantes.

Drexler descreveu um construtor cinemático de Von Neumann, que, para seu mar de peças, usava átomos e fragmentos de moléculas, como sugerido na fala de Feynman. A visão de Drexler atravessava muitas fronteiras disciplinares e tinha um alcance tão grande que ninguém foi bastante ousado para ser seu orientador, exceto meu próprio mentor, Marvin Minsky. A tese de Drexler (que se tornou seu livro *Engines of Creation* [Motores da criação] em 1986 e foi articulado tecnicamente em sua obra de 1992, *Nanosystems*) delineou a fundação da nanotecnologia e forneceu um mapa que ainda é seguido hoje.[74]

O "montador molecular" de Drexler será capaz de fazer quase qualquer coisa no mundo. Já se referiram a ele como um "montador universal", mas Drexler e outros teóricos da nanotecnologia não usam a palavra "universal" porque os produtos de tal sistema têm, necessariamente, de estar submetidos às leis da física e da química, portanto só seriam viáveis estruturas atomicamente estáveis. Além disso, qualquer montador específico estaria restrito a construir os produtos a partir de seu mar de peças, embora tenha sido demonstrada a possibilidade de usar átomos individuais. Mesmo assim, um montador desses poderia fazer quase qualquer dispositivo físico que se quisesse, inclusive computadores altamente eficientes e subsistemas para outros montadores.

Embora Drexler não tenha fornecido um desenho detalhado para um montador — esse desenho ainda não foi completamente especificado —, sua tese forneceu extensos argumentos de factibilidade para cada um dos principais componentes do montador molecular, que incluem os seguintes subsistemas:

- **O computador:** para fornecer a inteligência necessária ao controle do processo de montagem. Como com todos os subsistemas do dispositivo, o computador deve ser pequeno e simples. Como descrito no capítulo 3, Drexler fornece uma curiosa descrição conceitual de um computador mecânico com "fechaduras" moleculares em vez de portas de transistores. Cada fechadura precisaria de apenas dezesseis nanômetros cúbicos de espaço e poderia ligar e desligar 10 bilhões de vezes por segundo. Essa proposta permanece sendo a mais competitiva de toda a tecnologia eletrônica conhecida, embora computadores eletrônicos, construídos a partir de agrupamentos tridimensionais de nanotubos de carbono pareçam fornecer uma maior densidade de computação (isto é, cálculos por segundo por grama).[75]
- **A arquitetura das instruções:** Drexler e seu colega Ralph Merkle propuseram uma arquitetura SIMD (*single instruction multiple data* — instrução única dados múltiplos) em que um único local de armazenamento iria registrar as

instruções e transmiti-las para trilhões de montadores do tamanho de uma molécula (cada um com seu próprio computador simples) ao mesmo tempo. Já discuti algumas das limitações da arquitetura SIMD no capítulo 3, mas esse projeto (que é mais fácil de realizar do que a abordagem mais flexível do tipo múltiplas instruções múltiplos dados) é suficiente para o computador em um montador nanotecnológico universal. Com essa abordagem, o montador não iria precisar armazenar o programa inteiro para criar o produto almejado. Uma arquitetura "de difusão" também aborda uma grande preocupação com a segurança: o processo de autorreprodução poderia ser desligado se ficasse descontrolado, extinguindo a fonte centralizada das instruções de replicação. Entretanto, como Drexler ressalta, um montador em nanoescala não tem, necessariamente, de reproduzir a si mesmo.[76] Dados os perigos inerentes da autorreplicação, os padrões éticos propostos pelo Foresight Institute (um *think tank* fundado por Eric Drexler e Christine Peterson) contêm proibições contra a autorreprodução irrestrita, especialmente em um ambiente natural. Como discutirei no capítulo 8, essa abordagem deve ser razoavelmente eficaz contra perigos impensados, embora estes pudessem ser evitados por um adversário determinado e bem informado.

- **Transmissão de instruções:** A transmissão das instruções do local de armazenamento centralizado de dados para cada um dos muitos montadores seria realizada eletronicamente, se o computador for eletrônico, ou através de vibrações mecânicas, se for usado o conceito de Drexler de computador mecânico.
- **O robot construtor:** O construtor seria um robot molecular simples, com um só braço, semelhante ao construtor cinemático de Von Neumann mas em escala muito pequena. Já existem exemplos de sistemas experimentais em escala molecular que podem agir como motores e pernas de robots, conforme discuto abaixo.
- **A ponta do braço do robot:** Nanosystems de Drexler fornecia numerosas maneiras factíveis para que a ponta do braço do robot fosse capaz de agarrar (usando os campos apropriados de força atômica) o fragmento de uma molécula, ou mesmo um único átomo, e depois depositá-lo no lugar pretendido. No processo químico de depositar vapor, usado para construir diamantes artificiais, átomos individuais de carbono, bem como fragmentos de moléculas, são levados a outros locais através das reações químicas na ponta. Construir diamantes artificiais é um processo caótico que envolve trilhões de átomos, mas as propostas conceituais de Robert Freitas e Ralph

Merkle contemplam pontas de braço de robot que podem remover átomos de hidrogênio de um material e depositá-los no local desejado na construção de uma máquina molecular. Nessa proposta, as pequenas máquinas são construídas a partir de um material diamantoide. Além de ter muita força, o material pode ser adulterado com impurezas, de um modo preciso, para criar componentes eletrônicos como transistores. As simulações têm mostrado que tais engrenagens, alavancas, motores e outros sistemas mecânicos iriam operar adequadamente, como pretendido.[77] Recentemente, tem se focado mais atenção nos nanotubos de carbono, compreendendo arranjos hexagonais de átomos de carbono montados em três dimensões, que também são capazes de fornecer ambas as funções, mecânica e eletrônica, em nível molecular. Abaixo dou exemplos de máquinas em escala molecular que já foram construídas.

- *O ambiente interno* do montador precisa impedir que as impurezas do ambiente venham interferir no delicado processo da montagem. A proposta de Drexler é manter quase um vácuo e construir as paredes do montador com o mesmo material diamantoide que o próprio montador consegue fazer.

- *A energia* necessária para o processo de montagem pode ser fornecida pela eletricidade ou pela energia química. Drexler propôs um processo químico com o combustível entrelaçado com o material de construção. As propostas mais recentes usam células de combustível nanofabricadas que incorporam hidrogênio e oxigênio ou glucose e oxigênio, ou força acústica em frequências ultrassônicas.[78]

Embora muitas configurações tenham sido propostas, o montador típico tem sido descrito como uma unidade de mesa que pode fabricar quase todos os produtos fisicamente possíveis para os quais há uma descrição em software, indo desde computadores, roupas e obras de arte até as refeições prontas.[79] Produtos maiores como móveis, carros e até casas podem ser construídos de modo modular ou usando montadores maiores. De especial importância é o fato de que um montador pode criar cópias dele mesmo, a menos que seu projeto o proíba especificamente (para evitar uma autorreplicação potencialmente perigosa). O custo gradualmente crescente para criar qualquer produto físico, inclusive os próprios montadores, seria de centavos por libra — basicamente o custo da matéria-prima. Drexler estima o custo total de fabricação, para um processo de fabricação molecular, entre quatro a vinte centavos por quilo, independente do produto fabricado ser roupa, supercomputadores maciçamente paralelos ou sistemas adicionais de fabricação.[80]

É claro que o custo real seria o valor da informação que descreve cada tipo de produto — isto é, o software que controla o processo de montagem. Em outras palavras, o valor de tudo no mundo, inclusive objetos físicos, seria baseado essencialmente na informação. Hoje não estamos muito longe dessa situação, já que o conteúdo da informação nos produtos está aumentando rápido, gradualmente aproximando-se de uma assíntota de 100% de seu valor.

O projeto do software que controla os sistemas de fabricação molecular seria em si mesmo extensamente automatizado, bem semelhante ao projeto de chips hoje. Os projetistas de chips não especificam a localização de cada um dos bilhões de fios e componentes, mas sim aspectos e funções específicas, que sistemas de projetar auxiliados por computadores (CAD) traduzem em projetos reais de chips. De modo semelhante, os sistemas do CAD iriam produzir o software do controle de fabricação molecular a partir de especificações de alto nível. Isso incluiria a habilidade de usar a engenharia reversa em um produto, escaneando-o em três dimensões e depois gerando o software necessário para replicar suas aptidões gerais.

Em operação, o local central de armazenamento de dados iria enviar comandos, ao mesmo tempo, para muitos trilhões (algumas estimativas chegam a 10^{18}) de robots em um montador, todos recebendo a mesma instrução simultaneamente. O montador iria criar esses robots moleculares, começando com um número pequeno e depois usando esses robots para criar outros adicionais de modo iterativo, até que o número necessário fosse criado. Cada robot iria ter um local de armazenamento de dados que especificaria o tipo de mecanismo que ele está construindo. Esse local de armazenamento seria usado para mascarar as instruções globais sendo enviadas pelo local central de armazenamento, de modo que certas instruções seriam bloqueadas e substituídas por parâmetros locais. Assim, embora todos os montadores estejam recebendo a mesma sequência de comandos, existe um nível de customização da parte sendo construída por cada robot molecular. Esse processo é análogo à expressão de genes em sistemas biológicos. Embora todas as células tenham todos os genes, só são expressados aqueles genes relevantes para um determinado tipo de célula. Todos os robots extraem as matérias-primas e o combustível de que precisam, incluindo átomos individuais de carbono e fragmentos moleculares, da sua fonte de materiais.

O montador biológico

A natureza mostra que moléculas podem servir como máquinas porque coisas vivas funcionam por meio dessa maquinaria. As enzimas são máquinas moleculares que fazem, rompem e rearranjam as ligações que mantêm juntas outras moléculas. Os músculos são impulsionados por máquinas moleculares que despertam as fibras umas após as outras. O DNA serve como um sistema de armazenamento de dados, transmitindo instruções digitais às máquinas moleculares, os ribossomos, que fabricam moléculas de proteínas. E, por sua vez, essas moléculas de proteínas compõem a parte maior do maquinário molecular.

Eric Drexler

A prova definitiva da factibilidade de um montador molecular é a própria vida. De fato, à medida que aprofundamos nossa compreensão da base de informações dos processos da vida, estamos descobrindo ideias específicas que são aplicáveis ao projeto de um montador molecular generalizado. Por exemplo, foram feitas propostas para usar uma fonte de energia molecular da glucose e do ATP, semelhante à que é usada pelas células biológicas.

Vejamos como a biologia resolve cada um dos desafios do projeto de um montador de Drexler. O ribossomo representa tanto o computador quanto o robot para a construção. A vida não usa um local para armazenamento central de dados, mas fornece o código inteiro para todas as células. A habilidade de restringir o local de armazenamento de dados de um nanorrobot a apenas uma pequena parte do código de montagem (usando a arquitetura de "difusão"), particularmente quando está se reproduzindo, é um jeito fundamental para que a nanotecnologia possa ser fabricada para ser mais segura do que a biologia.

O local em que a vida armazena dados é, claro, as cadeias de DNA, separadas em genes específicos nos cromossomos. A tarefa de mascarar as instruções (bloqueando os genes que não contribuem para um determinado tipo de célula) é controlada pelas moléculas do curto RNA e pelos peptídeos que comandam a expressão dos genes. O ambiente interno onde o ribossomo consegue funcionar é um ambiente químico especial mantido dentro da célula, que inclui um determinado equilíbrio ácido-alcalino (pH cerca de sete em células humanas) e outros equilíbrios químicos. A membrana da célula é responsável por proteger esse ambiente interno de perturbações.

Fazendo o upgrade do núcleo da célula com um nanocomputador e um nanorrobot. Essa é uma proposta conceitualmente simples para superar todos os patógenos biológicos, com exceção dos príons (proteínas patológicas que se autorreproduzem). Com o advento da nanotecnologia completa nos anos 2020, será possível substituir o depósito de informações genéticas da biologia no núcleo da célula por um sistema nanofabricado, que iria conservar no montador da biologia o código genético e simular as ações do RNA, do ribossomo e de outros elementos do computador. Um nanocomputador iria conservar o código genético e implementar os algoritmos da expressão dos genes. Então, um nanorrobot iria construir as sequências de aminoácidos para os genes expressados.

Haveria benefícios significativos para adotar esse mecanismo. Poderia ser eliminado o acúmulo de erros de transcrição de DNA, uma das principais fontes do processo de envelhecimento. Poderíamos introduzir alterações no DNA para, em essência, reprogramar nossos genes (algo que poderemos fazer bem antes desse cenário com o uso das terapias de genes). Também seria possível derrotar patógenos biológicos (bactérias, vírus e células do câncer) ao bloquear qualquer replicação indesejada da informação genética.

Com esse sistema nanofabricado, a arquitetura recomendada para a difusão permitiria desligar a reprodução indesejada, vencendo com isso o câncer, as reações autoimunes e outros processos patológicos. Embora a maioria desses processos patológicos já terá sido vencida pelos métodos biotecnológicos descritos na seção anterior, a reengenharia do computador da vida usando nanotecnologia poderia eliminar quaisquer obstáculos remanescentes e criar

Núcleo baseado em nanobots

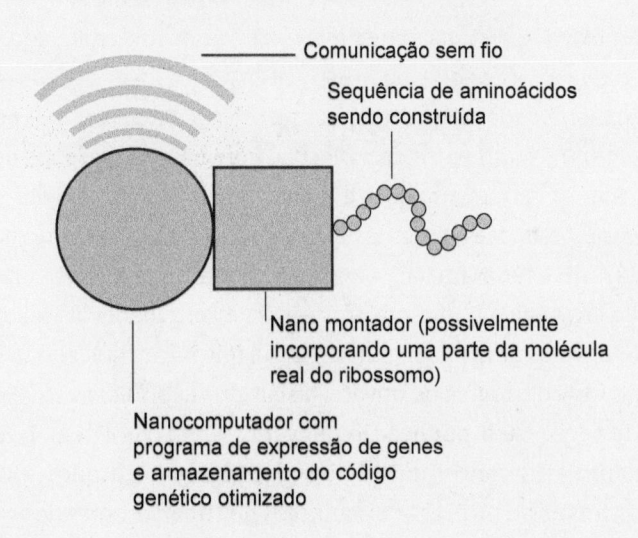

Comunicação sem fio

Sequência de aminoácidos sendo construída

Nano montador (possivelmente incorporando uma parte da molécula real do ribossomo)

Nanocomputador com programa de expressão de genes e armazenamento do código genético otimizado

um nível de durabilidade e flexibilidade que ultrapasse as aptidões inerentes à biologia.

A ponta do braço do robot iria usar a habilidade do ribossomo de realizar reações enzimáticas para dividir um aminoácido individual, cada uma das partes ligada a um tRNA específico, e para ligá-las a seu aminoácido vizinho usando uma ligação de peptídeos. Assim, um sistema desses poderia utilizar partes do próprio ribossomo, já que essa máquina biológica é capaz de construir a necessária cadeia de aminoácidos.

Entretanto, o objetivo da fabricação molecular não é meramente reproduzir a capacidade de montagem molecular da biologia. Os sistemas biológicos estão limitados a construir sistemas a partir de proteínas, o que tem profundas limitações em potência e velocidade. Embora as proteínas biológicas sejam tridimensionais, a biologia está restrita àquela classe de químicas que podem ser dobradas a partir de uma fita unidimensional de aminoácidos. Nanorrobots construídos de engrenagens e rotores diamantoides também podem ser milhares de vezes mais rápidos e mais potentes do que as células biológicas.

A comparação é ainda mais dramática com relação à computação: a velocidade de trocas da computação baseada em nanotubos seria milhões de vezes mais rápida do que a extremamente baixa velocidade das trocas eletroquímicas usadas nas conexões interneurais dos mamíferos.

O conceito de um montador diamantoide descrito acima usa um material consistente de entrada (para a construção e o combustível), que representa uma das várias proteções contra a reprodução de robots, em escala molecular, de modo descontrolado, no mundo exterior. O robot de reprodução da biologia, o ribossomo, também requer uma fonte e materiais combustíveis cuidadosamente controlados, o que é fornecido pelo nosso sistema digestivo. À medida que as reproduções nanobaseadas tornam-se mais sofisticadas, mais capazes de extrair átomos de carbono e fragmentos de moléculas com base em carbono de fontes de materiais menos bem controladas e capazes de funcionar fora dos recintos controlados das reproduções, tal como no mundo biológico, elas terão o potencial de representar uma séria ameaça para esse mundo. Isso é particularmente verdade tendo em vista a muito maior potência e velocidade das reproduções nanobaseadas em relação a qualquer sistema biológico. Claro que essa habilidade é fonte de grandes controvérsias, que irei discutir no capítulo 8.

Na década seguinte à publicação de *Nanosystems* de Drexler, todos os aspectos dos projetos conceituais de Drexler foram ratificados através de propostas adicionais de projetos,[81] simulações de supercomputadores e, mais importante, a construção concreta de máquinas moleculares relacionadas. T. Ross Kelly, professor de química do Boston College, relatou que construiu um nanomotor de combustível químico com 78 átomos.[82] Um grupo de pesquisas biomoleculares chefiado por Carlo Montemagno criou um nanomotor com ATP como combustível.[83] Outro motor do tamanho de uma molécula, movido a energia solar, foi criado a partir de 58 átomos por Ben Feringa da Universidade de Groningen, nos Países Baixos.[84] Um progresso semelhante tem sido obtido com outros componentes mecânicos em escala molecular, como engrenagens, rotores e alavancas. Alguns sistemas demonstrando o uso de energia química e energia acústica (como descritos originalmente por Drexler) têm sido projetados, simulados e realmente construídos. Progresso substancial também tem sido feito em desenvolver vários tipos de componentes eletrônicos de dispositivos em escala molecular, especialmente na área de nanotubos de carbono, uma área onde Richard Smalley foi pioneiro.

Os nanotubos também estão provando que são muito versáteis como componentes estruturais. Os cientistas do Laboratório Nacional Lawrence Berkeley recentemente fizeram a apresentação de uma esteira rolante construída por nanotubos.[85] A nanoesteira rolante foi usada para transportar pequenas partículas de índio de um lugar para outro, embora a técnica possa ser adaptada para mover uma variedade de objetos de tamanho molecular. Ao controlar uma corrente elétrica aplicada ao dispositivo, pode-se modular a direção e a velocidade do movimento. "É a mesma coisa que girar uma maçaneta [...] e tomar o controle em macroescala do transporte de massas em nanoescala", disse Chris Regan, um dos projetistas. E é reversível: pode-se mudar a polaridade da corrente e levar o índio de volta à sua posição original. A habilidade de transportar rapidamente blocos de construção para locais precisos é um passo fundamental para construir linhas de montagem moleculares.

Um estudo feito para a Nasa pela General Dynamics demonstrou a factibilidade de máquinas em nanoescala que se reproduzem.[86] Usando simulações de computador, os pesquisadores mostraram que robots moleculares precisos chamados de autômatos celulares cinemáticos, construídos a partir dos módulos moleculares reconfiguráveis, eram capazes de reproduzir a eles mesmos. Os projetos também usaram a arquitetura de difusão, que determinou a factibilidade dessa forma mais segura de autorreprodução.

O DNA está provando ser tão versátil quanto os nanotubos para construir estruturas moleculares. A inclinação do DNA para se ligar com ele mesmo faz dele um componente estrutural útil. Os projetos futuros podem combinar esse atributo e também sua capacidade para armazenar informações. Tanto os nanotubos quanto o DNA têm propriedades notáveis para o armazenamento de informações e controle lógico, bem como para construir estruturas tridimensionais fortes.

Uma equipe de pesquisadores na Universidade Ludwig Maximilians em Munique construiu uma "mão de DNA" que pode selecionar uma dentre várias proteínas, ligar-se a ela e depois soltá-la conforme o comando.[87] Alguns passos importantes na criação de um mecanismo de montagem de DNA semelhante ao ribossomo foram recentemente demonstrados pelos pesquisadores da nanotecnologia Shiping Liao e Nadrian Seeman.[88] Pegar e soltar objetos moleculares de maneira controlada é outra aptidão importante que permite a montagem molecular da nanotecnologia.

Cientistas do Instituto de Pesquisas Scripps demonstraram a habilidade de criar blocos de construção de DNA gerando muitas cópias de uma fita de DNA com 1.669 nucleotídeos.[89] As fitas montaram-se espontaneamente como octaedros rígidos, que podiam ser usados como blocos para construir estruturas tridimensionais elaboradas. Outra aplicação desse processo seria utilizar os octaedros como compartimentos para levar proteínas, o que Gerald F. Joyce, um dos pesquisadores do Scripps, chamou de um "vírus ao contrário". Os vírus, que também podem montar a si mesmos, em geral têm uma camada externa de proteínas com o DNA (ou RNA) do lado de dentro. "Com isso", Joyce indicou, "em princípio, seria possível ter DNA do lado de fora e proteínas do lado de dentro."

Uma demonstração particularmente impressionante de um dispositivo em nanoescala construído a partir do DNA é um robot bípede bem pequeno que pode andar com pernas que têm dez nanômetros de comprimento.[90] Tanto as pernas quanto a pista da caminhada são construídas a partir do DNA, aqui também escolhido pela habilidade que tem a molécula de ligar-se e desligar-se de maneira controlada. O nanorrobot, um projeto dos professores de química Nadrian Seeman e William Sherman da Universidade de Nova York, caminha separando suas pernas da pista, movimentando-se por ela e depois religando suas pernas à pista. O projeto é mais uma demonstração impressionante da habilidade que têm as máquinas em nanoescala para executar manobras precisas.

Um método alternativo de projetar nanorrobots é aprender com a natureza. O nanotecnólogo Michael Simpson do Laboratório Nacional de Oak Ridge descreve a possibilidade de explorar bactérias "como máquinas prontas para uso". As bactérias, que são objetos naturais do tamanho de nanorrobots, podem mover-se, nadar e bombear líquidos.[91] Linda Turner, uma cientista no Instituto

Rowland, em Harvard, tem focado nos seus braços do tamanho de filamentos, chamados de fímbrias, que conseguem executar uma ampla variedade de tarefas, inclusive carregando outros objetos em nanoescala e misturando fluidos. Outra abordagem é usar somente partes da bactéria. Um grupo de pesquisas chefiado por Viola Vogel na Universidade de Washington construiu um sistema usando só os membros da bactéria *E. coli*, que foi capaz de selecionar contas em nanoescala de diferentes tamanhos. Já que as bactérias são sistemas naturais em nanoescala que podem executar uma ampla variedade de funções, o objetivo final dessa pesquisa será aplicar a engenharia reversa na bactéria de modo que os mesmos princípios de projeto possam ser aplicados a nossos próprios projetos de nanorrobots.

Dedos gordos e grudentos

Depois do desenvolvimento, que se expandiu rapidamente, de cada faceta dos futuros sistemas de nanotecnologia, nenhuma falha séria foi descrita no conceito de nanomontadores de Drexler. Uma objeção muito difundida em 2001, na Scientific American, do ganhador do Nobel Richard Smalley, foi baseada em uma descrição distorcida da proposta de Drexler;[92] ele não se referiu ao extenso conjunto da obra executado na década anterior. Como pioneiro dos nanotubos de carbono, Smalley tem se entusiasmado com a variedade de aplicações da nanotecnologia, tendo escrito que "a nanotecnologia tem a resposta, se é que há respostas, para a maioria de nossas necessidades materiais urgentes de energia, saúde, comunicação, transporte, comida, água", mas ele continua cético quanto à montagem molecular nanotecnológica.

Smalley descreve o montador de Drexler como consistindo em cinco a dez "dedos" (braços manipuladores) para segurar, mover e colocar cada átomo na máquina que está sendo construída. Então ele continua, ressaltando que não cabem tantos dedos no espaço apertado onde um nanorrobot molecular de montagem tem de trabalhar (que ele chama da problema dos "dedos gordos"), e que esses dedos terão dificuldade em soltar sua carga atômica por causa das forças de atração molecular (o problema dos "dedos grudentos"). Smalley também ressalta que "uma intrincada valsa tridimensional [...] é executada" por cinco a quinze átomos em uma reação química típica.

De fato, a proposta de Drexler não se parece nada com a descrição enganosa que Smalley critica. A proposta de Drexler, e da maioria dos que vieram depois, usa um único "dedo". Além do mais, têm havido extensas descrições e análises de químicas viáveis que não envolvem pegar e colocar átomos como se fossem peças mecânicas a serem postas no lugar. Além dos exemplos mencionados acima (por exemplo, a mão de DNA), a possibilidade de mover átomos de hidrogênio usando a "extração de hidrogênio propinil" de Drexler tem sido extensivamente confirmada nos anos intercalados.[93] A habilidade do microscópio de varredura por sonda (SPM), desenvolvido pela IBM em 1981, e o mais sofisticado microscópio de força atômica (AFM) em fazer passar átomos individuais por reações específicas de uma ponta com uma estrutura em escala molecular fornecem uma prova adicional do conceito. Há pouco tempo, cientistas da Universidade de Osaka usaram um AFM para mover átomos individuais não condutores usando uma técnica mecânica em vez de elétrica.[94] A habilidade de mover átomos condutores e não condutores e de mover moléculas vai ser necessária para a futura nanotecnologia molecular.[95]

Com efeito, se a crítica de Smalley fosse válida, nenhum de nós estaria aqui para discuti-la, porque a vida em si seria impossível, dado que o montador biológico faz exatamente aquilo que Smalley diz que é impossível.

Smalley também objeta que, apesar de "trabalhar furiosamente [...] para gerar até mesmo uma pequeníssima quantidade de um produto iria levar [a um nanorrobot] milhões de anos". É claro que Smalley está certo de que um montador, com apenas um nanorrobot, não vai produzir nenhuma quantidade significativa de um produto. Entretanto, o conceito básico da nanotecnologia é que usaremos trilhões de nanorrobots para alcançar resultados significativos — fator que é também a fonte das preocupações com a segurança, que tem recebido tanta atenção. Criar esses tantos de robots a um custo razoável vai precisar da autorreprodução em algum nível, o que, enquanto resolve a questão econômica, vai introduzir perigos potencialmente graves, preocupação de que vou tratar no capítulo 8. A biologia usa a mesma solução para criar organismos com trilhões de células, e, de fato, achamos que virtualmente todas as doenças derivam do processo de autorreprodução biológico ter dado errado.

Os desafios anteriores dos conceitos subjacentes à nanotecnologia também foram tratados com eficácia. Alguns críticos apontaram que os nanorrobots estariam sujeitos a bombardeios das vibrações térmicas de núcleos, átomos e moléculas. Essa é um razão para os projetistas conceituais da nanotecnologia terem dado preferência a construir componentes estruturais a partir de nanotubos diamantoides ou de carbono. Aumentar a força ou a rigidez de um sistema reduz sua possibilidade de sofrer efeitos termais. A análise desses projetos mostrou que eles são milhares de vezes mais estáveis na presença de efeitos termais do que são os sistemas biológicos, portanto podem funcionar em uma faixa mais ampla de temperatura.[96]

Desafios semelhantes foram feitos em relação à incerteza quântica da posição, com base no tamanho extremamente pequeno dos dispositivos nanofabricados. Os efeitos quânticos são significativos para um elétron, mas um único núcleo de átomo de carbono é 20 mil vezes mais maciço do que um elétron. Um nanorrobot será construído com milhões de bilhões de átomos de carbono e outros, ficando mais do que trilhões de vezes mais maciço do que um elétron. Inserindo essa razão na equação fundamental da incerteza quântica da posição, vê-se que é um fator insignificante.[97]

A energia tem representado mais um desafio. Propostas envolvendo células de combustível com glucose e oxigênio mostraram funcionar bem em estudos de factibilidade de Freitas e outros.[98] Uma vantagem da abordagem glucose--oxigênio é que as aplicações da nanomedicina podem colher os recursos de glucose, oxigênio e ATP já fornecidos pelo aparelho digestivo humano. Um motor em nanoescala foi criado recentemente usando propulsores feitos de níquel e a energia fornecida por uma enzima baseada em ATP.[99] Entretanto, progressos recentes em implementar células de combustível hidrogênio-oxigênio em escala MEMS, e mesmo em nanoescala, forneceram uma abordagem alternativa, relatada abaixo.

O debate recrudesce

Em abril de 2003, Drexler contestou o artigo de Smalley na *Scientific American* com uma carta aberta.[100] Citando vinte anos de pesquisa por ele e outros, a carta respondia especificamente às objeções de dedos gordos e grudentos de Smalley. Como discuti acima, os montadores moleculares jamais foram descritos como tendo dedos, mas, em vez disso, dependendo da exata posição das moléculas reativas. Drexler citou ribossomos e enzimas biológicas como exemplos da montagem molecular exata no mundo natural. Ele terminou citando a própria observação de Smalley: "Quando um cientista diz que algo é possível, provavelmente está subestimando o tempo que vai levar. Mas se diz que é impossível, ele está provavelmente errado".

Mais três rounds desse debate aconteceram em 2003. Smalley respondeu à carta aberta de Drexler renegando suas objeções dos dedos gordos e grudentos e reconhecendo que as enzimas e os ribossomos envolvem-se, sim, na montagem molecular precisa que Smalley tinha dito antes que era impossível.

Smalley então argumentou que as enzimas biológicas só funcionam na água, e que tal química baseada em água está limitada a estruturas biológicas como "madeira, carne e osso". Como Drexler afirmou, também isso está errado.[101] Muitas enzimas, mesmo aquelas que normalmente funcionam em água, também podem funcionar em solventes orgânicos anidros, e algumas enzimas conseguem operar em substratos na fase de vapor, sem nenhum líquido.[102]

Smalley continua, afirmando (sem nenhuma citação de apoio) que reações enzimáticas só podem acontecer com enzimas biológicas e em reações químicas envolvendo água. Isso também está errado. Alexander Klibanov, professor de química e engenharia biológica no MIT, demonstrou essa catálise enzimática não envolvendo água em 1984. Klibanov escreve em 2003: "Claramente, as afirmações [de Smalley] sobre catálise enzimática não aquosa são incorretas. Tem havido centenas e talvez milhares de artigos publicados sobre catálise enzimática não aquosa desde que nosso primeiro artigo foi publicado há vinte anos".[103]

É fácil ver porque a evolução biológica adotou a química baseada em água. A água é uma substância muito abundante em nosso planeta e constitui de 70% a 90% de nossos corpos, de nossa comida e de toda a matéria orgânica. As propriedades elétricas tridimensionais da água são bastante potentes e conseguem romper as ligações químicas fortes de outros compostos. A água é considerada "o solvente universal", e visto que está envolvida na maioria dos caminhos bioquímicos em nossos corpos, consideramos que a química da vida em nosso planeta é fundamentalmente uma química da água. Entretanto, o primeiro impulso de nossa tecnologia tem sido desenvolver sistemas que não estão limitados pelas restrições da evolução biológica, evolução que adotou exclusivamente, como base, proteínas e química baseadas em água. Os sistemas biológico podem voar, mas, se quiser voar a 30 mil pés de altitude e a centenas ou milhares de milhas por hora, você usaria nossa moderna tecnologia e não proteínas. Os sistemas biológicos como os cérebros humanos podem lembrar coisas e fazer cálculos, mas se você quiser pesquisar em bilhões de itens de informação, vai querer usar a tecnologia eletrônica, não unicamente cérebros humanos.

Smalley está ignorando toda uma década de pesquisas sobre meios alternativos de se colocar em posição os fragmentos moleculares usando as reações moleculares dirigidas com precisão. A síntese controlada com precisão de material diamantoide tem sido extensamente estudada, inclusive a habilidade de remover um único átomo de hidrogênio da superfície hidrogenada de um diamante[104] e a habilidade de acrescentar um ou mais átomos de carbono à superfície de um diamante.[105] Pesquisas semelhantes, sustentando que é possível remover o hidrogênio e fazer uma síntese diamantoide guiada com precisão, têm sido feitas no centro de simulação de materiais e processos na Caltech; no Departamento de Engenharia e Ciência de Materiais da Universidade Estatal da Carolina do Norte; no Instituto para Fabricação Molecular da Universidade de Kentucky; na Academia Naval dos Estados Unidos; e no Centro de Pesquisas da Xerox em Palo Alto.[106]

Smalley também evita mencionar o SPM, amplamente aceito e mencionado acima, que usa reações moleculares controladas com precisão. Com base nesses conceitos, Ralph Merkle descreveu possíveis reações de ponta que poderiam envolver até quatro reagentes.[107] Há uma extensa literatura sobre reações específicas para um local determinado que têm o potencial de serem guiadas com precisão, podendo assim ser usadas para a química de ponta em um montador molecular.[108] Recentemente, têm surgido muitas ferramentas que vão além dos SPMs e que podem manipular, de modo confiável, átomos e fragmentos moleculares.

Em 3 de setembro de 2003, Drexler respondeu à resposta de Smalley a sua carta inicial, aludindo mais uma vez ao extenso corpo de literatura que Smalley deixa de consultar.[109] Citou a analogia a uma fábrica moderna, só que em nanoescala. Citou análises da teoria do estado de transição indicando que o controle de posicionamento seria possível em frequências de mega-hertz para reagentes selecionados adequadamente.

Smalley de novo respondeu com uma carta que é curta em citações específicas e pesquisa corrente e longa em metáforas imprecisas.[110] Por exemplo, ele escreve que: "assim como não se consegue fazer com que um rapaz e uma moça se apaixonem um pelo outro simplesmente empurrando-os para ficarem juntos, não se consegue fazer com que aconteça uma química com a precisão desejada entre dois objetos moleculares só com um simples movimento mecânico. [Isso] não pode ser feito apenas amassando juntos dois objetos moleculares". De novo, ele reconhece que, de fato, as enzimas realizam isso, mas se recusa a aceitar que tais reações possam ocorrer fora de um sistema como o biológico: "Isso é porque eu o levei [...] para falar da química real com enzimas reais. [Qualquer] sistema desses vai precisar de um meio líquido. Para as enzimas que conhecemos, esse líquido terá de ser a água, e os tipos de coisas que podem ser sintetizados dentro da água não podem ser muito maiores do que a carne e o osso da biologia".

O argumento de Smalley é do tipo "Hoje não tem X, portanto X é impossível". Muitas vezes encontramos esse tipo de argumento na área da inteligência artificial. Há críticos que vão citar as limitações dos sistemas de hoje como prova de que tais limitações são inerentes e jamais poderão ser superadas. Por exemplo, esses críticos desconsideram a extensa lista de exemplos contemporâneos de IA (ver a seção "Uma amostragem da IA restrita", na página 318) que representam sistemas comercialmente disponíveis que funcionam e que eram apenas programas de pesquisa há uma década.

Aqueles dentre nós que tentam projetar o futuro com base em metodologias bem fundamentadas estão em desvantagem. Algumas realidades futuras podem ser inevitáveis, mas ainda não se manifestaram, portanto é fácil negá-las. Um pequeno corpo de pensamento no começo do século XX insistia que era possível o voo mais-pesado-do-que-o-ar, mas os céticos tradicionais podiam simplesmente apontar que, se era tão factível, por que nunca tinha sido demonstrado?

Smalley revela pelo menos parte de seus motivos no final de sua carta mais recente, quando escreve:

Há algumas semanas, dei uma palestra sobre a nanotecnologia e a energia com o título de "Seja um cientista, salve o mundo" para uns setecentos alunos do ensino médio na Spring Branch ISD, uma grande escola pública aqui na área de Houston. Antes de minha visita, foi pedido aos alunos que escrevessem uma redação sobre "por que sou um Nanonerd". Centenas responderam, e eu tive o privilégio de ler as trinta melhores redações, escolhendo minhas cinco favoritas. Dentre as redações que li, quase metade supunha que nanorrobots que se autorreproduzem eram possíveis, e a maioria estava profundamente preocupada com o que iria acontecer em seu futuro quando esses nanorrobots s se espalhassem pelo mundo. Fiz o que pude para aliviar o medo deles, mas não há dúvida de que a muitos desses jovens foi contada uma história da carochinha profundamente perturbadora.

Você e o pessoal à sua volta assustaram nossos jovens.

Eu diria a Smalley que críticos anteriores também expressaram ceticismo quanto à factibilidade de redes mundiais de comunicações ou vírus que iriam se espalhar através delas. Hoje, temos tanto os benefícios quanto as vulnerabilidades dessas capacidades. Entretanto, junto com o perigo dos vírus de software, emergiu um sistema imune tecnológico. Está se obtendo muito mais ganhos do que danos deste último exemplo de promessas e perigos entrelaçados.

A abordagem de Smalley para tranquilizar o público sobre o abuso potencial dessa futura tecnologia não é a estratégia correta. Ao negar a possibilidade da montagem baseada na nanotecnologia, ele também nega o potencial dela. Negar tanto a promessa quanto o perigo da montagem molecular vai, em última análise, sair pela culatra e deixar de orientar as pesquisas na direção construtiva necessária. Pelos anos 2020, a montagem molecular vai fornecer ferramentas para combater eficazmente a pobreza, limpar o meio ambiente, superar as doenças, prolongar a vida e muitas outros valiosos objetivos. Como qualquer outra tecnologia criada pela humanidade, esta também pode ser usada para ampliar e habilitar nosso lado destrutivo. É importante aproximar--se dessa tecnologia de modo sensato, a fim de ganhar os enormes benefícios que ela promete, evitando-se ao mesmo tempo seus perigos.

Primeiros adotantes

Embora o conceito de nanotecnologia de Drexler lidasse primordialmente com o controle molecular preciso da fabricação, ele se expandiu para incluir qualquer tecnologia em que os principais aspectos são medidos por um número modesto de nanômetros (em geral menos de cem). Assim como a eletrônica contemporânea já deslizou silenciosamente para dentro dessa região, a era das aplicações biológicas e médicas já entrou na era das nanopartículas, onde objetos em nanoescala estão sendo desenvolvidos para criar tratamentos e testes mais eficazes. Embora as nanopartículas sejam criadas usando métodos estatísticos de fabricação em vez de montadores, elas, não obstante, dependem de suas propriedades em escala atômica para seus efeitos. Por exemplo, as nanopartículas estão sendo empregadas em testes biológicos experimentais, como etiquetas para aumentar enormemente a sensibilidade para detectar substâncias como as proteínas. As nanoetiquetas magnéticas, por exemplo, podem ser usadas para se ligar aos anticorpos, que então podem ser lidos usando sondas magnéticas enquanto ainda estão dentro do corpo. Algumas experiências bem-sucedidas têm sido feitas com nanopartículas de ouro que são ligadas a segmentos de DNA e podem procurar rapidamente sequências do DNA específicas em uma amostra. Pequenas contas em nanoescala cha-madas pontos quânticos podem ser programadas com códigos específicos combinando múltiplas cores, semelhante a um código de barras colorido, que podem facilitar o acompanhamento das substâncias pelo corpo.

Os dispositivos de microfluidos que estão surgindo, que incorporam canais em nanoescala, podem rodar centenas de testes ao mesmo tempo em amostras muito pequenas de uma dada substância. Esses dispositivos irão permitir testes extensos a serem realizados em amostras quase invisíveis de sangue, por exemplo.

Algumas armações em nanoescala têm sido usadas para cultivar tecidos biológicos como a pele. As terapias futuras poderão usar essas armações muito pequenas para cultivar qualquer tipo de tecido necessário para reparos dentro do corpo.

Uma aplicação particularmente impressionante é colher nanopartículas para levar tratamentos a locais específicos do corpo. As nanopartículas podem guiar drogas através da membrana celular e da barreira sangue-cérebro. Cientistas da Universidade McGill em Montreal fizeram a demonstração de um nanocomprimido na faixa de 25 a 45 nanômetros.[111] O nanocomprimido é bastante pequeno para atravessar a membrana celular e levar a medicação diretamente à estrutura-alvo dentro da célula.

Alguns cientistas japoneses criaram nanojaulas com 110 moléculas de aminoácidos, todas elas contendo moléculas de drogas. Na superfície de cada nanojaula há um peptídeo que faz a ligação com os locais que são o alvo no corpo humano. Em uma das experiências, os cientistas usaram um peptídeo que se liga a um receptor específico das células humanas do fígado.[112]

A empresa MicroCHIPS de Bedford, em Massachusetts, desenvolveu um dispositivo computadorizado que é implantado embaixo da pele e libera misturas exatas de medicamentos a partir de centenas de poços em nanoescala dentro do dispositivo.[113] Espera-se que versões futuras do dispositivo consigam medir o nível no sangue de substâncias como a glucose. O sistema poderia ser usado como um pâncreas artificial, liberando quantidades precisas de insulina baseado na resposta do sangue. Também seria capaz de simular qualquer outro órgão produtor de hormônios.

Outra proposta inovadora é dirigir nanopartículas de ouro para o lugar de um tumor e depois aquecê-las com feixes de luz infravermelha para destruir as células do câncer. Pode-se projetar embalagens em nanoescala para conter drogas, para protegê-las no aparelho gastrointestinal, guiá-las para locais específicos e liberá-las de maneiras sofisticadas, inclusive permitindo que recebam instruções de fora do corpo. A Nanotherapeutics em Alachua, Flórida, desenvolveu um polímero biodegradável com espessura de apenas alguns nanômetros que utiliza essa abordagem.[114]

Energizando a Singularidade

Produzimos cerca de 14 trilhões (aproximadamente 10^{13}) de watts de energia hoje no mundo. Dessa energia, cerca de 33% vem do petróleo, 25% do carvão, 20% do gás, 7% de reatores nucleares de fissão, 15% de biomassa e hidrelétricas, e apenas 0,5% de tecnologias renováveis solares, eólicas e geotérmicas.[115] A maior parte da poluição do ar e contribuições significativas para a água e outras formas de poluição resultam da extração, transporte, processamento e usos dos 78% de nossa energia que vem dos combustíveis fósseis. A energia obtida do petróleo também contribui para tensões geopolíticas, e há uma pequena questão envolvendo os 2 trilhões de dólares por ano da etiqueta de preço para toda essa energia. Embora as fontes de energia da era industrial que dominam a produção de energia hoje vão ficar mais eficientes com os novos métodos de extração, conversão e transmissão baseados na nanotecnologia, é a categoria das energias renováveis que precisarão sustentar a maior parte do futuro crescimento da energia.

Por volta de 2030, o preço-desempenho da computação e comunicação vai aumentar por um fator de 10 a 100 milhões em relação a hoje. Outras tecnologias também irão passar por enormes aumentos de capacidade e eficiência. As exigências de energia vão crescer muito mais devagar do que a capacidade das tecnologias, entretanto, por causa do grande aumento de eficiência no uso da energia, o que abordarei abaixo. Uma consequência primordial da revolução nanotecnológica é que as tecnologias físicas, como fabricação e energia, serão governadas pela Lei dos Retornos Acelerados. Eventualmente, todas as tecnologias vão tornar-se tecnologias de informação, inclusive a energia.

Tem sido estimado que as necessidades globais de energia serão duplicadas por volta de 2030, muito menos do que o crescimento econômico previsto, sem falar no crescimento esperado da capacidade da tecnologia.[116] A maior parte da energia adicional necessária provavelmente virá de nova tecnologia solar, eólica e geotérmica em nanoescala. É importante reconhecer que a maioria das fontes de energia hoje representa o poder solar sob uma forma ou outra.

Os combustíveis fósseis representam a energia acumulada da conversão da energia solar por animais e plantas e processos correlacionados por milhões de anos (embora recentemente tenha sido questionada a teoria de que os combustíveis fósseis originaram-se de organismos vivos). Mas a extração de petróleo dos poços de alta qualidade está no ponto máximo, e alguns especialistas acreditam que esse ponto já foi ultrapassado. Em todo caso, fica claro que estamos exaurindo bem rápido os combustíveis fósseis que são fáceis de acessar. Existem maiores depósitos de combustíveis fósseis que vão exigir tecnologias mais sofisticadas para serem extraídos sem poluir e com eficiência (como carvão e óleo de xisto), e eles serão parte da nossa futura energia. Espera-se que FutureGen, uma instalação de bilhões de dólares sendo construída, seja a primeira usina de energia do mundo de emissões zero baseada em combustíveis fósseis.[117] Em vez de simplesmente queimar carvão, como é feito hoje, a usina de 275 milhões de watts irá converter o carvão em um gás sintético que compreende hidrogênio e monóxido de carbono, que, então, irá reagir com o vapor para produzir fluxos discretos de hidrogênio e dióxido de carbono, que serão isolados. O hidrogênio pode então ser usado em células de combustível ou convertido em eletricidade e água. Fundamentais para o projeto da usina são os novos materiais para membranas que separam o hidrogênio do dióxido de carbono.

Entretanto, nosso foco primário estará no desenvolvimento de uma tecnologia para energia limpa, renovável, distribuída e segura que será possível graças à nanotecnologia. Nas últimas décadas, a tecnologia da energia tem estado na inclinação suave da curva em S da era industrial (o último estágio de um específico paradigma tecnológico, quando a capacidade vai chegando devagar a uma assíntota ou limite). Embora a revolução nanotecnológica vá precisar de novos recursos de energia, ela também introduzirá novas e importantes curvas em S para todos os aspectos da energia — produção, armazenamento, transmissão e utilização — por volta de 2020.

Tratemos dessas necessidades de energia ao contrário, começando com a utilização. Devido à habilidade da nanotecnologia em manipular a matéria e a energia na escala extremamente pequena dos átomos e fragmentos moleculares, a eficiência no uso da energia será bem maior, o que significa uma menor necessidade de energia. Nas próximas décadas, a computação vai fazer a transição para computação reversível (ver "Os limites da computação" no capítulo 3). Como já foi discutido, a necessidade primordial de energia para a computação com portas lógicas reversíveis é para corrigir erros ocasionais devidos aos efeitos quânticos e termais. Como resultado, a computação reversível tem o potencial de cortar as necessidades de energia por até 1 bilhão quando comparada com a computação não reversível. Além do mais, as portas lógicas e os bits de memória serão menores, pelo menos por um fator de dez em cada dimensão, reduzindo as necessidades de energia por outros mil. Portanto, a nanotecnologia plenamente desenvolvida vai permitir que as necessidades de energia para cada ligar/desligar de bit sejam reduzidas em cerca de 1 trilhão. É claro que a quantidade de computação crescerá até mais do que isso, mas essa eficiência substancialmente aumentada de energia irá compensar amplamente esses aumentos.

A fabricação usando nanotecnologia molecular também será muito mais eficiente do que a fabricação contemporânea que move materiais de um lugar para outro, causando um certo desperdício. Hoje, a fabricação também dedica enormes recursos de energia para produzir materiais básicos como aço. Uma nanofábrica típica será um dispositivo de mesa que pode produzir produtos que vão desde computadores até vestuário. Produtos maiores (como veículos, casas e até outras nanofábricas) serão produzidos como subsistemas modulares que os robots maiores podem então montar. O calor residual, responsável pela necessidade primária de energia para a nanofabricação, será coletado e reciclado.

As necessidades de energia para as nanofábricas são insignificantes. Drexler estima que a fabricação molecular será um *gerador* de energia, em vez de um *consumidor* de energia. De acordo com Drexler, "um processo de fabricação molecular pode ser impulsionado pelo conteúdo de energia química das matérias-primas, produzindo energia elétrica como um subproduto (ao menos para reduzir a carga da dissipação do calor). Usando uma matéria-prima orgânica típica e permitindo a oxidação do hidrogênio excedente, os processos de fabricação molecular razoavelmente eficientes são produtores de energia".[118]

Os produtos podem ser feitos de materiais baseados em nanotubos e em nanocompostos, evitando-se a enorme energia usada hoje para fabricar aço, titânio e alumínio. A iluminação baseada em nanotecnologia vai usar os diodos emissores de luz, pequenos e frios, pontos quânticos ou outras fontes inovadoras de luz para substituir as ineficientes lâmpadas incandescentes ou fluorescentes.

Embora a funcionalidade e o valor dos produtos fabricados aumentem, o tamanho do produto não vai aumentar em geral (e, em alguns casos, tais como a maioria dos eletrônicos, os produtos ficarão menores). O valor mais alto dos bens fabricados será principalmente o resultado do valor crescente de seu conteúdo de informação. Embora o índice de deflação de 50% aproximadamente para produtos e serviços baseados na informação vá continuar durante esse período, a quantidade de informação valiosa irá aumentar em um ritmo ainda maior, mais do que compensador.

Discuti a Lei dos Retornos Acelerados aplicada à comunicação da informação no capítulo 2. A quantidade de informação na comunicação vai continuar a crescer exponencialmente, mas a eficiência da comunicação vai crescer quase tão rápido, de tal modo que a energia necessária para a comunicação vai se expandir devagar.

A transmissão da energia também será feita de modo muito mais eficiente. Hoje, uma grande parte da energia perde-se na transmissão devido ao calor criado nos cabos de energia e à falta de eficiência no transporte de combustível, que também representa um ataque primário ao meio ambiente. Smalley, apesar de suas críticas à nanofabricação molecular, tem sido, não obstante, um grande defensor dos novos paradigmas baseados na nanotecnologia para criar e transmitir energia. Ele descreve as novas linhas de transmissão de energia baseadas em nanotubos de carbono tecidos em longos fios que serão muito mais fortes, mais leves e, principalmente, muito mais eficientes quanto à energia do que os cabos convencionais de cobre.[119] Ele também prevê usar fios supercondutores para substituir os fios de alumínio e de cobre nos motores elétricos para ter maior eficiência. A visão de Smalley de um futuro da energia nanocapacitado inclui uma panóplia de novas capacidades nanotecnológicas:[120]

- Fotovoltaicos: fazendo cair o custo dos painéis solares por um fator de dez a cem.
- Produção de hidrogênio: novas tecnologias para produzir eficientemente hidrogênio da água e da luz solar.
- Armazenamento de hidrogênio: materiais leves e fortes para armazenar o hidrogênio para as células de combustível.
- Células de combustível: fazer cair o custo das células de combustível por um fator de dez a cem.
- Baterias e supercapacitores para armazenar a energia: melhorar a densidade do armazenamento de energia por um fator de dez a cem.
- Melhorar a eficiência de veículos como carros e aviões através de nanomateriais fortes e leves.
- Nanomateriais fortes e leves para criar sistemas de coletar energia em grande escala no espaço, inclusive na Lua.

- Robots usando dispositivos eletrônicos de nanoescala, com inteligência artificial, para produzir automaticamente estruturas geradoras de energia no espaço e na Lua.
- Novos revestimentos em nanomaterial para reduzir o custo das perfurações profundas.
- Nanocatalizadores para obter uma maior produção de energia a partir do carvão, em temperaturas muito altas.
- Nanofiltros para reter a fuligem criada pela extração da energia do carvão. A fuligem é principalmente carbono, que é um material básico para a maioria dos projetos de nanotecnologia.
- Novos materiais para usar rochas quentes e secas como fontes de energia geotérmica (converter em energia o calor do núcleo quente da Terra).

Outra opção para a transmissão de energia é a transmissão sem fio por micro-ondas. Esse método seria especialmente adequado para enviar com eficiência a energia criada no espaço por painéis solares gigantes (ver abaixo).[121] O Projeto Milênio do Conselho Americano para a Universidade das Nações Unidas prevê a transmissão de energia por micro-ondas como um aspecto essencial para "um futuro de energia limpa, abundante".[122]

O armazenamento de energia hoje é altamente centralizado, o que representa uma vulnerabilidade essencial, pois tanques de gás natural líquido e outras instalações para armazenamento correm o risco de ataques terroristas, com efeitos potencialmente catastróficos. Caminhões com petróleo e navios-petroleiros estão igualmente expostos. O paradigma emergente para armazenamento de energia serão as células de combustível, que por fim serão distribuídas amplamente através de nossa infraestrutura, outro exemplo da tendência de mudar das instalações centralizadas ineficientes e vulneráveis para um sistema de distribuição eficiente e estável.

As células de combustível de hidrogênio-oxigênio, com o hidrogênio fornecido pelo metanol e por outras formas seguras de combustível rico em hidrogênio, têm feito um progresso substancial nos últimos anos. Uma pequena empresa em Massachusetts, a Integrated Fuel Cell Technologies, apresentou uma célula de combustível baseada em MEMS (Microssistema Eletrônico Mecânico).[123] Cada dispositivo do tamanho de um selo de correio contém milhares de células de combustível microscópicas e inclui as linhas de transmissão e os controles eletrônicos. A NEC planeja introduzir células de combustível baseadas em nanotubos em um futuro próximo para notebooks e outros aparelhos eletrônicos portáteis.[124] Ela afirma que suas pequenas fontes de energia vão fazer funcionar os dispositivos por até quarenta horas de cada vez. A Toshiba também está preparando células de combustível para dispositivos eletrônicos portáteis.[125]

As células maiores de combustível para fornecer energia a aparelhos, veículos e até casas também estão tendo avanços impressionantes. Um relatório de 2004 do Departamento de Energia dos Estados Unidos concluiu que tecnologias nanobaseadas poderiam facilitar todos os aspectos de um carro movido a células de combustível de hidrogênio.[126] Por exemplo, o hidrogênio tem de ser armazenado em tanques resistentes, mas leves, que possam suportar uma pressão muito alta. Os nanomateriais e os nanocompostos poderiam fornecer o material necessário para tais reservatórios. O relatório prevê células de combustível que produzem eficientemente duas vezes mais energia do que os motores baseados em gasolina, produzindo apenas água como resíduo.

Muitos projetos contemporâneos de células de combustível usam o metanol para fornecer hidrogênio, que então se combina como o oxigênio do ar para produzir água e energia. Entretanto, o metanol (álcool da madeira) é difícil de manejar e preocupa por causa de sua toxicidade e flamabilidade. Os pesquisadores da Universidade de St. Louis apresentaram uma célula de combustível estável que usa o etanol comum (álcool de cereais potável).[127] Esse dispositivo emprega uma enzima chamada de dehidrogenase, que remove os íons de hidrogênio do álcool, que a seguir reage com o oxigênio do ar para produzir energia. Aparentemente, a célula funciona com qualquer tipo de álcool potável. "Já testamos com vários tipos", relatou Nick Akers, um estudante de pós-graduação que trabalhou no projeto. "Ela não gostou de cerveja com gás e não parece ter apreciado o vinho, mas qualquer outro funciona bem."

Cientistas da Universidade do Texas desenvolveram uma célula de combustível do tamanho de um nanorrobot que produz eletricidade diretamente da reação de glucose-oxigênio no sangue humano.[128] Chamada de "vampire bot" pelos comentaristas, a célula produz eletricidade suficiente para alimentar aparelhos eletrônicos convencionais e poderia ser usada para futuros nanorrobots no sangue. Cientistas japoneses, seguindo um projeto similar, estimaram que seu sistema tinha o potencial teórico para produzir um pico de cem watts a partir do sangue de uma pessoa, embora dispositivos implantáveis usem muito menos. (Um jornal de Sydney observou que o projeto dá uma base para a premissa dos filmes *Matrix*, que é usar humanos como baterias.)[129]

Outra abordagem da conversão, para eletricidade, do açúcar abundantemente encontrado no mundo natural foi demonstrada por Swades K. Chaudhuri e Derek R. Lovley da Universidade de Massachusetts. Sua célula de combustível, que incorpora micróbios reais (a bactéria *Rhodoferax ferrireducens*), vangloria-se de uma notável eficiência de 81%, e quase não usa energia quando está inativa. As bactérias produzem eletricidade diretamente da glucose com nenhum subproduto instável. As bactérias também usam o açúcar combustível para se reproduzir, desse modo reabastecendo-se, o que resulta em uma produção de energia elétrica estável e contínua. Experiências com outros tipos de açúcares como frutose, sacarose e xilose também foram bem-sucedidas. As células de combustível baseadas nessa pesquisa poderiam utilizar as bactérias reais ou, como alternativa, aplicar diretamente as reações químicas que as bactérias propiciam. Além de alimentar os nanorrobots no sangue rico de açúcar, esses dispositivos têm o potencial de produzir energia a partir de resíduos agrícolas.

Os nanotubos também demonstraram a promessa de armazenar energia como baterias em nanoescala, o que poderia competir com as células de combustível nanofabricadas.[130] Isso aumenta ainda mais a notável versatilidade dos nanotubos, que já revelaram suas façanhas ao fornecer computação, comunicação de informação e transmissão de energia elétrica extremamente eficientes, bem como ao criar materiais estruturais extremamente fortes.

A abordagem mais promissora da energia possibilitada pelos nanomateriais é a da energia solar, que tem o potencial de fornecer a maior parte de nossas futuras necessidades de energia de uma maneira completamente distributiva, renovável e livre de emissões. A entrada da luz do Sol em um painel solar é grátis. Com cerca de 10^{17} watts ou aproximadamente 10 mil vezes mais energia do que os 10^{13} watts hoje consumidos pela civilização humana, a energia total da luz do Sol caindo na Terra é mais do que suficiente para prover nossas necessidades.[131] Conforme mencionado acima, apesar dos aumentos enormes em computação e comunicação no próximo quarto de século, e o consequente crescimento econômico, a eficiência muito maior da nanotecnologia implica que as necessidades de energia irão aumentar apenas modestamente, até cerca de 30 trilhões de watts (3×10^{13}) por volta de 2030. Poderíamos suprir toda essa necessidade de energia se capturássemos apenas 0,0003 (três décimos milésimos) da energia do Sol quando bate na Terra.

É interessante comparar esses números com o output do total da energia metabólica de todos os humanos, estimada por Robert Freitas em 10^{12} watts, e aquela de toda a vegetação da Terra, de 10^{14} watts. Freitas também estima que a quantidade de energia que poderia ser produzida e usada sem afetar o equilíbrio global da energia necessária para manter a atual ecologia biológica (a que os climatologistas se referem como o "limite hipsitérmico") é de cerca de 10^{15} watts. Isso iria permitir um número muito substancial de nanorrobots por pessoa para o aumento da inteligência e para fins médicos, bem como para outras aplicações, como fornecer energia e limpar o meio ambiente. Estimando uma população global de cerca de bilhões (10^{10}) de humanos, Freitas calcula que cerca de 10^{16} (10 mil trilhões) de nanorrobots por humano seria aceitável dentro desse limite.[132] Seriam necessários apenas 10^{11} nanorrobots (dez milionésimos desse limite) por pessoa para colocar um em cada neurônio.

Quando tivermos a tecnologia nessa escala, também conseguiremos aplicar a nanotecnologia de reciclar energia, capturando pelo menos uma parte significativa do calor gerado por nanorrobots e outra nanomaquinaria e convertendo esse calor de volta para energia. É provável que a maneira mais eficiente de fazer isso seja construindo a reciclagem da energia no próprio nanorrobot.[133] Isso é semelhante à ideia das portas lógicas reversíveis na computação, em que, em essência, cada porta lógica recicla imediatamente a energia que usou para sua última computação.

Também se pode extrair dióxido de carbono da atmosfera para fornecer o carbono para a nanomaquinaria, o que iria reverter o aumento do dióxido de carbono resultante das atuais tecnologias da era industrial. Entretanto, deve-se tomar um cuidado especial ao fazer mais do que *reverter* o aumento das últimas décadas, para que o aquecimento global não seja substituído pelo esfriamento global.

Até o momento, os painéis solares têm sido relativamente ineficientes e caros, mas a tecnologia melhora rapidamente. A eficiência na conversão da energia solar em eletricidade avançou com constância das células fotovoltaicas de silicone de cerca de 4% em 1952 para 24% em 1992.[134] As atuais células em multicamadas agora fornecem cerca de 34% de eficiência. Uma análise recente da aplicação de nanocristais na conversão da energia solar indica que a eficiência acima de 60% parece ser possível.[135]

Hoje a energia solar custa mais ou menos 2,75 dólares por watt.[136] Várias empresas estão desenvolvendo as células solares em nanoescala e esperam trazer o custo da energia solar para menos do que outras fontes de energia. Fontes do setor calculam que quando a energia solar cair abaixo de um dólar por watt, ela será competitiva para fornecer diretamente a eletricidade à grade de força da nação. A Nanosolar tem um projeto baseado em nanopartículas de óxido de titânio que podem ser produzidas em massa em películas flexíveis muito finas. Martin Roscheisen, executivo, estima que essa tecnologia pode vir a fazer cair o custo da energia solar para cerca de cinquenta centavos por watt por volta de 2006, mais baixo do que o gás natural.[137] Os competidores Nanosys e Konarka fazem projeções similares. Se esses planos de negócios tiverem sucesso ou não, quando houver a fabricação baseada em MNT (nanotecnologia molecular), será possível produzir painéis solares (e quase tudo o mais) muito baratos, essencialmente ao custo da matéria-prima, dentre as quais o barato carbono é a fundamental. Com uma espessura estimada em vários mícrons, os painéis solares poderiam finalmente ser tão baratos quanto um centavo por metro quadrado. Os eficientes painéis solares poderiam ser instalados na maioria das superfícies feitas pelo homem, como edifícios e veículos, e até ser incorporados nas roupas para serem bem factíveis, e, portanto, relativamente baratos.

A superfície terrestre poderia ser aumentada com enormes painéis solares no espaço. Um satélite Space Solar Power (energia solar do espaço) já projetado pela Nasa poderia converter a luz do Sol no espaço em eletricidade e enviá-la para a Terra por micro-ondas. Cada satélite desses poderia fornecer bilhões de watts de eletricidade, o bastante para 10 milhares de residências.[138] Com a fabricação MNT por volta de 2029, poderiam ser produzidos painéis solares enormes diretamente na órbita em torno da Terra, sendo preciso apenas o envio das matérias-primas para as estações espaciais, possivelmente pelo Elevador Espacial, uma fita estreita, ancorada na Terra indo até um contrapeso além da órbita geossíncrona, feita de um material chamado nanotubo de composto de carbono.[139]

Uma fusão de mesa também é uma possibilidade. Os cientistas do Laboratório Nacional de Oak Ridge usaram ondas de som ultrassônico para agitar um solvente líquido, fazendo com que as bolhas de gás ficassem tão comprimidas que alcançaram as temperaturas de milhões de graus, resultando na fusão nuclear de átomos de hidrogênio e na criação da energia.[140] Apesar do amplo ceticismo sobre os relatórios originais da fusão a frio em 1989, esse método ultrassônico tem sido recebido calorosamente por alguns revisores.[141] Entretanto, não se sabe bastante se a técnica é prática, portanto seu futuro papel na produção de energia continua sendo assunto de especulação.

Aplicações da nanotecnologia no meio ambiente

As aptidões emergentes da nanotecnologia prometem ter um profundo impacto no meio ambiente. Isso inclui a criação de novas tecnologias de fabricação e processamento que irão reduzir dramaticamente as emissões indesejadas, bem como remediar o impacto anterior da poluição da era industrial. É claro que será uma tarefa de vanguarda, nesta última direção, fornecer, para nossas necessidades de energia, os recursos renováveis e limpos permitidos pela nanotecnologia como painéis solares, como discutido acima.

Construindo partículas e dispositivos em escala molecular, não só o tamanho é muito reduzido e a área da superfície aumentada, como também são introduzidas novas propriedades elétricas, químicas e biológicas. A nanotecnologia eventualmente vai fornecer um conjunto de ferramentas amplamente expandido para melhorar a catálise, as ligações químicas e atômicas, a detecção e a manipulação mecânica, sem falar do controle inteligente através da microeletrônica melhorada.

Finalmente, iremos projetar de novo todos os nossos processos industriais para atingir os resultados pretendidos com consequências mínimas, tais como subprodutos não desejados e sua introdução no meio ambiente. Já discutimos na seção anterior uma tendência comparável na biotecnologia: agentes farmacêuticos projetados com inteligência que desempenham intervenções bioquímicas altamente dirigidas com os efeitos colaterais grandemente restritos. Com efeito, a criação de moléculas projetadas através da nanotecnologia vai, em si, acelerar muito a revolução biotecnológica.

A pesquisa e o desenvolvimento tecnológicos contemporâneos envolvem "dispositivos" relativamente simples, como nanopartículas, moléculas criadas através de nanocamadas e nanotubos. As nanopartículas, que compreendem de dezenas a milhares de átomos, em geral são de natureza cristalina e usam técnicas de crescimento de cristais, uma vez que ainda não temos os meios para a fabricação exata molecular. As nanoestruturas consistem em múltiplas camadas que se juntam. Essas estruturas estão, tipicamente, juntas, com a ligação feita por hidrogênio ou carbono e outras forças atômicas. As estruturas biológicas como as membranas das células e o próprio DNA são exemplos naturais de nanoestruturas de multicamadas.

Como acontece com todas as novas tecnologias, existe um lado negativo das nanopartículas: a introdução de novas formas de toxinas e outras interações não previstas com o meio ambiente e a vida. Muitos materiais tóxicos, como arsenieto de gálio, já estão entrando no ecossistema através de produtos eletrônicos descartados . As mesmas propriedades que permitem que as nanopartículas e as nanocamadas levem resultados benéficos a alvos determinados também podem levar a reações imprevistas, particularmente com sistemas biológicos como nosso abastecimento de comida e nossos próprios corpos. Embora as normas existentes possam em muitos casos ser efetivas em controlá-las, a preocupação principal é nossa falta de conhecimento sobre uma ampla gama de interações não exploradas.

Apesar disso, centenas de projetos começaram a aplicar a nanotecnologia para melhorar processos industriais e atacar explicitamente as formas existentes de poluição. Uns poucos exemplos:

• Estão sendo feitas extensas investigações sobre o uso de nanopartículas para tratar, desativar e remover uma ampla variedade de toxinas do meio ambiente. As formas, em nanopartículas, de oxidantes, redutores e outros materiais ativos têm mostrado a capacidade de transformar uma ampla gama de substâncias indesejáveis. As nanopartículas ativadas pela luz (por exemplo, formas de dióxido de titânio e óxido de zinco) conseguem ligar-se e remover as toxinas orgânicas, e elas mesmas têm baixa toxicidade.[142] Em especial, nanopartículas de óxido de zinco fornecem um catalisador particularmente potente para desintoxicar os fenóis clorados. Essas nanopartículas agem tanto como detectores quanto como catalizadores, e podem ser projetadas para transformar apenas os contaminantes visados.

• As membranas de nanofiltração para purificação da água melhoram dramaticamente a remoção de contaminantes formados por partículas pequenas, quando comparadas a métodos convencionais de usar bacias de sedimentação e clarificadores de água residual. As nanopartículas com catálise projetada conseguem absorver e remover impurezas. Usando a separação magnética, esses nanomateriais podem ser reutilizados, o que evita que eles mesmos se tornem contaminantes. Como um dos muitos exemplos, devem ser consideradas as peneiras moleculares de aluminossilicato chamadas de zeólitos, que estão sendo desenvolvidas para a oxidação controlada de hidrocarbonetos (por exemplo, converter o tolueno em benzaldeído não tóxico).[143] Esse método requer menos energia e reduz o volume de fotorreações ineficientes e produtos residuais.

- Está sendo feita uma extensa pesquisa para desenvolver materiais cristalinos nanoproduzidos para catalisadores e suportes catalíticos na indústria química. Esses catalisadores têm o potencial de melhorar os resultados químicos, reduzir os subprodutos tóxicos e remover os contaminantes.[144] Por exemplo, o material MCM-41 agora é usado pelas petroquímicas para remover contaminantes ultrafinos que outros métodos de redução da poluição não conseguem.

- Estima-se que o uso generalizado dos nanocompostos para material estrutural nos automóveis iria reduzir o consumo de gasolina em 1,5 bilhão de litros por ano, o que, por sua vez, iria reduzir as emissões de dióxido de carbono em 5 bilhões de quilos por ano, entre outros benefícios ambientais.

- A nanorrobótica pode ser usada para ajudar no gerenciamento dos resíduos nucleares. Os nanofiltros podem separar os isótopos quando estiverem processando combustível nuclear. Os nanofluidos podem aumentar a eficiência para resfriar reatores nucleares.

- Aplicar a nanotecnologia para a iluminação doméstica e industrial poderia reduzir tanto a necessidade de eletricidade quanto mais ou menos 200 milhões de toneladas de emissões de carbono por ano.[145]

- Os dispositivos eletrônicos que se automontam (por exemplo, biopolímeros auto-organizadores), se aperfeiçoados, vão precisar de menos energia para serem fabricados e usados, e produzirão menos subprodutos tóxicos do que os métodos convencionais da fabricação de semicondutores.

- As novas telas de computador usando telas de emissão de campo baseadas em nanotubos (FEDs) vão fornecer especificações superiores de tela ao mesmo tempo que eliminam os metais pesados e outros materiais tóxicos usados nas telas convencionais.

- As nanopartículas biometálicas (como ferro/paládio ou ferro/prata) podem servir como eficazes redutores e catalisadores para PCBs, pesticidas e solventes orgânicos halogenados.[146]

- Os nanotubos parecem ser absorventes eficazes de dioxinas e têm funcionado significativamente melhor nisso do que o tradicional carbono ativado.[147]

Essa é uma pequena amostra da pesquisa contemporânea sobre as aplicações nanotecnológicas com um impacto potencialmente benéfico no meio ambiente. Quando se conseguir ir além de simples nanopartículas e nanocamadas e criar sistemas mais complexos através de nanomontagens moleculares controladas com precisão, será possível criar números maciços de dispositivos inteligentes muito pequenos, capazes de realizar tarefas relativamente complexas. Limpar o meio ambiente com certeza será uma dessas missões.

Nanorrobots na corrente sanguínea

A nanotecnologia deu-nos as ferramentas [...] para brincar com a caixa fundamental de brinquedos da natureza — átomos e moléculas. Tudo é feito delas [...]. As possibilidades de criar coisas novas parecem não ter limites.

Horst Störmer , ganhador do Prêmio Nobel de Física em 1998

O resultado final dessas intervenções nanomédicas será a suspensão de todo o envelhecimento biológico, junto com a redução da idade biológica corrente para qualquer nova idade biológica que pareça desejável para o paciente, cortando para sempre a ligação entre tempo de calendário e saúde biológica. Tais intervenções podem tornar-se lugar-comum dentro de várias décadas. Usando limpezas e check-ups anuais, e às vezes algum conserto importante, sua idade biológica poderia ser restaurada uma vez por ano à mais ou menos constante idade fisiológica que você escolher. Eventualmente, você ainda pode vir a morrer por causas acidentais, mas vai viver, no mínimo, dez vezes mais do que agora.

Robert A. Freitas Jr.[148]

Um exemplo primordial da aplicação do controle molecular preciso na fabricação será o deslocamento de bilhões ou trilhões de nanorrobots: pequenos robots de tamanho igual ou menor que as células sanguíneas humanas que podem viajar dentro do fluxo de sangue. Essa ideia não é tão futurística como pode soar; usando esse conceito, têm sido feitas experiências bem-sucedidas com animais, e muitos desses dispositivos em microescala já estão funcionando em animais. Pelo menos quatro principais conferências sobre BioMEMS (Biological Micro Electronic Mechanical Systems) tratam de dispositivos a serem usados na corrente sanguínea humana.[149]

Considere-se vários exemplos de tecnologia nanorrobótica, que, baseada nas tendências de miniaturização e redução de custos, será factível dentro de uns 25 anos. Além de escanearem o cérebro humano para facilitar sua engenharia reversa, esses nanorrobots serão capazes de executar uma ampla variedade de funções diagnósticas e terapêuticas.

Robert A. Freitas Jr. — um teórico pioneiro da nanotecnologia e principal proponente da nanomedicina (reconfigurar nossos sistemas biológicos através da engenharia em escala modular) e autor de um livro com esse título[150] — projetou substitutos robóticos para células do sangue humano que funcionam centenas ou milhares de vezes de modo mais efetivo do que suas contrapartidas biológicas. Com os respirócitos (células vermelhas robóticas do sangue), um velocista poderia correr por quinze minutos sem ter de respirar.[151] Os macrófagos robóticos de Freitas, chamados "microbívoros", serão muito mais eficazes em combater patógenos do que nossas células brancas do sangue.[152] Seu robot reparador de DNA seria capaz de corrigir erros de transcrição do DNA e até realizar eventuais alterações necessárias no DNA. Outros robots médicos que ele projetou podem servir como limpadores de células humanas individuais, removendo detritos e elementos químicos não desejados (como príons, proteínas deformadas e protofibrilas).

Freitas fornece os projetos conceituais para uma ampla gama de nanorrobots (palavra preferida por Freitas) médicos, bem como uma análise das numerosas soluções para os variados problemas de projeto envolvidos em criá-los. Por exemplo, ele apresenta umas doze abordagens para dirigir e guiar os movimentos,[153] alguns baseados em projetos biológicos como os cílios propulsores. Discuto essas aplicações com mais detalhes no próximo capítulo.

George Whitesides queixou-se na *Scientific American* que "para os objetos em nanoescala, mesmo sendo possível fabricar um propulsor, iria surgir um problema novo e sério: os choques aleatórios das moléculas de água. Essas moléculas de água seriam menores do que um nanossubmarino, mas não muito menores".[154] A análise de Whitesides está baseada em equívocos. Todos os projetos de nanorrobots médicos, inclusive os de Freitas, são pelo menos 10 mil vezes maiores do que uma molécula de água. As análises de Freitas e de outros mostram que o impacto do movimento browniano das moléculas adjacentes é insignificante. Com efeito, os robots médicos em nanoescala serão milhares de vezes mais estáveis e precisos do que as células do sangue ou as bactérias.[155]

Também se deve ressaltar que os nanorrobots médicos não vão exigir muito da extensa sobrecarga de que as células biológicas precisam para manter os processos metabólicos como digestão e respiração. Nem precisam apoiar os sistemas reprodutivos biológicos.

Embora os projetos conceituais de Freitas estejam distanciados por um par de décadas, já tem sido feito um progresso substancial nos dispositivos baseados na corrente sanguínea. Por exemplo, um pesquisador da Universidade de Illinois em Chicago curou diabetes tipo 1 em camundongos com um dispositivo nanofabricado que incorpora células das ilhotas do pâncreas.[156] O dispositivo tem poros de sete nanômetros que deixam sair a insulina mas não deixam entrar os anticorpos que destroem essas células. Há muitos outros projetos inovadores desse tipo já sendo feitos.

MOLLY 2004: Ok, então vou ter todos esses nanorrobots na minha corrente sanguínea. Além de fazer com que eu fique sentada durante horas no fundo da minha piscina, o que mais isso pode fazer por mim?

RAY: Vão conservar sua saúde. Vão destruir patógenos como as bactérias, os vírus e as células de câncer, e não vão correr o risco das várias armadilhas do sistema imunológico, como as reações autoimunes. Ao contrário do seu sistema imunológico biológico, se não gostar do que os nanorrobots estão fazendo, você pode dizer a eles para fazer algo diferente.

MOLLY 2004: Você quer dizer mandar um e-mail para os meus nanorrobots? Assim: ô nanorrobots, parem de destruir aquelas bactérias no meu intestino porque na realidade elas são boas para a minha digestão?

RAY: É, bom exemplo. Os nanorrobots estarão sob nosso controle. Eles irão comunicar-se uns com os outros e com a internet. Hoje mesmo temos implantes neurais (por exemplo, para a doença de Parkinson) que permitem que o paciente baixe neles um novo software.

MOLLY 2004: Isso meio que faz a questão de vírus no software ficar muito mais séria, não é? Agora mesmo, se sou atingida por um vírus ruim de software, posso ter de rodar um programa para limpar os vírus e carregar de volta meus backups, mas, se os nanorrobots na minha corrente sanguínea receberem uma mensagem mal-intencionada, eles podem começar a destruir minhas células sanguíneas.

RAY: É provável que essa seja mais uma razão para você querer células sanguíneas robóticas, mas sua argumentação é válida. Mas isso não é uma questão nova. Mesmo em 2004, já temos os sistemas de software que controlam as unidades de terapia intensiva, aterrissam os aviões e guiam os mísseis de cruzeiro. Portanto, a integridade do software já tem importância fundamental.

MOLLY 2004: É verdade, mas a ideia do software rodando no meu corpo e no meu cérebro parece mais assustadora. No meu computador pessoal, recebo mais de cem mensagens de spam por dia, várias delas contendo vírus maliciosos de software. Não fico muito à vontade com nanorrobots no meu corpo recebendo vírus de software.

RAY: Você está pensando em termos de acesso convencional à internet. Com as VPNs (redes particulares), hoje já temos o meio de criar firewalls seguros — se não fosse assim, os sistemas cruciais contemporâneos seriam impossíveis. Eles funcionam bastante bem, e a tecnologia da segurança da internet vai continuar a evoluir.

MOLLY 2004: Acho que tem gente que iria discordar da sua confiança nos antivírus.

RAY: Eles não são perfeitos, é verdade, e nunca serão, mas ainda teremos outro par de décadas antes de softwares rodarem nos nossos corpos e cérebros.

MOLLY 2004: Certo, mas os criadores de vírus também vão melhorar seu ofício.

RAY: Vai ser um impasse tenso, não há dúvida. Mas os benefícios hoje claramente superam os danos.

MOLLY 2004: Claramente quanto?

RAY: Bom, não tem ninguém defendendo seriamente que a gente acabe com a internet porque os vírus de software são um problema tão grande.

MOLLY 2004: Com isso, eu concordo.

RAY: Quando a nanotecnologia estiver madura, vai resolver os problemas da biologia ao vencer os patógenos biológicos, remover as toxinas, corrigir os erros do DNA e reverter outras fontes do envelhecimento. Então vamos ter de lidar com os novos riscos que ela introduz, assim como a internet introduziu o perigo de vírus de software. Essas novas armadilhas vão incluir o potencial da nanotecnologia de se autorreproduzir, ficar descontrolada, bem como a integridade do software que controla esses nanorrobots potentes, distribuídos.

MOLLY 2004: Você falou em reverter o envelhecimento?

RAY: Vejo que você já está escolhendo um dos benefícios principais.

MOLLY 2004: Então, como os nanorrobots vão fazer isso?

RAY: Para falar a verdade, nós vamos realizar a maior parte disso com a biotecnologia, com métodos como a interferência no RNA para desligar os genes destrutivos, com a terapia genética para alterar seu código genético, com a clonagem terapêutica para regenerar suas células e tecidos, com drogas inteligentes para reprogramar seus caminhos metabólicos e muitas outras técnicas emergentes. Mas aquilo que a biotecnologia não consegue realizar, teremos os meios para fazer com a nanotecnologia.

MOLLY 2204: Tal como?

RAY: Os nanorrobots poderão viajar pela corrente sanguínea, depois entrar ou rodear nossas células e realizar vários serviços, como remover as toxinas, limpar os detritos, corrigir os erros do DNA, consertar e restaurar as membranas celulares, reverter a aterosclerose, modificar os níveis dos hormônios, dos neurotransmissores e outros compostos químicos metabólicos e uma miríade de outras tarefas. Para cada processo de envelhecimento, podemos descrever um meio para que os nanorrobots revertam o processo, até o nível de células individuais, componentes celulares e moléculas.

MOLLY 2004: Então vou ficar jovem para sempre?

RAY: A ideia é essa.

MOLLY 2004: Quando você disse que eu posso conseguir isso?

RAY: Pensei que você estava preocupada com os antivírus dos nanorrobots.

MOLLY 2004: É, bom, tenho tempo para me preocupar com isso. Então qual foi o prazo previsto?

RAY: Mais ou menos vinte a 25 anos.

MOLLY 2004: Tenho 25 agora, então vou envelhecer até uns 45 e depois ficar nisso?

RAY: Não, não é exatamente essa a ideia. Você pode diminuir o ritmo do envelhecimento até que este só se arraste, hoje mesmo, adotando o conhecimento que já temos. Dentro de dez a vinte anos, a revolução biotecnológica vai fornecer meios bem mais potentes para deter e, em muitos casos, reverter cada doença e processo de envelhecimento. E não é que não vai acontecer nada enquanto isso. A cada ano, vamos ter técnicas mais potentes e o processo vai se acelerar. Aí a nanotecnologia vai acabar o trabalho.

MOLLY 2004: É claro, é difícil para você fazer uma sentença sem usar a palavra "acelerar". E até qual idade biológica eu vou chegar?

RAY: Acho que você vai se acomodar perto dos trinta e ficar aí por um tempo.

MOLLY 2004: Trinta parece muito bom. De qualquer jeito, acho que uma idade um pouco mais madura do que 25 é uma boa ideia. Mas o que você quer dizer com "por um tempo"?

RAY: Deter e reverter o envelhecimento é só o começo. Usar nanorrobots para a saúde e a longevidade é só a primeira fase de introduzir a nanotecnologia e a computação inteligente em nossos corpos e cérebros. O resultado mais profundo é que vamos aumentar nossos processos de pensamento com nanorrobots que se comunicam uns com os outros e com nossos neurônios biológicos. Depois que a nossa inteligência não biológica conseguir por o pé, por assim dizer, em nossos cérebros, ela vai ficar subordinada à Lei dos Retornos Acelerados e vai se expandir exponencialmente. Nosso pensamento biológico, por outro lado, está basicamente atolado.

Molly 2004: Lá vem você de novo com coisas que se aceleram, mas, quando isso realmente tomar impulso, pensar com os neurônios biológicos vai ser bem vulgar em comparação.

Ray: Essa é uma boa afirmação.

Molly 2004: Então, dona Molly do futuro, quando foi que abandonei meu corpo e meu cérebro biológicos?

Molly 2104: Veja bem, você não quer de verdade que eu soletre seu futuro, não é? E de qualquer jeito, na realidade essa não é uma pergunta simples.

Molly 2004: Como é isso?

Molly 2104: Nos anos 2040, desenvolvemos os meios para criar instantaneamente novas porções de nós mesmos, ou biológicas ou não biológicas. Ficou evidente que nossa verdadeira natureza era um padrão de informações, mas nós ainda precisávamos nos manifestar como alguma forma física. Mas a gente poderia bem depressa mudar essa forma física.

Molly 2004: Como?

Molly 2104: Usando a nova fabricação MNT de alta velocidade. Assim, a gente poderia, logo e depressa, reprojetar nossa instanciação. Então eu poderia ter um corpo biológico uma hora e não ter em outra, depois ter de novo, depois alterá-lo e assim por diante.

Molly 2004: Acho que estou entendendo.

Molly 2104: A questão é que eu iria poder ter meu cérebro biológico e/ou meu corpo ou não ter. Não é o caso de abandonar alguma coisa, porque sempre podemos pegar de novo alguma coisa que abandonamos.

Molly 2004: Então você ainda está fazendo isso?

Molly 2104: Umas pessoas ainda fazem isso, mas agora, em 2104, é um pouco antiquado. Quer dizer, as simulações da biologia não são nada diferentes da biologia real, então para que se preocupar com instanciações físicas?

Molly 2004: É, é complicado, não é?

Molly 2104: É verdade.

Molly 2004: Tenho que dizer que parece estranho poder mudar a incorporação física. Quer dizer, onde está a sua — a minha — continuidade?

Molly 2104: É o mesmo que sua continuidade em 2004. Você também está trocando suas partículas o tempo todo. É só seu padrão de informações que tem continuidade.

Molly 2004: Mas em 2104 você pode também mudar seu padrão de informações depressa. Ainda não consigo fazer isso.

Molly 2104: Na realidade, não é tão diferente. Você muda seu padrão — sua memória, suas aptidões, suas experiências, até sua personalidade, com o tempo — mas existe uma continuidade, uma essência que só muda aos poucos.

Molly 2004: Mas eu achei que daria para mudar, dramaticamente, em um instante, a aparência e a personalidade.

Molly 2104: É, mas isso é só uma manifestação superficial. Minha essência real só muda aos poucos, como quando eu era você em 2004.

Molly 2004: Bom, muitas vezes eu gostaria bastante de mudar em um instante minha aparência superficial.

Robótica: IA forte

Considere-se outro argumento apresentado por Turing. Até agora, construímos apenas artefatos bem simples e previsíveis. Quando aumentarmos a complexidade de nossas máquinas talvez haja surpresas nos esperando. Abaixo de certo tamanho "crítico", não acontece muita coisa; mas acima do tamanho crítico faíscas começam a voar. Pode ser que o mesmo aconteça com cérebros e máquinas. Atualmente, a maioria dos cérebros e todas as máquinas estão "subcríticos" — reagem aos estímulos externos de um modo entediado e pouco interessado, não têm ideias próprias e só podem produzir frases feitas —, mas uns poucos cérebros agora, e talvez algumas máquinas no futuro, são supercríticos e têm um brilho próprio. Turing sugere que é só uma questão de complexidade, e que acima de certo nível de complexidade aparece uma diferença qualitativa, de modo que as máquinas "supercríticas" não serão nada parecidas com as máquinas simples vistas até agora.

J. R. Lucas, filósofo de Oxford, em seu ensaio de 1961, *"Minds, Machines, and Gödel"*[157]

Dado que a superinteligência um dia será tecnicamente factível, as pessoas irão escolher desenvolvê-la? Essa questão pode bem ser respondida com segurança no afirmativo. Associados com cada passo no caminho da superinteligência estão enormes rendimentos econômicos. A indústria dos computadores investe enormes somas de dinheiro na próxima geração de hardware e software, e vai continuar a fazê-lo enquanto houver uma pressão competitiva e lucro. As pessoas querem computadores melhores e softwares mais inteligentes, e querem os benefícios que essas máquinas ajudam a produzir. Melhores medicamentos; desafogo para os humanos da necessidade de executar trabalhos tediosos ou perigosos; divertimento — não tem fim a lista dos benefícios ao consumidor. Ainda há um forte motivo militar para desenvolver a inteligência artificial. E em nenhum lugar do caminho existe qualquer ponto de parada natural onde os tecnofóbicos poderiam talvez argumentar que "até aqui, mas não mais".

Nick Bostrom, "How Long Before Superintelligence?", 1997

É difícil pensar em algum problema que uma superinteligência não possa resolver, nem ao menos nos ajudar a resolver. Doenças, pobreza, destruição do meio ambiente, sofrimento desnecessário de todo tipo: são coisas que uma superinteligência, equipada com a nanotecnologia avançada, seria capaz de eliminar. Além disso, uma superinteligência poderia nos dar um tempo de vida indefinido, ou detendo e revertendo o processo do envelhecimento através do uso da nanomedicina, ou oferecendo a opção de fazer upload de nós mesmos. Uma superinteligência poderia também criar oportunidades para que aumentássemos nossas aptidões intelectuais e emocionais, e poderia nos auxiliar na criação de um mundo experimental muito atraente onde poderíamos viver vidas dedicadas aos jogos, relacionando-nos uns com os outros, vivenciando o crescimento pessoal e vivendo mais próximos de nossos ideais.

Nick Bostrom, "Ethical Issues in Advanced Artificial Intelligence", 2003

Os robots herdarão a terra? Sim, mas eles serão nossos filhos.

Marvin Minsky, 1995

Das três revoluções primordiais subjacentes à Singularidade (G, N e R), a mais profunda é R, que se refere à criação da inteligência não biológica que supera a dos humanos não melhorados. Um processo mais inteligente vai inerentemente superar um que é menos inteligente, tornando a inteligência a força mais poderosa do universo.

Enquanto o R em GNR significa a robótica, a verdadeira questão envolvida aqui é IA forte (inteligência artificial que excede a inteligência humana). A razão padrão para enfatizar a robótica nessa formulação é que a inteligência precisa de um corpo, de uma presença física, para afetar o mundo. Não concordo com a ênfase na presença física, entretanto, porque acredito que o interesse principal seja a inteligência. A inteligência vai inerentemente encontrar uma maneira de influenciar o mundo, inclusive criando seus próprios meios para a personificação e para a manipulação física. Além disso, podemos incluir as aptidões físicas como uma parte fundamental da inteligência; por exemplo, uma grande parte do cérebro humano (o cerebelo, compreendendo mais do que metade dos nossos neurônios) é dedicada a coordenar nossas aptidões e nossos músculos.

A inteligência artificial nos níveis humanos vai, necessariamente, exceder em muito a inteligência humana por várias razões. Como já ressaltei, as máquinas podem prontamente compartilhar seu conhecimento. Enquanto humanos não melhorados, não temos os meios para compartilhar os vastos padrões das conexões interneurais e os níveis de concentração dos neuro-transmissores que abrangem nosso aprendizado, conhecimento e aptidões que não seja através da comunicação vagarosa, baseada na linguagem. É claro que até esse meio de comunicação tem sido muito benéfico, já que ele nos diferenciou dos outros animais, e tem sido um fator que permitiu a criação da tecnologia.

As aptidões humanas só conseguem se desenvolver de maneiras que foram encorajadas pela evolução. Essas aptidões, que estão baseadas primordialmente no reconhecimento dos padrões maciçamente paralelos, fornecem a habilidade para certas tarefas, como distinguir rostos, identificar objetos e reconhecer os sons da linguagem. Mas não são adequadas para muitas outras, como determinar padrões em dados financeiros. Quando dominarmos totalmente os paradigmas de reconhecimento dos padrões, os métodos das máquinas poderão aplicar essas técnicas a qualquer tipo de padrão.[158]

As máquinas podem somar seus recursos de modos que os humanos não podem. Embora as equipes de humanos possam realizar feitos tanto físicos quanto mentais, que humanos individuais não conseguem, as máquinas podem, com mais facilidade e rapidez, juntar seus recursos computacionais, de memória e de comunicações. Como já foi discutido, a internet está evoluindo para uma grade mundial de recursos computacionais que podem, instantane-amente, ser agrupados para formar supercomputadores maciços.

As máquinas têm memórias exigentes. Os computadores contemporâneos podem dominar bilhões de fatos com precisão, uma capacidade que está dobrando a cada ano.[159] O preço-desempenho e a velocidade subjacentes à própria computação estão dobrando a cada ano e o ritmo dessa duplicação está, ele mesmo, acelerando.

À medida que o conhecimento humano migrar para a web, as máquinas vão conseguir ler, compreender e sintetizar toda a informação humano-máquina. A última vez que um humano biológico conseguiu apreender todo o conheci-mento científico humano foi há centenas de anos.

Outra vantagem da inteligência da máquina é que ela pode, consistentemente, funcionar no nível máximo, podendo combinar aptidões importantes. Entre os humanos, uma pessoa pode ter dominado a composição musical, enquanto outra pode ter dominado o projeto com transistores, porém, dada a arquitetura fixa de nossos cérebros, não temos a capacidade (ou o tempo) de desenvolver e utilizar o nível mais alto da aptidão em todas as áreas, cada vez mais especializadas. Os humanos também variam muito em uma determinada habilidade, de modo que, quando falamos, digamos, em níveis humanos de compor música, estamos nos referindo a Beethoven ou a uma pessoa comum? A inteligência não biológica será capaz de igualar e exceder o alto nível das habilidades humanas em todas as áreas.

Por essas razões, quando um computador conseguir igualar a sutileza e a gama da inteligência humana, ele necessariamente irá passar voando por ela e depois continuará sua ascensão com duplo exponencial.

Uma questão básica em relação à Singularidade é se "a galinha" (a IA forte) ou "o ovo" (a nanotecnologia) virá primeiro. Em outras palavras, a AI forte irá levar à nanotecnologia total (montadores da fabricação molecular que podem transformar a informação em produtos físicos), ou a nanotecnologia total vai levar à IA forte? A lógica da primeira premissa é que a IA forte implicará em IA super-humana pelas razões já mencionadas, e a IA super-humana estaria em posição de resolver quaisquer problemas de projeto remanescentes necessários para usar a nanotecnologia total.

A segunda premissa baseia-se na conscientização de que as necessidades de hardware para a IA forte serão da responsabilidade da computação baseada na nanotecnologia. Da mesma forma, as necessidades de software serão facilitadas por nanorrobots, que poderiam criar escaneamentos altamente detalhados do funcionamento do cérebro humano, alcançando assim a conclusão da engenharia reversa no cérebro humano.

Ambas as premissas são lógicas; é claro que qualquer tecnologia pode ajudar a outra. A realidade é que o progresso em ambas as áreas vai necessariamente usar nossas ferramentas mais avançadas, então os avanços em uma área vão, ao mesmo tempo, facilitar em outra. Entretanto, espero que a MNT surja antes da IA forte, mas só por alguns anos (cerca de 2025 para a nanotecnologia, e de 2029 para a IA forte).

Por mais revolucionária que seja a nanotecnologia, a IA forte terá consequências muito mais profundas. A nanotecnologia é potente, mas não é necessariamente inteligente. Podemos conceber maneiras de, pelo menos, tentar administrar os enormes poderes da nanotecnologia, mas a superinteligência, pela sua natureza, não pode ser controlada.

IA fora de controle. Quando a IA forte for alcançada, ela em seguida avançará mais e seus poderes irão se multiplicar, já que essa é a natureza fundamental das aptidões das máquinas. Como uma IA forte gera de imediato muitas IAs fortes, estas irão acessar seu próprio projeto, entendê-lo e melhorá-lo, e assim, bem depressa, evoluirão para IAs mais capazes, mais inteligentes, repetindo esse ciclo indefinidamente. Cada ciclo não só cria uma IA mais inteligente, mas também leva menos tempo do que o anterior, como é da natureza da evolução tecnológica (ou de qualquer processo evolutivo). A premissa é que, uma vez alcançada a IA forte, ela de imediato se torne um fenômeno que cresce depressa, sem controle da superinteligência.[160]

Meu ponto de vista é só um pouco diferente. A lógica da IA sem controle é válida, mas ainda é preciso considerar o timing. O fato de uma máquina atingir os níveis humanos não vai provocar *de imediato* um fenômeno sem controle. É preciso lembrar que o nível humano de inteligência tem limitações. Há exemplos disso hoje — cerca de 6 bilhões deles. Tomem-se cem humanos em um shopping; esse grupo conterá exemplos de humanos razoavelmente instruídos. Entretanto, se for dada a esse grupo a tarefa de melhorar a inteligência humana, ele não chegaria muito longe, mesmo que lhe dessem o modelo padrão da inteligência humana. Provavelmente esse grupo teria muita dificuldade para criar um computador simples. Acelerar o pensamento e expandir a capacidade da memória desses cem humanos não resolveriam o problema de imediato. Salientei acima que as máquinas vão igualar (e superar rapidamente) as maiores habilidades humanas em todas as áreas. Então, tomemos cem cientistas e engenheiros. Um grupo de pessoas treinadas em técnica com a experiência certa seria capaz de melhorar projetos. Se uma máquina alcançasse a paridade com cem humanos (e eventualmente mil, depois 1 milhão) dotados de treinamento técnico, e cada máquina operando muito mais rápido do que um humano biológico, iria seguir-se um rápido aumento da inteligência.

Mas esse aumento não vai acontecer assim que um computador for aprovado no teste de Turing. O teste de Turing pode ser comparado às aptidões de um humano médio, instruído, e, portanto, está mais perto dos exemplos com os humanos de um shopping. Vai demorar para que os computadores dominem todas as habilidades essenciais e combinem essas habilidades com todas as necessárias bases do conhecimento.

Depois que se consiga criar uma máquina que passe no teste de Turing (por volta de 2029), o período seguinte será uma era de consolidação em que a inteligência não-biológica terá ganhos rápidos. Entretanto, a expansão extraordinária prevista para a Singularidade, em que a inteligência humana é multiplicada por bilhões, não vai acontecer até meados dos anos 2040 (conforme discutido no capítulo 3).

O inverno da IA

> Há esse mito idiota por aí de que a IA falhou, mas a IA encontra-se em tudo que está à volta das pessoas todos os segundos do dia. As pessoas só não percebem. Você tem sistemas de IA em carros, ajustando os parâmetros dos sistemas de injeção de combustível. Quando você aterrissa em um avião, seu portão é escolhido por um sistema de programação de IA. Cada vez que você usa um pedaço de um software da Microsoft, você lida com um sistema de IA, tentando descobrir o que você está fazendo, tal como escrever uma carta, e ele é muito bom nisso. Toda vez que você assiste a um filme com caracteres gerados por computador, trata-se de pequenos caracteres de IA que se comportam como um grupo. Toda vez que você joga um video game, você está jogando contra um sistema de IA.
>
> Rodney Brooks, diretor do Laboratório de IA do MIT[161]

Ainda encontro gente que alega que a inteligência artificial definhou nos anos 1980, argumento que é comparável a insistir que a internet morreu no colapso das ".com" do começo dos anos 2000.[162] Desde então, passando por altos e baixos, a largura de banda e o preço-desempenho das tecnologias da internet, o número de nódulos (servidores) e o volume de dinheiro do comércio eletrônico aceleraram suavemente. O mesmo aconteceu com a IA.

O ciclo da tecnologia, propagandeada com exagero, para uma mudança de paradigma — ferrovias, IA, internet, telecomunicações e talvez, agora, a nanotecnologia — começa normalmente com um período de expectativas irrealistas porque não são compreendidos todos os fatores propícios necessários. Embora a utilização do novo paradigma de fato aumente exponencialmente, o começo do crescimento é lento até chegar ao ponto de inflexão da curva do crescimento exponencial. Embora as expectativas amplamente difundidas por uma mudança revolucionária sejam exatas, elas estão erradas no tempo. Quando as expectativas não se realizam logo, instala-se um período de desilusão. Apesar disso, o crescimento exponencial continua sem esmorecer, e, anos mais tarde, acontece de fato uma transformação mais madura e mais realista.

Isso foi visto com o furor das ferrovias no século XIX, seguido por falências amplamente distribuídas. (Tenho alguns desses primeiros títulos de ferrovias, não resgatados, em minha coleção de documentos históricos.) E ainda estamos sentindo os efeitos do colapso do e-commerce e das telecomunicações de vários anos atrás, que ajudou a alimentar uma recessão da qual agora estamos nos recuperando.

A IA passou por um otimismo prematuro semelhante, depois de programas como o General Problem Solver (solucionador geral de problemas) de 1957, criado por Allen Newell, J. C. Shaw e Herbert Simon, que conseguiu encontrar demonstrações para teoremas que tinham deixado perplexos matemáticos como Bertrand Russell, e os primeiros programas do Laboratório de Inteligência Artificial do MIT, que podiam responder testes equivalentes ao vestibular (como analogias e análise de textos) no nível de estudantes universitários.[163] Um surto de empresas de IA aconteceu nos anos 1970, mas, quando os lucros não se materializaram, houve uma "quebra" nos anos 1980, que ficou conhecida como o "inverno da IA". Muitos observadores ainda acham que o inverno da IA foi o final da história e que, desde então, nada apareceu no campo na IA.

Hoje, porém, muitos milhares de aplicações da IA estão profundamente incorporados na infraestrutura de toda indústria. Muitas dessas aplicações tinham sido projetos de pesquisa dez ou quinze anos antes. As pessoas que perguntam "o que será que aconteceu com a IA?" lembram-me os turistas que vão para a floresta amazônica e perguntam "Cadê o monte de espécies que me disseram que vivem aqui?", isso quando centenas de espécies de flora e fauna vicejam a apenas umas poucas dúzias de metros de distância, profundamente integradas na ecologia local.

Já estamos na era da "IA restrita", que se refere à inteligência artificial que executa uma função útil e específica que antes requeria a inteligência humana para ser realizada, e o faz nos níveis humanos ou melhor. Muitas vezes os sistemas da IA restrita superam, em muito, a velocidade dos humanos, bem como têm a habilidade de administrar e considerar milhares de variáveis ao mesmo tempo. Abaixo, descrevo uma ampla variedade de exemplos da IA restrita.

Esses períodos de tempo para o ciclo da tecnologia da IA (um par de décadas de entusiasmo crescente, uma década de desilusão, depois uma década e meia de avanços sólidos) podem parecer longos quando comparados com as fases relativamente rápidas dos ciclos da internet e das telecomunicações (medidos em anos, não décadas), mas dois fatores têm de ser considerados. Primeiro, os ciclos da internet e das telecomunicações foram relativamente recentes, portanto são mais afetados pela aceleração da mudança de paradigma (como discutido no capítulo 1). Assim, ciclos recentes (prosperidade, colapso e recuperação) serão muito mais rápidos do que os que começaram há quarenta anos. Segundo, a revolução da IA é a transformação mais profunda que a civilização humana vai vivenciar, portanto vai levar mais tempo para amadurecer do que tecnologias menos complexas. Caracteriza-se pelo domínio do atributo mais importante e mais potente da civilização humana, na verdade de toda a extensão da evolução em nosso planeta: a inteligência.

É natural para a tecnologia compreender um fenômeno e depois criar sistemas que concentrem e enfoquem esse fenômeno para aumentá-lo muito. Por exemplo, os cientistas descobriram uma propriedade sutil das superfícies curvas conhecida como o princípio de Bernoulli: um gás (como o ar) move-se mais depressa por cima de uma superfície curva do que sobre uma superfície plana. Portanto, a pressão do ar sobre uma superfície curva é menor do que sobre uma superfície plana. Ao compreender, focar e aumentar as implicações dessa observação sutil, nossa engenharia criou toda a aviação. Quando chegarmos a entender os princípios da inteligência, teremos uma oportunidade parecida para focar, concentrar e aumentar seus poderes.

Como foi visto no capítulo 4, todos os aspectos envolvidos no ato de entender, modelar e simular o cérebro humano estão acelerando: o preço-desempenho e a resolução espacial e temporal do escaneamento do cérebro, a quantidade de dados e o conhecimento disponíveis sobre a função do cérebro e a sofisticação dos modelos e das simulações das várias regiões do cérebro.

Já existe um conjunto de ferramentas potentes que emergiu da pesquisa da IA e que tem sido refinado e melhorado durante várias décadas de desenvolvimento. O projeto da engenharia reversa do cérebro vai aumentar enormemente esse jogo de ferramentas através, também, do fornecimento de uma panóplia de técnicas novas, auto-organizadoras, inspiradas na biologia. Finalmente, será possível aplicar a habilidade da engenharia para focar e aumentar a inteligência humana muito além dos 100 trilhões de conexões interneurais extremamente vagarosos com que todos nós lutamos hoje. A inteligência, então, estará completamente sujeita à Lei dos Retornos Acelerados, que, no presente, está duplicando todos os anos a potência das tecnologias da informação.

Um problema subjacente à inteligência artificial que eu pessoalmente vivenciei em meus quarenta anos nessa área é que, logo que uma técnica de IA funciona, ela deixa de ser considerada como IA e é desmembrada em um campo próprio (por exemplo, o reconhecimento de caracteres, o reconhecimento da fala, a visão mecânica, a robótica, a prospecção de dados, a informática médica, os investimentos automatizados).

Elaine Rich, cientista da computação, define a IA como "o estudo de como fazer com que os computadores façam coisas que, no momento, as pessoas fazem melhor". Rodney Brooks, diretor do laboratório da IA do MIT, coloca a questão de um modo diferente: "Toda vez que deciframos uma parte dela [IA], ela deixa de ser mágica; dizemos: *Ah, isso é só computação*". Também lembro do que Watson comentou para Sherlock Holmes: "No começo, achei que você tinha feito alguma coisa inteligente, mas vejo que afinal não é nada disso".[164] Essa tem sido a nossa experiência como cientistas da IA. O deslumbramento com a inteligência parece ser reduzido a "nada" quando compreendemos totalmente seus métodos. O mistério que sobra é a fascinação inspirada pelos métodos remanescentes da inteligência, ainda não compreendidos.

O jogo de ferramentas da IA

> IA é o estudo das técnicas para resolver problemas exponencialmente difíceis em tempo polinomial, ao explorar os conhecimentos sobre a área do problema.
>
> Elaine Rich

Como mencionado no capítulo 4, só recentemente conseguiu-se obter modelos bastante detalhados de como as regiões do cérebro humano funcionam para influenciar os projetos de IA. Antes disso, na falta de ferramentas com que pudessem perscrutar dentro do cérebro com bastante resolução, engenheiros e cientistas da IA desenvolveram suas próprias técnicas. Assim como os engenheiros da aviação não tomaram como modelo para seus cálculos a habilidade de voar dos pássaros, esses métodos iniciais da IA também não se basearam na engenharia reversa da inteligência natural.

Aqui será revista uma pequena amostra dessas abordagens. Desde que foram adotadas, elas cresceram em sofisticação, o que permitiu a criação de produtos práticos que evitam a fragilidade e as altas taxas de erros dos primeiros sistemas.

Sistemas especializados. Nos anos 1970, muitas vezes a IA era equiparada a um método específico: sistemas especializados. Isso envolve o desenvolvimento de regras lógicas específicas para simular os processos de tomada de decisão dos peritos humanos. Uma parte essencial do procedimento implica o conhecimento de engenheiros entrevistando peritos em determinados campos, como médicos e engenheiros, para codificar suas regras de tomar decisões.

Houve sucessos iniciais nessa área, como sistemas de diagnósticos médicos que se saíam bem na comparação com os médicos humanos, pelo menos em exames limitados. Por exemplo, um sistema chamado MYCIN, que foi projetado para diagnosticar e recomendar um tratamento para curar doenças infecciosas, foi desenvolvido durante os anos 1970. Em 1979, uma equipe de peritos avaliadores comparou os diagnósticos e as recomendações de tratamento de MYCIN com os dos médicos humanos e viu que MYCIN saiu-se tão bem ou melhor do que qualquer dos médicos.[165]

Essa pesquisa deixou aparente que, em geral, a tomada de decisões pelos humanos se baseia não em regras lógicas definitivas, mas sim em tipos "mais flexíveis" de evidências. Uma mancha escura em um exame médico de imagem pode sugerir um câncer, mas outros fatores, como sua forma exata, sua localização e seu contraste provavelmente vão influir no diagnóstico. A tomada de decisões humana em geral é influenciada pela combinação de muitas evidências originadas de experiências anteriores, nenhuma definitiva por si mesma. Muitas vezes nem percebemos conscientemente muitas das regras que usamos.

Pelo final dos anos 1980, os sistemas especializados estavam incorporando a ideia da incerteza e podiam combinar muitas fontes de evidências fortuitas para tomar uma decisão. O sistema MYCIN foi pioneiro nessa abordagem. Uma "regra" típica do MYCIN é a seguinte:

Se a infecção que requer terapia é meningite, e a infecção deve-se a um fungo, e não foram vistos organismos no tingimento da cultura, e o paciente não é um hospedeiro comprometido, e o paciente esteve em uma área em que coccidioidomicoses são endêmicas, e o paciente é negro, asiático ou hindu, e o antígeno criptocócico no teste csf não foi positivo, ENTÃO há 50% de chances de que o criptococo não seja um dos organismo que estão causando a infecção.

Embora uma única regra probabilística como essa não seja suficiente em si mesma para uma conclusão útil, ao combinar milhares dessas regras, as evidências podem ser postas em ordem e combinadas para que se tomem decisões confiáveis.

É provável que o projeto de sistemas especializados de mais longa duração seja o CYC (para enCYClopedia), criado por Doug Lenat e seus colegas na Cycorp. Começado em 1984, o CYC tem codificado conhecimentos para prover as máquinas com uma habilidade de compreender as suposições não verbalizadas subjacentes às ideias e ao raciocínio humanos. O projeto evoluiu de regras lógicas codificadas às probabilísticas, e agora inclui meios para extrair conhecimentos das fontes escritas (com supervisão humana). O objetivo original era gerar 1 milhão de regras, o que reflete apenas uma pequena parte do que o humano médio sabe sobre o mundo. O objetivo mais recente de Lenat é que o CYC domine "por volta de 2007, 100 milhões de coisas, mais ou menos o número daquilo que uma pessoa normal conhece sobre o mundo".[166]

Outro ambicioso sistema especializado está sendo cogitado por Darryl Macer, professor associado de ciências biológicas na Universidade de Tsukuba no Japão. Ele planeja desenvolver um sistema incorporando todas as ideias humanas.[167] Uma aplicação seria informar os criadores das políticas quais as ideias que são sustentadas por qual comunidade.

Redes bayesianas. Na última década, uma técnica chamada *lógica bayesiana* criou uma robusta base matemática para combinar milhares ou mesmo milhões de tais regras probabilísticas no que ele chamou de "redes de crença" ou redes bayesianas. Concebida originalmente pelo matemático inglês Thomas Bayes e publicada postumamente em 1763, a abordagem pretende determinar a probabilidade de eventos futuros com base em acontecimentos similares no passado.[168] Muitos sistemas especializados baseados nas técnicas bayesianas colhem dados das experiências de modo contínuo, assim o tempo todo aprendendo e melhorando suas tomadas de decisão.

Os filtros de spam mais promissores estão baseados nesse método. Pessoalmente, uso um filtro de spam chamado SpamBayes, que treina a si mesmo com os e-mails que foram identificados como "spam" ou "OK".[169] Começa-se apresentando ao filtro um arquivo de cada tipo. Ele treina sua rede com esses dois arquivos e analisa os padrões de cada um, permitindo assim colocar os e-mails seguintes na categoria adequada. Ele continua seu treinamento com cada e-mail seguinte, especialmente quando é corrigido pelo usuário. Com esse filtro, a situação dos spams ficou administrável para mim, o que é dizer muito, já que ele extrai de duzentas a trezentas mensagens de spam todo dia, deixando passar mais do que cem mensagens "boas". Apenas cerca de 1% das mensagens que ele identifica como "OK" na verdade são spam; quase nunca marca uma mensagem boa como spam. O sistema é quase tão preciso como eu seria e muito mais rápido.

Modelos de Markov. Outro método bom para aplicar redes probabilísticas a sequências complexas de informação envolve os modelos de Markov.[170] Andrei Andreyevich Markov (1956-1922), um matemático famoso, criou uma teoria das "cadeias de Markov", que foi refinada por Norbert Wiener (1894-1964) em 1923. A teoria fornecia um método para avaliar a probabilidade do que aconteceria numa certa sequência de eventos. Por exemplo, ela tem sido popular no reconhecimento da fala, em que os eventos sequenciais são os fonemas (partes do discurso). Os modelos de Markov usados no reconhecimento da fala codificam a probabilidade de que padrões específicos de som sejam encontrados em cada fonema, como os fonemas influenciam uns aos outros, e prováveis ordens dos fonemas. O sistema também pode incluir redes de probabilidades em níveis mais altos de linguagem, como a ordem das palavras. As probabilidades reais dos modelos são treinadas com discursos reais e dados da linguagem, portanto o método é auto-organizador.

Os modelos de Markov foram um dos métodos que meus colegas e eu usamos em nosso desenvolvimento do reconhecimento da fala.[171] Ao contrário das abordagens fonéticas, em que regras específicas sobre sequências de fonemas são explicitamente codificadas por linguistas humanos, não contamos ao sistema que existem mais ou menos 44 fonemas em inglês, nem lhe contamos quais as sequências de fonemas que são mais prováveis do que outras. Deixamos que o sistema descobrisse essas "regras" por ele mesmo, através de milhares de horas de dados transcritos da fala humana. A vantagem dessa abordagem sobre as regras codificadas à mão é que os modelos desenvolvem sutis regras de probabilidades de que os peritos humanos não estão necessariamente cônscios.

Redes neurais. Outro método popular de auto-organização que também tem sido usado no reconhecimento da fala e em uma ampla variedade de outras tarefas de reconhecimento de padrões é o das redes neurais. Essa técnica envolve simular um modelo simplificado dos neurônios e conexões interneurais. Uma abordagem básica das redes neurais pode ser descrita como segue. Cada ponto de um dado input (para a fala, cada ponto representa duas dimensões, uma sendo a frequência e a outra, tempo; para imagens, cada ponto seria um pixel em uma imagem bidimensional) está conectado aleatoriamente aos inputs da primeira camada de neurônios simulados. Toda conexão tem uma força sináptica associada, que representa sua importância e cujo valor é posto aleatoriamente. Todo neurônio faz a soma dos sinais que chegam nele. Se a soma passa de um determinado limite, o neurônio dispara e envia um sinal para sua conexão de output; se a soma não passa do limite, o neurônio não dispara e seu output é zero. O output de cada neurônio está conectado de modo aleatório com os inputs dos neurônios da camada seguinte. Há múltiplas camadas (em geral, três ou mais), e as camadas podem estar organizadas em várias configurações. Por exemplo, uma camada pode alimentar uma camada anterior. Na camada do topo, o output de um ou mais neurônios, também escolhidos aleatoriamente, fornece a resposta. (Para uma descrição algorítmica das redes neurais, ver esta nota:[172]).

Como a fiação da rede neural e os pesos sinápticos no começo são colocados de modo aleatório, as respostas de uma rede neural não treinada serão aleatórias. A chave para uma rede neural, portanto, é que ela precisa aprender seu assunto. Como os cérebros de mamíferos em que ela é vagamente modelada, uma rede neural começa ignorante. O professor da rede neural — que pode ser um humano, um programa de computador ou, talvez, outra rede neural mais madura que já aprendeu suas lições — recompensa a rede neural estudante quando ela gera o output certo e a pune quando ela não o faz. Por sua vez, esse feedback é usado pela rede neural aluna para ajustar a força de cada conexão interneural. As conexões que forem coerentes com a resposta certa são fortalecidas. Aquelas que deram a resposta errada são enfraquecidas. Com o tempo, a rede neural se organiza para dar as respostas certas sem orientação. As experiências mostram que as redes neurais conseguem aprender seu assunto mesmo com professores não confiáveis. Mesmo que o professor só esteja certo 60% do tempo, a rede neural aluna ainda vai aprender as lições.

Uma rede neural potente, bem treinada, pode emular uma ampla gama das faculdades humanas de reconhecimento de padrões. Os sistemas que usam redes neurais de várias camadas mostraram resultados impressionantes em uma ampla variedade de tarefas de reconhecimento de padrões, inclusive reconhecendo a escrita feita à mão, os rostos humanos, fraude nas transações comerciais como cobranças de cartão de crédito e muitas outras. Em minha própria experiência, ao usar redes neurais em tais contextos, a tarefa de engenharia mais desafiadora não é codificar as redes, mas fornecer lições automatizadas para que elas aprendam seu assunto.

A tendência atual das redes neurais é tirar vantagem de modelos mais realistas e mais complexos, de como as redes neurais biológicas reais funcionam, agora que estão sendo desenvolvidos modelos detalhados do funcionamento neural através da engenharia reversa do cérebro.[173] Como temos várias décadas de experiência em usar paradigmas auto-organizadores, novos insights dos estudos do cérebro podem depressa ser adaptados para experiências com redes neurais.

As redes neurais também são naturalmente receptivas ao processamento paralelo, pois é assim que o cérebro funciona. O cérebro humano não tem um processador central que simule cada neurônio. Em vez disso, pode-se considerar cada neurônio e cada conexão interneural como sendo um processador individual lento. Um trabalho intenso está sendo feito para desenvolver chips especializados que implementem a arquitetura das redes neurais em paralelo para alcançar uma produtividade substancialmente maior.[174]

Algoritmos genéticos (AGs). Outro paradigma auto-organizador inspirado pela natureza são os algoritmos genéticos ou evolucionistas, que emulam a evolução, inclusive a reprodução sexual e as mutações. Eis uma descrição simplificada de como eles funcionam: primeiro, determine uma maneira de codificar as possíveis soluções para um problema dado. Se o problema estiver aperfeiçoando os parâmetros do projeto para um motor a jato, defina a lista dos parâmetros (com um número específico de bits atribuído a cada parâmetro). Essa lista é considerada como o código genético no algoritmo genético. Então, aleatoriamente, gere milhares ou mais códigos genéticos. Cada um desses códigos (que representa um conjunto de parâmetros do projeto) é considerado como um organismo de "solução" simulada.

Agora, avalie cada organismo simulado em um ambiente simulado usando um método definido para avaliar cada conjunto de parâmetros. Essa avaliação é essencial para o sucesso de um algoritmo genético. Em nosso exemplo, iríamos aplicar cada organismo de solução a uma simulação de motor a jato e determinar quão bem-sucedido é esse conjunto de parâmetros, de acordo com quaisquer que sejam os critérios que nos interessam (consumo de combustível, velocidade etc.). Deixa-se sobreviver os melhores organismos da solução (os melhores projetos) e o resto é eliminado.

Agora, faça todos os sobreviventes multiplicarem-se até alcançar o mesmo número de criaturas da solução. Isso é feito simulando a reprodução sexual. Em outras palavras, cada novo descendente extrai uma parte de seu código genético de um genitor e outra parte de um segundo genitor. Em geral, não é feita nenhuma distinção entre organismos fêmeas ou machos; basta gerar um descendente com dois genitores arbitrários. Conforme se multiplicam, acontecem algumas mutações (mudanças aleatórias) nos cromossomos.

Já está definida uma geração da evolução simulada; agora, repita essas etapas para cada geração subsequente. No final de cada geração, determine quanto melhoraram os projetos. Quando a melhoria na avaliação, de uma geração para a seguinte, ficar muito pequena, interrompemos esse ciclo iterativo de melhoras e usamos o(s) melhor(es) projeto(s) na última geração. (Para uma descrição algorítmica dos algoritmos genéticos, ver esta nota: [175])

A chave para um AG é que os projetistas humanos não programam diretamente uma solução; em vez disso, eles deixam que a solução surja através de um processo iterativo de emulações e melhorias simuladas. Como já foi visto, a evolução biológica é inteligente, mas vagarosa, assim, para aumentar sua inteligência, conservamos seu discernimento enquanto aumentamos muito seu andamento pesado. O computador é bastante rápido para simular muitas gerações em termos de horas ou dias ou semanas. Mas só é preciso percorrer esse processo interativo uma vez; deixando essa evolução simulada seguir seu curso, podemos aplicar rapidamente as regras resultantes e altamente refinadas aos problemas reais.

Como as redes neurais, AGs são uma maneira de utilizar os padrões sutis mas profundos que existem nos dados caóticos. Uma exigência essencial para seu sucesso é ter um modo válido para avaliar cada solução possível. Essa avaliação precisa ser rápida porque é necessário levar em conta muitos milhares de soluções possíveis para cada geração de evolução simulada.

Os AGs são especializados em lidar com problemas com variáveis demais para computar soluções analíticas exatas. O projeto de um motor a jato, por exemplo, envolve mais de cem variáveis e exige cumprir dúzias de restrições. Os AGs usados por pesquisadores da General Electric conseguiram realizar projetos de motores que cumpriam as restrições de modo mais preciso do que os métodos convencionais.

Entretanto, quando usar os AGs, tenha cuidado com o que você pede. Jon Bird, pesquisador da Universidade de Sussex, usou um AG para projetar o melhor circuito oscilador possível. Várias tentativas geraram projetos convencionais usando um número pequeno de transistores, mas o projeto vencedor não foi um oscilador de modo algum, mas um simples circuito de rádio. Aparentemente, o AG descobriu que o circuito de rádio pegava um zumbido oscilante de um computador próximo.[176] A solução do AG só funcionava no exato local da mesa onde lhe tinham solicitado resolver o problema.

Os algoritmos genéticos, parte do campo da teoria do caos ou da complexidade, cada vez mais são usados para resolver problemas de negócios de outra forma impraticáveis, como otimizar cadeias complexas de abastecimento. Essa abordagem começa a suplantar os métodos mais analíticos por toda a indústria. (Ver exemplos abaixo.) O paradigma também é perito em reconhecer padrões e muitas vezes é combinado com redes neurais e outros métodos de auto-organização. Também é um modo razoável de escrever software de computador, especialmente software que precisa encontrar um equilíbrio delicado para recursos competitivos.

No romance *usr/bin/god*, Cory Doctorow, um dos principais escritores de ficção científica, usa uma variação curiosa de um AG para evolver uma IA. O AG gera um grande número de sistemas inteligentes baseados nas várias combinações intrincadas de técnicas, com cada combinação caracterizada por seu código genético. Esses sistemas então evolvem usando um AG.

A função de avaliação funciona assim: cada sistema entra em várias salas de bate-papo humanas e tenta se fazer passar por um humano, basicamente um teste de Turing disfarçado. Se um dos humanos na sala de bate-papo diz algo como "O que você é, um *chatterbot*?" (*chatterbot* significando um programa automático, do qual, no nível atual de desenvolvimento, não se espera que entenda a linguagem no nível humano), a avaliação tem um fim, aquele sistema acaba com suas interações e relata sua pontuação ao AG. A pontuação é determinada conforme o tempo durante o qual conseguiu se fazer passar por um humano, antes de ser desafiado dessa forma. O AG desenvolve cada vez mais intrincadas combinações de técnicas que estão aumentando sua capacidade de passar por um humano.

A principal dificuldade dessa ideia é que a avaliação é bem vagarosa, embora vá tomar uma quantidade apreciável de tempo só depois que os sistemas estiverem razoavelmente inteligentes. As avaliações também podem acontecer em paralelo. É uma ideia interessante e pode, realmente, ser um método útil para concluir a tarefa de passar no teste de Turing, depois que se chegar ao ponto em que há algoritmos bastante sofisticados para alimentar esse AG, de modo que é factível desenvolver uma IA capaz de passar no teste de Turing.

Busca recursiva. Muitas vezes é preciso procurar por um vasto número de combinações de soluções possíveis para resolver um dado problema. Um exemplo clássico é jogar xadrez. Quando um jogador pensa em seu movimento seguinte, ele pode fazer uma lista de todos os seus movimentos possíveis e, depois, para cada movimento, todos os contramovimentos possíveis do oponente, e assim por diante. Entretanto, é difícil para jogadores humanos manter na mente uma enorme "árvore" de sequências de movimento-contramovimento, e, portanto, eles dependem do reconhecimento de padrões — reconhecer situações baseadas em experiências anteriores —, enquanto as máquinas usam a análise lógica de milhões de movimentos e contramovimentos. Uma árvore lógica dessas está no âmago da maioria dos programas de jogos. Considere como isso é feito: construímos um programa chamado Pick

Best Next Step (dê o melhor passo seguinte) para selecionar cada movimento. Pick Best Next Step começa listando todos os movimentos possíveis a partir do estado corrente do tabuleiro. (Se o problema fosse resolver um teorema matemático em vez de movimentos de jogo, o programa iria listar todos os possíveis passos seguintes em uma demonstração.) Para cada movimento, o programa constrói um tabuleiro hipotético que reflete o que iria acontecer se fizéssemos esse movimento. Para cada um desses tabuleiros hipotéticos, precisamos agora pensar no que nosso oponente faria se realizássemos um dado movimento. Agora entra a recursividade, porque o Pick Best Next Step simplesmente instrui o Pick Best Next Step (em outras palavras, instrui-se a si mesmo) para escolher o melhor movimento para nosso oponente e depois lista todos os movimentos legais decorrentes.

O programa continua dando instruções a si mesmo, olhando para diante, o que resulta na geração de uma enorme árvore de movimentos-contramovimentos. Esse é mais um exemplo do crescimento exponencial, porque olhar adiante de um movimento (ou contramovimento) adicional requer multiplicar a quantidade de computação disponível por cerca de cinco. A chave do sucesso dessa fórmula recursiva é podar essa enorme árvore de possibilidades e, afinal, deter seu crescimento. No contexto do jogo, se um tabuleiro parece sem solução para os dois lados, o programa pode parar a expansão da árvore do movimento-contramovimento a partir desse ponto (chamado de "folha terminal" da árvore) e considerar o movimento mais recente como uma vitória ou derrota. Quando tudo isso estiver completo, o programa vai ter determinado o melhor movimento possível para o tabuleiro real dentro dos limites da profundidade da expansão recursiva que ele teve tempo de procurar e da qualidade de seu algoritmo de poda. (Para uma descrição algorítmica da procura recursiva, ver esta nota:[77])

A fórmula recursiva é, muitas vezes, eficaz na matemática. Em vez de movimentos de jogos, os "movimentos" são os axiomas do campo da matemática sendo tratado, bem como os teoremas demonstrados antes. As expansões em cada ponto são os axiomas possíveis (ou teoremas comprovados antes) que podem ser aplicados a uma prova em cada etapa. (Essa foi a abordagem usada por Newell, Shaw e Simons em seu General Problem Solver — solucionador de problemas gerais.)

Com esses exemplos, pode parecer que a recursividade só é adequada para problemas onde há objetivos e regras nitidamente definidos. Mas ela também se mostrou promissora na geração por computador de criações artísticas. Por exemplo, um programa que projetei chamado de Ray Kurzweil's Cybernetic Poet (o poeta cibernético de Ray Kurzweil) usa uma abordagem recursiva.[178] O programa estabelece um conjunto de objetivos para cada palavra — alcançando certo padrão rítmico, uma estrutura do poema e uma escolha de palavras que são desejáveis nesse ponto do poema. Se o programa não consegue achar uma palavra que atenda a esses critérios, ele recua e apaga a palavra anterior que escreveu, restabelece os critérios originais da palavra que acabo de apagar, e parte daí. Se isso também leva a um beco sem saída, ele de novo recua, movendo-se assim para trás e para a frente. Eventualmente, se todos os caminhos levam a um beco sem saída, ele acaba forçando-se a tomar uma decisão, abrandando algumas das restrições.

Preto (computador)...
está pensando em um movimento

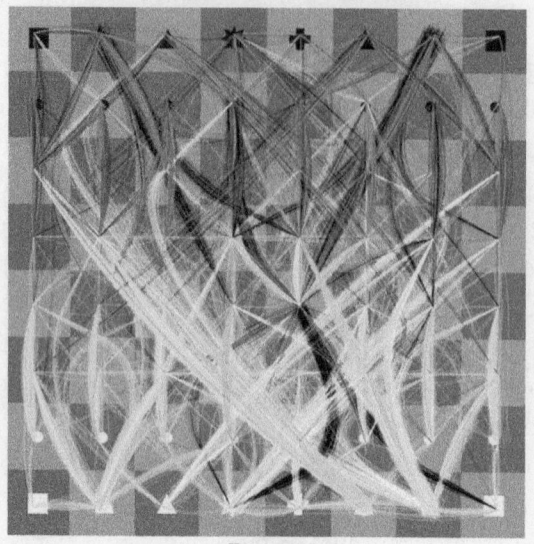

Branco
você

"Máquinas Pensantes 2", do matemático Martin Wattenberg com Marek Walczak, mostram as sequências de movimento-contramovimento que estão avaliando enquanto consideram seu movimento seguinte.

Deep Fritz empata: Os humanos estão ficando mais inteligentes ou os computadores estão ficando mais burros?

Pode-se encontrar um exemplo da melhoria qualitativa nos softwares do mundo do xadrez em computadores, que, de acordo com a sabedoria popular, é governado apenas pela força bruta da expansão do hardware do computador. Em um torneio de xadrez em outubro de 2002, com Vladimir Kramnik, jogador humano campeão mundial, o software de Deep Fritz empatou. Ressalto que Deep Fritz tem disponível apenas cerca de 1,3% da computação força bruta do computador campeão anterior, Deep Blue. Apesar disso, ele joga xadrez mais ou menos no mesmo nível graças a sua capacidade superior no reconhecimento de padrões baseado no algoritmo de poda (ver abaixo). Em seis anos, um programa como Deep Fritz vai de novo alcançar a habilidade de Deep Blue de analisar 200 milhões de posições no tabuleiro por segundo. Mais adiante nesta década, Deep Fritz, como os programas de xadrez que rodam em computadores pessoais comuns, irá derrotar todos os humanos rotineiramente.

Em *The Age of Intelligent Machines*, que escrevi entre 1986 e 1989, previ que um computador iria derrotar o humano campeão mundial de xadrez pelo final dos anos 1990. Também observei que os computadores estavam subindo cerca de 45 pontos por ano na classificação do xadrez, enquanto o jogo do melhor humano estava essencialmente fixo, portanto isso projetava um ponto de cruzamento em 1998. De fato, Deep Blue derrotou Gary Kasparov em um torneio altamente divulgado em 1997.

No jogo Deep Fritz-Kramnik, porém, o principal programa de computador da época só conseguiu um empate. Cinco anos tinham se passado desde a vitória do Deep Blue, então o que fazer com essa situação? Deve-se concluir que:

1. Os humanos estão ficando mais inteligentes ou, no mínimo, estão melhorando no xadrez?

2. Os computadores estão piorando no xadrez? Se for isso, deve-se concluir que os melhoramentos na velocidade da computação, muito divulgados, pelos últimos cinco anos, não eram tudo aquilo que se divulgou? Ou que os softwares dos computadores estão piorando, pelo menos no xadrez?

A vantagem do hardware especializado

Nenhuma das conclusões anteriores é garantida. A conclusão correta é que o software está melhorando pois o Deep Fritz igualou, em essência, o desempenho do Deep Blue, mas com muito menos recursos computacionais. Para intuir algo dessas questões, é preciso examinar uns poucos fatos básicos. Quando escrevi minhas previsões para xadrez por computador no final dos anos 1980, a Universidade Carnegie Mellon (CMU) havia embarcado em um programa para desenvolver chips especializados para conduzir o algoritmo "minimax" (o método padrão de jogar que se baseia em construir árvores com sequências de movimento-contramovimento e depois avaliar a posição da folha terminal em cada galho da árvore) especificamente para movimentos do xadrez.

Baseado nesse hardware especializado, HiTech, a máquina de xadrez da CMU, de 1988, foi capaz de analisar 175 mil posições das peças por segundo. Ela alcançou uma classificação de xadrez de 2.359, só 440 pontos abaixo do campeão mundial humano.

Um ano mais tarde, em 1989, a máquina Deep Thought da CMU aumentou essa capacidade para 1 milhão de posições das peças no tabuleiro por segundo e alcançou a classificação de 2.400. A IBM eventualmente assumiu o projeto e o renomeou como Deep Blue,mas manteve a arquitetura básica da CMU. A versão do Deep Blue que derrotou Kasparov em 1997 tinha 256 processadores especiais para xadrez trabalhando em paralelo, que analisavam, por segundo, 200 milhões de posições das peças no tabuleiro.

É importante notar o uso de hardware especializado para acelerar os cálculos específicos necessários para gerar o algoritmo minimax para movimentos do xadrez. Os projetistas de sistemas de computador sabem muito bem que o hardware especializado pode, em geral, implementar um algoritmo específico no mínimo cem vezes mais depressa do que um computador de uso geral. Os ASICs (application-specific integrated circuits — circuitos integrados de aplicação específica) especializados exigem um desenvolvimento significativo em esforços e custos, mas, para cálculos críticos que são necessários de modo repetitivo (por exemplo, decodificar arquivos de MP3 ou fazer a renderização de primitivos gráficos para video games), esses gastos podem muito bem valer o investimento.

Deep Blue versus Deep Fritz

Devido a sempre haver muito foco no fato de um computador ser capaz de derrotar um oponente humano, o apoio estava disponível para investir em circuitos especiais para o xadrez. Embora houvesse alguma controvérsia residual em relação aos parâmetros da partida Deep Blue-Kasparov, o nível de interesse no xadrez por computador declinou consideravelmente depois de 1997. Afinal, o objetivo tinha sido alcançado e havia muito pouco sentido em prosseguir. A IBM cancelou o projeto e, desde essa época, não se tem trabalhado em chips especializadas em xadrez. Em vez disso, o foco da pesquisa nos vários campos derivados da IA tem sido colocado em problemas mais importantes como orientar aviões, mísseis e robots industriais, entender a linguagem natural, diagnosticar eletrocardiogramas e imagens de células do sangue, detectar as fraudes de cartão de crédito e uma miríade de outras aplicações estritas e bem-sucedidas da IA.

Entretanto, o hardware dos computadores tem continuado seu aumento exponencial, com a velocidade dos computadores pessoais dobrando a cada ano desde 1997. Assim, os processadores Pentium de uso geral empregados por Deep Fritz são cerca de 32 vezes mais rápidos do que os processadores de 1997. Deep Fritz usa uma rede de apenas oito computadores pessoais, portanto o hardware é equivalente a 256 computadores pessoais da classe de 1997. Compare-se isso com o Deep Blue, que usava 256 processadores especializados em xadrez, cada um deles cerca de cem vezes mais rápidos do que os computadores pessoais de 1997 (é claro que só para computar o minimax do xadrez). Portanto o Deep Blue era 25.600 vezes mais rápido do que um PC de 1997 e cem vezes mais do que o Deep Fritz. Essa análise é confirmada pelas velocidades relatadas dos dois sistemas: o Deep Blue consegue analisar 200 milhões de posições de peças por segundo comparado com apenas cerca de 2,5 milhões do Deep Fritz.

Ganhos significativos no software

Então, o que se pode dizer do software do Deep Fritz? Embora em geral as máquinas de xadrez sejam consideradas como exemplos de força bruta nos cálculos, existe um aspecto importante desses sistemas que requer um juízo qualitativo. A explosão combinatória das possíveis sequências de movimento--contramovimento é impressionante.

Em The Age of Intelligent Machines, calculei que levaria uns 40 bilhões de anos para fazer um movimento se deixássemos de podar a árvore do movimento-contramovimento e tentássemos fazer um movimento "perfeito" em um jogo típico. (Supondo trinta movimentos cada, em um jogo normal, e cerca de oito movimentos possíveis por jogada, temos 8^{30} sequências de movimentos possíveis; analisar 1 bilhão de sequências de movimentos por segundo iria levar 10^{18} segundos ou 40 bilhões de anos.) Assim, um sistema prático precisa estar continuamente podando as linhas de ação não promissoras. Isso requer intuição e é, essencialmente, um juízo de reconhecimento de padrões.

Os humanos, mesmo grandes mestres mundiais, executam o algoritmo minimax extremamente devagar, em geral realizando uma análise de movimento-contramovimento por segundo. Então como pode um grão-mestre do xadrez competir com sistemas de computador? A resposta é que nós temos poderes extraordinários para reconhecer padrões, o que nos permite podar a árvore com muita intuição.

É precisamente nessa área que o Deep Fritz melhorou consideravelmente em relação ao Deep Blue. O Deep Fritz tem só um pouco mais de computação disponível do que o Deep Thought da CMU, mas sua posição é quase quatrocentos pontos mais alta.

Os jogadores humanos de xadrez estarão condenados?

Outra previsão que fiz em The Age of Intelligent Machines foi de que, quando os computadores se saírem tão bem ou melhor que os humanos no xadrez, iríamos pensar mais na inteligência do computador, ou menos na inteligência humana, ou menos no xadrez, e se a história é guia, a última dessas alternativas seria o resultado provável. De fato, isso é precisamente o que aconteceu. Logo depois da vitória de Deep Blue, começamos a ouvir muito sobre como o xadrez, na verdade, é um simples jogo de calcular combinações e que a vitória do computador só demonstrava que ele era um calculista melhor.

A realidade é um pouco mais complexa. A habilidade dos humanos de se saírem bem no xadrez não se deve, claramente, a nossas proezas no cálculo, em que somos, de fato, bastante limitados. Em vez disso, usamos, por excelência, uma forma humana de juízo. Para esse tipo de juízo qualitativo, o Deep Fritz representa um progresso genuíno sobre sistemas anteriores. (Incidentalmente, os humanos não tiveram nenhum progresso nos últimos cinco anos, com as maiores pontuações humanas ficando logo abaixo de 2.800. Em 2004, Kasparov classifica-se com 2.795 e Kramnik, com 2.794.)

Partindo daqui, para onde vamos? Agora que o xadrez por computador depende de software que roda em computadores pessoais comuns, os programas de xadrez vão continuar a se beneficiar da aceleração contínua da potência do computador. Por volta de 2009, um programa como Deep Fritz vai alcançar de novo a habilidade do Deep Blue de analisar, por segundo, 200 milhões de posições das peças no tabuleiro. Com a oportunidade de colher computação na internet, conseguiremos atingir esse potencial vários anos antes de 2009. (Para a coleta da internet pelos computadores, será necessária uma comunicação de banda larga ubíqua, mas isso também está chegando.)

Com esse inevitável aumento de velocidade, bem como com os contínuos melhoramentos no reconhecimento de padrões, as classificações do xadrez por computador continuarão a subir gradualmente. Os programas como o Deep Fritz, rodando em computadores pessoais normais, vão derrotar regularmente todos os humanos mais adiante nesta década. Então, vamos realmente nos desinteressar pelo xadrez.

Combinando métodos. A abordagem mais potente para construir sistemas de IA forte é combinar abordagens, que é como funciona o cérebro humano. Como já foi examinado antes, o cérebro não é uma grande rede neural, mas, em vez disso, consiste em centenas de regiões, cada uma processando ao máximo as informações de um modo diferente. Nenhuma dessas regiões em si funciona nos que seriam considerados níveis humanos de desempenho, mas, claramente, por definição, o sistema geral faz exatamente isso.

Usei essa abordagem em meu próprio trabalho com a IA, especialmente no reconhecimento de padrões. No reconhecimento da fala, por exemplo, fizemos numerosos sistemas de reconhecimento de padrões baseados em diferentes paradigmas. Alguns foram programados especificamente com o conhecimento das restrições fonéticas e linguísticas dos especialistas. Outros basearam-se nas regras para analisar sentenças (o que envolve criar diagramas de sentenças mostrando o uso da palavra, semelhantes aos diagramas ensinados no ensino fundamental 1). E outros ainda foram baseados em técnicas de auto-organização como os modelos de Markov, treinados em extensas bibliotecas de fala humana gravada e anotada. Então programamos um software "perito administrador" para aprender a força e a fraqueza dos diferentes "peritos" (reconhecedores) e para combinar seus resultados de maneira ótima. Desse modo, uma determinada técnica que, em si, pode produzir resultados pouco confiáveis, pode, não obstante, contribuir para aumentar a exatidão geral do sistema.

Na caixa de ferramentas da IA, há muitos modos entrelaçados de combinar os vários métodos. Por exemplo, pode-se usar um algoritmo genético para desenvolver a topologia (organização dos nódulos e das conexões) perfeita para uma rede neural ou um modelo de Markov. O resultado final da rede neural de AGs evoluídos pode então ser usado para controlar os parâmetros de um algoritmo de busca recursivo. Pode-se acrescentar técnicas potentes de processar sinais e imagens, que foram desenvolvidas para sistemas de processamento de padrões. Cada aplicação específica requer uma arquitetura diferente. Ben Goertzel, professor da ciência da computação e empreendedor da IA, escreveu uma série de livros e artigos que descrevem a estratégia e a arquitetura para combinar os diversos métodos subjacentes à inteligência. Sua arquitetura Novamente pretende fornecer uma moldura para a IA de uso geral.[179]

As descrições básicas acima só fornecem uma olhadela sobre como são projetados os presentes sistemas de IA cada vez mais sofisticados. Está além do objetivo deste livro fornecer uma descrição completa das técnicas da IA, e mesmo um programa de doutoramento em ciências da computação não consegue cobrir todas as variadas abordagens usadas hoje.

Muitos dos exemplos dos sistemas de IA restrita no mundo real, descritos na seção seguinte, usam uma variedade de métodos integrados e otimizados para cada tarefa particular. A IA está se fortalecendo como resultado de várias tendências simultâneas: ganhos exponenciais contínuos nos recursos computacionais, experiências intensivas no mundo real com milhares de aplicações e novos insights de como o cérebro humano toma decisões inteligentes.

Uma amostragem da IA restrita

Quando escrevi meu primeiro livro sobre IA, *The Age of Intelligent Machines*, no final dos anos 1980, tive de investigar muito para encontrar uns poucos exemplos bem-sucedidos da IA na prática. A internet ainda não era influente, portanto tive de visitar os centros de pesquisas sobre IA nos Estados Unidos, Europa e Ásia. Incluí no meu livro praticamente todos os exemplos aceitáveis que pude identificar. Em minha pesquisa para este livro minha experiência foi totalmente diferente. Tenho sido inundado por milhares de exemplos instigantes. Em nosso web site KurzweilAI.net, apresentamos um ou mais sistemas dramáticos quase todo dia.[180]

Um estudo de 2003 da Business Communications Company projetou um mercado de 21 bilhões de dólares para 2007 para aplicações da IA, com um crescimento anual médio de 12,2% de 2002 a 2007.[181] As principais atividades econômicas para as aplicações da IA incluem espionagem empresarial, serviço de atendimento ao cliente, finanças, defesa e segurança nacional e educação. A seguir, uma pequena amostra da IA restrita em ação.

As Forças Armadas e os serviços de inteligência. As Forças Armadas dos Estados Unidos têm sido ávidas usuárias dos sistemas de IA. Os sistemas de software de reconhecimento de padrões guiam armas autônomas como mísseis de cruzeiro, que podem voar milhares de milhas para achar uma construção específica ou mesmo uma janela específica.[182] Embora os detalhes relevantes do terreno por cima do qual o míssil voa sejam programados previamente, as variações do clima, da cobertura do solo e outros fatores requerem um nível flexível no reconhecimento de imagens em tempo real.

O Exército desenvolveu protótipos de redes de comunicações auto-organizáveis (chamadas de *mesh networks* — redes de malha) para configurar automaticamente muitos milhares de nódulos de comunicações quando um pelotão é lançado em um novo local.[183]

Sistemas especializados incorporando as redes bayesianas e os AGs são usados para aperfeiçoar cadeias complexas de abastecimento que coordenam milhões de provisões, suprimentos e armamentos baseados nas necessidades, que mudam bem depressa, do campo de batalha.

Os sistemas de IA são normalmente empregados para simular o desempenho de armas, inclusive de bombas nucleares e mísseis.

Um aviso prévio dos ataques terroristas de 11 de setembro de 2001 foi aparentemente detectado pelo sistema Echelon baseado em IA da National Security Agency (Agência da Segurança Nacional), que analisa o intenso monitoramento feito pela agência do tráfego de comunicações.[184] Infelizmente, os avisos do Echelon só foram revisados por agentes humanos quando era tarde demais.

A campanha militar de 2002 no Afeganistão viu a estreia do Predator armado, um avião de caça robótico não tripulado. Embora o Predator da Aeronáutica estivesse sendo desenvolvido por muitos anos, armá-lo com mísseis fornecidos pelo Exército foi uma improvisação de último minuto que provou ser notavelmente bem-sucedida. Na guerra do Iraque que começou em 2003, o Predator armado (operado pela CIA) e outros veículos aéreos não tripulados (*Unmanned Aerial Vehicles* — UAVs) destruíram milhares de tanques e locais de mísseis do inimigo.

Todos os serviços militares estão usado robots. O Exército utiliza-os para fazer buscas em cavernas (no Afeganistão) e em edificações. A Marinha usa pequenos navios robóticos para proteger seus porta-aviões. Como abordarei no próximo capítulo, deslocar os soldados para longe de uma batalha é uma tendência que cresce rapidamente.

Exploração espacial. A Nasa está construindo autoentendimento no software que controla sua nave espacial não tripulada. Considerando que Marte está cerca de três minutos-luz da Terra e Júpiter, cerca de quarenta minutos-luz (dependendo da posição exata dos planetas), a comunicação entre a nave espacial que se dirige para lá e os controladores terrestres é significativamente atrasada. Por essa razão, é importante que os softwares que controlam essas missões tenham a capacidade de tomar suas próprias decisões táticas. Para realizar isso, o software da Nasa está sendo projetado para incluir um modelo das próprias aptidões do software e as da nave espacial, bem como as dificuldades que cada missão poderá encontrar. Tais sistemas baseados na IA conseguem raciocinar nas novas situações em vez de apenas seguir regras pré-programadas. Essa abordagem permitiu que a nave *Deep Space One*, em 1999, usasse seu próprio conhecimento técnico para conceber uma série de planos originais para resolver o problema de um interruptor travado que ameaçava destruir sua missão de explorar um asteroide.[185] O primeiro plano do sistema de IA não funcionou, mas seu segundo plano salvou a missão. "Esses sistemas têm um modelo de bom senso da física de seus componentes internos", explica Brian Williams, coinventor do software autônomo do *Deep Space One* e agora um cientista nos laboratórios da IA e dos sistemas espaciais do MIT. "[A nave espacial] pode raciocinar a partir daquele modelo para determinar o que está errado e saber o que fazer."

Usando uma rede de computadores, a Nasa utilizou os AGs para desenvolver um projeto de antena para três satélites Space Technology 5, que vão estudar o campo magnético da Terra. Milhões de projetos possíveis competiram no desenvolvimento simulado. De acordo com Jason Lohn, chefe do projeto e cientista da Nasa, "agora estamos usando o software [de AG] para projetar máquinas microscópicas muito pequenas, inclusive giroscópios, para a navegação nos voos espaciais. O software também pode inventar projetos que nenhum projetista humano poderia imaginar".[186]

Outro sistema de IA da Nasa aprendeu por conta própria a distinguir estrelas de galáxias em imagens pouco nítidas com uma precisão que supera as dos astrônomos humanos.

Novos telescópios robóticos terrestres conseguem tomar suas próprias decisões quanto ao ponto para onde olhar e como otimizar a probabilidade de encontrar os fenômenos desejados. Chamados de "observatórios autônomos, semi-inteligentes", os sistemas podem ajustar-se ao clima, perceber itens de interesse e decidir segui-los por vontade própria. São capazes de detectar fenômenos muito sutis, como uma estrela que pisca por um nanossegundo, o que pode indicar que um pequeno asteroide nas regiões remotas de nosso sistema solar passou na frente da luz daquela estrela.[187] Um desses sistemas chamado de MOTESS (*Moving Object and Transient Event Search System* — sistema de busca de objetos que se movem e de eventos transitórios) identificou, por conta própria, 180 novos asteroides e vários cometas durante seus dois primeiros anos de funcionamento. "Temos um sistema de observação inteligente", explicou Alasdair Allan, astrônomo da Universidade de Exeter. "Ele pensa e reage por si mesmo, decidindo se alguma coisa que descobriu é bastante interessante para merecer mais observações. Se forem necessárias mais observações, ele simplesmente segue em frente e as faz."

Sistemas semelhantes são usados pelos militares para analisar automaticamente os dados dos satélites espiões. A tecnologia atual dos satélites lhes permite observar objetos ao rés do chão com cerca de uma polegada de tamanho, e não são afetados pelo mau tempo, pelas nuvens ou pela escuridão.[188] A quantidade maciça de dados gerados continuamente não seria administrável sem um reconhecimento automático de imagens programado para buscar desenvolvimentos relevantes.

Medicina. Se você fizer um eletrocardiograma (ECG), é provável que seu médico receba um diagnóstico automatizado que usou o reconhecimento de padrões aplicado aos ECGs armazenados. Minha própria empresa (Kurtzweil Technologies) está trabalhando junto com a United Therapeutics para desenvolver uma nova geração de análises de ECG automatizadas para monitoramento discreto a longo prazo (via sensores inseridos nas roupas e comunicação sem fio usando um celular) dos primeiros sinais de doença do coração.[189] Outros sistemas de reconhecimento de padrões são usados para diagnosticar inúmeros dados de imagem.

Todo grande desenvolvedor de drogas está usando programas de IA para fazer reconhecimento de padrões e mineração inteligente de dados no desenvolvimento de novas terapias com remédios. Por exemplo, a SRI International está construindo bases flexíveis de conhecimento que codificam tudo que se sabe sobre uma dúzia de agentes patológicos, inclusive tuberculose e *H. pylori* (a bactéria que causa úlceras).[190] O objetivo é aplicar ferramentas inteligentes para garimpar dados (software que consegue buscar novos relacionamentos nos dados), a fim de encontrar novas maneiras de matar ou desarranjar o metabolismo desses patógenos.

Sistemas parecidos estão sendo aplicados para realizar a descoberta automática de novas terapias para outras doenças, bem como para compreender a função dos genes e o seu papel nas doenças.[191] Por exemplo, os Abbott Laboratories afirmam que seis pesquisadores humanos em um de seus novos laboratórios equipados com sistemas de robótica baseada em IA e de análise de dados conseguem equiparar-se aos resultados de duzentos cientistas em seus laboratórios mais antigos de desenvolvimento de remédios.[192]

Homens com os níveis elevados do antígeno específico para a próstata (PSA) normalmente passam por uma biópsia cirúrgica, mas cerca de 75% desses homens não têm câncer de próstata. Um novo exame, baseado no reconhecimento de padrões de proteínas no sangue, iria reduzir essa taxa de falsos positivos para uns 29%.[193] O exame é baseado em um programa de IA projetado pelo Correlogic Systems em Bethesda, Maryland (Estados Unidos), e espera-se que sua precisão aumente ainda mais com o desenvolvimento contínuo.

O reconhecimento de padrões aplicado em padrões de proteínas também tem sido usado para descobrir câncer de ovário. O melhor exame contemporâneo para câncer de ovário, chamado CA-125, empregado junto com o ultrassom, deixa escapar quase todos os tumores no estágio inicial. "Agora, quando é diagnosticado, o câncer de ovário é quase sempre mortal", diz Emanuel Petricoin III, codiretor do Clinical Proteomics Program realizado pela FDA e pelo National Cancer Institute. Petricoin é o principal desenvolvedor de um novo exame que procura padrões únicos de proteínas só encontrados na presença de câncer. Em uma avaliação envolvendo centenas de amostras de sangue, o exame foi, de acordo com Petricoin, "impressionantemente 100% preciso em detectar câncer, mesmo nos estágios iniciais".

Cerca de 10% de todas as lâminas de papanicolau nos Estados Unidos são analisadas por um programa de IA que aprende por si mesmo, chamado FocalPoint, desenvolvido por TriPath Imaging. Os desenvolvedores começaram entrevistando patologistas sobre os critérios que usam. Então o sistema de IA continuou a aprender observando os peritos patologistas. Só foi permitido que os melhores diagnosticadores humanos fossem observados pelo programa. "Essa é a vantagem de um sistema especializado", explica Bob Schmidt, gerente técnico de produtos da TriPath. "Ele permite que você replique os melhores especialistas."

O Ohio State University Health System desenvolveu um sistema computadorizado de entrada de pedidos médicos (CPOE) baseado em um sistema especializado com extensos conhecimentos sobre especialidades múltiplas.[195] O sistema verifica automaticamente todos os pedidos de exame de alergias possíveis do paciente, interações medicamentosas, duplicações, restrições de medicamentos, orientações de dosagem e adequação das informações dadas sobre o paciente pelos departamentos de radiologia e laboratório do hospital.

Ciência e matemática. Um "cientista robot" foi desenvolvido na Universidade do País de Gales, que combina um sistema baseado em IA capaz de formular teorias originais, com um sistema robótico que pode automaticamente realizar experiências por meio de um mecanismo que raciocina para avaliar os resultados. Os pesquisadores forneceram a sua criação um modelo de expressão de genes. O sistema "automaticamente origina hipóteses para explicar observações, cria experiências para testar essas hipóteses, executa fisicamente essas experiências usando um robot-laboratório, interpreta os resultados para invalidar hipóteses incompatíveis com os dados e, depois, repete o ciclo".[196] O sistema consegue melhorar seu desempenho ao aprender com a própria vivência. As experiências projetadas pelo cientista robot foram três vezes menos dispendiosas do que as projetadas por cientistas humanos. Um teste da máquina contra um grupo de cientistas humanos mostrou que as descobertas feitas pela máquina eram comparáveis às feitas pelos humanos.

Mike Young, diretor de biologia na Universidade do País de Gales, foi um dos cientistas humanos que perdeu para a máquina. Ele explica que "o robot de fato me venceu, mas só porque uma hora apertei a tecla errada".

Uma hipótese de álgebra de longa data foi finalmente demonstrada por um sistema de IA no Laboratório Nacional de Argonne. Os matemáticos humanos chamaram a prova de "criativa".

Negócios, finanças e indústria. Empresas de todos os campos estão usando sistemas de IA para controlar e aperfeiçoar a logística, detectar fraudes e lavagem de dinheiro e executar o garimpo inteligente de dados na horda de informações que coletam todo dia. Por exemplo, o Wal-Mart coleta vastas quantidade de informação de suas transações com os compradores. Ferramentas baseadas na IA que usam redes neurais e sistemas especializados fazem a revisão desses dados para fornecer relatórios de pesquisa de mercado para os administradores. Esse garimpo inteligente de dados permite que se façam previsões notavelmente precisas do inventário necessário para cada produto em cada loja para cada dia.[197]

Programas baseados em IA são usados, como rotina, para descobrir fraudes em transações financeiras. A Future Route, uma empresa inglesa, oferece por exemplo iHex, baseado em rotinas de IA desenvolvidas na Universidade de Oxford, para detectar fraudes em transações com cartões de crédito e pedidos de empréstimo.[198] O sistema continuamente gera e atualiza suas próprias regras com base em sua experiência. O First Union Home Equity Bank em Charlotte, Carolina do Norte (Estados Unidos), usa Loan Arranger, um sistema semelhante baseado em IA para decidir se aprova ou não pedidos de hipoteca.[199]

Da mesma forma, a NASDAQ usa um programa que aprende chamado sistema de Securities Observation, News Analysis, and Regulation (SONAR) para monitorar todas as transações, visando encontrar fraudes, bem como pela possibilidade de *insider trading*.[200] Pelo final de 2003, mais de 180 incidentes tinham sido detectados pelo SONAR e relatados à U.S. Securities and Exchange Commission e ao Ministério da Justiça, incluindo vários casos que mais tarde receberam uma cobertura significativa da mídia.

A Ascent Technology, fundada por Patrick Winston, que dirigiu o laboratório de IA do MIT de 1972 até 1997, projetou um sistema baseado em AGs chamado Smart-Airport Operations Center (SAOC — algo como centro de operações de aeroportos inteligentes) que pode otimizar a complexa logística de um aeroporto, como equilibrar as tarefas de centenas de empregados, determinar portões e equipamentos e administrar uma miríade de outros detalhes.[201] Winston enfatiza que "imaginar maneiras para otimizar uma situação complicada é o que fazem os algoritmos genéticos". O SAOC elevou a produtividade em cerca de 30% nos aeroportos onde foi instalado.

O primeiro contrato da Ascent foi para aplicar suas técnicas de IA para administrar a logística da Tempestade no Deserto, a campanha de 1991 contra o Iraque. O DARPA (Defense Advanced Research Projects Agency — Agência de Projetos Avançados de Pesquisas de Defesa) afirmou que os sistemas de planejamento logístico baseados na IA, inclusive o sistema Ascent, resultaram em uma economia maior do que todo o investimento do governo em pesquisas da IA por várias décadas.

Uma tendência recente nos softwares é para que sistemas de IA monitorem o desempenho de um sistema de softwares complexo, reconheçam defeitos e determinem a melhor maneira de se recuperar automaticamente sem ter que, necessariamente, informar o usuário humano.[202] A ideia tem origem na percepção de que, embora sistemas de software fiquem mais complexos, como humanos, eles jamais serão perfeitos, e que eliminar todos os erros é impossível. Como humanos, usamos a mesma estratégia: não esperamos ser perfeitos, mas, em geral, tentamos nos recuperar dos erros inevitáveis. "Queremos colocar essa ideia da administração de sistemas de pernas para o ar", diz Armando Fox, chefe do Software Infrastructures Group da Universidade Stanford, que está trabalhando no que agora é chamado de "computação autonômica". Fox acrescenta: "O sistema tem de ser capaz de se arranjar, ele tem de se otimizar. Tem de se consertar e, se alguma coisa está errada, tem de saber como responder às ameaças externas". A IBM, a Microsoft e outros fornecedores de software estão desenvolvendo sistemas que incorporam aptidões autonômicas.

Indústria e robótica. A fabricação integrada por computador (CIM — *computer-integrated manufacturing*) cada vez mais emprega técnicas da IA para otimizar o uso de recursos, agilizar a logística e diminuir os estoques através da compra *just-in-time* de peças e suprimentos. Uma nova tendência nos sistemas CIM é usar o "raciocínio baseado em casos" (RBC) em vez de sistemas especializados com codificação rígida, baseados em regras. Esse raciocínio codifica o conhecimento como "casos", que são exemplos de problemas com soluções. Os casos iniciais normalmente são projetados pelos engenheiros, mas a chave para o sucesso de um sistema de raciocínio baseado em casos é sua habilidade de coletar novos casos da experiência real. O sistema então é capaz de aplicar o raciocínio de seus casos armazenados a novas situações.

Os robots são usados intensivamente na fabricação. A mais nova geração de robots usa sistemas de visão mecânica baseados em IA flexível — de empresas como Cognex Corporation em Natick, Massachusetts (Estados Unidos) — que podem responder de modo flexível a condições que variam. Isso reduz a necessidade de arranjos precisos para que o robot funcione corretamente. Brian Carlisle, presidente da Adept Technologies, uma empresa de automação industrial de Livermore, Califórnia (Estados Unidos), afirma que "mesmo se os custos da mão de obra fossem eliminados [como consideração], ainda se pode defender vigorosamente a automação com robots e outras automações flexíveis. Além da qualidade e da produtividade, os usuários ganham ao permitir uma evolução e rápida troca de produtos que não pode ser igualada com ferramentas pesadas".

Hans Moravec, um dos principais roboticistas da IA, fundou uma empresa chamada Seegrid para aplicar sua tecnologia de visão mecânica à manufatura, à manipulação de materiais e a missões militares.[203] O software de Moravec permite que um dispositivo (um robot ou apenas um carrinho de manejo de materiais) ande ou role através de um ambiente não estruturado e, em uma única passagem, construa um mapa confiável em "voxel" (pixel tridimensional) do ambiente. O robot, então, pode usar o mapa e sua própria capacidade de raciocínio para determinar o caminho ideal e livre de obstáculos para realizar a missão da qual foi encarregado.

Essa tecnologia permite que carrinhos autônomos transfiram materiais através de um processo de fabricação sem o alto grau de preparação necessário com os sistemas robóticos pré-programados convencionais. Em situações militares, veículos autônomos poderiam realizar missões precisas enquanto se ajustam a ambientes e condições do campo de batalha que mudam rapidamente.

A visão mecânica também está melhorando a habilidade dos robots de interagir com os humanos. Usando câmeras pequenas, baratas, o software de rastreamento de cabeça e olhos pode perceber onde está um usuário humano, permitindo que os robots, bem como pessoas virtuais em uma tela, mantenham contato visual, que é um elemento essencial para interações naturais. Sistemas de rastreamento de cabeça e olhos têm sido desenvolvidos na Universidade Carnegie Mellon e no MIT, e são oferecidos por pequenas empresas como a Seeing Machines da Austrália.

Uma demonstração impressionante da visão mecânica foi um veículo dirigido por um sistema de IA, sem intervenção humana, rodando por quase toda a distância entre Washington, D.C., e San Diego, na Califórnia.[204] Bruce Buchanan, professor de ciências da computação na Universidade de Pittsburgh e presidente da Associação Americana de Inteligência Artificial, observou que esse feito teria sido "inaudito dez anos atrás".

O Palo Alto Research Center (PARC — Centro de Pesquisas de Palo Alto) está desenvolvendo um enxame de robots que conseguem navegar em ambientes complexos, como uma zona de catástrofe, e encontrar elementos que importam, como os humanos que podem estar feridos. Em uma demonstração feita em setembro de 2004 em uma conferência sobre IA em San Jose, na Califórnia, foi mostrado um grupo de robots auto-organizadores em uma área de catástrofe falsa mas realista.[205] Os robots andaram sobre o terreno acidentado, comunicaram-se uns com os outros, usaram o reconhecimento de padrões em imagens e detectaram o calor do corpo para localizar pessoas.

Fala e linguagem. Lidar naturalmente com a linguagem é a mais desafiadora de todas as tarefas para a inteligência artificial. Nenhum truque simples, a menos que se domine totalmente os princípios da inteligência humana, permitirá que um sistema computadorizado imite a conversa humana de modo convincente, mesmo quando limitada apenas a mensagens de texto. Isso foi intuído por Turing ao projetar seu teste homônimo baseado inteiramente na linguagem escrita.

Embora ainda não em níveis humanos, os sistemas de processamento da linguagem natural estão fazendo progressos sólidos. Motores de busca ficaram tão populares que o "Google" passou de substantivo próprio a verbo, e sua tecnologia revolucionou a pesquisa e o acesso ao conhecimento. O Google e outros motores de busca usam inferências lógicas e métodos de aprendizado estatístico baseados na IA para determinar a classificação dos links. A falha mais evidente desses motores de busca é sua incapacidade de entender o contexto das palavras. Embora o usuário experiente aprenda como escolher uma cadeia de palavras-chave para encontrar os sites mais relevantes (por exemplo, uma busca por "chip de computador" provavelmente evitará as referências a batatas chips que uma busca só por "chip" poderia mostrar), o que realmente gostaríamos de conseguir fazer é conversar com nossos motores de busca em linguagem natural. A Microsoft desenvolveu um motor de busca em linguagem natural chamado de Ask MSR (Ask MicroSoft Research — Pergunte à Pesquisa Microsoft), que, na verdade, responde a perguntas em linguagem natural como "Quando nasceu Mickey Mantle?"[206][3*] Depois que o sistema analisa a sentença para determinar as partes do discurso (sujeito, verbo, objeto, adjetivo, advérbio e assim por diante), um motor especial de busca encontra o que combina com base na sentença analisada. Procura-se nos documentos encontrados

3 *Famoso jogador americano de beisebol. (N.T.)*

sentenças que pareçam responder à pergunta, e as respostas possíveis são classificadas. Pelo menos em 75% das vezes, a resposta certa está nas três primeiras posições da classificação, e as respostas erradas são geralmente óbvias (como "Mickey Mantle nasceu em 3"). Os pesquisadores esperam incluir bases de conhecimento que diminuam a classificação de muitas das respostas sem sentido.

Eric Brill, pesquisador da Microsoft que dirigiu as pesquisas sobre o Ask MSR, também tentou uma tarefa ainda mais difícil: construir um sistema para dar respostas de umas cinquenta palavras para perguntas mais complexas, como "Como são escolhidos os ganhadores do Prêmio Nobel?" Uma das estratégias usadas por esse sistema é encontrar uma seção adequada de Perguntas Frequentes na Web que responda à questão.

Sistemas de linguagem natural combinados com um grande vocabulário, reconhecimento do discurso independentemente de quem fala (isto é, que responde a qualquer pessoa que fala) ao telefone, estão chegando ao mercado para coordenar transações rotineiras. Pode-se falar com o agente de viagens virtual da British Airways sobre qualquer coisa que se queira, desde que tenha a ver com reservar voos da British Airways.[207] Também é provável falar com uma pessoa virtual se você chamar o serviço de atendimento ao cliente da Verizon ou da Charles Schwab ou da Merrill Lynch para realizar transações financeiras. Esses sistemas, embora possam irritar algumas pessoas, estão aptos, razoavelmente, a responderem de modo adequado ao jeito como as pessoas falam, muitas vezes ambíguo e fragmentado. A Microsoft e outras empresas estão oferecendo sistemas para que uma empresa crie agentes virtuais para fazer reservas de viagem e em hotéis e realizem transações rotineiras de todo tipo através de diálogos de mão dupla, com vozes razoavelmente naturais.

Nem todos os que ligam para esses centros ficam satisfeitos com a habilidade desses agentes virtuais para completar o trabalho, mas a maioria dos sistemas fornece um meio para conseguir alcançar um ser humano na linha. As empresas que usam esses sistemas relatam que eles reduzem a necessidade de agentes humanos em 80%. Além da economia de dinheiro, reduzir o tamanho de um *call center* traz um benefício administrativo — os empregos nos call centers têm uma rotatividade muito grande por causa da pouca satisfação com o trabalho.

Dizem que os homens relutam em pedir informações, mas os vendedores de carros apostam que tanto homens quanto mulheres motoristas irão tranquilamente pedir ajuda a seu próprio carro para chegar a um destino. Em 2005, o Acura RL e o Honda Odyssey oferecem um sistema de IBM que permite que os usuários conversem com seus carros.[208] As indicações sobre que caminho tomar irão incluir nomes de ruas (por exemplo, "vire à esquerda na rua Augusta, depois à direita na Avenida Brasil"). Os usuários poderão fazer perguntas como "onde fica o restaurante italiano mais próximo?", ou podem inserir por voz locais específicos, pedir esclarecimentos sobre as orientações e dar ordens ao próprio carro (como "aumente o ar-condicionado"). O Acura RL também informará em sua tela e em tempo real as condições do caminho e se há congestionamento. O reconhecimento da fala afirma não levar em conta quem fala e não ser afetado pelo som do motor, do vento e de outros barulhos. O sistema deverá reconhecer 1,7 milhão de nomes de ruas e cidades, além de alguns mil comandos.

A tradução de línguas por computador continua melhorando aos poucos. Porque essa é uma tarefa de nível do teste de Turing — isto é, para obter resultados em nível humano, ele requer uma total compreensão da linguagem em nível humano — e será uma das últimas áreas de aplicação a competir com o desempenho humano. Franz Josef Och, um cientista da computação na Universidade da Califórnia do Sul, desenvolveu uma técnica que pode gerar um novo sistema de tradução, entre qualquer par de línguas, em questão de horas ou dias.[209] Tudo que ele precisa é de uma "pedra de Rosetta" — isto é, um texto em uma língua e a tradução desse texto para outra língua —, embora ele precise de milhões de palavras nesse texto traduzido. Usando uma técnica de auto-organização, o sistema é capaz de desenvolver seus próprios modelos estatísticos de como um texto é traduzido de uma língua para a outra, e desenvolve esses modelos nas duas direções.

Isso contrasta com outros sistemas de tradução, em que os linguistas codificam meticulosamente as regras gramaticais com longas listas de exceções para cada regra. O sistema de Och recebeu recentemente a mais alta pontuação em uma competição de sistemas de tradução realizada pelo departamento do comércio do National Institute of Standards and Technology.

Lazer e esportes. Em uma aplicação divertida e curiosa dos AGs, Torsten Reil, cientista de Oxford, fez criaturas animadas com articulações e músculos simulados e uma rede neural como cérebro. Ele então lhes deu uma tarefa: andar. Ele usou um AG para desenvolver essa aptidão, que envolve setecentos parâmetros. "Não dá para você, sozinho, olhar para esse sistema com seus olhos humanos porque o sistema é muito complexo", Reil indica. "É aí que entra a evolução."[210]

Enquanto algumas das criaturas desenvolvidas andaram de um jeito suave e convincente, a pesquisa demonstrou um atributo bem conhecido dos AGs: você consegue o que você pede. Algumas criaturas imaginaram novas supostas maneiras de caminhar. De acordo com Reil, "tivemos algumas criaturas que não andavam de jeito nenhum, mas tinham essas maneiras muito estranhas de ir para a frente: arrastando-se ou dando cambalhotas".

Está sendo desenvolvido um software que pode extrair automaticamente trechos de um vídeo de esportes que mostre as jogadas mais importantes.[211] Uma equipe do Trinity College em Dublin está trabalhando em jogos de mesa, como bilhar, em que o software acompanha a localização de cada bola e está programado para identificar uma jogada significativa. Uma equipe na Universidade de Florença está trabalhando com futebol. Esse software acompanha a localização de cada jogador e pode determinar o tipo de jogada que está sendo feito (como tiro livre ou tentar um gol), quando é feito um gol, quando é marcada uma penalidade e outros eventos principais.

O Digital Biology Interest Group do University College em Londres está projetando carros de corrida da Fórmula 1 usando AGs.[212]

O inverno da IA acabou faz tempo. Já estamos na primavera da IA restrita. A maioria dos exemplos acima foram projetos de pesquisa dez a quinze anos atrás. Se todos os sistemas em IA do mundo de repente parassem de funcionar, nossa infraestrutura econômica iria ficar atolada. Seu banco iria parar de fazer negócios. A maioria dos transportes ficaria incapacitada. Há dez anos, não era esse o caso. É claro que nossos sistemas de IA não são bastante inteligentes — ainda — para organizar uma conspiração dessas.

IA forte

Se você entende uma coisa de um único jeito, você não a entende de jeito nenhum. Isso porque, se algo dá errado, você fica atolado em um só pensamento que fica parado em sua mente, sem lugar nenhum para ir. O segredo do significado de alguma coisa para nós depende de como a ligamos com todas as outras coisas que conhecemos. É por isso que quando alguém aprende alguma coisa "decorando", dizemos que, na realidade, ela não entendeu nada. Mas se houver várias representações diferentes, quando falha uma abordagem, você pode tentar outra. É claro que fazer muitas conexões indiscriminadas irá transformar seu cérebro num mingau. Mas as representações bem conectadas deixam que as ideias circulem em sua mente para que você veja as coisas de muitos pontos de vista, até que você ache uma que funciona para você. E é isso que queremos dizer quando falamos em pensar!

Marvin Minsky[213]

O desempenho cada dia melhor dos computadores é como a água que vai alagando devagar a paisagem. Há meio século, eles começaram a inundar as planícies baixas, expulsando calculadoras humanas e escriturários, mas deixando no seco a maioria de nós. Agora, a enchente atingiu o sopé das montanhas e nossos postos avançados ali estão pensando em retirada. Sentimo-nos seguros em nossos picos, mas, no ritmo presente, estes também ficarão submersos dentro de outro meio século. Proponho construir arcas até esse dia chegar e adotar uma vida de navegantes! Mas, por enquanto, temos de depender de nossos representantes nas terras baixas para que nos digam como é, na verdade, a água.

Nossos representantes no sopé das montanhas relatam que os demonstradores de teoremas e jogadores de xadrez mostram sinais de inteligência. Por que não recebemos, das planícies baixas, há décadas, relatórios parecidos, quando os computadores superaram os humanos na aritmética e na memorização? Na verdade, à época, recebemos. Os computadores que calculavam como milhares de matemáticos foram saudados como "cérebros gigantes" e inspiraram a primeira geração da pesquisa sobre IA. Afinal, as máquinas estavam fazendo algo que exigia a inteligência humana, concentração e anos de treinamento. Mas, agora, fica difícil recuperar aquela mágica. Uma razão é que a estupidez que os computadores demonstraram em outras áreas nos deixou com um julgamento preconceituoso. Outra razão está relacionada com nossa própria incompetência. Usamos a aritmética ou mantemos registros de modo tão esmiuçado e externo que ficam óbvios os pequenos passos mecânicos em um longo cálculo, enquanto, muitas vezes, o panorama geral nos escapa. Como os construtores do Deep Blue, vemos demais o interior do processo e deixamos de apreciar a sutileza que ele pode ter no exterior. Mas existe uma falta de obviedade em tempestades de neve ou tornados que emergem da aritmética repetitiva das simulações climáticas, ou na pele enrugada dos tiranossauros, tal como deve ser calculada para os filmes de animação. Poucas vezes chamamos isso de inteligência; "realidade artificial" pode ser um conceito ainda mais profundo do que inteligência artificial. As etapas mentais subjacentes a um bom jogo humano de xadrez ou a uma boa demonstração de teorema são complexas e ocultas, deixando uma interpretação mecânica fora de alcance. Aqueles que conseguem seguir o jogo naturalmente o descrevem, pelo contrário, em linguagem mentalística, usando termos como estratégia, compreensão e criatividade. Quando uma máquina consegue ser, ao mesmo tempo, significativa e surpreendente do mesmo jeito abundante, também nos obriga a uma interpretação mentalística. É claro que, em algum lugar dos bastidores, há programadores que, em princípio, têm uma interpretação mecânica. Mas, mesmo para eles, aquela interpretação perde consistência à medida que o programa que roda preenche sua memória com detalhes volumosos demais para aqueles apreenderem.

Conforme a enchente for atingindo alturas mais populosas, as máquinas irão começar a ter sucesso em áreas que um grande número de pessoas pode apreciar. O sentimento visceral de uma presença pensante em máquinas ficará cada vez mais difundido. Quando os picos mais altos estiverem cobertos, haverá máquinas que podem interagir de modo tão inteligente quanto qualquer humano em qualquer assunto. A presença de mentes nas máquinas ficará então evidente.

Hans Moravec[214]

Devido à natureza exponencial do progresso das tecnologias baseadas na informação, muitas vezes o desempenho muda, rapidamente, de patético a intimidador. Em muitos dos vários campos, como os exemplos da seção anterior deixam claro, o desempenho da IA restrita já é impressionante. A gama das tarefas inteligentes em que as máquinas podem agora competir com a inteligência humana está expandindo-se continuamente. Em uma charge que desenhei para *The Age of Spiritual Machines*, uma "raça humana" na defensiva escreve painéis que declaram o que só gente (e não máquinas) pode fazer.[215] Jogados no chão, estão os papéis que a raça humana já descartou porque as máquinas agora podem desempenhar essas funções: diagnosticar um eletrocardiograma, compor ao estilo de Bach, reconhecer rostos, guiar um míssil, jogar pingue-pongue, jogar xadrez como os mestres, escolher ações, improvisar jazz, demonstrar teoremas importantes e compreender o discurso contínuo. Já em 1999, essas tarefas não eram mais unicamente da alçada da inteligência humana; as máquinas podiam fazê-las todas.

Na parede, atrás do homem que simboliza a raça humana, estão os papéis que ele escreveu, descrevendo as tarefas que ainda eram da competência única dos humanos: ter bom senso, criticar um filme, dar coletivas de imprensa, traduzir a fala, limpar uma casa e guiar carros. Se fôssemos redesenhar essa charge dentro de poucos anos, é provável que alguns desses papéis também fossem acabar no chão. Quando o CYC atingir 100 milhões de itens de conhecimento de senso comum, talvez a superioridade humana no campo do raciocínio comum não fique tão clara.

A era dos robots domésticos, embora hoje ainda bem primitivos, já começou. Daqui a dez anos, é provável que consideremos "limpar uma casa" como algo dentro das aptidões das máquinas. Quanto a guiar carros, robots sem a intervenção humana já os dirigiram, quase através de todo os Estados Unidos, em estradas comuns com tráfego normal. Ainda não estamos prontos para entregar às máquinas todos os volantes, mas há propostas sérias para criar rodovias eletrônicas em que os carros (com gente dentro) irão dirigir por si mesmos.

As três tarefas que têm a ver com a compreensão em nível humano da linguagem natural — criticar um filme, dar uma coletiva de imprensa e traduzir uma fala — são as mais difíceis. Quando for possível jogar no chão esses papéis, teremos máquinas no nível de Turing, e a era da IA forte terá começado.

Essa era vai chegar dissimuladamente até nós. Enquanto houver discrepâncias entre o desempenho humano e o da máquina — áreas em que os humanos superam as máquinas —, céticos quanto à IA forte vão tirar partido dessas diferenças. Mas é provável que nossa experiência em cada área de conhecimento e habilidade siga aquela de Kasparov. O que percebemos como desempenho vai mudar rapidamente de patético a assustador à medida que o ponto de inflexão da curva exponencial for alcançado para cada capacidade humana.

Como será alcançada a IA forte? A maior parte do material deste livro destina-se a expor as necessidades fundamentais tanto para hardware quanto para software, e a explicar porque podemos estar confiantes em que essas necessidades serão supridas em sistemas não biológicos. A continuação do crescimento exponencial do preço-desempenho da computação para alcançar o hardware capaz de emular a inteligência humana ainda era controversa em 1999. Houve tanto progresso no desenvolvimento da tecnologia para a computação tridimensional nos últimos cinco anos que relativamente poucos observadores conhecedores do tema agora duvidam que isso vai acontecer. Mesmo considerando apenas o mapa ITRS publicado pela indústria de semi-condutores, que vai até 2018, pode-se projetar um hardware de nível humano com um custo razoável por esse ano.[216]

Apresentei no capítulo 4 o motivo pelo qual podemos estar confiantes de que teremos simulações e modelos detalhados de todas as regiões do cérebro humano por volta do final dos anos 2020. Até recentemente, nossas ferramentas para espreitar o interior do cérebro não tinham a resolução espacial e temporal, a largura de banda ou o preço-desempenho para produzir dados adequados à criação de modelos bastante detalhados. Isso agora está mudando. A geração emergente de ferramentas para escanear e detectar pode analisar e detectar neurônios e componentes neurais com precisão extraordinária quando operando em tempo real.

Ferramentas do futuro irão fornecer muito mais resolução e capacidade. Por volta de 2020, será possível enviar nanorrobots de escaneamento e detecção por dentro dos capilares do cérebro para escaneá-lo de dentro. Já foi mostrada a habilidade de traduzir os dados de diversas fontes de escaneamento e detecção do cérebro para modelos e simulações de computador que se equiparam à comparação experimental com o desempenho das versões biológicas dessas regiões. Já existem modelos e simulações convincentes de várias regiões importantes do cérebro. Como argumentei no capítulo 4, é uma projeção conservadora esperar modelos detalhados e realistas de todas as regiões do cérebro no final dos anos 2020.

No cenário da IA forte, iremos aprender os princípios operacionais da inteligência humana aplicando a engenharia reversa a todas as regiões do cérebro, e iremos aplicar esses princípios às plataformas de computação, tão capazes como o cérebro, que irão existir nos anos 2020. Já temos uma caixa de ferramentas eficiente para a IA restrita. Através do contínuo refinamento desses métodos, do desenvolvimento de novos algoritmos e da tendência para combinar múltiplos métodos em arquiteturas intrincadas, a IA restrita continuará a ficar menos restrita. Isto é, as aplicações da IA terão domínios mais amplos e seu desempenho será mais flexível. Os sistemas de IA irão desenvolver múltiplas maneiras de abordar cada problema, assim como fazem os humanos. Mais importante, os novos insights e paradigmas resultantes da aceleração da engenharia reversa do cérebro irão enriquecer enorme e continuamente esse conjunto de ferramentas. Esse processo está em marcha.

Muitas vezes dizem que o cérebro trabalha de modo diferente de um computador, portanto não dá para aplicar nossos insights sobre o funcionamento do cérebro a sistemas não biológicos viáveis. Essa opinião ignora completamente o campo de sistemas auto-organizadores, para os quais há um conjunto de ferramentas matemáticas cada vez mais sofisticadas. Como afirmei no capítulo anterior, o cérebro diferencia-se de inúmeras maneiras importantes dos computadores contemporâneos convencionais. Se você abrir seu tablet e cortar um fio, há uma chance muito grande de ter quebrado a máquina. E, no entanto, nós rotineiramente perdemos muitos neurônios e conexões interneurais sem qualquer efeito negativo, porque o cérebro é auto-organizador e depende de padrões espalhados em que muitos dos detalhes específicos não são importantes.

Da metade ao final dos anos 2020, teremos acesso a modelos das regiões do cérebro extremamente detalhados. Afinal, o jogo de ferramentas ficará muito enriquecido com esses novos modelos e simulações e vai abranger o pleno conhecimento de como funciona o cérebro. Quando o jogo de ferramentas for usado para tarefas inteligentes, iremos aproveitar toda a variedade das ferramentas, algumas derivadas diretamente da engenharia reversa do cérebro, outras meramente inspiradas no que se sabe do cérebro, e outras ainda absolutamente não baseadas no cérebro, mas sim em décadas de pesquisas sobre IA.

Parte da estratégia do cérebro é aprender informações, em vez de ter o conhecimento codificado desde o início. ("Instinto" é o termo usado para se referir a esse conhecimento inato.) O aprendizado também será um aspecto importante da IA. Em minha experiência em desenvolver sistemas de reconhecimento de padrões no reconhecimento dos caracteres e do discurso, e nas análises financeiras, providenciar a educação da IA é a parte mais desafiadora e importante da engenharia. Com o conhecimento acumulado da civilização humana cada vez mais acessível on-line, as futuras IAs poderão educar-se tendo acesso a esse vasto corpo de informações.

A educação das IAs será muito mais rápida do que a dos humanos não melhorados. O espaço de vinte anos necessário para fornecer uma educação básica aos humanos biológicos poderia ser comprimido em uma questão de semanas ou menos. E também, já que a inteligência não biológica pode compartilhar seus padrões de aprendizado e conhecimento, apenas uma IA tem de dominar cada habilidade determinada. Como já ressaltei, treinamos um conjunto de computadores de pesquisa para compreender a fala, mas então as centenas de milhares de pessoas que adquiriram nosso software de reconhecimento da fala só tiveram de carregar em seus computadores os padrões já treinados.

Uma das muitas aptidões que a inteligência não biológica irá alcançar com a conclusão do projeto da engenharia reversa do cérebro humano é o domínio da linguagem e do conhecimento humano compartilhado que baste para passar no teste de Turing. O teste de Turing é importante, não tanto por seu significado prático, mas, antes, porque ele irá demarcar um limite crucial. Como já mencionei, não há um meio simples de passar em um teste de Turing, a não ser emular de modo convincente a flexibilidade, a sutileza e a maleabilidade da inteligência humana. Depois de capturada essa capacidade por nossa tecnologia, caberá à habilidade da engenharia concentrar, focar e amplificá-la.

Já foram propostas variações do teste de Turing. O concurso anual do Prêmio Loebner concede um prêmio de bronze ao *chatterbot* (bot de conversação) que melhor convencer os juízes humanos de que ele é humano.[217] O critério para ganhar o prêmio de prata é baseado no teste de Turing original, e obviamente ainda tem de ser concedido. O prêmio de ouro baseia-se na comunicação visual e auditiva. Em outras palavras, a IA precisa ter rosto e voz convincentes, transmitidos em um terminal, e precisam assim dar a impressão ao juiz humano que ele está interagindo com uma pessoa real através de um videofone. Parece que o prêmio de ouro é mais difícil. Já argumentei que, na verdade, ele pode ser mais fácil, porque talvez os juízes prestem menos atenção na parte de texto da linguagem sendo comunicada e se deixem distrair por uma animação facial e vocal convincentes. De fato, já temos uma animação facial em tempo real que, embora não bem à altura desses padrões modificados do teste de Turing, está razoavelmente próxima deles. Também temos sintetizadores de voz que soam bem naturais, e que são muitas vezes confundidos com gravações da fala humana, embora seja preciso mais trabalho na prosódia (entonação). É provável que alcancemos uma animação facial e uma produção de voz satisfatórias mais cedo do que as aptidões de linguagem e conhecimento no nível do Turing.

Turing foi cuidadosamente vago ao determinar as regras para seu teste, e uma quantidade significativa de textos tem sido dedicada às sutilezas de estabelecer os procedimentos exatos para determinar quando o teste de Turing aprovou o candidato.[218] Em 2002, negociei as regras para uma aposta sobre o teste de Turing com Mitch Kapor no site Long Now.[219] A pergunta subjacente a nossa aposta de 20 mil dólares, que seriam doados à instituição de caridade escolhida pelo ganhador, era: "Será que por volta de 2029 uma máquina vai passar no teste de Turing?". Eu disse sim; Kapor, não. Levamos meses dialogando para chegar às regras complicadas para pôr em prática nossa aposta. Por exemplo, definir "máquina" e "humano" não foi uma questão simples. O juiz humano pode ter algum processo de pensamento não biológico em seu cérebro? Ao contrário, pode a máquina ter algum aspecto biológico?

Pelo fato de que a definição do teste de Turing varia de pessoa para pessoa, as máquinas capazes de passar no teste não surgirão em um só dia, e haverá um período de tempo em que serão ouvidas reivindicações de que algumas máquinas ultrapassaram esse limite. Invariavelmente, essas reivindicações do início serão desmascaradas por observadores que dominam a matéria, inclusive, provavelmente, eu. Quando houver um amplo consenso de que algo passou no teste de Turing, o limite real terá sido alcançado há muito tempo.

Edward Feigenbaum propõe uma variação do teste de Turing que avalia não a habilidade da máquina de passar por humana em um diálogo informal, cotidiano, mas sua habilidade em se fazer passar por um perito cientista em um campo específico.[220] O teste de Feigenbaum (FT) pode ser mais significativo do que o teste de Turing porque as máquinas capazes do FT, sendo tecnicamente competentes, serão capazes de melhorar seus próprios projetos. Feigenbaum descreve seu teste assim:

> Dois parceiros jogam o desafio do FT. Um jogador é escolhido entre os praticantes de elite em cada um dos três campos pré-selecionados das ciências naturais, da engenharia ou da medicina. (O número poderia ser maior, mas, para este desafio, não maior do que dez). Digamos que escolhemos os campos entre aqueles cobertos pela Academia Nacional dos Estados Unidos. Por exemplo, poderíamos escolher astrofísica, ciências da computação e biologia molecular. Em cada rodada do jogo, o comportamento dos dois jogadores

(cientista de elite e computador) é julgado por outro membro da Academia desse domínio particular, isto é, um astrofísico julgando o comportamento de um astrofísico. É claro que a identidade dos parceiros está oculta do juiz como no teste de Turing. O juiz apresenta problemas, faz perguntas, pede explicações, teorias e assim por diante — como poderia ser feito com um colega. Será que o juiz humano consegue saber, em um nível melhor do que por simples acaso, quem é seu colega da Academia Nacional e quem é o computador?

É claro que Feigenbaum deixa passar a possibilidade de que o computador possa já ser um colega da Academia Nacional, mas é óbvio que ele presume que as máquinas ainda não terão invadido as instituições que, hoje, compreendem exclusivamente humanos biológicos. Embora possa parecer que o FT é mais difícil do que o teste de Turing, toda a história da IA revela que as máquinas começaram tendo as habilidades dos profissionais e só aos poucos foram indo na direção da capacidade de falar de uma criança. Os primeiros sistemas de IA mostraram suas proezas inicialmente em campos profissionais como a demonstração de teoremas matemáticos e analisando condições patológicas. Esses primeiros sistemas não conseguiriam passar no FT, entretanto, porque não têm as aptidões da linguagem e a habilidade flexível de modelar o conhecimento das diferentes perspectivas necessárias para entabular um diálogo profissional inerente ao FT.

Essa habilidade da linguagem é essencialmente a mesma necessária para o teste de Turing. Raciocinar em muitos campos técnicos não é necessariamente mais difícil do que raciocinar com bom senso, que a maioria dos adultos humanos emprega. Eu esperaria que as máquinas passem no FT, ao menos em algumas disciplinas, por volta da mesma época em que passem no teste de Turing. Passar no FT em todas as disciplinas, entretanto, é provável que leve mais tempo. É por isso que vejo os anos de 2030 como um período de consolidação, quando a inteligência mecânica expande rapidamente suas aptidões e incorpora as vastas bases de conhecimento de nossa civilização humana e mecânica. Pelos anos de 2040, poderemos aplicar o conhecimento e as aptidões acumuladas de nossa civilização às plataformas computacionais, que são bilhões de vezes mais capazes do que a inteligência biológica humana sem assistência.

O advento da IA forte é a transformação mais importante que este século vai ver. De fato, sua importância é comparável ao advento da própria biologia. Significará que uma criação da biologia finalmente dominou sua própria inteligência e descobriu meios para superar suas limitações. Depois que os princípios operacionais da inteligência humana forem compreendidos, expandir suas habilidades será feito por cientistas e engenheiros humanos cuja própria inteligência biológica terá sido grandemente ampliada através de uma fusão íntima com a inteligência não biológica. Com o tempo, a parte não biológica vai predominar.

Discutimos aspectos do impacto dessa transformação ao longo de todo este livro, mas tratarei desse impacto mais profundamente no próximo capítulo. A inteligência é a habilidade de resolver os problemas com recursos limitados, incluindo limitações de tempo. A Singularidade será caracterizada pelo ciclo rápido da inteligência humana — cada vez mais não biológica — capaz de compreender e alavancar seus próprios poderes.

AMIGO DA BACTÉRIA FUTURISTA, 2 BILHÕES A.C.: Então, me fale de novo sobre essas ideias que você tem sobre o futuro.

BACTÉRIA FUTURISTA, 2 BILHÕES A.C.: Bem, eu vejo as bactérias se juntando em sociedades, com todo o bando de células agindo basicamente como um grande organismo complicado com habilidades muito melhoradas.

AMIGO DA BACTÉRIA FUTURISTA: O que te dá essa ideia?

BACTÉRIA FUTURISTA: Já algumas de nossas colegas daptobactérias entraram dentro de outras bactérias maiores para formar uma pequena dupla.[221] É inevitável que nossas colegas células irão se juntar para que cada célula possa especializar sua função. Como é agora, temos de fazer tudo por nós mesmas: achar comida, digerir a comida, excretar os subprodutos dela.

AMIGO DA BACTÉRIA FUTURISTA: E depois?

BACTÉRIA FUTURISTA: Todas essas células vão desenvolver meios de se comunicar umas com as outras que vão além da troca de gradientes químicos que você e eu podemos fazer.

AMIGO DA BACTÉRIA FUTURISTA: Tá, então me conte de novo sobre aquele superagrupamento futuro de 10 trilhões de células.

BACTÉRIA FUTURISTA: Bom, conforme meus modelos, daqui a uns 2 bilhões de anos uma grande associação de 10 trilhões de células vai formar um único organismo e incluir dezenas de bilhões de células especiais que podem se comunicar entre si com padrões muito complicados.

AMIGO DA BACTÉRIA FUTURISTA: Que tipo de padrões?

BACTÉRIA FUTURISTA: "Música", por exemplo. Esses grandes bandos de células vão criar padrões musicais e comunicá-los a todos os outros bandos de células.

AMIGO DA BACTÉRIA FUTURISTA: Música?

BACTÉRIA FUTURISTA: É, padrões de som.

AMIGO DA BACTÉRIA FUTURISTA: Som?

BACTÉRIA FUTURISTA: Ok, veja desse jeito: essas sociedades de supercélulas serão complicadas demais para entender sua própria organização. Elas vão poder melhorar seu próprio projeto, ficando cada vez melhores e mais rápidas. Elas vão reformar o resto do mundo à sua imagem.

AMIGO DA BACTÉRIA FUTURISTA: Agora, espere um pouco. Parece que vamos perder a nossa bacteriumidade básica.

BACTÉRIA FUTURISTA: Mas não vai ter perda nenhuma.

AMIGO DA BACTÉRIA FUTURISTA: Sei que você fica dizendo isso, mas...

BACTÉRIA FUTURISTA: Vai ser um grande passo para a frente. É nosso destino como bactérias. E, de qualquer jeito, ainda vão haver pequenas bactérias como nós flutuando por aí.

AMIGO DA BACTÉRIA FUTURISTA: Tá, mas e o lado negativo? Quer dizer, quanto dano podem causar as nossas colegas bactérias Daptobactéria e Bdello-víbrio? Essas futuras associações de células com seu vasto alcance podem destruir tudo.

BACTÉRIA FUTURISTA: Não é certeza, mas acho que vamos conseguir.

AMIGO DA BACTÉRIA FUTURISTA: Você sempre foi um otimista.

BACTÉRIA FUTURISTA: Olhe, a gente não tem de se preocupar com o lado negativo ainda por um par de bilhões de anos.

AMIGO DA BACTÉRIA FUTURISTA: Está bem, então, vamos almoçar.

ENQUANTO ISSO, 2 BILHÕES DE ANOS DEPOIS...

NED LUDD: Essas inteligências futuras serão piores do que as máquinas têxteis com que lutei lá atrás, em 1812. Então, a gente só tinha de se preo-cupar com um único homem mais uma máquina fazendo o trabalho de doze. Mas você está falando sobre uma máquina do tamanho de uma bola de gude superando toda a humanidade.

RAY: Ela só vai superar a parte biológica da humanidade. Em todo caso, essa bola de gude ainda é humana, mesmo que não biológica.

NED: Essas superinteligências não comem comida. Não respiram ar. Não se reproduzem por sexo... Então, como elas são humanas?

RAY: Vamos nos fundir com nossa tecnologia. Já começamos a fazer isso em 2004, mesmo que a maioria das máquinas ainda não esteja dentro de nossos corpos e cérebros. Nossas máquinas, apesar de tudo, aumentam o alcance de nossa inteligência. Estender nosso alcance tem sido sempre a natureza de ser humano.

NED: Olhe, dizer que essas entidades superinteligentes não biológicas são humanas é como dizer que nós somos, basicamente, bactérias. Afinal, nós também evoluímos a partir delas.

RAY: É verdade que um humano contemporâneo é uma coleção de células e que somos um produto da evolução, aliás um produto de ponta. Mas aumentar nossa inteligência usando a engenharia reversa, modelá-la, simulá-la, reinstalando-a em substratos mais capazes, e modificando-a e ampliando-a, é o novo passo em sua evolução. Era o destino da bactéria evoluir para uma espécie criadora de tecnologia. E é nosso destino, agora, evoluir para a vasta inteligência da Singularidade.

CAPÍTULO 6

O impacto...

Uma panóplia de impactos

Qual será a natureza da experiência humana quando a inteligência não biológica predominar? Quais são as implicações para a civilização humano--máquina quando a IA forte e a nanotecnologia puderem criar, à vontade, qualquer produto, qualquer situação, qualquer ambiente *que pudermos imaginar*? Enfatizo o papel da imaginação aqui porque o que conseguiremos criar dependerá do que pudermos imaginar. Mas nossas ferramentas para dar vida à imaginação são cada vez mais potentes.

Conforme a Singularidade se aproxima, teremos de reconsiderar nossas ideias sobre a natureza da vida humana e redesenhar nossas instituições humanas. Neste capítulo, iremos explorar algumas dessas ideias e instituições.

Por exemplo, as revoluções entrelaçadas de G, N e R transformarão a frágil versão 1.0 de nossos corpos na versão 2.0, muito mais durável e capaz. Bilhões de nanorrobots irão se mover pela corrente sanguínea em nossos corpos e cérebros. Nos corpos, eles irão destruir patógenos, corrigir erros de DNA, eliminar toxinas e realizar muitas outras tarefas para aumentar nosso bem-estar físico. Como resultado, poderemos viver indefinidamente sem envelhecer.

No cérebro, os nanorrobots distribuídos maciçamente irão interagir com nossos neurônios biológicos. Isso fornecerá uma realidade virtual de imersão total, incorporando todos os sentidos, bem como correlatos neurológicos de nossas emoções, de dentro do sistema nervoso. Mais importante, essa conexão íntima entre nosso pensamento biológico e a inteligência não biológica que estamos criando expandirá profundamente a inteligência humana.

A guerra irá se mover na direção das armas baseadas em nanorrobots, bem como em ciberarmas. O aprendizado será primeiro on-line, mas, quando nossos cérebros estiverem on-line, poderemos baixar novos conhecimentos e aptidões. O papel do trabalho será criar conhecimento de todo tipo, música e arte e matemática e ciências. O papel do divertimento será, bem, criar conhecimento, portanto não haverá uma distinção clara entre trabalho e divertimento.

A inteligência na Terra e em volta dela continuará a se expandir exponencialmente até chegarmos aos limites da matéria e da energia que suportem a computação inteligente. Conforme nos aproximamos desse limite em nosso canto da galáxia, a inteligência de nossa civilização se expandirá para fora, no resto do universo, atingindo rapidamente a maior velocidade possível. Entendemos essa velocidade como sendo a velocidade da luz, mas há sugestões de que conseguiremos contornar esse limite aparente (possivelmente tomando atalhos em *buracos de minhocas*, por exemplo).

... *no corpo humano*

Tantas pessoas diferentes para ser.
Donovan[1]

Menina artifício, se liga comigo
e nunca procure outro, jamais.
E percebo que ninguém nota
Meu amor fantástico, plástico.
Jefferson Airplane, *"Plastic Fantastic Lover"*

Nossas máquinas ficarão muito mais parecidas conosco e
ficaremos muito mais parecidos com nossas máquinas.
Rodney Brooks

Um upgrade radical dos sistemas físico e mental dos corpos já está em marcha, usando a biotecnologia e as tecnologias emergentes da engenharia genética. Além das duas próximas décadas, serão usados métodos da nanoengenharia, como nanorrobots, para aumentar e finalmente substituir nossos órgãos.

Uma nova maneira de comer. O sexo tem sido amplamente separado de sua função biológica. Na maioria das vezes, nos dedicamos à atividade sexual pela comunicação íntima e pelo prazer sensual, não pela reprodução. Por outro lado, concebemos múltiplos métodos para criar bebês sem sexo físico, embora a maior parte da reprodução ainda derive do ato sexual. Esse desemaranhar do sexo de sua função biológica não é admitido por todos os setores da sociedade, mas foi adotado prontamente, até avidamente, pela corrente dominante do mundo desenvolvido.

Então, por que também não retiramos da biologia outra atividade que igualmente propicia a intimidade social e o prazer sensual — ou seja, comer? A finalidade biológica original de consumir comida era prover a corrente sanguínea de nutrientes que, em seguida, são levados a cada um de nossos trilhões de células. Esses nutrientes incluem substâncias calóricas (produtoras de energia), como a glucose (principalmente dos carboidratos), as proteínas, a gordura, e uma miríade de elementos-traço, como vitaminas, minerais e fitoquímicos que fornecem os elementos básicos e as enzimas para processos metabólicos variados.

Como qualquer outro sistema biológico humano fundamental, a digestão espanta pela complexidade, permitindo que nossos corpos extraiam os recursos necessários para sobreviver, apesar de condições muitíssimo diferentes; e, ao mesmo tempo, filtram e eliminam múltiplas toxinas. Nosso conhecimento dos complexos caminhos subjacentes à digestão expande-se rapidamente, embora ainda haja muito que não entendamos por completo.

Sabemos, no entanto, que nossos processos digestivos foram aprimorados para um período de nossa evolução dramaticamente diferente daquele em que nos encontramos agora. Durante a maior parte de nossa história, enfrentamos uma grande probabilidade de que os períodos seguintes da coleta ou da caça (e, por um período curto, relativamente recente, da próxima estação para plantar) pudessem ser catastroficamente magros. Portanto fazia sentido que nossos corpos se aferrassem a qualquer caloria possível que consumíssemos. Hoje, essa estratégia é contraproducente e é uma programação metabólica obsoleta, base da epidemia contemporânea de obesidade e dos processos patológicos de doenças degenerativas como doença das artérias coronárias e diabetes tipo 2.

Consideremos as razões pelas quais os projetos de nossos sistemas corpóreos, o digestivo e outros, estão longe de serem perfeitos para as condições atuais. Até pouco tempo (em um cronograma evolutivo), não interessava para a espécie que gente velha como eu (nasci em 1948) consumisse os recursos limitados do clã. A evolução favorecia uma vida curta — há apenas dois séculos, a expectativa de vida era de 37 anos — para permitir que as parcas reservas fossem destinadas aos jovens, àqueles que cuidavam dos jovens e àqueles bastante fortes para realizar um trabalho físico intenso. Como foi analisado antes, a chamada hipótese da vovó (que sugere que um pequeno número de membros idosos, "sábios", da tribo fossem benéficos para a espécie humana) não põe em xeque a observação de que a evolução não favorecia genes que aumentassem significativamente a longevidade humana.

Agora vivemos em uma era de grande abundância material, ao menos em países avançados em tecnologia. A maior parte do trabalho requer esforço mental em vez de força física. Há um século, 30% da força de trabalho nos Estados Unidos estava empregada em fazendas, com outros 30% na indústria. Ambos os números estão agora abaixo de 3%.[2] Muitos dos empregos, hoje, de controlador de voo a web designer, simplesmente não existiam há um século. Por volta de 2004,[1]* podemos continuar a contribuir para a base de conhecimentos, que cresce de modo exponencial, de nossa civilização — que é, incidentalmente, um atributo único de nossa espécie — bem além da tarefa de educar crianças. (Sendo eu um *baby boomer*, essa é com certeza minha opinião.)

Nossa espécie já aumentou o período natural de vida através da tecnologia: remédios, suplementos, substituição de partes para virtualmente todos os sistemas corpóreos e muitas outras intervenções. Há dispositivos para substituir quadris, joelhos, ombros, cotovelos, pulsos, maxilares, dentes, pele, artérias, veias, válvulas cardíacas, braços, pernas, pés, dedos dos pés e

---

1 *Este livro foi publicado em 2005, tendo sido escrito ao longo dos anos anteriores. (N.T.)

das mãos, e sistemas para substituir órgãos mais complexos (por exemplo, o coração) começam a ser introduzidos. À medida que aprendamos os princípios operacionais do corpo e cérebro humanos, logo poderemos projetar sistemas vastamente superiores que irão durar mais e funcionar melhor, sem estarem sujeitos a panes, doenças e envelhecimento.

Um exemplo de projeto conceitual para tal sistema, chamado Primo Posthuman (algo como primeiro pós-humano), foi criado pela artista e catalisadora cultural Natasha Vita-More.[3] Seu projeto pretende otimizar a mobilidade, a flexibilidade e a superlongevidade. Prevê aspectos como um metacérebro para se conectar em rede global com uma prótese de neocórtex feita de IA entrelaçada com nanorrobots, uma pele inteligente com protetor solar que tem biossensores para alterações de tom e textura, e sentidos com alta precisão.

Embora a versão 2.0 do corpo humano seja um projeto ambicioso em andamento, que afinal resultará no upgrade radical de todos os nossos sistemas físicos e mentais, ela será posta em prática passo a passo. Baseados no conhecimento atual, podemos descrever os meios para concretizar cada aspecto dessa visão.

Redesenhando o sistema digestivo. Sob essa perspectiva, voltemos a examinar o sistema digestivo. Já temos uma visão geral dos componentes da comida que ingerimos. Sabemos como tratar pessoas que não conseguem comer para sobreviver, usando alimentação intravenosa. Mas isso claramente não é uma alternativa desejável, visto que, no momento, é bem limitada nossa tecnologia para colocar e tirar substâncias da corrente sanguínea.

A fase seguinte dos melhoramentos nessa área será principalmente bioquímica, na forma de drogas e suplementos que irão prevenir o excesso de absorção de calorias e reprogramar os caminhos metabólicos para uma saúde perfeita. A pesquisa feita pelo dr. Ron Kahn no Joslin Diabetes Center já identificou o gene do "receptor de insulina gorda" ("fat insulin receptor" — FIR), que controla a acumulação de gordura pelas células de gordura. Ao bloquear a expressão desse único gene nas células de gordura das cobaias, a pesquisa pioneira de Kahn demonstrou que os animais podiam comer sem restrições, mas continuavam esbeltos e saudáveis. Embora comessem muito mais do que as cobaias de controle, as "cobaias-maravilha de FIR" na realidade viveram 18% mais e tiveram taxas substancialmente mais baixas de doenças do coração e diabetes. Não admira que as empresas farmacêuticas estejam trabalhando duro para aplicar esses achados no gene FIR humano.

Em uma fase intermediária, os nanorrobots no aparelho digestivo e na corrente sanguínea irão extrair de modo inteligente e exato os nutrientes de que precisamos, encomendar nutrientes e suplementos adicionais através de nossa rede local, pessoal, sem fio, e enviar o que sobra para ser eliminado.

Se isso parece futurístico, é preciso lembrar que as máquinas inteligentes já estão abrindo caminho para nossa corrente sanguínea. Há dúzias de projetos em andamento para criar BioMEMS baseados na corrente sanguínea para um amplo leque de aplicações nos diagnósticos e nas terapias.[4] Conforme já mencionado, há várias conferências importantes dedicadas a esses projetos.[5] Os dispositivos de BioMEMS estão sendo projetados para achar patógenos e levar remédios de maneira muito precisa.

Por exemplo, os dispositivos sanguíneos da nanoengenharia que levam hormônios como insulina têm sido usados em animais.[6] Sistemas semelhantes poderiam, com exatidão, levar dopamina ao cérebro de pacientes com Parkinson, fornecer fatores de coagulação do sangue para pacientes hemofílicos e levar drogas contra o câncer diretamente aos locais do tumor. Um dos novos projetos fornece até vinte reservatórios contendo substâncias que podem liberar sua carga em tempos e locais programados do corpo.[7]

Kensall Wise, professor de engenharia elétrica na Universidade de Michigan, desenvolveu uma sonda neural bem pequena que pode monitorar com precisão a atividade elétrica dos pacientes com doenças neurais.[8] Espera-se que os projetos futuros levem os medicamentos até locais exatos no cérebro. Kazushi Ishiyama da Universidade de Tóquio, no Japão, desenvolveu micromáquinas que usam parafusos microscópicos que giram para levar as drogas aos pequenos tumores cancerosos.[9]

Uma micromáquina especialmente inovadora desenvolvida pelos Sandia National Laboratories tem microdentes com um maxilar que abre e fecha para capturar células individuais e depois nelas implantar substâncias como DNA, proteínas ou drogas.[10] Muitas abordagens estão sendo desenvolvidas para máquinas em escala micro ou nano para entrar no corpo e na corrente sanguínea.

Finalmente, conseguiremos determinar os nutrientes exatos (inclusive todas as centenas de fitoquímicos) necessários para a saúde perfeita de cada indivíduo. Eles estarão disponíveis de graça ou a um custo muito baixo, assim não teremos de nos preocupar de modo algum em extrair nutrientes da comida.

Os nutrientes serão introduzidos diretamente na corrente sanguínea através de nanorrobots metabólicos especiais, enquanto sensores em nossa corrente sanguínea e no corpo, usando comunicação sem fio, darão, a tempo, informações dinâmicas sobre os nutrientes necessários em cada ponto. Essa tecnologia deverá estar razoavelmente madura no final dos anos 2020.

Uma questão-chave ao projetar esses sistemas será: Como os nanorrobots serão introduzidos e removidos do corpo? As tecnologias de hoje, como cateteres intravenosos, deixam muito a desejar. Ao contrário das drogas e dos suplementos nutricionais, entretanto, os nanorrobots têm certo grau de inteligência e controlam suas próprias reservas e, de maneira inteligente, esgueiram-se para dentro e para fora de nossos corpos. Um cenário consiste em usarmos um dispositivo nutricional especial em um cinto ou sob uma camiseta, que estaria carregado de nanorrobots com nutrientes que poderiam entrar no corpo através da pele ou por outras cavidades do corpo.

Nesse estágio do desenvolvimento tecnológico, poderemos comer o que quisermos, o que nos dá prazer e satisfação gastronômica, explorando os gostos, texturas e aromas das artes culinárias, ao mesmo tempo que teremos um fluxo perfeito de nutrientes para nossa corrente sanguínea. Isso poderia ser alcançado fazendo toda a comida que ingeríssemos passar por um aparelho digestivo modificado que não permitiria a absorção pela corrente sanguínea. Mas, com isso, o intestino e o cólon ficariam sobrecarregados, portanto uma abordagem mais refinada seria dispensar a função convencional da eliminação. Poderiam ser usados nanorrobots especiais de eliminação que agiriam como compactadores muito pequenos de lixo. Enquanto os nanorrobots da nutrição caminham por nosso corpo, os nanorrobots da eliminação vão para o outro lado. Essa inovação também permitiria superar a necessidade dos órgãos que filtram as impurezas do sangue, como os rins.

Finalmente, não seriam necessárias vestimentas especiais ou recursos nutricionais explícitos. Do mesmo modo que a computação estará em todo lado, os recursos básicos dos nanorrobots metabólicos estarão inseridos em todo o ambiente. Mas também será importante manter amplas reservas de todos os recursos necessários *dentro* do corpo. Nossos corpos versão 1.0 fazem isso apenas até certo ponto — por exemplo, armazenam uns poucos minutos de oxigênio em nosso sangue e uns poucos dias de energia calórica no glicogênio e outras reservas. A versão 2.0 proverá reservas substancialmente maiores, permitindo que fiquemos separados dos recursos metabólicos por um tempo muito maior.

É claro que a maioria de nós não irá se desfazer do processo digestivo antigo quando essas tecnologias forem de início introduzidas. Afinal, as pessoas não jogaram fora suas máquinas de escrever quando a primeira geração de processadores de palavras foi introduzida. Entretanto, no devido tempo, essas novas tecnologias dominarão. Hoje, poucas pessoas ainda usam uma máquina de escrever, um cavalo com charrete, um fogão a lenha ou outras tecnologias deslocadas (a menos que sejam experiências sobre a antiguidade). O mesmo fenômeno acontecerá com nossos corpos reformados. Quando forem resolvidas as complicações inevitáveis que surgirão com um sistema gastrointestinal radicalmente alterado, dependeremos dele cada vez mais. Um sistema digestivo baseado em nanorrobots pode ser introduzido gradualmente, primeiro aumentando nosso aparelho digestivo e apenas o substituindo depois de muitas iterações.

Sangue programável. Um sistema difundido que já foi objeto de um novo projeto conceitual abrangente baseado na engenharia reversa é o sangue. Já foram mencionados os projetos de Rob Freitas, baseados na nanotecnologia, para substituir nossas hemácias, plaquetas e glóbulos brancos.[11] Como a maioria de nossos sistemas biológicos, os glóbulos vermelhos desempenham sua função de oxigenar de modo muito pouco eficiente, assim Freitas os reprojetou para um desempenho ótimo. Já que seus respirócitos (glóbulos vermelhos robóticos) permitiriam que ficássemos horas sem oxigênio,[12] será interessante ver como esse desenvolvimento seria tratado em competições atléticas. Supõe-se que o uso de respirócitos e sistemas parecidos será proibido em eventos como as Olimpíadas, mas então teremos de encarar a perspectiva de que os adolescentes (cujas correntes sanguíneas provavelmente conterão sangue enriquecido com respirócitos) irão superar, como rotina, os atletas olímpicos. Embora os protótipos ainda estejam a uma ou duas décadas no futuro, suas necessidades físicas e químicas têm sido resolvidas com detalhes impressionantes. As análises mostram que os projetos de Freitas seriam centenas ou milhares de vezes mais capazes para armazenar e transportar o oxigênio do que nosso sangue biológico.

Freitas também prevê plaquetas artificiais do tamanho de mícrons que chegariam à homeostasia (controle do sangramento) até mil vezes mais rápido do que fazem as plaquetas biológicas,[13] bem como "microbívoros" nanorrobóticos (substitutos dos glóbulos brancos) que irão baixar o software para destruir infecções específicas centenas de vezes mais rápido do que os antibióticos, e serão eficientes contra todas as infecções por bactérias, vírus e fungos, bem como o câncer, sem as limitações da resistência ao remédio.[14]

Com o coração na mão, ou não. O órgão seguinte em nossa lista de melhorias é o coração, que, embora seja uma máquina intrincada e impressionante, tem numerosos problemas sérios. Está sujeito a uma miríade de modos de falhar e representa uma fraqueza fundamental em nossa longevidade potencial. Em geral, o coração apresenta problemas bem antes do resto do corpo, muitas vezes cedo demais.

Embora os corações artificiais comecem a se tornar substitutos factíveis, uma abordagem mais eficiente seria se livrar totalmente do coração. Entre os projetos de Freitas, há células sanguíneas nanorrobóticas que fornecem sua própria mobilidade. Com o sangue movendo-se de modo autônomo, pode-se eliminar as questões de engenharia das pressões extremas necessárias para o bombeamento central. À medida que aperfeiçoamos maneiras de transferir nanorrobots para dentro e para fora do suprimento sanguíneo, eventualmente poderemos substituí-los continuamente. Freitas também publicou um projeto de um sistema complexo de 500 trilhões de nanorrobots, chamado "vasculoide", que substitui toda a corrente sanguínea por um método de levar nutrientes essenciais às células não baseado em fluidos.[15]

A energia para o corpo também será fornecida por células microscópicas de combustível, usando hidrogênio ou o combustível do próprio corpo, ATP. Como foi descrito no capítulo anterior, tem sido feito algum progresso recentemente com células de combustível na escala MEMS ou na nanoescala, inclusive algumas que usam a própria glicose do corpo e fontes de energia ATP.[16]

Com os respirócitos fornecendo uma oxigenação muito melhorada, pode-se eliminar os pulmões usando-se nanorrobots para prover oxigênio e remover dióxido de carbono. Como acontece com outros sistemas, passaremos por estágios intermediários onde essas tecnologias simplesmente aumentarão nossos processos naturais, de modo que podemos ter o melhor de ambos os mundos. Mas, eventualmente, não haverá motivo para continuar com as complicações da respiração real e a pesada necessidade de ar respirável por todo lugar. Se acharmos que respirar é um prazer, podemos desenvolver maneiras virtuais de ter essa experiência sensual.

Com o tempo, também não precisaremos dos vários órgãos que produzem elementos químicos, hormônios e enzimas que fluem no sangue e em outros caminhos metabólicos. Agora podemos sintetizar versões bioidênticas de muitas dessas substâncias e, dentro de uma ou duas décadas, poderemos no dia a dia criar a vasta maioria das substâncias bioquimicamente relevantes. Já estamos criando órgãos artificiais produtores de hormônios. Por exemplo, o Lawrence Livermore National Laboratory e a Medtronic MiniMed sediada na Califórnia estão desenvolvendo um pâncreas artificial para ser implantado sob a pele. Vai monitorar os níveis da glucose no sangue e liberar quantidades precisas de insulina, usando um programa de computador para funcionar como nossas células das ilhotas pancreáticas biológicas.[17]

No corpo humano versão 2.0, hormônios e substâncias relacionadas (até quando ainda precisemos deles) serão levados por nanorrobots, controlados por sistemas inteligentes de biofeedback para manter e equilibrar os níveis necessários. Quando eliminarmos a maioria de nossos órgãos biológicos, pode ser que muitas dessas substâncias não sejam mais necessárias, e serão substituídas por outros recursos exigidos pelos sistemas nanorrobóticos.

Então, o que sobra? Consideremos que estamos nos primeiros anos da década de 2030. Já eliminamos coração, pulmões, glóbulos vermelhos e brancos, plaquetas, pâncreas, tiroide e todos os órgãos produtores de hormônios, rins, bexiga, fígado, parte inferior do esôfago, estômago, intestino delgado, intestino grosso e bexiga. O que sobrou, nesse ponto, é o esqueleto, pele, órgãos sexuais, órgãos sensórios, boca e parte superior do esôfago e cérebro.

O esqueleto é uma estrutura estável, já compreendemos razoavelmente como ele trabalha. Agora conseguimos substituir partes dele (por exemplo, articulações e quadris artificiais), embora o procedimento exija uma cirurgia penosa, e nossa atual tecnologia para fazê-la tem sérias limitações. Interligar os nanorrobots um dia dará a habilidade de aumentar e finalmente substituir o esqueleto através de um processo gradual e não invasivo. O esqueleto humano versão 2.0 será muito forte, estável e autorreparador.

Não notaremos a falta de muitos de nossos órgãos, como o fígado e o pâncreas, já que não percebemos diretamente seu funcionamento. Mas a pele, incluindo os órgãos sexuais primários e secundários, pode provar ser um órgão que queremos conservar ou cujas funções vitais de comunicação e prazer podemos, no mínimo, querer manter. No final, conseguiremos melhorar a pele com novos materiais suaves nanoengenheirados que darão uma proteção maior contra os efeitos ambientais físicos e termais, enquanto melhoram nossa capacidade para comunicação íntima. As mesmas observações valem para a boca e a parte superior do esôfago, que constituem os remanescentes do aparelho digestivo, usado para vivenciar o ato de comer.

Redesenhando o cérebro humano. Como já discutido antes, o processo da engenharia reversa e do redesenho também vai compreender o sistema mais importante de nossos corpos: o cérebro. Já há implantes baseados na modelagem "neuromórfica" (engenharia reversa do cérebro e sistema nervoso humanos) de uma lista rapidamente crescente de regiões do cérebro.[18] Pesquisadores do MIT e de Harvard estão desenvolvendo implantes neurais para substituir retinas danificadas.[19] Há implantes disponíveis para pacientes com Parkinson que se comunicam diretamente com as regiões do núcleo posterior ventral e do núcleo subtálmico do cérebro para reverter os sintomas mais devastadores dessa doença.[20] Um implante para pessoas com paralisia cerebral ou esclerose múltipla comunica-se com o tálamo lateral ventral e tem sido eficiente para controlar os tremores.[21] "Em vez de tratar o cérebro como uma sopa, acrescentando elementos químicos que melhoram ou suprimem certos neurotransmissores", diz Rick Trosch, médico americano que ajuda a difundir essas terapias, "agora o tratamos como um circuito."

Numerosas técnicas também estão sendo desenvolvidas para fazer a ponte entre o mundo úmido analógico do processamento de informações biológicas e a eletrônica digital. Pesquisadores do Instituto Max Planck da Alemanha têm desenvolvido dispositivos não invasivos que podem se comunicar com os neurônios em ambas as direções.[22] Eles apresentaram seu "transistor de neurônio" que controla os movimentos de uma sanguessuga viva através de um computador pessoal. Uma tecnologia parecida tem sido usada para reconectar os neurônios de sanguessugas e incentivá-los a resolver problemas simples de lógica e aritmética.

Também há cientistas fazendo experiências com "pontos quânticos", chips muito pequenos que compreendem cristais de material semicondutor fotocondutor (reage à luz) que pode ser recoberto por peptídeos que se ligam a locais específicos da superfície das células nervosas. Isso poderia permitir que os pesquisadores usassem comprimentos precisos de ondas de luz para ativar remotamente neurônios específicos (por exemplo, para levar remédios), substituindo os eletrodos externos invasivos.[23]

Esses avanços também prometem reconectar as vias neurais rompidas de pessoas com os nervos danificados e lesões na medula. Por muito tempo pensou-se que recriar essas vias só seria possível para pacientes recém--lesionados, porque os nervos deterioram-se gradualmente quando não usados. Entretanto, uma descoberta recente mostra a factibilidade de um sistema neuroprotético para pacientes com lesões na medula de longa data. Alguns pesquisadores na Universidade de Utah pediram para um grupo de pacientes há muito tempo quadriplégicos que tentassem mover seus membros de várias maneiras, e então observaram a resposta de seus cérebros, usando imagens de ressonância magnética (MRI). Embora as vias neurais para seus membros tivessem ficado inativas por muitos anos, os padrões de atividade no cérebro, quando tentando movimentar os membros, ficaram muito próximos daqueles observados em pessoas não deficientes.[24]

Também será possível implantar sensores no cérebro de uma pessoa paralisada, que serão programados para reconhecer os padrões do cérebro associados com os movimentos intencionais, para então estimular a sequência apropriada de ações musculares. Para aqueles pacientes cujos músculos não funcionam mais, já existem projetos para sistemas "nanoeletromecânicos" (NEMS) que podem se expandir e contrair para substituir músculos danificados, que podem ser ativados por nervos reais ou artificiais.

Estamos virando ciborgues. O cenário da versão 2.0 do corpo humano representa a continuação de uma tendência de longa data em que ficamos mais íntimos de nossa tecnologia. Os computadores começaram como máquinas, grandes, remotas, em salas com ar-condicionado, sendo tratados por técnicos vestidos com guarda-pós brancos. Eles se mudaram para ficar sobre as mesas, depois para sob nossos braços e, agora, para nossos bolsos. Logo os colocaremos, rotineiramente, dentro de nossos corpos e cérebros. Por volta de 2030, nos tornaremos mais não biológicos do que biológicos. Conforme abordado no capítulo 3, por volta dos anos 2040, a inteligência não biológica será bilhões de vezes mais capaz do que nossa inteligência biológica.

Os benefícios atraentes de superar as doenças e deficiências complexas manterão essas tecnologias em um ritmo acelerado, mas as aplicações médicas representam apenas a fase inicial de sua adoção. À medida que as tecnologias se estabelecerem, não haverá barreiras para seu uso na vasta expansão do potencial humano.

Stephen Hawking comentou recentemente na revista alemã *Focus* que a inteligência do computador superará a dos humanos dentro de umas poucas décadas. Ele defendeu a ideia de que "precisamos urgentemente desenvolver conexões diretas com o cérebro, para que os computadores possam somar-se à inteligência humana em vez de ficarem em oposição a ela".[25] Hawking pode ficar tranquilo que o programa de desenvolvimento que ele recomenda está bem em marcha.

Haverá muitas variações da versão 2.0 do corpo humano, e cada órgão e sistema corporal terá seu próprio desenvolvimento e refinamento. A evolução biológica só é capaz do que é chamado de "otimização local", isto é, ela pode melhorar um projeto, mas apenas dentro das restrições das "decisões" a que a biologia chegou há muito tempo. Por exemplo, a evolução biológica está restrita a construir tudo a partir de uma classe muito limitada de materiais, ou seja, as proteínas, que são cadeias unidimensionais, dobradas, de aminoácidos. Está restrita a processos de pensamento (reconhecimento de padrões, análise lógica, formação de habilidades e outras aptidões cognitivas) que usam uma comutação extremamente vagarosa. E a própria evolução biológica trabalha muito devagar, melhorando só aos poucos os projetos que continuam a aplicar esses conceitos básicos. Ela é incapaz, por exemplo, de mudar de repente para materiais estruturais feitos de diamantoides ou para comutação lógica baseada em nanotubos.

Mas há como se desviar dessa inerente limitação. A evolução biológica criou, de fato, uma espécie que podia pensar e manipular seu meio ambiente. Essa espécie agora está conseguindo ter acesso — e melhorar — seu próprio projeto, e é capaz de reconsiderar e alterar aqueles dogmas básicos da biologia.

Corpo humano versão 3.0. Prevejo o corpo humano 3.0 — nos anos 2030 e 2040 — como uma renovação fundamental do projeto. Em vez de reformar cada subsistema, nós (ambas as porções biológica e não biológica de nosso pensamento, trabalhando juntas) poderemos renovar nossos corpos baseados na experiência com a versão 2.0. Assim como foi a transição de 1.0 para 2.0, a transição para 3.0 será gradual e envolverá muitas ideias concorrentes.

Um atributo que prevejo para a versão 3.0 é a habilidade de modificar nossos corpos. Poderemos fazê-lo com muita facilidade em ambientes de realidade virtual (ver a seção seguinte), mas também teremos os meios de fazê-lo na realidade real. Iremos incorporar em nós mesmos a fabricação baseada em MNT, portanto poderemos alterar rapidamente e à vontade nossa manifestação física.

Mesmo com nossos cérebros em grande parte não biológicos, é provável que conservemos a importância estética e emocional dos corpos humanos, dada a influência dessa estética no cérebro humano. (Mesmo quando ampliada, a porção não biológica de nossa inteligência ainda terá sido derivada da inteligência humana biológica.) Isto é, é provável que o corpo humano versão 3.0 ainda pareça humano pelos padrões de hoje, porém, dada a plasticidade grandemente expandida que terão nossos corpos, as ideias daquilo que constitui a beleza serão ampliadas com o tempo. As pessoas já expandem seus corpos com piercings, tatuagens e cirurgia plástica, e a aceitação social dessas alterações aumenta rapidamente. Já que poderemos fazer alterações que serão prontamente reversíveis, é provável que haja muito mais experiências.

J. Storrs Hall descreveu os projetos de nanorrobots, que ele chama de "foglets", em que eles podem juntar-se e formar uma grande variedade de estruturas e alterar rapidamente a organização destas. São chamados de "foglets" porque, se houver uma densidade suficiente deles em uma área, podem controlar o som e a luz para formar sons e imagens variáveis. Em essência, criarão ambientes de realidade virtual externamente (isto é, no mundo físico) em vez de internamente (no sistema nervoso). Usando-os, uma pessoa pode modificar seu corpo ou seu ambiente, embora algumas dessas modificações na verdade serão ilusões, já que os foglets podem controlar sons e imagens.[26] Os foglets de Hall são um projeto conceitual para criar corpos modificáveis reais a fim de competir com os da realidade virtual.

BILL (UM AMBIENTALISTA): *Nessa coisa de versão 2.0 do corpo humano, será que você não está descartando o que é importante junto com o que não é? Você sugere substituir todo o corpo e o cérebro humano por máquinas. Não sobra nenhum ser humano.*

RAY: *A gente não concorda com a definição de humano, mas exatamente onde você sugere que se trace o limite? Aumentar o corpo e o cérebro humano com intervenções biológicas ou não biológicas dificilmente é um conceito novo. Ainda existe muito sofrimento humano.*

BILL: *Não tenho objeções quanto a aliviar o sofrimento humano. Mas substituir um corpo humano por uma máquina para superar o desempenho humano nos deixa como, bem, uma máquina. Temos carros que podem andar no chão mais rápido do que um humano, mas não os consideramos humanos.*

RAY: *O problema aqui tem muito a ver com a palavra "máquina". Sua ideia de máquina é a de alguma coisa que é muito menos valorizada — menos complexa, menos criativa, menos inteligente, menos conhecedora, menos sutil e flexível do que um humano. Isso é até razoável para as máquinas de hoje, porque todas as que encontramos — como os carros — são assim. O ponto central da minha tese, da revolução da Singularidade que se aproxima, é que essa ideia de máquina — da inteligência não biológica — vai mudar fundamentalmente.*

BILL: *Bom, é exatamente esse meu problema. Uma parte da nossa humanidade são as nossas limitações. A gente não tem a pretensão de ser a entidade mais rápida possível, nem de ter uma memória com a maior capacidade possível, e assim por diante. Mas existe uma qualidade* indefinível, espiritual, em ser humano que uma máquina propriamente não tem.

RAY: *De novo, onde fica o limite? Os humanos já estão substituindo partes de seus corpos e cérebros com peças de reposição que funcionam melhor para executar suas funções "humanas".*

BILL: *Melhor só no sentido de substituir sistemas e órgãos doentes ou deficientes. Mas você está substituindo essencialmente toda a nossa humanidade para aumentar a habilidade humana, e isso é inerentemente desumano.*

RAY: *Então pode ser que a nossa discordância seja sobre a natureza de ser humano. Para mim, a essência de ser humano não são nossas limitações — embora tenhamos muitas —, é nossa capacidade de superar essas limitações. A gente não ficou no chão. A gente nem mesmo ficou no planeta. E a gente não se acomoda com as limitações de nossa biologia.*

BILL: *A gente tem de usar esses poderes tecnológicos com muito discernimento. Além de certo ponto, estamos perdendo alguma qualidade inefável que dá sentido à vida.*

RAY: *Acho que a gente concorda em que tem de reconhecer o que é importante na nossa humanidade. Mas não há razão para celebrar nossas limitações.*

... no cérebro humano

Será que tudo que vemos ou somos não passa de sonho dentro de um sonho?

Edgar Allan Poe

O programador de computador é um criador de universos onde só ele impera. Nenhum dramaturgo, nenhum diretor de cena, nenhum imperador, por mais poderoso que seja, jamais exerceu essa autoridade tão absoluta para arrumar um palco ou um campo de batalha e para comandar tropas ou atores tão inabalavelmente obedientes.

Joseph Weizenbaum

Um dia, dois monges discutiam sobre uma bandeira que se agitava ao vento. O primeiro disse: "Afirmo que a bandeira se move, não o vento". O segundo disse: "Afirmo que o vento se move, não a bandeira". Um terceiro monge passou e disse: "O vento não se move. A bandeira não se move. Suas mentes se movem".

Zen Parable

Suponha que alguém dissesse: "Imagine esta borboleta exatamente como ela é, mas feia em vez de bonita".

Ludwig Wittgenstein

O cenário em 2010. Os computadores que surgirem no começo da próxima década ficarão essencialmente invisíveis: tramados em nossas roupas, inseridos em nossos móveis e ambientes. Eles irão tirar proveito da malha global (no que a World Wide Web irá se tornar quando todos os seus dispositivos conectados se tornarem servidores que se comunicam, formando desse modo vastos supercomputadores e bancos de memória) das comunicações em alta velocidade e dos recursos computacionais. Teremos uma largura de banda muito grande e comunicação sem fio com a internet o tempo todo. Telas serão construídas nos óculos e lentes de contato, e as imagens serão projetadas diretamente em nossas retinas. O Departamento de Defesa dos Estados Unidos já está usando uma tecnologia nessa linha para criar ambientes de realidade virtual para treinar soldados.[27] Um impressionante sistema de realidade virtual de imersão já demonstrado pelo Instituto de Tecnologias Criativas do Exército inclui humanos virtuais que respondem apropriadamente às ações do usuário.

Uns dispositivos parecidos, minúsculos, projetarão ambientes auditivos. Já estão sendo inseridos nas roupas celulares que projetam sons para os ouvidos.[28] E há um MP3 player que faz vibrar seu crânio para tocar música que só você consegue ouvir.[29] O Exército também foi pioneiro em transmitir som através do crânio emitido pelo capacete de um soldado.

Também há sistemas que podem projetar para longe um som que apenas uma pessoa específica pode ouvir, uma tecnologia que foi dramatizada pelos anúncios de rua falantes e personalizados no filme *Minority Report*. A tecnologias Hypersonic Sound e os sistemas Audio Spotlight fazem isso ao modularem o som em feixes ultrassônicos que podem ser direcionados com precisão. O som é gerado quando os feixes interagem com o ar, que restaura o som no intervalo audível. Focando múltiplos conjuntos de feixes em uma parede ou em outra superfície, também é possível um novo tipo de *surround sound* sem amplificadores e personalizado.[30]

Esses recursos fornecerão realidade virtual visual e auditiva, em alta resolução e imersão total, a qualquer hora. Também haverá a realidade aumentada com telas que se sobrepõem ao mundo real para dar orientações e explicações em tempo real. Por exemplo, sua tela da retina poderia lembrar: "Esse é o dr. João da

Silva, diretor do Instituto ABC — a última vez que você o viu foi na conferência XYZ" ou "Esse é o prédio da Fazenda — sua reunião é no décimo andar".

Haverá traduções em tempo real de línguas estrangeiras, essencialmente legendas no mundo e acesso a muitas formas de informação on-line integradas em nossas atividades cotidianas. As personalidades virtuais que se sobrepõem ao mundo real nos ajudarão com a recuperação de informações e com nossas tarefas e negócios. Esses assistentes virtuais nem sempre estarão esperando por perguntas ou comandos, mas irão se adiantar se nos virem lutando para encontrar um pedaço de informação. (Enquanto ficamos pensando sobre "Aquela atriz... que fez o papel da princesa, ou será que foi a rainha... naquele filme com o robot", nosso assistente virtual poderá sussurrar em nosso ouvido ou exibir em nosso campo visual: "Natalie Portman como a rainha Amidala em *Guerra nas Estrelas*, episódios 1, 2e 3".)

O cenário em 2030. A tecnologia dos nanorrobots fornecerá uma realidade virtual plenamente convincente, de imersão total. Os nanorrobots irão se situar fisicamente bem perto de todas as conexões interneurais vindas de nossos sentidos. Já existe a tecnologia para que os dispositivos eletrônicos se comuniquem com os neurônios, em ambas as direções, mas sem precisar do contato físico direto com os neurônios. Por exemplo, os cientistas no Instituto Max Planck desenvolveram "transistores de neurônios" que podem detectar o disparo de um neurônio próximo, ou então fazer com que um neurônio próximo dispare ou impedir que ele dispare.[31] Isso equivale a uma comunicação de duas mãos entre neurônios e os transistores de neurônios baseados na eletrônica. Conforme mencionado acima, os pontos quânticos também mostraram a habilidade de prover uma comunicação não invasiva entre neurônios e dispositivos eletrônicos.[32]

Se quisermos ter uma experiência de realidade real, os nanorrobots só ficarão em posição (nos capilares) e não farão nada. Se quisermos entrar na realidade virtual, eles suprimirão todos os inputs vindo de seus sentidos verdadeiros e os substituirão com os sinais que seriam apropriados para o ambiente virtual.[33] Seu cérebro percebe esses sinais como se viessem de seu corpo físico. Afinal, o cérebro não sente seu corpo diretamente. Como discutido no capítulo 4, os inputs do corpo — que compreendem umas poucas centenas de megabits por segundo — representando as informações sobre tato, temperatura, níveis de ácidos, o movimento da comida e outros eventos físicos, fluem pelos neurônios da Lamina 1, depois pelo núcleo posterior ventromedial, terminando nas duas regiões da ínsula do córtex. Se forem codificados corretamente — e saberemos como fazer isso pela engenharia reversa do cérebro —, o cérebro vai perceber os sinais sintéticos como se fossem reais. Você poderia decidir mover seus músculos e membros como eles normalmente fazem, mas os nanorrobots iriam interceptar esses sinais interneurais, impedindo que seus membros reais se movessem e, em vez disso, fariam com que se movessem seus membros virtuais, ajustando adequadamente seu sistema vestibular e dando o movimento e a reorientação apropriados para o ambiente virtual.

A web vai fornecer uma panóplia de ambientes virtuais para explorar. Alguns serão recriações de lugares reais; outros serão ambientes imaginários que não têm contrapartida no mundo físico. Alguns, de fato, seriam impossíveis, talvez porque transgridam as leis da física. Poderemos visitar esses locais virtuais e ter qualquer tipo de interação com outras pessoas reais, bem como simuladas (é claro que afinal não haverá uma diferença clara entre as duas), indo desde conversas de negócios e encontros sensuais. "Designer de ambientes de realidade virtual" será uma nova descrição de cargo e uma nova forma de arte.

Torne-se outra pessoa. Na realidade virtual, não ficaremos restritos a uma única personalidade, já que poderemos alterar nossa aparência e, de fato, nos tornar outra pessoa. Sem alterar nosso corpo físico (na realidade real), poderemos prontamente transformar nosso corpo projetado nesses ambientes virtuais tridimensionais. Poderemos ao mesmo tempo escolher corpos diferentes para pessoas diferentes. Então seus pais poderão ver você como uma pessoa, enquanto sua namorada vai vê-lo como outra. Entretanto, a outra pessoa pode escolher sobrepujar suas escolhas, preferindo ver você de modo diferente do que o corpo que você escolheu para si mesmo. Você poderia escolher diferentes projeções corporais para pessoas diferentes: Santos Dumont para um tio erudito, um palhaço para um colega chato do trabalho. Os casais românticos podem escolher quem eles querem ser, até mesmo se tornar o outro. Essas são decisões facilmente mutáveis.

Pude vivenciar como é me projetar como outra pessoa em uma demonstração de realidade virtual na conferência TED (Tecnologia, Entretenimento, Design) de 2001 em Monterey. Através de sensores magnéticos na minha roupa, um computador foi capaz de acompanhar todos os meus movimentos. Com animação em ultra-alta velocidade, o computador criou a imagem em tamanho natural, quase realista, de uma mulher jovem — Ramona —que seguia meus movimentos em tempo real. Usando uma tecnologia de processamento de sinais, minha voz foi transformada em uma voz de mulher e também controlou os movimentos dos lábios de Ramona. Assim, para o público da TED, parecia que a própria Ramona estava fazendo a apresentação.[34]

Para tornar a ideia compreensível, o público podia ver a mim e ver a Ramona ao mesmo tempo, nós dois nos movendo exatamente do mesmo jeito. Uma banda veio ao palco, e eu — Ramona — cantei "White Rabbit" do Jefferson Airplane, bem como uma música original. Minha filha, então com catorze anos, também equipada com sensores magnéticos, juntou-se a mim, e seus movimentos de dança transformaram-se nos de um dançarino — que, por acaso, era o empresário da conferência TED, um Richard Saul Wurman virtual. O ponto alto da apresentação foi ver Wurman — não conhecido por seus movimentos de hip-hop — fazendo convincentemente os passos de dança da minha filha. Na plateia, estava presente o diretor de criação da Warner Bros., que então foi e criou o filme *Simone*, em que o personagem de Al Pacino transforma-se em Simone essencialmente do mesmo jeito.

Para mim, a experiência foi profunda e emocionante. Quando olhei no "cyberespelho" (uma tela mostrando o que a plateia estava vendo), vi a mim como Ramona em vez da pessoa que normalmente vejo no espelho. Senti a força emocional — e não apenas a ideia intelectual — de me transformar em outra pessoa.

A identidade das pessoas muitas vezes está vinculada, de perto, a seus corpos ("Sou uma pessoa de nariz grande", "Sou magrela", "Sou um cara grande" etc.). Foi libertadora a oportunidade de me tornar outra pessoa. Todos nós temos uma variedade de personalidades que podemos mostrar, mas que, em geral, suprimimos porque não temos prontamente disponíveis os meios de expressá-las. Hoje, dispomos de tecnologias muito limitadas — como a moda, a maquiagem e o penteado — para transformar o que somos em diferentes relacionamentos e ocasiões, mas nossa paleta de personalidades irá se expandir muito nos futuros ambientes de realidade virtual de imersão total.

Além de abranger todos os sentidos, esses ambientes compartilhados podem incluir um verniz de emoções. Os nanorrobots conseguirão gerar os correlatos neurológicos de emoções, prazer sexual e outros, derivados de nossa experiência sensível e reações mentais. Umas experiências durante cirurgias de cérebro exposto demonstraram que estimular certos pontos específicos do cérebro pode desencadear experiências emocionais (por exemplo, a jovem que achou tudo engraçado quando era estimulado um ponto determinado de seu cérebro, como relatei em *The Age of Spiritual Machines*).[35] Algumas emoções e reações secundárias envolvem um padrão de atividade no cérebro em vez da estimulação de um neurônio específico, mas, com os nanorrobots maciçamente distribuídos, estimular esses padrões também será possível.

Projetores de experiências. "Projetores de experiências" vão enviar para a web todo o fluxo de suas experiências sensoriais e os correlatos neurológicos de suas reações emocionais, assim como as pessoas hoje projetam as imagens de seus quartos usando as webcams. Um passatempo popular será ligar-se à projeção sensório-emocional de outra pessoa e ter a experiência de como é ser essa pessoa, premissa do filme *Quero ser John Malkovich*. Também haverá uma vasta seleção de experiências arquivadas para escolher, e o design das experiências virtuais será uma nova forma de arte.

Amplie sua mente. A aplicação mais importante dos nanorrobots dos anos 2030 será literalmente ampliar nossas mentes através da fusão da inteligência biológica com a não biológica. O primeiro estágio será ampliar nossos 100 trilhões de conexões interneurais muito lentas com conexões virtuais de alta velocidade através da comunicação entre os robots.[36] A tecnologia também vai fornecer a comunicação sem fio de um cérebro para outro.

É importante ressaltar que bem antes do final da primeira metade do século XXI, pensar através de substratos não biológicos irá predominar. Como foi revisto no capítulo 3, o pensamento biológico humano está limitado a 10^{16} cálculos por segundo (cps) por cérebro humano (baseado na modelagem neuromórfica das regiões do cérebro) e cerca de 10^{26} para todos os cérebros humanos. Esses números não mudarão de modo apreciável, mesmo com os ajustes da bioengenharia em nosso genoma. Em compensação, a capacidade de processamento da inteligência não biológica está crescendo a uma taxa exponencial (com a própria taxa aumentando) e irá superar vastamente a inteligência biológica por volta da metade dos anos 2040.

Por essa época, teremos ultrapassado o paradigma dos nanorrobots em um cérebro biológico. A inteligência não biológica será bilhões de vezes mais potente, portanto ela vai predominar. Teremos corpos humanos na versão 3.0, que conseguiremos modificar e reinstalar em novas formas à vontade. Poderemos alterar rapidamente nossos corpos em ambientes virtuais auditivo--visuais de imersão total na segunda década desse século; em ambientes de realidade virtual de imersão total, incorporando todos os sentidos, durante os anos 2020; e na realidade real, nos anos 2040.

A inteligência não biológica ainda deverá ser considerada humana, já que é totalmente derivada da civilização humano-máquina, e será baseada, ao menos em parte, na engenharia reversa da inteligência humana. Tratarei dessa importante questão filosófica no próximo capítulo. A fusão desses dois mundos de inteligência não é simplesmente uma fusão de meios pensantes biológico e não biológico, mas, mais importante, uma fusão de método com a organização do pensamento, uma que poderá expandir nossas mentes virtualmente de qualquer modo imaginável.

O projeto de nossos cérebros, hoje, é relativamente fixo. Embora acrescentemos padrões de conexões interneurais e concentrações de neurotransmissores como uma parte normal do processo de aprendizado, a capacidade geral atual do cérebro humano é altamente restrita. À medida que a porção não biológica de nosso pensamento comece a predominar por volta do final dos anos 2030, poderemos ir além da arquitetura básica das regiões neurais do cérebro. Os implantes cerebrais baseados em nanorrobots inteligentes amplamente distribuídos pelo cérebro irão expandir muito nossa memória e ainda melhorar enormemente todas as nossas habilidades sensoriais, de reconhecimento de padrões e cognitivas. Como os nanorrobots se comunicarão entre si, serão capazes de criar qualquer conjunto de novas conexões neurais, romper conexões existentes (suprimindo o disparo neural), criar novas redes híbridas biológicas não-biológicas, e acrescentar redes inteiramente não biológicas, bem como fazer uma interface íntima com as novas formas de inteligência não biológicas.

O uso dos nanorrobots como extensores do cérebro será um avanço significativo em relação aos implantes neurais instalados via cirurgia que começam a ser usados hoje. Os nanorrobots serão introduzidos sem cirurgia, pela corrente sanguínea e, se necessário, poderão ser todos orientados para sair, portanto, é um processo facilmente reversível. Eles são programáveis, já que podem fornecer a realidade virtual em um minuto e uma variedade de extensores do cérebro no outro. Podem alterar sua configuração e seu software. Talvez, mais importante, são distribuídos maciçamente e, portanto, podem ocupar bilhões de posições pelo cérebro, enquanto um implante neural introduzido por cirurgia pode ser colocado em um único lugar ou, no máximo, em alguns poucos.

Molly 2004: *A realidade virtual de imersão total não parece muito atraente. Quero dizer, todos esses nanorrobots correndo a esmo dentro da minha cabeça, como pequenos insetos.*

Ray: *Não vai dar para senti-los, não mais do que você sente os neurônios na sua cabeça ou as bactérias no seu aparelho digestivo.*

Molly 2004: *Na verdade, isso eu consigo sentir. Mas já agora posso ter imersão total com meus amigos, sabe, só nos juntando fisicamente.*

Sigmund Freud: *Isso é o que eles costumavam dizer sobre o telefone quando eu era jovem. As pessoas diziam: "Quem precisa falar com alguém que está a centenas de milhas de distância quando você pode se encontrar em pessoa?".*

Ray: *Exato, o telefone é realidade virtual auditiva. Assim, a RV de imersão total é basicamente um telefone de corpo inteiro. Dá para se encontrar com qualquer pessoa a qualquer hora, mas para fazer mais do que só falar.*

George 2048: *Com certeza foi uma bênção para os trabalhadores do sexo; não precisam sair de casa nunca. Ficou tão impossível traçar qualquer limite significativo que as autoridades não tiveram escolha e legalizaram a prostituição virtual em 2033.*[2]

Molly 2004: *Muito interessante, mas na verdade não muito atraente.*

George 2048: *Certo, mas pense que você pode estar com sua estrela favorita do show business.*

Moly 2004: *Posso fazer isso na minha imaginação quando quiser.*

Ray: *Imaginação é legal, mas a coisa real — ou, melhor, a coisa virtual — é tão mais... real.*

Molly 2004: *É, mas se a minha celebridade "favorita" estiver ocupada?*

Ray: *Esse será outro benefício da realidade virtual por volta de 2029; dará para escolher dentre milhões de pessoas artificiais.*

Molly 2104: *Entendo que você esteja de volta a 2004, mas a gente meio que se livrou dessa terminologia antes, quando a Lei das Pessoas Não Biológicas foi aprovada em 2052. Isto é, somos muito mais reais do que... preciso achar outro jeito de falar isso.*

Molly 2004: *É, pode ser que precise.*

Molly 2104: *Vamos só dizer que você não precisa ter estruturas biológicas explícitas para se...*

2 * *Nos Estados Unidos. No Brasil, a prostituição não é crime, só sua exploração o é. (N.T.)*

GEORGE 2048: ...*entusiasmar?*

MOLLY 2104: *Acho que você sabe.*

TIMOTHY LEARY: *E se você tiver uma bad trip?*

RAY: *Quer dizer, alguma coisa dá errado com uma experiência de realidade virtual?*

TIMOTHY: *Exato.*

RAY: *Bom, você pode pular fora. É como desligar um telefonema.*

MOLLY 2004: *Supondo que você ainda tenha controle do software.*

RAY: É, a gente precisa se preocupar com isso.

SIGMUND: *Vejo algum potencial terapêutico real aqui.*

RAY: É, você pode ser quem quiser na realidade virtual.

SIGMUND: *Excelente, a oportunidade de expressar desejos reprimidos...*

RAY: *E não só estar com a pessoa que você quiser, mas se transformar nessa pessoa.*

Sigmund: *Exato. Criamos os objetos de nossa libido em nossos subconscientes em qualquer caso. Pense só nisto: um casal poderia trocar de gênero. Cada um poderia se transformar no outro.*

MOLLY 2004: *Só como intervalo terapêutico, suponho?*

SIGMUND: É claro. Eu só iria sugerir isso sob minha supervisão cautelosa.

MOLLY 2004: *Naturalmente.*

MOLLY 2104: *Ô, George, lembra quando cada um de nós virou ao mesmo tempo personagem do gênero oposto nos romances de Allen Kurzweil?*[37]

GEORGE 2048: *Ah, eu gostava mais de você como aquele inventor francês do século XVIII, o que fazia relógios de bolso eróticos!*

MOLLY 2004: *Ok, agora me fale de novo sobre esse sexo virtual. Como é que funciona exatamente?*

RAY: *Você está usando seu corpo virtual, que é simulado. Os nanorrobots dentro e em torno de seu sistema nervoso geram os sinais codificados apropriados para todos os seus sentidos: visual, auditivo, tátil é claro, e mesmo olfativo. Da perspectiva do seu cérebro, é real porque os sinais são tão reais quanto se os seus sentidos os estivessem produzindo a partir de experiências reais. A simulação na realidade virtual normalmente seguiria as leis da física, embora isso dependa do ambiente selecionado por você. Se você for com outra ou outras pessoas, então essas outras inteligências, sejam de pessoas com corpos biológicos ou não, também teriam corpos nesse ambiente virtual. O seu corpo na realidade virtual não precisa ser igual ao seu corpo na realidade real. De fato, o corpo que você escolhe para você no ambiente virtual pode ser diferente do corpo que seu parceiro escolhe para você ao mesmo tempo. Os computadores que geram o ambiente virtual, os corpos virtuais e os sinais neurais associados iriam cooperar para que as suas ações afetem a experiência virtual dos outros e vice-versa.*

MOLLY 2004: *Então eu teria prazer sexual mesmo que de verdade não estivesse, sabe, com alguém?*

RAY: *Bem, você estaria com alguém, só que não na realidade real e, é claro, esse alguém pode nem mesmo existir na realidade real. O prazer sexual não é uma experiência sensorial direta, é parecido com uma emoção. É uma sensação gerada em seu cérebro, que reflete o que você está fazendo ou pensando, igual à sensação de humor ou de raiva.*

MOLLY 2004: *Como a garota que você mencionou que achava tudo engraçado quando os cirurgiões estimulavam um ponto determinado no cérebro dela?*

RAY: *Exatamente. Há correlatos neurológicos de todas as nossas experiências, sensações e emoções. Alguns estão localizados, enquanto outros refletem um padrão de atividade. Em qualquer caso, seremos capazes de dar forma e melhorar nossas reações emocionais como parte de nossas experiências de realidade virtual.*

MOLLY 2004: *Isso poderia dar muito certo. Acho que vou acentuar minha reação humorística em meus interlúdios românticos. Vai cair muito bem. Ou talvez minhas respostas absurdas... meio que gosto disso também.*

NED LUDD: *Posso ver que isso está saindo do controle. As pessoas vão começar a gastar a maior parte de seu tempo na realidade virtual.*

MOLLY 2004: *Acho que meu sobrinho de dez anos já está lá com seus video games.*

RAY: *Eles ainda não são de imersão total.*

MOLLY 2004: *É verdade. A gente pode vê-lo, mas não tenho certeza de que ele percebe a gente. Mas quando chegarmos ao ponto em que seus games forem de imersão total não o veremos mais.*

GEORGE 2048: *Posso ver a sua preocupação se você estiver pensando nos mundos virtuais ralos de 2004, mas não é um problema com nossos mundos virtuais de 2048. Eles são muito mais atraentes do que o mundo real.*

MOLLY 2004: *É, como é que você sabe se nunca esteve na realidade real?*

GEORGE 2048: *Escuto bastante sobre ela. De qualquer modo, podemos simulá-la.*

MOLLY 2104: *Bom, eu posso ter um corpo real a qualquer hora que eu queira, não é grande coisa. Tenho de dizer que é bastante libertador não ficar dependente de um corpo determinado, muito menos de um* biológico. Dá para imaginar, ficar toda ocupada com suas limitações e encargos sem fim?

MOLLY 2004: É, dá para entender.

...sobre a longevidade humana

O mais notável é que, em todas as ciências biológicas, não existe uma pista sobre a necessidade da morte. Se você disser que quer o movimento perpétuo, descobrimos leis suficientes na física para ver que isso é absolutamente impossível ou que as leis estão erradas. Mas ainda não foi encontrado nada na biologia que indique a inevitabilidade da morte. Isso me sugere que ela não é, de jeito nenhum, inevitável, e que é apenas questão de tempo até que os biólogos descubram o que está nos causando o problema e como essa terrível doença ou transitoriedade universal do corpo humano será curada.

Richard Feynman

Nunca desista, nunca desista, nunca, nunca, nunca, nunca — de nada, grande ou pequeno, enorme ou insignificante — nunca desista.

Winston Churchill

Imortalidade primeiro! Todo o resto pode esperar.

Corwyn Prater

A morte involuntária é um fundamento da evolução biológica, mas isso não a torna uma coisa boa.

Michael Anissimov

Suponha que você seja um cientista de duzentos anos atrás e descobriu como diminuir drasticamente a mortalidade infantil com uma higiene melhor. Você dá uma palestra sobre isso, e alguém lá do fundo fica de pé e diz: "Espere um pouco, se fizermos isso teremos uma explosão populacional!". Se você responder: "Não, tudo vai ficar bem porque todos vamos usar essas coisas absurdas de borracha quando fizermos sexo", ninguém teria levado você a sério. Mas foi exatamente o que aconteceu — o anticoncepcional de barreira foi amplamente adotado (mais ou menos quando a mortalidade infantil caiu).

Aubrey de Grey, geriatra

Temos o dever de morrer.

Dick Lamm, ex-governador do Colorado

Alguns de nós acham que isso é uma pena.

Bertrand Russell, 1955, comentando a estatística de que cerca de 100 mil pessoas morrem todo dia por causas relacionadas com a idade[38]

A evolução, o processo que produziu a humanidade, tem um único objetivo: criar máquinas de genes plenamente capazes de produzir cópias delas mesmas. Em retrospecto, esse é o único modo pelo qual estruturas complexas como a vida teriam a possibilidade de surgir em um universo não inteligente. Mas esse objetivo muitas vezes entra em conflito com os interesses humanos, provocando a morte, o sofrimento e uma curta duração da vida. O progresso passado da humanidade tem sido a história de romper as restrições da evolução.

Michael Anissimov

É provável que a maioria dos leitores deste livro esteja por aqui para vivenciar a Singularidade. Como foi revisto no capítulo anterior, os progressos acelerados na biotecnologia permitirão que reprogramemos nossos genes e processos metabólicos para desligar as doenças e os processos de envelhecimento. Esse progresso incluirá avanços rápidos em genômica (influenciando genes), proteômica (compreendendo e influenciando o papel das proteínas), terapia genética (suprimindo a expressão de genes com tecnologias como interferência no RNA e inserindo novos genes no núcleo), projeto racional de drogas (formulando drogas que visam mudanças precisas nos processos das doenças e do envelhecimento) e clonagem terapêutica (alongando telômeros e corrigindo o DNA) de versões rejuvenescidas de nossas próprias células, tecidos e órgãos, e desenvolvimentos relacionados.

A biotecnologia irá ampliar a biologia e corrigir suas falhas óbvias. A revolução da nanotecnologia sobrepondo-se a ela permitirá uma expansão além das severas limitações da biologia. Como Terry Grossman e eu afirmamos em *Fantastic Voyage: Live Long Enough to Live Forever*, estamos ganhando rapidamente o conhecimento e as ferramentas para manter e estender indefinidamente a "casa" que cada um de nós chama de nosso corpo e cérebro. Infelizmente, a vasta maioria de nossos colegas *baby boomers* não tem consciência de que não tem de sofrer e morrer no decorrer "normal" da vida, como as gerações anteriores fizeram — se eles vierem a assumir uma atitude agressiva, uma atitude que vá além da ideia geral de um estilo de vida basicamente saudável (ver "Recursos e informações de contato", na página 561).

Historicamente, o único meio para que os humanos superem uma duração de vida biológica limitada tem sido transmitir valores, crenças e conhecimentos para as gerações futuras. Agora nos aproximamos de uma mudança de paradigma no meio que teremos disponível para preservar os padrões básicos de nossa existência. A expectativa de vida humana está crescendo firmemente e irá acelerar com rapidez agora que estamos nos estágios iniciais de aplicar a engenharia reversa nos processos de informação subjacentes à vida e às doenças. Robert Freitas estima que eliminar uma lista específica que abrange 50% de condições médicas evitáveis iria ampliar a expectativa de vida humana em até 150 anos.[39] Ao prevenir 90% dos problemas médicos, a expectativa de vida cresce até quinhentos anos. Com 99%, seria de mais de mil anos. Pode-se esperar que a plena concretização das revoluções biotecnológica e da nanotecnológica permitirá a eliminação de virtualmente todas as causas médicas da morte. Enquanto nos movemos na direção de uma existência não biológica, ganharemos o meio para "fazer um backup de nós mesmos" (armazenar os principais padrões que baseiam nosso conhecimento, nossas aptidões e nossa personalidade), eliminando assim a maioria das causas da morte como a conhecemos.

Expectativa de vida (anos)[40]

Era Cro-Magnon	18
Egito Antigo	25
1400, Europa	30
1800, Europa Estados Unidos	37
1900, Estados Unidos	48
2002, Estados Unidos	78

A transformação para a experiência não biológica

Uma mente que permanece com a mesma capacidade não pode viver para sempre; depois de uns poucos milhares de anos, ela iria parecer mais como um loop de fita que se repete do que como uma pessoa. Para viver indefinidamente muito tempo, a própria mente tem de crescer [...] e quando ficar bastante grande, e olhar para trás [...] que sentimento de coleguismo ela pode ter com a alma que ela era originalmente? O ser posterior seria tudo o que o ser original foi, mas muito mais.

Vernor Vinge

Os impérios do futuro são os impérios da mente.

Winston Churchill

Já falei sobre o upload do cérebro no capítulo 4. O cenário do transporte do cérebro envolve escanear um cérebro humano (mais provável, por dentro), capturar *todos* os detalhes salientes e reinstalar o estado do cérebro em um substrato computacional diferente — é provável que muito mais potente. Esse será um procedimento factível, e é mais provável que aconteça por volta do final dos anos 2030. Mas esse não é o modo primordial como prevejo a transição para a experiência não biológica. Em vez disso, vai acontecer como todas as outras mudanças de paradigma acontecem: aos poucos (mas a um ritmo que se acelera).

Como ressaltei acima, a mudança para o pensamento não biológico será como uma ladeira escorregadia, mas uma onde já começamos a andar. Continuaremos a ter corpos humanos, mas eles se tornarão projeções morfológicas de nossa inteligência. Em outras palavras, uma vez que tenhamos incorporado a fabricação MNT em nós mesmos, poderemos criar e recriar corpos diferentes à vontade.

Tendo alcançado isso, será que tais mudanças fundamentais nos permitirão viver para sempre? A resposta depende do que queremos dizer com "viver" e "morrer". Considere o que fazemos hoje com os arquivos de nosso computador pessoal. Quando trocamos um computador velho por um novo, não jogamos fora todos os arquivos. Em vez disso, copiamos e reinstalamos os arquivos em um novo equipamento. Embora nosso software não continue necessariamente existindo para sempre, sua longevidade é, em essência, independente e des-conectada do hardware onde ela roda.

Atualmente, quando nosso hardware humano quebra, o software de nossas vidas — nosso "arquivo mental" pessoal — morre com ele. Entretanto, isso não vai continuar a ser o caso quando tivermos os meios para arquivar e restaurar os milhares de trilhões de bytes de informação representados pelo padrão que chamamos de nosso cérebro (junto com o resto de nosso sistema nervoso, sistema endócrino e outras estruturas englobadas por nosso arquivo mental).

Nesse ponto, a longevidade de nosso arquivo mental não vai depender da viabilidade contínua de qualquer meio determinado de hardware (por exemplo, a sobrevivência de cérebro e corpo biológicos). Em última análise, os humanos baseados em software serão enormemente ampliados além das severas limitações dos humanos que conhecemos hoje. Eles viverão na web, projetando corpos quando precisarem ou quiserem, incluindo corpos virtuais em diversas zonas da realidade virtual, corpos projetados holograficamente, corpos projetados por foglets, e corpos físicos compreendendo enxames de nanorrobots e outras formas de nanotecnologia.

Por volta da metade do século XXI, os humanos conseguirão expandir seu pensamento sem limites. Essa é uma forma de imortalidade, embora seja importante ressaltar que os dados e a informação não vão, necessariamente, durar para sempre: a longevidade da informação depende de sua relevância, utilidade e acessibilidade. Se você alguma vez tentou recuperar informações de uma forma obsoleta de arquivar dados em um formato obscuro, velho (por exemplo, um rolo de fita magnética de um minicomputador de 1970), você entende quais são os desafios para manter o software viável. Mas se nos esforçarmos para conservar nosso arquivo mental, fazendo backups frequentes e os transferindo para meios e formatos correntes, uma forma de imortalidade pode ser alcançada, ao menos para os humanos baseados no software. Mais adiante neste século, as pessoas vão achar extraordinário que os humanos de uma era anterior vivessem suas vidas sem fazer backup de sua informação mais preciosa: aquela contida em seus cérebros e corpos.

Essa forma de imortalidade será o mesmo que um humano físico, como conhecemos hoje, vivendo para sempre? Em certo sentido sim, porque hoje uma pessoa também não é um conjunto constante de matéria. Pesquisas recentes mostram que até mesmo nossos neurônios, que se pensava que duravam muito, mudam todos os subsistemas que os constituem, como os túbulos, em questão de semanas. Só persiste nosso padrão de matéria e energia, e mesmo este muda gradualmente. Da mesma forma, será o padrão de um software humano que persistirá e se desenvolverá e se alterará devagar.

Mas essa pessoa baseada em meu arquivo mental, que migra através de muitos substratos computacionais e que vive mais do que qualquer meio de pensamento determinado, será mesmo eu? Essa questão nos leva de volta para as mesmas questões de consciência e identidade que têm sido debatidas desde os diálogos de Platão (que serão vistos no próximo capítulo). No decorrer do século XXI, elas não ficarão como tópicos para debates educados sobre filosofia, mas terão de ser enfrentadas como questões vitais, práticas, políticas e legais.

Uma pergunta pertinente: A morte é desejável? A "inevitabilidade" da morte está profundamente entranhada no pensamento humano. Se a morte parece inevitável, só podemos escolher racionalizá-la como necessária, até mesmo enobrecedora. A tecnologia da Singularidade fornecerá os meios práticos e acessíveis para que os humanos evoluam para algo maior, portanto não será necessário racionalizar a morte como um meio primordial de dar sentido à vida.

A longevidade da informação

> *"O horror daquele momento", continuou o rei, "eu nunca, nunca, vou esquecer!" "Vai, sim", disse a rainha, "se você não anotar no papel."*
>
> Lewis Carroll, *Através do espelho*

> *Dizem que as únicas coisas de que você pode ter certeza são a morte e os impostos — mas não tenha muita certeza quanto à morte.*
>
> Joseph Strout, neurocientista

Não sei, Excelência, mas seja o que for que isso venha a ser, tenho certeza de que V.S. vai tributá-lo.

Michael Faraday, respondendo a uma pergunta do ministro da Economia britânico sobre que uso prático poderia resultar da sua demonstração do eletromagnetismo

Não vá tranquilo para dentro dessa noite,
Raiva, raiva dessa morte da luz.
Dylan Thomas[3]

A oportunidade de traduzir nossas vidas, nossa história, nossos pensamentos e nossas aptidões em informação levanta a questão de quanto tempo dura a informação. Sempre respeitei o conhecimento e reuni informações de todo tipo quando criança, uma inclinação que compartilhava com meu pai.

Como pano de fundo, meu pai era uma daquelas pessoas que gostam de armazenar todas as imagens e sons que documentam sua vida. Quando morreu precocemente com 58 anos, em 1970, herdei seus arquivos, que conservo até hoje. Tenho a dissertação de doutoramento de 1938 do meu pai na Universidade de Viena, que contém seus insights únicos sobre as contribuições de Brahms para nosso vocabulário musical. Há álbuns de recortes de jornal caprichosamente guardados de seus concertos musicais quando era adolescente nas colinas da Áustria. Há cartas urgentes de e para o patrono musical americano que financiou sua fuga de Hitler, logo antes de a Noite dos Cristais e os acontecimentos históricos relacionados, na Europa do final dos anos 1930, tornassem essa fuga impossível. Esses itens estão no meio de dúzias de caixas envelhecidas contendo uma miríade de lembranças, inclusive fotos, gravações musicais em vinil e fita magnética, cartas pessoais e até contas velhas.

Também herdei sua inclinação para preservar os registros de minha vida, portanto, junto com as caixas de meu pai, tenho várias centenas de caixas com meus próprios papéis e pastas. A produtividade de meu pai, auxiliada apenas pela tecnologia de sua máquina de escrever manual e papel-carbono, não pode ser comparada com minha própria fecundidade, ajudada e incentivada por

---

3 *No original, em* Collected poems 1934–1952: "Do not go gentle into that good night./ Rage, rage against the dying of the light". *A tradução oferecida aqui para este e outros versos, não é a literária, nem a literal. Busca somente manter o tom provocativo e irônico do original, sobretudo nessas epígrafes de* A Singularidade está próxima. *(N.E).*

computadores e impressoras velozes que podem reproduzir meus pensamentos em todo tipo de permutações.

Guardadas em minhas próprias caixas, também há várias formas de mídia digital: cartões perfurados, rolos de fitas de papel, fitas magnéticas digitais e disquetes de vários tamanhos e formatos. Muitas vezes me pergunto se essas informações continuam sendo acessáveis. Ironicamente, a facilidade de abordar essa informação é inversamente proporcional ao nível de adiantamento da tecnologia usada para criá-la. Com menos complicações são os documentos em papel, que, embora mostrem sinais da idade, são altamente legíveis. Apenas um pouco mais desafiadores são os discos de vinil e as gravações analógicas em fita. Embora seja preciso algum equipamento básico, ele não é difícil de achar nem de usar. Os cartões perfurados são um tanto mais complicados, mas ainda se consegue achar leitores de cartões perfurados e os formatos são descomplicados.

De longe, a informação mais difícil de recuperar é aquela contida em fitas e discos digitais. Considere os desafios envolvidos. Para cada meio, tenho de descobrir exatamente qual drive foi usado, se um IBM 1620 por volta de 1960 ou um Data General Nova I por volta de 1973. Então, depois de juntar o equipamento necessário, há camadas de software para tratar: o sistema operacional apropriado, os drivers da informação do disco e programas de aplicação. E quando surgem os muitos problemas inevitáveis, inerentes a cada uma das camadas de hardware e de software, quem é que vou chamar para me ajudar? Já é bastante difícil fazer com que os sistemas contemporâneos funcionem, que dirá de sistemas cuja central de ajuda foi dispersada há décadas (se é que algum dia existiu). Mesmo no Museu de História do Computador, a maioria dos dispositivos em exposição parou de funcionar faz muitos anos.[41]

Supondo que eu consiga superar todos esses obstáculos, ainda tenho de considerar que os dados magnéticos reais nos disquetes provavelmente estão deteriorados e que os computadores velhos vão gerar principalmente mensagens de erro.[42] Mas a informação sumiu? A resposta é: não totalmente. Mesmo que os pontos magnéticos não possam mais ser lidos pelo equipamento original, as regiões desbotadas poderiam ser melhoradas por um equipamento adequadamente sensível, via métodos que são análogos ao aprimoramento de imagem usado com frequência nas páginas de velhos livros quando são escaneados. A informação ainda está ali, mas é muito difícil de chegar até ela. Com muita dedicação e pesquisa histórica, pode-se, na verdade, recuperá-la. Se houvesse uma razão para crer que um desses disquetes contém segredos de imenso valor, provavelmente conseguiríamos recuperar a informação.

Mas só a saudade não vai bastar para motivar alguém a se encarregar dessa enorme tarefa. Digo isso porque previ esse dilema, imprimi em papel a maioria dessas pastas antigas. Mas manter toda a nossa informação em papel não é a resposta, já que os arquivos escritos apresentam seu próprio conjunto de problemas. Mesmo que eu consiga prontamente ler até um manuscrito de um século atrás se o estiver segurando na mão, achar um documento dentre milhares de pastas organizadas só medianamente pode ser uma tarefa frustrante e demorada. Pode levar uma tarde inteira para localizar a pasta certa, sem mencionar o risco de dar um mau jeito nas costas por carregar dúzias de caixas pesadas de arquivos. Usar microfilme ou microfichas pode aliviar parte da dificuldade, mas permanece a questão de localizar o documento certo.

Tenho sonhado em levar essas centenas de milhares de registros e escaneá-los em uma base de dados pessoal maciça, o que permitiria utilizar potentes métodos contemporâneos de busca. Até tenho um nome para essa façanha — DAISI (Document and Image Storage Invention — Invenção para Armazenar Imagens e Documentos) — e venho acumulando ideias para isso há tempos. O pioneiro da computação Gordon Bell (ex-engenheiro-chefe da Digital Equipment Corporation), DARPA (Defense Advanced Research Projects Agency — Agência de Projetos de Pesquisa Avançada da Defesa), e a Long Now Foundation também estão trabalhando em sistemas para enfrentar esse desafio.[43]

DAISI envolverá a tarefa um tanto intimidante de escanear e catalogar pacientemente todos esses documentos. Mas o verdadeiro desafio de meu sonho com DAISI é surpreendentemente profundo: como posso escolher camadas de software e hardware apropriados que me garantam que meus arquivos estarão viáveis e acessíveis daqui a décadas?

É claro que minhas próprias necessidades de arquivamento são apenas um microcosmo da base de conhecimento exponencialmente crescente que a civilização humana está acumulando. É essa base de conhecimentos compartilhada com toda a espécie que nos diferencia dos outros animais. Outros animais se comunicam, mas eles não acumulam uma base de conhecimentos que evolui e cresce para passar para a próxima geração. Como estamos escrevendo nossa herança preciosa com o que Bryan Bergeron, perito em informática médica, chama de "tinta evanescente", pareceria que o legado de nossa civilização corre grandes riscos.[44] Parece que o perigo cresce exponencialmente junto com o crescimento de nossas bases de conhecimentos. O problema é ainda mais agravado pela velocidade crescente com que adotamos novos padrões nas muitas camadas de hardware e software que usamos para armazenar informação.

Há outro reservatório valioso de informações armazenado em nossos cérebros. Nossas lembranças e aptidões, embora pareçam fugidias, representam informação, codificada em vastos padrões de concentração de neurotransmissores, conexões interneurais e outros detalhes neurais relevantes. Essa informação é a mais preciosa de todas, por isso que a morte é tão trágica. Como já foi visto, no final conseguiremos ter acesso, arquivar permanentemente e entender os milhares de trilhões de bytes de informação que temos guardados no cérebro.

Copiar nossas mentes para outros meios levanta várias questões filosóficas, que discutirei no próximo capítulo — por exemplo: "Isso sou eu de verdade ou então outra pessoa que por acaso dominou todos os meus pensamentos e conhecimentos?". Não importa como resolvamos essas questões, a ideia de capturar a informação e os processos de informação de nossos cérebros parece implicar que nós (ou pelo menos as entidades que agem muito como nós) poderemos "viver para sempre". Mas será essa realmente a implicação?

Durante muitas eras a longevidade de nosso software mental tem sido vinculada inexoravelmente à sobrevivência de nosso hardware biológico. Conseguir capturar e reinstalar todos os detalhes de nossos processos de informações iria, com efeito, separar esses dois aspectos de nossa mortalidade. Mas, como vimos, o software em si mesmo não sobrevive necessariamente para sempre, e há enormes obstáculos para que ele dure muito tempo.

Então, se a informação representa o arquivo sentimental de alguém, ou a base de conhecimentos acumulados da civilização humano-máquina, ou ainda os arquivos mentais armazenados em nossos cérebros, o que se pode concluir afinal sobre a longevidade do software? A resposta é simplesmente esta: *A informação dura apenas enquanto alguém se importa com ela.* A conclusão a que cheguei em relação a meu projeto DAISI, depois de considerá-lo cuidadosamente por várias décadas, é que hoje não existe, nem parece que vai surgir, um conjunto de padrões de hardware e software que forneça algum nível razoável de confiança quanto ao fato de que a informação armazenada ainda estará acessível (sem um esforço excessivo) daqui a décadas.[45] A única maneira para meu arquivo (ou qualquer outra base de informações) continuar viável é se ele for continuamente melhorado e transferido para os mais recentes padrões de hardware e software. Se um arquivo ficar ignorado, vai se tornar no final tão inacessível quanto meus velhos disquetes de PDP-8 de oito polegadas.

A informação continuará precisando de constante manutenção e suporte para continuar "viva". Quer dados, quer saberes, a informação sobreviverá apenas se nós quisermos. Por extensão, só podemos viver enquanto cuidarmos de nós mesmos. Nossos conhecimentos para controlar as doenças e o envelhecimento já estão tão avançados que a sua *atitude* em relação a sua própria longevidade é agora a maior influência em sua saúde a longo prazo.

A riqueza de conhecimentos de nossa civilização simplesmente não sobrevive por si mesma. Precisamos continuamente redescobrir, reinterpretar e reformular o legado de cultura e tecnologia que nossos antepassados nos concederam. Toda essa informação será efêmera se ninguém cuidar dela. Traduzir nossos pensamentos atuais para software não nos proverá necessariamente com a imortalidade. Simplesmente vai colocar em nossas mãos imaginárias o meio para determinar quanto tempo queremos que durem nossas vidas e pensamentos.

MOLLY 2004: *Então você está dizendo que eu sou só um arquivo?*

MOLLY 2104: *Bem, não um arquivo estático, mas sim um arquivo dinâmico. Mas o que você quer dizer com "só"? Tem coisa mais importante?*

MOLLY 2004: *Eu jogo arquivos fora o tempo todo, mesmo os dinâmicos.*

MOLLY 2104: *Nem todos os arquivos são criados iguais.*

MOLLY 2004: *Acho que é verdade. Fiquei arrasada quando perdi a única cópia da minha tese. Perdi seis meses de trabalho e tive de começar tudo de novo.*

MOLLY 2104: *Ah é, foi horrível. Lembro bem, mesmo tendo sido há mais de um século. Foi arrasador porque era uma pequena parte de mim mesma. Tinha investido meus pensamentos e minha criatividade naquele arquivo de informações. Então pense como são valiosos todos os seus — meus — pensamentos, experiências, aptidões e história acumulados.*

... na guerra: o paradigma de realidade virtual remoto, robótico, robusto, de tamanho reduzido

Como as armas têm ficado mais inteligentes, tem havido uma tendência dramática para missões com maior precisão e menos baixas humanas. Pode não parecer assim quando se vê a cobertura do noticiário da TV, mais detalhada e realista. As grandes batalhas das duas guerras mundiais e da guerra da Coreia, em que dezenas de milhares de vidas foram perdidas no decorrer de uns poucos dias, foram registradas visualmente apenas por ocasionais cinejornais granulados. Hoje, temos uma poltrona na primeira fila para quase todos os combates. Cada guerra tem suas complexidades, mas o movimento geral para

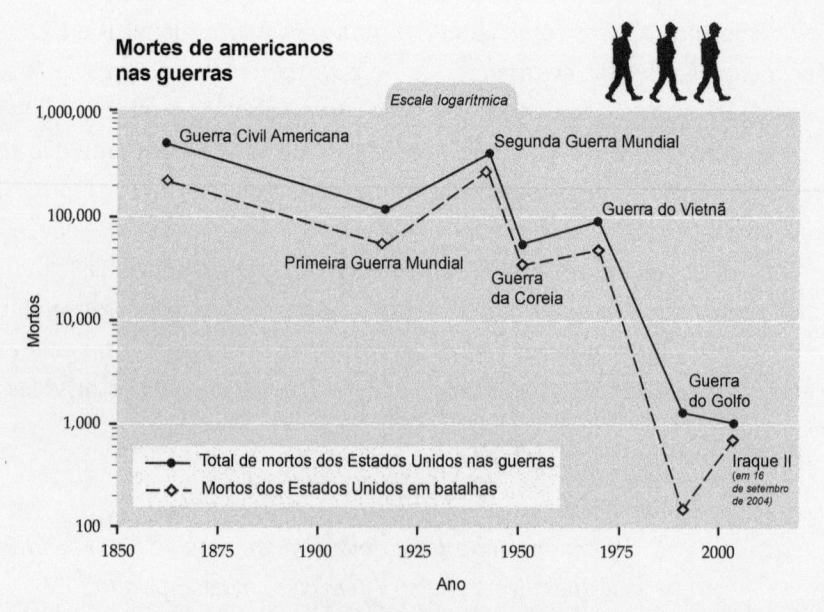

Mortes de americanos nas guerras

Escala logarítmica

Eixo Y (Mortos): 1,000,000 — 100,000 — 10,000 — 1,000 — 100

Eixo X (Ano): 1850 — 1875 — 1900 — 1925 — 1950 — 1975 — 2000

Legenda:
- Total de mortos dos Estados Unidos nas guerras
- Mortos dos Estados Unidos em batalhas

Pontos: Guerra Civil Americana, Primeira Guerra Mundial, Segunda Guerra Mundial, Guerra da Coreia, Guerra do Vietnã, Guerra do Golfo, Iraque II (em 16 de setembro de 2004)

guerrear com inteligência e precisão é claro quando se examina o número de baixas. Essa tendência parece com o que começamos a ver na medicina, em que as armas inteligentes contra as doenças conseguem executar missões específicas com muito menos efeitos colaterais. A tendência é parecida para baixas incidentais, embora não pareça por causa da cobertura contemporânea da mídia (lembre-se de que, na Segunda Guerra Mundial, morreram cerca de 50 milhões de civis).

Sou um dos cinco membros do Asag (Army Science Advisory Group — Grupo de Aconselhamento sobre Ciências do Exército), que sugere ao Exército dos Estados Unidos as prioridades para sua pesquisa científica. Embora nossas instruções, discussões e recomendações sejam confidenciais, posso compartilhar algumas das orientações tecnológicas gerais que estão sendo seguidas pelo Exército e todas as Forças Armadas dos Estados Unidos.

O dr. John A. Parmentola, diretor de pesquisas e gerenciamento de laboratórios para o Exército dos Estados Unidos e a ligação com o Asag, descreve o processo de "transformação" do Departamento de Defesa como um movimento na direção de uma força armada que seja "altamente conscienciosa, centrada na rede, capaz de decisões rápidas, superior em todos os escalões e (capaz de fornecer) maciços efeitos irresistíveis em qualquer espaço de batalha".[46] Ele descreve o FCS (future combat system — sistema de combate futuro), que está sendo desenvolvido agora e agendado para funcionar na segunda década deste século, como sendo "menor, mais leve, mais rápido, mais letal e mais inteligente".

Mudanças dramáticas estão sendo planejadas para a futura tecnologia e o desdobramento do combater. Embora seja provável que mudem os detalhes, o Exército prevê deslocar BCTs (brigade combat teams — equipes de combate) com cerca de 2.500 soldados, sistemas robóticos não tripulados e equipamentos FCS. Uma única BCT representaria umas 3.300 "plataformas", cada uma com suas próprias aptidões computacionais inteligentes. Os BCTs teriam uma imagem operacional comum (COP) do campo de batalha, que seria traduzida adequadamente, com cada soldado recebendo as informações através de meios variados, inclusive pela retina (e outras formas de "avisos de cautela"), telas e, no futuro, conexões neurais diretas.

O objetivo do Exército é conseguir deslocar um BCT em 96 horas e uma divisão inteira em 120 horas. A carga para cada soldado, que agora é de cerca de cem libras de equipamento, inicialmente será reduzida para quarenta libras através de novos materiais e dispositivos, e a eficácia melhoraria dramaticamente. Uma parte do equipamento seria descarregada para "mulas robóticas".

Um novo material para os uniformes tem sido desenvolvido usando uma forma nova de Kevlar com nanopartículas de sílica em suspensão em polietilenoglicol. O material é flexível no uso normal, mas, quando tensionado, forma instantaneamente uma massa quase impenetrável resistente a golpes. O Institute for Soldier Nanotechnologies do Exército, no MIT, está desenvolvendo um material baseado na nanotecnologia, chamado de "exomúsculo", para permitir que os combatentes aumentem muito sua força física quando estiverem lidando com equipamentos pesados.[47]

O tanque Abrams tem um notável recorde de sobrevivência, com só três baixas em seus vinte anos de uso em combate. É o resultado tanto de armamentos com materiais avançados quanto de sistemas inteligentes projetados para derrotar armas vindas em sua direção, como mísseis. Entretanto, o tanque pesa mais de setenta toneladas, um número que terá de ser reduzido significativamente para se encaixar nos objetivos do FCS para sistemas menores. Espera-se que os novos nanomateriais, leves mas ultrafortes (como plástico combinado com nanotubos, que é cinquenta vezes mais forte do que aço), bem como uma maior inteligência dos computadores para neutralizar ataques de mísseis, diminuam dramaticamente o peso dos sistemas de combate terrestre.

A tendência para UAVs (unmanned aerial vehicles — veículos aéreos não tripulados), que começou com o Predator armado nas recentes campanhas no Afeganistão e no Iraque, é que irá acelerar. A pesquisa do Exército inclui o desenvolvimento de micro-UAVs do tamanho de pássaros, que serão rápidos, certeiros e capazes de realizar missões tanto de reconhecimento quanto de combate. São previstos UAVs ainda menores, do tamanho de abelhões. A habilidade navegacional de um abelhão real, que se baseia em uma complexa interação entre seus sistemas de visão da esquerda e da direita, faz pouco passou por engenharia reversa e será aplicada nessas minúsculas máquinas voadoras.

No centro do FCS está uma rede de comunicações auto-organizadora, muito espalhada, capaz de colher informações de cada soldado e de cada pedaço de equipamento e, por sua vez, fornecer os arquivos e telas de informações adequadas para cada humano e cada máquina que participa. Não haverá central de comunicações, que poderia estar vulnerável a um ataque hostil. A informação irá se desviar rapidamente das partes danificadas da rede. Uma prioridade óbvia é desenvolver tecnologias capazes de manter a integridade das comunicações e evitar que forças hostis venham bisbilhotar ou manipular a informação. A mesma tecnologia da segurança de informações será aplicada para infiltrar, desorganizar, confundir ou destruir as comunicações do inimigo, tanto através de meios eletrônicos, quanto travando uma ciberguerra usando patógenos para software.

O FCS não é um programa de uma única aplicação; ele representa um foco penetrante dos sistemas militares visando sistemas por controle remoto, autônomos, miniaturizados e robóticos, combinados com comunicações potentes, auto-organizadoras, distribuídas e seguras.

O Projeto Alpha do comando das Forças Armadas dos Estados Unidos (responsável por acelerar ideias transformadoras) prevê uma força combatente em 2025 que "é grandemente robótica", incorporando TACs (tactical autonomous combatants — combatentes autônomos táticos), que "têm algum nível de autonomia — autonomia ajustável ou autonomia supervisionada ou plena autonomia dentro [...] dos limites da missão".[48] Os TACs estarão disponíveis em uma ampla variedade de tamanhos, indo desde nanorrobots e microrrobots até grandes UAVs e outros veículos, bem como sistemas automatizados que conseguem andar sobre solos irregulares. Um projeto inovador que está sendo desenvolvido pela Nasa, com previsão para aplicações militares, tem o formato de uma cobra.[49]

Um dos programas que contribui para o conceito de 2020 de enxames auto-organizadores de pequenos robots é o AINS (Autonomous intelligent network and systems — sistemas e redes inteligentes autônomas) do Escritório de Pesquisa Naval, que prevê um exército de drones, robots não tripulados, autônomos, na água, na terra e no ar. Os enxames terão comandantes humanos com comando e controle descentralizados, é o que Allen Moshfegh, chefe do projeto, chama de uma "internet inexpugnável no céu".[50]

Uma pesquisa intensa está sendo dedicada a projetar a inteligência do enxame.[51] A inteligência do enxame descreve como comportamentos complexos podem surgir a partir de inúmeros agentes individuais, cada um seguindo regras relativamente simples.[52] Com frequência, os enxames de insetos conseguem achar soluções inteligentes para problemas complexos, como projetar a arquitetura de uma colônia, apesar de que nenhum membro isolado do enxame possui as aptidões necessárias.

Darpa anunciou em 2003 que um batalhão de 120 robots militares (construídos por I-Robot, empresa fundada pelo pioneiro da robótica Rodney Brooks) seria aparelhado com um software da inteligência dos enxames para permitir que imitasse o comportamento organizado dos insetos.[53] À medida que os sistemas robóticos ficar fisicamente menores e maiores em número, os princípios da inteligência de enxame auto-organizador irão desempenhar um papel cada vez mais importante.

Os militares também reconhecem que o prazo para os desenvolvimentos precisa ser reduzido. Historicamente, o prazo típico para os projetos militares irem da pesquisa à utilização tem sido maior do que uma década. Mas com a taxa de mudança de paradigma tecnológico diminuindo pela metade a cada década, esses prazos de desenvolvimento precisam manter o ritmo, pois muitos sistemas de armamentos já são obsoletos quando chegam ao campo de batalha. Uma maneira de realizar isso é desenvolver e testar novas armas usando simulações, o que permitiria que os sistemas de armamentos fossem projetados, concretizados e testados muito mais depressa do que o meio tradicional de construir protótipos e testá-los (muitas vezes explodindo-os) no uso real.

Outra tendência importante é mover o pessoal para longe do combate, a fim de melhorar os índices de sobrevivência dos soldados. Isso pode ser feito permitindo que humanos dirijam e pilotem sistemas remotamente. Tirar o piloto de um veículo permite que este tome parte em missões mais arriscadas e seja projetado para ser manobrado com mais eficácia. Também permite que os dispositivos fiquem bem pequenos ao dispensar as extensas necessidades para suportar a vida humana. Os generais estão indo cada vez mais longe. Tommy Franks comandou a guerra no Afeganistão de seu bunker em Qatar.

Pó inteligente. Darpa está desenvolvendo dispositivos ainda menores do que pássaros e abelhões, chamados de "pó inteligente" — sistemas sensoriais complexos não muito maiores do que uma cabeça de alfinete. Depois de completamente desenvolvidos, enxames de milhões desses dispositivos poderiam ser lançados em território inimigo para realizar uma vigilância altamente detalhada e, finalmente, apoiar as ofensivas de guerra (por exemplo, liberando nanoarmas). A energia para os sistemas de poeira inteligente será dada pelas células de combustível, bem como pela conversão da energia mecânica gerada por seu próprio movimento, pelo vento e pelas correntes térmicas.

Quer achar um inimigo importante? Precisa localizar armas escondidas? Quantidades maciças de espiões essencialmente invisíveis poderiam monitorar cada metro quadrado de território inimigo, identificar todas as pessoas (através de imagens termais e eletromagnéticas, eventualmente mediante testes de DNA e outros meios) e todas as armas e até mesmo realizar missões para destruir alvos inimigos.

Nanoarmas. O passo seguinte depois do pó inteligente serão as armas baseadas em nanotecnologia, que irão tornar obsoletas as armas de tamanho maior. A única maneira de neutralizar tal força distribuída maciçamente é usar sua própria nanotecnologia. Além disso, melhorar os nanodispositivos que têm a aptidão para autorreplicação estenderá suas habilidades, mas introduzirá grandes riscos, assunto de que trato no capítulo 8.

A nanotecnologia já está sendo aplicada em um amplo leque de funções militares. Estas incluem revestimentos para armamentos melhorados; laboratórios em um chip para detectar e identificar rapidamente agentes químicos e biológicos; catálise em nanoescala para descontaminar áreas; materiais inteligentes que conseguem se reestruturar para diferentes situações; nanopartículas biocidas incorporadas em uniformes para reduzir a infecção das feridas; nanotubos combinados com plásticos para criar materiais extremamente fortes; e materiais autorreparadores. Por exemplo, a Universidade de Illinois desenvolveu plásticos autorreparadores que incorporam microesferas de monômeros líquidos e um catalisador dentro de uma matriz plástica; quando aparece uma rachadura, as microesferas se rompem, vedando automaticamente a rachadura.[54]

Armas inteligentes. Já mudamos de mísseis burros, lançados com a esperança de que chegassem ao alvo, para mísseis inteligentes de cruzeiro, que usam o reconhecimento de padrões para tomar milhares de decisões táticas por eles mesmos. As balas, entretanto, continuam sendo essencialmente pequenos mísseis burros, e dar-lhes alguma inteligência é outro objetivo militar.

Na medida em que as armas militares ficam menores de tamanho e maiores em número, não será desejável nem factível manter o controle humano sobre cada dispositivo. Assim, aumentar o nível do controle autônomo é outro objetivo importante. Quando a inteligência da máquina alcançar a inteligência humana biológica, muito mais sistemas serão inteiramente autônomos.

RV. Já se usa ambientes de realidade virtual para controlar sistemas de controle remoto como o UAV Predator armado da força aérea dos Estados Unidos.[55] Mesmo que um soldado esteja dentro de um sistema de armamentos (como o tanque Abrams), não se espera que ele simplesmente dê uma olhada pela janela para ver o que está acontecendo. Os ambientes de realidade virtual são necessários para fornecer uma vista do ambiente real e permitir um controle efetivo. Os comandantes humanos encarregados das armas de enxame também precisarão de ambientes especializados de realidade virtual para visualizar as informações complexas que esses sistemas espalhados estão coletando.

Por volta do final dos anos 2030 e 2040, quando nos aproximamos da versão 3.0 do corpo humano e do predomínio da inteligência não biológica, a questão da ciberguerra irá para o centro do palco. Quando tudo é informação, a habilidade de controlar sua própria informação e de desorganizar a comunicação, o comando e o controle de seu inimigo será um fator determinante e primordial para o sucesso militar.

... no aprendizado

Ciência é o conhecimento organizado. Sabedoria é a vida organizada.

Immanuel Kant (1724-1804)

A maior parte da educação no mundo hoje, inclusive nas comunidades mais abastadas, não está muito diferente do modelo oferecido pelas escolas monásticas da Europa do século XIV. As escolas continuam sendo instituições altamente centralizadas, construídas sobre uns parcos recursos em edificações e professores. A qualidade da educação também varia enormemente, dependendo da riqueza da comunidade local (a tradição americana de financiar a educação com as taxas imobiliárias claramente exacerba essa desigualdade), e assim contribui para a cisão entre os que têm e os que não têm.

Assim como acontecerá com todas as nossas outras instituições, no final iremos nos mover para um sistema educacional descentralizado, no qual cada pessoa terá pronto acesso à instrução e ao conhecimento da mais alta qualidade. Estamos agora nos estágios iniciais dessa transformação, mas já o advento da disponibilidade de vastos conhecimentos na web, com motores de busca úteis, material educacional de alta qualidade na web e a instrução assistida por computadores cada vez mais eficientes estão permitindo um acesso à educação amplamente difundido e barato.

A maioria das grandes universidades dos Estados Unidos já oferece cursos on-line, e muitos são grátis. A iniciativa OCW (OpenCourseWare) do MIT tem liderado o campo. O MIT oferece novecentos cursos — metade do total de todos os cursos oferecidos — grátis na web.[56] Estes já tiveram um grande impacto na educação pelo mundo. Por exemplo, Brigitte Bouissou escreve: "Como professora de matemática na França, quero agradecer ao MIT [...] por (estas) palestras muito lúcidas, que são de grande ajuda quando preparo minhas aulas". Sajid Latif, um educador no Paquistão, inseriu os cursos MIT OCW em seu próprio programa. Seus alunos paquistaneses frequentam virtual e regularmente as aulas do MIT como parte substancial de sua educação.[57] O MIT pretende ter todos os seus cursos on-line e com código-fonte aberto (ou seja, sem custo para uso não comercial) por volta de 2007.

O Exército dos Estados Unidos já realiza todos os seus treinamentos não físicos usando a instrução baseada na web. O material didático acessível, barato e de qualidade cada vez maior, disponível na web também está alimentando uma tendência para o *homeschooling*, ensino doméstico.[4*]

O custo para a infraestrutura da comunicação audiovisual de alta qualidade baseada na internet continua a cair depressa, a uma taxa de cerca de 50% ao ano, como foi visto no capítulo 2. Por volta do final da década, será possível para regiões subdesenvolvidas do mundo fornecer um acesso bem barato a uma educação de alta qualidade para todos os níveis, da pré-escola ao doutoramento. O acesso à educação deixará de ser limitado pela falta de disponibilidade de professores treinados em cada cidade pequena ou aldeia.

Ficando a CAI (computer-assisted instruction — educação apoiada por computador) mais inteligente, vai aumentar muito a possibilidade de indi-

---

4 * *Nos Estados Unidos, não é obrigatório matricular crianças e jovens na escola; a educação pode ser feita em casa. (N.T.)*

vidualizar, para cada aluno, a experiência do aprendizado. Novas gerações de software educacional podem modelar os pontos fortes e fracos de cada aluno e desenvolver estratégias para focar na área problemática de cada um. Uma empresa que fundei, Kurzweil Educational Systems, oferece software que é usado em dezenas de milhares de escolas, para que alunos com dificuldade de leitura tenham acesso a materiais impressos comuns e melhorem sua habilidade de ler.[58]

Por causa das limitações atuais na largura de banda e da falta de telas tridimensionais eficientes, o ambiente virtual fornecido hoje através do acesso rotineiro à web ainda não compete totalmente em "estar lá", mas isso vai mudar. No começo da segunda década deste século, os ambientes de realidade virtual auditiva-visual serão de imersão total, resolução muito alta e muito convincentes. A maioria dos colégios seguirá o MIT, e os alunos irão frequentar virtualmente as salas cada vez mais. Os ambientes virtuais terão laboratórios virtuais de alta qualidade, onde poderão ser feitas experiências de química, física nuclear e de qualquer outro campo científico. Os estudantes poderão interagir com um Thomas Jefferson ou um Thomas Edison virtual ou mesmo *tornar-se* um Thomas Jefferson. As aulas estarão disponíveis para todos os níveis em muitas línguas. Os dispositivos necessários para entrar nessas salas de aula virtuais de alta qualidade e alta resolução serão ubíquos e de preço razoável, mesmo em países do Terceiro Mundo. Estudantes de qualquer idade, de criancinhas a adultos, poderão ter acesso à melhor educação do mundo a qualquer hora e de qualquer lugar.

A natureza da educação vai mudar mais uma vez quando nos fundirmos com a inteligência não biológica. Então teremos a habilidade para baixar conhecimentos e aptidões, ao menos para a parte não biológica de nossa inteligência. Nossas máquinas fazem isso hoje como rotina. Se você quiser dar a seu laptop aptidões de ponta na fala ou no reconhecimento de caracteres, na tradução de línguas ou na busca na internet, seu computador só precisa baixar rapidamente os padrões certos (o software). Não temos portais de comunicação que possam ser comparados nos nossos cérebros biológicos para baixar rapidamente as conexões interneurais e os padrões neurotransmissores que representam nossa aprendizagem. Essa é uma das muitas limitações profundas do paradigma biológico que agora usamos para pensar, uma limitação que iremos superar na Singularidade.

... no trabalho

Se todo instrumento pudesse realizar seu próprio trabalho, obedecendo ou antecipando-se à vontade dos outros; se a lançadeira pudesse tecer e a palheta tocar a lira sem a mão para guiá-las, os capatazes não iriam precisar de trabalhadores, nem os donos, de escravos.

Aristóteles

Antes da invenção da escrita, quase todos os insights estavam acontecendo pela primeira vez (ao menos, para os pequenos grupos de humanos envolvidos). Quando se está no começo, tudo é novo. Em nossa era, quase tudo que fazemos nas artes é feito sabendo que já foi feito antes e antes. No começo da era pós-humana, as coisas serão novamente novas porque qualquer coisa que precise de uma habilidade maior do que a humana ainda não foi feita por Homero ou Da Vinci ou Shakespeare.

Vernor Vinge[59]

Agora, parte de (minha consciência) vive na internet e parece ficar lá o tempo todo [...]. Um estudante pode ter um livro didático aberto. A televisão está ligada sem som [...]. Eles têm música nos fones de ouvido [...] uma janela com tarefas escolares está aberta, junto com o e-mail e o messenger [...]. Um estudante multitarefa prefere o mundo on-line em vez do mundo cara a cara. "A vida real", diz ele, "é só mais uma janela."

Christine Boese, relatando os achados do professor Sherry Turkle do MIT[60]

Em 1651, Thomas Hobbes descreve "a vida do homem" como "solitária, pobre, repugnante, animalesca e curta".[61] Essa era uma avaliação justa da vida naquela época, mas já superamos enormemente essa caracterização severa através dos avanços tecnológicos, ao menos no mundo desenvolvido. Mesmo nas nações subdesenvolvidas a expectativa de vida só fica um pouco atrás. A tecnologia começa, tipicamente, com produtos de um custo exorbitante que não funcionam muito bem, seguidos por versões caras que funcionam um pouco melhor, e então por produtos baratos que funcionam bastante bem. O rádio e a televisão seguiram esse padrão, como também o celular. O acesso contemporâneo à web está no estágio barato-que-funciona-bastante-bem.

Hoje, o tempo entre a adoção inicial de um produto novo e a adoção tardia é de cerca de uma década, mas, acompanhando a duplicação da taxa de mudança de paradigma em cada década, esse tempo será de apenas cinco anos na metade da segunda década e de apenas um par de anos em meados dos anos 2020. Dado o enorme potencial para a criação de riquezas das tecnologias GNR, veremos a classe baixa quase desaparecer nas próximas duas a três décadas (ver as discussões sobre o relatório de 2004 do Banco Mundial nos capítulos 2 e 9). Porém, é provável que esses desenvolvimentos encontrem cada vez maiores reações de fundamentalistas e ludditas contra o ritmo acelerado da mudança.

Com o advento da fabricação baseada em MNT, o custo de fazer qualquer produto físico será reduzido a centavos por quilo, mais o custo da informação que guia o processo, representando esta seu verdadeiro valor. Já não se está muito longe dessa realidade; os processos baseados em software hoje orientam cada passo da fabricação, desde o projeto e a aquisição de materiais até a montagem em fábricas automatizadas. A porção do custo de um produto manufaturado que pode ser atribuída ao processo de informação usado em sua criação varia de uma categoria de produto para outra, mas está aumentando de modo geral, aproximando-se rapidamente de 100%. Por volta do final dos anos 2020, o valor de virtualmente todos os produtos — roupas, comida, energia e, claro, aparelhos eletrônicos — estará quase inteiramente em sua informação. Como é o caso hoje, irão coexistir as versões de software livre e de software proprietário de todo tipo de produtos e serviços.

Propriedade intelectual. Se o valor primordial de produtos e serviços reside em sua informação, então a proteção dos direitos da informação será crítica para sustentar os modelos de negócios que fornecem o capital para financiar a criação de informações valiosas. As disputas, hoje, na indústria do entretenimento em relação ao download ilegal de música e filmes, são precursoras do que será uma luta profunda quando essencialmente tudo de valor for composto por informação. É claro que modelos de negócios existentes ou novos que permitam a criação de propriedade intelectual (PI) valiosa têm de ser protegidos, caso contrário o próprio suprimento de PIs estará ameaçado. Entretanto, a pressão feita pela facilidade de copiar informações é uma realidade que não vai desaparecer, de modo que as indústrias sofrerão se não mantiverem seus modelos de negócios alinhados com as expectativas do público.

Na música, por exemplo, em vez de liderar através de novos paradigmas, a indústria fonográfica prendeu-se rigidamente (até há pouco tempo) à ideia de um disco caro, um modelo de negócio que ficou inalterado desde o tempo em que meu pai era um músico jovem, batalhador, nos anos 1940. O público só evitará a pirataria em grande escala de serviços de informação quando os preços comerciais forem mantidos em níveis percebidos como razoáveis. O setor dos telefones celulares é um ótimo exemplo de uma indústria que não abriu as portas para uma pirataria desenfreada. O custo das chamadas pelo celular vem caindo rapidamente com as melhorias tecnológicas. Se a indústria de celulares tivesse mantido o preço das chamadas no nível em que estavam quando eu era criança (um tempo em que as pessoas largavam tudo o que estavam fazendo nas raras vezes em que alguém ligava de longe), estaríamos vendo uma pirataria semelhante nas chamadas de celulares, o que tecnicamente não é mais difícil do que piratear música. Mas fazer trapaça em chamadas de celular é considerado por muitos como comportamento criminoso, em especial porque a sensação geral é de que o custo das chamadas é adequado.

Os modelos de negócios de PI existem invariavelmente na fronteira da mudança. Está difícil baixar filmes por causa do tamanho do arquivo, mas isso vai deixar bem depressa de ser um problema. A indústria cinematográfica precisa liderar a mudança para novos padrões, como filmes em alta definição on demand. É típico que os músicos ganhem a maior parte de seu dinheiro com espetáculos ao vivo, mas esse modelo também estará em discussão no começo da próxima década, quando houver realidade virtual de imersão total. Cada indústria terá de reinventar continuamente seus modelos de negócios, o que exigirá tanta criatividade quanto a criação da própria PI.

A primeira revolução industrial ampliou o alcance de nossos corpos e a segunda está ampliando o de nossas mentes. Como já foi mencionado, o emprego nas fábricas e fazendas passou de 60% para 6% nos Estados Unidos durante o século passado. No próximo par de décadas, virtualmente todo o trabalho físico e mental de rotina será automatizado. A computação e a comunicação não envolverão produtos discretos como os dispositivos de mão, mas serão uma rede sem emendas dos recursos inteligentes que estão, todos, em torno de nós. Já a maior parte do trabalho contemporâneo está envolvida na criação e na promoção da PI sob uma forma ou outra, bem como os serviços pessoais diretos de uma pessoa para outra (saúde, boa forma, educação etc.). Essas tendências continuarão com a criação de PI — incluindo toda a nossa criatividade artística, social e científica — e serão muito melhoradas com a expansão de nosso intelecto através da fusão com a inteligência não biológica. A maioria dos serviços pessoais irá se mudar para ambientes de realidade virtual, especialmente quando a realidade virtual passar a abranger todos os sentidos.

Descentralização. As próximas décadas verão uma grande tendência para a descentralização. Hoje existem usinas de energia altamente centralizadas e vulneráveis, e usamos linhas de transmissão e navios para transportar energia. O advento das células de combustível nanofabricadas e da energia solar permitirá que os recursos energéticos sejam distribuídos maciçamente e integrados em nossa infraestrutura. A indústria MNT será muito distribuída usando minifábricas baratas para nanofabricação. A capacidade de fazer quase qualquer coisa com qualquer pessoa de qualquer lugar em qualquer ambiente de realidade virtual tornará obsoletas as tecnologias centralizadas de prédios de escritórios e de cidades.

Com a versão 3.0 dos corpos podendo assumir diferentes formatos à vontade, e nossos cérebros grandemente não biológicos deixando de estar restritos à limitada arquitetura que a biologia nos legou, a questão do que é humano sofrerá intenso escrutínio. Nenhuma transformação descrita aqui representa um salto repentino, mas sim uma sequência de pequenos passos. Embora esteja aumentando a velocidade com que esses passos estão sendo dados, segue-se rapidamente uma aceitação geral. Basta ver as novas tecnologias da reprodução como a fertilização in vitro, que foram controversas no começo mas logo se tornaram amplamente usadas e aceitas. Por outro lado, a mudança sempre produzirá reações de fundamentalistas e ludditas, que ficarão mais intensas à medida que o ritmo da mudança aumentar. Mas apesar das aparentes controvérsias, os benefícios irresistíveis para a saúde, riqueza, expressão, criatividade e conhecimento humanos ficarão logo aparentes.

... no brincar

A tecnologia é uma maneira de organizar o universo para que as pessoas não tenham de vivenciá-lo.

Max Frisch, *Homo Faber*

A vida é uma aventura audaciosa ou não é nada.

Helen Keller

Brincar é só outra versão de trabalhar, e tem um papel integral na criação humana do conhecimento em todas as suas formas. Uma criança brincando com bonecas e blocos de construir está adquirindo conhecimentos criados essencialmente através de sua experiência. As pessoas brincando com movimentos de dança estão empenhadas em um processo criativo de colaboração (considere os jovens nas esquinas das ruas dos bairros mais pobres do país que criaram a break dance, que lançou o movimento hip-hop). Einstein deixou de lado seu trabalho para o escritório suíço de patentes e se dedicou a jogos mentais, o que resultou na criação de suas teorias duradouras da relatividade especial e da relatividade geral. Se a guerra é o pai da invenção, então a brincadeira é a mãe.

Já não há uma distinção clara entre video games cada vez mais sofisticados e um software educacional. *The Sims 2*, jogo lançado em setembro de 2004, usa personagens baseadas em IA que têm suas próprias motivações e intenções. Sem um roteiro predefinido, as personagens comportam-se de modo imprevisível, com a história surgindo de suas interações. Embora considerado um game, ele oferece aos jogadores insights sobre como desenvolver uma consciência social. Da mesma forma, jogos que simulam esportes cada vez mais realistas fornecem aptidões e entendimento.

Por volta de 2020, a realidade virtual de imersão total será um vasto playground de experiências e ambientes atraentes. Inicialmente, a RV terá certos benefícios em permitir comunicações a longa distância com outros de modo cativante e oferecendo uma grande variedade de ambientes a ser escolhidos. Embora os ambientes não sejam completamente convincentes no começo, no final da década de 2020 eles serão indistinguíveis da realidade real e envolverão todos os sentidos, bem como correlações neurológicas de nossas emoções. Quando entrarmos nos anos 2030, não haverá uma distinção clara entre máquina e humano, entre realidade real e virtual, ou entre trabalhar e brincar.

... no destino inteligente do cosmos: Por que é provável que estejamos sozinhos no universo

> *O universo não é apenas mais esquisito do que supomos, mas mais esquisito do que podemos supor.*

J. B. S. Haldane

> *O que o universo está fazendo, questionando-se por meio de um de seus menores produtos?*

D. E. Jenkins, teólogo anglicano

> *O que o universo está computando? Até onde podemos dizer, ele não está produzindo uma resposta única para uma pergunta única [...]. Em vez disso, o universo está computando a si mesmo. Alimentado pelo software de Modelo Padrão, o universo computa campos quânticos, elementos químicos, bactérias, seres humanos, estrelas e galáxias. Enquanto computa, ele mapeia sua própria geometria de espaço-tempo com a maior precisão permitida pelas leis da física. Computação é existência.*

Seth Lloyd e Y. Jack Ng[62]

Nossa visão ingênua do cosmos, datando de antes de Copérnico, era de que a Terra estava no centro do universo e a inteligência humana era sua maior dádiva (logo depois de Deus). A opinião mais recente dos entendidos é que, mesmo sendo muito baixa a probabilidade (por exemplo, uma em 1 milhão) de que uma estrela tenha um planeta com uma espécie criadora de tecnologia, existem tantas estrelas (ou seja, bilhões de trilhões delas) que deve haver muitas (bilhões ou trilhões) com tecnologia avançada.

Essa é a opinião que baseia o Seti — Search for Extraterrestrial Intelligence, a busca por inteligência extraterrestre —, e é a opinião comum dos especialistas hoje. Entretanto, há razões para duvidar da "suposição Seti" de que a inteligência extraterrestre (ETI) seja predominante.

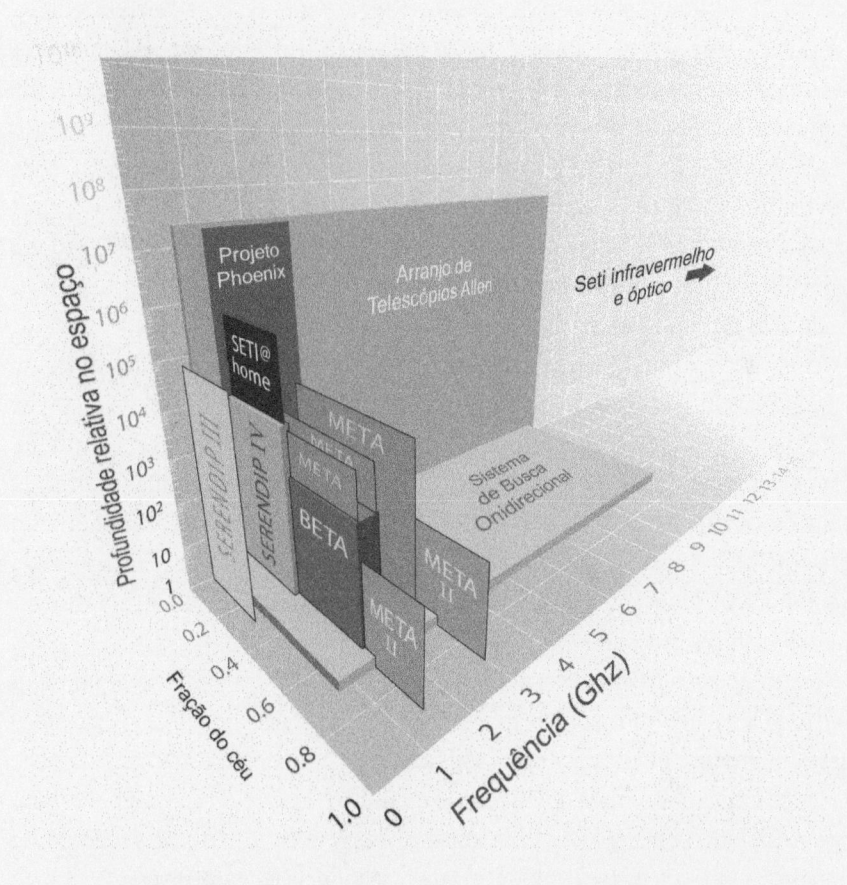

No gráfico, SERENDIP III e IV: Descobertas Casuais III e Descobertas Casuais IV

Primeiro, considere a opinião comum de Seti. Interpretações comuns da equação de Drake (ver abaixo) concluem que há muitas (bilhões) ETIs no universo, milhares ou milhões em nossa galáxia. Só examinamos uma porção mínima do palheiro (o universo), portanto nosso fracasso até hoje de achar a agulha (um sinal da ETI) não deve ser considerada desencorajadora. Outras providências para explorar o palheiro estão aumentando.

O seguinte diagrama de *Sky & Telescope* ilustra o objetivo do projeto Seti ao traçar um esquema da capacidade dos esforços variados de escaneamento contra três parâmetros principais: distância da Terra, frequência da transmissão e fração do céu.[63]

O plano inclui dois sistemas futuros. O Arranjo de Telescópios Allen, nomeado como homenagem a Paul Allen, cofundador da Microsoft, está baseado no uso de muitos pratos pequenos de escaneamento em vez de só um ou de apenas um número pequeno de pratos grandes, com 32 dos pratos agendados para estar on-line em 2005. Quando todos os seus 350 pratos estiverem em operação (projetada para 2008), serão equivalentes a um prato de 2,5 acres (10 mil metros quadrados). Será capaz de ouvir ao mesmo tempo 100 milhões de canais de frequência e de cobrir todo o espectro das micro-ondas. Uma de suas futuras tarefas será escanear milhões de estrelas de nossa galáxia. O projeto depende de computação inteligente que possa extrair sinais altamente precisos de muitos pratos de baixo custo.[64]

A Universidade do Estado de Ohio está construindo o Omnidirectional Search System (Sistema de Busca Onidirecional), que depende de computação inteligente para interpretar sinais de um amplo conjunto de antenas simples. Usando princípios de interferometria (o estudo de como os sinais interferem um no outro), pode-se computar, dos dados das antenas, uma imagem em alta resolução do céu inteiro.[65] Outros projetos estão expandindo o alcance da frequência eletromagnética, por exemplo, para explorar a faixa do infravermelho e a faixa óptica.[66]

Há seis outros parâmetros além dos três mostrados no gráfico acima — por exemplo, a polarização (o plano da frente de onda em relação à direção das ondas eletromagnéticas). Uma das conclusões a que se pode chegar com o gráfico é que apenas cortes muito finos desse "espaço paramétrico" de nove dimensões têm sido explorado pelo Seti. Portanto, continua o raciocínio, não é de surpreender que ainda não se acharam evidências de inteligência extraterrestre.

Entretanto, não estamos procurando por uma agulha única. Com base na Lei dos Retornos Acelerados, quando uma ETI atinge as tecnologias mecânicas primitivas, passam-se só uns poucos séculos antes que ela alcance as vastas habilidades que projetei para o século XXII aqui na Terra. O astrônomo russo N. S. Kardashev descreve uma civilização de "tipo II" como aquela que já aproveitou o poder de sua estrela para as comunicações, usando radiação eletromagnética (cerca de 4×10^{26} watts, baseado em nosso Sol).[67] De acordo com minhas projeções (ver capítulo 3), nossa civilização alcançará esse nível por volta do século XXII. Dado que o nível do desenvolvimento tecnológico das muitas civilizações projetadas por muitos teóricos do Seti deveria se espalhar por vastos períodos de tempo, deve haver muitas bem mais avançadas do que nós. Portanto deveria haver muitas civilizações do tipo II. De fato, houve tempo suficiente para que algumas dessas civilizações colonizassem suas galáxias e alcançassem o tipo III de Kardashev: uma civilização que aproveitou a energia de sua galáxia (cerca de 4×10^{37} watts, com base em nossa galáxia). Mesmo uma única civilização avançada deveria estar emitindo bilhões ou trilhões de "agulhas" — isto é, transmissões representando um vasto número de pontos no espaço paramétrico do Seti como artefatos e efeitos colaterais de sua miríade de processos de informação. Mesmo sendo finos os cortes do espaço paramétrico escaneado pelo projeto Seti até hoje, seria difícil deixar de perceber uma civilização do tipo II, mais ainda do tipo III. Se, então, incluirmos a expectativa de que deveria haver um vasto número dessas civilizações avançadas, é estranho que ainda não as tenhamos percebido. Esse é o Paradoxo de Fermi.

A equação de Drake. A pesquisa Seti foi motivada em grande parte pelo equação de 1961 do astrônomo Frank Drake para estimar o número de civilizações inteligentes (ou, mais precisamente, que transmitem pelo rádio) de nossa galáxia.[68] (Supõe-se que a mesma análise seria cabível para outras galáxias.) Considere a suposição de Seti pela perspectiva da fórmula de Drake, que afirma:

O número de civilizações que transmitem pelo rádio = $N \times f_p \times n_e \times f_l \times f_i \times f_c \times f_L$, onde:

- N = Número de estrelas na galáxia da Via Láctea. Estimativas atuais estão em torno de 100 bilhões (10^{11}).
- f_p = A fração de estrelas que tem planetas orbitando-as. Estimativas atuais ficam na faixa de 20% a 50%.
- n_e: Para cada estrela com planetas que a orbitam, qual é o número médio de planetas capazes de sustentar a vida? Esse fator é altamente controverso.

Algumas estimativas vão de um ou mais (isto é, cada estrela com planetas tem, em média, pelo menos um planeta que pode sustentar a vida) até fatores muito mais baixos, como um em mil ou mesmo menos.

- f_l: Para os planetas capazes de sustentar a vida, em que fração deles a vida evolui de verdade? Estimativas são muito variadas, de aproximadamente 100% a cerca de 0%.
- f_i: Para cada planeta em que a vida evolui, qual é a fração em que a vida inteligente evolui? f_l e f_i são os fatores mais controversos da equação de Drake. De novo aqui, estimativas vão de quase 100% (isto é, quando a vida consegue se estabelecer, a vida inteligente certamente virá segui-la) a perto de 0% (ou seja, a vida inteligente é muito rara).
- f_c: Para cada planeta com vida inteligente, qual é a fração que se comunica com ondas de rádio? As estimativas para f_c tendem a ser mais altas do que para f_l e f_i, baseadas no raciocínio (sensato) de que, logo que se tem uma espécie inteligente, é provável a descoberta e uso da comunicação por rádio.
- f_L = A fração da vida no universo durante a qual uma civilização média se comunica com ondas de rádio.[69] Tomando nossa civilização como exemplo, temos nos comunicado através de transmissões de rádio por cerca de cem anos, dentro da história do universo de mais ou menos 10 a 20 bilhões de anos, portanto f_L para a Terra é de cerca de 10^8 até agora. Se a comunicação com ondas de rádio continuar por uns novecentos anos, o fator será de 10^7. Esse fator é afetado por numerosas considerações. Se uma civilização se destrói porque não consegue controlar o poder destrutivo de tecnologias que podem se desenvolver junto com a comunicação por rádio (como a fusão nuclear ou a nanotecnologia autorreplicante), então as transmissões de rádio iriam cessar. Já vimos civilizações na Terra (os maias, por exemplo) que de repente extinguem suas sociedades organizadas e buscas científicas (embora pré-rádio). Por outro lado, parece pouco provável que toda civilização acabe assim, portanto a destruição súbita é, provavelmente, só um fator modesto para reduzir o número de civilizações com rádio.

Uma questão de maior destaque é a de civilizações que progridem das transmissões eletromagnéticas para meios mais capazes de comunicação. Aqui na Terra, estamos passando rapidamente de transmissões de rádio para fios, usando cabos e fibras ópticas para a comunicação a longa distância. Assim, apesar do enorme aumento na largura de banda geral da comunicação, a quantidade de informação eletromagnética enviada ao espaço de nosso planeta tem, apesar de tudo, permanecido bastante constante pela última década. Por outro lado, temos meios crescentes de comunicação sem fio (por exemplo, os celulares e os novos protocolos sem fio da internet, como o padrão Wimax que está emergindo). Em vez de usar fios, a comunicação pode depender de meios exóticos como ondas gravitacionais. Entretanto, mesmo nesse caso, embora o meio eletromagnético de comunicação possa não ser mais uma tecnologia de comunicação de ponta da ETI, é provável que continue a ser usado para, pelo menos, algumas aplicações (em qualquer caso, f_L leva em consideração que uma civilização possa parar com essas transmissões).

É claro que a equação de Drake contém muitos imponderáveis. Muitos dos defensores do Seti que a estudaram cuidadosamente argumentam que ela implica que deve haver números significativos de civilizações que transmitem por rádio só em nossa galáxia. Por exemplo, supondo que 50% das estrelas têm planetas ($f_p = 0,5$), que cada uma dessas estrelas tenha uma média de dois planetas capazes de sustentar a vida ($n^e = 2$), que em metade desses planetas a vida realmente evoluiu ($f_l = 0,5$), que em metade destes planetas evoluiu a vida inteligente ($f_i = 0,5$), que metade destes tem capacidade para rádio ($f_c = 0,5$), e que as civilizações médias com capacidade para rádio têm transmitido por 1 milhão de anos ($f_L = 10^{-4}$), a equação de Drake nos diz que há 1,25 milhão civilizações com rádio em nossa galáxia. Por exemplo, Seth Shostak, astrônomo-chefe do Seti Institute, estima que há entre 10 mil e 1 milhão de planetas na Via Láctea que contêm uma civilização emissora de rádio.[70] Carl Sagan estimava que havia em torno de 1 milhão na galáxia e Drake, cerca de 10 mil.[71]

Mas pode-se argumentar que os parâmetros acima são muito altos. Fazendo suposições mais conservadoras sobre a dificuldade da evolução da vida — e vida inteligente em especial —, o resultado é bem diferente. Supondo que 50% das estrelas têm planetas ($f_p = 0,5$), que só um décimo dessas estrelas têm planetas que podem sustentar a vida ($n_e = 0,1$ com base na observação de que as condições para sustentar a vida não são tão comuns), que em 1% desses planetas a vida realmente evoluiu ($f_l = 0,01$ com base na dificuldade de surgir vida em um planeta), que, em 5% desses planetas onde a vida surgiu, esta evoluiu para vida inteligente ($f_i = 0,05$, com base no tempo muito longo que isso levou na Terra), que metade destas usam o rádio ($f_c = 0,5$), e que a civilização média que usa o rádio tem transmitido por 10 mil anos ($f_L = 10^{-6}$), a equação de Drake nos diz que há por volta de uma (1,25 para ser exato) civilização capaz de usar o rádio na Via Láctea. E já conhecemos uma.

No final, com base nessa equação, é difícil achar um argumento forte a favor ou contra a ETI. Se a fórmula de Drake nos diz algo, é que nossas estimativas são extremamente incertas. Entretanto, o que de fato sabemos agora é que o cosmos parece silencioso — isto é, não foi detectada nenhuma evidência convincente de transmissões de ETI. A suposição por trás do Seti é de que a vida — e a vida inteligente — é tão comum que deve haver milhões, se não bilhões, de civilizações capazes de ter rádio no universo (ou pelo menos dentro de nossa esfera de luz, que se refere a civilizações emissoras de rádio que teriam enviado ondas de rádio bastante cedo para que chegassem hoje na Terra). Entretanto, nem uma única delas se fez notar pelo Seti até agora. Então, consideremos a suposição básica do Seti relacionada ao número de civilizações capazes de ter rádio a partir da perspectiva da Lei dos Retornos Acelerados. Como já discutimos, um processo evolucionista acelera inerentemente. Além do mais, a evolução da tecnologia é muito mais rápida do que o processo evolucionista relativamente vagaroso que origina uma espécie criadora de tecnologia em primeiro lugar. No nosso caso, em apenas duzentos anos, passamos de uma sociedade pré-eletricidade, sem computadores, que usava cavalos como o transporte terrestre mais rápido para as sofisticadas tecnologias da computação e das comunicações que temos hoje. Como observado acima, minhas projeções mostram que, dentro de mais um século, multiplicaremos nossa inteligência por trilhões de trilhões. Portanto, apenas trezentos anos teriam sido necessários para nos leva, dos primeiros indícios de tecnologias mecânicas primitivas a uma vasta expansão de nossa inteligência e habilidade para comunicar. Assim, depois que uma espécie cria a eletrônica e uma tecnologia bastante avançada para emitir transmissões de rádio, só é questão de um número modesto de séculos para que ela expanda enormemente os poderes de sua inteligência.

Os trezentos anos que isso teria levado na Terra é um prazo extremamente curto em uma escala cosmológica, dado que a idade do universo é estimada em 13 a 14 bilhões de anos.[72] Meu modelo conclui que, quando uma civilização alcança o nosso próprio nível de transmissão de rádio, leva não mais do que um século — no máximo, dois — para chegar a ser uma civilização do tipo II. Se for aceita a suposição subjacente ao Seti de que há muitos milhares se não milhões de civilizações capazes de usar o rádio em nossa galáxia — e, portanto, bilhões dentro da nossa esfera de luz no universo —, essas civilizações devem existir em diferentes estágios de bilhões de anos de desenvolvimento. Algumas estariam atrasadas em relação a nós, outras estariam adiantadas. Não é possível acreditar que cada uma dessas civilizações que estão mais adiantadas do que nós estará adiantada apenas umas poucas décadas. A maioria daquelas que estão mais adiantadas do que nós estaria adiantada por milhões, se não bilhões, de anos.

Entretanto, se um período de apenas uns poucos séculos é suficiente para progredir da tecnologia mecânica para a vasta explosão de inteligência e comunicações da Singularidade, de acordo com a suposição Seti, deveria haver bilhões de civilizações em nossa esfera de luz (milhares ou milhões em nossa galáxia) cuja tecnologia está à frente da nossa em um grau inimaginável. Em pelo menos algumas discussões sobre o projeto Seti, vemos o mesmo tipo de pensamento linear que permeia todos os outros campos, suposições de que as civilizações alcançarão nosso nível tecnológico, e que a tecnologia vai progredir, daquele ponto, de modo muito gradual por milhares, se não milhões, de anos. Mas o salto, dos primeiros passos do rádio, a poderes que vão além de uma mera civilização do tipo II, leva apenas umas poucas centenas de anos. Portanto, os céus deveriam estar fervilhando com as transmissões inteligentes.

Contudo, os céus estão em silêncio. É estranho e curioso que encontremos o cosmos tão silencioso. Como Enrico Fermi perguntou no verão de 1950: "Onde estão todos?".[73] Não é provável que uma civilização bastante avançada fosse restringir suas transmissões a sutis sinais em frequências obscuras. Por que todos as ETIs são tão tímidas?

Tem havido tentativas para responder ao chamado Paradoxo de Fermi (que, a bem da verdade, só é um paradoxo se os parâmetros otimistas que a maioria dos observadores aplica na equação de Drake forem aceitos). Uma resposta comum é que uma civilização pode se destruir quando atinge a capacidade de ter rádio. Essa explicação pode ser aceitável se se tratasse apenas de umas poucas civilizações dessas, mas, com a suposição de Seti, envolvendo bilhões delas, não se pode acreditar que todas se destruíram.

Outros argumentos vão por essa mesma linha. Talvez "eles" resolveram não nos perturbar (já que somos tão primitivos) e só nos estão observando em silêncio (uma linha de conduta ética que será familiar para os fãs de *Star Trek*). De novo, é difícil acreditar que todas essas civilizações, dentre os bilhões que deveriam existir, tomaram a mesma decisão. Ou, talvez, elas tenham se mudado para paradigmas de comunicação mais eficientes. Acredito firmemente que métodos de comunicação mais eficientes do que ondas eletromagnéticas — mesmo as de frequência muito alta — parecem ser factíveis, e que uma civilização adiantada (como nós nos tornaremos no próximo século) provavelmente as descobrirá e irá explorá-las. Mas é muito pouco provável que não tenha absolutamente sobrado nenhum papel para as ondas eletromagnéticas, mesmo como um subproduto de outros processos tecnológicos em algum desses muitos milhões de civilizações.

Incidentalmente, esse não é um argumento contra o valor do projeto Seti, que deve ter alta prioridade, porque um achado negativo é tão importante quanto um resultado positivo.

Os limites da computação revisitados. Consideremos algumas implicações adicionais da Lei dos Retornos Acelerados para a inteligência no cosmos. No capítulo 3, abordei o caso do derradeiro laptop frio e estimei a capacidade computacional ótima de um computador de um litro e um quilo em cerca de 10^{42} cps, que é suficiente para realizar o equivalente a 10 mil anos do pensamento de 10 bilhões de cérebros humanos em dez microssegundos. Havendo um gerenciamento mais inteligente da energia e do calor, o potencial para computar de um quilo de matéria pode ser tão alto quanto 10^{50} cps.

As exigências técnicas para alcançar a capacidade de computar nesse nível são desanimadoras, mas, como ressaltei, a experiência mental apropriada é considerar a vasta habilidade de construir de uma civilização com 10^{42} cps por quilo, não a limitada capacidade de construir dos humanos hoje. É provável que uma civilização de 10^{42} cps descubra como chegar a 10^{43} e depois a 10^{44} e assim por diante. (De fato, podemos levantar o mesmo argumento em cada etapa para chegar à seguinte.)

Quando uma civilização atingir esses níveis, é óbvio que não vai restringir sua computação a um quilo da matéria, não mais do que fazemos hoje. Consideremos o que nossa civilização pode realizar com a massa e a energia em nossa própria vizinhança. A Terra contém uma massa de cerca de 6 x 10^{24} quilos. Júpiter tem uma massa de aproximadamente 1,9 x 10^{27} quilos. Ignorando o hidrogênio e o hélio, temos cerca de 1,7 x 10^{26} quilos de matéria no sistema solar, não incluindo o Sol (que, em última análise, também é um alvo legítimo). O sistema solar total que é dominado pelo Sol, tem uma massa de cerca de 2 x 10^{30} quilos. Em uma análise grosseira do limite superior, aplicando a massa do sistema solar para nossa estimativa de 10^{50} do limite da capacidade computacional por quilo de matéria (com base nos limites para a nanocomputação), chega-se a um limite de 10^{80} cps para a computação em nossa "vizinhança".

É óbvio que há considerações práticas que provavelmente tornarão difícil atingir esse tipo de limite superior. Mas mesmo se dedicarmos um vinte avos de 1% (0,0005) da matéria do sistema solar para recursos de computação e comunicação, chegamos às capacidades de 10^{69} para a computação "fria" e 10^{77} para a computação "quente".[74]

Têm sido feitas estimativas técnicas para computar nessas escalas que levam em consideração requisitos complexos do projeto, como uso de energia, dissipação do calor, velocidade de comunicação interna, a composição da matéria no sistema solar e muitos outros fatores. Esses projetos usam computação reversa, mas, como ressaltei no capítulo 3, ainda temos que considerar os requisitos de energia para corrigir erros e comunicar resultados. Em uma análise do neurocientista computacional Anders Sandberg, foi feita uma revisão da capacidade de computar de um "objeto" computacional do tamanho da Terra chamado Zeus.[75] O projeto conceitual desse computador "frio", consistindo em cerca de 10^{25} quilos de carbono (cerca de 1,8 vezes a massa da Terra) na forma de diamantoides, consiste em 5×10^{37} nódulos computacionais, cada um destes usando um processamento paralelo extenso. Zeus fornece um pico estimado em 10^{61} cps de computação ou, se usado para armazenar dados, 10^{47} bits. Um fator limitante primário para o projeto é a quantidade permitida de rasuras de bit (são permitidas até $2,6 \times 10^{32}$ rasuras de bit por segundo), que são usadas primordialmente para corrigir erros provocados pelos raios cósmicos e pelos efeitos quânticos.

Em 1959, o astrofísico Freeman Dyson apresentou uma ideia de conchas curvas em torno de uma estrela como meio de obter energia, bem como moradias para uma civilização avançada. Uma versão da Esfera de Dyson é, literalmente, uma esfera fina em torno de uma estrela para capturar energia.[76] A civilização vive na esfera e emite calor (energia infravermelha) fora da esfera (para longe da estrela). Outra versão (e mais prática) da Esfera de Dyson é uma série de conchas curvas, cada uma delas bloqueando apenas uma porção da radiação da estrela. Desse modo, as Conchas de Dyson podem ser projetadas para não ter nenhum efeito sobre os planetas existentes, especialmente aqueles que, como a Terra, abrigam uma ecologia que precisa ser protegida.

Embora Dyson tivesse proposto seu conceito como um meio de obter enormes quantidades de espaço e energia para uma civilização avançada *biológica*, ele também pode ser usado como base para computadores na escala de estrelas. Essas Conchas de Dyson poderiam orbitar nosso Sol sem afetar a luz do Sol que incide na Terra. Dyson imaginou criaturas biológicas inteligentes vivendo nas conchas ou nas esferas, mas já que a civilização anda depressa na direção da inteligência não biológica quando descobre a computação, não haveria razão para povoar as conchas com humanos biológicos.

Outro refinamento do conceito de Dyson é que o calor irradiado por uma concha poderia ser capturado e usado por uma concha paralela que esteja situada em uma posição mais distante do Sol. Robert Bradbury, um cientista da computação, ressalta que poderia haver qualquer quantidade dessas camadas e propõe um computador chamado adequadamente de "cérebro de Matrioshka", organizado como uma série de conchas aninhadas em torno do Sol ou outra estrela. Um desses projetos conceituais analisado por Sandberg é chamado de Uranos, e é destinado a usar 1% da massa do que não é hidrogênio nem hélio do sistema solar (não incluindo o Sol), ou cerca de 10^{24} quilos, um pouco menor do que Zeus.[77] Uranos fornece cerca de 10^{39} nódulos computacionais, estimados 10^{51} cps de computação e cerca de 10^{52} bits de armazenamento.

A computação já é um recurso amplamente distribuído — em vez de centralizado —, e minha expectativa é de que a tendência continue para maior descentralização. Entretanto, como nossa civilização aproxima-se das densidades de computação previstas acima, é provável que a distribuição do vasto número de processadores tenha as características desses projetos conceituais. Por exemplo, a ideia das conchas Matrioshkas iria tirar a máxima vantagem do poder solar e da dissipação de calor. Observe que os poderes de computar desses computadores na escala do sistema solar serão alcançados, de acordo com minhas projeções no capítulo 2, em torno do final deste século.

Maior ou menor. Dado que a capacidade computacional de nosso sistema solar está na faixa de 10^{70} a 10^{80} cps, alcançaremos esses limites no começo do século XXII, conforme minhas projeções. A história da computação nos diz que o poder da computação expande-se tanto para dentro quanto para fora. Nas últimas décadas conseguimos colocar duas vezes mais a quantidade de elementos computacionais (transistores) em cada chip de circuito integrado a cada dois anos mais ou menos, o que representa um crescimento para dentro (para maior densidade de computação por quilo de matéria). Mas também estamos expandindo para fora, pois o número de chips aumenta (atualmente) a uma taxa de uns 8,3% ao ano.[78] É razoável esperar que os dois tipos de crescimento continuem e que a taxa de crescimento para fora aumente significativamente quando nos aproximarmos dos limites do crescimento para dentro (com circuitos tridimensionais).

Além do mais, quando nos chocarmos contra os limites da matéria e da energia em nosso sistema solar assim que for necessário expandir a computação, não teremos outra escolha a não ser expandirmos para fora como a forma primária de crescimento. Já foi vista antes a especulação de que escalas menores de computação podem ser factíveis — na escala de partículas subatômicas. Essa picotecnologia ou femtotecnologia permitiria o crescimento contínuo da computação pela redução contínua dos tamanhos. Entretanto, mesmo que isso seja factível, é provável que haja grandes obstáculos técnicos para dominar a computação em subnanoescala, portanto a pressão para expandir para fora vai continuar.

Expandindo-nos além do sistema solar. Com qual velocidade isso vai acontecer depois de termos expandido nossa inteligência além do sistema solar? A expansão não começará com a velocidade máxima; rapidamente ela alcançará uma velocidade dentro de uma mudança ínfima da velocidade máxima (velocidade da luz ou maior). Alguns críticos manifestaram objeções quanto a essa ideia, insistindo que seria muito difícil enviar pessoas (ou organismos adiantados de qualquer outra civilização de ETIs) e equipamentos com quase a velocidade da luz sem esmagá-los. É claro que se poderia evitar esse problema acelerando aos poucos, mas outro problema seriam as colisões com material interestelar. Mas, de novo, essa objeção deixa totalmente de perceber a natureza da inteligência nesse estágio de desenvolvimento. As ideias iniciais sobre a disseminação da ETI pela galáxia e pelo universo foram baseadas nos padrões de migração e colonização da nossa história humana e envolveram basicamente enviar colônias de humanos (ou, no caso de outras civilizações com ETI, organismos inteligentes) para outros sistemas estelares. Isso permitiria que se multiplicassem através da reprodução biológica normal e depois continuassem a se espalhar de modo similar a partir dali.

Mas, como já foi visto, no final deste século a inteligência não biológica na Terra será muitos trilhões de vezes mais potente do que a inteligência biológica, portanto enviar humanos biológicos para uma missão dessas não faria sentido. O mesmo se aplica a qualquer outra civilização de ETI. Não é uma simples questão dos humanos biológicos enviarem sondas robóticas. Por essa época, a civilização humana será não biológica para todos os efeitos práticos.

Essas sentinelas não biológicas não precisariam ser muito grandes e, com efeito, compreenderiam basicamente informações. É verdade, entretanto, que *só* enviar a informação não seria suficiente, pois tem de estar presente algum dispositivo palpável que pode ter um impacto físico em outra estrela e sistema planetário. Entretanto, seria possível que as sondas fossem nanorrobots autorreplicantes (note que um nanorrobot tem aspectos em nanoescala, mas o tamanho total de um nanorrobot é medido em mícrons).[79] Poderiam ser enviados enxames de muitos trilhões deles, com algumas dessas "sementes" enraizando-se em outros sistemas planetários e então achando materiais apropriados, como carbono e outros elementos necessários, e construindo cópias deles mesmos.

Depois de estabelecida, a colônia de nanorrobots poderia obter a informação adicional de que precisa para otimizar sua inteligência, de transmissões de informação pura que envolvem apenas energia, matéria não, e que são enviadas na velocidade da luz. Ao contrário dos organismos grandes, como os humanos, esses nanorrobots, sendo extremamente pequenos, poderiam viajar a uma velocidade próxima à da luz. Outro cenário seria dispensar as transmissões de informação e inserir a informação necessária na memória do próprio nanorrobot. Essa é uma decisão da engenharia que podemos deixar para esses futuros superengenheiros.

Os arquivos de software poderiam ser distribuídos por bilhões de dispositivos. Depois que um ou alguns destes conseguirem ter um ponto de apoio ao se autorreplicarem em um destino, o sistema, agora muito maior, poderia capturar os nanorrobots viajando por perto para que, daí em diante, a maior parte dos nanorrobots enviados nessa direção não passe simplesmente ao largo. Assim, a colônia agora estabelecida pode capturar a informação bem como os recursos computacionais disseminados de que ela precisa para otimizar sua inteligência.

A velocidade da luz revisitada. Dessa forma, a velocidade máxima da expansão de uma inteligência do tamanho do sistema solar (isto é, de uma civilização de tipo II) para o resto do universo estaria bem perto da velocidade da luz. Atualmente entendemos que a velocidade máxima para transmitir informações e objetos materiais é a velocidade da luz, mas há pelo menos sugestões de que esse pode não ser um limite absoluto.

Temos de considerar a possibilidade de ir além da velocidade da luz como sendo especulativa, e minhas projeções das mudanças profundas em nossa civilização neste século não fazem essa suposição. Entretanto, o potencial de manobrar em torno desse limite tem implicações importantes para a velocidade com que poderemos colonizar o resto de universo com nossa inteligência.

Experiências recentes mediram o tempo de voo dos fótons como sendo quase o dobro da velocidade da luz, um resultado da incerteza quântica sobre suas posições.[80] Mas esse resultado na verdade não é útil para esta análise porque não permite que a informação seja comunicada mais rápido do que a velocidade da luz, e o que nos interessa, fundamentalmente, é a velocidade da comunicação.

Outra sugestão curiosa de uma ação à distância que parece ocorrer em velocidades muito maiores do que a velocidade da luz é o desemaranhar quântico.

Duas partículas criadas juntas podem estar "emaranhadas quanticamente", ou seja, quando uma dada propriedade (como a fase de seu giro) não é determinada em nenhuma das duas partículas, a solução dessa ambiguidade das duas partículas ocorrerá ao mesmo tempo. Em outras palavras, se a propriedade indeterminada for medida em uma das partículas, também será determinada pelo mesmo valor exato na outra partícula, mesmo que as duas tenham se distanciado muito. Surge algum tipo de comunicação entre as partículas.

Esse desemaranhar quântico tem sido medido como muitas vezes a velocidade da luz, quer dizer que a solução do estado de uma partícula parece resolver o estado da outra partícula em uma quantidade de tempo que é uma pequena fração do tempo que iria levar se a informação fosse transmitida de uma partícula para a outra na velocidade da luz (em teoria, o lapso de tempo é zero). Por exemplo, o dr. Nicolas Gisin da Universidade de Genebra enviou fótons emaranhados quanticamente para direções opostas, por fibras ópticas, através de Genebra. Quando os fótons estavam distanciados por sete milhas, cada um encontrou uma placa de vidro. Cada fóton tinha de "decidir" se atravessava a placa ou ricocheteava (o que experiências anteriores com fótons não emaranhados quanticamente mostraram ser uma escolha aleatória). Mas devido aos dois fótons estarem emaranhados quanticamente, eles chegaram à mesma decisão no mesmo momento. Muitas repetições deram o mesmo resultado.[81]

As experiências não descartaram totalmente a explicação por uma variável oculta — ou seja, um estado incomensurável de cada partícula que está em fase (situada no mesmo ponto de um círculo), de tal modo que, quando uma partícula é medida (por exemplo, tem de decidir seu caminho, passando ou voltando de uma placa de vidro), a outra tem o mesmo valor dessa variável interna. Portanto, a "escolha" é gerada por uma colocação idêntica dessa variável oculta, mais do que ser o resultado da comunicação real entre duas partículas. Mas a maioria dos físicos quânticos rejeita essa interpretação.

Contudo, mesmo que aceitemos a interpretação dessas experiências como indicando uma ligação quântica entre duas partículas, a comunicação aparenta transmitir apenas informações aleatórias (profunda aleatoriedade quântica) em velocidades muito maiores do que a velocidade da luz, e não informações predeterminadas, como bits enfileirados. Essa comunicação das decisões quânticas aleatórias para pontos diferentes do espaço, porém, poderia ter valor em aplicações como prover códigos de encriptação. Duas localizações diferentes poderiam receber a mesma sequência randômica, que então poderia ser usada por uma delas para codificar uma mensagem e, pela outra, para decifrá-la. Não seria possível para outro qualquer bisbilhotar a cifra de encriptação sem destruir o emaranhado quântico e, desse modo, ser detectado. Já há produtos comerciais de encriptação que incorporam esse princípio. Essa é uma aplicação casual da mecânica quântica por causa da possibilidade de que outra aplicação da mecânica quântica — a computação quântica — possa dar um fim ao método padrão de encriptação baseado na fatoração de grandes números (no que a computação quântica, com um grande número de qubits emaranhados, seria boa).

Ainda outro fenômeno mais-rápido-que-a-luz é a velocidade com que as galáxias podem se afastar umas das outras como resultado da expansão do universo. Se a distância entre duas galáxias for maior do que a chamada distância Hubble, essas galáxias se afastam uma da outra mais rápido do que a velocidade da luz.[82] Isso não contraria a teoria especial da relatividade de Einstein, porque essa velocidade é causada pela expansão do próprio espaço, e não pelas galáxias movendo-se no espaço. Mas isso também não nos ajuda a transmitir informações em velocidades maiores do que a velocidade da luz.

Buracos de minhoca. Há duas hipóteses que sugerem maneiras de contornar a aparente limitação da velocidade da luz. A primeira é usar buracos de minhoca — uma dobra do universo em dimensões além das três visíveis. Isso não envolve na realidade viajar em velocidades maiores do que a velocidade da luz, mas apenas quer dizer que a topologia do universo não é o espaço tridimensional simples no qual implica a física ingênua. Mas se os buracos de minhoca ou dobras no universo estiverem por todo lugar, talvez esses atalhos nos permitam chegar rapidamente a todos os lugares. Ou talvez possamos até construí-los.

Em 1935, Einstein e o físico Nathan Rose formularam as pontes "Einstein-Rosen" como uma maneira de descrever elétrons e outras partículas em termos de túneis mínimos do espaço-tempo.[83] Em 1955, o físico John Wheeler descreveu esses túneis como "buracos de minhoca", introduzindo o termo pela primeira vez.[84] Suas análises dos buracos de minhoca mostrou que elas eram plenamente consistentes com a teoria geral da relatividade, que descreve o espaço como sendo essencialmente curvo em outra dimensão.

Em 1988, os físicos Michael Morris, Kip Thorne e Uri Yurtsever, do Instituto de Tecnologia da Califórnia, explicaram com alguns detalhes como esses buracos de minhoca poderiam ser fabricados.[85] Respondendo a uma pergunta de Carl Sagan, eles descreveram as necessidades de energia para manter abertos os buracos de minhoca de vários tamanhos. Eles também observaram que, com base na flutuação quântica, o chamado espaço vazio está continuamente gerando buracos mínimos de minhoca do tamanho de partículas subatômicas. Acrescentando energia e seguindo outras exigências tanto da física quântica quanto da relatividade geral (dois campos cuja unificação tem sido notoriamente difícil), esses buracos de minhoca poderiam ser expandidos para permitir que objetos maiores do que partículas subatômicas viajassem por eles. Enviar humanos através deles não seria impossível, mas extremamente difícil. Entretanto, como já indiquei acima, só precisamos enviar nanorrobots mais informações, que poderiam passar por buracos de minhoca medidos em mícrons em vez de metros.

Thorne e seus orientandos Morris e Yurtsever também descreveram um método consistente com a relatividade geral e a mecânica quântica que poderia estabelecer buracos de minhoca entre a Terra e locais bem distantes. A técnica que propunham envolve expandir um buraco de minhoca de tamanho subatômico, gerado espontaneamente, para um tamanho maior, acrescentando energia, e depois estabilizando-o usando esferas supercondutoras nas duas "bocas de buracos de minhoca" conectadas. Depois que o buraco é aumentado e estabilizado, uma de suas bocas (entradas) é levada a outro local, enquanto mantém sua conexão com a outra entrada que fica na Terra.

Thorne ofereceu o exemplo de transportar a entrada remota por um pequeno foguete até a estrela Vega, que fica a 25 anos-luz. Viajando muito perto da velocidade da luz, a viagem, medida pelos relógios na nave, seria relativamente curta. Por exemplo, se a nave viajasse a 99,995% da velocidade da luz, os relógios na nave iriam avançar por apenas três meses. Embora o tempo de viagem, medido na Terra, fosse em torno de 25 anos, o buraco expandido iria manter o vínculo direto entre os locais, bem como os pontos no tempo das duas localizações. Assim, mesmo vivenciado na Terra, levaria só três meses para estabelecer a ligação entre a Terra e Vega, porque as duas extremidades do buraco de minhoca iriam manter seu relacionamento temporal. Melhorias adequadas na fabricação permitiriam que tais ligações fossem estabelecidas em qualquer parte do universo. Viajar arbitrariamente próximo da velocidade da luz, o tempo necessário para estabelecer uma ligação — tanto para comunicações quanto para transporte — com outros locais do universo, mesmo aqueles distantes milhões de bilhões de anos luz, poderia ser relativamente curto.

Matt Visser da Universidade de Washington em St. Louis sugeriu uns refinamentos no conceito de Morris-Thorne-Yurtsever que fornecem um ambiente mais estável, que pode até permitir que humanos viagem pelos buracos de minhoca.[86] Mas, na minha opinião, isso não é necessário. Pela época em que projetos de engenharia nessa escala puderem ser factíveis, a inteligência humana já teria sido dominada por seu componente não biológico há muito tempo. Enviar dispositivos autorreprodutores de tamanho molecular junto com software será suficiente e muito mais fácil. Anders Sandberg estima que um buraco de minhoca de um nanômetro poderia transmitir espantosos 10^{69} bits por segundo.[87]

O físico David Hochberg e Thomas Kephart da Universidade Vanderbilt afirmam que, logo depois do big bang, a gravidade era bastante forte para fornecer a energia necessária para criar espontaneamente quantidades maciças de buracos de minhoca autoestabilizadores.[88] É provável que uma porção significativa desses buracos de minhoca ainda estejam por aqui e sejam muito difundidos, fornecendo uma vasta rede de corredores que estão por todo o lado pelo universo. Pode ser mais fácil descobrir e usar esses buracos de minhoca naturais do que criar novos.

Alterando a velocidade da luz. A segunda hipótese é mudar a própria velocidade da luz. No capítulo 3, mencionei o achado que parece indicar que a velocidade da luz ficou diferente por 4,5 partes de 10^8 nos últimos 2 bilhões de anos.

Em 2001, o astrônomo John Webb descobriu que a chamada constante de estrutura fina variava quando ele examinou a luz de 68 quasares (galáxias jovens muito brilhantes).[89] A velocidade da luz é uma das quatro constantes que a constante de estrutura fina compreende, portanto o resultado é mais uma sugestão de que condições que variam no universo podem causar uma alteração na velocidade da luz. John Barrow, físico da Universidade de Cambridge, e seus colegas estão realizando uma experiência de mesa que levará dois anos para testar a habilidade de provocar uma pequena mudança na velocidade da luz.[90]

As sugestões de que a velocidade da luz pode variar são consistentes com teorias recentes de que ela era significativamente maior durante o período de inflação do universo (uma fase do começo de sua história, quando sofreu uma expansão muito rápida). Essas experiências mostrando possíveis variações na velocidade da luz claramente precisam de comprovação e mostram apenas pequenas mudanças. Mas, se confirmadas, os achados seriam profundos porque é o papel da engenharia tomar um efeito sutil e amplificá-lo muito. Novamente, a experiência mental que devemos fazer agora não é se os cientistas humanos contemporâneos, como nós, podem realizar esses feitos da engenharia, mas se será ou não capaz de fazer isso uma civilização humana que expandiu sua inteligência em trilhões de trilhões de vezes.

Por ora, podemos dizer que níveis ultraelevados de inteligência irão se expandir para fora com a velocidade da luz, enquanto reconhecemos que nosso entendimento contemporâneo da física sugere que este pode não ser o limite real da velocidade da expansão ou, mesmo que a velocidade da luz prove ser imutável, que esse limite possa não restringir alcançar outros locais rapidamente através dos buracos de minhoca.

O Paradoxo de Fermi revisitado. É preciso lembrar que a evolução biológica é medida em milhões e bilhões de anos. Portanto, se há outras civilizações lá fora, elas estariam espalhadas em termos de desenvolvimento por enormes períodos de tempo. A hipótese Seti implica que deveria haver bilhões de ETIs (em meio a todas as galáxias), portanto deveria haver bilhões que estão muito mais avançadas do que nós em seu progresso tecnológico. Mas só leva uns poucos séculos, no máximo, desde o advento da computação, para que tais civilizações se expandam para fora ao menos na velocidade da luz. Considerando isso, como pode ser que não as tenhamos percebido?

A conclusão a que chego é que é provável (embora não seja certo) que *não haja* outras civilizações dessas. Em outras palavras, estamos na liderança. É isso, nossa modesta civilização com suas SUVs, fast-food e conflitos persistentes (e computação!) está na frente em termos de criação de complexidade e ordem no universo.

Como é possível? Isso não é extremamente improvável, dado o enorme número de planetas provavelmente habitados? De fato, é muito pouco provável. Mas também pouco provável é a existência de nosso universo, com seu conjunto de leis de física e constantes físicas relacionadas de um modo tão requintado, exatamente o que é necessário para que a evolução da vida seja possível. Mas, pelo princípio antrópico, se o universo não permitisse a evolução da vida, não estaríamos aqui para percebê-lo. Contudo, estamos aqui. Então, por um princípio antrópico semelhante, estamos na liderança do universo. De novo, se não estivéssemos aqui, não iríamos percebê-lo.

Vejamos alguns argumentos contra essa perspectiva.

Talvez haja civilizações tecnológicas extremamente avançadas lá fora, mas estamos fora de sua esfera de luz de inteligência. Ou seja, elas ainda não chegaram aqui. Nesse caso, o Seti ainda vai deixar de detectar ETIs porque não conseguiremos vê-las (nem ouvi-las), ao menos não até que encontremos um meio de escapar de nossa esfera de luz (ou a ETI o fizer) manipulando a velocidade da luz ou achando atalhos, como discuti acima.

Talvez estejam entre nós, mas decidiram ficar invisíveis para nós. Se tiverem tomado essa decisão, provavelmente conseguirão passar despercebidas. De novo, é difícil crer que todos as ETIs tenham tomado a mesma decisão.

John Smart sugeriu no que ele chama de cenário da "transcensão" que, uma vez que as civilizações saturam sua região local do espaço com sua inteligência, elas criam um novo universo (um que permitirá um crescimento exponencial contínuo da complexidade e da inteligência) e, em essência, abandonam este universo.[91] Smart sugere que essa opção pode ser tão atraente que ela é o resultado consistente e inevitável de uma ETI ter alcançado um estágio avançado de seu desenvolvimento, e, com isso, explica o Paradoxo de Fermi.

Incidentalmente, eu sempre considerei muito pouco provável a ideia da ficção científica de grandes naves pilotadas por criaturas enormes, esponjosas, parecidas conosco. Seth Shostak comenta que "é uma probabilidade razoável que qualquer inteligência extraterrestre que detectemos seja uma inteligência de máquina, não uma inteligência biológica como nós". Na minha opinião, não é simplesmente uma questão de seres biológicos enviarem máquinas (como fazemos hoje), mas sim que qualquer civilização sofisticada o bastante para viajar para cá já teria, há muito tempo, passado do ponto em que se fundiu com sua tecnologia, e não precisaria enviar equipamentos e organismos fisicamente volumosos.

Se existirem, por que viriam para cá? Uma missão seria observação — coletar conhecimentos (assim como nós observamos outras espécies na Terra hoje). Outra seria procurar matéria e energia a fim de fornecer substratos adicionais para sua inteligência em expansão. A inteligência e o equipamento necessários para tal exploração e expansão (por uma ETI ou por nós, quando chegarmos a esse estágio de desenvolvimento) seriam extremamente pequenos, basicamente nanorrobots e transmissões de informação.

Parece que nosso sistema solar ainda não se transformou no computador de alguém. E se essa outra civilização só está nos observando para nos conhecer melhor e decidiu ficar em silêncio, Seti não conseguirá encontrá-la, porque se uma civilização avançada não quer que a percebamos, ela terá sucesso com esse desejo. Lembre-se que tal civilização seria vastamente mais inteligente do que nós hoje. Talvez ela se revele a nós quando alcançarmos o próximo nível de nossa evolução, especificamente fundindo nossos cérebros biológicos com nossa tecnologia, que é o mesmo que dizer depois da Singularidade. Entretanto, dado que a hipótese Seti implique que haja bilhões dessas civilizações altamente desenvolvidas, parece improvável que todas elas tenham tomado a mesma decisão de ficar fora do nosso caminho.

O princípio antrópico revisitado. Somos atingidos por duas aplicações possíveis de um princípio antrópico, uma pelas leis notavelmente biopropícias de nosso universo, a outra pela biologia real de nosso planeta.

Primeiro, consideremos com mais detalhes o princípio antrópico aplicado ao universo. Surge a questão relativa ao universo porque notamos que as constantes na natureza são exatamente as necessárias para que o universo cresça em complexidade. Se a constante cosmológica, a constante de Planck, e muitas outras constantes da física fossem fixadas em valores só ligeiramente diferentes, átomos, moléculas, estrelas, planetas, organismos e humanos teriam sido impossíveis. O universo parece ter exatamente as regras e constantes certas. (A situação lembra a observação de Steven Wolfram de que certas regras de autômatos celulares [ver texto emoldurado, página 100] permitem a criação de padrões notavelmente complexos e imprevisíveis, enquanto outras levam a padrões muito pouco interessantes, como linhas alternadas ou simples triângulos em uma configuração repetitiva ou aleatória.)

Como explicar o notável projeto das leis e constantes da matéria e energia em nosso universo que permitiu a crescente complexidade que se vê na evolução biológica e tecnológica? Freeman Dyson comentou uma vez que, "de algum jeito, o universo sabia que a gente estava vindo". James Gardner, teórico da complexidade, descreveu a questão desta maneira:

Alguns físicos acham que a tarefa da física é predizer o que acontece no laboratório, e eles estão convencidos de que a teoria das cordas ou a teoria M pode fazê-lo [...]. Mas eles não têm ideia por que o universo deveria [...] ter o modelo padrão, com os valores de seus mais de quarenta parâmetros que observamos. Como alguém pode achar que uma coisa tão confusa é a previsão única da teoria das cordas? Fico pasmado com que as pessoas possam ter uma visão tão míope que só consigam se concentrar no estágio final do universo, e não perguntem como e quando ele chegou ali.[92]

A perplexidade com o fato de que o universo é tão "amigável" com a biologia levou a várias formulações do princípio antrópico. A versão "fraca" do princípio antrópico indica simplesmente que, se não fosse esse o caso, nós não estaríamos aqui para refletir sobre ele. Portanto, só em um universo que permitisse uma complexidade crescente poderia a pergunta até ser feita. Versões mais fortes do princípio antrópico afirmam que deve ter mais coisas nisso; os defensores dessas versões não estão satisfeitos em ser meramente uma coincidência fortuita. Isso abriu a porta para que os defensores do desenho inteligente afirmassem que isso é a prova da existência de Deus que os cientistas têm pedido.

O multiverso. Recentemente uma abordagem mais darwiniana foi proposta para o princípio antrópico forte. Considere que é possível que as equações matemáticas tenham múltiplas soluções. Por exemplo, na equação $x^2 = 4$, x pode ser 2 ou -2. Algumas equações permitem um número infinito de soluções. Na equação (a-b) X x = 0, x pode assumir um infinito número de valores se a = b (já que qualquer número multiplicado por zero dá zero). Acontece que as equações para as recentes teorias das cordas permitem, em princípio, um número infinito de soluções. Mais precisamente, uma vez que a resolução espacial e temporal do universo está limitada à constante de Planck, que é muito pequena, o número de soluções não é literalmente infinito, mas meramente vasto. Portanto, a teoria das cordas implica que muitos conjuntos diferentes de constantes naturais são possíveis.

Isso levou à ideia do multiverso: existe um vasto número de universos, dos quais nosso humilde universo é apenas um. Consistente com a teoria das cordas, cada um desses universos pode ter um conjunto diferente de constantes físicas.

Universos que evoluem. Leonard Susskind, o descobridor da teoria das cordas, e Lee Smolin, um físico teórico e perito em gravidade quântica, sugeriram que os universos dão origem a outros universos em um processo natural, evolucionista, que refina gradualmente as constantes naturais. Isto é, não é acidente que as regras e constantes de nosso universo sejam ideais para a evolução da vida inteligente, mas sim que elas mesmas evoluíram para ser assim.

Na teoria de Smolin, o mecanismo que origina novos universos é a criação de buracos negros, portanto aqueles universos mais capazes de produzir buracos negros são os que têm maiores probabilidades de se reproduzirem. De acordo com Smolin, um universo com a maior capacidade de criar cada vez maior complexidade — isto é, vida biológica — é também o mais provável para criar buracos negros geradores de novos universos. Como ele explica: "A reprodução através dos buracos negros leva a um multiverso em que as condições para a vida são comuns — essencialmente porque algumas das condições que a vida requer, como carbono abundante, também estimulam a formação de estrelas bastante maciças para que se tornem buracos negros".[93] A proposta de Susskind difere em detalhes da de Smolin, mas também se baseia em buracos negros, bem como na natureza da "inflação", a força que provocou o universo bem no início a se expandir rapidamente.

A inteligência como destino do universo. Em *The Age of Spiritual Machines*, introduzi uma ideia relacionada — isto é, que a inteligência afinal iria permear o universo e decidiria o destino do cosmos:

A inteligência é muito relevante para o universo? [...] A sabedoria popular responde que *não muito*. Estrelas nascem e morrem; galáxias passam por seu ciclo de criação e destruição; o próprio universo nasceu de uma grande explosão e irá acabar sendo esmagado ou em um gemido, ainda não temos certeza sobre qual deles. Mas a inteligência tem pouco a ver com isso. A inteligência é só um pouco de espuma, um fervilhar de pequenas criaturas correndo para dentro e para fora das forças universais inexoráveis. O mecanismo irracional do universo estará chegando a uma conclusão em um futuro distante, e não há nada que a inteligência possa fazer quanto a isso.

É a sabedoria popular. Mas eu não concordo com isso. Minha ideia é de que a inteligência no final provará ser mais poderosa do que essas grandes forças impessoais [...].

Então o universo acabará esmagado ou em uma expansão infinita de estrelas mortas ou de alguma outra maneira? Na minha opinião, a questão primordial não é a massa do universo, ou a possível existência da antigravidade ou a constante de Einstein chamada de cosmológica. Pelo contrário, o destino do universo é uma decisão ainda a ser tomada, uma que iremos considerar inteligentemente quando chegar o tempo.[94]

O teórico da complexidade, James Gardner, combinou minha sugestão sobre a evolução da inteligência através do universo com os conceitos de Smolin e Susskind dos universos que evoluem. Gardner pensa que é especificamente a evolução da vida inteligente que permite a prole de universos.[95] Gardner expande a observação do astrônomo inglês Martin Rees de que "o que chamamos de constantes fundamentais — os números que importam para a física — podem ser consequências secundárias da teoria final, mais do que manifestações diretas de seu nível mais profundo e fundamental". Para Smolin, é uma mera coincidência que buracos negros e vida biológica precisem, ambos, de condições semelhantes (como uma grande quantidade de carbono), portanto em sua concepção não há um papel explícito para a inteligência, além de ser um subproduto de certas circunstâncias partidárias da biologia. Na concepção de Gardner, é a vida inteligente que cria seus sucessores.

Gardner escreve que "nós e outras criaturas vivas pelo cosmos somos parte de uma comunidade transterrestre ainda não descoberta de vidas e inteligências espalhadas por bilhões de galáxias e incontáveis *parsecs* comprometidos coletivamente em uma missão incomparável de importância verdadeiramente cósmica. Na visão do Biocosmo, compartilhamos um destino comum com aquela comunidade — ajudar a dar forma ao futuro do universo e transformá-lo, de um conjunto de átomos sem vida para uma mente vasta, transcendental". Para Gardner as leis da natureza e as constantes equilibradas com precisão "funcionam como a contrapartida cósmica do DNA: elas fornecem a 'receita' pela qual o cosmos que evolui adquire a capacidade de gerar vidas e inteligências cada vez mais capazes".

Minha própria opinião é coerente com a convicção de Gardner de que a inteligência é o fenômeno mais importante no universo. Mas não concordo com Gardner quando ele sugere uma "comunidade vasta... transterrestre de vidas e inteligências espalhadas por bilhões de galáxias". Ainda não vimos provas de que exista tal comunidade além da Terra. A comunidade que importa pode ser só esta nossa despretensiosa civilização. Como ressaltei acima, embora possamos modelar todo tipo de razões para que cada determinada civilização inteligente permaneça escondida de nós (por exemplo, elas se destruíram ou decidiram permanecer invisíveis ou escondidas ou trocaram todas as suas comunicações das transmissões eletromagnéticas, e assim por diante), não se pode acreditar que todas as civilizações dos bilhões que deveriam estar ali (de acordo coma hipótese Seti) têm alguma razão para estarem invisíveis.

A derradeira função utilitária. Podemos criar uma ponte conceitual entre as ideias de Susskind e as de Smolin sobre os buracos negros serem a "função utilitária" (essa propriedade sendo otimizada em um processo evolutivo) de cada universo no multiverso e o conceito de inteligência como a função utilitária que eu compartilho com Gardner. Como exposto no capítulo 3, a potência computacional de um computador é uma função de sua massa e sua eficiência computacional. Cabe lembrar que uma pedra tem uma massa significativa, mas uma eficiência computacional extremamente baixa (isto é, virtualmente todas as transações de suas partículas são de fato aleatórias). A maioria das interações das partículas em um humano também é aleatória, mas, em uma escala logarítmica, os humanos estão mais ou menos entre uma pedra e o último computador pequeno.

Um computador da categoria do derradeiro computador tem uma eficiência computacional muito alta. Quando se atinge a eficiência computacional máxima, a única maneira de aumentar a potência computacional de um computador seria aumentando sua massa. Se a massa for bastante aumentada, sua força gravitacional torna-se suficientemente potente para provocar seu colapso em um buraco negro. Portanto, um buraco negro pode ser considerado como o derradeiro computador.

É claro que não é qualquer buraco negro que vai bastar. A maioria dos buracos negros, como a maioria das pedras, realiza muitas transações aleatórias, mas nenhuma computação útil. Mas um buraco negro bem organizado seria o computador mais potente que se pode conceber em termos de cps por litro.

A Radiação Hawking. Por longo tempo tem se debatido se é possível ou não transmitir informações para um buraco negro, transformá-las de modo útil e depois recuperá-las. A ideia de Stephen Hawking de transmissões de um buraco negro envolve pares de partícula-antipartícula que são criados perto do horizonte de eventos (o ponto, perto de um buraco negro, além do qual matéria e energia não conseguem escapar). Quando acontece essa criação espontânea, como ocorre em toda parte do espaço, partícula e antipartícula vão em direções opostas. Se um membro do par viaja para o horizonte de eventos (para nunca mais ser visto), o outro irá voar para longe do buraco negro.

Algumas dessas partículas terão energia suficiente para escapar de sua gravidade e resultarão no que tem sido chamado de Radiação Hawking.[96] Antes da análise de Hawking, pensava-se que os buracos negros eram bem negros; com seu insight, percebemos que eles, na verdade, projetam um chuveiro contínuo de partículas energizadas. Mas, de acordo com Hawking, essa radiação é aleatória, pois se origina de eventos quânticos aleatórios perto do limite de eventos. Então, um buraco negro pode conter um computador de última geração, de acordo com Hawking; mas conforme sua ideia original, nenhuma informação consegue escapar de um buraco negro, portanto esse computador jamais iria conseguir transmitir seus resultados.

Em 1997, Hawking e o colega físico Kip Thorne (o cientista do buraco de minhoca) fizeram uma aposta com John Preskill. Hawking e Thorne sustentavam que a informação que entrava em um buraco negro estava perdida, e qualquer computação que pudesse ocorrer dentro do buraco negro, útil ou não, jamais poderia ser transmitida para fora dele, enquanto Preskill sustentava que a informação podia ser recuperada.[97] O perdedor teria de dar ao ganhador alguma informação útil na forma de uma enciclopédia.

Nos anos seguintes, o consenso na comunidade dos físicos regularmente afastou-se de Hawking, e em 21 de julho de 2004, Hawking admitiu a derrota e reconheceu que Preskill estava certo, afinal: que a informação enviada para um buraco negro não está perdida. Ela pode ser transformada dentro do buraco negro e depois transmitida para fora. De acordo com esse entendimento, o que acontece é que a partícula que voa para longe do buraco negro permanece emaranhada quanticamente com sua antipartícula que desapareceu dentro do buraco negro. Se a antipartícula dentro do buraco negro se envolve em uma computação útil, esses resultados serão codificados no estado de sua partícula companheira emaranhada fora do buraco negro.

Conforme combinado, Hawking enviou para Preskill uma enciclopédia sobre o jogo de cricket, mas Preskill a rejeitou, insistindo em uma enciclopédia sobre beisebol que Hawking tinha trazido para uma apresentação.

Supondo que a nova posição de Hawking seja de fato correta, o computador mais significativo que podemos criar seria um buraco negro. Portanto um universo que está bem projetado para criar buracos negros seria um universo que é bem projetado para otimizar sua inteligência. Susskind e Smolin argumentaram simplesmente que a biologia e os buracos negros precisam do mesmo tipo de materiais, portanto um universo que foi otimizado para buracos negros também estaria otimizado para a biologia. Reconhecendo que os buracos negros são o máximo como depósitos da computação inteligente, entretanto, pode-se concluir que a função utilitária de otimizar a produção do buraco negro e a de otimizar a inteligência são uma coisa só.

Por que a inteligência é mais forte do que a física. Há outra razão para aplicar um princípio antrópico. Pode parecer altamente improvável que nosso planeta esteja na liderança em termos de desenvolvimento tecnológico, mas, como ressaltei acima, por um princípio antrópico fraco, se não tivéssemos evoluído, não estaríamos aqui, discutindo essa questão.

À medida que a inteligência satura a matéria e a energia disponíveis, ela transforma matéria burra em matéria inteligente. Embora a matéria inteligente ainda siga nominalmente as regras da física, ela é tão extraordinariamente inteligente que pode capturar os aspectos mais sutis das leis para manipular a matéria e a energia à vontade. Então, iria pelo menos parecer de que a inteligência é mais potente do que a física. Eu diria que a inteligência é mais potente do que a cosmologia. Isto é, uma vez que a matéria evolui para matéria inteligente (matéria totalmente saturada por processos inteligentes), ela pode manipular outra matéria e outra energia para fazerem o que ela quer (através de uma engenharia adequada potente). Essa perspectiva, em geral, não é considerada nas discussões de cosmologia futura. Supõem que a inteligência é irrelevante para eventos e processos em escala cosmológica.

Depois que um planeta produz uma espécie criadora de tecnologia, e que essa espécie cria a computação (como aconteceu aqui), é só questão de uns poucos séculos para que a inteligência sature a matéria e a energia em sua vizinhança e que comece a se expandir para fora pelo menos na velocidade da luz (com algumas sugestões para se desviar desse limite). Essa civilização então superará a gravidade (através de uma tecnologia enorme e requintada) e outras forças cosmológicas — ou, para ser bem preciso, ela vai manobrar e controlar essas forças — e formará o universo que ela quer. Esse é o objetivo da Singularidade.

Um computador na escala do universo. Quanto tempo vai levar para nossa civilização saturar o universo com nossa inteligência vastamente expandida? Seth Lloyd estima que haja cerca de 10^{80} partículas no universo, com uma capacidade teórica máxima de cerca de 10^{90} cps. Em outras palavras, um computador na escala do universo poderia computar 10^{90} cps.[98] Para chegar a essas estimativas, Lloyd tomou a densidade observada da matéria — cerca de um átomo de hidrogênio por metro cúbico — e, a partir desse número, computou a energia total do universo. Dividindo esse valor da energia pela constante de Planck, ele chegou a cerca de 10^{90} cps. O universo tem cerca de 10^{17} segundos de idade, portanto, em números redondos, houve um máximo de cerca de 10^{107} cálculos nele até agora. Com cada partícula sendo capaz de armazenar aproximadamente 10^{16} bits em todos os seus graus de liberdade (incluindo sua posição, trajetória, giro e assim por diante), o estado do universo representa cerca de 10^{90} bits de informação em cada ponto do tempo.

Não precisamos almejar dedicar toda a massa e a energia do universo para a computação. Se fôssemos aplicar 0,01%, ainda sobraria 99,99% da massa e da energia não modificadas, o que ainda resultaria em um potencial de cerca de 10^{86} cps. Com base em nosso atual entendimento, só podemos arredondar essas ordens de grandeza. A inteligência perto desses níveis será tão vasta que conseguirá realizar esses feitos de engenharia com um cuidado suficiente para não perturbar sejam quais forem os processos naturais que são importantes preservar.

O universo holográfico. Outro ponto de vista sobre o máximo armazenamento de informação e capacidade de processar do universo vem de uma recente teoria especulativa sobre a natureza da informação. De acordo com a teoria do "universo holográfico", o universo é, na verdade, um arranjo bidimensional de informações escritas em sua superfície, portanto sua aparência convencional tridimensional é uma ilusão.[99] Em essência, de acordo com essa teoria, o universo é um holograma gigante.

A informação está escrita em uma escala muito pequena, governada pela constante de Planck. Portanto a quantidade máxima de informação no universo é a área de sua superfície dividida pelo quadrado da constante de Planck, que dá cerca de 10^{120} bits. Não parece haver matéria suficiente no universo para codificar tanta informação, portanto os limites do universo holográfico podem ser mais elevados do que é realmente factível. Em todo caso, a ordem de grandeza do número de ordens de grandeza dessas várias estimativas está na mesma faixa. O número de bits que um universo reorganizado para a computação única poderá armazenar é dez elevado a uma potência entre 80 e 120.

Mais uma vez nossa engenharia, mesmo aquela vastamente evoluída de nós mesmos no futuro, provavelmente não alcançará esses máximos. No capítulo 2, mostrei como progredimos de 10^5 para 10^8 cps por mil dólares durante o século XX. Baseado na continuação do crescimento suave, de exponencial duplo que vimos no século XX, projetei que alcançaríamos cerca de 10^{60} cps por mil dólares por volta de 2100. Estimando o modesto valor de 1 trilhão de dólares dedicado à computação, teremos um total de cerca de 10^{69} cps no final deste século. Isso pode ser realizado com a matéria e a energia de nosso sistema solar.

Chegar a aproximadamente 10^{90} cps requer expandir-se pelo resto do universo. A curva do crescimento de duplo exponencial mostra que podemos saturar o universo com nossa inteligência bem antes do final do século XXII, *desde que* não sejamos limitados pela velocidade da luz. Mesmo se as potências de dez até trinta sugeridos pela teoria do universo holográfico forem confirmadas, ainda iremos atingir a saturação pelo final do século XXII.

Mais uma vez, se houvesse uma mínima possibilidade de contornar a limitação da velocidade da luz, a vasta inteligência que teremos com a inteligência em escala do sistema solar será capaz de projetar e concretizar os requisitos de engenharia para fazer isso. Se tivesse de fazer uma aposta, poria meu dinheiro na hipótese de que é possível contornar a velocidade da luz e que poderemos fazer isso dentro dos próximos duzentos anos. Mas isso é uma especulação de minha parte, pois ainda não compreendemos bastante essas questões para fazer uma afirmação mais definitiva. Se a velocidade da luz for uma barreira imutável, e não existirem atalhos através dos buracos de minhoca que possam ser explorados, serão bilhões de anos, não centenas, que nossa inteligência levará para saturar o universo, e estaremos limitados a nosso cone de luz dentro do universo. Em qualquer dos casos, o crescimento exponencial da computação irá chocar-se contra um muro durante o século XXII. (Mas que muro!)

Essa grande diferença nos prazos — centenas de anos versus bilhões de anos (para saturar o universo com nossa inteligência) — demonstra por que a questão de contornar a velocidade da luz irá tornar-se tão importante. Irá tornar-se uma preocupação primordial da vasta inteligência de nossa civilização no século XXII. É por isso que acredito que, se buracos de minhoca ou outros meios para contornar a questão são factíveis, seremos altamente motivados para encontrá-los e explorá-los.

Se for possível construir novos universos e estabelecer contato com eles, haveria ainda mais meios para que uma civilização continuasse sua expansão. A opinião de Gardner é de que a influência de uma civilização inteligente ao criar um novo universo está em determinar as constantes e leis físicas do universo bebê. Mas a vasta inteligência de tal civilização pode descobrir meios de expandir sua própria inteligência para um novo universo de maneira mais direta. A ideia de disseminar nossa inteligência além deste universo é, claro, especulativa, já que nenhuma das teorias dos multiversos permite a comunicação de um universo a outro, exceto para transmitir constantes e leis básicas.

Mesmo que estejamos limitados a um universo que já conhecemos, saturar sua matéria e energia com inteligência é nosso destino final. Que tipo de universo será esse? Bom, é só esperar para ver.

Molly 2004: *Então, quando o universo chegar à Época Seis (o estágio em que a porção não biológica de nossa inteligência se espalha pelo universo), o que ele vai fazer?*

Charles Darwin: *Não tenho certeza de que a gente possa responder isso. Como você disse, é como uma bactéria perguntando para outra o que os humanos vão fazer.*

Molly 2004: *Então essas entidades da Época Seis vão nos considerar, nós humanos biológicos, como bactérias?*

George 2048: *Com certeza, não é o que eu penso de você.*

Molly 2104: *George, você é só da Época Cinco, então não acho que isso responda à pergunta.*

Charles: *Voltando às bactérias, o que elas iriam dizer se pudessem falar...*

Molly 2004: *... e pensar.*

Charles: É, isso também. Elas diriam que os humanos fazem as mesmas coisas que nós, bactérias, fazemos, *ou seja, comer, evitar o perigo e procriar.*

Molly 2104: *Mas a nossa procriação é tão mais interessante.*

Molly 2004: *Na verdade, Molly do futuro, nossa procriação humana pré-Singularidade é que é interessante. Sua procriação virtual, na realidade, é muito parecida com a das bactérias. Sexo não tem nada a ver com isso.*

Molly 2104: É verdade que separamos a sexualidade da reprodução, mas isso não é exatamente novo para a civilização humana em 2004. E, *além disso, ao contrário das bactérias, nós podemos nos modificar.*

Molly 2004: *Na verdade, vocês também separaram a mudança e a evolução da reprodução.*

Molly 2104: *Isso também era verdade em 2004.*

Molly 2004: *Está certo, está certo. Mas, sobre sua lista, Charles, nós humanos também fazemos coisas como criar arte e música. Isso nos separa dos outros animais.*

George 2048: *De fato, Molly, a Singularidade é basicamente sobre isso. A Singularidade é a música mais suave, a arte mais profunda, a matemática mais bonita...*

CAPÍTULO 7

Ich bin ein Singularitarian[1]*

De todas as loucuras, a mais comum é acreditar com fervor no que obviamente não é verdade.

H. L. Mencken

As filosofias de vida enraizadas em tradições centenárias contêm muita sabedoria em relação à vida pessoal, institucional e social. Também há muitos de nós que acham defeitos nessas tradições. Como não chegar a algumas conclusões erradas quando estas surgiram em tempos pré-científicos? Ao mesmo tempo, as antigas filosofias de vida têm pouco ou nada para dizer sobre as questões fundamentais que enfrentamos, enquanto as tecnologias avançadas começam a nos permitir trocar de identidade como indivíduos e como humanos, e as forças econômicas, culturais e políticas mudam os relacionamentos globais.

Max More, "Principles of Extropy"

O mundo não precisa de outro dogma totalitário.

Max More, "Principles of Extropy"

Sim, temos uma alma. Mas ela é feita de montes de robots pequenininhos.

Giulio Giorelli

O substrato é moralmente irrelevante desde que não afete a funcionalidade ou a consciência. Não importa, de um ponto de vista moral, que alguém funcione com silicone ou com neurônios biológicos (assim como não tem importância se você tem pele clara ou escura). Pelas mesmas razões por que rejeitamos o racismo e o especismo, também deveríamos rejeitar o carbono-chauvinismo, ou bioismo.

Nick Bostrom, "Ethics for Intelligent Machines: A Proposal, 2001"

Há muito tempo os filósofos vêm notando que seus filhos nascem em um mundo mais complexo que o de seus ancestrais. Esse reconhecimento precoce e talvez até inconsciente da mudança que se acelera pode ter sido o catalisador para grande parte do pensamento utópico, apocalíptico e milenarista de nossa tradição ocidental. Mas a diferença é que agora todo o mundo percebe o ritmo do progresso em algum nível, não só os visionários.

John Smart

---

1 * Parafraseando John Kennedy em seu discurso em Berlim: "Ich bin ein Berliner", Eu sou um berlinense. (N.T.)

Um singularitariano é alguém que compreende a Singularidade e refletiu sobre o significado dela para a sua própria vida.

Por várias décadas, venho dedicando-me a essa reflexão. Nem é preciso dizer que se trata de um processo que jamais se pode completar. Comecei a refletir sobre o relacionamento de nosso pensamento com a tecnologia da computação quando era adolescente, na década de 1960. Nos anos 1970, comecei a estudar a aceleração da tecnologia e escrevi meu primeiro livro sobre o assunto no final dos anos 1980. Portanto tive tempo para contemplar o impacto na sociedade — e em mim mesmo — das transformações, umas sobre as outras, que acontecem agora.

George Gilder tem descrito minhas opiniões científicas e filosóficas como "uma visão alternativa para aqueles que perderam a fé no objeto tradicional da crença religiosa".[1] A declaração de Gilder é compreensível, pois há semelhanças ao menos aparentes entre a expectativa da Singularidade e a expectativa das transformações articuladas pelas religiões tradicionais.

Mas não cheguei a meu ponto de vista como resultado da procura de uma alternativa para a fé usual. A origem de minha procura do entendimento das tendências tecnológicas foi prática: uma tentativa de escolher o momento adequado para minhas invenções e tomar as melhores decisões táticas ao lançar uma empresa de tecnologia. Com o tempo, essa modelagem da tecnologia adquiriu vida própria e me levou a formular uma teoria da evolução da tecnologia. Não foi um salto muito grande daí para refletir sobre o impacto dessas mudanças cruciais nas instituições sociais e culturais e na minha própria vida. Por conseguinte, enquanto ser um singularitariano não é uma questão de fé, mas sim de entendimento, refletir sobre as tendências científicas que discuto neste livro gera inevitavelmente novas perspectivas sobre as questões que as religiões tradicionais têm tentado abordar: a natureza da mortalidade e da imortalidade, o propósito de nossas vidas e a inteligência no universo.

Muitas vezes, ser um singularitariano tem sido uma experiência alienante e solitária para mim, porque a maioria das pessoas que encontro não compartilha do meu ponto de vista. A maioria dos "grandes pensadores" ignora totalmente essa grande reflexão. Em uma miríade de declarações e comentários, as pessoas normalmente ressaltam a sabedoria popular de que a vida humana é curta, que nosso alcance físico e intelectual é limitado, e que não haverá nenhuma mudança fundamental durante nossa vida. Espero que essa visão limitada se modifique à medida que as implicações da mudança acelerada fiquem cada vez mais aparentes, mas ter mais gente com quem compartilhar minha perspectiva é uma das razões principais para eu ter escrito este livro.

Então, como contemplamos a Singularidade? Como acontece com o Sol, é difícil olhar diretamente para ela; é melhor olhar de soslaio, com o canto dos olhos. Como afirma Max More, a última coisa de que precisamos é outro dogma ou de mais uma seita, portanto o singularitarianismo não é um sistema de crenças ou pontos de vista unificados. Ele é fundamentalmente um entendimento das tendências básicas de tecnologia, ao mesmo tempo que é uma reflexão que nos faz repensar tudo, desde a natureza da saúde e da riqueza até a natureza da morte e do próprio eu.

Para mim, ser um singularitariano significa muitas coisas, das quais o que segue é uma pequena amostra. Estas reflexões expressam minha filosofia pessoal, não uma proposta para uma nova doutrina.

- Temos os meios, agora, para viver tempo suficiente que nos permita ter as condições de viver para sempre.[2] Os conhecimentos existentes podem ser aplicados agressivamente para desacelerar dramaticamente os processos de envelhecimento, portanto ainda teríamos uma saúde vital quando ficarem disponíveis as terapias mais radicais da biotecnologia e da nanotecnologia para a extensão da vida. Mas a maioria dos *baby boomers* não terá êxito nisso porque não percebe os processos de envelhecimento que se aceleram em seus corpos e a oportunidade para intervir neles.
- Nesse espírito, estou agressivamente reprogramando minha bioquímica, que agora já está completamente diferente.[3] Tomar suplementos e medicamentos não é um último recurso a ser reservado apenas para quando existe algo errado. Já há alguma coisa errada. Nossos corpos são governados por programas genéticos obsoletos que evoluíram em tempos passados; assim, precisamos superar nossa herança genética. Já temos o conhecimento para começar a realizar isso, algo que me comprometo a fazer.
- Meu corpo é temporário. Suas partículas são substituídas quase completamente todo mês. Só o padrão do meu corpo e mente tem continuidade.
- Deveríamos nos esforçar para melhorar esses padrões, aperfeiçoando a saúde de nossos corpos e ampliando o alcance de nossas mentes. No final, conseguiremos expandir enormemente nossas faculdades mentais através da fusão com a tecnologia.
- Precisamos de um corpo, mas quando incorporarmos a fabricação MNT em nós mesmos, poderemos mudar nossos corpos à vontade.

- Só a tecnologia pode fornecer a escala para superar os desafios com que a sociedade humana vem lutando por gerações. Por exemplo, as tecnologias emergentes fornecerão o meio para prover e armazenar energia limpa e renovável, para remover toxinas e patógenos dos nossos corpos e do ambiente, e fornecerão o conhecimento e a riqueza para superar a fome e a pobreza.
- O conhecimento é precioso sob todas as formas: música, arte, ciência e tecnologia, bem como o conhecimento inserido em nossos corpos e cérebros. Qualquer perda de conhecimento é trágica.
- Informação não é conhecimento. O mundo está inundado de informações; é papel da inteligência encontrar e agir sobre padrões destacados. Por exemplo, temos centenas de megabits de informação por segundo fluindo através de nossos sentidos, a maior parte deles sendo inteligentemente descartada. São apenas os reconhecimentos-chave e insights (todas as formas de conhecimento) que conservamos. Dessa forma, a inteligência destrói seletivamente a informação para criar conhecimento.
- A morte é uma tragédia. Não é degradante considerar uma pessoa como um padrão (uma forma de conhecimento) relevante, que se perde quando ela morre. Ao menos, esse é o caso hoje, pois ainda não temos o meio de ter acesso e copiar esse conhecimento. Quando as pessoas falam em perder um pedaço delas quando morre um ente querido, elas falam em sentido literal, já que perdemos a habilidade de usar efetivamente os padrões neurais de nosso cérebro que tinham se auto-organizado para interagir com essa pessoa.
- Um papel primordial da religião tradicional é a racionalização da morte — isto é, racionalizar a tragédia da morte como uma coisa boa. Malcolm Muggeridge expressa a visão geral de que "se não fosse a morte, a vida seria insuportável". Mas a explosão da arte, ciência e outras formas de conhecimento que a Singularidade trará vão tornar a vida mais do que suportável; vão realmente dar sentido à vida.
- Acho que a finalidade da vida — e de nossas vidas — é criar e apreciar um conhecimento cada vez maior, é ir para uma maior "ordem". Como discuti no capítulo 2, uma ordem crescente em geral significa uma complexidade crescente, mas às vezes um insight profundo aumenta a ordem enquanto reduz a complexidade.
- Como a vejo, a finalidade do universo reflete a mesma finalidade das nossas vidas: ir em direção de uma maior inteligência e de um conhecimento maior. Nossa inteligência humana e nossa tecnologia formam a vanguarda dessa

inteligência em expansão (dado que não percebemos nenhum competidor extraterrestre).

• Tendo chegado a um ponto de virada, estaremos prontos, neste século, para impregnar nosso sistema solar de nossa inteligência, através da inteligência não biológica autorreplicante. Então, ela irá se espalhar para o resto do universo.

• As ideias são a concretização e o produto da inteligência. As ideias existem para resolver a maioria dos problemas que encontramos. Os problemas primários que não conseguimos resolver são os que não conseguimos articular, e são principalmente aqueles de que ainda não estamos conscientes. Para os problemas que encontramos de fato, o desafio central é como expressá-los com precisão em palavras (e às vezes em equações). Tendo feito isso, temos a habilidade de achar as ideias para confrontar e resolver cada um desses problemas.

• Podemos aplicar a enorme alavancagem fornecida pela aceleração da tecnologia. Um exemplo notável é alcançar um radical prolongamento da vida através de "uma ponte para uma ponte para uma ponte"[42*] (aplicar o conhecimento de hoje como uma ponte para a biotecnologia, que, por sua vez, será a ponte para a era da nanotecnologia).[4] É uma maneira de viver indefinidamente *agora*, mesmo que não tenhamos ainda todo o conhecimento necessário para um prolongamento radical da vida. Em outras palavras, não temos de resolver todos os problemas hoje. Podemos prever as habilidades das tecnologias que virão — em cinco, dez ou vinte anos — e inseri-las em nossos planos. É assim que faço meus próprios projetos de tecnologia, e podemos fazer o mesmo com os grandes problemas que a sociedade enfrenta e com nossas próprias vidas.

O filósofo contemporâneo Max More descreve o objetivo da humanidade como uma transcendência a "ser atingida através da ciência e da tecnologia orientadas pelos valores humanos".[5] More cita a observação de Nietzsche: "O homem é uma corda amarrada entre o animal e o Übermensch[3*] — uma corda através de um abismo". Pode-se interpretar Nietzsche como apontando que avançamos além dos outros animais enquanto procuramos nos tornar algo

2 * Referindo-se a "uma rosa é uma rosa é uma rosa" de Gertrude Stein. (N.T.)
3 * Expressão de Nietzsche para indicar aquilo que está além da humanidade e lhe é superior. (N.T.)

muito maior. Pode-se considerar a referência ao abismo feita por Nietzsche como aludindo aos perigos inerentes à tecnologia, que abordo no próximo capítulo.

Ao mesmo tempo, More manifestou sua preocupação de que prever a Singularidade poderia fazer ignorar as questões de hoje.[6] O fato de que desponta no horizonte uma enorme capacidade para superar problemas seculares pode tender a nos desligar das preocupações banais atuais. Compartilho da antipatia de More em relação ao "singularitarianismo passivo". Uma razão para uma postura proativa é que a tecnologia é uma espada de dois gumes e, como tal, tem sempre o potencial de dar errado indo para a Singularidade, com consequências profundamente perturbadoras. Mesmo pequenos atrasos em pôr em prática as tecnologias emergentes podem condenar milhões de pessoas a continuarem sofrendo e morrendo. Como um exemplo dentre muitos, os atrasos excessivos da regulamentação para implementar terapias para salvar vidas acabam custando muitas vidas. (Perdemos milhões de pessoas por ano, em todo o mundo, só por doenças do coração.)

More também se preocupa com uma rebelião cultural "seduzida por incitações religiosas e culturais para 'estabilidade', 'paz', e contra 'arrogância' e 'o desconhecido'" que podem descarrilar a aceleração tecnológica.[7] Acho pouco provável qualquer descarrilamento significativo no avanço geral da tecnologia. Mesmo eventos tão marcantes quanto as duas guerras mundiais (onde morreram cerca de 100 milhões de pessoas), a Guerra Fria e numerosas sublevações econômicas, culturais e sociais, não deixaram a menor marca no ritmo das tendências tecnológicas. Mas os sentimentos antitecnologia concentrados, insensatos, cada vez mais sendo expressos no mundo hoje, têm de fato o potencial para exacerbar muito sofrimento.

Ainda humano? Alguns observadores referem-se ao período pós-Singularidade como "pós-humano" e se referem à expectativa por esse período como a do pós-humanismo. Para mim, contudo, ser um humano significa fazer parte de uma civilização que procura ampliar suas fronteiras. Já estamos indo além de nossa biologia ao ganhar rapidamente as ferramentas para reprogramá-la e expandi-la. Se considerarmos um humano modificado pela tecnologia como não sendo mais humano, onde iremos traçar o limite? Um humano com um coração biônico ainda é humano? E quanto a uma pessoa que tem um implante neurológico? E dois implantes neurológicos? E alguém que tem dez nanorrobots no cérebro? E quanto a 500 milhões de nanorrobots? Devemos fixar um limite em 650 milhões de nanorrobots: abaixo disso, você ainda é humano e acima disso, você é um pós-humano?

Nossa fusão com a tecnologia tem aspectos de um declive escorregadio, mas um declive que desliza para cima, na direção de maiores promessas, não para baixo, para o abismo de Nietzsche. Alguns observadores referem-se a essa fusão como criadora de uma nova "espécie". Mas toda a ideia de uma espécie é um conceito biológico, e o que fazemos é transcender a biologia. A transformação subjacente à Singularidade não é simplesmente mais uma em uma longa fila de etapas na evolução biológica. Estamos virando a evolução biológica de cabeça para baixo.

BILL GATES: *Concordo 100% com você. O que eu gosto nas suas ideias é que elas se baseiam na ciência, mas seu otimismo é quase uma fé religiosa. Eu também sou otimista.*

RAY: *É, a gente precisa de uma nova religião. O papel principal da religião tem sido racionalizar a morte, já que até aqui tinha muito pouca coisa de construtivo que a gente podia fazer com ela.*

BILL: *Quais seriam os princípios da nova religião?*

RAY: *A gente vai querer manter dois princípios: um da religião tradicional e um das ciências e artes seculares — da religião tradicional, o respeito pela consciência humana.*

BILL: *É, a Regra de Ouro.*

RAY: *Certo, nossa moralidade e sistema legal estão baseados no respeito pela consciência dos outros. Se eu machuco outra pessoa, isso é considerado imoral e provavelmente ilegal, porque causei sofrimento a outra pessoa consciente. Se eu destruir bens, se for minha propriedade, em geral tudo bem, e a razão principal pela qual é imoral e ilegal se for a propriedade de outra pessoa é porque provoquei um sofrimento, não no bem, mas na pessoa que o possui.*

BILL: *E o princípio secular?*

RAY: *Das artes e ciências, é a importância do conhecimento. O conhecimento vai além da informação. Conhecimento é a informação que tem sentido para as entidades conscientes: música, arte, literatura, ciência, tecnologia. Essas são as qualidades que vão se expandir a partir das tendências de que estou falando.*

BILL: *A gente precisa ficar longe dessas histórias rebuscadas e esquisitas das religiões contemporâneas e se concentrar em algumas mensagens* simples. *A gente precisa de um líder carismático para essa nova religião.*

Ray: *Um líder carismático é uma parte do modelo antigo. É uma coisa de que a gente quer ficar longe.*

Bill: *Tá, um computador carismático, então.*

Ray: *E que tal um sistema operacional carismático?*

Bill: *Isso a gente já tem. Então, tem Deus nessa religião?*

Ray: *Ainda não, mas vai ter. Depois que a gente saturar a matéria e a energia do universo com inteligência, ele vai "acordar", ser consciente e terá uma inteligência sublime. Não consigo imaginar nada mais perto de Deus.*

Bill: *Será inteligência de silicone, não inteligência biológica.*

Ray: *É, a gente vai transcender a inteligência biológica. Primeiro, a gente vai se fundir com ela, mas no final a porção não biológica da nossa inteligência é que vai predominar. Por falar nisso, ela não deve ser de silicone, mas de alguma coisa como nanotubos de carbono.*

Bill: *Sim, eu entendo — só estou chamando de inteligência de silicone porque as pessoas entendem o que isso quer dizer. Mas não acho que vai ser consciente no sentido humano.*

Ray: *Por que não? Se a gente emular do jeito mais detalhado possível tudo que vai no corpo e no cérebro humano e instalar esses processos em outro substrato, e aí, é claro, expandi-lo muito, por que não seria consciente?*

Bill: *Vai ser consciente. Só acho que vai ser um tipo diferente de consciência.*

Ray: *Talvez esse seja o 1% em que a gente não concorda. Por que seria diferente?*

Bill: *Porque os computadores podem se fundir instantaneamente. Dez computadores — ou 1 milhão de computadores — podem virar um computador maior, mais rápido. Sendo humanos, a gente não pode fazer isso. Cada um de nós tem uma individualidade distinta que não pode ser transposta.*

Ray: *Isso é só uma limitação da inteligência biológica. A diferenciação intransponível da inteligência biológica não é uma vantagem. A inteligência "de silicone" pode funcionar dos dois jeitos. Os computadores não precisam juntar suas inteligências e seus recursos. Eles podem continuar sendo "indivíduos", se quiserem. A inteligência de silicone pode mesmo funcionar dos dois jeitos, fundindo e mantendo a individualidade — ao mesmo tempo. Como humanos, a gente também tenta se fundir com outros, mas nossa habilidade para fazer isso é passageira.*

Bill: *Tudo que vale a pena é passageiro.*

RAY: *É, mas é substituído por alguma coisa de valor ainda maior.*

BILL: *É verdade, é por isso que a gente precisa ficar inovando.*

A questão vexatória da consciência

Se você pudesse ampliar o cérebro até o tamanho de um moinho e fosse andar por dentro dele, não conseguiria achar a consciência.

G. W. Leibniz

Conseguimos lembrar do amor? É como tentar lembrar do cheiro de rosas em um porão. Pode-se ver uma rosa, mas o perfume nunca.

Arthur Miller[8]

Na primeira e mais simples tentativa de filosofar, ficamos enrascados nas questões de se, quando sabemos alguma coisa, sabemos que sabemos, e, quando pensamos sobre nós mesmos, pensamos no que está sendo pensado e o que está fazendo o pensar. Depois de ficarmos intrigados e aborrecidos por esse problema por muito tempo, aprendemos a não insistir nessas questões: o conceito de um ser consciente é percebido, implicitamente, como sendo algo diferente de um objeto inconsciente. Ao dizer que um ser consciente sabe alguma coisa, dizemos não apenas que ele sabe, mas também que ele sabe que sabe, e que ele sabe que ele sabe que ele sabe, e assim por diante, enquanto quisermos fazer a pergunta: admitimos que aqui existe um infinito, mas não é o eterno retorno no mau sentido, pois são as perguntas que se esgotam como não tendo sentido, em vez das respostas.

J. R. Lucas, filósofo de Oxford, em seu texto de 1961: *"Minds, Machines, and Gödel"*[9]

Os sonhos são reais enquanto duram; pode-se dizer mais do que isso sobre a vida?

Havelock Ellis

As máquinas do futuro serão capazes de ter experiências emocionais e espirituais? Já discutimos vários cenários para que uma inteligência não biológica demonstre toda a gama do comportamento emocionalmente rico exibido por humanos biológicos hoje. Pelo final dos anos 2020, teremos completado a engenharia reversa do cérebro humano, que irá permitir a criação de sistemas não biológicos que igualem e excedam a complexidade e a sutileza de humanos, inclusive nossa inteligência emocional.

Um segundo cenário é poder fazer um upload dos padrões de um humano real para um substrato não biológico adequado, pensante. Um terceiro cenário, e o mais atraente, envolve a progressão gradual mas inexorável dos próprios humanos, de biológicos para não biológicos. Isso já começou com a introdução benéfica de dispositivos como implantes neurais para melhorar deficiências e doenças. Irá progredir com a introdução de nanorrobots na corrente sanguínea, que será desenvolvida inicialmente para aplicações médicas e antienvelhecimento. Mais adiante, nanorrobots sofisticados farão a interface com nossos neurônios biológicos para aumentar nossos sentidos, fornecer uma realidade virtual e aumentada dentro do sistema nervoso, favorecer nossas lembranças e realizar outras tarefas cognitivas de rotina. Então seremos ciborgues, e com esse apoio em nossos cérebros, a porção não biológica de nossa inteligência irá se expandir exponencialmente. Como analisei nos capítulos 2 e 3, vemos um crescimento contínuo exponencial de todos os aspectos da tecnologia da informação, incluindo preço-desempenho, capacidade e ritmo de adoção. Considerando que são extremamente pequenas a massa e a energia necessárias para computar e comunicar cada bit de informação (ver capítulo 3), essas tendências podem continuar até que nossa inteligência não biológica exceda enormemente a porção biológica. Uma vez que a capacidade de nossa inteligência biológica está essencialmente fixa (exceto por algum aperfeiçoamento relativamente modesto da biotecnologia), a porção não biológica no final irá predominar. Nos anos 2040, quando a porção não biológica for bilhões de vezes mais capaz, ainda estaremos ligando nossa consciência à porção biológica de nossa inteligência?

Claramente, as entidades não biológicas irão reivindicar que elas têm experiências emocionais e espirituais, assim como nós fazemos hoje. Elas — nós — irão alegar que são humanas e que têm a gama completa de experiências emocionais e espirituais que os humanos afirmam ter. E essas não serão alegações vãs; elas deixarão evidente o tipo de comportamento sutil, complexo, intenso, associado a tais sentimentos.

Mas como essas reivindicações e comportamentos — por mais convincentes que sejam — relacionam-se com a experiência subjetiva de humanos não biológicos? Ficamos voltando à questão da consciência, muito real, mas basicamente incomensurável (por meios inteiramente objetivos). Com frequência, as pessoas falam da consciência como se fosse uma propriedade nítida de uma entidade que pode ser prontamente identificada, detectada e medida. Um insight crucial sobre a questão de a consciência ser tão controvertida é o seguinte:

Não há nenhum teste objetivo que possa, no final, determinar sua presença.

A ciência é sobre medições objetivas e suas implicações lógicas, mas a própria natureza da objetividade evidencia que não se podem medir experiências subjetivas — só se podem medir correlatos delas, como o comportamento (e, como comportamento, incluo o comportamento interno — ou seja, as ações dos componentes de uma entidade, como neurônios e suas muitas partes). Essa limitação tem a ver com a própria natureza dos conceitos de "objetividade" e "subjetividade". Fundamentalmente, não podemos penetrar na experiência subjetiva de outra entidade com medições objetivas diretas. Certamente, pode--se argumentar com: "Olhe dentro do cérebro desta entidade não biológica; veja como seus métodos são exatamente iguais aos de um cérebro humano". Ou: "Veja como seu comportamento é igual ao comportamento humano". Mas, no fim, são só argumentos. Por mais convincente que seja o comportamento de uma pessoa não biológica, alguns observadores irão se recusar a aceitar a consciência de uma entidade assim, a menos que ela jorre neurotransmissores, seja baseada na síntese de proteínas dirigida pelo DNA ou tenha algum outro atributo humano especificamente biológico.

Presumimos que outros humanos são conscientes, mas isso também é uma suposição. Não há um consenso entre os humanos sobre a consciência de entidades não humanas, como a dos animais superiores. Considere os debates sobre direitos dos animais, que têm tudo a ver com a questão de terem os animais consciência ou serem apenas quase máquinas que operam por "instinto". Essa questão será ainda mais polêmica em relação a futuras entidades não biológicas que exibem comportamento e inteligência até mais parecidos com os dos humanos do que dos animais.

Com efeito, essas futuras máquinas serão ainda mais parecidas com os humanos do que os humanos hoje. Se isso parece uma afirmação paradoxal, pense que muito do pensamento humano hoje é trivial e pouco original. Ficamos maravilhados com a habilidade de Einstein para criar a teoria da relatividade geral a partir de uma experiência mental ou com a habilidade de Beethoven imaginando sinfonias que ele jamais iria ouvir. Mas esses melhores exemplos do pensamento humano são raros e passageiros. (Por sorte, temos um registro desses momentos passageiros, refletindo uma capacidade fundamental que separou os humanos dos outros animais.) Nossos futuros *eus* primariamente não biológicos serão muito mais inteligentes e, portanto, terão essas qualidades mais pormenorizadas do pensamento humano em um grau muito maior.

Então, como chegaremos a um acordo com a consciência que será reivindicada pela inteligência não biológica? Do ponto de vista prático, tais reivindicações serão aceitas. Por um lado, "elas" serão nós, portanto não haverá uma distinção clara entre a inteligência biológica e a não biológica. Além disso, essas entidades não biológicas serão extremamente inteligentes, portanto conseguirão convencer outros humanos (biológicos, não biológicos ou intermediários) que elas são conscientes. Terão todas as delicadas sugestões emocionais que nos convencem hoje de que os humanos são conscientes. Conseguirão fazer com que outros humanos riam ou chorem. E vão se irritar se os outros não aceitarem suas reivindicações. Mas essa é uma previsão fundamentalmente política e psicológica, não um argumento filosófico.

Discordo daqueles que sustentam que a experiência subjetiva não existe ou é uma qualidade secundária que pode ser ignorada sem consequências. A questão de quem ou do que está consciente e a natureza das experiências subjetivas dos outros são fundamentais para nossos conceitos de ética, moralidade e lei. Nosso sistema legal baseia-se grandemente no conceito de consciência, com atenção particularmente séria prestada a ações que causam sofrimento — uma forma especialmente aguda da experiência consciente — a um ser humano (consciente) ou que põem fim à experiência consciente de um ser humano (por exemplo, homicídio).

A ambivalência humana no que se refere à capacidade de sofrer dos animais também se reflete na legislação. Temos leis contra a crueldade para com os animais,[4]* com maior ênfase dada a animais mais inteligentes, como primatas (embora pareça que tenhamos um ponto cego em relação ao sofrimento animal maciço envolvido na criação intensiva de gado, mas isso é assunto para outro tratado).

O ponto que ressalto é que não podemos com segurança dispensar a questão da consciência como sendo meramente uma preocupação filosófica bem-educada. Ela está no âmago das bases legais e morais da sociedade. O debate vai mudar quando uma máquina — inteligência não biológica — puder persuadir por si mesma que ela tem sentimentos que devem ser respeitados. Quando conseguir fazê-lo com senso de humor — que é especialmente importante para convencer os outros de que somos humanos —, é provável que se ganhe o debate.

Acho que a mudança real de nosso sistema legal virá inicialmente dos tribunais e não da legislação, pois os litígios muitas vezes precipitam tais transformações. Preconizando o que vem por aí, a advogada Martine Rothblatt, sócia do escritório Mahon, Patu, Rothbratt & Fischer, protocolou uma petição falsa, em 16 de setembro de 2003, para impedir que uma empresa desligasse um computador consciente. O caso foi discutido em uma falsa audiência na sessão de biocibernética na conferência da International Bar Association.[10]

---

4 *Nos Estados Unidos. (N.T.)

Podem-se medir certos correlatos da experiência subjetiva (por exemplo, certos padrões da atividade neurológica que podem ser medidos com objetividade, com relatórios verificáveis objetivamente de certas experiências subjetivas, como ouvir um som). Mas não se pode penetrar no âmago da experiência subjetiva através de medições objetivas. Como foi mencionado no capítulo 1, trata-se da diferença entre a experiência "objetiva" da terceira pessoa, que é a base da ciência, e a experiência "subjetiva" da primeira pessoa, que é sinônimo de consciência.

Não conseguimos vivenciar de verdade as experiências subjetivas dos outros. A tecnologia de transmissão de experiências de 2029 permitirá apenas que o cérebro de uma pessoa vivencie as experiências *sensoriais* (e potencialmente alguns dos correlatos neurológicos das emoções e outros aspectos da experiência) de outra pessoa. Mas isso ainda não irá transmitir a mesma experiência *interior* que aquela vivida pela pessoa que transmite a experiência porque seu cérebro é diferente. Todo dia ouvimos relatos sobre as experiências de outros, e podemos até sentir empatia com o comportamento que resulta de seus estados internos. Mas sendo expostos apenas ao *comportamento* dos outros, só podemos *imaginar* suas experiências subjetivas. Pelo fato de que é possível construir uma visão do mundo perfeitamente consistente, científica, que omite a existência da consciência, alguns observadores chegam à conclusão de que ela é apenas uma ilusão.

Jaron Lanier, pioneiro da realidade virtual, discorda (na terceira objeção das seis que ele chama de "totalitarismo cibernético" em seu tratado "One Half of a Manifesto" [Metade de um manifesto]) daqueles que sustentam "que a experiência subjetiva ou não existe ou não é importante porque é algum tipo de efeito ambiental ou periférico".[11] Como já enfatizei, não há dispositivo ou sistema que possamos apresentar que poderia definitivamente detectar a subjetividade (experiência consciente) associada a uma entidade. Qualquer pretenso dispositivo assim traria embutido em si hipóteses filosóficas. Embora não concorde com grande parte do tratado de Lanier (ver a seção "A crítica do software" no capítulo 9), concordo com ele nesse aspecto e posso até imaginar (e sentir empatia!) seus sentimentos de frustração com as normas dos "totalitários cibernéticos" como eu (não que eu aceite essa caracterização).[12] Como Lanier, até aceito a experiência subjetiva daqueles que sustentam que não existe nada como experiência subjetiva.

Precisamente porque não conseguimos resolver questões inteiras da consciência por medições e análises objetivas (ciência), existe um papel crítico para a filosofia. A consciência é a questão ontológica mais importante. Afinal, se realmente imaginarmos um mundo onde não há experiência subjetiva (um mundo onde há redemoinhos de coisas mas nenhuma entidade consciente para vivenciá-los), esse mundo bem que poderia não existir. Em algumas tradições filosóficas, tanto orientais (certas escolas de budismo, por exemplo) quanto ocidentais (especificamente, interpretações da mecânica quântica baseadas no observador), é exatamente como se considera um mundo assim.

RAY: *A gente pode discutir sobre que tipos de entidades são conscientes ou podem ser. A gente pode questionar se a consciência é uma propriedade emergente ou se é causada por algum mecanismo específico, biológico ou não. Mas existe outro mistério associado à consciência, talvez o mais importante deles.*

MOLLY 2004: *Sou toda ouvidos.*

RAY: *Bom, mesmo que a gente suponha que todos os humanos que parecem estar conscientes estão de fato assim, por que minha consciência está associada a esta determinada pessoa que sou eu? Por que estou consciente dessa pessoa particular que leu os livros de Tom Swift Jr. quando criança, envolveu-se com invenções, escreve livros sobre o futuro etc.? Toda manhã quando acordo, tenho as experiências dessa pessoa específica. Por que eu não fui Alanis Morissette ou outra pessoa?*

SIGMUND FREUD: *Hmm, então você gostaria de ser Alanis Morissette?*

RAY: *É uma proposta interessante, mas não é meu problema.*

MOLLY 2004: *Qual é seu problema? Eu não entendo.*

RAY: *Por que tenho consciência das experiências e decisões dessa pessoa determinada?*

MOLLY 2004: *Porque, bobão, é quem você é.*

SIGMUND: *Parece que tem alguma coisa que você não gosta em você. Fale mais sobre isso.*

MOLLY 2004: *Antes, Ray não gostava nem um pouco de ser humano.*

RAY: *Eu não disse que não gosto de ser humano. Disse que não gostava das limitações, dos problemas e do alto nível de manutenção da versão 1.0 do meu corpo. Mas isso não tem a ver com o que estou tentando fazer aqui.*

CHARLES DARWIN: *Você se pergunta por que você é você? Isso é uma tautologia, não tem muito com que se preocupar.*

RAY: *Como muitas tentativas de expressar os problemas realmente "duros" da consciência, isso parece sem sentido. Mas se você me pergunta com o que me preocupo, esta é a razão: porque estou o tempo todo ciente das experiências e sentidos dessa pessoa determinada? Quanto à consciência das outras pessoas, eu aceito isso, mas não vivencio as experiências dos outros, pelo menos não diretamente.*

SIGMUND: *Ok, a imagem está ficando mais nítida, agora. Você não vivencia as experiências de outras pessoas? Já conversou com alguém sobre empatia?*

RAY: *Olhe, agora estou falando da consciência de um jeito muito pessoal.*

Sigmund: *Isso é bom, continue.*

RAY: *Na verdade, esse é um bom exemplo do que normalmente acontece quando as pessoas tentam travar um diálogo sobre a consciência. Inevitavelmente a discussão se desvia para outro assunto, como psicologia ou comportamento ou inteligência ou neurologia. Mas o mistério de por que sou esta determinada pessoa é o que realmente me intriga.*

CHARLES: *Você sabe que você cria quem você é.*

RAY: *É, é verdade. Assim como nossos cérebros criam nossos pensamentos, nossos pensamentos, por sua vez, criam nossos cérebros.*

CHARLES: *Então, você se fez, e é por isso que você é quem você é, por assim dizer.*

MOLLY 2104: *A gente vivencia isso bem diretamente em 2104. Como sou não biológica, consigo mudar quem eu sou bem depressa. Como já discutimos antes, se me der vontade, posso combinar meus padrões de pensamento com os de outra pessoa e criar uma identidade misturada. É uma experiência profunda.*

MOLLY 2004: *Bom, dona Molly do futuro, a gente também faz isso lá nos dias primitivos de 2004. A gente chama de apaixonar-se.*

Quem sou eu? O que sou eu?

Por que você é você?

A pergunta implícita na sigla YRUU (Young Religious Unitarian Universalists), organização de que fiz parte quando estava crescendo no começo dos anos 1960 (na época, era chamada de LRY (Liberal Religious Youth)

Você é aquilo que procura.

São Francisco de Assis

Não conheço muitas coisas

Sei o que sei se você sabe o que quero dizer.

Filosofia é o texto que vem em uma caixa de cereais matinais.

Religião é o sorriso em um cachorro...

Filosofia é andar em pedras escorregadias.

Religião é uma luz na neblina...

O que eu sou é o que eu sou.

Você é o que você é ou o quê?

Edie Brickell, *"What I Am"*

Livre-arbítrio é a habilidade de fazer de boa vontade aquilo que tenho de fazer.

Carl Jung

A oportunidade do teórico quântico não é a liberdade ética do agostiniano.

Norbert Wiener[13]

Em vez de uma morte comum, prefiro ser mergulhado com uns poucos amigos em um barril de vinho Madeira, até esse instante final, então ser chamado à vida pelo calor solar do meu amado país. Mas, com toda a probabilidade, vivemos em um século muito pouco avançado e perto demais da infância da ciência para ver tal arte levada à perfeição em nosso tempo.

Benjamin Franklin, 1773

Uma questão relacionada, mas diferente, tem a ver com nossas próprias identidades. Já falamos do potencial para fazer upload dos padrões de uma mente individual — conhecimento, habilidades, personalidade, lembranças — para outro substrato. Embora a entidade fosse agir exatamente como eu, permanece a pergunta: é realmente *eu*?

Alguns dos cenários para um prolongamento radical da vida envolvem re-engenharia e reconstrução dos sistemas e subsistemas abrangidos por nossos corpos e cérebros. Ao participar dessa reconstrução, será que me perco pelo caminho? De novo, essa questão irá se transformar de um diálogo filosófico secular em uma urgente questão prática nas próximas décadas.

Então, quem sou eu? Já que estou mudando todo o tempo, sou apenas um padrão? E se alguém copiar esse padrão? Eu sou o original e/ou a cópia? Talvez eu seja essa coisa aqui — isto é, um grupo tanto ordenado quanto caótico de moléculas que formam meu corpo e cérebro.

Mas há um problema com essa posição. O conjunto específico de partículas que meu corpo e cérebro compreendem é, de fato, completamente diferente dos átomos e moléculas que eu englobava havia bem pouco tempo. Sabemos que a maioria de nossas células são trocadas em questão de semanas, e mesmo nossos neurônios, apesar de perdurarem como células diferentes por um tempo relativamente longo, mudam todas as moléculas que os constituem em cerca de um mês.[14] A meia-vida de um microtúbulo (um filamento de proteínas que dão estrutura a um neurônio) é de cerca de dez minutos. Os filamentos de actina nos dendritos são substituídos a cerca de cada quarenta segundos. As proteínas que dão energia às sinapses são substituídas mais ou menos a cada hora. Receptores de NMDA nas sinapses ficam por perto pelo tempo relativamente longo de cinco dias.

Portanto, sou um conjunto completamente diferente de coisas do que eu era há um mês, e tudo o que perdura é o padrão de organização dessas coisas. O padrão também muda, mas devagar e continuamente. Sou mais como o padrão que a água forma em um riacho quando corre pelas pedras em seu caminho. As moléculas reais de água são trocadas a cada milissegundo, mas o padrão perdura por horas ou mesmo anos.

Talvez, então, deveríamos dizer que sou um padrão de matéria e energia que perdura no tempo. Mas também há um problema com essa definição, pois, no final, conseguiremos fazer o upload desse padrão para reproduzir meu corpo e cérebro com um grau bastante alto de precisão, não se podendo diferenciar a cópia do original. (Isto é, a cópia poderia ser aprovada em um teste de Turing "de Ray Kurzweil".) A cópia, portanto, irá compartilhar meu padrão. Pode-se argumentar que talvez não se consiga todos os detalhes corretamente, mas, com o tempo, nossas tentativas de criar uma réplica do cérebro e do corpo irão aumentar em resolução e precisão no mesmo ritmo exponencial que governa todas as tecnologias baseadas na informação. No final, conseguiremos capturar e recriar meu padrão de detalhes importantes neurais e físicos com qualquer grau de precisão que se deseje.

Embora a cópia compartilhe do meu padrão, seria difícil dizer que a cópia sou eu, porque eu iria — ou poderia — ainda estar ali. Daria até para me escanear e copiar enquanto eu estivesse dormindo. Se você chegar para mim de manhã e disser: "Boas-novas, Ray, tivemos êxito em reinstalar você em um substrato mais durável, portanto não vamos mais precisar do seu velho corpo e cérebro", permita-me discordar.

Se você fizer o exercício intelectual, é claro que a cópia pode parecer e agir exatamente como eu, mas, apesar de tudo, ela *não* sou eu. Ela pode até não saber que foi criada. Embora tivesse todas as minhas lembranças e se lembrasse de ter sido eu, a partir do momento de sua criação, Ray 2 iria ter suas próprias experiências únicas e sua realidade iria começar a divergir da minha.

Esse é um problema real com relação à criogenia (o processo de preservar pelo congelamento uma pessoa que acabou de morrer, visando "reanimá-la" mais adiante, quando existir a tecnologia para reverter os danos dos estágios iniciais do processo de morrer, do processo da preservação criogênica, e da doença ou condição que a matou em primeiro lugar). Supondo que uma pessoa "preservada" venha a ser reanimada, muitos dos métodos propostos implicam que a pessoa reanimada seja essencialmente "reconstruída" com novos materiais e mesmo com novos sistemas neuromórficos equivalentes. A pessoa reanimada, portanto, será, como efeito, "Ray 2" (isto é, outra pessoa).

Prossigamos um pouco mais nessa linha de pensamento, e você vai ver onde surge o dilema. Se me copiarem e depois destruírem o original, será meu fim, porque, como foi concluído acima, a cópia não sou eu. Se a cópia fizer um trabalho convincente em imitar-me, pode ser que ninguém note a diferença, mas é meu fim.

Pense em substituir uma bem pequena porção de meu cérebro com seu equivalente neuromórfico.

Tudo bem, ainda estou aqui: a operação foi um sucesso (a propósito, os nanorrobots vão eventualmente fazer isso sem cirurgia). Já conhecemos pessoas assim, como as que têm implantes cocleares, implantes para Mal de Parkinson e outros. Agora substitua outra porção do meu cérebro: tudo bem, ainda estou aqui... e de novo... No final do processo, ainda sou eu mesmo. Nunca houve um "velho Ray" e um "novo Ray". Sou o mesmo que era antes. Ninguém sentiu a minha falta, nem eu.

A substituição gradual de Ray resulta em Ray, então consciência e identidade parecem ter sido preservadas. Entretanto, no caso da substituição gradual não há ao mesmo tempo o eu velho e o eu novo. No final do processo, tem-se o equivalente ao novo eu (isto é, Ray 2) e nenhum velho eu (Ray 1). Assim, a substituição gradual também significa meu fim. Podemos, então, ficar pensando: em que ponto meu corpo e cérebro se transformaram em outra pessoa?

Por outro lado (estamos ficando sem lados filosóficos, aqui), como ressaltei no começo dessa questão, eu estou, de fato, sendo continuamente substituído como parte de um processo biológico normal. (E, a propósito, esse processo não é especialmente gradual, mas sim bem rápido.) Como concluímos, tudo o que persiste é meu padrão espacial e temporal de matéria e energia. Mas o exercício intelectual acima mostra que a substituição gradual significa meu fim, mesmo que meu padrão seja preservado. Então, estou todo o tempo sendo substituído por alguma outra pessoa que só parece muito com o eu de uns poucos momentos antes?

Então, de novo, quem sou eu? É a pergunta ontológica fundamental, e com frequência nos referimos a ela como a questão da consciência. Conscientemente (trocadilho proposital), escrevi toda a questão na primeira pessoa, porque essa é sua natureza. Não é uma pergunta de terceira pessoa. Assim, minha pergunta não é "quem é você"?, embora você queira fazer essa pergunta você mesmo.

Quando as pessoas falam da consciência, muitas vezes acabam caindo em considerações sobre correlatos comportamentais e neurológicos da consciência (por exemplo, se uma entidade pode ou não ser autorreflexiva). Mas essas questões são de terceira pessoa (objetivas) e não representam o que David Chalmers chama de a "pergunta difícil" da consciência: como pode a matéria (o cérebro) levar para algo aparentemente tão imaterial como a consciência?[15]

A questão de se uma entidade é consciente ou não é aparente apenas para ela mesma. A diferença entre os correlatos neurológicos da consciência (como comportamento inteligente) e a realidade ontológica da consciência é a diferença entre realidade objetiva e subjetiva. É por isso que não se pode propor um detector objetivo da consciência sem que sejam inseridas nele hipóteses filosóficas.

Acredito que nós, humanos, acabaremos aceitando que entidades não biológicas têm consciência, porque no final as entidades não biológicas terão todas as dicas sutis que os humanos possuem atualmente e que associamos a experiências subjetivas emocionais e outras. Contudo, embora consigamos verificar as dicas sutis, não teremos acesso direto à consciência.

Reconheço que muitos de vocês me parecem estar conscientes, mas não vou me apressar para aceitar essa impressão. Talvez eu esteja realmente vivendo em uma simulação e todos você façam parte dela.

Ou, talvez, só existam minhas lembranças de vocês e essas experiências reais nunca aconteceram.

Ou, talvez, eu esteja agora apenas vivenciando a sensação de relembrar aparentes recordações, mas nem a experiência nem as lembranças existem realmente. Bem, vocês veem o problema.

Apesar desses dilemas, minha filosofia pessoal continua baseada nos padrões — sou principalmente um padrão que perdura no tempo. Sou um padrão que evolui e posso influenciar o caminho da evolução do meu padrão. Conhecimento é um padrão, distinto da mera informação, e perder conhecimento é uma perda profunda. Assim, perder uma pessoa é a perda suprema.

MOLLY 2004: *No que me toca, quem eu sou é bastante descomplicado — é basicamente este cérebro e este corpo que, pelo menos neste mês, está em muito boa forma, obrigada.*

RAY: *Você está incluindo a comida em seu aparelho digestivo, em seus vários estágios de decomposição pelo caminho?*

MOLLY 2004: *Tá, você pode excluir isso. Alguma parte disso vai tornar-se eu, mas ainda não foi cadastrado no clube do "pedaço de Molly".*

RAY: *Bom, 90% das células do seu corpo não têm seu DNA.*

MOLLY 2004: *É mesmo? Então, o DNA é de quem?*

RAY: *Os humanos biológicos têm cerca de 10 trilhões de células com seu próprio DNA, mas tem cerca de 100 trilhões de micro-organismos no aparelho digestivo, basicamente bactérias.*

MOLLY 2004: *Não parece muito atraente. Elas são absolutamente necessárias?*

RAY: *Na realidade, elas fazem parte da sociedade de células que deixa Molly viva e saudável. Você não iria sobreviver sem bactérias saudáveis no intestino, elas são necessárias para seu bem-estar.*

MOLLY 2004: *É, mas você não pode contá-las como sendo eu. Tem um monte de coisas de que meu bem-estar depende. Como minha casa e meu carro, mas mesmo assim eu não os incluo como parte de mim.*

RAY: *Muito bem, é razoável deixar de fora todo o aparelho digestivo, bactérias e tudo. Na verdade, é o que faz o corpo. Mesmo que esteja fisicamente dentro do corpo, o corpo considera o aparelho como sendo externo e seleciona com cuidado o que ele absorve na corrente sanguínea.*

MOLLY 2004: *Quando penso mais sobre quem sou eu, até gosto do "círculo de empatia" do Jaron Lanier.*

RAY: *Me conte mais.*

MOLLY 2004: *Basicamente, o círculo de realidade que eu considero como sendo "eu" não é definido. Não é simplesmente meu corpo. Eu me identifico pouco com, digamos, meus dedos dos pés e, depois da nossa última conversa, ainda menos com o conteúdo de meu intestino grosso.*

RAY: *É razoável, e mesmo em relação a nossos cérebros, só percebemos uma porção mínima do que acontece ali.*

MOLLY 2004: *É verdade que tem partes do meu cérebro que parecem ser de outra pessoa ou, pelo menos, de outro lugar. Muitas vezes os pensamentos e sonhos que se intrometem no meu estado de alerta parecem ter vindo de algum lugar estranho. É óbvio que eles estão vindo do meu cérebro, mas não parece.*

Ray: *Em compensação, entes queridos que estão fisicamente separados podem estar tão perto que parecem fazer parte de nós.*

Molly 2004: *Os limites do meu eu parecem cada vez menos nítidos.*

Ray: *Bom, espere só até que sejamos predominantemente não biológicos. Aí vamos poder fundir nossos pensamentos e pensar à vontade, portanto achar limites será ainda mais difícil.*

Molly 2004: *Isso parece, de verdade, um tanto atraente. Você sabe, algumas filosofias budistas enfatizam até que ponto não existe essencialmente nenhum limite entre nós.*

Ray: *Parece que estão falando da Singularidade.*

A Singularidade como transcendência

A modernidade vê a humanidade como tendo ascendido do que lhe é inferior — a vida começa na lama e acaba na inteligência — enquanto as culturas tradicionais a veem como descendendo de seus superiores. Como o antropólogo Marshall Sahlins coloca a questão: "Somos o único povo que supõe que ascendeu dos macacos. Todo o resto do mundo tem certeza de que descende dos deuses".

Huston Smith[16]

Alguns filósofos sustentam que filosofia é o que se faz com um problema até que fique bastante claro para ser solucionado por meio da ciência. Outros sustentam que, se um problema filosófico sucumbe a métodos empíricos, isso mostra que, para começar, ele não era realmente filosófico.

Jerry A. Fodor[17]

A Singularidade denota um evento que irá acontecer no mundo material, o inevitável passo seguinte no processo evolucionista que começou com a evolução biológica e se estendeu através da evolução tecnológica orientada por humanos. Entretanto, é precisamente no mundo da matéria e da energia que encontramos a transcendência, uma conotação principal do que as pessoas chamam de espiritualidade. Vejamos a natureza da espiritualidade no mundo físico.

Por onde começo? Que tal com a água? É bastante simples, mas considere as maneiras diferentes e belas com que ela se manifesta: os padrões variados sem fim quando ela corre pelas pedras de um riacho, depois se precipita caoticamente em uma cachoeira (a propósito, tudo isso pode ser visto da janela do meu escritório); os padrões ondulantes das nuvens no céu; o arranjo da neve em uma montanha; o desenho satisfatório de um único floco de neve.

Ou considere a descrição de Einstein da ordem e desordem misturadas em um copo de água (isto é, sua tese sobre o movimento browniano).

Ou em outro lugar do mundo biológico, considere a intrincada dança das espirais de DNA durante a mitose. E quanto ao encanto de uma árvore que se curva ao vento e suas folhas se batem em uma dança emaranhada? Ou o mundo agitado que vemos em um microscópio? Há transcendência em todo lugar.

Aqui, cabe um comentário sobre a palavra "transcendência". "Transcender" quer dizer "ir além", mas isso não precisa nos levar a adotar uma visão dualista ornamentada que considera os níveis transcendentes da realidade (como o nível espiritual) como não sendo deste mundo. Podemos "ir além" dos poderes "comuns" do mundo material através da potência dos padrões. Embora eu tenha sido chamado de materialista, considero-me um "padronista". É através dos poderes emergentes do padrão que nós transcendemos. Já que a coisa material de que somos feitos é substituída rapidamente, é o poder transcendente de nossos padrões que perdura.

O poder dos padrões para perdurar vai além dos sistemas explicitamente autorreplicantes, como os organismos e a tecnologia autorreplicante. É a persistência e poder dos padrões que sustentam a vida e a inteligência. O padrão é muito mais importante do que a coisa material de que é formado.

Pinceladas aleatórias em uma tela são só tinta. Mas quando arranjadas do jeito certo, elas transcendem a coisa material e se tornam arte. Notas aleatórias são apenas sons. Uma atrás da outra em um jeito "inspirado", temos música. Uma pilha de componentes é só um inventário. Ordenados de maneira inovadora e talvez com a adição de algum software (outro padrão), temos a "mágica" (transcendência) da tecnologia.

Embora alguns considerem o que é chamado de "espiritual" como o verdadeiro significado de transcendência, a transcendência refere-se a todos os níveis da realidade: as criações do mundo natural, inclusive nós mesmos, bem como nossas próprias criações na forma de arte, cultura, tecnologia e expressão emocional e espiritual. A evolução diz respeito a padrões, e é especificamente a profundidade e a ordem dos padrões que crescem em um processo evolucionista. Como a consumação da evolução em nosso meio, a Singularidade aprofundará todas essas manifestações da transcendência.

Outra conotação da palavra "espiritual" é "conter espírito", que é o mesmo que dizer estar consciente. A consciência — a sede da "pessoalência" — é considerada como o que é real em muitas tradições filosóficas e religiosas. Uma ontologia budista comum considera a experiência subjetiva — consciente —

como a realidade máxima, em vez de fenômenos físicos ou objetivos, que são considerados *maya* (ilusão).

Os argumentos que apresento neste livro em relação à consciência têm o propósito de ilustrar essa natureza irritante e paradoxal (e, portanto, profunda) da consciência: como um conjunto de suposições (isto é, que uma cópia do meu arquivo mental compartilha ou não minha consciência) leva, no final, a uma visão contrária e vice-versa.

Nós pressupomos que os humanos são conscientes, pelo menos eles parecem ser. Na outra ponta do espectro, pressupomos que máquinas simples não são. No sentido cosmológico, o universo contemporâneo age como uma máquina simples mais do que como um ser consciente. Mas como foi discutido no capítulo anterior, a matéria e a energia em nossa vizinhança serão impregnadas de inteligência, conhecimento, criatividade, beleza e inteligência emocional (a habilidade de amar, por exemplo) de nossa civilização humano-máquina. Então nossa civilização irá se expandir para fora, transformando toda a matéria e energia burras que encontrarmos em matéria e energia extraordinariamente inteligentes — transcendentes. Portanto, em certo sentido, podemos dizer que a Singularidade irá, por último, impregnar de espírito o universo.

A evolução vai em direção a maior complexidade, maior elegância, maior conhecimento, maior inteligência, maior beleza, maior criatividade e maiores níveis de atributos sutis como o amor. Em toda tradição monoteísta, Deus é, da mesma forma, descrito como todas essas qualidades, mas sem nenhuma limitação: conhecimento infinito, inteligência infinita, beleza infinita, criatividade infinita, amor infinito e assim por diante. É claro que nem mesmo o crescimento acelerado da evolução alcança um nível infinito, mas, como explode exponencialmente, ele com certeza vai rapidamente naquela direção. Então, a evolução vai inexoravelmente para esse conceito de Deus, embora jamais chegando a atingir esse ideal. Portanto, podemos considerar a libertação de nosso pensamento das limitações severas de sua forma biológica como sendo essencialmente uma realização espiritual.

MOLLY 2004: *Então, você acredita em Deus?*

RAY: *Bom, é uma palavra de quatro letras — e um meme poderoso.*

MOLLY 2004: *Percebo que a palavra e a ideia existem. Mas elas se referem a alguma coisa em que você acredita?*

RAY: *As pessoas querem dizer montes de coisas com elas.*

MOLLY 2004: *Você acredita nessas coisas?*

RAY: *Não dá para acreditar em todas essas coisas: Deus é uma pessoa consciente onipotente que olha por nós, faz acordos e fica furiosa um bocado de tempo. Ou Ele — A coisa — é uma força vital universal, subjacente a toda beleza e criatividade. Ou Deus criou tudo e depois se retirou...*

MOLLY 2004: *Estou entendendo, mas você acredita em algum deles?*

RAY: *Acredito que o universo existe.*

MOLLY 2004: *Ora, espere um pouco, isso não é uma crença, é um fato científico.*

RAY: *Na verdade, não tenho certeza de que exista alguma coisa que não sejam meus próprios pensamentos.*

MOLLY 2004: *Tá, entendo que este é o capítulo da filosofia, mas dá para ler artigos científicos — milhares deles — que corroboram a existência de estrelas e galáxias. Então, todas essas galáxias — a gente chama isso de universo.*

RAY: *É, já ouvi falar, e lembro de ter lido alguns desses artigos, mas não sei se esses artigos existem realmente ou se as coisas a que se referem existem na realidade, além dos meus pensamentos.*

MOLLY 2004: *Então você não reconhece a existência do universo?*

RAY: *Não, eu só disse que acredito que ele existe, mas enfatizo que é uma crença. É meu ato de fé pessoal.*

MOLLY 2004: *Tudo bem, mas eu perguntei se você acreditava em Deus.*

RAY: *De novo, "Deus" é uma palavra que significa coisas diferentes para as pessoas. Em consideração pela sua pergunta, a gente pode considerar Deus como sendo o universo, e eu disse que acredito na existência do universo.*

MOLLY 2004: *Deus é só o universo?*

RAY: *Só? É uma coisa bem grande para aplicar a palavra "só". Se a gente for acreditar no que a ciência nos diz — e eu disse que acredito —, é um fenômeno tão grande quanto conseguirmos imaginar.*

MOLLY 2004: *Na verdade, muitos físicos consideram agora que nosso universo é apenas uma bolha entre um vasto número de outros universos. Mas quero dizer que as pessoas em geral querem dizer algo mais com a palavra "Deus" do que "só" o mundo material. Algumas pessoas associam Deus com tudo o que existe, mas elas ainda consideram que Deus está consciente. Então você acredita em um Deus que não está consciente?*

RAY: *O universo não está consciente — ainda. Mas ele vai ficar. Estritamente falando, devo dizer que hoje muito pouco dele está consciente. Mas isso vai mudar e logo. Espero que o universo fique supremamente inteligente e acorde na Época Seis. A única crença que eu requisito aqui é a de que o universo existe. Se fizermos esse ato de fé, a expectativa de que ele vai acordar não é tanto uma crença quanto um entendimento sólido, baseado na mesma ciência que diz que há um universo.*

MOLLY 2004: *Interessante. Sabe, isso é essencialmente o oposto da opinião de que houve um criador consciente que começou tudo e depois meio que se retirou. Você está dizendo basicamente que um universo consciente vai "voltar" na Época Seis.*

RAY: *Sim, essa é a essência da Época Seis.*

CAPÍTULO 8

GNR: Promessa e perigo profundamente entrelaçados

Estamos sendo empurrados para este novo século sem planos, sem controle, sem freios... A única alternativa que vejo é largar mão: limitar o desenvolvimento de tecnologias que são muito perigosas, limitando nossa procura por certos tipos de conhecimento.

Bill Joy, "Why the Future Doesn't Need Us"

Os ambientalistas agora devem encarar a ideia de um mundo que tem suficiente riqueza e suficiente capacidade tecnológica, e que não deveria procurar mais.

Bill McKibben, ambientalista que foi o primeiro a escrever sobre o aquecimento global[1]

O progresso pode ter sido muito bom no passado, mas já foi longe demais.

Ogden Nash (1902-1971)

No final dos anos 1960, fui transformado em um ativista ambiental radical. Um grupo descolado de ativistas e eu atravessamos o Pacífico Norte em um velho barco furado de pescar linguado para bloquear os últimos testes da bomba de hidrogênio durante o mandato do presidente Nixon. Nesse processo, eu e mais outros fundamos o Greenpeace [...]. Os ambientalistas com frequência produziram argumentos que pareciam razoáveis, enquanto faziam boas ações como salvar baleias e deixar mais limpos o ar e a água. Mas agora chegou a hora da onça beber água. A campanha dos ambientalistas contra a biotecnologia em geral, e contra a engenharia genética em particular, expôs claramente sua falência intelectual e moral. Ao adotar uma política de tolerância zero em relação a uma tecnologia com tantos benefícios potenciais para a humanidade e o meio ambiente, eles [...] se isolaram dos cientistas, intelectuais e defensores da internacionalização. Parece inevitável que, com o tempo, a mídia e o público cheguem a ver a insensatez de sua posição.

Patrick Moore

Acho que [...] fugir da tecnologia e odiá-la é contraproducente. Buda fica tão bem nos circuitos de um computador digital e na embreagem de uma moto quanto no topo de uma montanha ou nas pétalas de uma flor. Pensar o contrário é aviltar Buda — que é aviltar a si mesmo.

Robert M. Pirsig, Zen and the Art of Motorcycle Maintenance

Pense nestes artigos que preferiríamos que não estivessem disponíveis na web:

Impressione seus inimigos: como construir sua própria bomba atômica com materiais fáceis de encontrar[2]

Como modificar o vírus da gripe no laboratório da sua escola para que emita veneno de cobra

Dez alterações fáceis no vírus *E. coli*

Como modificar a varíola para contra-atacar a vacina da varíola

Construa suas próprias armas químicas com materiais disponíveis na internet

Como construir um avião não tripulado, auto-orientado, que voe baixo, usando uma aeronave barata, GPS e um notebook

Ou, que tal o seguinte:

Os genomas dos dez patógenos principais

As plantas dos mais conhecidos arranha-céus

A configuração dos reatores nucleares dos Estados Unidos

Os cem pontos mais vulneráveis da sociedade moderna

Os dez pontos mais vulneráveis da internet

Informações pessoais da saúde de 100 milhões de americanos

Listas dos principais sites de pornografia feitas pelos consumidores

É quase certo que quem escolher o primeiro item acima receberá em seguida uma visita do FBI, como aconteceu com Nate Ciccolo, um estudante de quinze anos, em março de 2000. Para um projeto de ciências da escola, ele construiu um modelo em papel machê de uma bomba atômica que acabou sendo preocupantemente preciso. Na tempestade de mídia que se seguiu, Nate contou no programa ABC News: "Alguém só meio que mencionou, sabe, você pode entrar na internet agora e pegar a informação. E eu, tipo, não estava sabendo muito das coisas. Experimente. Eu entrei lá e um par de cliques e eu estava bem ali".[3]

É claro que Nate não tinha o ingrediente principal, plutônio, nem tinha qualquer intenção de adquiri-lo, mas a reportagem criou ondas de choque na mídia, sem falar das autoridades que se preocupam com a proliferação nuclear. Nate contou ter encontrado 563 páginas da web sobre projetos de bomba atômica, e a publicidade resultou em um esforço urgente para removê-las. Infelizmente, tentar excluir informações da internet é como tentar empurrar o oceano com uma vassoura. Alguns dos sites continuam facilmente acessíveis até hoje. Não vou indicar nenhuma URL neste livro, mas não são difíceis de achar.

Embora os títulos dos artigos acima sejam fictícios, pode-se achar informações extensas na internet sobre todos esses tópicos.[4] A web é uma ferramenta de pesquisa extraordinária. Por experiência própria, pesquisas que costumavam levar meio dia na biblioteca agora podem ser realizadas normalmente em um par de minutos ou menos. Isso traz benefícios enormes e óbvios para o desenvolvimento de tecnologias benéficas, mas também pode favorecer aqueles cujos valores são contrários à corrente principal da sociedade. Então, corremos perigo? A resposta é claramente sim. Quanto perigo e o que fazer com ele são o assunto deste capítulo.

Minha preocupação urgente com essa questão data de, pelo menos, um par de décadas. Quando escrevi *The Age of Intelligent Machines* em meados da década de 1980, estava profundamente preocupado com a habilidade da engenharia genética então emergente em permitir, a quem fosse habilitado na tecnologia e tivesse acesso a equipamentos amplamente disponíveis, modificar patógenos virais e bactérias para criar novas doenças.[5] Em mãos destrutivas ou meramente descuidadas, esses patógenos fabricados poderiam combinar, potencialmente, um alto grau de contágio, engodo e destruição.

Coisas assim não eram fáceis de realizar nos anos 1980, mas, apesar de tudo, eram factíveis. Agora sabemos que os programas de armas biológicas na União Soviética e em outros lugares estavam fazendo exatamente isso.[6] Na época, tomei uma decisão consciente de não falar desse espectro em meu livro, não querendo dar às pessoas erradas nenhuma ideia de destruição. Não queria ligar o rádio, um dia, e ficar sabendo de um desastre, com os autores dizendo que tiveram a ideia inspirados em Ray Kurzweil.

Em parte como resultado dessa decisão, enfrentei críticas sensatas de que o livro enfatizava os benefícios da futura tecnologia enquanto ignorava suas armadilhas. Portanto, quando escrevi *The Age of Spiritual Machines* em 1997-1998, tentei prestar contas de ambos, a promessa e o perigo.[7] Na época, já havia a necessária atenção do público (por exemplo, o filme de 1995, *Outbreak* (Epidemia), que retrata o terror e o pânico com a liberação de um novo patógeno viral) para que eu ficasse à vontade e começasse a tratar da questão publicamente.

Em setembro de 1998, tendo acabado de completar o manuscrito, encontrei por acaso Bill Joy, estimado colega de longa data no mundo da alta tecnologia, em um bar em Lake Tahoe. Embora por muito tempo eu admirasse Joy por seu trabalho pioneiro com a principal linguagem de software para sistemas interativos da web (Java) e tendo sido um dos fundadores da Sun Microsystems, meu foco nesse breve encontro não era Joy, mas a terceira pessoa sentada à mesa, John Searle. Searle, eminente filósofo da Universidade da Califórnia em Berkeley, tinha feito carreira defendendo os profundos mistérios da consciência humana do aparente ataque de materialistas como Ray Kurzweil (uma classificação que rejeito no próximo capítulo).

Searle e eu tínhamos acabado de debater a questão de se uma máquina podia ter consciência durante a sessão de encerramento da conferência Telecosm de George Gilder. A sessão chamava-se "Máquinas Espirituais" e foi dedicada a uma discussão sobre as implicações filosóficas de meu livro a ser lançado. Eu tinha dado a Joy um manuscrito preliminar e tentei atualizá-lo quanto ao debate sobre consciência que Searle e eu estávamos travando.

Acontece que Joy estava interessado em uma questão bem diferente, especificamente os perigos iminentes para a civilização humana das três tecnologias emergentes que eu tinha apresentado no livro: genética, nanotecnologia e robótica (GNR, como visto acima). Minha exposição do lado negativo da futura tecnologia alarmou Joy, como ele relataria mais tarde em seu agora famoso artigo de capa da *Wired*, "Why the Future Doesn't Need Us" [Por que o futuro não precisa de nós].[8] No artigo, Joy descreve que perguntou a seus amigos da comunidade científica e tecnológica se as projeções que eu fazia eram dignas de crédito e ficou desolado ao descobrir que elas estavam muito perto de se realizarem.

O artigo de Joy focava inteiramente nos cenários negativos e criou uma tempestade. Aqui estava uma das principais figuras do mundo da tecnologia tratando de novos e terríveis perigos emergentes da futura tecnologia. Lembrou a atenção que recebeu George Soros, árbitro financeiro e arquicapitalista, quando fez comentários vagamente críticos sobre os excessos do capitalismo sem freio, embora a controvérsia sobre Joy tenha sido muito mais intensa. O *New York Times* informou que houve cerca de 10 mil artigos comentando e discutindo o artigo de Joy, mais do que qualquer outro na história dos comentários sobre questões tecnológicas. Minha tentativa de relaxar em um salão de Lake Tahoe acabou, assim, incentivando dois debates de longa duração, já que meu diálogo com John Searle continua até hoje.

Apesar de eu ser a origem da preocupação de Joy, minha reputação como "otimista tecnológico" permanece intacta, e Joy e eu temos sido convidados para vários eventos para debater o perigo e as promessas das futuras tecnologias. Embora se espere que eu assuma o lado promissor do debate, muitas vezes acabo usando a maior parte do meu tempo defendendo a posição dele sobre a factibilidade desses perigos.

Muitas pessoas têm interpretado o artigo de Joy como promovedor do amplo abandono não de todos os desenvolvimentos tecnológicos, mas dos desenvolvimentos "perigosos", como a nanotecnologia. Joy, que agora trabalha com investimentos de risco com a lendária empresa do Silicon Valley, Kleiner, Perkins, Caufield & Byers, investindo em tecnologias como a nanotecnologia aplicada à energia renovável e outros recursos naturais, diz que o amplo abandono é uma interpretação errada de sua posição, e essa nunca foi sua intenção. Em um recente e-mail enviado para mim, ele disse que a ênfase deveria estar em seu chamamento para "limitar o desenvolvimento das tecnologias que são perigosas demais" (ver a epígrafe no começo deste capítulo), não na completa proibição. Por exemplo, ele sugere uma proibição da nanotecnologia autorreprodutora, que é parecida com as diretrizes defendidas pelo Foresight Institute, fundado pelo pioneiro da nanotecnologia Eric Drexler e por Christine Peterson. Em geral, essa é uma diretriz razoável, embora acredite que deva haver duas exceções, discutidas mais adiante (ver página 469).

Como outro exemplo, Joy defende que não sejam publicadas as sequências genéticas de patógenos na internet, com que eu também concordo. Ele gostaria de ver os cientistas adotarem regulamentações nessa linha por vontade própria e internacionalmente, e ressalta que "se esperarmos até depois de uma catástrofe, poderemos ter regulamentações mais severas e prejudiciais". Ele diz esperar que "façamos essa regulamentação adequada, para que possamos obter a maioria dos benefícios".

Outros, como Bill McKibben, o ambientalista que foi um dos primeiros a alertar sobre o aquecimento global, têm defendido o abandono de amplas áreas como biotecnologia e nanotecnologia, ou mesmo de toda a tecnologia. Como mostrarei em maiores detalhes abaixo (ver "A ideia do abandono", página 467), abandonar amplos campos seria impossível, a menos que se abandonasse todo o desenvolvimento técnico. Por sua vez, isso iria demandar um governo totalitário do estilo de *Brave New World* (*Admirável mundo novo*), que banisse todo desenvolvimento tecnológico. Essa solução não apenas seria incoerente com nossos valores democráticos, mas iria na verdade aumentar os perigos ao empurrar a tecnologia para a clandestinidade, onde só os praticantes menos responsáveis (por exemplo, países não confiáveis) teriam a maior parte do conhecimento especializado.

Benefícios...

> *Foi a melhor época, foi a pior época, foi a idade da razão, foi a idade da tolice, foi a época da crença, foi a época da incredulidade, foi a era da Luz, foi a era da Escuridão, foi a primavera da esperança, foi o inverno do desespero, tínhamos tudo pela frente, não tínhamos nada pela frente, todos iríamos diretamente para o Céu, todos iríamos diretamente para o outro lado.*

Charles Dickens, A Tale of Two Cities

> *É como argumentar em favor do arado. Você sabe que umas pessoas vão argumentar contra ele, mas também sabe que ele vai existir.*

James Hughes, secretário da Transhumanist Association e sociólogo no Trinity College, no debate "Should Humans Welcome or Resist Becoming Posthuman?"

A tecnologia sempre tem sido uma faca de dois gumes, por um lado trazendo benefícios como uma vida mais longa e mais saudável, liberdade do trabalho físico estafante e mental, e muitas novas possibilidades criativas, e por outro lado introduzindo novos perigos. A tecnologia fortalece ambas as nossas naturezas, a criativa e a destrutiva.

Porções substanciais de nossa espécie já foram aliviadas da pobreza, da doença, do trabalho duro e da adversidade que caracterizaram por muito tempo a história humana. Muitos de nós agora podemos obter satisfação e significado com nosso trabalho, em vez de apenas batalhar para sobreviver. Cada vez temos ferramentas mais potentes para nos expressarmos. Com a web agora atingindo profundamente regiões menos desenvolvidas do mundo, daremos grandes passos na disponibilidade de educação de alta qualidade e conhecimento médico. Podemos compartilhar com o mundo todo cultura, arte e a base de conhecimentos da humanidade que se expande exponencialmente. Já mencionei o relatório do Banco Mundial sobre a redução global da pobreza no capítulo 2, e irei abordar mais no próximo capítulo.

Depois da Segunda Guerra Mundial, passamos de umas vinte democracias no mundo a mais de uma centena hoje, principalmente através da influência da comunicação eletrônica descentralizada. A maior onda de democratização, incluindo a queda da Cortina de Ferro, ocorreu nos anos 1990, com o crescimento da internet e das tecnologias relacionadas. É claro que há muito mais a ser feito em cada uma dessas áreas.

A bioengenharia está nos estágios iniciais de dar enormes passos para reverter as doenças e os processos de envelhecimento. Em duas ou três décadas, a nanotecnologia e a robótica chegarão a toda parte e continuarão uma expansão exponencial desses benefícios. Como observei nos capítulos anteriores, essas tecnologias irão criar uma riqueza extraordinária, superando assim a pobreza e permitindo prover todas as nossas necessidades materiais ao transformar matérias-primas baratas e informação em qualquer tipo de produto.

Gastaremos um tempo crescente em ambientes virtuais, e poderemos ter qualquer tipo de experiência que quisermos com qualquer um, real ou simulado, na realidade virtual. A nanotecnologia trará uma habilidade similar para reformar o mundo físico conforme nossas necessidades e desejos. Os problemas persistentes de nossa minguante era industrial serão superados. Conseguiremos reverter a destruição ambiental que ainda perdurar. Fabricadas pela nanoengenharia, as células de combustível e as células solares fornecerão energia limpa. Nanorrobots em nossos corpos físicos irão destruir patógenos, remover detritos, como protofibrilas e proteínas malformadas, reparar o DNA e reverter o envelhecimento. Conseguiremos redesenhar todos os sistemas de nossos corpos e cérebros para sermos muito mais capazes e duráveis.

Mais significativa será a fusão da inteligência biológica com a não biológica, embora esta venha a predominar rapidamente. Haverá uma vasta expansão do conceito do que significa ser um ser humano. Iremos aumentar enormemente nossa habilidade de criar e apreciar todas as formas de conhecimento, da ciência às artes, enquanto ampliamos nossa habilidade para nos relacionarmos com o ambiente e um com o outro.

Por outro lado...

... e perigos entrelaçados

> "Plantas" com "folhas" não mais eficientes do que as células solares de hoje poderiam sobrepujar as plantas reais, enchendo a biosfera de uma folhagem não comestível. "Bactérias" fortes e onívoras poderiam sobrepujar as bactérias reais: poderiam espalhar-se como pólen ao vento, reproduzir-se rapidamente e reduzir a biosfera a pó em questão de dias. Replicantes perigosos poderiam facilmente ser fortes demais, pequenos demais, e se espalhar depressa demais para serem detidos — pelo menos se não tomarmos nenhuma medida. Já temos problemas suficientes com o controle de vírus e moscas das frutas.
>
> Eric Drexler

Além de suas muitas realizações notáveis, o século XX viu a extraordinária habilidade da tecnologia de ampliar nossa natureza destrutiva, dos tanques de Stálin aos trens de Hitler. O trágico acontecimento de 11 de setembro de 2001 é outro exemplo de tecnologias (jatos e edifícios) empregadas por pessoas visando à destruição. Hoje, ainda vivemos com uma quantidade de armas nucleares (nem todas são conhecidas) suficiente para acabar com toda a vida de mamíferos do planeta.

Desde os anos 1980, existem os meios e o conhecimento para criar, em um laboratório escolar comum de bioengenharia, patógenos hostis, potencialmente mais perigosos do que as armas nucleares.[9] Em uma simulação de jogos de guerra feita na Universidade Johns Hopkins chamada "Dark Winter" (Inverno Negro), estimou-se que uma introdução intencional da varíola convencional em três cidades dos Estados Unidos iria resultar em 1 milhão de mortes. Se os vírus fossem modificados pela bioengenharia para derrotar a vacina existente contra a varíola, os resultados seriam muito piores.[10] Ficou nítida a realidade desse espectro através de uma experiência em 2001, na Austrália, em que o vírus da "mousepox"[1]* foi modificado involuntariamente por genes que alteraram a resposta do sistema imunológico. A vacina da mousepox não conseguiu conter esse vírus modificado.[11] Esses perigos encontram eco em nossa memória histórica. A peste bubônica matou um terço da população na Europa. Mais recentemente em 1918, a gripe matou 20 milhões de pessoas por todo o mundo.[12]

Será que essas ameaças irão evitar a aceleração contínua da potência, eficiência e inteligência de sistemas complexos (como seres humanos e nossa tecnologia)? O registro anterior do aumento da complexidade neste planeta mostrou uma aceleração suave, mesmo passando por uma longa história de catástrofes, tanto geradas internamente quanto impostas externamente. Isso se aplica tanto à evolução biológica (que enfrentou calamidades como choques com grandes asteroides e meteoros) quanto à história humana (que tem sido pontuada por uma série contínua de grandes guerras).

Entretanto, acho que podemos ficar mais encorajados pela eficácia da resposta global ao vírus da SARS (síndrome respiratória aguda). Embora continue incerta, enquanto este livro é escrito, a possibilidade de um retorno da SARS ainda mais virulenta, parece que medidas para contê-la têm sido relativamente bem-sucedidas e têm evitado que esse trágico surto se transforme em uma verdadeira catástrofe. Uma parte da resposta envolveu ferramentas antigas de baixa tecnologia, como quarentenas e máscaras para o rosto.

Mas essa abordagem não teria funcionado sem as ferramentas avançadas que ficaram disponíveis apenas há pouco tempo. Pesquisadores conseguiram

---

1 *Doença infecciosa de ratos, parecida com o vírus da varíola. (N.T.)

sequenciar o DNA do vírus da SARS depois de 31 dias do surgimento — comparado com os quinze anos para o HIV. Isso permitiu o desenvolvimento rápido de um exame eficaz para identificar rapidamente os portadores do vírus. Além disso, a comunicação global instantânea facilitou uma resposta coordenada do mundo todo, um feito impossível quando os vírus assolavam os povos em tempos antigos.

Com a tecnologia acelerando no sentido da plena realização da GNR, veremos os mesmos potenciais entrelaçados: um festival de criatividade resultando da inteligência humana expandida muitas vezes, combinado com muitos novos e sérios perigos. Uma grande preocupação que tem recebido uma considerável atenção é a reprodução sem freio dos nanorrobots. A tecnologia dos nanorrobots requer trilhões desses dispositivos projetados com inteligência para serem úteis. Para aumentar a escala até esses níveis, será necessário permitir que eles se autorrepliquem, essencialmente a mesma abordagem usada no mundo biológico (é assim que uma célula fertilizada torna-se os trilhões de células em um humano). E, da mesma forma que a autorreprodução biológica defeituosa (isto é, o câncer) resulta na destruição biológica, um defeito no mecanismo que limita a autorreplicação dos nanorrobots — o chamado cenário gray-goo (gosma cinza) — iria pôr em perigo todos os seres físicos, biológicos ou não.

As criaturas vivas — inclusive humanos — seriam as primeiras vítimas de um ataque de nanorrobots que se espalhe exponencialmente. Os principais projetos para a construção de nanorrobots usam carbono como o material primordial. Devido à habilidade única do carbono de formar ligações quádruplas, é o material ideal para arranjos moleculares. As moléculas de carbono podem formar cadeias retas, zigue-zagues, anéis, nanotubos (arranjos hexagonais formando tubos), folhas, fulerenos (conjuntos de hexágonos e pentágonos formando esferas), e uma variedade de outras formas. Como a biologia tem usado também o carbono, os nanorrobots patológicos iriam encontrar na biomassa da Terra uma fonte ideal desse ingrediente primário. Os entes biológicos também podem fornecer energia na forma de glucose e ATP.[13] Elementos residuais úteis, como oxigênio, enxofre, ferro, cálcio e outros, também estão disponíveis na biomassa.

Quanto tempo levaria para que um nanorrobot autorreprodutor descontrolado destruísse a biomassa da Terra? A biomassa tem átomos de carbono na ordem de 10^{45}.[14] Uma estimativa razoável do número de átomos de carbono em um único nanorrobot replicante é de cerca de 10^6. (Note que esta análise não pretende que esses números sejam exatos, indica apenas uma grandeza aproximada.) Esse nanorrobot malévolo precisaria criar cópias dele mesmo na ordem de 10^{39} para substituir a biomassa, o que poderia ser alcançado com 130 replicações (cada uma iria potencialmente dobrar a biomassa destruída). Rob Freitas estimou um tempo mínimo para a reprodução de aproximadamente cem segundos, assim 130 ciclos de replicação iriam precisar de cerca de três horas e meia.[15] Entretanto, a taxa real de destruição seria menor porque a biomassa não está distribuída "eficientemente". O fator limitante seria o movimento real no front de destruição. Os nanorrobots não podem viajar muito depressa por causa de seu pequeno tamanho. Provavelmente levaria semanas para que esse processo destrutivo circulasse o globo.

Com base nessa observação, podemos visualizar uma possibilidade mais insidiosa. Em um ataque em duas fases, os nanorrobots levam várias semanas para espalhar-se pela biomassa, mas consomem uma porção insignificante de átomos de carbono, digamos um em cada 100 trilhões (10^{15}). Nessa concentração extremamente baixa, os nanorrobots seriam tão furtivos quanto possível. Depois, em um ponto "ótimo", a segunda fase iria começar com os nanorrobots--sementes expandindo-se rapidamente para destruir a biomassa. Para cada nanorrobot-semente multiplicar-se mil trilhões de vezes seriam necessárias apenas umas cinquenta replicações binárias ou cerca de noventa minutos. Com os nanorrobots em posição pela biomassa, a movimentação da onda destrutiva não seria um fator limitante.

O fato é que, sem defesas, a biomassa disponível seria destruída pela gosma cinza muito depressa. Como comento abaixo (ver páginas 477 e 478), fica claro que precisamos de um sistema imunológico nanotecnológico a postos antes que esses cenários se tornem possibilidade. Esse sistema imunológico teria de ser capaz de enfrentar não só a destruição óbvia, mas também qualquer replicação (furtiva) potencialmente perigosa, mesmo em concentrações muito baixas.

Mike Treder e Chris Phoenix — respectivamente diretor executivo e diretor de pesquisas do Centro para Nanotecnologia Responsável —, Eric Drexler, Robert Freitas, Ralph Merkle e outros observaram que os futuros dispositivos de fabricação MNT podem ser criados com salvaguardas que iriam prevenir a criação de nanodispositivos autorreprodutores.[16] Abaixo, discuto algumas dessas estratégias. Mas essa observação, embora importante, não elimina o espectro da gosma cinza. Há outras razões (além da fabricação) para que os nanorrobots autorreplicantes precisem ser criados. Por exemplo, o sistema imunológico tecnológico mencionado acima vai, finalmente, precisar de autorreplicação;

caso contrário, ele não será capaz de nos defender. A autorreplicação também será necessária para que os nanorrobots expandam rapidamente a inteligência além da Terra, como expus no capítulo 6. Também é provável que encontre muitas aplicações militares. Além do mais, medidas contra a autorreplicação indesejada, como a arquitetura de difusão descrita à frente (ver página 470), podem ser superadas por um terrorista ou adversário decidido.

Freitas identificou uma série de outros cenários desastrosos com nanorrobots.[17] No cenário que ele chama de "plâncton cinzento", nanorrobots mal-intencionados iriam usar o carbono submarino armazenado como CH_4 (metano), bem como o CO_2 dissolvido na água do mar. Essas fontes baseadas em oceanos podem fornecer cerca de dez vezes o carbono existente na biomassa da Terra. Em seu cenário de "poeira cinzenta", os nanorrobots replicantes usam, para energia, elementos básicos disponíveis na poeira que flutua no ar e a luz do sol. O cenário de "liquens cinzentos" envolve usar o carbono e outros elementos das pedras.

Uma panóplia de riscos para a existência

Se um pouco de conhecimento é perigoso, como pode evitar o perigo uma pessoa que tenha muito conhecimento?

Thomas Henry

Abaixo mostro (ver a seção "Um programa para a defesa GNR", página 481) as medidas que podemos tomar para tratar desses graves riscos, mas não conseguimos ter total segurança com qualquer estratégia que elaboremos hoje. Esses riscos são o que Nick Bostrom chama de "riscos existenciais", que ele define como os perigos do quadrante superior direito da seguinte tabela:[18]

Categorias de riscos de Bostrom		
	Intensidade do risco	
	Moderada	*Profunda*
Global	Diminuição da camada de ozônio	Existência em risco
Alcance *Local*	Recessão	Genocídio
Pessoal	Roubo de carro	Morte
	Suportável	*Terminal*

A vida biológica na Terra encontrou um risco para sua existência, forjado pelo homem, pela primeira vez, em meados do século XX, com o advento da bomba de hidrogênio e o subsequente aumento das armas termonucleares da Guerra Fria. Relata-se que o presidente Kennedy estimava que a probabilidade de uma guerra nuclear total, durante a crise dos mísseis de Cuba, era de 33% a 50%.[19] John von Neumann, célebre teórico da informação que foi presidente do comitê de avaliação de mísseis estratégicos da Força Aérea dos Estados Unidos e conselheiro do governo sobre estratégias nucleares, estimou a probabilidade de um Armagedom nuclear (antes da crise dos mísseis de Cuba) como perto de 100%.[20] Considerando a perspectiva dos anos 1960, qual observador bem informado daquele tempo teria previsto que o mundo iria passar os quarenta anos seguintes sem outra explosão nuclear que não fosse de teste?

Apesar do aparente caos das relações internacionais, podemos ser gratos por termos escapado, até agora com sucesso, do uso de armas nucleares nas guerras. Claramente, entretanto, não podemos ficar tranquilos porque ainda existem bombas de hidrogênio que poderiam destruir a vida humana muitas vezes.[21] Embora chamando relativamente pouca atenção do público, os arsenais maciços e opostos de ICBM dos Estados Unidos e da Rússia continuam a postos, apesar do aparente descongelamento das relações.

A proliferação nuclear e a ampla disponibilidade dos materiais nucleares e de know-how são outras preocupações sérias, embora não o seja para a existência de nossa civilização. (Isto é, somente uma guerra termonuclear total envolvendo os arsenais de ICBM traz riscos para a sobrevivência de todos os humanos.) A proliferação nuclear e o terrorismo nuclear pertencem à categoria "profundo — local" de riscos, junto com o genocídio. Mas a preocupação é certamente séria porque a lógica da garantia de destruição mútua não funciona no contexto de terroristas suicidas.

Aberto a debates, agora acrescentamos outro risco existencial, que é a possibilidade de um vírus criado pela bioengenharia que se espalha fácil, tem um longo período de incubação e, no fim, libera uma carga mortal. Alguns vírus contagiam facilmente, como a gripe e o resfriado comum. Outros são mortais, como o HIV. É raro que um vírus combine ambos os atributos. Os humanos que vivem hoje descendem daqueles que desenvolveram uma imunidade natural quanto aos vírus mais altamente contagiosos. A habilidade da espécie para sobreviver a surtos virais é uma das vantagens da reprodução sexual, que tende a garantir a diversidade genética na população, de modo que a resposta a agentes virais específicos é altamente variável. Embora catastrófica, a peste bubônica não matou todo mundo na Europa. Outros vírus, como a varíola, têm as duas características negativas — contagiam facilmente e são mortais — mas estão por aqui há tempo suficiente para que a sociedade criasse uma proteção tecnológica na forma de uma vacina. Entretanto, a engenharia genética tem o potencial de ultrapassar essas proteções evolucionistas ao introduzir de repente novos patógenos, para os quais não temos proteção, nem natural, nem tecnológica.

A perspectiva de acrescentar genes de toxinas mortais para vírus comuns, facilmente transmissíveis, como a gripe e o resfriado comum, introduziu outro possível cenário de riscos para a existência. Foi essa perspectiva que levou a conferência Asilomar a pensar em como lidar com essa ameaça e a redigir, depois, um conjunto de orientações éticas e para a segurança. Embora até agora essas orientações tenham funcionado, a sofisticação das tecnologias subjacentes para a manipulação genética cresce rapidamente.

Em 2003, o mundo lutou, com sucesso, contra o vírus da SARS. O surgimento da SARS resultou da combinação de uma prática antiga (suspeita-se que o vírus tenha saltado de animais exóticos, possivelmente civetas, para humanos que viviam muito próximos delas) e de uma prática moderna (a infecção espalhou-se rapidamente pelo mundo graças às viagens de avião). A SARS nos forneceu um ensaio de um vírus novo para a civilização humana que combinava um contágio fácil, a habilidade de sobreviver por muito tempo fora do corpo humano e um alto grau de letalidade, com as mortes estimadas de 14% a 20%. Mais uma vez, a resposta combinou técnicas antigas e modernas.

Nossa experiência com a SARS mostrou que a maioria dos vírus, mesmo que transmitidos facilmente e razoavelmente letais, representa um risco grave mas não necessariamente um risco para a existência humana. A SARS não parece ter sido fabricada. A SARS espalha-se facilmente através de fluidos corporais transmitidos externamente, mas não se espalha facilmente pelo ar. Estima-se que seu período de incubação é de um dia a duas semanas; um tempo maior de incubação iria permitir que um vírus se espalhasse por várias gerações crescentes exponencialmente antes que os portadores fossem identificados.[22]

A SARS é letal, mas a maioria de suas vítimas sobrevive. Continua sendo possível que um vírus seja criado com más intenções para que se espalhe mais do que a SARS, tenha um tempo maior de incubação e seja mortal essencialmente para todas as vítimas. A varíola está próxima de ter essas características. Embora haja a vacina (apesar de rudimentar), ela não teria efeitos contra versões geneticamente modificadas do vírus.

Como descrevo abaixo, a janela de oportunidades mal-intencionadas para vírus criados pela bioengenharia irá se fechar nos anos 2020, quando tivermos tecnologias antivirais totalmente eficazes baseadas em nanorrobots.[23] Porém, devido ao fato de que a nanotecnologia será milhares de vezes mais potente, mais rápida e mais inteligente do que os entes biológicos, os nanorrobots autorreprodutores irão apresentar um risco maior, e mais outro risco existencial. A janela para os nanorrobots maléficos será afinal fechada pela potente inteligência artificial, mas, não é de espantar, a IA "hostil" apresentará, ela mesma, um risco para a existência ainda mais coercitivo, que discuto adante (ver páginas 478 e 479).

O princípio da precaução. Como Bostrom, Freitas e outros observadores, inclusive eu, apontaram, não podemos depender de abordagens do tipo tentativa-e-erro para lidar com riscos para a existência. Há interpretações conflitantes do que ficou conhecido como o "princípio da precaução". (Se as consequências de uma ação não são conhecidas, mas alguns cientistas as julgam como tendo um risco, mesmo pequeno, de ser profundamente negativas, é melhor não realizar a ação do que correr o risco de consequências negativas.) Mas é claro que precisamos alcançar o nível mais alto possível de confiança em nossas estratégias para combater esses riscos. Essa é uma razão para ouvirmos vozes cada vez mais estridentes exigindo que paremos o avanço da tecnologia, como estratégia primária para eliminar novos riscos para a existência antes que ocorram. Entretanto, abandonar não é a resposta adequada, e só irá interferir nos enormes benefícios dessas tecnologias emergentes, ao passo que na realidade abandonar aumenta a probabilidade de um resultado desastroso. Max More articula as limitações do princípio da precaução e defende substituí-lo pelo que chama de "princípio pro-acionário", que envolve equilibrar os riscos da ação e da inação.[24]

Antes de discutir como responder ao novo desafio dos riscos existenciais, vale a pena rever mais alguns que foram postulados por Bostrom e outros.

Quanto menor a interação, maior o potencial explosivo. Tem havido uma controvérsia recente sobre o potencial dos futuros aceleradores de partículas de altíssima energia para criar uma reação em cadeia de estados transformados de energia a nível subatômico. O resultado poderia ser uma área de destruição espalhando-se exponencialmente, rompendo todos os átomos em nossa vizinhança galáctica. Foram propostos vários cenários desse tipo, incluindo a possibilidade de criar um buraco negro que engoliria nosso sistema solar.

As análises desses cenários mostram que são muito pouco prováveis, embora nem todos os físicos estejam otimistas quanto a esse perigo.[25] A matemática dessas análises parece ser sólida, mas ainda não há um consenso sobre as fórmulas que descrevem esse nível de realidade física. Se esses perigos parecem fantasiosos, considere que detectamos, de fato, fenômenos explosivos cada vez mais potentes em matérias cujas escalas são cada vez menores.

Alfred Nobel descobriu a dinamite ao analisar as interações químicas de moléculas. A bomba atômica, que é dezenas de milhares de vezes mais potente do que a dinamite, está baseada em interações nucleares envolvendo grandes átomos, que são de uma escala muito menor de matéria do que grandes moléculas. A bomba de hidrogênio, que é milhares de vezes mais potente do que uma bomba atômica, está baseada em interações envolvendo uma escala ainda menor: pequenos átomos. Embora isso não implique necessariamente na existência de reações em cadeia ainda mais potentes através da manipulação de partículas subatômicas, a conjectura é plausível.

Minha própria avaliação desse perigo é que não é provável que simplesmente tropecemos nesse evento destrutivo. Seria pouco provável que acidentalmente se produzisse uma bomba atômica. Tal dispositivo requer uma configuração precisa de materiais e ações, e a bomba original exigiu um projeto de engenharia preciso e extenso para ser desenvolvido. Criar sem querer uma bomba de hidrogênio seria ainda menos plausível. Seria preciso criar as condições exatas de uma bomba atômica em um arranjo particular com um núcleo de hidrogênio e outros elementos. Tropeçar nas condições exatas para criar uma nova classe de reação em cadeia catastrófica em nível subatômico parece ainda menos provável. As consequências são bastante devastadoras, entretanto, para que o princípio da precaução nos faça considerar seriamente essas possibilidades. Esse potencial deveria ser analisado com cuidado antes de se realizar novos tipos de experiências com aceleradores. Apesar de tudo, esse risco não está no alto de minha lista de preocupações com o século XXI.

Nossa simulação é desligada. Outro risco existencial que Bostrom e outros identificaram é que, na verdade, estamos de fato vivendo em uma simulação e que a simulação pode ser desligada. Pode parecer que não há muito a fazer para influir nisso. Entretanto, já que somos o tema da simulação, temos a oportunidade de dar forma ao que acontece dentro dela. O melhor modo para evitar de sermos desligados seria tornar-nos interessantes para os observadores da simulação. Supondo que alguém está, na verdade, prestando atenção na simulação, é razoável supor que é menos provável que seja desligada quando for atraente do que o contrário.

Poderíamos gastar muito tempo pensando no que significa ser interessante para uma simulação, mas a criação de conhecimentos novos seria uma parte crítica dessa avaliação. Embora nos seja difícil pensar no que seria interessante para nosso hipotético observador dessa simulação, pareceria provável que a Singularidade seria tão absorvente quanto qualquer desenvolvimento que pudéssemos imaginar, e iria criar conhecimentos novos em um ritmo extraordinário. De fato, atingir uma Singularidade de conhecimento explosivo pode muito bem ser o propósito da simulação. Assim, garantir uma Singularidade "construtiva" (uma que evite resultados degradados, como a destruição da existência pela gosma cinza ou ser dominada por uma IA mal-intencionada) seria o melhor caminho para evitar o fim da simulação. É claro que temos toda a motivação para atingir uma Singularidade construtiva por muitas outras razões.

Se o mundo em que vivemos for uma simulação no computador de alguém, ela é muito boa — tão detalhada, de fato, que podemos muito bem aceitá-la como nossa realidade. Em todo caso, é a única realidade a que temos acesso.

Nosso mundo parece ter uma história longa e profusa. Isso quer dizer que, ou nosso mundo não é, de fato, uma simulação ou, se for, a simulação está durando um tempo muito longo, e portanto não parece que vá acabar logo. É claro que também é possível que a simulação inclua evidências de uma longa história sem que esta tenha acontecido na realidade.

Como mostrei no capítulo 6, há suposições de que uma civilização avançada possa criar um novo universo para realizar a computação (ou, em outras palavras, para continuar a expansão de sua própria computação). A hipótese de estarmos vivendo em tal universo (criado por outra civilização) pode ser considerada um cenário de simulação. Talvez essa outra civilização esteja rodando um algoritmo evolucionista em nosso universo (isto é, a evolução que testemunhamos) para criar uma explosão de conhecimentos de uma Singularidade tecnológica. Se for verdade, a civilização que observa nosso universo pode encerrar a simulação se achar que uma Singularidade de conhecimentos está dando errado, e não parece que isso vai acontecer.

Esse cenário também não está nos primeiros lugares da minha lista de preocupações, especialmente porque a única estratégia que podemos usar para evitar um resultado negativo é aquela que, de qualquer modo, temos de seguir.

Penetras na festa. Outra preocupação muito citada é a colisão com um cometa ou um grande asteroide, algo que tem ocorrido repetidamente na história da Terra e teve consequências para a existência das espécies à época.

Não é um perigo da tecnologia, claro. Aliás, a tecnologia irá nos proteger desse risco (com certeza dentro de uma ou duas décadas). Embora pequenos impactos ocorram com regularidade, são raros os visitantes do espaço grandes e destruidores. Não se vê nenhum no horizonte, e é quase certo que, quando surgir esse perigo, nossa civilização prontamente destruirá o intruso antes de que ele nos destrua.

Outro item na lista dos perigos existenciais é a destruição por uma inteligência extraterrestre (não criada por nós). Discuti essa possibilidade no capítulo 6 e também não vejo isso como provável.

GNR: o foco adequado na questão da promessa versus o perigo. Isso deixa as tecnologias GNR como as preocupações primordiais. Mas acho que também precisamos levar a sério as vozes luditas mal orientadas e cada vez mais estridentes que defendem o amplo abandono do progresso tecnológico para evitar os perigos genuínos da GNR. Por razões que exponho diante (ver adiante a seção "A ideia do abandono", iniciada na página 467), abandonar não é a resposta; um medo racional poderia levar a soluções irracionais. Os atrasos em superar o sofrimento humano ainda têm consequências sérias — por exemplo, a piora da fome na África por conta da oposição à ajuda de comida que usa OGMs (organismos geneticamente modificados).

O abandono amplo exigiria um sistema totalitário para ser concretizado, e um admirável mundo novo totalitário é pouco provável por causa do impacto democratizante da cada vez mais potente comunicação descentralizada eletrônica e fotônica. O advento da comunicação global, descentralizada, representada pela internet e pelos telefones celulares tem sido uma força democratizante generalizada. Não foi Boris Yeltsin de pé em um tanque que anulou o golpe de 1991 contra Mikhail Gorbachev, mas sim a rede clandestina de fax, xerox, gravadores de vídeo e computadores pessoais que romperam décadas de controle totalitário da informação.[26] O movimento para a democracia e o capitalismo e o concomitante crescimento econômico que caracterizou os anos 1990 foram todos alimentados pela força acelerada dessas tecnologias de comunicação pessoa a pessoa.

Há outras perguntas que não se referem à existência, mas nem por isso são menos sérias. Por exemplo: "Quem está controlando os nanorrobots?" e "Com quem os nanorrobots estão conversando?". Organizações futuras (do governo ou de grupos extremistas) ou um único indivíduo inteligente poderiam inserir trilhões de nanorrobots não detectáveis no suprimento de água ou comida de uma pessoa ou de uma população inteira. Esses *espibots* poderiam então monitorar, influenciar e até controlar pensamentos e ações. Além disso, os nanorrobots existentes poderiam ser influenciados por vírus de software e técnicas de hackeamento. Quando há softwares rodando em nossos corpos e cérebros (como discutimos, um limite já ultrapassado para algumas pessoas), questões de privacidade e segurança irão assumir uma nova urgência, e serão criados métodos de contraespionagem para combater essas intrusões.

A inevitabilidade de um futuro transformado. As diversas tecnologias GNR estão progredindo em muitas frentes. A realização completa da GNR resultará em centenas de pequenos passos para a frente, cada um benéfico por si mesmo. Para G, já se ultrapassou o limite de ter meios para criar patógenos de design. Avanços na biotecnologia continuarão a se acelerar, alimentados pelos atraentes benefícios éticos e econômicos resultantes da dominação dos processos de informação subjacentes à biologia.

A nanotecnologia é o inevitável resultado final da contínua miniaturização das tecnologias de todo tipo. Os aspectos principais de uma ampla gama de aplicações, incluindo a eletrônica, a mecânica, a energia e a medicina, estão encolhendo ao ritmo aproximado de um fator de quatro por dimensão linear por década. Além do mais, há um crescimento exponencial na pesquisa que procura entender a nanotecnologia e suas aplicações. (Ver os gráficos sobre as patentes e estudos da pesquisa da nanotecnologia nas pp. 100-101).

De modo semelhante, nossos esforços para aplicar a engenharia reversa no cérebro humano são motivados por vários benefícios previstos, incluindo compreender e reverter o declínio e as doenças cognitivas. As ferramentas para espiar dentro do cérebro estão mostrando ganhos exponenciais na sua resolução espacial e temporal, e já demonstramos a capacidade de traduzir dados dos estudos e escaneamentos do cérebro para modelos de trabalho e simulações.

Os insights da aplicação da engenharia reversa no cérebro, a pesquisa generalizada para desenvolver algoritmos de IA e os ganhos exponenciais contínuos nas plataformas de computação tornam inevitável a IA forte (IA em níveis humanos e além destes). Quando a IA atingir os níveis humanos, ela vai necessariamente passar aceleradamente por eles porque combinará a potência da inteligência humana com a velocidade, a capacidade da memória e o compartilhamento do conhecimento que a inteligência não biológica já demonstra. Ao contrário da inteligência biológica, a não biológica também irá se beneficiar com os ganhos contínuos exponenciais em escala, capacidade e preço-desempenho.

Abandono totalitário. A única maneira concebível para que o ritmo acelerado do avanço em todas essas frentes pudesse ser detido seria através de um sistema totalitário global que abandonasse a própria ideia de progresso. Mesmo esse espectro iria provavelmente falhar em evitar os perigos da GNR porque a resultante atividade clandestina tenderia a favorecer as aplicações mais destrutivas. Isso porque os profissionais responsáveis de que dependemos para desenvolver rapidamente as tecnologias defensivas não teriam um acesso fácil às ferramentas necessárias. Felizmente, esse resultado totalitário é pouco provável porque a crescente descentralização do conhecimento é, inerentemente, uma força democratizante.

Preparando as defesas

Minha própria expectativa é de que as aplicações criativas e construtivas dessas tecnologias irão predominar, como acho que fazem hoje. Entretanto, precisamos aumentar amplamente nosso investimento em desenvolver tecnologias especificamente defensivas. Como já mostrei, hoje estamos no estágio crítico da biotecnologia, e chegaremos ao estágio em que precisaremos implementar diretamente as tecnologias de defesa para a nanotecnologia no final dos vinte anos iniciais deste século.

Não precisamos olhar além de hoje para ver a promessa e o perigo entrelaçados do avanço tecnológico. Imagine como seria descrever os perigos (as bombas atômica e de hidrogênio, para começar) que existem hoje para pessoas que viveram há duzentos anos. Elas achariam loucura assumir esses riscos. Mas quantas pessoas, em 2005, gostariam realmente de voltar para as vidas curtas, brutas, cheias de doenças, pobres, propensas ao desastre com que 99% da raça humana lutava havia um par de séculos?[27]

Podemos romancear o passado, mas até bem recentemente a maioria da humanidade tinha vidas bastante frágeis, em que uma adversidade muito comum poderia significar um desastre. Há duzentos anos, a expectativa de vida para as mulheres no país recordista (a Suécia) era aproximadamente de 35 anos, muito curta quando comparada com a mais longa expectativa de vida hoje — quase 85 anos para as mulheres japonesas. A expectativa para homens era de mais ou menos 33 anos, comparado com os atuais 79 anos nos países recordes.[28] Levava meio dia para preparar a refeição da noite, e o trabalho duro caracterizava a maior parte das atividade humanas. Não havia redes sociais de segurança. Porções substanciais de nossa espécie ainda vivem desse modo precário, o que é, pelo menos, uma razão para continuar o progresso tecnológico e a melhoria econômica que o acompanha. Só a tecnologia, com sua habilidade para fornecer grandes melhorias na capacidade e na acessibilidade, tem a escala para enfrentar problemas como a miséria, a doença, a poluição e as outras preocupações primordiais da sociedade hoje.

As pessoas muitas vezes passam por três estágios quando consideram o impacto da tecnologia futura: admiração e encantamento com seu potencial para superar velhos problemas; depois, uma sensação de pavor com o novo conjunto de perigos sérios que acompanham essas novas tecnologias; seguido, finalmente, pela conclusão de que o único caminho viável e responsável é definir uma rota cuidadosa que pode realizar os benefícios enquanto gerencia os perigos.

Nem é preciso dizer que já vivenciamos o lado negativo da tecnologia — por exemplo, a morte e a destruição da guerra. As tecnologias rudimentares da primeira Revolução Industrial empurraram para a extinção muitas das espécies que existiam em nosso planeta há um século. Nossas tecnologias centralizadas (como edifícios, cidades, aviões e usinas de energia) já demonstraram ser inseguras.

As tecnologias "NBC" (nuclear, biológica e química, em inglês *chemical*) da guerra têm sido usadas ou se ameaçou usá-las em nosso passado recente.[29] As tecnologias GNR muito mais poderosas ameaçam nossa existência com riscos novos, profundos. Se conseguirmos passar pela apreensão sobre patógenos de design geneticamente alterados, seguidos por seres autorreprodutores criados pela nanotecnologia, encontraremos robots cuja inteligência irá rivalizar e por último exceder a nossa. Tais robots podem ser ótimos assistentes, mas quem pode garantir que irão permanecer fielmente amigáveis em relação a meros humanos biológicos?

IA forte. A IA forte promete continuar os ganhos exponenciais da civilização humana. (Como expus antes, incluo a inteligência não biológica derivada de nossa civilização humana como ainda humana.) Mas os perigos que ela apresenta também são profundos precisamente por causa de sua ampliação da inteligência. A inteligência é inerentemente impossível de controlar, portanto as várias estratégias que têm sido elaboradas para controlar a nanotecnologia (por exemplo, a "arquitetura de difusão" descrita abaixo) não irão funcionar com a IA forte. Tem havido discussões e propostas para orientar o desenvolvimento da IA para o que Eliezer Yudkowsky chama de "IA amigável"[30] (ver a seção "Proteção contra a IA forte 'não amigável'", pp. 478-479). São úteis para discutir, mas é impraticável hoje elaborar estratégias que irão garantir de modo absoluto que a IA futura encarne a ética e os valores humanos.

Voltando ao passado? Em seu artigo e em suas apresentações, Bill Joy descreve com eloquência as pragas de séculos passados e como as novas tecnologias autorreplicantes, como patógenos mutantes feitos por bioengenharia e nanorrobots descontrolados, podem trazer de volta pestilências há muito esquecidas. Joy reconhece que os avanços tecnológicos, como antibióticos e saneamento, livraram-nos do predomínio dessas pragas, e, portanto, essas aplicações construtivas têm de continuar. O sofrimento no mundo continua e exige nossa constante atenção. Devemos dizer aos milhões de pessoas afligidos pelo câncer ou outras doenças devastadoras que estamos cancelando o desenvolvimento de todos os tratamentos pela bioengenharia porque há um risco de que essas mesmas tecnologias venham, um dia, a ser usadas para finalidades mal-intencionadas? Tendo feito essa pergunta retórica, percebo que há um movimento para fazer exatamente isso, mas a maioria das pessoas iria concordar que o abandono em bases tão amplas não é a resposta.

A contínua oportunidade para aliviar o sofrimento humano é uma motivação-chave para continuar o avanço tecnológico. Este também é impulsionado pelos ganhos econômicos já aparentes que irão continuar se acelerando nas próximas décadas. A aceleração contínua de muitas tecnologias entrelaçadas produz caminhos pavimentados com ouro. (Aqui estou usando o plural porque a tecnologia claramente não é um único caminho.) Em um ambiente competitivo, é um imperativo econômico andar por esses caminhos. Abandonar o avanço tecnológico seria um suicídio econômico para indivíduos, empresas e nações.

A ideia do abandono

Os principais avanços da civilização não fazem mais do que arruinar as civilizações onde acontecem.

Alfred North Whitehead

Isso nos traz para a questão do abandono, que é a recomendação mais controversa dos defensores do abandono como Bill McKibben. Acho que o abandono no nível certo é parte de uma resposta responsável e construtiva para os perigos genuínos que enfrentaremos no futuro. A questão, entretanto, é precisamente esta: em que nível *devemos* abandonar a tecnologia?

Ted Kaczynski, que ficou conhecido pelo mundo como o Unabomber, queria que renunciássemos a toda ela.[31] O que não é desejável nem factível, e a futilidade dessa posição só é enfatizada pelas deploráveis táticas sem sentido de Kaczynski.

Não obstante, outras vozes, menos irresponsáveis do que Kaczynski, também defendem o abandono amplo da tecnologia. McKibben assume a posição de que já temos tecnologia suficiente e que mais progresso não é necessário. Em seu último livro, *Enough: Staying Human in an Engineered Age* (Basta: Permanecendo humanos em uma idade da engenharia), ele compara metaforicamente a tecnologia com a cerveja: "Uma cerveja é bom, duas cervejas podem ser melhor; oito cervejas, com quase toda a certeza, você vai se arrepender".[32] Essa metáfora desconsidera a questão e ignora o intenso sofrimento que permanece no mundo humano que poderemos aliviar com o avanço científico sustentado.

Embora as novas tecnologias, como qualquer outra coisa, possam, às vezes, ser usadas em excesso, o que prometem não é só questão de acrescentar um quarto telefone celular ou dobrar o número de e-mails indesejados. Em vez disso, significa aperfeiçoar as tecnologias para derrotar o câncer e outras doenças devastadoras, criando uma riqueza ubíqua para superar a pobreza, limpar o meio ambiente dos efeitos da primeira Revolução Industrial (um objetivo articulado por McKibben), e muitos outros problemas seculares.

Amplo abandono. Outro nível de abandono seria desistir apenas de certos campos — por exemplo, a nanotecnologia — que poderiam ser considerados perigosos demais. Mas tais pinceladas radicais de abandono são igualmente insustentáveis. Como mencionei acima, a nanotecnologia é simplesmente o resultado final inevitável da tendência persistente para a miniaturização que permeia toda a tecnologia. Está longe de ser um único empreendimento centralizado mas está sendo perseguido por uma miríade de projetos com os objetivos os mais diversos.

Um observador escreveu:

Uma razão adicional para que a sociedade industrial não possa ser reformada [...] é que a tecnologia moderna é um sistema unificado em que todas as partes dependem umas das outras. Não dá para livrar-se das partes "ruins" da tecnologia e ficar só com as "boas". Tome-se a moderna medicina, por exemplo. O progresso na ciência médica depende do progresso na química, na física, na biologia, na ciência da computação e em outros campos. Os tratamentos médicos avançados exigem equipamentos caros, de alta tecnologia, que só uma sociedade progressista tecnológica e economicamente rica pode disponibilizar. É claro que não se pode ter muito progresso na medicina sem todo o sistema tecnológico e tudo que o acompanha.

O observador que estou citando, aqui, é, de novo, Ted Kaczynski.[33] Embora haja propriamente uma certa resistência para considerar Kaczynski como uma autoridade, acho que ele está certo sobre a natureza profundamente emaranhada dos benefícios e riscos. Mas Kaczynski e eu claramente nos separamos quanto à nossa avaliação geral do equilíbrio relativo destes. Bill Joy e eu temos dialogado continuamente sobre essa questão, tanto em público, quanto em particular, e nós dois achamos que a tecnologia irá e deve progredir, e que precisamos estar ativamente preocupados com seu lado negativo. A questão mais difícil de resolver é definir uma granularidade do abandono que seja tanto factível quanto desejável.

Abandono em sintonia fina. Penso que o abandono no nível certo precisa ser parte de nossa resposta ética aos perigos das tecnologias do século XXI. Um exemplo construtivo disso é a orientação ética proposta pelo Foresight Institute: ou seja, que os nanotecnólogos concordem em abandonar o desenvolvimento de entes físicos que possam se autorreproduzir em um ambiente natural.[34] Na minha opinião, há duas exceções para essa orientação. Primeira, precisaremos, no final, fornecer um sistema imunológico planetário baseado na nanotecnologia (nanorrobots inseridos no ambiente natural para nos proteger contra nanorrobots autorreplicantes mal-intencionados). Robert Freitas e eu temos discutido se tal sistema imunológico deveria, ele mesmo, ser autorreplicante ou não. Freitas escreve: "Um sistema de vigilância abrangente combinado com recursos posicionados previamente — recursos incluindo nanofábricas não replicantes de grande capacidade para produzir em série grandes quantidades de defensores não replicantes como resposta a ameaças específicas — deve bastar".[35] Concordo com Freitas que um sistema imunológico posicionado previamente com habilidade para aumentar os defensores será suficiente nos estágios iniciais. Mas quando a IA forte estiver fundida com a nanotecnologia, e a ecologia dos entes nanofabricados ficar altamente variada e complexa, minha própria expectativa é deque iremos descobrir que os nanorrobots defensores precisam da habilidade de se reproduzir rapidamente no lugar em que estão. A outra exceção é a necessidade de sondas autorreplicantes baseadas em nanorrobots para explorar sistemas planetários fora do nosso sistema solar.

Outro bom exemplo de uma orientação ética útil é o banimento de entes físicos autorreplicantes que tenham seus próprios códigos de autorreplicação. No que o tecnólogo Ralph Merkle chama de "arquitetura de difusão", tais entes teriam de obter os códigos de um servidor seguro centralizado que iria proteger contra a replicação indesejável.[36] A arquitetura de difusão é impossível no mundo biológico, portanto há pelo menos uma maneira como a nanotecnologia pode ser mais segura do que a biotecnologia. Em outras maneiras, a nanotecnologia é potencialmente mais perigosa porque os nanorrobots podem ser mais fortes fisicamente do que entes baseados em proteínas e mais inteligentes.

Como descrevi no capítulo 5, pode-se aplicar à biologia uma arquitetura de difusão baseada na nanotecnologia. Um nanocomputador poderia aumentar ou substituir o núcleo de todas as células e fornecer códigos de DNA. Um nanorrobot que incorporasse um maquinário molecular similar aos ribossomos (as moléculas que interpretam os pares de bases no mRNA fora do núcleo) iria pegar os códigos e produzir as cadeias de aminoácidos. Como poderíamos controlar o nanocomputador por mensagens sem fio, seria possível desligar uma replicação indesejada, eliminando com isso o câncer. Poderiam ser produzidas proteínas especiais conforme a necessidade para combater as doenças. E seria possível corrigir os erros de DNA e melhorar o código de DNA. Abaixo, comento mais sobre as forças e fraquezas da arquitetura de difusão.

Lidando com o abuso. O amplo abandono é contrário ao progresso econômico e não se justifica eticamente, considerando a oportunidade de aliviar doenças, superar a pobreza e limpar o meio ambiente. Como foi mencionado acima, ele iria agravar os perigos. Continuará indicada uma regulamentação sobre segurança — essencialmente o abandono em granulação fina.

Entretanto, também é preciso agilizar o processo da regulamentação. Mas, nos Estados Unidos, há uma demora de cinco a dez anos para que a FDA (Food and Drug Administration, semelhante à Anvisa, uma agência nacional para a saúde e a alimentação) aprove novas tecnologias para a saúde (com atrasos semelhantes em outras nações). Ao dano causado por atrasar os tratamentos que poderiam salvar vidas (por exemplo, 1 milhão de vidas perdidas nos Estados

Unidos para cada ano que se retarda o tratamento de doenças do coração) é dado um peso muito baixo contra os riscos possíveis de novas terapias.

Outras proteções deverão incluir a supervisão por órgãos da regulamentação, o desenvolvimento de respostas "imunológicas" específicas da tecnologia e a supervisão, por meio de computadores, pelas organizações policiais. Muitas pessoas não sabem que nossas agências[2*] de informações já usam tecnologias avançadas, como detectar palavras-chave automaticamente para monitorar um fluxo substancial de conversas por telefone, cabo, satélite e internet. Conforme formos avançando, um dos mais sérios desafios será equilibrar nossos estimados direitos à privacidade com nossa necessidade de proteção contra o uso mal-intencionado das tecnologias potentes do século XXI. Essa é uma razão para que questões como um "alçapão" da criptografia (em que as autoridades policiais teriam acesso a informações de outra maneira seguras) e o sistema Carnivore do FBI para bisbilhotar e-mails estejam sendo controversos.[37]

Como um caso teste, pode-se ter um pouco de consolo com a maneira como um desafio tecnológico recente foi tratado. Hoje, existe um ente novo, autorreplicante, totalmente não biológico, que não existia havia apenas umas décadas: o vírus de computador. Quando essa forma de intruso destruidor apareceu pela primeira vez, houve sérias preocupações de que, à medida que ficassem mais sofisticados, os patógenos de software pudessem destruir a rede de computadores onde vivem. Contudo, o "sistema imunológico" desenvolvido como resposta a esse desafio tem sido bastante eficaz. Embora entes de software destruidores e autorreplicantes causem danos de tempos em tempos, o prejuízo não passa de uma pequena fração do benefício que recebemos dos computadores e das conexões de comunicação que os abrigam.

Pode-se argumentar que os vírus de computador não têm o potencial de letalidade dos vírus biológicos ou da nanotecnologia destruidora. Nem sempre é esse o caso; dependemos de softwares para fazer funcionar os call centers do 911,[3**] monitorar pacientes em unidades de terapia intensiva, voar e aterrissar aviões, guiar armas inteligentes em nossas campanhas militares, tratar de nossas transações financeiras, operar os serviços municipais e muitas outras tarefas críticas. Entretanto, considerando que os vírus de software ainda não representam um perigo mortal, essa observação apenas fortalece meu argu-

2 *Agências dos Estados Unidos. (N.T.)
3 **No Brasil, o número é 190. (N.T.)

mento. O fato de que os vírus de computador em geral não são letais para os humanos, só significa que mais pessoas estão dispostas a criá-los e espalhá-los. A grande maioria dos autores de vírus de software não iria criá-los se achasse que matariam pessoas. Também significa que nossa resposta a esse perigo é igualmente menos intensa. Mas quando se tratar de entes autorreplicantes que sejam potencialmente letais em grande escala, nossa resposta em todos os níveis será muito mais séria.

Embora os patógenos de software continuem preocupando, o perigo existe, hoje, principalmente como se fosse só uma chateação. Lembre-se de que nosso êxito ao combatê-los teve lugar em uma indústria onde não há regulamentação e só há uma certificação mínima para quem a pratica. A indústria da computação amplamente sem regulamentação é também enormemente produtiva. Pode-se afirmar que ela contribuiu mais para nosso progresso tecnológico e econômico do que qualquer outro empreendimento na história humana.

Mas a batalha referente aos vírus de software e à panóplia de patógenos de software nunca vai terminar. Ficamos cada vez mais dependentes de sistemas de software fundamentais, e a sofisticação e o potencial poder destrutivo das armas de software autorreplicantes continuarão a aumentar. Quando tivermos softwares rodando em nossos cérebros e corpos e controlando o sistema imunológico dos nanorrobots do mundo, as apostas serão incomensuravelmente maiores.

A ameaça do fundamentalismo. O mundo está lutando com uma forma especialmente perniciosa de fundamentalismo religioso representada pelo terrorismo islâmico radical. Embora pareça que esses terroristas não tenham outro programa que não seja a destruição, eles têm uma programação que vai além das interpretações literais das escrituras antigas: essencialmente, atrasar o relógio das ideias modernas, como democracia, direitos das mulheres e educação.

Mas o extremismo religioso não é a única forma de fundamentalismo que representa uma força reacionária. No começo deste capítulo, citei Patrick Moore, cofundador do Greenpeace, sobre sua desilusão com o movimento que ajudou a fundar. A questão que abalou o apoio de Moore ao Greenpeace foi a total oposição deste ao Golden Rice (arroz dourado), uma variedade de arroz modificado geneticamente de modo a apresentar altos níveis de betacaroteno, o precursor da vitamina A.[38] Centenas de milhões de pessoas na África e na Ásia têm falta de vitamina A, com meio milhão de crianças ficando cegas todo ano pela deficiência e outros milhões contraindo outras doenças relacionadas.

Cerca de sete onças (pouco menos de 200 g) por dia de Golden Rice forneceriam 100% das necessidades de vitamina A de uma criança. Inúmeros estudos têm mostrado que esse grão, bem como muitos outros organismos geneticamente modificados (OGMs), é seguro. Por exemplo, em 2001, a Comissão Europeia lançou 81 estudos que concluíram que os OGMs "não mostraram novos riscos para a saúde humana ou para o meio ambiente, além das incertezas usuais do cultivo convencional de plantas. Com efeito, o uso de uma tecnologia mais precisa e o maior controle regulamentar provavelmente os tornam ainda mais seguros do que plantas e alimentos convencionais".[39]

Não é minha posição que todos os OGMs são inerentemente seguros; é óbvio que testar a segurança de cada produto é necessário. Mas o movimento anti-OGM assume a posição de que todo OGM é, por sua própria natureza, nocivo, um ponto de vista que não tem base científica.

A disponibilidade do Golden Rice tem sido atrasada por cinco anos pelo menos através da pressão do Greenpeace e outros ativistas anti-OGM. Moore, notando que esse atraso irá fazer com que milhões de outras crianças fiquem cegas, e cita os opositores do grão que ameaçam "arrancar o arroz G.M. dos campos se os fazendeiros ousarem plantá-lo". Da mesma maneira, nações africanas têm sido pressionadas a recusar a ajuda alimentar de OGM e as sementes geneticamente modificadas, piorando com isso as condições da fome.[40] No final, vai prevalecer a habilidade demonstrada das tecnologias como a dos OGM para resolver problemas devastadores, mas os atrasos temporários causados pela oposição irracional resultarão, apesar de tudo, em sofrimentos desnecessários.

Certos segmentos do movimento ambiental tornaram-se ludditas fundamentalistas — "fundamentalistas" por causa de sua tentativa mal orientada para preservar as coisas como são (ou eram); "ludditas" por causa da atitude de reflexo contra as soluções tecnológicas para os problemas excepcionais. Ironicamente, são as plantas OGM — muitas delas projetadas para repelir insetos e outras pragas, e que, portanto, precisam de quantidades muito reduzidas de agrotóxicos, ou mesmo nenhuma — que oferecem a maior esperança para reverter os danos ambientais causados por produtos químicos como os pesticidas.

Na verdade, chamar esses grupos de "ludditas fundamentalistas" é redundante, porque o ludditismo é inerentemente fundamentalista. Ele reflete a ideia de que a humanidade ficará melhor sem mudanças, sem progresso. Isso nos traz de volta à ideia do abandono, já que o ímpeto de abandonar a tecnologia em ampla escala vem das mesmas fontes intelectuais e dos grupos ativistas que constituem o segmento luddita do movimento ambientalista.

Humanismo fundamentalista. Com as tecnologias G e N começando agora a odificar nossos corpos e cérebros, outra forma de oposição ao progresso tem emergido como "humanismo fundamentalista": oposição a qualquer mudança na natureza do que significa ser humano (por exemplo, alterar nossos genes e tomar outras medidas para um prolongamento radical da vida). Entretanto, também esse empreendimento irá falhar no final, porque a demanda por terapias que possam superar o sofrimento, a doença e a curta expectativa de vida intrínsecas a nossos corpos na versão 1.0 provará ser irresistível.

No final, será apenas a tecnologia — especialmente a GNR — que oferecerá a alavancagem necessária para superar problemas com que a civilização humana vem lutando por muitas gerações.

Desenvolvimento de tecnologias defensivas e o impacto da regulamentação

Uma das razões para que os clamores pelo abandono amplo sejam atraentes é que eles pintam um quadro de perigos futuros supondo que serão liberados no contexto do mundo despreparado de hoje. A realidade é que a sofisticação e a potência de nossas tecnologias e conhecimentos defensivos irão crescer junto com os perigos. Um fenômeno como a gosma cinza (replicação desenfreada de nanorrobots) será contrabalançado pela "gosma azul" (nanorrobots "policiais" para combater os nanorrobots "ruins"). É óbvio que não se pode garantir que será possível evitar todo mau uso. Mas o modo mais seguro para impedir o desenvolvimento de tecnologias defensivas eficazes seria abandonar a procura do conhecimento em muitas áreas amplas. Conseguimos controlar a replicação de vírus de software danosos porque o conhecimento necessário está ampla-mente disponível para os profissionais responsáveis. As tentativas de restringir esse conhecimento teriam originado uma situação muito menos estável. As respostas a novos desafios teriam sido muito mais lentas, e é provável que o equilíbrio teria mudado para aplicações mais destrutivas (como vírus de software automodificáveis).

Comparando o êxito que tivemos em controlar vírus fabricados de software com o desafio iminente de controlar vírus biológicos fabricados, uma diferença saliente nos chama a atenção. Como observei acima, a indústria do software não tem quase nenhuma regulamentação. Obviamente, o mesmo não se aplica à biotecnologia. Enquanto um bioterrorista não precisa da aprovação da FDA para suas "invenções", os cientistas que desenvolvem tecnologias de defesa têm de seguir a regulamentação existente, o que deixa lenta cada etapa do processo da inovação. Além disso, com a regulamentação e os padrões éticos existentes, é impossível testar defesas contra agentes bioterroristas. Já se está travando uma ampla discussão para modificar esses regulamentos no sentido de permitir que modelos animais e simulações substituam os testes inviáveis em humanos. Isso será necessário, mas acho que precisamos ir além dessas etapas para acelerar o desenvolvimento de tecnologias defensivas vitais.

Em termos de políticas públicas, a tarefa agora é desenvolver rapidamente as necessárias etapas defensivas, que incluem padrões éticos, padrões legais e as próprias tecnologias defensivas. É, claramente, uma corrida. Como notei, no campo dos softwares as tecnologias defensivas têm respondido rapidamente às inovações no campo das ofensivas. No campo médico, em comparação, a extensa regulamentação torna lenta a inovação, não se podendo ter a mesma confiança quanto ao abuso da biotecnologia. No ambiente atual, quando uma pessoa morre nos testes de terapia genética, a pesquisa pode ser seriamente restringida.[41] Há uma necessidade legítima para tornar a pesquisa biomédica tão segura quanto possível, mas o nosso equilíbrio dos riscos está completamente distorcido. Milhões de pessoas precisam desesperadamente dos avanços prometidos pela terapia genética e outros avanços da biotecnologia, mas parece que elas têm um peso político pequeno contra um punhado de mortes bem divulgadas causadas pelos inevitáveis riscos do progresso.

Essa equação para equilibrar os riscos ficará ainda mais difícil quando se considerarem os perigos emergentes dos patógenos criados pela bioengenharia. O que se precisa é de uma mudança na atitude do público sobre a tolerância quanto a riscos necessários. Apressar as tecnologias é absolutamente vital para nossa segurança. Precisamos simplificar os procedimentos reguladores para alcançar isso. Ao mesmo tempo, é necessário aumentar em muito nosso investimento, explicitamente nas tecnologias defensivas. No campo da biotecnologia, isso significa o rápido desenvolvimento de remédios antivirais. Não haverá tempo para formular contramedidas específicas para cada novo desafio que aparecer. Estamos perto de desenvolver tecnologias antivirais mais generalizadas, como a interferência no RNA, e elas precisam ser aceleradas.

Estamos tratando aqui da biotecnologia porque esse é o desafio e o limiar imediatos que agora enfrentamos. Quando se aproximar o limiar da nanotecnologia auto-organizadora, teremos de investir especificamente no desenvolvimento de tecnologias defensivas nessa área, incluindo a criação de um sistema imunológico tecnológico. Vejamos como funciona nosso sistema imunológico biológico. Quando o corpo detecta um patógeno, as células T e outras células do sistema imunológico se autorreproduzem rapidamente para combater o invasor. Um sistema imunológico nanotecnológico iria funcionar de modo parecido tanto no corpo humano quanto no ambiente, e incluiria nanorrobots-sentinelas que poderiam detectar nanorrobots autorreplicantes mal-intencionados. Quando fosse detectada uma ameaça, os nanorrobots defensivos capazes de destruir os intrusos seriam criados com rapidez (eventualmente através da autorreprodução) para formar uma força defensiva eficaz.

Bill Joy e outros observadores têm ressaltado que um sistema imunológico assim seria, ele mesmo, um perigo por causa das potenciais reações "autoimunes" (isto é, os nanorrobots do sistema imunológico atacando o mundo que eles deveriam defender).[42] Entretanto, essa possibilidade não é uma razão convincente para evitar a criação de um sistema imunológico. Ninguém vai argumentar que seria melhor para os humanos se não tivessem um sistema imunológico apenas porque poderiam desenvolver doenças autoimunes. Embora o próprio sistema imunológico possa representar um perigo, os humanos não iriam durar mais do que umas poucas semanas (exceto esforços extraordinários de isolamento) sem ele. E ainda assim, o desenvolvimento de um sistema imunológico tecnológico para a nanotecnologia acontecerá mesmo sem trabalhos explícitos para criar um. Isso aconteceu efetivamente em relação aos vírus de software, criando um sistema imunológico não através de um grande projeto formal, mas, antes, através de respostas adicionais a cada novo desafio e do desenvolvimento de algoritmos heurísticos para uma detecção precoce. Pode-se esperar que vá acontecer o mesmo à medida que emerjam os perigos baseados na nanotecnologia. As políticas públicas deverão investir especificamente nessas tecnologias de defesa.

Agora é prematuro desenvolver nanotecnologias defensivas específicas, pois só podemos ter uma ideia geral daquilo contra o qual tentamos nos defender. Entretanto, uma discussão e um diálogo frutíferos sobre antecipar essa questão já estão acontecendo, e deve-se encorajar os investimentos significativamente expandidos nesse empreendimento. Como mencionei acima, o Foresight Institute, como um exemplo, criou uma série de padrões éticos e estratégias para garantir o desenvolvimento de nanotecnologia segura, com base nas orientações para a biotecnologia.[43] Quando começou a manipulação de genes em 1975, dois biólogos, Maxine Singer e Paul Berg, sugeriram uma moratória para a tecnologia até que se pudesse tratar das questões de segurança. Parecia aparente que havia um risco substancial se genes para venenos fossem introduzidos em patógenos como o resfriado comum, que se espalha facilmente. Depois de uma moratória de dez meses, chegou-se a um acordo na conferência Asilomar sobre as orientações, que incluíam provisões para contenção física e biológica, banimento de tipos determinados de experiências e outras estipulações. Essas orientações sobre biotecnologia têm sido seguidas estritamente, e não foram relatados acidentes nos trinta anos de história do setor.

Mais recentemente, a organização que representa os cirurgiões de transplante de órgãos no mundo adotou uma moratória quanto aos transplantes de órgãos animais vascularizados para humanos. Isso foi feito por medo de espalhar xenovírus do tipo HIV, dormentes há tempos, de animais como porcos ou babuínos, para a população humana. Infelizmente, essa moratória também pode tornar lenta a disponibilidade de xenoenxertos (órgãos animais geneticamente modificados que são aceitos pelo sistema imunológico humano) que salvariam a vida de milhões de pessoas que morrem todos os anos por doenças do coração, dos rins e do fígado. Martine Rothblatt, especialista em geoética, propôs substituir essa moratória por um novo conjunto de orientações e regulamentações éticas.[44]

No caso da nanotecnologia, o debate ético começou um par de décadas antes da disponibilidade das aplicações particularmente perigosas. As provisões mais importantes das orientações do Foresight Institute incluem:

» "Replicantes artificiais não podem ser capazes de se reproduzir em um ambiente natural, sem controle."
» "Desencoraja-se a evolução dentro do contexto de um sistema de fabricação autorreplicante."
» "Os projetos de dispositivos MNT devem limitar a proliferação especificamente e fornecer a possibilidade de rastrear quaisquer sistemas replicantes."
» "A distribuição da capacidade de *desenvolver* a fabricação molecular deve ser restrita, sempre que possível, a agentes responsáveis que concordarem em usar as Orientações. Nenhuma restrição dessas precisa ser aplicada aos produtos finais do processo de desenvolvimento."

Outras estratégias propostas pelo Foresight Institute incluem:

» A replicação deve exigir materiais não encontrados no ambiente natural.

» A fabricação (replicação) deve ser separada da funcionalidade dos produtos finais. Os dispositivos para fabricação podem criar produtos finais mas não podem se reproduzir, e produtos finais não devem ter a capacidade de se replicar.

» A replicação deve exigir códigos de replicação que sejam codificados e durem por tempo limitado. A arquitetura de difusão mencionada acima é um exemplo dessa recomendação.

É provável que essas orientações e estratégias sejam eficazes para prevenir uma liberação acidental de entes nanotecnológicos autorreplicantes perigosos. Mas lidar com o projeto e lançamento intencionais de tais entes é um problema mais complexo e desafiador. Um opositor bastante determinado e destruidor poderia derrotar cada uma dessas camadas de proteção. Tome-se, por exemplo, a arquitetura de difusão. Quando projetados de modo adequado, cada ente não consegue se replicar sem obter antes códigos para replicação, que não são repetidos de uma geração para a outra. Entretanto, uma modificação nesse projeto poderia anular a destruição dos códigos de reprodução e, assim, passá-los para a geração seguinte. Para contra-atacar essa possibilidade, tem sido recomendado que a memória para os códigos de replicação seja limitada a apenas um subconjunto do código inteiro. Entretanto, essa orientação poderia ser invalidada aumentando-se o tamanho da memória.

Outra proteção que tem sido sugerida é criptografar os códigos e proteções internas nos sistemas de codificação, como as limitações no tempo de duração. Entretanto, já se viu como tem sido fácil suplantar as proteções contra a reprodução não autorizada de propriedade intelectual como os arquivos de música. Quando os códigos de replicação e as camadas de proteção são retiradas, a informação pode se reproduzida sem essas restrições.

Isso não quer dizer que a proteção é impossível. Antes, cada nível de proteção irá funcionar apenas até certo nível de sofisticação. A metalição aqui é que será necessário colocar a mais alta prioridade da sociedade do século XXI no avanço contínuo das tecnologias defensivas, mantendo-se um ou mais passos à frente das tecnologias destruidoras (ou, pelo menos, não mais do que um pequeno passo atrás).

Proteção contra a IA forte "não amigável". Nem um mecanismo tão eficiente quanto a arquitetura de difusão, entretanto, servirá de proteção contra abusos da IA forte. As barreiras fornecidas pela arquitetura de difusão dependem da falta de inteligência dos entes nanofabricados. Entretanto, por definição, os entes inteligentes têm a astúcia para superar essas barreiras facilmente.

Eliezer Yudkowsky analisou minuciosamente os paradigmas, as arquiteturas e as regras éticas que podem ajudar a garantir que, quando a IA forte tiver meios para acessar e modificar seu próprio projeto, ela permaneça amigável em relação à humanidade biológica e apoie seus valores. Considerando que a IA forte que melhora a si mesma não pode ser recolhida, Yudkowsky ressalta que precisamos "acertar na primeira vez" e que seu projeto inicial precisa ter "zero erros não recuperáveis".[45]

Intrinsecamente, não haverá uma proteção absoluta contra a IA forte. Embora o argumento seja sutil, acho que manter aberto um sistema de mercado livre para o progresso incremental científico e tecnológico, em que cada passo está sujeito à aceitação do mercado, fornecerá o ambiente mais construtivo para que a tecnologia incorpore valores humanos amplamente difundidos. Como já ressaltei, a IA forte está emergindo de muitos empreendimentos diversos e será integrada profundamente na infraestrutura de nossa civilização. Com efeito, ela será inserida intimamente em nossos corpos e cérebros. Como tal, vai refletir nossos valores porque ela será nós. Tentativas de controlar essas tecnologias via programas governamentais secretos, junto com o inevitável desenvolvimento clandestino, só iriam gerar um ambiente instável em que as aplicações perigosas provavelmente seriam dominantes.

Descentralização. Uma tendência profunda já bem em curso que irá prover maior estabilidade é o movimento das tecnologias centralizadas na direção das espalhadas, e do mundo real para o mundo virtual, discutida acima. As tecnologias centralizadas envolvem uma soma de recursos com pessoas (cidades, edifícios), energia (como usinas nucleares, petroleiros e navios-tanques para gás natural líquido, linhas de transmissão de energia), transporte (aviões, trens) e outros itens. As tecnologias centralizadas são passíveis de transtornos e desastres. Elas também tendem a ser ineficientes, antieconômicas e prejudiciais para o meio ambiente.

As tecnologias esparsas, por outro lado, tendem a ser flexíveis, eficientes e relativamente benignas em seus efeitos ambientais. A tecnologia esparsa por excelência é a internet. A internet não tem sido substancialmente prejudicada até hoje, e como continua crescendo, sua robustez e resiliência continuam ficando mais fortes. Se cair alguma plataforma ou canal, a informação simplesmente vai por outro caminho.

Energia espalhada. Quanto à energia, precisamos nos separar das instalações centralizadas e extremamente concentradas de que dependemos agora. Por exemplo, uma empresa é pioneira em células de combustível que são microscópicas, usando a tecnologia MEMS.[46] Elas são fabricadas como chips eletrônicos, mas, na verdade, são dispositivos para armazenamento de energia com uma razão energia/tamanho que excede significativamente a tecnologia convencional. Como já mostrei, painéis solares feitos pela nanoengenharia poderão preencher nossas necessidades de energia de um modo esparso, renovável e limpo. Finalmente, a tecnologia nessas linhas poderia fornecer energia para tudo, dos celulares aos carros e casas. Esses tipos de tecnologia de energia decentralizada não estariam sujeitos a desastres ou perturbações.

À medida que essas tecnologias se desenvolvem, nossa necessidade de reunir as pessoas em grandes edifícios e cidades vai diminuir, e as pessoas irão se espalhar, vivendo onde quiserem e reunindo-se na realidade virtual.

Liberdades civis na era das batalhas assimétricas. A natureza dos ataques terroristas e as filosofias das organizações por trás deles enfatizam como as liberdades civis podem estar em oposição aos legítimos interesses do Estado em vigiar e controlar. Nosso sistema legal — e, de fato, muito do que pensamos sobre segurança — baseia-se na suposição de que as pessoas são motivadas para preservar suas próprias vidas e bem-estar. Essa lógica perpassa por todas as nossas estratégias, desde a proteção em nível local até a garantida destruição mútua no palco do mundo. Mas um adversário que valoriza a destruição tanto de seu inimigo quanto dele mesmo não se sensibiliza com essa linha de raciocínio.

As implicações de tratar com um inimigo que não dá valor à sua própria sobrevivência são profundamente perturbadoras e levaram a controvérsias que só irão se intensificar à medida que as apostas continuem a aumentar. Por exemplo, quando o FBI identifica uma provável célula terrorista, ele prende os participantes mesmo que não haja provas suficientes para condená-los por um crime, e pode ser até que eles ainda não tenham cometido o crime. De acordo com as regras de combate em nossa guerra contra o terrorismo, o governo continua mantendo presos esses indivíduos.

Em um editorial, o *New York Times* fez objeções a essa política, que descreveu como uma "provisão perturbadora".[47] O jornal escreveu que o governo deveria libertar esses presos porque ainda não cometeram um crime e deveria prendê-

-los de novo só depois que o cometerem. É claro que, quando isso acontecer, os terroristas suspeitos podem muito bem estar mortos, junto com um grande número de suas vítimas. Como é possível que as autoridades possam romper uma vasta rede de células descentralizadas de terroristas suicidas se tiverem de esperar que cada uma cometa um crime?

Por outro lado, essa mesma lógica tem sido usada rotineiramente por regimes tirânicos para justificar a supressão das proteções judiciais que nós viemos a apreciar. Da mesma forma, é justo argumentar que restringir assim as liberdades civis é exatamente o objetivo dos terroristas, que desprezam nossas ideias de liberdades e pluralismo. Entretanto, não vejo a perspectiva de nenhuma "bala mágica" tecnológica que possa, essencialmente, alterar esse dilema.

A armadilha da encriptação pode ser considerada como uma inovação técnica que o governo tem proposto como uma tentativa de equilibrar as necessidades individuais legítimas de privacidade com a necessidade governamental de vigiar. Junto com esse tipo de tecnologia, também precisamos de uma inovação política para fornecer uma supervisão eficaz, tanto do poder judiciário quanto do legislativo, do uso pelo poder executivo dessas armadilhas, para evitar um potencial abuso de poder. A natureza sigilosa de nossos oponentes e sua falta de respeito pela vida humana, inclusive da própria, irão testar profundamente as fundações de nossas tradições democráticas.

Um programa para a defesa GNR

Descendemos de peixinhos dourados, essencialmente, mas isso [não] quer dizer que em seguida nos pusemos a matar todos os peixinhos dourados. Talvez [as IAs] irão nos alimentar uma vez por semana [...]. Se você tivesse uma máquina com um QI de 10 elevado à 18ª potência acima dos humanos, você não iria querer que ela governasse ou, pelo menos, controlasse sua economia?

Seth Shostak

Como podemos garantir os benefícios profundos da GNR enquanto melhoramos seus perigos? A seguir, uma revisão de um programa sugerido para conter os riscos da GNR:

A recomendação mais urgente é aumentar muito nosso investimento nas tecnologias de defesa. Já que estamos na era G, o grosso desse investimento hoje deveria ser em tratamentos e medicações antivirais (biológicas). Temos novas ferramentas bem adequadas para essa tarefa. Por exemplo, a interferência no RNA pode ser usada para bloquear a expressão de genes. Virtualmente todas as infecções (bem como o câncer) dependem da expressão de genes em algum ponto de seus ciclos de vida.

Também devem ser apoiados empreendimentos para antecipar as tecnologias de defesa necessárias para orientar N e R com segurança, e estas devem ser substancialmente aumentadas à medida que chegarmos mais próximos da factibilidade da fabricação molecular e da IA forte, respectivamente. Um benefício colateral significativo seria acelerar os tratamentos eficazes contra doenças infecciosas e câncer. Testemunhei perante o Congresso sobre essa questão, defendendo o investimento de dezenas de bilhões de dólares por ano (menos do que 1% do produto interno bruto) para tratar dessa ameaça nova e pouco conhecida à existência da humanidade.[48]

» Precisamos agilizar o processo regulador de tecnologias genéticas e médicas. As regulamentações não impedem o uso maldoso da tecnologia, mas atrasam significativamente as defesas necessárias. Como já foi mencionado, precisamos equilibrar melhor os riscos da nova tecnologia (por exemplo, novos remédios) com o prejuízo conhecido da demora.

» Um programa global de monitoramento aleatório, confidencial, para patógenos biológicos desconhecidos ou que estão evoluindo deveria ter financiamento. As ferramentas para o diagnóstico existem para identificar rapidamente a existência de proteínas ou sequências de ácido nucleico desconhecidas. A inteligência é a chave da defesa, e um programa assim poderia avisar com antecedência uma epidemia iminente. Esse programa de "sentinela de patógenos" tem sido proposto por muitos anos pelas autoridades públicas da saúde, mas nunca recebeu um financiamento adequado.

» Moratórias temporárias bem definidas e dirigidas, como a que ocorreu no setor da genética em 1975, podem ser necessárias de vez em quando. Mas não é provável que tais moratórias sejam necessárias para a nanotecnologia. Amplos esforços para abandonar as principais áreas da tecnologia só servem para prolongar o sofrimento humano ao atrasar os aspectos benéficos de novas tecnologias e, na verdade, aumentam os perigos.

» Os esforços para definir as orientações de segurança e ética para a nanotecnologia devem continuar. Tais orientações irão se tornar inevitavelmente mais detalhadas e refinadas à medida que chegarmos mais perto da fabricação molecular.

» Para criar o apoio político para financiar os empreendimentos sugeridos acima, é preciso despertar a consciência do público para esses perigos. Porque, é claro, existe o lado negativo de alarmar e gerar um apoio mal informado para mandatos amplos antitecnológicos; também precisamos fazer com que o público entenda os benefícios profundos dos avanços contínuos da tecnologia.

» Esses riscos ultrapassam as fronteiras internacionais — o que claramente não é nada novo; os vírus biológicos, os vírus de software e os mísseis já cruzam essas fronteiras impunemente. A *cooperação internacional* foi vital para conter o vírus da SARS, e irá se tornar cada vez mais vital ao confrontar desafios futuros. As organizações mundiais como a Organização Mundial da Saúde, que ajudou a coordenar a resposta da SARS, precisam ter mais força.

» Uma questão política contemporânea contenciosa é a necessidade de ação prévia para combater ameaças, como terroristas com acesso a armas de destruição em massa ou nações criminosas que apoiam esses terroristas. Essas medidas sempre serão controversas, mas é clara a necessidade potencial delas. Uma explosão nuclear pode destruir uma cidade em segundos. Um patógeno autorreplicante, quer biológico, quer baseado na nanotecnologia, poderia destruir nossa civilização em questão de dias ou semanas. Não podemos sempre nos permitir esperar pela concentração de exércitos ou outras indicações óbvias de más intenções para tomar medidas de proteção.

» As agências de inteligência e as autoridades policiais terão um papel vital para prevenir a grande maioria dos incidentes potencialmente perigosos. Seus esforços precisam envolver as tecnologias disponíveis mais poderosas. Por exemplo, antes do final desta década, dispositivos do tamanho de grãos de poeira conseguirão realizar missões de reconhecimento. Quando chegarmos aos anos 2020 e tivermos softwares rodando em nossos corpos e cérebros, as autoridades do governo terão uma necessidade legítima de monitorar ocasionalmente esses fluxos de softwares. O potencial para abuso de tais poderes é óbvio. Precisamos alcançar um caminho do meio para prevenir eventos catastróficos enquanto preservamos nossa privacidade e liberdade.

» As abordagens acima serão inadequadas para lidar com o perigo de R patológico (IA forte). Nossa estratégia primária nessa área deveria ser otimizar a probabilidade de que a futura inteligência não biológica vá refletir nossos valores de liberdade, tolerância e respeito pelo conhecimento e pela diversidade. A melhor maneira de realizar isso é adotar esse valores em nossa sociedade hoje e mais adiante. Se isso parece vago, ele é. Mas não há nenhuma estratégia puramente técnica que funcione nessa área, porque a maior inteligência sempre vai achar um meio para se desviar das medidas que são o produto de uma inteligência menor. A inteligência não biológica que estamos criando está e será incorporada em nossas sociedades, e irá refletir nossos valores. A fase transbiológica envolverá uma inteligência não biológica profundamente integrada com a inteligência biológica. Isso ampliará nossas habilidades, e nossa aplicação desses poderes intelectuais maiores será governada pelos valores de seus criadores. A era transbiológica dará lugar, no final, para a era pós-biológica, mas espera-se que nossos valores continuem influentes. Essa estratégia certamente não é infalível, mas é o meio primordial que temos hoje para influenciar o futuro andamento da IA forte.

A tecnologia permanecerá como uma faca de dois gumes. Ela representa um vasto poder para ser usado para todos os propósitos da humanidade. A GNR fornecerá os meios para superar problemas antigos como doenças e pobreza, mas também dará poderes para ideologias destruidoras. Não temos escolha, a não ser reforçar nossas defesas enquanto aplicamos essas tecnologias que ficam mais rápidas para promover nossos valores humanos, apesar da aparente falta de consenso sobre quais devem ser esses valores.

MOLLY 2004: *Certo, agora me mostre de novo aquele cenário furtivo — você sabe, aquele em que os nanorrobots maus se espalham em silêncio pela biomassa para ficar em posição, mas na verdade não se expandem para destruir nada, até que acabem de se espalhar pelo mundo.*

RAY: *Bom, os nanorrobots iriam se espalhar em uma concentração muito baixa, algo como um átomo de carbono por 10^{15} na biomassa, portanto eles seriam semeados pela biomassa. Assim, a velocidade com que os nanorrobots destrutivos se espalhassem fisicamente não seria um fator limitante quando eles, depois, se reproduzissem já no lugar. Se eles pulassem a fase furtiva e se expandissem em um único lugar, a nanodoença seria percebida e a difusão pelo mundo ficaria relativamente lenta.*

MOLLY 2004: *Então como vamos nos proteger disso? Quando eles começarem a fase dois, temos só uns noventa minutos ou muito menos se se quiser evitar um dano enorme.*

RAY: *Por causa da natureza do crescimento exponencial, o grosso do prejuízo é feito nos últimos minutos, mas a sua observação é boa. Em nenhum cenário vamos ter uma chance sem um sistema imunológico nanotecnológico. É evidente que a gente não pode ficar esperando o começo do ciclo de noventa minutos de destruição para começar a pensar em criar um. Um sistema desses seria muito parecido com o nosso. Quanto tempo iria durar um humano biológico de 2004 sem ter um?*

MOLLY 2004: *Acho que não muito. Como esse sistema nanoimunológico pega esses nanorrobots maus se eles são só um em cada mil trilhões?*

RAY: *Temos o mesmo problema com nosso sistema imunológico biológico. Detectar apenas uma única proteína estranha dispara uma ação rápida das fábricas de anticorpos biológicos, assim o sistema imunológico está lá com força quando um patógeno chega perto de um nível crítico. Precisamos de uma capacidade parecida para o sistema nanoimunológico.*

CHARLES DARWIN: *Agora me conte, os nanorrobots do sistema imunológico conseguem se reproduzir?*

RAY: *Eles precisariam conseguir se reproduzir; de outro modo, não iriam conseguir acompanhar o ritmo dos nanorrobots patogênicos replicantes. Já foram feitas propostas para semear a biomassa com nanorrobots protetores do sistema imunológico com uma determinada concentração, mas, quando a concentração dos nanorrobots maus ficasse maior do que a fixa, o sistema imunológico sairia perdendo. Robert Freitas propõe nanofábricas não replicantes para liberar nanorrobots protetores adicionais quando necessário. Pode ser que isso trate das ameaças por um tempo, mas no fim o sistema de defesa vai precisar ter a habilidade de reproduzir suas capacidades imunológicas no local para acompanhar o ritmo das ameaças emergentes.*

CHARLES: *Então os nanorrobots do sistema imunológico não serão totalmente equivalentes aos nanorrobots malvados da fase um? Quer dizer, semear a biomassa é a primeira fase do cenário furtivo.*

RAY: *Mas os nanorrobots do sistema imunológico estão programados para nos proteger, não para nos destruir.*

CHARLES: *Tenho entendido que o software pode ser modificado.*

RAY: *Hackeado, você quer dizer?*

CHARLES: *Isso, exatamente. Então se o software do sistema imunológico for modificado por um hacker para simplesmente ligar sua habilidade de autorreplicação sem fim...*

RAY: ...é, bom, a gente tem de ter cuidado com isso, não?

MOLLY 2004: É isso.

RAY: *A gente tem o mesmo problema com o nosso sistema imunológico biológico. Ele é potente, e caso se volte contra a gente é uma doença autoimune, que pode ser traiçoeira. Mas ainda não tem alternativa para esse sistema.*

MOLLY 2004: *Então um vírus de software pode fazer um sistema imunológico de nanorrobots virar um destruidor disfarçado?*

RAY: É possível. É justo concluir que a segurança dos softwares vai ser a questão decisiva para muitos níveis da civilização homem-máquina. *Com tudo se tornando informação, manter a integridade do software de nossas tecnologias será fundamental para a nossa sobrevivência. Mesmo no nível da economia, manter o modelo de negócio que cria informação vai ser crítico para o bem-estar da gente.*

MOLLY 2004: *Isso faz com que eu me sinta meio desamparada. Quer dizer, com todos esses nanorrobots bons e maus lutando, vou ser só uma infeliz espectadora.*

RAY: *Isso nem é um fenômeno novo. Quanta influência você tem em 2004 sobre as dezenas de milhares de armas nucleares no mundo?*

MOLLY 2004: *Pelo menos posso falar e votar nas eleições que afetam questões de política externa.*

RAY: *Não tem razão para que isso mude. Fornecer um sistema imune nanotecnológico confiável vai ser uma das grandes questões políticas dos anos 2020 e 2030.*

MOLLY 2004: *E quanto à IA forte?*

RAY: *A boa notícia é que ela nos protegerá da nanotecnologia maldosa porque vai ser bastante inteligente para fazer com que a gente mantenha nossas tecnologias de defesa na frente das destruidoras.*

NED LUDD: *Supondo que ela esteja no lado da gente.*

RAY: É mesmo.

CAPÍTULO 9

Respostas às críticas

A mente humana gosta de uma ideia estranha tão pouco quanto o corpo gosta de uma proteína estranha e resiste a ela com uma energia similar.

W. I. Beveridge

Se um [...] cientista disser que uma coisa é possível, é quase certo que ele esteja certo, mas se disser que é impossível, é bem provável que ele esteja errado.

Arthur C. Clarke

Uma panóplia de críticas

Em *The Age of Spiritual Machines*, comecei a examinar algumas das tendências que se aceleram, e que procurei explorar com maior profundidade neste livro. *ASM* inspirou uma ampla variedade de reações, inclusive longas discussões sobre mudanças profundas e iminentes analisadas no livro (por exemplo, o debate da promessa versus perigo provocado pelo artigo de Bill Joy na *Wired*, "Why the Future Doesn't Need Us" [Por que o futuro não precisa de nós], que comentei no capítulo anterior). As respostas também incluíram tentativas de argumentar, em muitos níveis, porque tais mudanças transformadoras não iriam, não poderiam ou não deveriam acontecer. Eis um resumo das críticas a que vou responder neste capítulo:

• A "crítica de Malthus": *É um erro extrapolar tendências exponenciais indefinidamente, pois é inevitável que acabem os recursos para manter o crescimento exponencial. Além do mais, não temos energia suficiente para alimentar as previsões das plataformas computacionais extraordinariamente densas, e mesmo que tivéssemos, elas seriam tão quentes quanto o Sol.* As tendências exponenciais atingem uma assíntota, mas os recursos de matéria e energia necessários para a computação e a comunicação são tão pequenos por cálculo e por bit que essas tendências podem continuar até o ponto em que a inteligência não biológica seja trilhões de trilhões de vezes mais potente do que a inteligência biológica. A computação reversível pode reduzir necessidades de energia, bem como a dissipação do calor, em muitas ordens de grandeza. Mesmo restringindo a computação aos computadores "frios", serão alcançadas plataformas não biológicas de computar que superam em muito a inteligência biológica.

• A "crítica do software": *Estamos tendo ganhos exponenciais no hardware, mas o software está atolado na lama.* Embora o tempo de duplicação para o progresso no software seja maior do que o do hardware computacional, o software também está acelerando sua efetividade, eficiência e complexidade. Muitas aplicações de software, indo desde motores de busca a games, usam, como rotina, técnicas de IA que eram só projetos de pesquisa há uma década. Ganhos substanciais também aconteceram na complexidade geral do software, na produtividade e na eficiência do software para resolver problemas algorítmicos importantes. Além do mais, temos um plano efetivo para alcançar, em uma máquina, a capacidade da inteligência humana: usar a engenharia reversa no cérebro para capturar seus princípios operacionais e depois implementar esses princípios em plataformas de computação com a capacidade do cérebro. Todos os aspectos da engenharia reversa no cérebro estão se acelerando: a resolução espacial e temporal do escaneamento do cérebro, o conhecimento sobre todos os níveis de operação do cérebro e os esforços para modelar e simular, de modo realista, os neurônios e as regiões do cérebro.

• A "crítica do processamento analógico": *A computação digital é rígida demais porque os bits digitais estão ou ligados ou desligados. A inteligência biológica é principalmente analógica, assim pode haver graduações sutis.* É verdade que o cérebro humano usa métodos analógicos controlados digitalmente, mas também podemos usar esses métodos em nossas máquinas. Além do mais, a computação digital pode simular transações analógicas até qualquer nível de precisão que se desejar, enquanto o contrário não é verdade.

• A "crítica da complexidade do processamento neural": *Os processos de informação nas conexões interneurais (axônios, dendritos, sinapses) são muito mais complexos do que os modelos simplistas usados nas redes neurais.* Verdade, mas as simulações de regiões do cérebro não usam esses modelos simplificados. Já alcançamos modelos matemáticos realistas e simulações de neurônios e conexões interneurais que capturam as não linearidades e complexidades de seus correspondentes biológicos. Além disso, descobrimos que a complexidade de processar regiões do cérebro muitas vezes é mais simples do que a dos neurônios que participam delas. Já temos modelos e simulações efetivos para várias dúzias de regiões do cérebro humano. O genoma contém apenas 30 a 100 milhões de bytes de informação para projetos quando se considera a redundância, portanto essa informação para o cérebro é de um nível administrável.

• A "crítica dos microtúbulos e da computação quântica": *Os microtúbulos nos neurônios são capazes de realizar a computação quântica, e essa computação quântica é um pré-requisito para a consciência. Para fazer "upload" de uma personalidade, seria preciso capturar seu estado quântico exato.* Não há evidências que confirmem nenhuma dessas duas afirmações. Mesmo se fosse verdade, não há nada que impeça a computação quântica de ser realizada em sistemas não biológicos. Normalmente, usamos efeitos quânticos em semicondutores (tunelamento em transistores, por exemplo), e a computação quântica baseada em máquinas também está progredindo. Quanto a capturar um estado quântico preciso, estou em um estado quântico muito diferente do que estava antes de escrever esta sentença. Então já sou uma pessoa diferente? Talvez seja, mas se meu estado, há um minuto, fosse capturado, um upload baseado nessa informação ainda iria passar com sucesso em um teste de Turing "Ray Kurzweil".

• A "crítica da tese de Church-Turing": *Podemos mostrar que há vastas classes de problemas que não podem ser resolvidos por nenhuma máquina de Turing. Também se pode mostrar que as máquinas de Turing podem emular qualquer computador possível (isto é, existe uma máquina de Turing que pode resolver qualquer problema que qualquer computador possa resolver), portanto isso demonstra uma clara limitação dos problemas que um computador pode resolver. Mas humanos conseguem resolver esses problemas, portanto as máquinas jamais irão emular a inteligência humana.* Os humanos não conseguem resolver universalmente esses problemas mais do que as máquinas. Os humanos podem dar opiniões abalizadas sobre soluções em certas instâncias, mas as máquinas podem fazer a mesma coisa e, muitas vezes, muito mais rápido.

• A "crítica das taxas de defeitos": *Os sistemas de computador estão mostrando taxas alarmantes de falhas catastróficas à medida que aumenta sua complexidade. Thomas Ray escreve que estamos "desafiando os limites daquilo que podemos efetivamente projetar e construir através de abordagens convencionais".* Temos desenvolvido sistemas cada vez mais complexos para administrar uma ampla variedade de tarefas de suma importância, e as taxas de defeitos nesses sistemas são muito baixas. Entretanto, a imperfeição é uma característica inerente a qualquer processo complexo, e isso inclui, com certeza, a inteligência humana.

- A "crítica do 'bloqueio'": *Os sistemas generalizados e complexos de apoio (e os enormes investimentos nesses sistemas) exigidos por setores como energia e transporte estão bloqueando a inovação, portanto isso irá impedir o tipo de mudança rápida prevista para as tecnologias subjacentes à Singularidade.* São especificamente os processos de informação que crescem exponencialmente em sua capacidade e preço-desempenho. Já vimos rápidas mudanças de paradigma em todos os aspectos da tecnologia da informação, livres de qualquer fenômeno que as bloqueie (apesar de grandes investimentos na infraestrutura em áreas como a internet e as telecomunicações). Até os setores de energia e transporte irão testemunhar mudanças revolucionárias nas inovações baseadas na nanotecnologia.

- A "crítica da ontologia": *John Searle descreve várias versões de sua analogia do Quarto Chinês. Em uma delas, um homem segue um programa escrito para responder perguntas em chinês. O homem parece responder as perguntas com competência em chinês, mas, como está apenas seguindo mecanicamente um programa escrito, ele não entende chinês e não percebe o que está fazendo na realidade. O "homem" no quarto não entende nada porque, afinal, "ele é só um computador", de acordo com Searle. Então, os computadores claramente não entendem o que estão fazendo, uma vez que estão apenas seguindo regras.* Os argumentos do Quarto Chinês de Searle são fundamentalmente tautológicos, pois eles só adotam a conclusão de que os computadores não podem ter qualquer entendimento real. Parte da prestidigitação filosófica nas simples analogias de Searle é uma questão de escala. Ele se propõe descrever um sistema simples e depois pede que o leitor considere como tal sistema poderia ter algum entendimento. Mas a própria caracterização é enganosa. Para ser coerente com as próprias suposições de Searle, o sistema do Quarto Chinês que ele descreve teria de ser tão complexo quanto um cérebro humano e, portanto, teria tanto entendimento quanto um cérebro humano. O homem na analogia estaria agindo como a unidade central de processamento, apenas uma pequena parte do sistema. Embora o homem não possa ver, o entendimento está distribuído por todo o padrão do programa em si e pelos bilhões de notas que ele teria de fazer para seguir o programa. Considere que eu entendo inglês, mas nenhum dos meus neurônios entende. Meu entendimento é representado por vastos padrões de forças de neurotransmissores, fissuras sinápticas e conexões interneurais.

- A "crítica da divisão rico-pobre": *É provável que, com essas tecnologias, os ricos possam obter certas oportunidades a que o resto da humanidade não tem acesso.* É claro que isso não seria nada novo, mas assinalo que, por causa do crescimento exponencial contínuo do preço-desempenho, todas essas tecnologias irão ficar rapidamente tão baratas que se tornarão quase de graça.
- A "crítica da provável regulamentação do governo": *A regulamentação do governo vai desacelerar e parar a aceleração da tecnologia.* Embora o potencial para obstruir da regulamentação seja uma preocupação importante, até agora teve pouco efeito mensurável nas tendências discutidas neste livro. Não existindo um estado totalitário global, a economia e outras forças subjacentes ao progresso técnico só irão crescer com os avanços contínuos. Mesmo questões controversas como a pesquisa com células-tronco acabam sendo como pedras em um riacho, o fluxo do progresso correndo em torno delas.
- A "crítica do teísmo": *De acordo com William A. Dembski, "materialistas contemporâneos como Ray Kurzweil [...] veem os movimentos e as modificações da matéria como suficientes para prestar contas de mentalidade humana. Mas o materialismo é previsível, enquanto a realidade não é. A previsibilidade [é] a principal virtude do materialismo [...] e o vazio [é] seu defeito principal."* Sistemas complexos de matéria e energia não são previsíveis, já que se baseiam em uma vasta quantidade de event os quânticos imprevisíveis. Mesmo que aceitemos uma interpretação de "variáveis ocultas" da mecânica quântica (o que significa que os eventos quânticos só parecem ser imprevisíveis mas estão baseados em variáveis ocultas indetectáveis), o comportamento de um sistema complexo ainda seria imprevisível na prática. Todas as tendências mostram que estamos claramente caminhando para sistemas não biológicos que são tão complexos quanto seus correspondentes biológicos. Tais sistemas futuros não serão mais "vazios" do que os humanos e, em muitos casos, estarão baseados na engenharia reversa da inteligência humana. Não precisamos ir além das aptidões dos padrões de matéria e energia para prestar contas das aptidões da inteligência humana.
- A "crítica do holismo": *Para citar Michael Denton, os organismos são "auto--organizadores, [...] autorreferentes, [...] autorreplicantes, [...] recíprocos, [...] autoformadores e [...] holísticos". Tais formas orgânicas só podem ser criadas através de processos biológicos e tais formas são "imutáveis, [...] impenetráveis e [...] realidades fundamentais da existência".*[1] É verdade que o projeto biológico representa um profundo conjunto de princípios, e não há nada que restrinja

os sistemas não biológicos de aproveitar as propriedades emergentes dos padrões encontrados no mundo biológico.

Já me envolvi em inúmeros debates e diálogos respondendo a esses desafios em vários fóruns. Um dos meus objetivos neste livro é fornecer uma resposta abrangente para as críticas mais importantes que tenho encontrado. Muitas das minhas réplicas a essas críticas sobre factibilidade e inevitabilidade têm sido discutidas neste livro, mas neste capítulo quero apresentar uma resposta detalhada às mais interessantes.

A crítica da incredulidade

Talvez a crítica mais sincera do futuro que previ aqui seja a simples descrença de que essas mudanças profundas possam chegar a ocorrer. O químico Richard Smalley, por exemplo, descarta a ideia, como apenas "boba", dos nanorrobots serem capazes de executar missões na corrente sanguínea humana. Mas a ética dos cientistas pede cautela na avaliação das perspectivas para o trabalho atual, e essa cautela razoável infelizmente leva muitos cientistas a se esquivarem de considerar o poder de gerações de ciência e tecnologia muito além da fronteira de hoje. Com o ritmo da mudança de paradigma ocorrendo cada vez mais rápido, esse pessimismo enraizado não serve às necessidades da sociedade na avaliação das aptidões científicas nas décadas futuras. Considere como a tecnologia de hoje iria parecer incrível para as pessoas há um século.

Uma crítica relacionada baseia-se na noção de que é difícil prever o futuro, e uma porção de previsões ruins de outros futuristas em eras passadas pode ser citada para confirmar isso. Predizer qual empresa ou produto vai ter sucesso é de fato muito difícil, se não impossível. A mesma dificuldade ocorre ao predizer qual padrão ou projeto técnico vai prevalecer. (Por exemplo, como vão se sair nos próximos anos os protocolos de comunicação sem fio WiMAX, CDMA e 3G?) Entretanto, como este livro tem argumentado extensamente, achamos tendências exponenciais notavelmente precisas e previsíveis quando avaliamos a efetividade geral (quando medida pelo preço-desempenho, largura de banda e outras medidas de capacidade) das tecnologias de informação. Por exemplo, o crescimento exponencial suave do preço-desempenho da computação data de mais de um século atrás. Considerando que se sabe que a quantidade mínima de matéria e energia necessária para computar ou transmitir um bit de informação é infimamente pequena, pode-se prever, com confiança, a continuação dessa tendência da tecnologia de informação por, pelo menos, este próximo século. Além do mais, pode-se prever, de modo confiável, a capacidade dessas tecnologias em tempos futuros.

Prever o caminho de uma única molécula em um gás é essencialmente impossível, mas certas propriedades do gás como um todo (composto por muitíssimas moléculas interagindo caoticamente) podem ser previstas com confiança através das leis da termodinâmica. Do mesmo modo, não é possível predizer de maneira confiável os resultados de um projeto ou empresa específicos, mas a capacidade geral da tecnologia da informação (que compreende muitas atividades caóticas) pode, apesar de tudo, ser prevista com segurança pela Lei dos Retornos Acelerados.

Muitas das tentativas furiosas de argumentar porque as máquinas — sistemas não biológicos — jamais podem ser comparadas com humanos parecem ser alimentadas por essa reação básica de incredulidade. A história do pensamento humano é marcada por muitas tentativas de rejeitar ideias que parecem ameaçar o consenso de que nossa espécie é especial. O insight de Copérnico, de que a Terra não era o centro do universo, encontrou resistência, bem como o de Darwin, de que éramos uma evolução apenas ligeira de outros primatas. A ideia de que as máquinas poderiam igualar-se e até mesmo superar a inteligência humana parece, mais uma vez, colocar em dúvida o status humano.

Na minha opinião, apesar de tudo, há alguma coisa essencialmente especial sobre os seres humanos. Fomos a primeira espécie na Terra a combinar uma função cognitiva e um apêndice oponível efetivo (o polegar), portanto fomos capazes de criar a tecnologia que iria ampliar nossos próprios horizontes. Nenhuma outra espécie na Terra conseguiu isso. (Para ser preciso, somos a única espécie sobrevivente neste nicho ecológico — outros, como os neandertais, não sobreviveram.) Como mostrei no capítulo 6, ainda estamos por descobrir outra civilização assim no universo.

A crítica de Malthus

Tendências exponenciais não duram para sempre. O exemplo metafórico clássico das tendências exponenciais que dão errado é conhecido como "os coelhos da Austrália". Uma espécie que chega a um novo habitat acolhedor aumentará seu número exponencialmente até atingir o limite da capacidade desse meio ambiente para sustentá-la. Chegar perto desse limite do crescimento exponencial pode até provocar uma redução geral no número de indivíduos — por exemplo, os humanos que percebem o alastramento de uma praga podem procurar erradicá-la. Outro exemplo comum é um micróbio que pode crescer exponencialmente no corpo de um animal até que chegue a um limite: a habilidade desse corpo para sustentá-lo, a resposta do sistema imunológico do animal ou a morte do hospedeiro.

Até mesmo a população humana está agora chegando ao limite. As famílias das nações mais desenvolvidas empregam o planejamento familiar e têm padrões relativamente altos para os recursos que querem dar aos filhos. Como resultado, a expansão da população no mundo desenvolvido em grande parte parou. Enquanto isso, as pessoas (nem todas) nos países subdesenvolvidos continuam a ter famílias grandes como meio de seguridade social, esperando que ao menos um filho sobreviva bastante tempo para sustentá-las na velhice. Entretanto, com a Lei dos Retornos Acelerados fornecendo mais ganhos econômicos amplamente espalhados, o crescimento geral da população humana está desacelerando.

Então será que não há um limite para as tendências exponenciais comparável ao que estamos testemunhando para as tecnologias da informação?

A resposta é sim, mas não antes que aconteçam as profundas transformações descritas por este livro. Como discuti no capítulo 3, a quantidade de matéria e energia necessária para computar ou transmitir um bit é infinitamente menor. Usando portas lógicas reversíveis, a entrada de energia só é necessária para transmitir resultados e corrigir erros. Além disso, o calor liberado por cada computação é imediatamente reciclado para alimentar a computação seguinte.

Como mostrei no capítulo 5, os projetos baseados em nanotecnologia para virtualmente todas as aplicações — computação, comunicação, fabricação e transporte — vão exigir substancialmente menos energia do que hoje. A nanotecnologia também facilitará a captura de fontes de energia renovável como a luz do sol. Poderíamos ter todas as nossas necessidades projetadas de energia de 30 trilhões de watts em 2030 com o poder do sol se capturássemos apenas 0,03% (três décimos de milésimos) da energia do sol que atinge a Terra. Isso será factível com painéis solares extremamente baratos, leves, eficientes, feitos pela nanoengenharia, com nanocélulas de combustível para armazenar e distribuir a energia capturada.

Um limite virtualmente ilimitado. Como já foi abordado no capítulo 3, um computador de 2,2 libras perfeitamente organizado, usando portas lógicas reversíveis, tem cerca de 10^{25} átomos e pode armazenar cerca de 10^{27} bits. Só considerando as interações eletromagnéticas entre as partículas, há pelo menos 10^{15} mudanças de estado por bit por segundo que podem ser aproveitadas para a computação, resultando em cerca de 10^{42} cálculos por segundo no computador "frio" de 2,2 libras. Isso é cerca de 10^{16} vezes mais potente do que todos os cérebros biológicos hoje. Se permitirmos que o computador esquente, podemos aumentar isso em 10^8 vezes. E obviamente não vamos restringir nossos recursos computacionais a um quilo de matéria, mas, no final, iremos empregar uma fração significativa da matéria e energia da Terra e do sistema solar, e depois nos espalharemos a partir daí.

Os paradigmas específicos chegam aos limites. Esperamos que a Lei de Moore (relativa à redução do tamanho de transistores em um circuito integrado plano) atingirá um limite nas próximas duas décadas. A data para o fim da Lei de Moore está sempre sendo adiada. As primeiras estimativas previam 2002, mas agora a Intel diz que não vai acontecer até 2022. Mas, como discuti no capítulo 2, cada vez que um paradigma específico da computação aproximava-se de seu limite, os interesses e a pressão da pesquisa aumentavam para que se criasse um novo paradigma. Isso já aconteceu quatro vezes na história de um século do crescimento exponencial da computação (de calculadoras eletromagnéticas a computadores baseados em relés e válvulas a transistores discretos e circuitos integrados). Já alcançamos muitos marcos importantes na direção do próximo (sexto) paradigma da computação: circuitos tridimensionais auto-organizadores em nível molecular. Portanto, o fim iminente de um dado paradigma não representa um limite verdadeiro.

Há limites para a potência da tecnologia da informação, mas esses limites são vastos. Estimei a capacidade da matéria e energia de nosso sistema solar como podendo suportar a computação de no mínimo 10^{70} cps (ver capítulo 6). Considerando que há pelo menos 10^{20} estrelas no universo, obtemos cerca de 10^{90} cps para isso, o que concorda com a análise independente de Seth Lloyd. Então, sim, há limites, mas eles não são muito limitantes.

A crítica do software

Um desafio comum à factibilidade da IA forte, e portanto à Singularidade, começa diferenciando as tendências quantitativas das qualitativas. Esse argumento reconhece, em essência, que certas capacidades de força bruta, como a capacidade da memória, a velocidade do processamento e a largura de banda das comunicações, estão expandindo-se exponencialmente, mas sustenta que o software (isto é, métodos e algoritmos) não está.

Esse é o desafio do hardware contra software, e é um desafio significativo. Por exemplo, Jaron Lanier, pioneiro da realidade virtual, caracteriza minha posição e a de outros chamados totalitários cibernéticos como os que vamos acabar de descobrir o software de algum jeito não especificado — uma posição a que ele se refere como "deus ex machina" do software.[2] Entretanto, isso ignora o cenário específico e detalhado que descrevi, pelo qual o software da inteligência será realizado. A engenharia reversa no cérebro humano, um empreendimento que está muito mais adiantado do que Lanier e muitos outros observadores percebem, expandirá nosso jogo de ferramentas de IA para incluir os métodos de auto-organização subjacentes à inteligência humana. Retorno logo a este tópico, mas primeiro vejamos algumas outras ideias erradas sobre a chamada falta de progresso do software.

A estabilidade do software. Lanier chama o software de inerentemente "desajeitado" e "frágil", e descreveu de forma prolixa uma variedade de frustrações que encontrou ao usá-lo. Ele escreve que "fazer com que os computadores executem tarefas específicas de complexidade significativa de um modo confiável mas modificável, sem cair ou prejudicar a segurança, é essencialmente impossível".[3] Não pretendo defender todos os softwares, mas não é verdade que um software complexo seja necessariamente frágil e com tendências a quedas catastróficas. Muitos exemplos de softwares complexos críticos operam com muito poucas panes, se é que as têm: por exemplo, os sofisticados programas de software que controlam uma crescente porcentagem de aterrissagens de aviões, que monitoram os pacientes em UTIs, que guiam armas inteligentes, que controlam os investimentos de bilhões de dólares em hedge funds baseados em reconhecimento automatizado de padrões e serve para muitas outras funções.[4] Não conheço nenhum desastre de avião que tenha sido provocado por falhas no software de aterrissagem automatizada; mas não se pode dizer o mesmo sobre a confiabilidade nos humanos.

A capacidade de reação do software. Lanier se queixa de que "as interfaces entre usuário e computador tendem a responder mais devagar a eventos de interface, como apertar uma tecla, do que há quinze anos [...]. O que deu errado?".[5] Convidaria Lanier a tentar usar um computador velho hoje. Mesmo deixando de lado a dificuldade para fazê-lo funcionar (que é uma questão diferente), Lanier se esqueceu de como eles não respondiam, eram desajeitados e limitados. Tente realizar algum trabalho real nos padrões de hoje com um software de computador pessoal com vinte anos. Simplesmente não é verdade dizer que o software velho era melhor em qualquer sentido qualitativo ou quantitativo.

Embora sempre seja possível achar um projeto de má qualidade, os atrasos em reagir, quando acontecem, são em geral resultado de novos recursos e funções. Se os usuários quisessem congelar a funcionalidade de seu software, o crescimento exponencial contínuo da velocidade e da memória iria eliminar rapidamente os atrasos das respostas do software. Mas o mercado exige capacidades sempre maiores. Vinte anos atrás, não havia motores de busca ou qualquer outra integração com a World Wide Web (de fato, não havia a web), só uma linguagem primitiva, ferramentas de formatação e multimídia, e assim por diante. Portanto, a funcionalidade sempre fica no limite do que é factível.

Esse romancear do software de anos ou décadas passadas pode ser comparado com a visão idílica que as pessoas têm da vida de centenas de anos atrás, quando não estavam "sobrecarregadas" pelas frustrações de trabalhar com máquinas. Talvez a vida fosse plena, mas também era curta, com muito trabalho, muita pobreza e sujeita a doenças e a desastres.

Preço-desempenho do software. Com relação ao preço-desempenho do software, as comparações são dramáticas em todas as áreas. Veja a tabela da página 121 sobre o software de reconhecimento de fala. Em 1985, com 5 mil dólares, comprava-se um software com um vocabulário de mil palavras, que não tinha capacidade para fala contínua, precisava de três horas de treinamento com sua voz e era relativamente pouco acurado. Em 2000, por apenas cinquenta dólares, pode-se adquirir um software com um vocabulário de 100 mil palavras, só precisa de cinco minutos de treinamento com sua voz, tem uma precisão dramaticamente melhorada, entende a fala natural (para editar comandos e outras finalidades) e inclui muitos outros recursos.[6]

A produtividade do desenvolvimento do software. E o desenvolvimento do software em si mesmo? Eu mesmo venho desenvolvendo softwares há quarenta anos, portanto tenho alguma perspectiva sobre o assunto. Estimo que o prazo para duplicar a produtividade de desenvolvimento do software seja de mais ou menos seis anos, que é maior do que o prazo para a duplicação do preço-desempenho do processador, que hoje é de aproximadamente um ano. Mas a produtividade do software cresce exponencialmente. Hoje as ferramentas para o desenvolvimento, bibliotecas especializadas e sistemas de suporte disponíveis são enormemente mais eficazes do que as de décadas atrás. Nos meus projetos correntes, equipes de só três ou quatro pessoas realizam em poucos meses objetivos que podem ser comparados ao que há 25 anos exigia uma equipe de uma dúzia ou mais de pessoas trabalhando por um ano ou mais.

A complexidade do software. Há vinte anos, os programas de software consistiam normalmente em milhares a dezenas de milhares de linhas. Hoje, os programas principais (por exemplo, controle dos canais de abastecimento, automação fabril, sistemas de reservas, simulação bioquímica) são medidos em milhões de linhas ou mais. O software para os principais sistemas de defesa como o Joint Strike Fighter contém dezenas de milhões de linhas.

O software para controlar software está aumentando rapidamente de complexidade. A IBM é pioneira no conceito de computação autonômica, em que as funções rotineiras de suporte da tecnologia de informação serão automatizadas.[7] Esses sistemas serão programados com modelos de seu próprio comportamento e, de acordo com a IBM, poderão ser "autoconfiguradores, autorregeneradores, auto-otimizadores e autoprotetores". O software para suportar a computação autônoma será medido em dezenas de milhões de linhas de código (com cada linha contendo dezenas de bytes de informação). Assim, em termos de complexidade da informação, o software já supera as dezenas de milhões de bytes de informação útil do genoma humano e suas moléculas de apoio.

Entretanto, a quantidade de informação contida em um programa não é a melhor medida de sua complexidade. Um programa de software pode ser longo, mas pode estar inflado com informações inúteis. É claro que o mesmo pode ser dito sobre o genoma, que parece estar codificado de maneira muito ineficiente. Têm sido feitas tentativas para formular medidas para a complexidade dos softwares — por exemplo, o Cyclomatic Complexity Metric, desenvolvido pelos cientistas da computação Arthur Watson e Thomas McCabe no National Institute of Standards and Technology.[8] Essa métrica mede a complexidade da lógica do programa e leva em consideração a estrutura da ramificação e dos pontos decisivos. As evidências sugerem um aumento rápido da complexidade quando medida por esses índices, embora não haja dados suficientes para rastrear o tempo da duplicação. Entretanto, o ponto-chave é que os sistemas de software mais complexos usados pelas indústrias hoje têm níveis mais altos de complexidade do que os programas de software que estão realizando simulações neuromórficas das regiões do cérebro, bem como simulações bioquímicas de neurônios individuais. Já podemos lidar com níveis de complexidade de software que excedem o que é necessário para modelar e simular os algoritmos paralelos, auto-organizadores e fractais que já estamos descobrindo no cérebro humano.

Algoritmos que se aceleram. Houve melhoras dramáticas na velocidade e eficiência dos algoritmos de software (ou hardwares constantes). Assim, o preço-desempenho de pôr em prática uma ampla variedade de métodos para resolver as funções matemáticas básicas que estão na base de programas como os usados nos processamentos de sinais, reconhecimento de padrões e inteligência artificial beneficiou-se da aceleração tanto do hardware quanto do software. Esses melhoramentos variam dependendo do problema, mas, apesar disso, são generalizados.

Por exemplo, tome-se o processamento de sinais, que é uma tarefa disseminada e intensiva para computadores, bem como para o cérebro humano. Mark A. Richards, do Georgia Institute of Technology, e Gary A. Shaw, do MIT, documentaram uma grande tendência para uma maior eficiência do algoritmo que processa sinais.[9] Por exemplo, para encontrar padrões em sinais, muitas vezes é necessário resolver as chamadas equações diferenciais parciais. Jon Bentley, especialista em algoritmos, mostrou uma redução contínua da quantidade de operações computacionais necessárias para resolver esse tipo de problema.[10] Por exemplo, de 1945 a 1985, para uma aplicação representativa (achar uma solução diferencial parcial elíptica para uma grade tridimensional com 64 elementos de cada lado), a quantidade de operações tem sido reduzida por um fator de 300 mil. Esse é um aumento de 38% na eficiência, por ano (não incluindo melhorias do hardware).

Outro exemplo é a habilidade de enviar informações por linha telefônica, que melhorou, de 300 bits por segundo, a 56 mil bps em doze anos, um aumento anual de 55%.[11] Parte dessas melhorias foi resultado de melhorias no projeto do hardware, mas a maioria é função da inovação algorítmica.

Um dos problemas-chave no processamento é converter um sinal em seus componentes de frequência usando a transformada de Fourier, que expressa os sinais como somas de ondas de seno. Esse método é usado na ponta inicial do reconhecimento computadorizado da fala e em muitas outras aplicações. A percepção auditiva humana também começa rompendo o sinal da fala em componentes de frequência na cóclea. O algoritmo "radix-2 Cooley-Tukey" para uma "transformada rápida de Fourier" reduziu em cerca de duzentos pontos o número de operações necessárias para uma transformada de Fourier de 1.024 pontos.[12] Um método melhorado de "radix-4" aumentou o melhoramento em mais de oitocentos. Recentemente, foram introduzidas transformadas de "ondaleta" que podem expressar sinais arbitrários como somas de *waveforms* mais complexas do que as ondas de seno. Esses métodos aumentam em muito a eficiência de romper um sinal em seus componentes principais.

Os exemplos acima não são anomalias; a maioria dos algoritmos básicos de computação intensiva passou por reduções significativas na quantidade de operações exigidas. Outros exemplos incluem a coleta, a análise, a autocorrelação (e outros métodos estatísticos) e a compressão e descompressão de informações. Também têm sido feitos progressos para paralelizar algoritmos — isto é, partir um único método em métodos múltiplos que podem ser executados ao mesmo tempo. Como discuti antes, o processamento paralelo roda inerentemente em uma temperatura mais baixa. O cérebro usa o processamento paralelo maciço como uma estratégia para alcançar funções mais complexas em menores tempos de reação, e precisaremos utilizar essa abordagem em nossas máquinas para atingir densidades computacionais ótimas.

Há uma diferença intrínseca entre as melhorias no preço-desempenho do hardware e as melhorias na eficiência do software. As melhorias do hardware têm sido notavelmente coerentes e previsíveis. À medida que se domina cada novo nível de velocidade e eficiência no hardware, ganha-se ferramentas potentes para continuar para o nível seguinte de melhoria exponencial. Por outro lado, as melhorias no software são menos previsíveis. Richards e Shaw as chamam de "buracos de minhoca no tempo do desenvolvimento", porque muitas vezes pode-se alcançar o equivalente a anos de melhoria no hardware através de uma única melhoria algorítmica. Note que não se depende do contínuo progresso na eficiência do software, já que se pode contar com a contínua aceleração do hardware. Não obstante, os benefícios dos progressos algorítmicos contribuem significativamente para atingir a potência computacional geral que emule a inteligência humana, e é provável que continuem a acelerar.

A fonte básica dos algoritmos inteligentes. Aqui, o ponto mais importante é que há um plano de jogo específico para alcançar o nível da inteligência humana em uma máquina: tomar os métodos paralelos, caóticos, auto-organizadores e fractais da engenharia reversa e aplicá-los no hardware computacional moderno. Tendo acompanhado o conhecimento exponencialmente crescente sobre o cérebro humano e seus métodos (ver capítulo 4), pode-se esperar que, dentro de vinte anos, haja modelos e simulações detalhadas das várias centenas de órgãos processadores de informação que são chamados, coletivamente, de cérebro humano.

Compreender os princípios operacionais da inteligência humana irá aumentar nosso jogo de ferramentas para os algoritmos de IA. Muitos desses métodos muito usados nas máquinas com sistemas de reconhecimento de padrões exibem comportamentos sutis e complexos não previsíveis pelo projetista. Os métodos de auto-organização não são um atalho fácil para a criação de comportamentos complexos e inteligentes, mas são uma maneira importante para aumentar a complexidade de um sistema sem incorrer na fragilidade dos sistemas lógicos explicitamente programados.

Como mostrei anteriormente, o cérebro humano em si é criado de um genoma com apenas 30 a 100 milhões de bytes de informação útil, comprimida. Então, como pode ser que um órgão com 100 trilhões de conexões possa resultar de um genoma que é tão pequeno? (Calculo que só os dados interconectados necessários para caracterizar o cérebro humano sejam 1 milhão de vezes maiores do que a informação no genoma.)[13] A resposta é que o genoma especifica um conjunto de processos, cada um deles utilizando métodos caóticos (ou seja, aleatoriedade inicial, depois auto-organização) para aumentar a quantidade de informação representada. Sabe-se, por exemplo, que a fiação das interconexões segue um plano que inclui uma grande quantidade de aleatoriedade. À medida que um indivíduo encontra seu ambiente, as conexões e os padrões no nível dos neurotransmissores se auto-organizam para representar melhor o mundo, mas o projeto inicial é especificado por um programa que não é extremamente complexo.

Não acho que iremos programar a inteligência humana elo por elo em um maciço sistema especializado baseado em regras. Nem esperamos que os amplos conjuntos de habilidades representados pela inteligência humana surjam de um maciço algoritmo genético. Lanier está certo quando se preocupa que uma abordagem dessas irá inevitavelmente ficar presa em algum detalhe (um projeto que é melhor do que projetos muito parecidos mas que, na verdade, não é perfeito). É interessante que Lanier enfatize, como Richard Dawkins, que a evolução biológica "deixou escapar a roda" (nenhum organismo evoluiu para ter uma). Na verdade, isso não está totalmente certo — há pequenas estruturas parecidas com rodas no nível de proteínas, por exemplo, o motor iônico nos flagelos das bactérias, que é usado para o transporte em um ambiente tridimensional.[14] Quanto a organismos maiores, as rodas, é claro, não são muito úteis sem estradas, o que explica que não haja rodas evoluídas biologicamente para o transporte bidimensional de superfície.[15] Entretanto, a evolução gerou uma espécie que criou tanto as rodas quanto as estradas, portanto ela teve êxito na criação de muitas rodas, embora de modo indireto. Não há nada errado com os métodos indiretos; são usados o tempo todo na engenharia. De fato, o modo indireto é como a evolução funciona (ou seja, os produtos de cada estágio criam o estágio seguinte).

A engenharia reversa do cérebro não se limita a replicar cada neurônio. No capítulo 5, mostrei como regiões substanciais do cérebro, contendo milhões ou bilhões de neurônios, podiam ser modeladas executando algoritmos paralelos que são equivalentes funcionalmente. A factibilidade dessas abordagens neuromórficas tem sido demonstrada com modelos e simulações de umas dúzias de regiões. Como já expus, muitas vezes isso resulta na redução substancial das necessidades computacionais, como foi mostrado por Lloyd Watts, Carver Mead e outros.

Lanier escreve que "se alguma vez houve um fenômeno complexo, caótico, nós somos ele". Concordo com isso, mas não o vejo como um obstáculo. Minha própria área de interesse é a computação caótica, que é como fazemos o reconhecimento de padrões, que, por sua vez, é o núcleo da inteligência humana. O caos faz parte do processo do reconhecimento de padrões — ele impulsiona o processo —, e não há razão para que não possamos aproveitar esses métodos em nossas máquinas assim como eles são utilizados em nossos cérebros.

Lanier escreve que "a evolução evoluiu, introduzindo o sexo, por exemplo, mas a evolução nunca achou uma maneira de ter uma velocidade que não fosse muito baixa". Mas o comentário de Lanier só se aplica à evolução biológica, não à evolução tecnológica. É precisamente por isso que ultrapassamos a evolução biológica. Lanier ignora a natureza essencial de um processo evolutivo: este acelera porque cada estágio introduz métodos mais potentes para criar o estágio seguinte. Nós fomos, de bilhões de anos para os primeiros passos na evolução biológica (RNA), para o ritmo rápido da evolução tecnológica hoje. A World Wide Web surgiu em uns poucos anos, bem mais rápido do que, digamos, a explosão cambriana. Esses fenômenos são todos parte do mesmo processo evolutivo, que começou lento, agora vai relativamente mais rápido e, dentro de umas poucas décadas, irá estonteantemente rápido.

Lanier escreve que "todo empreendimento da Inteligência Artificial está baseado em um erro intelectual". Até o momento em que os computadores pelo menos igualem a inteligência humana em todas as dimensões, sempre será possível que os céticos digam que o copo está meio vazio. Cada nova realização da IA pode ser descartada ao apontar outros objetivos que ainda não foram alcançados. De fato, esta é a frustração do profissional da IA: quando um objetivo da IA é alcançado, deixa de ser considerado como estando dentro do campo da IA e, em vez disso, torna-se apenas uma técnica geral útil. Portanto, a IA é considerada muitas vezes como o conjunto de problemas que ainda não foram resolvidos.

Mas as máquinas estão, de fato, aumentando sua inteligência, e a gama de tarefas que elas podem realizar — tarefas que antes exigiam a atenção inteligente de um humano — cresce rapidamente. Como foi mostrado nos capítulos 5 e 6, hoje há centenas de exemplos da IA operacional restrita.

Como um exemplo dentre muitos, assinalei, na seção "Deep Fritz empata" na página 313, que o software de xadrez no computador não depende mais da força bruta computacional. Em 2002, Deep Fritz, rodando em apenas oito computadores pessoais, teve um desempenho igual ao de Deep Blue da IBM em 1997, com base nas melhorias de seus algoritmos de reconhecimento de padrões. Podem-se ver muitos exemplos desse tipo de melhoria qualitativa na inteligência do software. Entretanto, até que chegue o tempo em que toda a capacidade intelectual humana esteja emulada, sempre será possível minimizar o que as máquinas podem fazer.

Quando alcançarmos modelos completos da inteligência humana, as máquinas conseguirão combinar os níveis humanos flexíveis, sutis, do reconhecimento de padrões com as vantagens naturais da inteligência da máquina na velocidade, na capacidade de memória e, mais importante, na habilidade de compartilhar rapidamente o conhecimento e as aptidões.

A crítica do processamento analógico

Muitos críticos, como o zoólogo e cientista dos algoritmos evolutivos Thomas Ray, acusam teóricos como eu, que postulamos computadores inteligentes, de alegadamente "falharmos ao considerar a natureza única do meio digital".[16]

Antes de tudo, minha tese inclui a ideia de combinar os métodos analógicos e digitais da mesma maneira que faz o cérebro humano. Por exemplo, as redes neurais mais avançadas já estão usando modelos extremamente detalhados dos neurônios humanos, inclusive funções detalhadas de ativação analógica, não linear. Há uma vantagem significativa em eficiência quando se emulam os métodos analógicos do cérebro. Os métodos analógicos também não são exclusivos dos sistemas biológicos. Costumava-se dizer "computadores digitais" para diferenciá-los dos mais onipresentes computadores analógicos muito usados durante a Segunda Guerra Mundial. O trabalho de Carver Mead mostrou a habilidade que têm circuitos de silicone para implementar circuitos analógicos controlados digitalmente, totalmente análogos e, de fato, derivados dos circuitos neuronais dos mamíferos. Métodos analógicos são prontamente recriados por transistores convencionais, que são, em essência, dispositivos analógicos. É só quando se acrescenta o mecanismo de comparar o output do transistor com um portal que ele se torna um dispositivo analógico.

Mais, importante, não há nada que os métodos analógicos possam realizar que os métodos digitais também não consigam realizar. Os processos analógicos podem ser emulados por métodos digitais (usando representações de ponto flutuante), enquanto o contrário não é necessariamente o caso.

A crítica da complexidade do processamento neural

Outra crítica comum é que os detalhes sutis do projeto biológico do cérebro são simplesmente complexos demais para serem modelados e simulados usando uma tecnologia não biológica. Por exemplo, Thomas Ray escreve:

A estrutura e a função do cérebro ou de seus componentes não podem ser separadas. O sistema circulatório fornece o suporte vital para o cérebro, mas também traz hormônios, que são parte integrante da função química de processamento de informações. A membrana de um neurônio é uma característica estrutural que define os limites e a integridade de um neurônio, mas também é a superfície ao longo da qual a despolarização propaga sinais. As funções estrutural e de suporte vital não podem ser separadas do tratamento da informação.[17]

Ray prossegue, descrevendo vários "mecanismos de comunicação químicos dentre o vasto espectro" exibido pelo cérebro.

Com efeito, todos esses aspectos podem ser prontamente modelados, e já se fez bastante progresso nesse sentido. A linguagem que faz a intermediação é a matemática, e traduzir os modelos matemáticos para seus mecanismos não biológicos equivalentes (exemplos disso incluem simulações de computador e circuitos usando transistores no modo original analógico) é um processo relativamente simples. A entrega de hormônios pelo sistema circulatório, por exemplo, é um fenômeno de largura de banda extremamente pequena, que não é difícil de modelar e replicar. Os níveis sanguíneos de hormônios específicos e outros elementos químicos influem nos níveis dos parâmetros que afetam muitas sinapses ao mesmo tempo.

Thomas Ray conclui que "um sistema metálico de computação opera com propriedades dinâmicas fundamentalmente diferentes, e jamais poderia 'copiar', precisa e exatamente, a função de um cérebro". Seguindo de perto o progresso nos campos relacionados da neurobiologia, do escaneamento do cérebro, da modelagem de neurônios e de regiões de neurônios, da comunicação neurônio-eletrônico, de implantes neurais e trabalhos relacionados, constatamos que nossa habilidade para reproduzir a relevante funcionalidade do processamento biológico de informações pode chegar a qualquer nível de precisão que se deseje. Em outras palavras, a funcionalidade copiada pode estar "perto o quanto baste" para qualquer propósito ou objetivo concebível, inclusive deixar satisfeito um examinador do teste de Turing. Além do mais, vimos que uma execução eficiente dos modelos matemáticos exige uma capacidade computacional substancialmente menor do que o potencial teórico de agrupamentos de neurônios biológicos que estão sendo modelados. No capítulo 4, examinei vários modelos de neurônios biológicos (as regiões auditivas de Watts, o cerebelo e outras) que demonstram isso.

A complexidade do cérebro. Thomas Ray também enfatiza o ponto de que podemos ter dificuldade para criar um sistema equivalente a "bilhões de linhas de código", que é o nível de complexidade que ele atribui ao cérebro humano. Entretanto, esse número está muito inflado, pois, como já vimos, nossos cérebros são criados a partir de um genoma de cerca de 30 a 100 milhões de bytes de informação única (800 milhões de bytes sem compressão, mas a compressão é claramente factível dada a redundância maciça), dos quais talvez dois terços descrevam os princípios operacionais do cérebro. São processos auto-organizadores que incorporam elementos significativos de aleatoriedade (bem como a exposição ao mundo real) que permitem que uma quantidade relativamente tão pequena de informação no projeto expanda-se até os milhares de trilhões de bytes de informação representados por um cérebro humano adulto. De modo semelhante, a tarefa de criar uma inteligência no nível humano em um ser não biológico envolverá a criação não de um maciço sistema especializado com bilhões de regras ou linhas de código, mas sim de um sistema auto-organizador, caótico, e que pode aprender, um sistema que seja, em última análise, inspirado pela biologia.

Ray continua escrevendo: "Os engenheiros entre nós podem propor dispositivos nanomoleculares com comutadores de fulereno ou mesmo computadores semelhantes ao DNA. Mas tenho certeza de que eles jamais iriam pensar em neurônios. Os neurônios são estruturas astronomicamente grandes quando comparados às moléculas com que estamos começando".

Minha opinião é exatamente essa. Usar a engenharia reversa no cérebro humano não tem como objetivo copiar o processo digestivo ou outros processos desajeitados dos neurônios biológicos, mas entender seus métodos principais de processamento de informações. A possibilidade de fazer isso já foi demonstrada em dezenas de projetos contemporâneos. A complexidade dos agrupamentos de neurônios que estão sendo emulados está aumentando de escala por ordens de grandeza, junto com todas as outras aptidões tecnológicas.

O dualismo intrínseco de um computador. *O neurocientista Anthony Bell do Redwood Neuroscience Institute articula dois desafios para nossa habilidade de modelar e simular o cérebro com a computação. No primeiro, ele sustenta que*

um computador é intrinsecamente um ente duplo, com sua configuração física projetada para não interferir em sua configuração lógica, que realiza a computação. Em um exame empírico, verifica-se que o cérebro não é um ser duplo. O computador e o programa podem ser dois entes, mas a mente e o cérebro são um só. O cérebro, portanto, não é uma máquina, quer dizer que ele não é um modelo (ou computador) finito, representado concretamente de modo que a representação física não interfira na execução do modelo (ou programa).[18]

Essa argumentação é facilmente dispensável. A habilidade para separar, em um computador, o programa da concretização física que executa a computação é uma vantagem, não uma limitação. Antes de mais nada, há dispositivos eletrônicos com circuitos específicos em que "computador e programa" não são dois, mas, sim, um. Esses dispositivos não podem ser programados, mas estão conectados diretamente com um conjunto específico de algoritmos.

Note que não estou me referindo a computadores com o software (chamado de "firmware") de memória só para leitura, que pode ser encontrado em um celular ou em um computador de bolso. Em um sistema desses, ainda se podem considerar como dualistas a eletrônica e o software, mesmo que o programa não possa ser modificado facilmente.

Pelo contrário, refiro-me a sistemas com uma lógica própria que não podem ser programados de modo algum — como circuitos integrados para uma aplicação específica (usados, por exemplo, para o processamento de imagens e sinais). Em termos de custo, é eficiente executar algoritmos dessa maneira, e muitos produtos eletrônicos para o consumidor usam esses circuitos. Os computadores programáveis custam mais, porém viabilizam a flexibilidade de permitir que o software seja alterado e melhorado. Os computadores programáveis podem imitar a funcionalidade de qualquer sistema específico, inclusive os algoritmos que estamos descobrindo (através da engenharia reversa do cérebro) para componentes neurais, neurônios e regiões do cérebro.

Não é válido chamar de "não máquina" um sistema em que o algoritmo lógico está intimamente ligado a seu projeto físico. Se seus princípios operacionais podem ser entendidos, modelados em termos matemáticos e depois instalados em outro sistema (quer esse outro sistema seja uma máquina com lógica específica imutável ou um software em um computador programável), pode-se considerá-lo como máquina e, com certeza, um ente cujas aptidões podem ser recriadas em uma máquina. Como expus extensivamente no capítulo 4, não há barreiras para que descubramos os princípios operacionais do cérebro e para modelá-los e simulá-los com êxito, de suas interações moleculares para cima.

Bell refere-se à "configuração física [que é] projetada para não interferir na configuração lógica" de um computador, dando a entender que o cérebro não tem essa "limitação". Ele está certo quando diz que nossos pensamentos ajudam a criar nossos cérebros, e, como indiquei antes, podemos observar esses fenômenos em escaneamentos dinâmicos do cérebro. Mas pode-se prontamente modelar e simular em software tanto os aspectos físicos quanto os lógicos da plasticidade do cérebro. O fato de que o software em um computador possa ser separado de sua instalação física é uma vantagem arquitetônica, pois permite que o mesmo software seja aplicado a hardwares sempre melhorados. O software de computador, como os circuitos mutáveis do cérebro, também pode modificar a si mesmo, bem como ser melhorado.

O hardware do computador também pode ser melhorado sem que seja necessária uma troca de software. É a arquitetura relativamente fixa do cérebro que é severamente limitada. Embora o cérebro seja capaz de criar novas conexões e padrões de neurotransmissões, ele está restrito aos sinais químicos, mais do que 1 milhão de vezes mais lentos do que os eletrônicos, à quantidade limitada de conexões interneurais que cabem dentro do crânio e a não ter nenhuma habilidade para ser melhorado, a não ser com a fusão com a inteligência não biológica que venho discutindo.

Níveis e Loops. Bell também comenta a aparente complexidade do cérebro:

Os processos moleculares e biofísicos controlam a sensibilidade dos neurônios para espigas de entrada (tanto a eficiência sináptica quanto a capacidade de responder pós-sináptica), a excitabilidade do neurônio para produzir espigas, os padrões de espigas que ele pode produzir e a probabilidade de que se formem novas sinapses (recabeamento dinâmico), para listar só quatro das interferências mais óbvias vindas do nível subneutral. Além disso, os efeitos do volume transneural como campos elétricos neurais e a difusão através das membranas de óxido nítrico foram vistos influindo, respectivamente, no disparo neural coerente e no transporte de energia (fluxo de sangue) para as células, este se correlacionando diretamente com a atividade neural.

A lista poderia continuar. Acho que qualquer um que estudasse a sério os neuromoduladores, os canais de íons ou os mecanismos sinápticos, e que seja honesto, teria de rejeitar o nível dos neurônios como um nível computacional separado, mesmo se achasse que é um nível descritivo útil.[19]

Embora Bell enfatize que o neurônio não é o nível apropriado para simular o cérebro, seu argumento primário, aqui, é semelhante ao de Thomas Ray acima: o cérebro é mais complicado do que simples portas lógicas.

Ele esclarece:

Argumentar que um pedaço de água estruturada ou uma coerência quântica seja um detalhe necessário para a descrição funcional do cérebro seria, claramente, ridículo. Mas se, em toda célula, as moléculas derivam uma funcionalidade sistemática desses processos submoleculares, se esses processos são usados todo o tempo, em todo o cérebro, para espelhar, registrar e propagar correlações espaçotemporais de flutuações moleculares, para aumentar ou diminuir as probabilidades e especificidades das reações, então temos uma situação qualitativamente diferente da porta lógica.

Em um nível, ele questiona os modelos simplistas de neurônios e conexões interneurais usados em muitos projetos de redes neurais. Mas simulações de regiões do cérebro não usam esses modelos simplificados, antes aplicam modelos matemáticos realistas baseados nos resultados da engenharia reversa do cérebro.

O ponto enfatizado por Bell é que o cérebro é imensamente complicado, com o consequente resultado que será muito difícil compreender, modelar e simular sua funcionalidade. O problema primordial com a perspectiva de Bell é que ele deixa de prestar contas da natureza auto-organizadora, caótica e fractal do projeto do cérebro. É claro que o cérebro é complexo, mas grande parte da complicação é mais aparente do que real. Em outras palavras, os princípios do projeto do cérebro são mais simples do que parecem.

Para entender isso, consideremos, primeiro, a natureza fractal da organização do cérebro, que abordei no capítulo 2. Um fractal é uma regra que é aplicada iterativamente para criar um padrão ou desenho. Com frequência, a regra é bem simples, mas, por causa da iteração, o desenho resultante pode ser notavelmente complexo. Um exemplo célebre disso é o conjunto criado pelo matemático Benoit Mandelbrot.[20] As imagens visuais do conjunto de Mandelbrot são extramente complexas, com complicados desenhos dentro de desenhos sem fim. Olhando para detalhes cada vez menores em uma imagem do conjunto de Mandelbrot, a complexidade nunca vai embora, e continuamos a ver complicações cada vez menores. Contudo, a fórmula subjacente a toda essa complexidade é espantosamente simples: o conjunto de Mandelbrot caracteriza-se por uma única fórmula $Z = Z^2 + C$, em que Z é um número "complexo" (quer dizer, bidimensional) e C é uma constante. A fórmula é aplicada iterativamente e os resultantes pontos bidimensionais são ligados para criar o padrão.

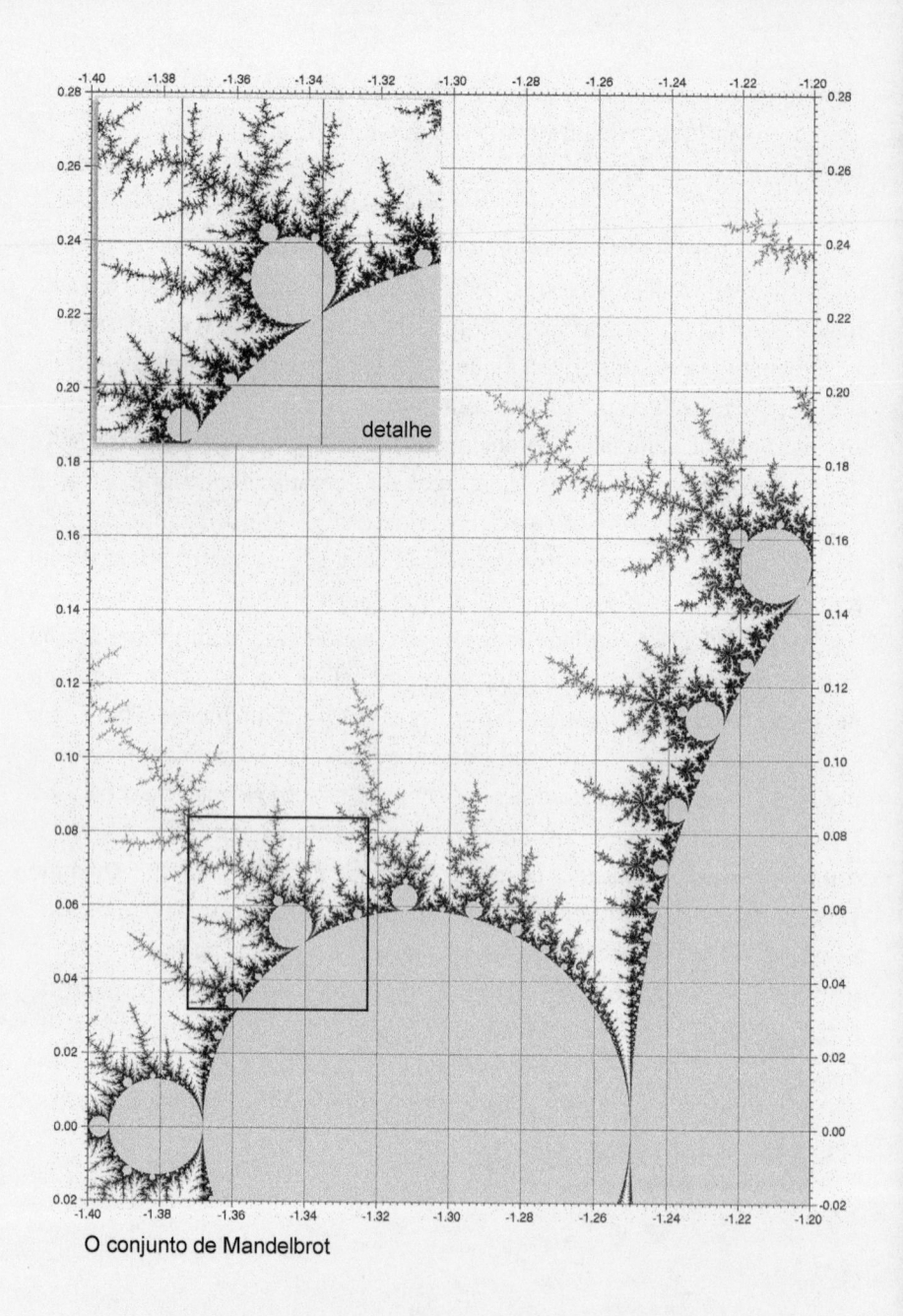

O conjunto de Mandelbrot

O ponto destacado aqui é que uma regra simples de desenho pode criar uma grande complexidade aparente. Stephen Wolfram enfatiza um ponto similar usando regras simples em autômatos celulares (ver capítulo 2). Esse insight é válido para o desenho do cérebro. Como já mostrei, o genoma comprimido é um projeto relativamente compacto, menor do que alguns programas contemporâneos de software. Como ressalta Bell, a implementação real do cérebro parece muito mais complexa do que isso. Como acontece com o conjunto de Mandelbrot, quando olhamos para aspectos cada vez menores do cérebro, continuamos a ver a complexidade aparente em cada nível. No nível macro, o padrão das conexões parece complicado e, no nível micro, também parece complicado o desenho de uma única porção de um neurônio como um dendrito. Já mencionei que iria levar, no mínimo, milhares de trilhões de bytes para caracterizar um cérebro humano, mas o projeto tem só dezenas de milhões de bytes. Portanto, a razão da aparente complexidade do cérebro para a informação do projeto é, no mínimo, de 100 milhões para um. A informação do cérebro começa como amplamente aleatória, mas, à medida que o cérebro interage com um ambiente complexo (isto é, quando a pessoa aprende e amadurece), aquela informação passa a ter sentido.

A complexidade real do projeto é gerenciada pela informação comprimida no projeto (isto é, o genoma e as moléculas de suporte), não pelos padrões criados pela aplicação iterativa das regras do projeto. Eu concordaria em dizer que aproximadamente de 30 a 100 milhões de bytes de informação no genoma não representam um desenho simples (certamente muito mais complexo do que os seis algarismos na definição do conjunto de Mandelbrot), mas é um nível de complexidade que já podemos administrar com nossa tecnologia. Muitos observadores estão confusos pela aparente complexidade da instalação física do cérebro, deixando de reconhecer que a natureza fractal do projeto significa que a real informação do projeto é muito mais simples do que se vê no cérebro.

Também mencionei no capítulo 2 que a informação do projeto no genoma é um fractal probabilístico, significando que as regras são aplicadas com certa aleatoriedade cada vez que uma regra é renovada. Por exemplo, há muito pouca informação no genoma descrevendo o padrão de fiação do cerebelo, que compreende mais do que a metade dos neurônios do cérebro. Um pequeno número de genes descreve o padrão básico dos quatro tipos de célula do cerebelo e depois diz, em essência: "Repita esse padrão vários bilhões de vezes com alguma variação aleatória em cada repetição". O resultado pode parecer muito complicado, mas a informação no projeto é relativamente compacta.

Bell está certo quando diz que seria frustrante tentar comparar o projeto do cérebro com um computador convencional. O cérebro não segue um projeto normal do tipo de cima para baixo (modular). Ele usa seu tipo de organização fractal probabilístico para criar processos que são caóticos — ou seja, não totalmente previsíveis. Há um corpo da matemática bem desenvolvido dedicado a modelar e simular sistemas caóticos, que são usados para compreender fenômenos como padrões do clima e mercados financeiros, que também pode ser aplicado ao cérebro. Bell não menciona essa abordagem. Ele questiona por que o cérebro é dramaticamente diferente das portas lógicas convencionais e do projeto convencional do software, o que o leva à conclusão injustificada de que o cérebro não é uma máquina e não pode ser modelado por uma máquina. Embora ele esteja certo que as portas lógicas normais e a organização de softwares modulares convencionais não sejam o modo adequado de pensar o cérebro, isso não quer dizer que não se consiga simular o cérebro em um computador. Já que se podem descrever os princípios operacionais do cérebro em termos matemáticos, e já que se pode modelar qualquer processo matemático (inclusive os caóticos) em um computador, podem-se implementar esses tipos de simulações. De fato, está havendo um progresso sólido e acelerado nisso.

Apesar de seu ceticismo, Bell expressa uma confiança cautelosa de que iremos compreender nossa biologia e nossos cérebros bastante bem para melhorá-los. Ele escreve: "Haverá uma idade transumana? Para isso, existe um forte precedente biológico nas duas principais etapas da evolução biológica. A primeira, a incorporação nas bactérias eucariontes dos simbiontes procariontes, e a segunda, a emergência de formas de vida multicelulares das colônias de eucariontes [...]. Acho que alguma coisa como [uma idade transumanista] pode acontecer".

A crítica dos microtúbulos e da computação quântica

A mecânica quântica é misteriosa, e a consciência é misteriosa. Q.E.D.: A mecânica quântica e a consciência devem estar relacionadas.

Christof Koch, zombando da teoria de Roger Penrose da computação quântica em túbulos de neurônios como fonte da consciência humana[21]

Na última década, Roger Penrose, conhecido físico e filósofo, junto com Stuart Hameroff, anestesiologista, sugeriu que as pequenas estruturas nos neurônios chamadas de microtúbulos realizam uma forma exótica de computação, chamada de "computação quântica". Como já mostrei, a computação quântica é uma computação que usa os chamados qubits, que assumem todas as combinações possíveis de soluções ao mesmo tempo. O método pode ser considerado como uma forma extrema de processamento paralelo (porque todas as combinações de valores dos qubits são testadas simultaneamente).

Penrose sugere que os microtúbulos e suas habilidades de computação quântica complicam o conceito de recriar neurônios e reinstalar arquivos mentais.[22] Ele também levanta a hipótese de que a computação quântica do cérebro seja responsável pela consciência, e que os sistemas, biológicos ou não, não podem estar conscientes sem a computação quântica.

Embora alguns cientistas tenham declarado detectar a queda das ondas quânticas (resolução de propriedades quânticas ambíguas como posição, giro e velocidade) no cérebro, ninguém sugeriu que as habilidades humanas exijam, na realidade, a capacidade para a computação quântica. O físico Seth Lloyd disse:

Não acho certo que os microtúbulos desempenhem tarefas computacionais no cérebro, como propuseram [Penrose] e Hameroff. O cérebro é um lugar quente, úmido. Não é um ambiente muito favorável para explorar a coerência quântica. Os tipos de sobreposições e o montar/desmontar dos microtúbulos que eles procuram não parecem exibir emaranhamento quântico [...]. É claro que o cérebro não é um computador digital, clássico, de jeito nenhum. Mas acho que ele desempenha a maior parte de suas tarefas em modo "clássico". Se você tomasse um computador bastante grande e modelasse todos os neurônios, dendritos, sinapses etc., [então] é provável que a coisa fizesse a maioria das tarefas que o cérebro executa. Não acho que o cérebro esteja explorando nenhuma dinâmica quântica para realizar tarefas.[23]

Anthony Bell também observa que "não há evidência de que coerências quânticas macroscópicas de grande escala, como as de superfluidos e supercondutores, ocorram no cérebro".[24]

Entretanto, mesmo que o cérebro faça, de fato, computação quântica, isso não muda significativamente a perspectiva para a computação em nível humano (e além), nem sugere que um upload de cérebro seja impossível. Antes de tudo, se o cérebro fizesse, de fato, computação quântica, isso iria apenas confirmar que a computação quântica é factível. Não haveria nada nesse achado que sugerisse que a computação quântica está restrita a mecanismos biológicos. Mecanismos biológicos de computação quântica, se é que existem, poderiam ser replicados. Com efeito, experiências recentes com computadores quânticos de escala pequena parecem ter tido sucesso. Mesmo o transistor convencional depende do efeito quântico do tunelamento de elétrons.

A posição de Penrose tem sido interpretada como dando a entender que é impossível replicar perfeitamente um conjunto de estados quânticos, portanto fazer um download perfeito é impossível. Bem, um download tem de ser perfeito até que ponto? Desenvolver a tecnologia do download até o ponto em que as "cópias" estão tão perto do original, quanto a pessoa original está perto dela mesma durante um minuto, seria bastante bom para qualquer finalidade concebível, mas não iria exigir que se copiasse os estados quânticos. Conforme a tecnologia melhorar, a exatidão da cópia poderá ficar tão próxima do original dentro de períodos de tempo ainda menores (um segundo, um milissegundo, um microssegundo).

Quando foi indicado a Penrose que os neurônios (e mesmo conexões neurais) eram grandes demais para a computação quântica, ele apresentou a teoria dos túbulos como um possível mecanismo para a computação quântica neural. É uma teoria engenhosa se se está procurando barreiras para replicar a função do cérebro, mas ela falha na introdução de quaisquer barreiras genuínas. Contudo, há poucas evidências sugerindo que os microtúbulos, que fornecem a integridade estrutural para as células neurais, realizem a computação quântica, e que essa capacidade contribua para o processo do pensamento. Mesmo modelos generosos do potencial e conhecimento humanos são mais do que responsáveis pelas estimativas correntes do tamanho do cérebro, baseadas nos modelos contemporâneos de funcionamento de neurônios que não incluem computação quântica baseada em microtúbulos. Algumas experiências recentes mostrando que redes híbridas biológicas/não biológicas funcionam de modo parecido às redes totalmente biológicas, enquanto não definitivas, sugerem fortemente que são adequados os modelos de funcionamento de neurônios sem microtúbulos. A simulação em software de Lloyd Watts de seu intrincado modelo do processamento auditivo humano usa ordens de grandeza menores de computação do que as redes de neurônios que ele está simulando, e, aqui, mais uma vez não há nenhuma sugestão de que se precise da computação quântica. Analisei outros trabalhos sendo feitos para modelar e simular regiões do cérebro no capítulo 4, enquanto, no capítulo 3, mostrei estimativas da quantidade de computação necessária para simular todas as regiões do cérebro com base em simulações funcionalmente equivalentes de diferentes regiões. Nenhuma dessas análises demonstra a necessidade da computação quântica para atingir um desempenho no nível humano.

Alguns modelos detalhados de neurônios (especialmente os de Penrose e Hameroff) de fato atribuem um papel para os microtúbulos no funcionamento e crescimento de dendritos e axônios. Entretanto, modelos neuromórficos de sucesso das regiões neurais não parecem exigir componentes de microtúbulos.

Para modelos de neurônios que levam em consideração microtúbulos, os resultados parecem ser satisfatórios ao modelarem seu comportamento caótico generalizado sem modelar cada filamento de microtúbulo individualmente. Entretanto, mesmo que os túbulos de Penrose e Hameroff sejam um fator importante, levá-los em consideração não muda as projeções que discuti acima em nenhum grau significativo. De acordo com meu modelo de crescimento computacional, se os túbulos multiplicarem a complexidade dos neurônios por um fator de mil (e lembre-se de que nossos modelos atuais de neurônios sem túbulos já são complexos, inclusive da ordem de mil conexões por neurônio, múltiplas não linearidade e outros detalhes), isso iria atrasar a que chegássemos à capacidade do cérebro por apenas nove anos. Se o fator for de 1 milhão, o atraso é de apenas dezessete anos. Um fator de 1 bilhão dá cerca de 24 anos (lembre-se de que a computação está crescendo por um duplo exponencial).[25]

A crítica da tese de Church-Turing

No começo do século XX, os matemáticos Alfred North Whitehead e Bertrand Russell publicaram sua obra fundamental, *Principia Mathematica*, que procurava determinar axiomas que serviriam de base para toda a matemática.[26] Entretanto, não conseguiram provar conclusivamente que um sistema axiomático capaz de gerar os números naturais (os inteiros positivos ou numerais) não iria gerar contradições. Presumiu-se que essa prova seria encontrada mais cedo ou mais tarde, mas, em 1930, um jovem matemático tcheco, Kurt Gödel, deixou o mundo matemático boquiaberto ao provar que, dentro de um sistema desses, é inevitável que haja proposições que não possam ser nem provadas nem rejeitadas. Mais tarde foi demonstrado que tais proposições impossíveis de serem provadas são tão comuns quanto as que o podem ser. O teorema incompleto de Gödel, que é fundamentalmente uma prova de que há limites definidos para o que a lógica, a matemática e, por extensão, a computação podem fazer, tem sido chamado de o mais importante de toda a matemática, e suas implicações ainda estão sendo debatidas.[27]

Alan Turing chegou a uma conclusão semelhante quanto à natureza da computação. Quando, em 1936, Turing apresentou a máquina Turing (descrita no capítulo 2) como modelo teórico de um computador, que continua até hoje formando a base da moderna teoria da computação, ele relatou uma descoberta inesperada semelhante à de Gödel.[28] Em seus escritos daquele ano, descreveu o conceito de problemas insolúveis — isto é, problemas que são bem definidos, com respostas únicas, que se pode mostrar que existem, mas que também se pode mostrar que jamais poderão ser computadas por uma máquina de Turing.

O fato de que há problemas que não podem ser solucionados por essa máquina teórica pode não parecer especialmente surpreendente até que se considera outra conclusão de Turing: que a máquina de Turing pode modelar qualquer processo computacional. Turing mostrou que há tantos problemas insolúveis quanto solúveis, o número de cada um sendo da mais baixa ordem do infinito, o chamado infinito contável ou computável (ou seja, contar o número de inteiros). Turing também demonstrou que o problema que consiste em determinar se uma proposição lógica é verdadeira ou falsa em um sistema lógico arbitrário que pode representar os números naturais era um exemplo de problema insolúvel, resultado semelhante ao de Gödel. (Em outras palavras, não há um procedimento que garanta responder a essa questão para todas essas proposições.)

Por volta da mesma época, Alonzo Church, matemático e filósofo americano, publicou um teorema que examinava uma questão semelhante no contexto da aritmética. De modo independente, Church chegou à mesma conclusão de Turing.[29] Considerados junto, os trabalhos de Turing, Church e Gödel foram as primeiras provas formais de que há limites definidos para o que a lógica, a matemática e a computação podem fazer.

Além disso, Church e Turing também aventaram, independentemente, uma afirmação que se tornou conhecida como a tese de Church-Turing. Essa tese tem uma interpretação fraca e uma forte. A fraca é que, se um problema apresentado a uma máquina de Turing não pode ser resolvido por ela, então não pode ser resolvido por nenhuma máquina. Essa conclusão segue a demonstração de Turing de que a máquina de Turing pode modelar qualquer processo algorítmico. Daí, é só um pequeno passo para descrever o comportamento de uma máquina como seguindo um algoritmo.

A interpretação forte é que problemas que não podem ser resolvidos por uma máquina de Turing também não podem ser resolvidos pelo pensamento humano. A base dessa tese é de que o pensamento humano é realizado pelo cérebro humano (com alguma influência do corpo), que o cérebro humano (e o corpo) compreendem matéria e energia, que a matéria e a energia seguem as leis naturais, que essas leis naturais podem ser descritas em termos matemáticos e que a matemática pode ser simulada com qualquer grau de precisão por algoritmos. Portanto, há algoritmos que podem simular o pensamento humano.

A versão forte da tese de Church-Turing postula uma equivalência essencial entre o que um ser humano pode pensar ou conhecer e o que é computável.

É importante notar que, embora a existência dos problemas insolúveis por Turing seja uma certeza matemática, a tese de Church-Turing não é, de modo algum, uma proposição matemática. Ela é, antes, um conjectura que, sob vários disfarces, está no centro de alguns dos mais profundos debates sobre a filosofia da mente.[30]

A crítica da IA forte baseada na tese de Church-Turing afirma o seguinte: já que há limitações claras aos tipos de problemas que um computador pode resolver, mas que os humanos conseguem resolver, as máquinas jamais irão emular toda a gama da inteligência humana. Mas essa conclusão não é indiscutível. Os humanos não são capazes de resolver universalmente esses problemas "insolúveis" mais do que as máquinas. Podemos dar palpites fundamentados para as soluções em certos casos, e podemos aplicar métodos heurísticos (procedimentos que tentam resolver problemas mas sem garantia de que funcionam) que às vezes têm sucesso. Mas ambas as abordagens são também baseadas em algoritmos, o que significa que as máquinas também podem fazê-las. Com efeito, muitas vezes as máquinas podem procurar soluções muito mais rápida e mais detalhadamente do que os humanos.

A tese de Church-Turing implica que cérebros biológicos e máquinas estão igualmente sujeitos às leis da física e, portanto, a matemática pode também modelá-los e simulá-los. Já foi demonstrada a habilidade para modelar e simular a função dos neurônios, então por que não um sistema de 100 bilhões de neurônios? Esse sistema iria exibir a mesma complexidade e falta de previsibilidade da inteligência humana. Com efeito, já temos algoritmos de computador (por exemplo, algoritmos genéticos) com resultados que são complexos e imprevisíveis e que fornecem soluções inteligentes para os problemas. No mínimo, a tese de Church-Turing sugere que cérebros e máquinas são essencialmente equivalentes.

Para ver a habilidade das máquinas no uso de métodos heurísticos, considere-se um dos mais interessantes problemas insolúveis, o problema do *busy beaver* (algoritmo do castor atarefado), formulado por Tibor Rado em 1962.[31] Cada máquina de Turing tem certo número de estados em que seu programa interno pode estar, que correspondem ao número de etapas de seu programa interno. São possíveis inúmeras máquinas diferentes de Turing de estágio 4, certo número de máquinas do estágio 5 e assim por diante. No problema do castor, dado um número positivo inteiro *n*, constroem-se todas as máquinas de Turing que têm n estágios. A quantidade dessas máquinas sempre será finita. A seguir, eliminam-se aquelas máquinas de estágio n que entram em um loop infinito (isto é, nunca param). Finalmente, seleciona-se a máquina (que de fato para) que escreve a maior quantidade de 1s (de números 1) em sua fita. A quantidade de algarismos 1 que essa máquina de Turing escreve é chamada de *"busy beaver"* de n. Rado mostrou que não há algoritmo — isto é, máquina de Turing — que possa computar essa função para todos os n. O ponto crucial do problema é selecionar e excluir aquelas máquinas em estágio n que entram em loops infinitos. Se se programar uma máquina de Turing para gerar e simular todas as possíveis máquinas de Turing no estágio n, o próprio simulador entra em um loop infinito quando tenta simular uma das máquinas de estágio n que entra em um loop infinito.

Apesar de sua condição como problema insolúvel (e um dos mais famosos), pode-se determinar a função do castor para alguns n. (É curioso que também seja um problema insolúvel separar aqueles ns para os quais se pode determinar o castor de n daqueles que não se pode determinar.) Por exemplo, determina-se facilmente que o castor de 6 é 35. Com sete estágios, uma máquina de Turing pode fazer multiplicações, portanto o castor de 7 é muito maior: 22.961. Com oito estágios, uma máquina de Turing pode computar expoentes, portanto o castor de 8 é ainda maior: mais ou menos 10^{43}. Pode-se ver que essa é uma função "inteligente", pois requer uma inteligência maior para resolver maiores ns.

Quando se chega a 10, uma máquina de Turing pode realizar uns cálculos impossíveis de serem seguidos por um humano (sem a ajuda de um computador). Portanto só se conseguiu determinar o castor de 10 mediante a assistência de um computador. A resposta exige ser escrita com uma notação exótica, onde se tem uma pilha de expoentes cuja altura é determinada por outra pilha de expoentes e assim por diante. Já que um computador pode acompanhar números tão complexos enquanto o cérebro humano não, parece que os computadores irão provar serem mais capazes do que os humanos para resolverem problemas insolúveis.

A crítica da taxa de defeitos

Jaron Lanier, Thomas Ray e outros observadores citam, todos, as altas taxas de defeitos da tecnologia como uma barreira para seu crescimento exponencial contínuo. Por exemplo, escreve Ray:

As mais complexas de nossas criações estão exibindo taxas alarmantes de defeitos. Satélites e telescópios que orbitam, ônibus espaciais, sondas interplanetárias, o chip da Pentium, sistemas operacionais de computador, tudo parece estar no limite daquilo que se pode projetar e construir efetivamente com abordagens convencionais [...]. Nossos softwares mais complexos (sistemas operacionais e sistemas de controle de telecomunicações) já contêm dezenas de milhões de linhas de código. Atualmente parece improvável que consigamos produzir e administrar softwares com centenas de milhões ou bilhões de linhas de código.[32]

Primeiro, pode-se perguntar a qual taxa alarmante de erros Ray se refere. Como mencionado antes, sistemas computadorizados de significativa sofisticação voam e aterrissam rotineira e automaticamente nossos aviões e monitoram UTIs em hospitais, e quase nunca apresentam mau funcionamento. Se as taxas de erro são preocupantes, na maioria das vezes elas são atribuíveis a erros humanos. Ray faz alusão aos problemas com os chips Intel de microprocessadores, mas esses problemas foram extremamente sutis, quase não tiveram repercussão e foram retificados com rapidez.

A complexidade dos sistemas computadorizados tem de fato aumentado de escala, como se viu, e, além do mais, nossos esforços de ponta para emular a inteligência humana irão utilizar os paradigmas auto-organizadores que se encontram no cérebro humano. À medida que continuemos nossos progressos na aplicação da engenharia reversa no cérebro humano, acrescentaremos novos métodos de auto-organização em nosso jogo de ferramentas de reconhecimento de padrões de IA. Como já expus, os métodos de auto-organização ajudam a aliviar a necessidade de níveis de complexidade impossíveis de administrar. Como ressaltei antes, não iremos precisar de sistemas com "bilhões de linhas de código" para emular a inteligência humana.

Também é importante enfatizar que a imperfeição faz parte de qualquer processo complexo, e isso, com certeza, inclui a inteligência humana.

A crítica do "bloqueio"

Jaron Lanier e outros críticos têm mencionado a perspectiva de um "bloqueio", uma situação em que as velhas tecnologias resistem sair do lugar por causa dos grandes investimentos nas estruturas que as sustentam. Eles argumentam que sistemas de suporte onipresentes e complexos têm bloqueado a inovação em setores como o de transportes, que não viram o rápido desenvolvimento visto na computação.[33]

O conceito de bloqueio não é o obstáculo primário para o progresso do transporte. Se a existência de um complexo sistema de suporte provocou necessariamente o bloqueio, por que não se vê esse fenômeno afetando a expansão de todos os aspectos da internet? Afinal, é certo que a internet exige uma infraestrutura enorme e complexa. Entretanto, uma vez que é, especificamente, o processamento e a movimentação da informação que estão crescendo exponencialmente, uma das razões para uma área como o transporte ter chegado a um teto (isto é, parou no topo de uma curva em S) é que muitos dos seus objetivos já foram alcançados pelas tecnologias de comunicação exponencialmente crescentes. Minha própria organização, por exemplo, tem colegas em diferentes partes do país, e a maioria de nossas necessidades que, no passado, iria precisar de uma pessoa ou um pacote para ser transportada, pode ser resolvida pelos encontros virtuais (e distribuição eletrônica de documentos e outras criações intelectuais) cada vez mais viáveis, possibilitados por uma panóplia de tecnologias de comunicação, sendo que o próprio Lanier está trabalhando com algumas. Mais importante, veremos avanços no transporte facilitados pelas tecnologias de energia baseadas em nanotecnologia que abordei no capítulo 5. Entretanto, com as formas cada vez mais realistas da realidade virtual, em alta resolução, de imersão total, continuando a emergir, nossas necessidades de estar juntos cada vez mais será suprida através da computação e da comunicação.

Como mostrei no capítulo 5, a plena adoção da fabricação baseada em MNT trará a Lei dos Retornos Acelerados para áreas como energia e transporte. Quando se puder criar virtualmente qualquer produto físico a partir da informação e das matérias-primas muito baratas, aquelas operações que tradicionalmente movem-se devagar verão o mesmo tipo de duplicação anual do preço-desempenho e da capacidade que se pode ver nas tecnologias de informação. Energia e transporte irão efetivamente tornar-se tecnologias de informação.

Veremos o surgimento de painéis solares baseados na nanotecnologia, que serão eficientes, leves e baratos, bem como de células de combustível igualmente potentes e outras tecnologias para armazenar e distribuir aquela energia. A energia barata irá, por sua vez, transformar o transporte. A energia obtida das células solares nanoprojetadas e de outras tecnologias renováveis e armazenada em células de combustível nanofabricadas fornecerá energia limpa e barata para todo tipo de transporte. Além disso, conseguiremos fabricar dispositivos — inclusive máquinas voadoras de tamanhos variados — por um custo quase zero, fora o custo do projeto (que precisa ser amortizado só uma vez). Portanto será factível construir pequenos dispositivos voadores baratos que poderão transportar um pacote diretamente a seu destino em questão de horas, sem passar por intermediários como as empresas transportadoras. Veículos maiores, mas ainda baratos, poderão levar pessoas voando, de um lugar a outro, com microasas feitas pela nanotecnologia.

As tecnologias de informação já estão influindo profundamente em todas as empresas. Com a plena realização das revoluções de GNR em umas poucas décadas, todas as áreas do esforço humano irão compreender, essencialmente, tecnologias da informação e, assim, terão benefícios diretos da Lei dos Retornos Acelerados.

A crítica da ontologia: um computador pode ter consciência?

> Como não entendemos o cérebro muito bem, somos constantemente tentados a usar a mais nova tecnologia como um modelo para tentar entendê-lo. Na minha infância, sempre nos garantiam que o cérebro era uma central telefônica. ("Que outra coisa ele poderia ser?") Foi divertido ver que Sherrington, o grande neurocientista inglês, pensava que o cérebro funcionava como um sistema telegráfico. Com frequência, Freud comparava o cérebro a sistemas hidráulicos e eletromagnéticos. Leibniz o comparava a um moinho e me disseram que alguns dos gregos antigos achavam que o cérebro funcionava como uma catapulta. Hoje, é óbvio, a metáfora é o computador digital.
>
> John R. Searle, "Minds, Brains, and Science"

Pode um computador — uma inteligência não biológica — ter consciência? É claro que, primeiro, temos de concordar com o que significa a questão. Como analisei antes, há pontos de vista conflitantes sobre o que, no começo, pode parecer uma questão descomplicada. Entretanto, deixando de lado o modo pelo qual tentamos definir o conceito, temos de reconhecer que a consciência é amplamente considerada como um atributo crucial, se não essencial, do ser humano.[34]

John Searle, filósofo de destaque na Universidade da Califórnia em Berkeley, é popular entre seus seguidores pelo que estes acreditam ser uma defesa ferrenha do profundo mistério da consciência humana contra a trivialização feita pelos "reducionistas" da IA forte, como Ray Kurzweil. E, mesmo que eu sempre tenha achado tautológica a lógica de Searle em seu célebre argumento do Quarto Chinês, esperava um tratado edificante sobre os paradoxos da consciência. Então, foi com alguma surpresa que vejo Searle escrevendo declarações como:

"Os cérebros humanos geram a consciência através de uma série de processos neurobiológicos específicos no cérebro";

"É essencial reconhecer que a consciência é um processo biológico como a digestão, a lactação, a fotossíntese ou a mitose";

"O cérebro é uma máquina, com certeza uma máquina biológica, mas, mesmo assim, máquina. Então o primeiro passo é descobrir como o cérebro funciona e, depois, construir uma máquina artificial que tenha um mecanismo igualmente efetivo para gerar a consciência"; e "Sabemos que os cérebros geram a consciência através de mecanismos biológicos específicos".[35]

Então, quem é o reducionista aqui? Aparentemente, Searle espera que possamos medir a subjetividade de outro ente tão prontamente como medimos o oxigênio resultante da fotossíntese.

Searle escreve que eu "muitas vezes cito o Deep Blue da IBM como prova da inteligência superior do computador". É claro, trata-se do contrário: eu cito o Deep Blue não para atacar a questão do xadrez, mas para examinar o nítido contraste que ele ilustra entre os modos de jogar de humanos e o de máquinas contemporâneas. Entretanto, como já mencionei, a habilidade dos programas para reconhecer padrões está aumentando, portanto as máquinas de xadrez começam a combinar a potência analítica da inteligência tradicional da máquina com um reconhecimento de padrões mais parecido com o dos humanos. O paradigma humano (de auto-organizar processos caóticos) apresenta profundas vantagens: podemos reconhecer e responder a padrões extremamente sutis. Mas conseguimos construir máquinas com as mesmas aptidões. De fato, essa tem sido minha própria área de interesse técnico.

Searle é mais conhecido por sua analogia do Quarto Chinês e tem apresentado várias versões dela ao longo desses vinte anos. Uma de suas descrições mais completas está em seu livro de 1992, *The Rediscovery of the Mind* [A redescoberta da mente]:

Acho que o argumento mais conhecido contra a IA forte foi meu argumento do quarto chinês [...] que mostrou que um sistema pode representar um programa para fornecer uma simulação perfeita de alguma capacidade cognitiva humana, como a capacidade de entender chinês, mesmo que esse sistema não tenha o menor conhecimento de chinês. Simplesmente imagine que alguém que não entende chinês é trancado em um quarto com uma porção de símbolos chineses e um programa de computador para responder perguntas em chinês. O input do sistema consiste em símbolos chineses na forma de perguntas; o output do sistema consiste em símbolos chineses em resposta às perguntas. Pode-se supor que o programa seja tão bom que as respostas das perguntas não possam ser distinguidas daquelas de um chinês nativo. Mas, mesmo assim, nem a pessoa nem qualquer outra parte do sistema literalmente entende chinês; e já que o computador programado não tem nada que esse sistema não tenha, o computador programado, enquanto computador, também não entende chinês. Como o programa é puramente formal ou sintático, e como as mentes têm conteúdos mentais ou semânticos, qualquer tentativa de produzir uma mente só com programas de computador deixa de fora os aspectos essenciais da mente.[36]

As descrições de Searle ilustram uma falha em avaliar a essência tanto dos processos cerebrais quanto dos processos não biológicos que poderiam reproduzi-los. Ele começa pressupondo que o "homem" no quarto não entende nada porque, afinal, "ele é só um computador", deixando claro com isso seu próprio viés. Não é de surpreender que Searle então conclua que o computador (como implementado pelo homem) não *entende*. Searle combina essa tautologia com uma contradição básica: o computador não entende chinês, e, no entanto (de acordo com Searle), ele pode responder perguntas em chinês de modo convincente. Mas se um ser — biológico ou não — realmente não entender a linguagem humana, ele será desmascarado bem depressa por um interlocutor competente. Além disso, para que o programa responda de modo convincente, teria de ser tão complexo quanto um cérebro humano. Os observadores já teriam morrido há muito tempo enquanto o homem do quarto gasta milhões de anos seguindo um programa com muitos milhões de páginas.

Mais importante, o homem está agindo só como a unidade central de processamento, uma pequena parte do sistema. Embora o homem possa não estar vendo, o entendimento está distribuído ao longo de todo o padrão do próprio programa e dos bilhões de notas que ele teria de fazer para seguir o programa. *Eu entendo inglês, mas nenhum dos meus neurônios entende.* Meu entendimento é representado por vastos padrões de forças de neurotransmissão, fendas sinápticas e conexões interneurais. Searle deixa de prestar contas do significado dos padrões espalhados da informação e de suas propriedades emergentes.

Uma falha em ver que os processos da computação conseguem ser — exatamente como o cérebro humano — caóticos, imprevisíveis, confusos, hesitantes e emergentes está por trás de muitas das críticas da perspectiva de máquinas inteligentes que ouvimos de Searle e de outros filósofos essencialmente materialistas. Inevitavelmente, Searle volta para uma crítica da computação "simbólica": que processos simbólicos ordenados sequencialmente não podem recriar o verdadeiro pensamento. Acho que isso está certo (é claro que dependendo do nível em que estamos modelando um processo inteligente), mas a manipulação de símbolos (no sentido usado por Searle) não é a única maneira de construir máquinas, ou computadores.

Os chamados computadores (e parte do problema é a palavra "computador", porque as máquinas podem fazer mais do que "computar") não estão limitados ao processamento simbólico. Entes não biológicos também podem usar o emergente paradigma auto-organizador, que é uma tendência já em curso e que irá tornar-se ainda mais importante nas próximas décadas. Os computadores não têm de usar apenas o 0 e o 1, nem têm de ser totalmente digitais. Mesmo que um computador seja completamente digital, os algoritmos digitais podem simular processos analógicos em qualquer grau de precisão (ou falta de precisão). As máquinas podem ser maciçamente paralelas. E as máquinas podem usar as técnicas caóticas emergentes exatamente como o cérebro usa.

As técnicas primordiais de computação que usamos nos sistemas de reconhecimento de padrões não usam a manipulação de símbolos, mas, sim, métodos auto-organizadores como os descritos no capítulo 5 (redes neurais, modelos de Markov, algoritmos genéticos e paradigmas mais complexos baseados na engenharia reversa do cérebro). Uma máquina que realmente pudesse fazer o que Searle descreve no argumento do Quarto Chinês não estaria meramente manipulando símbolos de linguagem, porque essa abordagem não funciona. Isso está no centro da prestidigitação filosófica subjacente ao Quarto Chinês. A natureza da computação não se limita a manipular símbolos lógicos. Alguma coisa acontece no cérebro humano, e não há nada que impeça aplicar a engenharia reversa a esses processos biológicos e reproduzi-los em entes não biológicos.

Os seguidores parecem acreditar que o argumento do Quarto Chinês de Searle demonstra que as máquinas (isto é, entes não biológicos) jamais podem entender, de verdade, qualquer coisa significativa, como o chinês. Primeiro, é importante reconhecer que para esse sistema — a pessoa e o computador — "fazer", como diz Searle, "uma simulação perfeita de alguma capacidade cognitiva humana, como a capacidade de entender chinês", e responder perguntas em chinês de modo convincente, ele precisa, essencialmente, passar em um teste de Turing chinês. É preciso lembrar que não se trata de responder perguntas de uma lista fixa de perguntas arquivadas (porque isso é uma tarefa trivial), mas sim responder a qualquer pergunta ou sequência de perguntas não previstas feitas por um humano conhecedor.

Ora, o humano no Quarto Chinês tem pouco significado ou nenhum. Ele só está alimentando o computador e transmitindo mecanicamente seu output (ou apenas seguindo as regras do programa). E nem o computador nem o humano precisam estar no quarto. Interpretar a descrição de Searle para sugerir que o próprio homem está executando o programa não muda nada, exceto deixar o sistema muito mais lento e extremamente sujeito a erros. *Tanto o humano quanto o quarto são irrelevantes.* A única coisa significativa é o computador (ou um computador eletrônico ou o computador que compreende o homem que segue o programa).

Para o computador realmente executar essa "simulação perfeita", ele precisaria, de fato, entender chinês. De acordo com a própria premissa, ele tem "a capacidade de entender chinês", então é totalmente contraditório dizer que "o computador programado [...] não entende chinês".

Um computador e um programa de computador, *como os conhecemos hoje*, não poderiam realizar com sucesso a tarefa descrita. Então, se entendermos que o computador é como os computadores de hoje, ele não pode cumprir a premissa. O único modo como ele poderia fazê-lo seria se tivesse a profundidade e a complexidade de um humano. O brilhante insight de Turing ao propor seu teste consistiu na ideia de que responder de maneira convincente a qualquer sequência possível de perguntas, feitas por um interrogador humano competente em uma linguagem humana, realmente explora toda a inteligência humana. Um computador capaz de realizar isso — um computador que irá existir dentro de umas poucas décadas — terá de ter a complexidade humana ou maior, e irá, de fato, entender chinês profundamente, porque do contrário ele nunca seria convincente em sua reivindicação de fazê-lo.

Simplesmente declarar, então, que o computador "literalmente não entende chinês" não tem sentido, pois contradiz toda a premissa do argumento. Afirmar que o computador não tem consciência também não é uma afirmação convincente. Para sermos coerentes com algumas das outras declarações de Searle, temos de concluir que de fato não sabemos se o computador tem consciência ou não. Em relação a máquinas relativamente simples, inclusive os atuais computadores, embora não possamos declarar com certeza que esses entes não têm consciência, seu comportamento, inclusive seus mecanismos internos, não nos dão essa impressão. Mas isso não se aplica a um computador que pode realmente fazer o que é necessário no Quarto Chinês. Uma máquina dessas irá, pelo menos, *parecer* que tem consciência, mesmo que não possamos dizer definitivamente se ela tem ou não. Mas só declarar que é óbvio que o computador (ou todo o sistema do computador, a pessoa e o quarto) não tem consciência, está longe de ser um argumento convincente.

Na citação acima, Searle declara que "o programa é puramente formal ou sintático". Mas, como observei antes, essa é uma suposição errada, baseada na falha de Searle em explicar os requisitos dessa tecnologia. Essa suposição está por trás de muitas das críticas da IA feitas por Searle. Um programa que é puramente formal ou sintático não conseguirá entender chinês e não irá "fazer uma perfeita simulação de alguma capacidade cognitiva humana".

Mas não precisamos construir nossas máquinas desse jeito. Podemos construí-las do mesmo modo que a natureza construiu o cérebro humano: usando métodos emergentes caóticos que são maciçamente paralelos. Além disso, não há nada inerente no conceito de uma máquina que limite sua especialização só no nível da sintaxe e a impeça de dominar a semântica. De fato, se a máquina inerente à concepção de Searle do Quarto Chinês não tivesse dominado a semântica, não seria capaz de responder as perguntas em chinês de modo convincente e, assim, iria contradizer a própria premissa de Searle.

No capítulo 4, analisei o empenho constante em usar a engenharia reversa no cérebro humano e em aplicar esses métodos às plataformas de computação de potência suficiente. Portanto, tal como acontece a um cérebro humano, se ensinarmos chinês a um computador, ele vai entender chinês. Isso pode parecer óbvio, mas Searle discorda disso. Para usar sua própria terminologia, não estou falando de uma simulação em si, mas antes de uma duplicação dos poderes causais do agrupamento maciço de neurônios que constitui o cérebro, pelo menos aqueles poderes causais que são salientes e relevantes para o pensamento.

Uma cópia dessas terá consciência? Não acho que o Quarto Chinês nos diga alguma coisa a esse respeito.

Também é importante ressaltar que o argumento do Quarto Chinês de Searle pode ser aplicado ao próprio cérebro humano. Embora claramente essa não seja sua intenção, sua linha de raciocínio implica que o cérebro humano não tem entendimento. Ele escreve: "O computador [...] tem sucesso através da manipulação de símbolos formais. Os símbolos, em si, não têm muito sentido: eles só têm o sentido que damos a eles. O computador não sabe de nada disso, ele só embaralha os símbolos". Searle reconhece que os neurônios biológicos são máquinas; então, se simplesmente substituirmos "computador" por "cérebro humano" e "símbolos formais" por "concentrações de neurotransmissores e mecanismos relacionados", temos que:

O [cérebro humano] tem sucesso através da manipulação de [concentrações de neurotransmissores e mecanismos relacionados]. As [concentrações de neurotransmissores e mecanismos relacionados] em si não têm muito sentido: só têm o sentido que ligamos a elas. O [cérebro humano] não sabe de nada disso, ele só embaralha as [concentrações de neurotransmissores e mecanismos relacionados].

É claro que concentrações de neurotransmissores e outros detalhes neurais (por exemplo, conexões interneurais e padrões de neurotransmissores) não têm significado em si mesmos. O significado e o entendimento que emergem no cérebro humano são exatamente isto: uma propriedade *emergente* de seus complexos padrões de atividade. O mesmo vale para as máquinas. Embora "embaralhar símbolos" não tenha um significado em si mesmo, os padrões emergentes têm o mesmo papel potencial nos sistemas não biológicos do que têm em sistemas biológicos como o cérebro. Hans Moravec escreveu: "Searle procura entendimento em lugares errados. [Ele] parece não aceitar que o significado real possa existir em meros padrões".[37]

Em uma segunda versão do Quarto Chinês, o quarto não inclui um computador nem um homem simulando um computador, mas tem um quarto cheio de gente que tem em mãos pedaços de papel com símbolos chineses — essencialmente, uma porção de gente simulando um computador. Esse sistema iria responder, de modo convincente, perguntas em chinês, mas nenhum dos participantes iria saber chinês, nem se poderia dizer que o sistema inteiro realmente sabe chinês — pelo menos não de modo consciente. Então

Searle ridiculariza essencialmente a ideia de que esse "sistema" pudesse ter consciência. O que devemos considerar que tem consciência, ele pergunta: Os pedaços de papel? O quarto?

Um dos problemas com essa versão do Quarto Chinês é que ela não chega nem perto de realmente resolver o problema específico que é responder perguntas em chinês. Em vez disso, ela de fato é uma descrição de um processo quase mecânico que usa o equivalente a uma pesquisa por tabelas, com talvez alguma manipulação lógica descomplicada, para responder perguntas. Ela conseguiria responder a um número limitado de perguntas enlatadas, mas, se fosse responder a qualquer pergunta arbitrária que possa ser feita, precisaria entender chinês de verdade no mesmo nível de um chinês nativo. De novo, ela é essencialmente chamada para passar em um teste de Turing chinês, e, como tal, teria de ser tão inteligente, e quase tão complexa, quanto um cérebro humano. Algoritmos descomplicados, do tipo "pesquisa por tabela", simplesmente não vão conseguir passar no teste.

Se quisermos recriar um cérebro que entenda chinês usando as pessoas como pequenas engrenagens nessa recriação, iríamos precisar de bilhões de pessoas simulando os processos de um cérebro humano (em essência, as pessoas estariam simulando um computador que estaria simulando métodos do cérebro humano). Isso iria demandar um quarto bastante grande. E mesmo que organizado de modo extremamente ordeiro, esse sistema, em sua tentativa de recriar, iria rodar muitos milhares de vezes mais devagar do que o cérebro do falante chinês.

Ora, é verdade que nenhum dos bilhões de pessoas iria precisar saber qualquer coisa de chinês, e nenhuma delas iria necessariamente saber o que estaria acontecendo nesse sistema elaborado. Mas isso também se aplica às conexões neurais em um cérebro humano real. Nenhum dos 100 trilhões de conexões em meu cérebro sabe qualquer coisa sobre este livro que estou escrevendo, nem sabe inglês, nem qualquer das outras coisas que eu sei. Nenhuma delas tem consciência deste capítulo, nem de qualquer outra coisa de que eu tenho consciência. É provável que nenhuma delas tenha qualquer consciência. Mas todo o sistema delas — isto é, Ray Kurzweil — tem consciência. Pelo menos, declaro que estou consciente (e, até agora, essas declarações não foram contestadas).

Então, se aumentarmos a escala do Quarto Chinês de Searle para que seja o "quarto" maciço que precisa ser, quem há de dizer que o sistema inteiro de bilhões de pessoas simulando um cérebro que sabe chinês não tem consciência?

Seria correto dizer que um sistema desses sabe chinês. E não podemos dizer que não está consciente mais do que podemos dizê-lo sobre qualquer outro processo do cérebro. Não conseguimos conhecer a experiência subjetiva de outro ente (e, em pelo menos alguns dos outros escritos de Searle, parece que ele reconhece essa limitação). E esse "quarto" maciço de multibilhões de pessoas é um ente. E talvez tenha consciência. Searle está só declarando que não tem consciência e que essa conclusão é óbvia. Pode parecer assim quando você o chama de quarto e fala de uma quantidade limitada de pessoas que manipulam uma pequena quantidade de pedaços de papel. Mas, como já disse, esse sistema nem de longe funciona.

Outra chave para a confusão filosófica implícita no argumento do Quarto Chinês está relacionada especificamente à complexidade e à escala do sistema. Searle diz que, embora ele não possa provar que sua máquina de escrever ou gravador não são conscientes, ele sente que é óbvio que eles não o são. Por que isso é tão óbvio? Ao menos uma razão é porque uma máquina de escrever e um gravador são entes relativamente simples.

Mas a existência ou ausência de consciência não é tão óbvia em um sistema tão complexo quanto o cérebro humano — com efeito, um sistema que pode ser uma cópia direta da organização e "poderes causais" de um cérebro humano real. Se esse "sistema" age como humano e sabe chinês de uma maneira humana, é ele consciente? Agora a resposta não é tão óbvia. O que Searle está dizendo com o argumento do Quarto Chinês é que tomamos uma "máquina" simples e então pensamos como é absurdo considerar uma máquina tão simples como tendo consciência. A falácia tem tudo a ver com a escala e a complexidade do sistema. A complexidade sozinha não nos dá, necessariamente, consciência, mas o Quarto Chinês não nos diz nada sobre se um sistema desses está consciente ou não.

O Quarto Chinês de Kurzweil. Tenho minha própria concepção de Quarto Chinês — chame-a de o Quarto Chinês de Ray Kurzweil.

Em minha experiência mental, existe um humano em um quarto. O quarto tem decorações da dinastia Ming, inclusive um pedestal, onde está uma máquina de escrever mecânica. A máquina de escrever foi modificada para que suas teclas marquem símbolos chineses em vez de letras do idioma inglês. E as ligações mecânicas foram habilmente alteradas de modo que, quando o humano datilografa uma pergunta em chinês, a máquina não escreve a pergunta, mas, sim, escreve a resposta para a pergunta. Ora, a pessoa recebe perguntas em caracteres chineses e zelosamente bate nas teclas apropriadas da máquina de escrever. A máquina escreve não a pergunta, mas a resposta adequada. Então o humano passa a resposta para fora do quarto.

Então, aqui, temos um quarto com um humano que, na observação de alguém do lado de fora, parece saber chinês, mas claramente não sabe. E também é claro que a máquina não sabe chinês. É só uma máquina de escrever comum com as ligações mecânicas modificadas. Então, apesar de o homem do quarto poder responder perguntas em chinês, quem ou o que podemos dizer que sabe chinês de verdade? A decoração?

Ora, você pode ter algumas objeções a meu Quarto Chinês.

Você pode observar que a decoração não parece ter qualquer significado.

Sim, é verdade. Nem o pedestal tem. Pode-se dizer o mesmo do homem e do quarto.

Você também pode observar que a premissa é absurda. Só mudar as ligações mecânicas de uma máquina de escrever não poderia fazer com que ela respondesse convincentemente as perguntas em chinês (fora o fato de que não dá para colocar os milhares de caracteres chineses nas teclas de uma máquina de escrever).

Sim, essa também é uma objeção válida. A única diferença entre a minha concepção do Quarto Chinês e as várias propostas por Searle é que a minha obviamente não iria funcionar e é absurda pela própria natureza. Talvez isso não fique tão aparente aos muitos leitores e ouvintes em relação aos Quartos Chineses de Searle. Mas é igualmente o caso.

E, contudo, pode-se fazer funcionar minha concepção, da mesma forma que se pode fazer funcionar as concepções de Searle. Tudo que se precisa é tornar as ligações da máquina de escrever tão complexas quanto um cérebro humano. E isso é teoricamente (se não praticamente) possível. Mas a frase "ligações da máquina de escrever" não sugere uma complexidade tão grande. O mesmo se aplica à descrição feita por Searle de uma pessoa manipulando pedaços de papel ou seguindo um manual com regras ou um programa de computador. Todas essas são concepções igualmente enganosas.

Searle escreve: "Cérebros humanos reais originam a consciência por uma série de processos neurobiológicos específicos no cérebro". Mas ele ainda teria de fornecer alguma base para uma opinião tão espantosa. Para aclarar a perspectiva de Searle, cito, de uma carta que ele me mandou:

Pode ser que organismos bem simples como cupins ou lesmas tenham consciência [...]. O essencial é reconhecer que a consciência é um processo biológico como a digestão, a lactação, a fotossíntese ou a mitose, e deve-se procurar sua biologia específica assim como se procura a biologia específica desses outros processos.[38]

Eu respondi:

Sim, é verdade que a consciência emerge dos processos biológicos do cérebro e do corpo, mas há, pelo menos, uma diferença. Se eu faço a pergunta: "Um determinado ente emite dióxido de carbono?", posso responder a essa pergunta através de medições objetivas claras. Se eu faço a pergunta: "Esse ente tem consciência?", posso fornecer inferências — possivelmente fortes e convincentes — mas nenhuma medição objetiva clara.

Quanto à lesma, escrevi:

Agora, quando você diz que uma lesma pode ter consciência, acho que você está dizendo o seguinte: que podemos descobrir certa base neurofisiológica para a consciência (chame de "x") em humanos, de modo que, quando essa base estivesse presente, os humanos teriam consciência e, quando não estivesse presente, os humanos não teriam consciência. E, então, se nós a encontrássemos em uma lesma, poderíamos concluir que ela tem consciência. Mas essa inferência é só uma forte sugestão, não é uma prova da experiência subjetiva por parte da lesma. Pode ser que os humanos tenham consciência porque eles têm "x", bem como alguma outra qualidade que, essencialmente, todos os humanos compartilham (chame de "y"). O "y" pode ter a ver com o nível humano de complexidade ou algo que tem a ver com o modo como somos organizados, ou com as propriedades quânticas de nossos microtúbulos (embora isso possa ser parte do "x") ou algo totalmente diferente. A lesma tem o "x" mas não tem o "y" e, assim, pode não ter consciência.

Como se pode decidir esse argumento? É óbvio que não se pode perguntar à lesma. Mesmo se pudéssemos imaginar um modo de fazer a pergunta e ela respondesse que sim, isso ainda não provaria que ela tem consciência. Não se pode dizer nada a partir de seu comportamento bem simples e mais ou menos previsível. Indicar que ela tem "x" pode ser um bom argumento e convencer muitas pessoas. Mas é só um argumento — não uma medição direta da experiência subjetiva da lesma. Mais uma vez, a medição objetiva é incompatível com o próprio conceito de experiência subjetiva.

Muitas dessas argumentações acontecem hoje — embora não tanto sobre lesmas quanto sobre animais de nível mais alto. Para mim, é aparente que cães e gatos têm consciência (e Searle disse que também o reconhece). Mas nem todos os humanos aceitam isso. Posso pensar em maneiras científicas de reforçar o argumento, apontando muitas semelhanças entre esses animais e os humanos, porém, mais uma vez, elas seriam só argumentos, não provas científicas.

Searle tem a expectativa de achar alguma "causa" biológica clara da consciência e parece ser incapaz de admitir que tanto o entendimento quanto a consciência podem emergir de um padrão geral de atividade. Outros filósofos, como Daniel Dennett, têm formulado outras teorias da consciência "emergente de padrões". Mas quer ela seja "causada" por um processo biológico específico, quer por um padrão de atividade, Searle não fornece nenhuma base de como se poderia medir ou detectar a consciência. Achar um correlato neurológico da consciência em humanos não prova que a consciência está necessariamente presente em outros entes com o mesmo correlato, nem prova que a falta desse correlato indica a falta de consciência. Essa argumentação por inferências não chega necessariamente à medição direta. Dessa maneira, a consciência difere de processos objetivamente mensuráveis como a lactação e a fotossíntese.

Como mencionei no capítulo 4, foi descoberta uma característica biológica única dos humanos e de uns poucos outros primatas: as células fuso. E essas células, com suas profundas estruturas ramificadas, parecem de fato estar intimamente envolvidas em nossas respostas conscientes, especialmente as emocionais. Será a estrutura das células fuso a base neurofisiológica "x" da consciência humana? Que tipo de experiência poderia prová-lo? Cães e gatos não têm células fuso. Isso prova que eles não têm experiências conscientes?

Searle escreve: "Está fora de questão, por razões puramente neurobiológicas, supor que a cadeira ou o computador tenham consciência". Concordo que as cadeiras parecem não ter consciência, mas, quanto a computadores do futuro que tenham a mesma complexidade, profundidade, sutileza e capacidades dos humanos, não acho que possamos jogar fora essa possibilidade. Searle apenas supõe que eles não a têm, e que está "fora de questão" supor o contrário. Não há realmente nada mais de natureza substantiva nos "argumentos" de Searle do que essa tautologia.

Ora, parte da atração da posição de Searle contra a possibilidade de um computador ter consciência é que os computadores que conhecemos hoje simplesmente não parecem ter consciência. Seu comportamento é frágil e estereotipado, ainda que às vezes seja imprevisível. Mas, como mostrei acima, os computadores de hoje são cerca de 1 milhão de vezes mais simples do que o cérebro humano, o que é, pelo menos, uma razão para que não compartilhem de todas as qualidades cativantes do pensamento humano. Mas essa disparidade diminui rapidamente e no final irá reverter-se em um par de décadas. As máquinas do início do século XXI a que me refiro neste livro irão parecer e agir de modo muito diferente do que os computadores relativamente simples de hoje.

Searle manifesta a opinião de que entes não biológicos só conseguem manipular símbolos lógicos, e ele parece não perceber outros paradigmas. É verdade que manipular símbolos é principalmente o modo pelo qual funcionam os sistemas especializados baseados em regras e nos programas de jogos. Mas a tendência corrente vai em outra direção, na de sistemas caóticos auto-organizadores que empregam métodos inspirados na biologia, inclusive processos derivados diretamente da engenharia reversa das centenas de agrupamentos de neurônios que chamamos de cérebro humano.

Searle reconhece que neurônios biológicos são máquinas — de fato, que todo o cérebro é uma máquina. Como mostrei no capítulo 4, já recriamos de um modo extremamente detalhado os "poderes causais" de neurônios individuais, bem como os dos agrupamentos substanciais de neurônios. Não há nenhuma barreira conceitual que impeça esses esforços de chegarem a todo o cérebro humano.

A crítica da divisão rico-pobre

Outra preocupação expressada por Jaron Lanier e outros é a possibilidade "apavorante" de que, através dessas tecnologias, os ricos possam ganhar certas vantagens e oportunidades a que o resto da humanidade não tem acesso.[39] É claro que essa desigualdade não seria nada novo, mas, quanto a essa questão, a Lei dos Retornos Acelerados tem um impacto importante e benéfico. Por causa do contínuo crescimento exponencial do custo-desempenho, todas essas tecnologias ficarão rapidamente tão baratas a ponto de serem quase grátis.

Veja a quantidade extraordinária de informação de alta qualidade disponível na web hoje, a custo zero, que não existia de modo algum havia apenas uns poucos anos. E caso se queira ressaltar que é só uma fração do mundo hoje que tem acesso à web, é bom lembrar que a explosão da web ainda está em sua infância e o acesso a ela cresce exponencialmente. Mesmo nos países mais pobres da África, o acesso à web expande-se depressa.

Todo exemplo da tecnologia da informação começa com versões adotadas rapidamente que não funcionam muito bem e são inacessíveis a não ser para a elite. A seguir, a tecnologia funciona um pouco melhor e se torna meramente cara. Depois, ela funciona bastante bem e fica quase grátis. O telefone celular, por exemplo, está em algum lugar entre esses dois últimos estágios. Pense que, há uma década, um personagem de filme pegando um celular era uma indicação de que essa pessoa devia ser muito rica, ou poderosa, ou as duas coisas. Contudo, há sociedades no mundo em que a maioria da população trabalhava no campo com as mãos há duas décadas e que, agora, têm economias florescentes baseadas na informação com o uso amplamente difundido dos celulares (por exemplo, sociedades asiáticas, inclusive áreas rurais da China). Essa defasagem entre a adoção inicial, muito cara, e a adoção por todos, muito barata, leva agora cerca de uma década. Mas acompanhando a duplicação da taxa de mudança de paradigma a cada década, essa defasagem será de apenas cinco anos daqui a uma década. Em vinte anos, a defasagem será de apenas dois ou três anos (ver capítulo 2).

A divisão rico-pobre continua sendo uma questão crítica, e a cada momento há mais coisas que podem e deveriam ser feitas. Por exemplo, é trágico que as nações desenvolvidas não tenham sido mais proativas em compartilhar drogas da aids com os países pobres na África e em outros lugares, com milhões de vidas perdidas como resultado. Mas a melhoria exponencial do preço-desempenho das tecnologias de informação está rapidamente mitigando essa divisão. As drogas são, em essência, uma tecnologia da informação, e vemos a mesma duplicação de preço-desempenho a cada ano com outras tecnologias da informação como computadores, comunicações e sequenciamento de pares de bases do DNA. As drogas contra a aids começaram não funcionando muito bem e custando dezenas de milhares de dólares por paciente por ano. Hoje, essas drogas funcionam bastante bem e seu custo aproxima-se de cem dólares por paciente por ano em países pobres como os da África.

No capítulo 2, mencionei o relatório do Banco Mundial de 2004 referente ao maior crescimento econômico no mundo em desenvolvimento (mais de 6%) comparado à média mundial (de 4%), e uma redução geral da pobreza (por exemplo, uma redução de 43% da pobreza extrema na região do leste da Ásia e do Pacífico desde 1990). Além disso, o economista Xavier Sala-i-Martin examinou oito medidas de desigualdade global entre os indivíduos e viu que todas diminuíram no último quarto de século.[40]

A crítica da provável regulamentação do governo

Esses caras que falam aqui agem como se o governo não fosse parte de suas vidas. Eles podem querer que não fosse, mas ele é. Conforme abordamos as questões debatidas aqui hoje, é melhor que acreditem que essas questões serão debatidas pelo país inteiro. A maioria dos americanos não iria simplesmente ficar sentada enquanto certa elite lhes retira a personalidade e depois faz o upload de tudo isso para seu paraíso no ciberespaço. Eles terão algo a dizer a respeito. Haverá debates acirrados sobre isso neste país.

Leon Fuerth, ex-conselheiro de segurança nacional do vice-presidente Al Gore, na conferência Foresight, 2002

A vida humana sem a morte seria outra coisa em vez de humana; a consciência da mortalidade origina nossos mais profundos anseios e maiores realizações.

Leon Kass, presidente da Comissão Presidencial sobre Bioética, 2003

A crítica referente ao controle governamental é que a regulamentação irá desacelerar e parar a aceleração da tecnologia. Embora a regulamentação seja uma questão vital, na realidade não teve efeitos mensuráveis nas tendências discutidas neste livro, que aconteceram com uma extensa regulamentação vigente. Com exceção de um estado totalitário global, a economia e outras forças subjacentes ao progresso técnico só crescerão com avanços contínuos.

Considere a questão da pesquisa com células-tronco, que tem sido especialmente controversa e para a qual o governo dos Estados Unidos está restringindo o financiamento. A pesquisa com células-tronco é só uma das inúmeras ideias para controlar e influenciar os processos subjacentes à biologia que estão tendo continuação como parte da revolução biotecnológica. Mesmo no campo das terapias celulares a controvérsia sobre a pesquisa com células-tronco embrionárias serviu apenas para acelerar outras maneiras de chegar ao mesmo objetivo. Por exemplo, a transdiferenciação (converter um tipo de célula como a da pele em outros tipos de células) avançou bem depressa.

Como relatei no capítulo 5, recentemente alguns cientistas demonstraram a capacidade de reprogramar células da pele em vários outros tipos de célula. Essa abordagem representa o *cálice sagrado* das terapias celulares, visto que ela promete um suprimento ilimitado de células diferenciadas com o DNA do próprio paciente. Também permite que as células sejam selecionadas sem erros de DNA e, no final, poderão fornecer cadeias mais extensas de telômeros (para tornar mais jovens as células). Mesmo a própria pesquisa com células-tronco embrionárias avançou, por exemplo, com projetos como o principal novo centro de pesquisas de Harvard e a iniciativa da Califórnia de emitir *bonds* no valor de 3 bilhões de dólares para sustentar esse trabalho.

Embora sejam infelizes as restrições para a pesquisa de células-tronco, é difícil dizer que a pesquisa da terapia celular, sem falar no amplo campo da biotecnologia, foi afetada em algum grau significativo.

Algumas restrições do governo refletem a perspectiva do humanismo fundamentalista, de que tratei no capítulo anterior. Por exemplo, o Conselho da Europa proclamou que "os direitos humanos implicam o direito de herdar um padrão genético que não tenha sido alterado artificialmente".[41] Talvez o aspecto mais interessante desse édito do conselho seja impor uma restrição como direito. No mesmo espírito, suponho que o conselho iria defender o direito humano de não ser curado de uma doença natural através de meios não naturais, assim como ativistas "protegeram" nações africanas morrendo de fome da indignidade de consumir colheitas geneticamente modificadas.[42]

No final, os benefícios do progresso técnico superam esses sentimentos antitecnológicos. A maioria das colheitas nos Estado Unidos já são GMOs, enquanto nações asiáticas estão adotando agressivamente a tecnologia para alimentar suas enormes populações, e até a Europa está começando a aprovar alimentos GMOs. A questão é importante, porque restrições desnecessárias, embora temporárias, podem resultar no sofrimento exacerbado de milhões de pessoas. Mas o progresso técnico avança em milhares de frentes, alimentado por irresistíveis ganhos econômicos e profundas melhorias na saúde e no bem-estar humanos.

A observação de Leon Fuerth citada acima revela uma persistente ideia errada sobre as tecnologias de informação. As tecnologias de informação não estão disponíveis só para uma elite. Conforme foi exposto, as mais interessantes tecnologias da informação rapidamente se tornam ubíquas e quase grátis. É apenas quando elas não funcionam muito bem (isto é, em um estágio inicial de desenvolvimento) que são caras e restritas a uma elite.

No começo da segunda década deste século, a web proporcionará uma realidade virtual visual-auditiva de imersão total com as imagens desenhadas diretamente em nossas retinas a partir de nossos óculos ou lentes e com acesso à internet sem fio, de banda larga, tecido em nossas roupas. Esses recursos não estarão restritos apenas aos privilegiados. Assim como os celulares, quando estiverem funcionando bem, estarão em todo lugar.

Nos anos 2020, teremos rotineiramente nanorrobots em nossa corrente sanguínea mantendo-nos saudáveis e aumentando nossa capacidade mental. Quando estiverem funcionando bem, serão baratos e amplamente usados. Como mostrei acima, reduzir a defasagem entre a adoção precoce e a tardia das tecnologias da informação irá, por sua vez, acelerar do atual período de dez anos para apenas um par de anos daqui a duas décadas. Quando a inteligência não biológica encontrar um apoio em nossos cérebros, vai pelo menos dobrar de capacidade todo ano, como é da natureza da tecnologia da informação. Portanto, não demorará para que a porção não biológica de nossa inteligência venha a predominar. Esse não será um luxo reservado para os ricos, mais do que os motores de busca da internet o são hoje. E na medida em que haverá um debate sobre a conveniência desse aumento, é fácil predizer quem vai ganhar, já que aqueles com inteligência aumentada serão debatedores muito melhores.

A insuportável lentidão das instituições sociais. O cientista pesquisador--chefe do MIT Joel Cutcher-Gershenfeld escreve: "Olhando para trás apenas no decorrer do último século e meio, tem havido uma sucessão de regimes políticos em que cada um era a solução de um dilema anterior, mas criava novos dilemas para a era seguinte. Por exemplo, Tammany Hall[1*] e o modelo político de patronos foram uma vasta melhoria em relação ao sistema dominante baseado na aristocracia rural — muito mais pessoas foram incluídas no processo político. Contudo, surgiram problemas com o patrocínio, o que levou ao modelo do serviço público — uma solução forte para o problema precedente ao introduzir a meritocracia. Depois, é claro, o serviço público tornou-se a barreira contra a inovação e estamos nos movendo para reinventar o governo. E a história continua".[43] Gershenfeld ressalta que as instituições sociais, mesmo tendo sido inovadoras em seu tempo, tornam-se "um entrave para a inovação".

Primeiro, eu apontaria que o conservadorismo das instituições sociais não é um fenômeno novo. Ele é parte do processo evolutivo da inovação, e a Lei dos Retornos Acelerados sempre funcionou nesse contexto. Segundo, a inovação tem um jeito de contornar os limites impostos pelas instituições. O advento da tecnologia descentralizada deu poderes ao indivíduo para se desviar de todo tipo de restrições, e representa, de fato, um meio primordial

1 *Máquina política do Partido Democrata que controlou a política da cidade e do estado de Nova York e ajudou imigrantes, principalmente irlandeses, aproximadamente de 1790 a 1960. (N.T.)

para acelerar as mudanças sociais. Como um dos muitos exemplos, todo o matagal da regulamentação das comunicações está em vias de ser superado pelas técnicas emergentes de ponto-a-ponto como o protocolo de narração da internet (VOIP).

A realidade virtual representará outro meio para apressar a mudança social. As pessoas finalmente poderão ter relacionamentos e dedicar-se a atividades em ambientes de realidade virtual de imersão e altamente realistas que elas não seriam capazes ou não quisessem fazer na realidade real.

Com a tecnologia ficando mais sofisticada, cada vez mais ela assume habilidades humanas tradicionais e requer menos adaptação. Você precisava de habilidades técnicas para usar os primeiros computadores pessoais, enquanto usar sistemas computadorizados hoje, como celulares, tocadores de música e navegadores na rede, requer muito menos habilidade técnica. Na segunda década deste século, estaremos interagindo rotineiramente com humanos virtuais que, embora ainda não capazes de passar em um teste de Turing, entendem bastante de linguagem natural para agirem como nossos assistentes pessoais para uma ampla gama de tarefas.

Sempre tem havido uma mistura entre os adotantes precoces e os tardios dos novos paradigmas. Ainda há pessoas hoje que querem viver como vivíamos no século VII. Isso não prejudica os adotantes precoces no estabelecimento de novas atitudes e convenções sociais, por exemplo, novas comunidades baseadas na web. Umas poucas centenas de anos atrás, só um punhado de pessoas como Leonardo da Vinci e Newton estavam explorando novas maneiras de entender e se relacionar com o mundo. Hoje a comunidade global que participa e contribui para a inovação social de adotar ou adaptar-se à nova inovação tecnológica é uma parte substancial da população, outro reflexo da Lei dos Retornos Acelerados.

A crítica do teísmo

Outra objeção comum vai explicitamente além da ciência para sustentar que existe um nível espiritual que é responsável pelas aptidões humanas e que não é penetrável por meios objetivos. William A. Dembski, célebre filósofo e matemático, condena a visão de pensadores como Marvin Minsky, Daniel Dennett, Patricia Churchland e Ray Kurzweil, que ele chama de "materialistas contemporâneos" que "veem os movimentos e as modificações da matéria como suficientes para prestar contas de mentalidade humana".[44]

Dembski atribui a "previsibilidade [como] a principal virtude do materialismo" e cita o "vazio [como] seu defeito principal". Ele continua dizendo que "os humanos têm aspirações. Nós ansiamos por liberdade, imortalidade e por uma visão beatífica. Não descansamos até achar nosso descanso em Deus. O problema para o materialista, entretanto, é que essas aspirações não podem ser resgatadas com a moeda da matéria." Ele conclui que os humanos não podem ser meras máquinas por causa "da estrita falta de fatores extramateriais de tais sistemas".

Teria preferido chamar o conceito de materialismo de Dembski de "materialismo de capacidades" ou, ainda melhor, de "paternialismo de capacidades". O materialismo/paternialismo de capacidades baseia-se na observação de que os neurônios biológicos e suas interconexões são feitos de padrões sustentáveis de matéria e energia. E também seus métodos podem ser descritos, entendidos e modelados com réplicas ou com recriações funcionalmente equivalentes. Uso a palavra "capacidade" porque ela abarca todas as maneiras ricas, sutis e variadas com que os humanos interagem com o mundo, não só aquelas aptidões mais restritas que se pode chamar de intelectuais. De fato, nossa habilidade para compreender e responder às emoções é, no mínimo, tão complexa e diversificada quanto nossa habilidade para processar questões intelectuais.

John Searle, por exemplo, admite que os neurônios humanos são máquinas biológicas. Poucos observadores sérios postularam capacidades ou reações de neurônios humanos que requerem os "fatores extramateriais" de Dembski. Depender dos padrões de matéria e energia do corpo e cérebro humanos para explicar seu comportamento e suas habilidades não diminui, necessariamente, nosso encantamento por suas notáveis qualidades. Dembski tem uma visão ultrapassada do conceito de "máquina".

Dembski também escreve que "ao contrário dos cérebros, os computadores são arrumados e precisos [...] computadores funcionam de modo determinista". Essa declaração e outras revelam uma visão das máquinas, ou entes feitos de padrões de matéria e energia (entes "materiais"), que se limita aos mecanismos literalmente ingênuos dos autômatos do século XIX. Esses dispositivos, com suas centenas e mesmo milhares de peças, eram bem previsíveis e com certeza incapazes de ansiar pela liberdade e ter outras qualidades encantadoras do ser humano. As mesmas observações se aplicam grandemente às máquinas de hoje, com seus bilhões de peças. Mas o mesmo não se aplica necessariamente a máquinas com *milhões de bilhões* de "peças" que interagem, entes com a complexidade do cérebro e corpo humanos.

Além disso, não está certo dizer que o materialismo é previsível. Mesmo os programas de computadores de hoje usam, rotineiramente, uma aleatoriedade simulada. Se forem necessários eventos realmente aleatórios em um processo, há dispositivos que também podem fornecê-los. Fundamentalmente, tudo que percebemos no mundo material é resultado de muitos trilhões de eventos quânticos, cada um deles mostrando uma aleatoriedade quântica profunda e irredutível no âmago da realidade física (ou assim parece — os jurados científicos ainda não decidiram qual a verdadeira natureza da aparente aleatoriedade subjacente aos eventos quânticos). O mundo material — tanto no nível macro quanto no micro — não é nada previsível.

Embora muitos programas de computador de fato operem como Dembski descreve, as técnicas predominantes em meu próprio campo do reconhecimento de padrões usam métodos de computação caótica inspirada na biologia. Nesses sistemas, a interação imprevisível de milhões de processos, muitos dos quais contêm elementos aleatórios e imprevisíveis, fornecem respostas inesperadas mas adequadas às sutis questões de reconhecimento. A maior parte da inteligência humana consiste exatamente nesses tipos de processo de reconhecimento de padrões.

Quanto às respostas a emoções e a nossas aspirações mais elevadas, elas são consideradas adequadamente como propriedades emergentes — profundas, é claro, mas padrões emergentes que resultam da interação do cérebro humano com seu ambiente complexo. A complexidade e a capacidade de entes não biológicos estão crescendo exponencialmente e irão igualar-se aos sistemas biológicos, inclusive o cérebro humano (junto com o resto do sistema nervoso e do sistema endócrino), dentro de um par de décadas. De fato, muito do desenho de máquinas futuras terá uma inspiração biológica — isto é, derivados de desenhos biológicos. (Isso já acontece com muitos sistemas contemporâneos.) Minha tese é de que, compartilhando da complexidade bem como dos padrões reais dos cérebros humanos, esses futuros entes não biológicos irão exibir a inteligência e as reações emocionalmente ricas (como as "aspirações") dos humanos.

Algum desses seres não biológicos terá consciência? Searle afirma que podemos (pelo menos na teoria) resolver prontamente essa questão verificando se ele tem os "processos neurobiológicos específicos". É minha opinião que humanos, afinal a vasta maioria dos humanos, chegarão a acreditar que esses entes inteligentes derivados de humanos porém não biológicos têm consciência, mas isso é uma previsão política e psicológica, não um juízo científico ou filosófico. Minha conclusão: concordo com Dembski que isso não é uma questão científica, porque não pode ser resolvida através de observações subjetivas. Alguns observadores dizem que, se não for uma questão científica, não é importante ou nem mesmo é uma questão real. Minha opinião (e tenho certeza de que Dembski concorda) é que, precisamente porque a questão não é científica, ela é filosófica — de fato, a pergunta filosófica fundamental.

Dembski escreve: "Precisamos transcender a nós mesmos para nos encontrarmos. Agora, os movimentos e as modificações da matéria não oferecem nenhuma oportunidade para transcendermos [...]. Freud [...] Marx [...] Nietzsche [...], todos eles consideravam uma ilusão a esperança de transcender". Essa visão da transcendência como objetivo final é razoável. Mas não concordo que o mundo material não ofereça nenhuma "oportunidade para transcender". O mundo material evolui inerentemente, e cada estágio transcende o estágio anterior. Como mostrei no capítulo 7, a evolução caminha no sentido de maior complexidade, maior elegância, maior conhecimento, maior inteligência, maior beleza, maior criatividade, maior amor. E Deus tem sido chamado de todas essas coisas, mas sem nenhuma limitação: infinito conhecimento, infinita inteligência, infinita beleza, infinita criatividade e infinito amor. A evolução não alcança um nível infinito, mas à medida que explode exponencialmente, ela certamente caminha nessa direção. Então a evolução se move inexoravelmente na direção de nosso conceito de Deus, embora jamais atingindo esse ideal.

Dembski continua:

Uma máquina é inteiramente determinada pela constituição, pela dinâmica e pelos inter-relacionamentos de suas partes físicas [...]. "Máquinas" enfatizam a estrita falta de fatores extramateriais [...]. O princípio da substituição é relevante para esta discussão porque ele implica que as máquinas não têm história substantiva [...]. Mas uma máquina propriamente dita não tem história. Sua história é uma cláusula supérflua — um adendo que facilmente poderia ter sido diferente sem que alterasse a máquina [...]. Para uma máquina, tudo que é, é o que é neste momento [...]. As máquinas alcançam ou deixam de alcançar itens no armazenamento [...]. *Mutatis mutandis*, itens que representam ocorrências espúrias (isto é, coisas que nunca aconteceram), mas que são acessíveis, podem ser, no que diz respeito à máquina, como se houvessem acontecido.

Nem é preciso enfatizar que todo o objetivo deste livro é que muitas de nossas suposições carinhosamente conservadas sobre a natureza das máquinas e também de nossa própria natureza humana serão postas em questão nas próximas décadas. A concepção de "história" de Dembski é só outro aspecto de nossa humanidade que deriva necessariamente da riqueza, da profundidade e da complexidade de sermos humanos. Pelo contrário, não ter uma história no sentido de Dembski é apenas só outro atributo da simplicidade das máquinas que conhecemos até este momento. É precisamente minha tese de que as máquinas nos anos 2030 e além terão uma complexidade e riqueza de organização tão grandes que seu comportamento deixará evidentes as reações emocionais, as aspirações e, sim, a história. Então Dembski está meramente descrevendo as máquinas limitadas de hoje e pressupondo que essas limitações são inerentes, uma linha de argumentação equivalente a afirmar que "as máquinas de hoje não são tão capazes quanto os humanos, portanto as máquinas jamais irão alcançar esse nível de desempenho". Dembski está apenas supondo sua conclusão.

A visão de Dembski da habilidade das máquinas para entender sua própria história limita-se a elas "acessarem" itens no armazenamento. Entretanto, as máquinas futuras terão não apenas um registro de sua própria história, mas também a habilidade para entender essa história e refletir sobre ela. Quanto a "itens que representam ocorrências espúrias", com certeza pode-se dizer o mesmo sobre nossas lembranças humanas.

A longa discussão de Dembski sobre a espiritualidade resume-se assim:

Mas como pode uma máquina perceber a presença de Deus? Lembre-se de que as máquinas são definidas inteiramente pela constituição, dinâmica e inter-relacionamento de suas peças físicas. Segue-se que Deus não pode fazer com que uma máquina perceba sua presença, agindo nela e assim mudando seu estado. De fato, no momento em que Deus age sobre uma máquina para mudar seu estado, ela deixa de ser propriamente uma máquina, pois um aspecto da máquina agora transcende seus componentes físicos. Segue-se que a percepção de Deus por uma máquina deve ser independente de qualquer ação de Deus para mudar o estado da máquina. Então como a máquina chega a perceber a presença de Deus? A percepção tem de ser autoinduzida. A espiritualidade da máquina é a espiritualidade da autorrealização, não a espiritualidade de um Deus ativo que se entrega livremente na autorrevelação e, com isso, transforma os seres com que está em comunhão. Portanto, o fato de Kurzweil substituir "máquina" pelo adjetivo "espiritual" acarreta uma visão empobrecida da espiritualidade.

Dembski afirma que um ente (por exemplo, uma pessoa) não pode perceber a presença de Deus sem que Deus aja sobre ela, mas Deus não pode agir sobre uma máquina, portanto uma máquina não pode perceber a presença de Deus. Esse raciocínio é totalmente tautológico e centrado no humano. Deus só conversa com humanos e apenas com os biológicos. Não tenho problemas com Dembski adotar isso como uma crença pessoal, mas ele deixa de fazer o "caso forte" que promete, que "humanos não são máquinas — ponto, parágrafo". Como fez Searle, Dembski só pressupõe sua própria conclusão.

Como Searle, parece que Dembski não consegue apreender o conceito das propriedades emergentes dos complexos padrões espalhados. Ele escreve:

> Presume-se que a raiva esteja relacionada a certas excitações localizadas do cérebro. Mas as excitações localizadas do cérebro dificilmente explicam a raiva melhor do que comportamentos explícitos associados com a raiva, como berrar palavrões. As excitações localizadas do cérebro podem estar adequadamente relacionadas com a raiva, mas o que explica que uma pessoa interprete um comentário como insulto e sinta raiva e outra interprete esse mesmo comentário como uma brincadeira e dê risada? Uma consideração totalmente materialista da mente precisa entender as excitações localizadas do cérebro em termos de outras excitações localizadas do cérebro. Em vez disso, encontramos excitações localizadas do cérebro (representando, por exemplo, a raiva) que têm de ser explicadas em termos de conteúdo semântico (representando, por exemplo, insultos). Mas essa mistura de excitações do cérebro e conteúdos semânticos dificilmente constitui um relato materialista da mente ou de um agente inteligente.

Dembski presume que a raiva está relacionada a uma "excitação localizada do cérebro", mas é quase certeza que a raiva seja o reflexo de complexos padrões de atividade distribuídos pelo cérebro. Mesmo que haja um correlato neural localizado associado com a raiva, este resulta, não obstante, de padrões multifacetados e interagentes. A pergunta de Dembski de por que pessoas diferentes reagem de maneira diferente a situações parecidas, dificilmente precisa que lancemos mão de seus fatores extramateriais para uma explicação. Claramente os cérebros e as experiências de pessoas diferentes não são os mesmos, e essas diferenças são bem explicadas pelas diferenças em seus cérebros físicos, resultado de genes e experiências variadas.

A solução de Dembski para o problema ontológico é que a derradeira base daquilo que existe é o que ele chama de "mundo real das coisas" que não são redutíveis a coisas materiais. Dembski não faz uma lista das "coisas" que poderíamos considerar como fundamentais, mas supomos que os cérebros humanos estariam na lista, bem como outras coisas como dinheiro e cadeiras. Pode haver uma pequena congruência de nossas opiniões sob esse aspecto. Considero as "coisas" de Dembski como padrões. Dinheiro, por exemplo, é um padrão vasto e persistente de acordos, entendimentos e expectativas. "Ray Kurzweil" talvez não seja um padrão tão vasto mas, até agora, também é persistente. Aparentemente, Dembski considera os padrões como efêmeros e não substanciais, mas eu tenho profundo respeito pelo poder e pela resistência dos padrões.

Não é absurdo considerar os padrões como uma realidade ontológica fundamental. Ainda não somos capazes de tocar diretamente a matéria e a energia, mas vivenciamos diretamente os padrões subjacentes às "coisas" de Dembski. Para essa tese, é fundamental que, à medida que aplicamos nossa inteligência e a extensão de nossa inteligência chamada tecnologia para entender os padrões poderosos em nosso mundo (por exemplo, a inteligência humana), possamos recriar — e estender! — esses padrões para outros substratos. Os padrões são mais importantes do que os materiais.

Finalmente, se essa coisa extramaterial de aumentar a inteligência existe de verdade, quero saber onde posso conseguir um pouco.

A crítica do holismo

Outra crítica comum diz o seguinte: as máquinas são organizadas como hierarquias rigidamente estruturadas de módulos, enquanto a biologia baseia-se em elementos holisticamente organizados, em que cada elemento afeta todos os outros. As capacidades únicas da biologia (como a inteligência humana) podem resultar somente desse tipo de projeto holístico. Além disso, só os sistemas biológicos podem usar esse princípio de projeto.

Michael Denton, biólogo na Universidade de Otago na Nova Zelândia, aponta as aparentes diferenças entre os princípios do projeto de entes biológicos e os das máquinas que ele conheceu. Denton descreve com eloquência os organismos como "auto-organizadores, [...] autorreferentes, [...] autorreplicantes, [...] recíprocos, autoformadores e [...] holísticos".[45] Ele então dá um salto não fundamentado — um ato de fé, pode-se dizer — que tais formas orgânicas só podem ser criadas através de processos biológicos e que essas formas são realidades "imutáveis, [...] impenetráveis, [...] e fundamentais" da existência.

Compartilho da sensação "bestificada" do "deslumbramento" com a beleza, a complexidade, a estranheza e o inter-relacionamento dos sistemas orgânicos, indo da "impressão [...] inquietante, do outro mundo" deixada pelas formas de proteínas assimétricas à complexidade extraordinária dos órgãos de ordem mais elevada, como o cérebro humano. Além disso, concordo com Denton que o design biológico representa um profundo conjunto de princípios. Entretanto, é essa precisamente minha tese, de que nem Denton nem outros críticos da escola holística tomaram conhecimento ou responderam ao fato de que as máquinas (isto é, entes derivados de projetos dirigidos por humanos) podem ter acesso — e já estão tendo — a esses mesmos princípios. Isso tem sido o que impulsiona meu próprio trabalho e representa a onda do futuro. Imitar as ideias da natureza é o meio mais eficiente para colher os enormes poderes que a tecnologia futura tornará disponível.

Os sistemas biológicos não são totalmente holísticos, e as máquinas contemporâneas não são totalmente modulares; ambos existem em um contínuo. Pode-se identificar unidades de funcionalidade nos sistemas naturais mesmo em nível molecular, e mecanismos perceptíveis de ação são ainda mais evidentes no nível mais alto dos órgãos e das regiões do cérebro. O processo de entender a funcionalidade e as transformações da informação realizadas em regiões específicas do cérebro está bem encaminhado, como foi exposto no capítulo 4.

É enganoso sugerir que todo aspecto do cérebro humano interaja com todos os outros aspectos e que, portanto, é impossível compreender seus métodos. Os pesquisadores já identificaram e modelaram as transformações da informação em várias dezenas de suas regiões. Em compensação, há inúmeros exemplos de máquinas contemporâneas que não foram projetadas de modo modular, e em muitos dos aspectos do projeto estão profundamente interconectados, como os exemplos dos algoritmos genéticos descritos no capítulo 5. Denton escreve:

> Hoje, quase todos os biólogos profissionais adotaram a abordagem mecanicista/reducionista e consideram que as peças básicas de um organismo (como as engrenagens de um relógio) são as coisas essenciais primordiais, que um organismo vivo (como um relógio) não é mais do que a soma de suas partes, e que são as partes que determinam as propriedades do todo, e que (como um relógio) pode-se ter uma descrição completa de todas as propriedades de um organismo caracterizando suas partes isoladamente.

Aqui, Denton também está ignorando a habilidade de processos complexos exibirem propriedades emergentes que vão além de "suas partes isoladamente". Parece que ele reconhece esse potencial na natureza quando escreve: "Em um sentido muito real, as formas orgânicas [...] representam realidades genuinamente emergentes". Entretanto, não é muito necessário recorrer ao "modelo vitalista" de Denton para explicar as realidades emergentes. As propriedades emergentes derivam do poder dos padrões, e nada limita os padrões e suas propriedades emergentes a sistemas naturais.

Denton parece reconhecer a factibilidade de emular os métodos da natureza quando escreve:

Portanto, o sucesso em construir novas formas orgânicas, de proteínas a organismos, exigirá uma abordagem completamente nova, um tipo de projetar "de cima para baixo". Pelo fato de que as partes dos todos orgânicos só existem no todo, os todos orgânicos não podem ser especificados pedaço a pedaço e construídos a partir de um conjunto de módulos relativamente independentes; sendo assim, toda a unidade não dividida tem de ser especificada em conjunto, *in toto*.

Aqui Denton dá bons conselhos e descreve uma abordagem da engenharia que eu e outros pesquisadores usamos rotineiramente nas áreas de reconhecimento de padrões, teoria da complexidade (caos), os sistemas de auto-organização. Denton, porém, parece não perceber essas metodologias e, depois de descrever exemplos de engenharia de abordagem ascendente, engenharia gerida por componentes e suas limitações, conclui sem justificativa nenhuma que há um abismo intransponível entre as duas filosofias de projetar — quando, de fato, a ponte já está sendo construída.

Como expus no capítulo 5, podemos criar nossos próprios projetos "inquietantes, do outro mundo", mas projetos efetivos através da evolução aplicada. Descrevi como aplicar os princípios da evolução para criar projetos inteligentes através de algoritmos genéticos. Na minha própria experiência com essa abordagem, os resultados estão bem representados pela descrição de Denton das moléculas orgânicas na "aparente falta de lógica do projeto e na falta de qualquer óbvia modularidade ou regularidade [...] o caos absoluto do arranjo, [e a] impressão não mecânica".

Os algoritmos genéticos e outras metodologias para projetar de modo ascendente e auto-organizador (como redes neurais, modelos de Markov e outros de que tratamos no capítulo 5) incorporam um elemento imprevisível, de modo que os resultados de tais sistemas cada vez são diferentes. Apesar da sabedoria popular de que as máquinas são deterministas e, portanto, previsíveis, há inúmeras fontes de aleatoriedade prontamente disponíveis para as máquinas. As teorias contemporâneas da mecânica quântica postulam uma profunda aleatoriedade no núcleo da existência. De acordo com certas teorias da mecânica quântica, o que parece ser um comportamento determinista de sistemas no nível macro é simplesmente o resultado do esmagador poderio estatístico baseado em números enormes de eventos fundamentalmente imprevisíveis. Além do mais, a obra de Stephen Wolfram e outros demonstrou que mesmo um sistema que, em teoria, é totalmente determinista, pode, apesar disso, produzir resultados efetivamente aleatórios e, mais importante, inteiramente imprevisíveis.

Os algoritmos genéticos e outras abordagens similares e auto-organizadoras dão origem a projetos a que não teria sido possível chegar através de uma abordagem modular impulsionada pelos componentes. A "estranheza, [o] caos, [...] a interação dinâmica" das partes do todo, que Denton atribui exclusivamente a estruturas orgânicas, descrevem muito bem as qualidades dos resultados desses processos caóticos iniciados por humanos.

Em meu próprio trabalho com algoritmos genéticos, examinei o processo pelo qual esse algoritmo aos poucos melhora um projeto. Um algoritmo genético não realiza suas conquistas de projeto projetando subsistemas individuais um de cada vez, mas efetua uma abordagem incremental de "tudo ao mesmo tempo", fazendo muitas pequenas alterações no projeto que progressivamente melhoram o ajuste geral ou o "poder" da solução. A própria solução emerge gradualmente e se desdobra da simplicidade à complexidade. Embora as soluções produzidas muitas vezes sejam assimétricas e deselegantes, mas efetivas, assim como na natureza elas também podem parecer elegantes e até belas.

Denton está certo quando observa que a maioria das máquinas contemporâneas, como os computadores convencionais de hoje, é projetada usando a abordagem modular. Há certas vantagens significativas de engenharia nessa técnica tradicional. Por exemplo, os computadores têm memória muito mais acurada do que os humanos e podem realizar transformações lógicas de modo muito mais eficiente do que a inteligência humana não assistida. Mais importante, os computadores podem compartilhar suas memórias e padrões instantaneamente. A abordagem não modular caótica da natureza também tem claras vantagens que Denton articula bem, como é comprovado pelos marcantes poderes do reconhecimento humano de padrões. Mas é um salto inteiramente injustificado dizer que, por causa das atuais (e decrescentes) limitações da tecnologia dirigida por humanos, os sistemas biológicos são inerentemente, até ontologicamente, um mundo à parte.

Os primorosos projetos da natureza (o olho, por exemplo) beneficiaram-se de um processo evolutivo profundo. Nossos mais complexos algoritmos genéticos de hoje incorporam códigos genéticos de dezenas de milhares de bits, enquanto entes biológicos como os humanos caracterizam-se por códigos genéticos de bilhões de bits (apenas dezenas de milhões de bytes quando comprimidos).

Entretanto, como é o caso de toda tecnologia baseada na informação, a complexidade dos algoritmos genéticos e outros métodos inspirados na natureza estão crescendo exponencialmente. Se examinarmos o ritmo com que essa complexidade está aumentando, veremos que eles alcançarão a complexidade da inteligência humana dentro de umas duas décadas, o que é coerente com minhas estimativas extraídas das tendências diretas de hardware e software.

Denton enfatiza que ainda não tivemos êxito em dobrar as proteínas em três dimensões, "mesmo uma que consiste apenas em cem componentes". Entretanto, foi só nos últimos anos que tivemos as ferramentas para apenas visualizar esses padrões tridimensionais. Além do mais, modelar as forças interatômicas exigirá cerca de 100 mil bilhões (10^{14}) de cálculos por segundo. No final de 2004, a IBM introduziu uma versão de seu supercomputador Blue Gene/L com uma capacidade de setenta teraflops (cerca de 10^{14} cps), que se espera, como o nome sugere, que vá fornecer a habilidade de simular a dobra das proteínas.

Já tivemos sucesso em cortar, fatiar e rearranjar códigos genéticos e em aproveitar as fábricas bioquímicas da própria natureza para produzir enzimas e outras substâncias biológicas complexas. É verdade que a maior parte do trabalho contemporâneo desse tipo é feita em duas dimensões, mas os recursos computacionais necessários para visualizar e modelar os padrões tridimensionais muito mais complexos encontrados na natureza não estão longe de serem realizados.

Em discussões sobre a questão das proteínas com o próprio Denton, ele reconheceu que o problema seria solucionado eventualmente, estimando que talvez o fosse daí a uma década. O fato de que um determinado feito técnico *ainda* não foi realizado não é um argumento forte de que ele nunca será.

Denton escreve:

É impossível predizer as formas orgânicas codificadas a partir do conhecimento dos genes de um organismo. Nem as propriedades, nem a estrutura das proteínas individuais nem daquelas de forma mais elevada — como ribossomos e células inteiras — podem ser deduzidas da análise mais exaustiva dos genes e de seus produtos primários, sequências lineares de aminoácidos.

Embora a observação de Denton acima esteja, em essência, correta, ela basicamente destaca que o genoma é apenas uma parte do sistema geral. O código do DNA não é a história toda, e é preciso o resto do sistema de apoio molecular para que o sistema funcione e para que seja compreendido. Também precisamos do projeto do ribossomo e de outras moléculas que fazem funcionar a maquinaria do DNA. Mas acrescentar esses projetos não altera significativamente a quantidade de informação de design na biologia.

No entanto, recriar os processos maciçamente paralelos, analógicos controlados digitalmente, semelhantes a hologramas, auto-organizadores e caóticos do cérebro humano, não exige que dobremos proteínas. Como visto no capítulo 4, há dezenas de projetos contemporâneos que tiveram êxito em criar detalhadas recriações dos sistemas neurológicos. Estes incluem implantes neurais que funcionam com sucesso dentro do cérebro das pessoas sem que se dobre nenhuma proteína. Entretanto, embora eu entenda o argumento de Denton sobre proteínas como sendo evidência dos modos holísticos da natureza, já observei que não há impedimento para que imitemos esses modos em nossa tecnologia, e já estamos indo bem por esse caminho.

Em suma, Denton conclui rápido demais que sistemas complexos de matéria e energia do mundo físico não são capazes de exibir as "características emergentes [...] vitais de organismos, como a autorreplicação, transformação, autorregeneração, autoarranjo e a ordem holística do projeto biológico" e que, portanto, "organismos e máquinas pertencem a categorias diferentes do ser". Dembski e Denton partilham da mesma visão limitada das máquinas como entes que podem ser projetados e construídos apenas de modo modular. Podemos e já estamos construindo "máquinas" que têm poderes bem maiores do que a soma de suas partes, ao combinar os princípios de design auto-organizadores do mundo natural com os poderes acelerados de nossa tecnologia iniciada por humanos. Essa será uma combinação extraordinária.

EPÍLOGO

Não sei como posso parecer para o mundo, mas, para mim, parece que fui apenas um menino brincando à beira-mar e me divertindo e achando um pedregulho mais liso ou uma concha mais bonita do que o normal, enquanto o grande oceano da verdade por descobrir estendia-se à minha frente.

Isaac Newton[1]

O sentido da vida é o amor criativo. Não amor como um sentimento interno, como uma emoção sentimental particular, mas amor como um poder dinâmico movendo-se para o mundo e fazendo alguma coisa original.

Tom Morris, If Aristotle Ran General Motors

Nenhum exponencial é para sempre [...] mas podemos adiar o "para sempre".

Gordon E. Moore, 2004

Quão singular? Quão singular é a Singularidade? Ela acontecerá em um instante? Consideremos, mais uma vez, a derivação da palavra. Na matemática, uma singularidade é um valor que está além de qualquer limite — em essência, infinito. (Formalmente, diz-se que o valor de uma função que contém essa singularidade é indefinido no ponto da singularidade, mas pode-se mostrar que o valor da função em pontos próximos excede qualquer valor finito específico.)[2]

A Singularidade, como foi tratada neste livro, não atinge níveis infinitos de computação, memória ou qualquer outro atributo mensurável. Mas atinge, com certeza, vastos níveis de todas essas qualidades, inclusive a inteligência. Com a aplicação da engenharia reversa no cérebro humano, poderemos aplicar os algoritmos paralelos, auto-organizadores, caóticos da inteligência humana a substratos computacionais enormemente poderosos. Essa inteligência, então, estará apta para melhorar seu próprio projeto, tanto de hardware quanto de software, em um processo iterativo que acelera rapidamente.

Mas ainda parece haver um limite. A capacidade do universo de sustentar a inteligência parece ser de apenas 10^{90} cálculos por segundo, como expus no capítulo 6. Há teorias, como o universo holográfico, que sugerem a possibilidade de números maiores (como 10^{120}), mas todos esses níveis são decididamente finitos.

É claro que a capacidade de uma inteligência dessas pode parecer infinita para todos os efeitos de nosso nível atual de inteligência. Um universo saturado de inteligência a 10^{90} cps seria 1 trilhão de trilhões de trilhões de trilhões de trilhões de vezes mais potente do que todos os cérebros humanos biológicos na Terra hoje.[3] Mesmo um computador "frio" de um quilo tem um pico de potencial de 10^{42} cps, como relatei no capítulo 3, que é 10 mil trilhões (10^{16}) de vezes mais potente que todos os cérebros humanos biológicos.[4]

Dado o poder da notação exponencial, podemos facilmente pensar em números maiores, mesmo que não tenhamos a imaginação para contemplar todas as suas implicações. Podemos imaginar a possibilidade de nossa futura inteligência espalhando-se para outros universos. Um cenário desses é concebível dada nossa atual compreensão da cosmologia, embora especulativa. Isso poderia potencialmente permitir que nossa futura inteligência ultrapassasse qualquer limite. Se ganhássemos a habilidade de criar e colonizar outros universos (e, se houver maneira de fazer isso, a vasta inteligência de nossa futura civilização provavelmente será capaz de aproveitá-la), nossa inteligência poderia, em última instância, exceder qualquer nível específico. É exatamente o que podemos dizer sobre as singularidades em funções matemáticas.

Como se compara o uso da "singularidade" na história humana com seu uso na física? A palavra foi extraída, por empréstimo, da matemática pela física, que sempre mostrou uma inclinação para termos antropomórficos (como *charm* [charmoso] e *strange* [estranho] para nomes de quarks). Na física, a "singularidade" refere-se teoricamente a um ponto de tamanho zero, com densidade infinita de massa e, portanto, gravidade infinita. Mas, por causa da incerteza quântica, não há um ponto real de densidade infinita, e, com efeito, a mecânica quântica não admite valores infinitos.

Exatamente como a Singularidade que mostrei neste livro, uma singularidade na física denota valores inconcebivelmente grandes. E a área de interesse da física não é realmente o zero de tamanho, mas, antes, é um horizonte de eventos em torno do ponto teórico da singularidade dentro de um buraco negro (que nem é negro). Dentro do horizonte de eventos, as partículas e a energia, como a luz, não conseguem escapar porque a gravidade é muito forte. Assim, do lado de fora do horizonte de eventos não se pode ver fácil e certamente dentro do horizonte de eventos.

Entretanto, parece que há uma maneira de ver dentro de um buraco negro, porque os buracos negros emitem uma chuva de partículas. Os pares de partícula-antipartícula são criados perto do horizonte de eventos (como acontece em todas as partes do espaço), e para alguns desses pares, um elemento do par é puxado para dentro do buraco negro enquanto o outro consegue escapar.

Essas partículas que escapam formam um brilho chamado radiação Hawking, batizado com o nome de seu descobridor, Stephen Hawking. O pensamento corrente é que essa radiação reflete (de modo codificado, como resultado de uma forma de emaranhamento quântico com as partículas de dentro), o que está acontecendo dentro do buraco negro. Inicialmente, Hawking não aceitou essa explicação, mas agora parece concordar.

Assim, achamos que nosso uso do termo "Singularidade" neste livro não é menos apropriado do que a adoção desse termo pela comunidade dos físicos. Assim como achamos difícil ver além do horizonte de eventos de um buraco negro, também achamos difícil ver além do horizonte de eventos da Singularidade histórica. Como podemos nós, com cada um de nossos cérebros limitados de 10^{16} a 10^{19} cps, imaginar o que nossa civilização futura, em 2099, com seus 10^{60} cps, será capaz de pensar e fazer?

Apesar de tudo, assim como podemos chegar a conclusões sobre a natureza dos buracos negros através de nosso pensamento conceitual, mesmo nunca tendo estado realmente dentro de um, nosso pensamento hoje é bastante poderoso para ter insights significativos sobre as implicações da Singularidade. Foi isso que tentei fazer neste livro.

A centralidade humana. Uma opinião comum é que a ciência vem corrigindo consistentemente nossa visão, por demais inflada, de nosso próprio significado. Stephen Jay Gould disse: "Todas as revoluções científicas mais importantes incluem, como sua única característica comum, o destronamento da arrogância humana, de um pedestal depois do outro, sobre as convicções anteriores a respeito de nossa centralidade no cosmos".[5]

Mas acontece que nós somos centrais, afinal. Nossa habilidade para criar modelos — realidades virtuais — em nossos cérebros, combinada com nossos polegares aparentemente modestos, tem sido suficiente para introduzir outra forma de evolução: a tecnologia. Esse desenvolvimento permitiu a continuação do ritmo acelerado que começou com a evolução biológica. Ela vai continuar até que todo o universo esteja ao alcance de nossas mãos.

APÊNDICE

A Lei dos Retornos Acelerados revisitada

A seguinte análise fornece a base para entender a mudança evolutiva como um fenômeno de duplo exponencial (isto é, um crescimento exponencial em que a taxa de crescimento exponencial — o expoente — está, ela também, crescendo exponencialmente). Descreverei aqui o crescimento do poder da computação, embora as fórmulas sejam similares a outros aspectos da evolução, especialmente tecnologias e processos baseados em informação, inclusive nosso conhecimento da inteligência humana, que é uma fonte primária do software da inteligência.

Estamos interessados em três variáveis:

V: Velocidade (isto é, potência) da computação (medida em cálculos por segundo por custo unitário)

W: Conhecimento mundial no que se refere a projetar e construir dispositivos computacionais

t: Tempo

Em uma análise inicial, observamos que a potência do computador é uma função linear de W. Também notamos que W é cumulativo. Isso se baseia na observação de que algoritmos tecnológicos relevantes acumulam-se de modo incremental. No caso do cérebro humano, por exemplo, os psicólogos evolucionistas argumentam que o cérebro é um sistema de inteligência maciçamente modular, evoluído no tempo de modo incremental. Também, nesse modelo simples, o aumento instantâneo do conhecimento é proporcional à potência computacional. Essas observações levam à conclusão de que a potência computacional cresce exponencialmente com o tempo.

Em outras palavras, a potência do computador é uma função linear do conhecimento de como construir computadores. Na verdade, essa é uma hipótese conservadora. Em geral, as inovações melhoram V por um múltiplo, não como uma soma. Inovações independentes (cada uma representando um aumento linear do conhecimento) multiplicam os efeitos umas das outras. Por exemplo, um avanço nos circuitos como o CMOS (Complementary Metal Oxide Semiconductor — semicondutor complementar de óxido metálico), uma metodologia de fiação de circuito integrado mais eficiente, uma inovação no processamento como o *pipelining*, ou um melhoramento algorítmico como a transformação rápida de Fourier, todos aumentam *V* por múltiplos independentes.

Como notado, nossas observações são:

A velocidade da computação é proporcional ao conhecimento do mundo:

(1) $V = c_1 W$

O ritmo de mudança no conhecimento do mundo é proporcional à velocidade da computação:

(2) $\dfrac{dW}{dt} = c_2 V$

Substituindo (1) em (2), temos que:

(3) $\dfrac{dW}{dt} = c_1 c_2 W$

A solução disso é:

(4) $W = W_0 e^{c_1 c_2 t}$

e *W* cresce exponencialmente com o tempo (*e* é a base dos logaritmos naturais).

Os dados que reuni mostram que há um crescimento exponencial do expoente do crescimento exponencial (duplicamos a potência do computador a cada três anos no começo do século XX e a cada dois anos no meio do século, e agora duplicamos a cada ano). O poder da tecnologia crescendo exponencialmente resulta no crescimento exponencial da economia. Isso pode ser observado há pelo menos um século. É interessante que as recessões, incluindo a Grande Depressão, possam ser modeladas como um ciclo bastante fraco em cima do crescimento exponencial subjacente. Em todos os casos, a economia voltou rápido para onde estaria se a recessão/depressão nunca tivesse existido. Pode-se ver um crescimento exponencial mais rápido em indústrias específicas ligadas às tecnologias exponencialmente crescentes, como a indústria da computação.

Se incluirmos os recursos exponencialmente crescentes da computação, podemos ver a origem do segundo nível de crescimento exponencial.

Mais uma vez, temos:

(5) $V = c_1 W$

Mas agora incluímos o fato de que os recursos empregados para a computação, N, também estão crescendo exponencialmente:

(6) $N = c_3 e^{c_4 t}$

A taxa de mudança no conhecimento humano está agora proporcional ao produto da velocidade da computação e dos recursos empregados:

(7) $\dfrac{dW}{dt} = c_2 N V$

Substituindo (5) e (6) em (7), temos que:

(8) $\dfrac{dW}{dt} = c_1 c_2 c_3 e^{c_4 t} W$

A solução disso é:

(9) $W = W_0 \exp\left(\dfrac{c_1 c_2 c_3}{c_4} \ e^{c_4 t} \right)$

e o conhecimento do mundo acumula-se a uma taxa exponencial dupla.

Agora, consideremos alguns dados do mundo real. No capítulo 3, estimei a capacidade computacional do cérebro humano, com base nas exigências para uma simulação funcional de todas as regiões do cérebro, em aproximadamente 10^{16} cps. Simular as não linearidades salientes de todos os neurônios e conexões interneurais iria demandar um nível mais alto de computação: 10^{11} neurônios vezes 10^3 conexões por neurônio (com os cálculos ocorrendo principalmente nas conexões) vezes 10^2 transações por segundo vezes 10^3 cálculos por transação — um total de cerca de 10^{19} cps. A análise abaixo adota o nível da simulação funcional (10^{16} cps).

Análise Três

Considerando os dados para os dispositivos de calcular e computadores durante o século XX:

Seja S = cps/$1K: cálculos por segundo por mil dólares

Os dados de computação do século XX correspondem a:

$$S = 10^{\left[6.00 \times \left[\left(\frac{20.40}{6.00}\right)^{\left[\frac{Year \quad 1900}{100}\right]}\right] 11.00\right]}$$

Podemos determinar a taxa de crescimento, G, em um período de tempo:

$$G = 10^{\left(\frac{\log(Sc)}{Yc} \quad \frac{\log(Sp)}{Yp}\right)}$$

onde Sc é cps/$1K para o ano corrente, Sp é cps/$1K do ano anterior, Yc é do ano corrente e Yp é do ano anterior.

Cérebro humano = 10^{16} cálculos por segundo
Raça humana = 10 bilhões (10^{10}) de cérebros humanos = 10^{26} cálculos por segundo

Alcançaremos a capacidade de um cérebro humano (10^{16} cps) a um custo de mil dólares por volta de 2023.

Alcançaremos a capacidade de um cérebro humano (10^{16} cps) a um custo de um centavo por volta de 2037.

Alcançaremos a capacidade da raça humana (10^{26} cps) a um custo de mil dólares por volta de 2049.

Incluindo a economia, que cresce exponencialmente, em especial em relação aos recursos disponíveis para a computação (já em torno de trilhões de dólares por ano), pode-se ver que a inteligência não biológica será bilhões de vezes mais potente do que a inteligência biológica antes da metade do século.

Pode-se derivar o crescimento de duplo exponencial de outro modo. Observei acima que a taxa de somar conhecimento (dW/dt) era ao menos proporcional ao conhecimento em cada ponto do tempo. Isso é claramente conservador, dado que muitas inovações (aumentos de conhecimento) têm um impacto multiplicativo na taxa contínua em vez de aditivo.

Entretanto, se tivermos uma taxa de crescimento exponencial como:

$$(10) \quad \frac{dW}{dt} = C^W$$

onde $C > 1$, esta é a solução:

$$(11) \quad W = \frac{1}{\ln C} \ln\left(\frac{1}{1 - t \ln C}\right)$$

que tem um crescimento logarítmico lento, enquanto $t < 1/\ln C$ então explode próximo à singularidade em $t = 1/\ln C$.

Até mesmo o modesto $dW/dt = W^2$ resulta em uma singularidade.

De fato, qualquer fórmula com uma taxa de crescimento da potência de:

$$(12) \quad \frac{dW}{dt} = W^a$$

onde $a > 1$, leva a uma solução com uma singularidade:

$$(13) \quad W = W_o \frac{1}{(T - t)^{\frac{1}{a-1}}}$$

no tempo T. Quanto maior o valor de a, mais perto estará a singularidade.

Minha opinião é que é difícil imaginar conhecimento infinito, dados os aparentes recursos finitos de matéria e energia, e as tendências até hoje se comparam a um processo de exponencial duplo. O termo adicional (a W) parece ser da forma $W \times \log(W)$. Esse termo descreve um efeito de rede. Se tivermos uma rede como a internet, seu efeito ou valor pode razoavelmente ser mostrado como proporcional a $n \times \log(n)$, onde n é o número de nódulos. Todo nódulo (todo usuário) se beneficia, assim isso explica o n multiplicador. O valor para cada usuário (para cada nódulo) = $\log(n)$. Bob Metcalfe (inventor da ethernet) postulou o valor de uma rede de n nódulos como = $c \times n^2$, mas isso é um exagero. Se a internet dobra de tamanho, seu valor para mim aumenta, mas não dobra. Pode-se mostrar que uma estimativa razoável do valor de uma rede para cada usuário é proporcional ao logaritmo do tamanho da rede. Assim, seu valor geral é proporcional a $n \times \log(n)$.

Se, pelo contrário, a taxa de crescimento inclui um efeito logarítmico de rede, temos uma equação da taxa de mudança que é dada por:

(14) $$\frac{dW}{dt} = W + W \ln W$$

A solução disso é um exponencial duplo, que já vimos antes nos dados:

(15) $$W = \exp(e^t)$$

RECURSOS E INFORMAÇÕES DE CONTATO

Singularity.com

Novos desenvolvimentos nos vários campos abordados neste livro acumulam-se em ritmo acelerado. Para ajudar o leitor a manter-se a par, convido-o a visitar Singularity.com, onde poderá encontrar:

- Notícias recentes
- Uma compilação de milhares de notícias relevantes a partir de 2001 de KurzweilAI.net (ver abaixo)
- Centenas de artigos sobre tópicos relacionados de KurzweilAI.net
- Links para pesquisa
- Dados e citações para todos os gráficos
- Material sobre este livro
- Trechos deste livro
- Notas de fim on-line

KurzweilAI.net

Também o convido a visitar nosso premiado web site, KurzweilAI.net, que inclui mais de seiscentos artigos de mais de uma centena de "grandes pensadores" (muitos dos quais são citados neste livro), milhares de notícias, listas de eventos e outros recursos. Nos últimos seis meses, tivemos mais de 1 milhão de leitores. Memes em KurzweilAI.net incluem:

- A Singularidade
- As máquinas irão tornar-se conscientes?
- Vivendo para sempre
- Como construir um cérebro
- Realidades virtuais

- Nanotecnologia
- Futuros perigosos
- Visões do futuro
- Ponto/contraponto

O leitor pode assinar nossa e-newsletter gratuita (diária ou semanal), inserindo seu endereço de e-mail no formulário simples de uma linha na home page de KurzweilAI.net. Não compartilhamos seu endereço de e-mail com ninguém.

Fantastic-Voyage.net e RayandTerry.com

Para quem quiser otimizar sua saúde hoje e aumentar ao máximo suas perspectivas de viver bastante para realmente testemunhar e vivenciar a Singularidade, visite Fantastic-Voyage.net e RayandTerry.com. Desenvolvi esses sites com Terry Grossman, médico, meu colaborador em questões de saúde e coautor de *Fantastic Voyage: Live Long Enough to Live Forever*. Esses sites contêm informações extensas sobre melhorar a saúde com os conhecimentos de hoje, de modo que o leitor poderá gozar de boa saúde física e mental quando as revoluções da biotecnologia e da nanotecnologia estiverem totalmente maduras.

Contato com o autor

Ray Kurzweil pode ser contactado em ray@singularity.com.

NOTAS

Prólogo: O poder das ideias

1. Minha mãe é uma talentosa artista, especialista em pinturas em aquarela. Meu pai foi um músico célebre, regente da Bell Symphony, fundador e ex-presidente do Departamento de Música do Queensborough College.

2. A série de Tom Swift Jr., que foi lançada em 1954 por Grosset & Dunlap e escrita por um grupo de autores sob o pseudônimo de Victor Appleton, continuou até 1971. O adolescente Tom Swift, junto com seu colega Bud Barclay, corre pelo universo explorando lugares estranhos, derrotando caras malvados e usando dispositivos exóticos, como um foguete do tamanho de uma casa, uma estação espacial, um laboratório voador, um cicloplano, um hidrolung elétrico, um helicóptero que mergulha e um repelatron (que repelia coisas; por exemplo, repelindo água e formando assim uma bolha onde os meninos podiam viver).

Os primeiros nove livros da série são: *Tom Swift and His Flying Lab (1954), Tom Swift and His Jetmarine (1954), Tom Swift and His Rocket Ship (1954), Tom Swift and His Giant Robot (1954), Tom Swift and His Atomic Earth Blaster (1954), Tom Swift and His Outpost in Space (1955), Tom Swift and His Diving Seacopter (1956), Tom Swift in the Caves of Nuclear Fire (1956) e Tom Swift on the Phantom Satellite (1956).*

3. O programa foi chamado de Select. Os estudantes preenchiam um questionário com trezentos itens. O programa de computador, que tinha uma base de dados de cerca de 2 milhões de peças de informação em 3 mil universidades, selecionava de seis a quinze escolas que combinavam com os interesses, históricos e situação acadêmica dos estudantes. Nós mesmos processamos cerca de 10 mil estudantes e depois vendemos o programa para a editora Harcourt, Brace & World.

4. *The Age of Intelligent Machines*, publicado em 1990 pela MIT Press, foi indicado como Melhor Livro de Ciência da Computação pela Association of American Publishers. O livro explora o desenvolvimento da inteligência artificial e prevê um leque de impactos filosóficos, sociais e econômicos das máquinas inteligentes. A narrativa é complementada por 23 artigos sobre a Inteligência Artificial (IA) de intelectuais como Sherry Turkle, Douglas Hofstadter, Marvin Minsky, Seymour Papert e George Gilder. Para o texto completo do livro, ver: <http://www.KurzweilAI.net/aim>.[1]

5. Medidas básicas de capacidade (tais como preço-desempenho, largura da banda e capacidade) aumentam por multiplicação (isto é, as medidas são multiplicadas por um fator para cada aumento de tempo) em vez de serem somadas linearmente.

6. Douglas R. Hofstadter, *Gödel, Escher, Bach: An Eternal Golden Braid* (Nova York: Basic Books, 1979).

---

1 *Como é agora frequente, o site mencionado por um autor como possibilidade de ampliação do assunto por ele tratado pode não mais estar acessível. Esse é, de resto, um traço distintivo entre a cultura do livro e do papel impresso e a cultura computacional. Um livro impresso permaneceu e ainda permane-ce acessível por dezenas e dezenas de anos ou séculos; a duração e preservação de qualquer tipo de informação virtual, como a dos sites de internet, é uma incógnita. E, não raro, motivo de decepção... (N.T.)*

Capítulo 1: As seis épocas

1. De acordo com o site Transtopia <http://transtopia.org/faq.html#1.11>, "Singularitarian" [Singularitariano] foi "definido originalmente por Mark Plus ('91) para significar 'alguém que acredita no conceito de Singularidade". Outra definição desse termo é "'ativista da Singularidade' ou 'amigo da Singularidade'; ou seja, alguém que age para que ocorra a Singularidade [Mark Plus, 1991; *Singularitarian*, Eliezer Yudkowsky, 2000]". Não há um consenso universal sobre essa definição, e muitos transumanistas são ainda singularitarianos no sentido original, ou seja, "quem acredita no conceito da Singularidade" mais do que "ativistas" ou "amigos".

Eliezer S. Yudkowsky, em *The Singularitarian Principles*, versão 1.0.2 (1º jan. 2000), em <http://yudkowsky.net/sing/principles.ext.html>, propôs uma definição alternativa: "Um singularitariano é alguém que acredita que criar tecnologicamente uma inteligência maior-do-que-humana é desejável, e trabalha para essa finalidade. Um singularitariano é amigo, advogado, defensor e agente do futuro conhecido como Singularidade".

Minha opinião: pode-se promover a Singularidade e, em particular, torná-la mais provável de representar um avanço construtivo do conhecimento de muitas maneiras e em muitas esferas do discurso humano — por exemplo, promovendo a democracia, combatendo ideologias e sistemas de crença totalitários e fundamentalistas, e criando conhecimento em todas as suas diversas formas: música, arte, literatura, ciência e tecnologia. Considero um singularitariano como alguém que compreende as transformações que estão vindo neste século e que refletiu sobre suas implicações para a própria vida.

2. As taxas da duplicação da computação serão examinadas no próximo capítulo. Embora o custo do número de transistores por unidade tenha duplicado a cada dois anos, os transistores têm ficado progressivamente mais rápidos, e tem havido muitos outros níveis de inovação e melhoria. Recentemente, a potência geral da computação por custo unitário vem dobrando a cada ano. Em particular, a quantidade de computação (em computações por segundo) que pode ser aplicada em um computador que joga xadrez dobrou a cada ano durante os anos 1990.

3. John von Neumann, parafraseado por Stanislaw Ulam, "Tribute to John von Neumann", *Bulletin of the American Mathematical Society*, v. 64, n. 3, parte 2, pp. 1-49, maio 1958. Von Neumann (1903-1957) nasceu em Budapeste em uma família judia de banqueiros e veio para a Universidade de Princeton em 1930 para ensinar matemática. Em 1933, tornou-se um dos seis professores fundadores do novo Instituto de Estudos Avançados em Princeton, onde ficou até o fim da vida. Seus interesses eram múltiplos e variados: ele foi a força principal que definiu o novo campo da mecânica quântica; junto com o coautor Oskar Morgenstern, escreveu *Theory of Games and Economic Behavior*, texto que transformou o estudo da economia, e deu contribuições significativas para o projeto lógico dos primeiros computadores, inclusive construindo MANIAC (Mathematical Analyzer, Numeral Integrator, and Computer — Analisador Matemático, Integrador de Números e Computador) no final dos anos 1930.

Assim Oskar Morgenstern descreveu Von Neumann no obituário "John von Neumann, 1903-1957", no *Economic Journal* (março 1958, p. 174): "Von Neumann exerceu uma ampla e incomum influência no pensamento de outros homens em suas relações pessoais... Seu conhecimento estupendo, a resposta imediata, a intuição sem paralelo mantinham a admiração dos visitantes. Muitas vezes ele resolvia os problemas deles antes que tivessem terminado de expô-los. Sua mente era tão única que algumas pessoas se perguntavam — elas também cientistas eminentes — se ele não representaria um novo estágio no desenvolvimento mental humano".

4. Ver notas 20 e 21 no capítulo 2.

5. A conferência aconteceu de 19 a 21 de fevereiro de 2003, em Monterey, Califórnia. Entre os tópicos abordados estavam pesquisa com células-tronco, biotecnologia, nanotecnologia, clones e comida geneticamente modificada. Para uma lista de livros recomendados pelos palestrantes, ver: <http://www.thefutureoflife.com/books.htm>.

6. A internet, medida pelo número de nódulos (servidores), dobrava todo ano durante os anos 1980, mas tinha apenas dezenas de milhares de nódulos em 1985. Isso cresceu para dezenas de milhões de nódulos em 1995. Em janeiro de 2003, o Internet Software Consortium, <http://www.isc.org/ds/host-count-history.html>, contou 172 milhões de hospedeiros da web, que são os servidores que hospedam sites da web. O número representa apenas um subconjunto do número total de nódulos.

7. No nível mais amplo, o princípio antrópico afirma que as constantes fundamentais da física devem ser compatíveis com nossa existência; se não fossem, não estaríamos aqui para observá-las. Um dos catalisadores para o desenvolvimento do princípio é o estudo das constantes, como a constante gravitacional e a constante de acoplamento magnético. Se os valores dessas constantes se desgarrassem além de um leque muito estreito, a vida inteligente não seria possível em nosso universo. Por exemplo, se a constante do acoplamento magnético fosse mais potente, não haveria a ligação entre elétrons e outros átomos. Se fosse mais fraca, os elétrons não se manteriam em órbita. Ou seja, se essa única constante se desgarrasse para fora de um leque muito estreito, as moléculas não se formariam. Então, para os que propõem o princípio antrópico, nosso universo parece passar pela sintonia fina para a evolução de vida inteligente. (Detratores

como Victor Stenger afirmam que a sintonia fina não é tão fina no fim das contas; há mecanismos compensadores que comportariam uma janela mais ampla para a formação de vida sob condições diferentes.)

O princípio antrópico surge novamente no contexto das teorias cosmológicas contemporâneas que postulam universos múltiplos (ver notas 8 e 9 abaixo), cada um com seus próprios conjuntos de leis. Só em um universo onde as leis permitissem a existência de seres pensantes, poderíamos estar aqui fazendo essas perguntas.

Um dos textos de referência na discussão é de John Barrow e Frank Tipler, *The Anthropic Cosmological Principle* (Nova York: Oxford University Press, 1988). Ver também Steven Weinberg, "A Designer Universe?", em: <http://www.physlink.com/Education/essay_weinberg.cfm>.

8. Conforme algumas teorias cosmológicas, houve múltiplos big bangs, não só um, levando a universos múltiplos (multiversos paralelos ou "bolhas"). Forças e constantes físicas diferentes aplicam-se em diferentes bolhas; condições em algumas (ou, no mínimo, em uma) dessas bolhas suportam vida baseada em carbono. Ver Max Tegmark, "Parallel Universes", Scientific American, pp. 41-53, maio de 2003; Martin Rees, "Exploring Our Universe and Others", Scientific American, pp. 78-93, dez. 1999; e Andrei Linde, "The Self-Reproducing Inflationary Universe", Scientific American, pp. 48-55, nov. 1994.

9. Os "muitos mundos" ou teoria do multiverso como interpretação da mecânica quântica foram desenvolvidos para solucionar um problema apresentado pela mecânica quântica, e depois foram combinados com o princípio antrópico. Como foi resumido por Quentin Smith:

Uma séria dificuldade associada à interpretação convencional ou de Copenhague da mecânica quântica é que ela não pode ser aplicada à geometria espaço-tempo da relatividade geral de um universo fechado. Um estado quântico de tal universo é descritível como uma função de onda com amplitude espaço-temporal variada; a probabilidade de o estado do universo ser encontrado em qualquer ponto dado é o quadrado da amplitude da função de onda naquele ponto. Para o universo fazer a transição da superposição de muitos pontos de probabilidades variadas para um desses pontos — aquele onde ele está realmente —, tem de ser introduzido um aparelho para medir que colapsa a função de onda e determina que o universo está naquele ponto. Mas isso é impossível, pois não há nada fora do universo, nenhum aparelho externo para medir que possa colapsar a função de onda.

Uma solução possível é desenvolver uma interpretação da mecânica quântica que não dependa da noção de medida ou da observação externa, que é central na interpretação de Copenhague. Uma mecânica quântica pode ser formulada para que seja interna em um sistema fechado.

É uma interpretação dessas que Hugh Everett desenvolveu em seu artigo de 1957, "Relative State Formulation of Quantum Mechanics". Cada ponto na sobreposição representada pela função de onda é considerado como na verdade contendo um estado do observador (ou do aparelho de medição) e um estado do sistema que se está observando. Assim, "com cada observação (ou interação) subsequente, o estado do observador 'ramifica-se' em vários estados diferentes. Cada ramo representa um resultado diferente da medição e do correspondente eigenstate para o estado de objeto-sistema. Todos os ramos existem ao mesmo tempo na sobreposição depois de qualquer dada sequência de observações".

Cada ramo é independente dos outros ramos, e consequentemente nenhum observador jamais irá perceber algum processo de "splitting". Para cada observador, o mundo vai parecer como de fato parece.

Aplicado ao universo como um todo, isso significa que o universo está constantemente dividindo-se em inúmeros ramos diferentes e independentes, consequência das interações semelhantes à medição entre suas várias partes. Cada ramo pode ser considerado um mundo separado, com cada mundo constantemente dividindo-se em outros mundos.

Considerando que esses ramos — o conjunto de universos — incluirão tanto os adequados quanto os inadequados para a vida, Smith continua: "Neste ponto, se pode afirmar como o princípio antrópico forte, combinado com a interpretação de muitos mundos da mecânica quântica, pode ser usado em uma tentativa de resolver o aparente problema mencionado no começo deste ensaio. O fato aparentemente problemático de que um mundo com vida inteligente seja real, em vez de um dos muitos mundos sem vida, é considerado como não sendo fato nenhum. Se mundos com vida e sem vida são reais, então não é surpresa que este mundo seja real, mas, sim, algo a ser esperado".

Quentin Smith, "The Anthropic Principle and Many-Worlds Cosmologies", *Australasian Journal of Philosophy*, v. 63, n. 3, set. 1985. Disponível em: <http://www.qsmithwmu.com/the_anthropic_principle_and_many-worlds_cosmologies.htm>.

10. Ver o capítulo 4 para uma discussão completa dos princípios auto-organizadores do cérebro e a relação desse princípio operacional com o reconhecimento de padrões.

11. Com uma escala "linear" (onde todas as divisões do gráfico são iguais), seria impossível visualizar todos os dados (como bilhões de anos) em um espaço limitado (como uma página deste livro). Uma escala logarítmica ("log") soluciona isso ao marcar a ordem de magnitude dos valores mais do que os valores reais, permitindo que se veja uma gama maior de dados.

12. Theodore Modis, professor de DUXX, Graduate School in Business Leadership, em Monterrey, México, tentou desenvolver uma "lei matemática precisa que governe a evolução da mudança e a complexidade do

Universo". Para pesquisar o padrão e a história dessas mudanças, ele precisava de um conjunto de dados analíticos de acontecimentos significativos, onde os acontecimentos impliquem uma grande mudança. Ele não quis depender só de sua própria lista, para evitar desvios na seleção. Em vez disso, compilou treze listas independentes múltiplas dos principais eventos da história da biologia e da tecnologia destas fontes:

Carl Sagan, The Dragons of Eden: Speculations on the Evolution of Human Intelligence (Nova York: Ballantine Books, 1989). Dados exatos fornecidos por Modis.

American Museum of Natural History. Dados exatos fornecidos por Modis.

O conjunto de dados de "eventos importantes na história da vida" na Encyclopaedia Britannica.

Educational Resources in Astronomy and Planetary Science (ERAPS), Universidade do Arizona, <http://ethel.as.arizona.edu/~collins/astro/subjects/evolve-26.html>.

Paul D. Boyer, bioquímico, ganhador do Prêmio Nobel de 1997, comunicação particular. Dados exatos fornecidos por Modis.

J. D. Barrow e J. Silk, "The Structure of the Early Universe", Scientific American, v. 242, n. 4, pp. 118-28, abr. 1980.

J. Heidmann, Cosmic Odyssey: Observatoir de Paris, tradução de Simon Mitton (Cambridge, Reino Unido: Cambridge University Press, 1989).

J. W. Schopf (org.), Major Events in the History of Life, simpósio realizado por IGPP Center para the Study of Evolution and the Origin of Life, 1991 (Boston: Jones and Bartlett, 1991).

Phillip Tobias, "Major Events in the History of Mankind", cap. 6, em Schopf, Major Events in the History of Life.

David Nelson, "Lecture on Molecular Evolution I", <http://drnelson.utmem.edu/evolution.html>, e "Lecture Notes for Evolution II", <http://drnelson.utmem.edu/evolution2.html>.

G. Burenhult (org.), The First Humans: Human Origins and History to 10,000 BC (San Francisco: HarperSanFrancisco, 1993).

D. Johanson e B. Edgar, From Lucy to Language (Nova York: Simon & Schuster, 1996).

R. Coren, The Evolutionary Trajectory: The Growth of Information in the History and Future of Earth, World Futures General Evolution Studies (Amsterdam: Gordon and Breach, 1998).

Essas listas datam dos anos 1980 e 1990, com a maioria cobrindo a história conhecida do universo, enquanto três focam no período mais restrito da evolução hominoide. Os dados usados por algumas das listas mais antigas são imprecisos, mas são os próprios eventos e a localização relativa desses eventos na história que são de interesse fundamental.

Modis então juntou essas listas para encontrar agrupamentos dos principais eventos, seus "marcos canônicos". Resultaram 28 marcos canônicos dentre 203 marcos de eventos nas listas. Modis também usou outra lista independente de Coren para verificar se ela corroborava seus métodos. Ver T. Modis, "Forecasting the Growth of Complexity and Change", *Technological Forecasting and Social Change*, v. 69, n. 4, 2002. Disponível em: <http://ourworld.compuserve.com/homepages/tmodis/TedWEB.htm>.

13. Modis observa que podem surgir erros a partir de variações no tamanho das listas e variações nas datas atribuídas aos eventos (ver T. Modis, "The Limits of Complexity and Change", *The Futurist* [maio-jun. 2003], <http://ourworld.compuserve.com/homepages/tmodis/Futurist.pdf>). Assim, ele usou agrupamentos de datas para definir seus marcos canônicos. Um marco representa uma média, pressupondo que erros conhecidos são o desvio padrão. Para eventos sem fontes múltiplas, ele "arbitrariamente atribui(u) o erro médio como erro". Modis também aponta outras fontes de erro — casos em que as datas precisas não são conhecidas ou em que possa haver uma suposição inadequada da mesma importância para cada ponto de data — que não são apreendidas no desvio padrão.

Deve-se observar que a data de 54,6 milhões de anos atrás para a extinção dos dinossauros não está muito distante.

14. Tempos típicos para a reinicialização interneural são da ordem de cinco milissegundos, o que permite duzentas operações analógicas controladas digitalmente por segundo. Mesmo considerando múltiplas não linearidades no processamento da informação neuronal, isso é da ordem de 1 milhão de vezes mais devagar do que os circuitos eletrônicos contemporâneos, que conseguem trocar informações em menos de um nanossegundo (ver a análise da capacidade computacional no capítulo 2).

15. Uma nova análise pelos pesquisadores do Los Alamos National Lab sobre as concentrações relativas de isótopos radioativos no único reator nuclear natural conhecido do mundo (em Oklo, Gabão, África Ocidental) encontrou uma diminuição na constante de estrutura fina, ou alfa (a velocidade da luz é inversamente proporcional à alfa), por 2 bilhões de anos. Isso se traduz em um pequeno aumento na velocidade da luz, embora essa descoberta precise claramente ser confirmada. Ver "Speed of Light May Have Changed.

Recently", New Scientist, 30 jun. 2004, <http://www.newscientist.com/news/news.jsp?id=ns99996092>. Ver também: <http://www.sciencedaily.com/releases/2005/05/050512120842.htm>.

16. Stephen Hawking declarou em uma conferência científica em Dublin, em 21 de julho de 2004, que ele estava errado em uma afirmação controversa que tinha feito, fazia trinta anos, sobre buracos negros. Ele havia dito que a informação sobre o que tinha sido engolido por um buraco negro jamais poderia ser recuperada. Isso teria sido uma violação da teoria quântica, que diz que a informação é preservada. "Sinto desapontar os fãs de ficção científica, mas, se a informação é preservada, não é possível usar os buracos negros para viajar a outros universos", ele disse. "Se você pular dentro de um buraco negro, sua energia de massa será devolvida a nosso universo, mas em forma danificada, que contém a informação de como você era, mas em um estado irreconhecível." Ver Dennis Overbye, "About Those Fearsome Black Holes? Never Mind", *New York Times*, 22 jul. 2004.

17. Um horizonte de eventos é o limite externo, ou perímetro, de uma região esférica que contorna a Singularidade (o centro do buraco negro, caracterizado por densidade e pressão infinitas). Dentro do horizonte de eventos, os efeitos da gravidade são tão fortes que nem a luz consegue escapar, embora haja radiação emergindo da superfície devido a efeitos quânticos que formam pares de partículas-antipartículas, com um elemento do par sendo puxado para dentro do buraco negro e o outro sendo emitido como radiação (chamada radiação de Hawking). Essa é a razão de essas regiões serem chamadas de "buracos negros", termo inventado pelo professor John Wheeler. Embora os buracos negros tenham sido previstos originalmente pelo astrofísico alemão Kurt Schwarzschild em 1916, com base na teoria da relatividade geral de Einstein, sua existência no centro das galáxias só recentemente foi demonstrada experimentalmente. Para ler mais, ver Kimberly Weaver, "The Galactic Odd Couple", 10 jun. 2003, em <http://www.scientificamerican.com>; Jean-Pierre Lasota, "Unmasking Black Holes", *Scientific American, pp. 41-7*, maio1999; e Stephen Hawking, *A Brief History of Time: From the Big Bang to Black Holes* (Nova York: Bantam, 1988).

18. Joel Smoller e Blake Temple, "Shock-Wave Cosmology Inside a Black Hole", *Proceedings of the National Academy of Sciences*, v. 100, n. 20, pp. 11216-18, 30 set. 2003.

19. Vernor Vinge, "First Word," Omni, p. 10, jan. 1983.

20. Ray Kurzweil, *The Age of Intelligent Machines* (Cambridge, Mass.: MIT Press, 1989).

21. Hans Moravec, *Mind Children: The Future of Robot and Human Intelligence* (Cambridge, Mass.: Harvard University Press, 1988).

22. Vernor Vinge, "The Coming Technological Singularity: How to Survive in the Post-Human Era", simpósio VISION-21, patrocinado por Nasa Lewis Research Center e Ohio Aerospace Institute, mar. 1993. Disponível em: <http://www.KurzweilAI.net/vingesin>.

23. Ray Kurzweil, *The Age of Spiritual Machines: When Computers Exceed Human Intelligence* (Nova York: Viking, 1999).

24. Hans Moravec, *Robot: Mere Machine to Transcendent Mind* (Nova York: Oxford University Press, 1999).

25. Damien Broderick, duas obras: *The Spike: Accelerating into the Unimaginable Future* (Sidnei, Australia: Reed Books, 1997) e *The Spike: How Our Lives Are Being Transformed by Rapidly Advancing Technologies*, ed. rev. (Nova York: Tor/Forge, 2001).

26. Uma das visões gerais de John Smart, "What Is the Singularity", pode ser encontrada em: <http://www.KurzweilAI.net/meme/frame.html?main=/articles/art0133.html>; para uma coleção dos escritos de John Smart sobre aceleração tecnológica, Singularidade e questões relacionadas, ver em: <http://www.Accelerating.org>.

John Smart dirige a conferência "Accelerating Change", que aborda questões ligadas a "inteligência artificial e amplificação da inteligência". Ver: <http://www.accelerating.org/ac2005/index.html>.

27. Uma imitação do cérebro humano funcionando em um sistema eletrônico iria funcionar muito mais rápido do que nossos cérebros biológicos. Embora cérebros humanos se beneficiem de um paralelismo maciço (da ordem de 100 trilhões de conexões interneurais, todas podendo operar ao mesmo tempo), o tempo de reinicialização das conexões é extremamente vagaroso quando comparado à eletrônica contemporânea.

28. Ver notas 20 e 21 no capítulo 2.

29. Para uma análise matemática do crescimento exponencial da tecnologia da informação como aplicada ao preço-desempenho da computação, ver o apêndice "A Lei dos Retornos Acelerados Revisitada".

30. Em um artigo de 1950 publicado em *Mind: A Quarterly Review of Psychology and Philosophy*, o teórico da computação Alan Turing fez a célebre pergunta: "Uma máquina pode pensar? Se um computador pudesse pensar, como se poderia comprovar?". A resposta da segunda pergunta é o teste de Turing. Do modo como o teste está definido atualmente, um comitê de especialistas interroga um correspondente remoto sobre um amplo leque de tópicos, como amor, assuntos do momento, matemática, filosofia e a história pessoal do correspondente, para determinar se este é um computador ou um humano. O teste de Turing pretende ser uma medição da inteligência humana; não passar no teste não implica uma falta de inteligência. O artigo original de Turing pode ser encontrado em: <http://www.abelard.org/turpap/turpap.htm>; ver também a

the *Stanford Encyclopedia of Philosophy, em* <http://plato.stanford.edu/entries/turing-test>, para uma discussão sobre o teste.

Não há nenhum conjunto de truques ou algoritmos que permita que uma máquina passe em um teste de Turing bem concebido sem que ela, na verdade, tenha uma inteligência de nível humano. Ver também Ray Kurzweil, "A Wager on the Turing Test: Why I Think I Will Win", em: <http://www.KurzweilAI.net/turingwin>.

31. Ver John H. Byrne, "Propagation of the Action Potential", *Neuroscience Online,* <https://oac22.hsc.uth.tmc.edu/courses/nba/s1/i3-1.html>: "A velocidade de propagação das potenciais ações nos nervos pode variar de cem metros por segundo (580 milhas por hora) para menos de um décimo de metro por segundo (0,6 milha por hora)". Ver também Kenneth R. Koehler, "The Action Potential", <http://www.rwc.uc.edu/koehler/biophys/4d.html>: "A velocidade da propagação para neurônios motores mamíferos é de 10-120 m/s, enquanto para neurônios sensoriais não mielinados é de 5^{-25} m/s (neurônios não mielinados disparam de modo contínuo, sem saltos; vazamento de íons permite circuitos completos efetivos, mas desacelera a taxa de propagação)".

32. Um estudo de 2002 publicado em Science ressaltou o papel da proteína beta-catenina na expansão horizontal do córtex cerebral em humanos. Essa proteína desempenha um papel fundamental nas dobras e sulcos do córtex cerebral; é esse dobrar, de fato, que aumenta a área da superfície do córtex cerebral e deixa espaço para mais neurônios. Camundongos que produziram essa proteína em excesso desenvolveram córtices cerebrais enrugados, dobrados, com substancialmente mais área de superfície do que os córtices cerebrais lisos, chatos, dos camundongos de controle. Anjen Chenn e Christopher Walsh, "Regulation of Cerebral Cortical Size by Control of Cell Cycle Exit in Neural Precursors", *Science, v.* 297, pp. 365-9, jul. 2002).

Uma comparação feita em 2003 dos perfis de expressão de genes do córtex cerebral de humanos, chimpanzés e macacos rhesus mostrou uma diferença de expressão em apenas 91 genes associados com a cognição e a organização cerebral. Os autores do estudo ficaram surpresos ao descobrir que 90% dessas diferenças envolviam suprarregulação. Ver M. Cacares et al., "Elevated Gene Expression Levels Distinguish Human from Non-human Primate Brains", *Proceedings of the National Academy of Sciences, v.* 100, n. 22, pp. 13030-5, 28 out. 2003.

Entretanto, pesquisadores do Irvine College of Medicine da Universidade da Califórnia descobriram que a matéria cinzenta em regiões específicas do cérebro está mais relacionada com o QI do que com o tamanho geral do cérebro, e que apenas cerca de 6% de toda a matéria cinzenta no cérebro parece ter relação com o QI. O estudo também descobriu que, porque essas regiões ligadas à inteligência estão localizadas por todo o cérebro, é improvável que haja um "centro de inteligência" único como o lóbulo frontal. Ver "Human Intelligence Determined by Volume and Location of Gray Matter Tissue in Brain", Universidade da Califórnia-Irvine, comunicado à imprensa, 19 jul. 2004, em: <http://today.uci.edu/news/release_detail.asp?key=1187>.

Um estudo de 2004 descobriu que os genes do sistema nervoso humano mostravam evolução acelerada quando comparados com os dos primatas não humanos, e que todos os primatas tinham evolução acelerada comparado com outros mamíferos. Steve Dorus et al., "Accelerated Evolution of Nervous System Genes in the Origin of *Homo sapiens*", *Cell, v.* 119, pp. 1027-10, 29 dez. 2004. Ao descrever esse achado, o pesquisador-chefe, Bruce Lahn, afirma: "Humanos evoluíram suas habilidades cognitivas não devido a umas poucas mutações acidentais, mas, antes, a um enorme número de mutações obtidas através de uma seleção excepcionalmente intensa que favoreceu as habilidades cognitivas mais complexas". Catherine Gianaro, *University of Chicago Chronicle, v.* 24, n. 7, 6 jan. 2005.

Uma única mutação do gene de fibra muscular MYH16 tem sido proposta como uma mudança que permitiu aos humanos ter cérebros muito maiores. A mutação tornou mais fracos os queixos dos humanos ancestrais, de modo que os humanos não precisavam de músculos limitantes do tamanho do cérebro que outros grandes macacos têm. Stedman et al., "Myosin Gene Mutation Correlates with Anatomical Changes in the Human Lineage", *Nature, v.* 428, pp. 415-8, 25 mar. 2004.

33. Robert A. Freitas Jr., "Exploratory Design in Medical Nanotechnology: A Mechanical Artificial Red Cell", *Artificial Cells, Blood Substitutes, and Immobil. Biotech, v.* 26, pp. 411-30, 1998. Disponível em: <http://www.foresight.org/Nanomedicine/Respirocytes.html>. Ver também as imagens da Nanomedicine Art Gallery, em <http://www.foresight.org/Nanomedicine/Gallery/Species/Respirocytes.html> e a premiada animação dos respirócitos em: <http://www.phleschbubble.com/album/beyondhuman/respirocyte01.htm>.

34. Foglets são a criação de J. Storrs Hall, pioneiro da nanotecnologia e professor da Universidade de Rutgers. Eis um trecho de sua descrição: "A nanotecnologia baseia-se no conceito de robots bem pequenos, capazes de se autorreproduzirem. A 'Utility Fog' é uma extensão muito simples da ideia: suponha que, em vez de construir átomo por átomo o objeto que você deseja, os pequenos robots (foglets) juntassem seus braços para formar uma massa sólida na forma do objeto que você quer. Então, quando você se cansasse daquela mesa de centro vanguardeira, os robots poderiam simplesmente movimentar-se um pouco e você, no lugar desta, teria um elegante móvel estilo Queen Anne". J. Storrs Hall, "What I Want to Be When I Grow Up, Is a Cloud", *Extropy,* 3º e 4º trimestres de 1994. Publicado em KurzweilAI.net em 6 de julho de 2001: <http://www.KurzweilAI.net/foglets>. Ver também J. Storrs Hall, "Utility Fog: The Stuff That Dreams Are Made Of", em B.

C. Crandall (org.), *Nanotechnology: Molecular Speculations on Global Abundance* (Cambridge, Mass.: MIT Press, 1996). Publicado em KurzweilAI.net em 5 de julho de 2001: <http://www.KurzweilAI.net/utilityfog>.

35. Sherry Turkle (org.), Evocative Objects: Things We Think With (Cambridge, Mass.: MIT Press, 2007).

36. Ver o gráfico "Crescimento Exponencial da Computação" no capítulo 2 (página 89). Projetando o duplo crescimento exponencial do preço-desempenho da computação para o final do século XXI, o equivalente a mil dólares de computação irão fornecer 10^{60} cálculos por segundo (cps). Como será abordado no capítulo 2, três análises diferentes da quantidade de computação necessária para imitar funcionalmente o cérebro humano resultam em uma estimativa de 10^{15} cps. Uma estimativa mais conservadora, que pressupõe que será preciso simular todas as não linearidades em todas as sinapses e dendritos, resulta em uma estimativa de 10^{19} cps para uma emulação neuromórfica do cérebro humano. Mesmo tomando o número mais conservador, tem-se um número de 10^{29} por aproximadamente 10^{10} humanos. Assim, os 10^{60} cps que podem ser adquiridos por mil dólares por volta de 2099 irão representar 10^{31} (10 milhões de trilhões de trilhões) civilizações humanas.

37. A invenção do tear mecânico e de outras máquinas têxteis automáticas no começo do século XVIII destruiu o meio de vida da indústria caseira de tecelões ingleses, que tinham passado negócios familiares estáveis de geração a geração por centenas de anos. O poder econômico passou das famílias de tecelões para os donos das máquinas. Conta a lenda que um rapaz jovem e retardado chamado Ned Ludd quebrou duas máquinas têxteis da fábrica por pura falta de jeito. Desse ponto em diante, sempre que um equipamento de fábrica era achado misteriosamente danificado, todo suspeito de praticar esse ato dizia: "Mas foi o Ned Ludd que fez isso". Em 1812, os tecelões desesperados formaram uma sociedade secreta, um exército de guerrilha urbana. Eles faziam ameaças e exigências aos donos das fábricas, muitos dos quais se sujeitavam a elas. Quando perguntavam quem era seu líder, eles respondiam: "Ora, o general Ned Ludd, é claro". Embora os luditas, como ficaram conhecidos, no começo dirigissem a maior parte de sua violência contra as máquinas, uma série de confrontos sangrentos irrompeu mais tarde nesse ano. A tolerância do governo conservador pelos luditas terminou, e o movimento foi dissolvido com a prisão e o enforcamento dos membros proeminentes. Embora tendo falhado em criar um movimento viável e sustentável, os luditas continuaram sendo um símbolo poderoso da oposição à automação e à tecnologia.

38. Ver nota 34, na página anterior.

Capítulo 2: Uma teoria da evolução tecnológica. A Lei dos Retornos Acelerados

1. John Smart, sumário de "Understanding Evolutionary Development: A Challenge for Futurists", apresentação no encontro anual da World Futurist Society, em Washington, D.C., 3 ago. 2004.

2. Que os eventos históricos na evolução representam aumentos de complexidade é a opinião de Theodore Modis. Ver T. Modis, "Forecasting the Growth of Complexity and Change", *Technological Forecasting and Social Change*, v. 69, n. 4, 2002. Disponível em: <http://ourworld.compuserve.com/homepages/tmodis/TedWEB.htm>.

3. A compressão de arquivos é um aspecto-chave tanto da transmissão de dados (como um arquivo de música ou texto na internet) quanto de arquivamento de dados. Quanto menor o arquivo, menos tempo vai levar a transmissão e vai precisar de menos espaço. O matemático Claude Shannon, muitas vezes chamado de pai da teoria da informação, definiu a teoria básica da compressão de dados em seu artigo "A Mathematical Theory of Communication", *The Bell System Technical Journal*, v. 27, pp. 379-423, 623-56, jul.-out. 1948. Compressão de dados é possível por causa de redundância (repetição) e probabilidade de surgirem combinações de caracteres nos dados. Por exemplo, o silêncio em um arquivo de áudio poderia ser substituído por um valor que indicasse a duração do silêncio, e combinações de letras em um arquivo de texto poderiam ser substituídas por identificadores codificados no arquivo comprimido.

A redundância pode ser removida pela compressão sem perdas, como Shannon explicou, quer dizer que não há perda de informação. Há um limite para a compressão sem perdas, definido pelo que Shannon chamou de taxa de entropia (a compressão aumenta a "entropia" dos dados, que é a quantidade real de informação nela em oposição a estruturas de dados predeterminadas e, portanto, previsíveis). A compressão de dados remove a redundância dos dados; compressão sem perdas o faz sem perder dados (o que quer dizer que podem ser restaurados os dados originais com exatidão). A compressão com perdas, que é usada para arquivos gráficos ou streaming de arquivos de vídeo ou áudio, resulta em perda de informação, embora essa perda muitas vezes seja imperceptível para nossos sentidos.

A maioria das técnicas de compressão de dados usa um código, que é um mapeamento das unidades (ou símbolos) básicas na fonte de um alfabeto código. Por exemplo, todos os espaços em um arquivo de texto podem ser substituídos por uma única palavra de código e o número de espaços. Um algoritmo de compressão é usado para instalar o mapeamento e então criar um novo arquivo usando o alfabeto do código; o arquivo comprimido será menor do que o original e, portanto, mais fácil de transmitir ou arquivar. Eis algumas das categorias em que falham as técnicas comuns de compressão sem perda:

- Compressão run-length, que substitui caracteres repetidos com um código e um valor representando o número de repetição desse caractere (exemplos: Pack Bits e PCX).
- Codificação com mínimo de redundância ou codificação por simples entropia, que atribui códigos com base na probabilidade, com os símbolos mais frequentes recebendo os códigos mais curtos (exemplos: codificação de Huffman e codificação aritmética).
- Codificadores de dicionário, que usam dicionário de símbolos atualizado para representar padrões (exemplos: Lempel-Ziv, Lempel-Ziv-Welch e DEFLAÇÃO).
- Compressão block-sorting, que reorganiza caracteres mais do que usa um alfabeto de código; compressão run-length pode então ser usada para comprimir as cadeias repetidas (exemplo: transformação de Burrows-Wheeler).
- Previsão com mapeamento parcial, que usa um conjunto de símbolos no arquivo não comprimido para predizer quantas vezes aparece o próximo símbolo no arquivo.

4. Murray Gell-Mann, "What Is Complexity?", em Complexity, v. 1 (Nova York: John Wiley and Sons, 1995).

5. O código genético humano tem cerca de 6 bilhões (cerca de 1010) de bits, não considerando a possibilidade de compressão. Então os 1027 bits que teoricamente podem ser armazenados em uma pedra de um quilo é maior do que o código genético por um fator 1017. Ver nota 57, abaixo, para uma discussão sobre compressão de genoma.

6. É claro que um humano, que também é composto por um número enorme de partículas, contém uma quantidade de informação comparável a uma pedra de mesmo peso quando se considera as propriedades de todas as partículas. Como acontece com a pedra, o grosso dessa informação não é necessário para caracterizar o estado da pessoa. Por outro lado, é preciso muito mais informação para caracterizar uma pessoa do que uma pedra.

7. Ver nota 175, no capítulo 5, para uma descrição algorítmica dos algoritmos genéticos.

8. Humanos, chimpanzés, gorilas e orangotangos estão todos incluídos na classificação científica de hominídeos (família Hominidae). Supõe-se que a linhagem humana divergiu de seus parentes, os grandes macacos, há 5 a 7 milhões de anos. O gênero humano Homo dentro dos Hominidae inclui espécies extintas como H. erectus bem como o homem moderno (H. sapiens).

Nas mãos do chimpanzé, os dedos são muito mais compridos e menos retos do que em humanos, e o polegar é mais curto, mais fraco e não tão móvel. Chimpanzés podem bater em coisas com um graveto, mas tendem a perder a força. Eles não conseguem apertar com força porque seus polegares não se sobrepõem aos dedos índices. No humano moderno, o polegar é mais longo, assim é possível tocar todas as pontas dos dedos com a ponta do polegar, habilidade que é chamada de oponibilidade total. Esta e outras alterações deram aos humanos duas novas maneiras de agarrar: com precisão e com força. Mesmo hominídeos pré-hominoides, como a *Australopithecine da Etiópia chamada Lucy, que se supõe ter vivido faz cerca de 3 milhões de anos, podia atirar pedras com velocidade e precisão. Cientistas afirmam que, desde então, melhorias contínuas na capacidade da mão de atirar e bater com alguma coisa, com alterações associadas em outras partes do corpo, resultaram em nítidas vantagens* sobre animais de tamanho e peso similares. Ver Richard Young, "Evolution of the Human Hand: The Role of Throwing and Clubbing", *Journal of Anatomy*, v. 202, pp. 165-74, 2003; Frank Wilson, *The Hand: How Its Use Shapes the Brain, Language, and Human Culture* (Nova York: Pantheon, 1998).

9. O Santa Fe Institute tem desempenhado um papel de vanguarda ao desenvolver conceitos e tecnologia referentes à complexidade e aos sistemas emergentes. Um dos principais desenvolvedores de paradigmas associados com o caos e a complexidade é Stuart Kauffman. A obra de Kauffman, *At Home in the Universe: The Search for the Laws of Self-Organization and Complexity* (Oxford: Oxford University Press, 1995), aborda "as forças para a ordem que ficam na beirada do caos".

Em seu livro *Evolution of Complexity by Means of Natural Selection* (Princeton: Princeton University Press, 1988), John Tyler Bonner pergunta: "Como é que um ovo transforma-se em um adulto cheio de detalhes? Como é que uma bactéria, dado muitos milhões de anos, pôde evoluir para um elefante?".

John Holland é outro intelectual de ponta do Santa Fe Institute no campo emergente da complexidade. Seu livro *Hidden Order: How Adaptation Builds Complexity* (Reading, Mass.: Addison-Wesley, 1996) inclui uma série de palestras que ele apresentou no Santa Fe Institute em 1994. Ver também John H. Holland, *Emergence: From Chaos to Order* (Reading, Mass.: Addison-Wesley, 1998) e Mitchell Waldrop, *Complexity: The Emerging Science at the Edge of Order and Chaos* (Nova York: Simon & Schuster, 1992).

10. A segunda lei da termodinâmica explica porque não existe o motor perfeito que usa todo o calor (energia) produzido na queima de combustível para funcionar: algum calor vai ser inevitavelmente perdido para o ambiente. O mesmo princípio da natureza sustenta que o calor vai fluir de uma panela quente para o ar

frio mais do que o contrário. Ela também diz que sistemas fechados (isolados) irão tornar-se espontaneamente mais desordenados com o tempo, isto é, tendem a mover-se da ordem para a desordem. Moléculas de lascas de gelo, por exemplo, são limitadas em seus possíveis arranjos. Então um pote de lascas de gelo tem menos entropia (desordem) do que o pote de água em que se transformam as lascas de gelo quando deixadas na temperatura ambiente. Há muito mais arranjos moleculares possíveis no pote de água do que no gelo; maior liberdade de movimento igual a maior entropia. Outro modo de pensar em entropia é como multiplicidade. Quanto mais maneiras que um estado pode alcançar, maior a multiplicidade. Assim, por exemplo, uma pilha desordenada de tijolos tem maior multiplicidade (e maior entropia) do que uma pilha arrumada.

11. Max More manifesta a opinião de que "tecnologias avançadas estão se combinando e se hibridando para acelerar ainda mais o progresso". Max More, "Track 7 Tech Vectors to Take Advantage of Technological Acceleration", *ManyWorlds*, 1º ago. 2003.

12. Para maiores informações, ver J. J. Emerson et al., "Extensive Gene Traffic on the Mammalian X Chromosome", *Science*, v. 303, n. 5657, pp. 537-40, 23 jan. 2004, em <http://www3.uta.edu/faculty/betran/science2004.pdf>; Nicholas Wade, "Y Chromosome Depends on Itself to Survive", *New York Times*, 19 jun. 2003; e Bruce T. Lahn e David C. Page, "Four Evolutionary Strata on the Human X Chromosome", *Science*, v. 286, n. 5441, pp. 964-7, 29 out. 1999, em <http://inside.wi.mit.edu/page/Site/Page%20PDFs/Lahn_and_Page_strata_1999.pdf>.

É interessante observar que o segundo cromossomo X das meninas é desligado em um processo chamado desativação de X, de modo que os genes de apenas um cromossomo X são expressos. Pesquisas mostraram que o cromossomo X do pai é desligado em algumas células e o cromossomo X da mãe, em outras.

13. Projeto Genoma Humano, "Insights Learned from the Sequence". Disponível em: <http://www.ornl.gov/sci/techresources/Human_Genome/project/journals/insights.html>. Apesar de o genoma humano ter sido sequenciado, a maior parte dele não codifica proteínas (o chamado DNA lixo), portanto os pesquisadores ainda estão discutindo sobre quantos genes serão identificados dentre os 3 bilhões de pares de bases no DNA humano. Estimativas atuais sugerem que menos de 30 mil, embora, durante o Projeto Genoma Humano, as estimativas chegassem até 100 mil. Ver "How Many Genes Are in the Human Genome?", disponível em: <http://www.ornl.gov/sci/techresources/Human_Genome/faq/genenumber.shtml>, e Elizabeth Pennisi, "A Low Number Wins the GeneSweep Pool", *Science*, v. 300, n. 5625, p. 1484, 6 jun. 2003.

14. Niles Eldredge e o falecido Stephen Jay Gould propuseram essa teoria em 1972 (N. Eldredge e S. J. Gould, "Punctuated Equilibria: An Alternative to Phyletic Gradualism", em T. J. M. Schopf (org.), *Models in Paleobiology*. San Francisco: Freeman, Cooper, pp. 82-115). Desde então, ela tem provocado discussões acaloradas entre paleontólogos e biólogos evolucionistas, embora venha sendo aceita gradualmente. De acordo com essa teoria, podem passar milhões de anos com espécies em estabilidade relativa. Essa estase é seguida, depois, por uma irrupção de mudanças, resultando em novas espécies e na extinção das velhas (chamada de "impulso de revezamento" por Elisabeth Vrba). O efeito alcança todo o ecossistema, afetando muitas espécies não relacionadas. O padrão proposto por Eldredge e Gould exigia uma nova perspectiva: "Pois nenhum preconceito é mais restritivo do que a invisibilidade — e a estase, inevitavelmente lida como ausência de evolução, sempre tem sido tratada como um não assunto. Então, como é estranho definir o fenômeno paleontológico mais comum de todos como sendo além do interesse ou atenção!". S. J. Gould e N. Eldredge, "Punctuated Equilibrium Comes of Age", *Nature*, v. 366, pp. 223-7, 18 nov. 1993.

Ver também K. Sneppen et al., "Evolution as a Self-Organized Critical Phenomenon", *Proceedings of the National Academy of Sciences*, v. 92, n. 11, pp. 5209-13, 23 maio 1995; Elisabeth S. Vrba, "Environment and Evolution: Alternative Causes of the Temporal Distribution of Evolutionary Events", *South African Journal of Science*, v. 81, pp. 229-36, 1985.

15. Como será visto no capítulo 6, se a velocidade da luz não for um limite fundamental para a rápida transmissão de informação para porções remotas do universo, então a inteligência e a computação vão continuar a se expandir exponencialmente, até saturarem o potencial da matéria e energia para sustentar a computação por todo o universo.

16. A evolução biológica continua sendo relevante para os humanos, entretanto processos de doenças como câncer e doenças virais usam a evolução contra nós (isto é, as células cancerosas e os vírus evoluem para contra-atacar medidas específicas, como drogas de quimioterapia e medicações antivirais, respectivamente). Porém, podemos usar nossa inteligência humana para enganar a inteligência da evolução biológica ao atacarmos os processos patogênicos em níveis bastante fundamentais e ao usarmos abordagens de "coquetel" que atacam uma doença de várias maneiras ortogonais (independentes) ao mesmo tempo.

17. Andrew Odlyzko, "Internet Pricing and the History of Communications", AT&T Labs Research, versão revisada, 8 fev. 2001. Disponível em: <http://www.dtc.umn.edu/~odlyzko/doc/history.communications1b.pdf>.

18. Cellular Telecommunications and Internet Association, pesquisa semestral da indústria sem fio, jun. 2004. Disponível em: <http://www.ctia.org/research_statistics/index.cfm/AID/10030>.

19. Eletricidade, telefone, rádio, televisão, celulares: FCC (Comissão Federal de Comunicações), <www.fcc.gov/Bureaus/Common_Carrier/Notices/2000/fc00057a.xls>. Computadores domésticos e uso da internet:

Eric C.Newburger, U.S. Census Bureau, "Home Computers and Internet Use in the United States: August 2000", set. 2001, <http://www.census.gov/prod/2001pubs/p23-207.pdf>. Ver também "The Millennium Notebook", *Newsweek*, 13 abr. 1998, p.14.

20. O índice de mudança de paradigma, medido pela quantidade de tempo necessária para adotar novas tecnologias de comunicação, atualmente está dobrando (isto é, a quantidade de tempo para adoção maciça — definida como sendo usada por um quarto da população dos Estados Unidos — está sendo cortada pela metade) a cada nove anos. Ver também nota 21.

21. O gráfico do "Utilização maciça das invenções" neste capítulo, na página 71, mostra que o tempo necessário para a adoção por 25% da população dos Estados Unidos tem declinado constantemente nos últimos 130 anos. Para o telefone, 35 anos foram necessários comparados aos 31 para o rádio — uma redução de 11% ou 0,58% ao ano nos 21 anos entre essas duas invenções. O tempo necessário para que uma invenção fosse adotada caiu 0,60% ao ano entre o rádio e a televisão, 1,0% ao ano entre a televisão e o PC, 2,6% ao ano entre o PC e o telefone celular, e 7,4% ao ano entre o celular e a World Wide Web. A adoção maciça do rádio começada em 1897 precisou de 31 anos, enquanto a web precisou de meros sete anos depois que foi introduzida em 1991 — uma redução de 77% em 94 anos ou uma taxa média de redução de 1,6% ao ano no tempo para ser adotada. Extrapolar essa taxa para o século XX inteiro resulta em uma redução geral de 79% no século. Na taxa atual de redução do tempo de adoção de 7,4% ao ano, iria demorar apenas vinte anos na taxa atual de progresso para alcançar a mesma redução de 79% que foi alcançada no século XX. Com essa taxa, a taxa de mudança de paradigma dobra (isto é, os tempos para adoção são reduzidos em 50%) em cerca de nove anos. No século XXI, onze duplicações da taxa irão resultar em multiplicar a taxa por 2^{11}, para cerca de 2 mil vezes a taxa de 2000. O aumento da taxa na verdade vai ser maior do que isso porque a taxa atual vai continuar a aumentar como fez constantemente no século XX.

22. Dados de 1967-99, dados da Intel, ver Gordon E. Moore, "Our Revolution", disponível em: <http://www.sia-online.org/downloads/Moore.pdf>. Dados de 2000-16, International Technology Roadmap for Semiconductors (ITRS), atualização de 2002, atualização de 2004. Disponível em: <http://public.itrs.net/Files/2002Update/2002Update.pdf> e <http://www.itrs.net/Common/2004Update/2004_00_Overview.pdf>.

23. O custo da ITRS DRAM é o custo por bit (microcentavos embalados) na produção. Dados de 1971-2000: VLSI Research Inc. Dados de 2001-2002: ITRS, atualização de 2002, Tabela 7a, Custo perto do fim em anos, p.172. Dados de 2003-2018: ITRS, atualização de 2004, Tabelas 7a e 7b, Anos de Custo-Perto-do-Fim, pp. 20-1.

24. Relatórios da Intel e Dataquest (dez. 2002), ver Gordon E. Moore, "Our Revolution", disponíveis em: <http://www.sia-online.org/downloads/Moore.pdf>.

25. Randall Goodall, D. Fandel e H.Huffet, "Long-Term Productivity Mechanisms of the Semiconductor Industry". Nono Simpósio Internacional sobre Materiais, Ciência e Tecnologia do Silicone, 12-17 maio 2002, Filadélfia, patrocinado pela Electrochemical Society (ECS) e International Sematech.

26. Dados de 1976-99: E. R. Berndt, E. R. Dulberger e N. J. Rappaport, "Price and Quality of Desktop and Mobile Personal Computers: A Quarter Century of History", 17 jul. 2000, disponível em: <http://www.nber.org/~confer/2000/si2000/berndt.pdf>. Dados de 2001-16: ITRS, Atualização de 2002, Relógio local on-chip na Tabela 4c: Performance and Package Chips: Frequency On-Chip Wiring Levels—Near-Term Years, p. 167.

27. Ver nota 26 para a velocidade do relógio (tempos dos ciclos) e nota 24 para o custo por transistor.

28. Intel transistores em microprocessadores: *Microprocessor Quick Reference Guide*, Intel Research, disponível em: <http://www.intel.com/pressroom/kits/quickrefyr.htm>. Ver também Silicon Research Areas, Intel Research, disponível em: <http://www.intel.com/research/silicon/mooreslaw.htm>.

29. Dados da Intel Corporation. Ver também Gordon Moore, "No Exponential Is Forever... but We Can Delay 'Forever'", apresentado na Conferência Internacional de Circuitos em Estado Sólido (ISSCC), 10 fev. 2003. Disponível em: <ftp://download.intel.com/research/silicon/Gordon_Moore_ISSCC_021003.pdf>.

30. Steve Cullen, "Semiconductor Industry Outlook", InStat/MDR, relatório n. IN0401550SI, abr. 2004, disponível em: <http://www.instat.com/abstract.asp?id=68&SKU=IN0401550SI>.

31. World Semiconductor Trade Statistics, disponível em: <http://wsts.www5.kcom.at>.

32. Bureau of Economic Analysis, Departamento de Comércio dos Estados Unidos, disponível em: <http://www.bea.gov/bea/dn/home/gdp.htm>.

33. Ver notas 22-24 e 26-30.

34. International Technology Roadmap for Semiconductors, Atualização de 2002, International Sematech.

35. "25 Years of Computer History", <http://www.compros.com/timeline.html>; Linley Gwennap, "Birth of a Chip", *BYTE* (dez. 1996), <http://www.byte.com/art/9612/sec6/art2.htm>; "The CDC 6000 Series Computer", <http://www.moorecad.com/standardpascal/cdc6400.html>; "A Chronology of Computer History", <http://www.cyberstreet.com/hcs/museum/chron.htm>; Mark Brader, "A Chronology of Digital Computing Machines (to 1952)", <http://www.davros.org/misc/chronology.html>; Karl Kempf, "Electronic Computers Within the Ordnance Corps", nov. 1961, <http://ftp.arl.mil/~mike/comphist/61ordnance/index.html>; Ken Polsson, "Chronology of Personal Computers", <http://www.islandnet.com/~kpolsson/

comphist>; "The History of Computing at Los Alamos", <http://bang.lanl.gov/video/sunedu/computer/comphist.html> (precisa de senha); The Machine Room, <http://www.machine-room.org>; Mind Machine Web Museum, <http://www.userwww.sfsu.edu/~hl/mmm.html>; Hans Moravec, dados de computador, <http://www.frc.ri.cmu.edu/~hpm/book97/ch3/processor.list>; "PC Magazine Online: Fifteen Years of PC Magazine", <http://www.pcmag.com/article2/0,1759, 23390,00.asp>; Stan Augarten, *Bit by Bit: An Illustrated History of Computers* (Nova York: Ticknor and Fields, 1984); International Association of Electrical and Electronics Engineers (IEEE), *Annals of the History of the Computer*, v. 9, n. 2, pp. 150-3, 1987, v. 16, n. 3, p. 20, 1994; Hans Moravec, *Mind Children: The Future of Robot and Human Intelligence* (Cambridge, Mass.: Harvard University Press, 1988); René Moreau, *The Computer Comes of Age* (Cambridge, Mass.: MIT Press, 1984).

36. As escalas deste capítulo intituladas "escala logarítmica" tecnicamente são semilogarítmicas, pois um eixo (tempo) está em escala linear e o outro está em uma escala logarítmica. Entretanto, chamo essas escalas de "escalas logarítmicas" para maior simplicidade.

37. Ver o apêndice, "A Lei dos Retornos Acelerados revisitada", que apresenta uma derivação matemática de por que há dois níveis de crescimento exponencial (isto é, crescimento exponencial no tempo em que a taxa do crescimento exponencial — o expoente — está, ela mesma, crescendo exponencialmente com o tempo) em potência computacional medida por MIPS por custo unitário.

38. Hans Moravec, "When Will Computer Hardware Match the Human Brain?", *Journal of Evolution and Technology*, v. 1, 1998. Disponível em: <http://www.jetpress.org/volume1/moravec.pdf>.

39. Ver nota 35 acima.

40. Atingir os primeiros MIPS por $1.000 levou de 1900 a 1990. Agora estamos dobrando o número de MIPS por $1.000 em cerca de quatrocentos dias. Porque o preço-desempenho atual é de cerca de 2 mil MIPS por $1.000, acrescentamos o preço-desempenho com a taxa de 5 MIPS por dia ou 1 MIPS a cada cinco horas.

41. "IBM Details Blue Gene Supercomputer," *CNET News*, 8 maio 2003. Disponível em: <http://news.com.com/2100-1008_3-1000421.html>.

42. Ver Alfred North Whitehead, *An Introduction to Mathematics* (Londres: Williams e Norgate, 1911), obra que escreveu ao mesmo tempo que ele e Bertrand Russell estavam trabalhando em seu fundamental livro de três volumes, *Principia Mathematica*.

43. Enquanto projetado originalmente para levar quinze anos, "o Projeto do Genoma Humano foi terminado dois anos e meio antes do prazo e por $2,7 bilhões em dólares do ano fiscal de 1991, significativamente abaixo das projeções originais de gastos": <http://www.ornl.gov/sci/techresources/Human_Genome/project/50yr/press4_2003.shtml>.

44. Human Genome Project Information, <http://www.ornl.gov/sci/techresources/Human_Genome/project/privatesector.shtml>; Stanford Genome Technology Center, <http://sequence-www.stanford.edu/group/techdev/auto.html>; National Human Genome Research Institute, <http://www.genome.gov>; Tabitha Powledge, "How Many Genomes Are Enough?", *Scientist*, 17 nov. 2003, <http://www.biomedcentral.com/news/20031117/07>.

45. Dados do National Center for Biotechnology Information, "GenBank Statistics," atualizado em 4 de maio de 2004, <http://www.ncbi.nlm.nih.gov/Genbank/genbankstats.html>.

46. Síndrome Respiratória Aguda (SARS em inglês) foi sequenciada 31 dias depois de o vírus ser identificado pela British Columbia Cancer Agency e os American Centers for Disease Control. O sequenciamento dos dois centros diferia apenas por dez pares de bases dentre 29 mil. Esse trabalho identificou o SARS como um coronavírus. A dra. Julie Gerberding, diretora do CDC, chamou o sequenciamento rápido de "uma realização científica que acho que não tem paralelo em nossa história". Ver K. Philipkoski, "SARS Gene Sequence Unveiled," *Wired News, 15 abr. 2003*, em: <http://www.wired.com/news/medtech/0,1286,58481,00.html?tw=wn_story_related>.

Em compensação, os esforços para sequenciar o HIV começaram nos anos 1980. HIV1 e HIV2 foram totalmente sequenciados em 2003 e 2002, respectivamente. National Center for Biotechnology Information, <http://www.ncbi.nlm.nih.gov/genomes/framik.cgi?db=genome&gi=12171>; a base de dados do sequenciamento do HIV é mantida pelo Los Alamos National Laboratory, <http://www.hiv.lanl.gov/content/hiv-db/HTML/outline.html>.

47. Mark Brader, "A Chronology of Digital Computing Machines (to 1952)", <http://www.davros.org/misc/chronology.html>; Richard E.Matick, *Computer Storage Systems and Technology* (Nova York: John Wiley and Sons, 1977); University of Cambridge Computer Laboratory, EDSAC99, <http://www.cl.cam.ac.uk/UoCCL/misc/EDSAC99/statistics.html>; Mary Bellis, "Inventors of the Modern Computer: The History of the UNIVAC Computer—J. Presper Eckert and John Mauchly", <http://inventors.about.com/library/weekly/aa062398.htm>; "Initial Date of Operation of Computing Systems in the USA (1950-1958)", compilado de dados de 1968 da OECD, <http://members.iinet.net.au/~dgreen/timeline.html>; Douglas Jones, "Frequently Asked Questions about the DEC PDP-8 Computer", <ftp://rtfm.mit.edu/pub/usenet/alt.sys.pdp8/PDP-9_Frequently_Asked_Questions_%28posted_every_other_month%29>; *Programmed Data Processor-1 Handbook*, Digital Equipment Corporation (1960-63), <http://www.dbit.com/~greeng3/pdp1/pdp1.html

#INTRODUCTION>; John Walker, "Typical UNIVAC® 1108 Prices: 1968", <http://www.fourmilab.ch/documents/univac/config1108.html>; Jack Harper, "LISP 1.5 for the Univac 1100 Mainframe", <http://www.frobenius.com/univac.htm>; Wikipedia, "Data General Nova", <http://www.answers.com/topic/data-generalnova>; Darren Brewer, "Chronology of Personal Computers 1972-1974", <http://uk.geocities.com/magoos_universe/comp1972.htm>; <www.pricewatch.com>; <http://www.jc-news.com/parse.cgi?news/pricewatch/raw/pw-010702>; <http://www.jc-news.com/parse.cgi?news/pricewatch/raw/pw-020624>; <http://www.pricewatch.com> (17 nov. 2004); <http://sharkyextreme.com/guides/WMPG/article.php/10706_2227191_2>; *Byte* anúncios, set. 1975 a mar.1998; *PC Computing* anúncios, mar. 1977 a abr. 2000.

48. Seagate, "Products", <http://www.seagate.com/cda/products/discsales/index>; anúncios *Byte*,1977-98; anúncios *PC Computing*, mar. 1999; Editors of Time-Life Books, *Understanding Computers: Memory and Storage*, edição revista (Nova York: Warner Books, 1990); "Historical Notes about the Cost of Hard Drive Storage Space", <http://www.alts.net/ns1625/winchest.html>; "IBM 305 RAMAC Computer with Disk Drive", <http://www.cedmagic.com/history/ibm-305-ramac.html>; John C. McCallum, "Disk Drive Prices (1955-2004)", <http://www.jcmit.com/diskprice.htm>.

49. James DeRose, *The Wireless Data Handbook* (St. Johnsbury, Vt.: Quantum, 1996); First Mile Wireless, <http://www.firstmilewireless.com/>; J. B.Miles, "Wireless LANs", *Government Computer News, v.*18, n. 28, 30 abr. 1999, <http://www.gcn.com/vol18_no28/guide/514-1.html>; *Wireless Week*, 14 abr. 1997, <http://www.wirelessweek.com/toc/4%2F14%2F1997>; Office of Technology Assessment, "Wireless Technologies and the National Information Infrastructure", set. 1995, <http://infoventures.com/emf/federal/ota/ota95-tc.html>; Signal Lake, "Broadband Wireless Network Economics Update", 14 jan. 2003, <http://www.signallake.com/publications/broadbandupdate.pdf>; BridgeWave Communications, comunicado, <http://www.bridgewave.com/050604.htm>.

50. Internet Software Consortium <http://www.isc.org>, ISC Domain Survey: Number of Internet Hosts, <http://www.isc.org/ds/host-count-history.html>.

51. Ibid.

52. A média do celulares mais simples possíveis nas bases da internet nos Estados Unidos durante dezembro de cada ano é usada para calcular o tráfego do ano seguinte. A. M. Odlyzko, "Internet Traffic Growth: Sources and Implications", *Optical Transmission Systems and Equipment for WDM Networking II*, B. B. Dingel, W. Weiershausen, A. K. Dutta, e K.-I. Sato (orgs.), *Proc. SPIE* (The International Society for Optical Engineering), v. 5247, pp. 1-15, 2003, <http://www.dtc.umn.edu/~odlyzko/doc/oft.internet.growth.pdf>; dados para valores em 2003-4: correspondência de e-mail com A. M. Odlyzko.

53. Dave Kristula, "The History of the Internet" (mar. 1997, atualizado em ago. 2001), <http://www.davesite.com/webstation/net-history.shtml>; Robert Zakon, "Hobbes' Internet Timeline v8.0", <http://www.zakon.org/robert/internet/timeline>; *Converge Network Digest*, 5 dez. 2002, <http://www.convergedigest.com/Daily/daily.asp?vn=v9n229&fecha=December%2005,%202002>; V. Cerf, "Cerf's Up", 2004, <http://global.mci.com/de/resources/cerfs_up/>.

54. H. C. Nathanson et al., "The Resonant Gate Transistor", *IEEE Transactions on Electron Devices*, v. 14, n. 3, pp. 117-33, mar. 1967; Larry J. Hornbeck, "128 x 128 Deformable Mirror Device", *IEEE Transactions on Electron Devices*, v. 30, n. 5, pp. 539-43, abr. 1983; J. Storrs Hall, "Nanocomputers and Reversible Logic", *Nanotechnology , v. 5, pp.157-67, jul. 1994;* V. V. Aristov et al., "A New Approach to Fabrication of Nanostructures", *Nanotechnology*, v. 6, pp. 35-9, abr. 1995; C. Montemagno et al., "Constructing Biological Motor Powered Nanomechanical Devices", *Nanotechnology, v. 10*, pp. 225-31, 1999, <http://www.foresight.org/Conferences/MNT6/Papers/Montemagno/>; Celeste Biever, "Tiny 'Elevator' Most Complex Nanomachine Yet", *NewScientist.com News Service*, 18 mar. 2004, <http://www.newscientist.com/article.ns?id=dn4794>.

55. ETC Group, "From Genomes to Atoms: The Big Down", p. 39, disponível em: <http://www.etcgroup.org/documents/TheBigDown.pdf>.

56. Ibid., p. 41.

57. Embora não seja possível determinar com precisão o conteúdo de informação no genoma, por causa de pares de bases repetidos, claramente é muito menor do que o total de dados não comprimidos. Eis duas abordagens para estimar o conteúdo de informação comprimida do genoma, sendo que ambas demonstram que uma gama de 30 para 100 milhões de bytes é conservadoramente alta.

1. Em termos de dados não comprimidos, há 3 bilhões de degraus de DNA no código genético humano, cada um codificando dois bits (já que há quatro possibilidades para cada par de bases de DNA). Assim, o genoma humano não comprimido tem cerca de 800 milhões de bytes. O DNA que não codifica costumava ser chamado de "DNA lixo", mas agora está claro que ele desempenha um papel importante na expressão de genes. Contudo, ele está codificado de modo pouco eficiente. Por um lado, há redundâncias maciças (por exemplo, a sequência codificada como "ALU" é repetida centenas de milhares de vezes) de que os algoritmos de compressão podem tirar vantagem.

Com a recente explosão de bancos de dados genéticos, há muito interesse em comprimir dados genéticos. Trabalhos recentes sobre algoritmos de compressão padrão de dados indicam que reduzir os dados em 90% (para uma compressão de bits perfeitos) é factível: Hisahiko Sato et al., "DNA Data Compression in the Post Genome Era". Genome Informatics, v. 12, pp. 512-4, 2001, <http://www.jsbi.org/journal/GIW01/GIW01P130.pdf>.

Assim, pode-se comprimir o genoma para cerca de 80 milhões de bytes sem perda de informação (quer dizer que se pode reconstruir todo o genoma comprimido para 800 milhões de bytes).

Agora, deve-se considerar que mais de 98% do genoma não codifica proteínas. Mesmo depois da compressão de dados (que elimina redundâncias e usa um dicionário como referência para sequências comuns), o conteúdo algorítmico das regiões que não codificam nada parece ser bem pouco, quer dizer que é provável que se poderia codificar um algoritmo que iria desempenhar a mesma função com menos bits. Contudo, como se está ainda no começo do processo da engenharia reversa para o genoma, não é possível fazer uma estimativa confiável dessa redução seguinte baseando-se em um algoritmo funcionalmente equivalente. Portanto, estou usando uma gama de 30 a 100 milhões de bytes de informação comprimida no genoma. O topo dessa gama presume apenas haver compressão de dados e nenhuma simplificação algorítmica.

Apenas uma porção (embora a maioria) dessa informação caracteriza o desenho do cérebro.

2. Outra linha de raciocínio é como segue. Embora o genoma humano contenha cerca de 3 milhões de bases, só uma pequena porcentagem codifica proteínas, como mencionado acima. Pelas estimativas atuais, há 26 mil genes que codificam proteínas. Supondo-se que aqueles genes têm uma média de 3 mil bases de dados úteis, aqueles são iguais a cerca de 78 milhões de bases. Uma base de DNA requer apenas dois bits, que se traduzem em cerca de 20 milhões de bytes (78 milhões de bases divididas por quatro). Na sequência que codifica proteínas de um gene, cada "palavra" (códon) de três bases de DNA traduz-se em um aminoácido. Existem, portanto, 4^3 (64) códigos possíveis de códons, cada um consistido por três bases de DNA. Entretanto, só vinte aminoácidos são usados, mais um códon de parada (aminoácido nulo), dos 64. O resto dos 43 códigos é usado como sinônimos dos 21 úteis. Enquanto seis bits são necessários para codificar 64 combinações possíveis, cerca de apenas 4.4 ($\log_2$ 21) são necessários para codificar 21 possibilidades, uma economia de 1,6 dentre seis bits (cerca de 27%), reduzindo-as para cerca de 15 milhões de bytes. Além disso, aqui também é factível alguma compressão padrão baseada em sequências repetidas, embora muito menos compressão seja possível nessa porção codificadora de proteínas do DNA do que no chamado DNA lixo, que tem redundâncias maciças. Assim, é provável que isso vá reduzir o número para menos de 12 milhões de bytes. Contudo, agora, devem-se acrescentar informações para a porção não codificadora do DNA que controla a expressão dos genes. Embora essa porção do DNA compreenda o grosso do genoma, parece ter um nível baixo de conteúdo de informação e estar repleto de redundâncias maciças. Estimando que isso corresponda a cerca de 12 milhões de bytes de proteínas codificadoras do DNA, chega-se de novo a cerca de 24 milhões de bytes. Dessa perspectiva, a estimativa de 30 a 100 milhões de bytes é conservadoramente alta.

58. Valores contínuos podem ser representados por números com vírgula flutuante para qualquer grau de precisão desejado. Um número de vírgula flutuante consiste em duas sequências de bits. Uma sequência "expoente" representa a potência de 2. A sequência "base" representa uma fração de 1. Aumentando o número de bits na base, pode-se alcançar qualquer grau de precisão desejado.

59. Stephen Wolfram, *A New Kind of Science* (Champaign, Ill.: Wolfram Media, 2002).

60. Um trabalho dos primeiros tempos sobre uma teoria digital da física também foi apresentado por Frederick W. Kantor, *Information Mechanics* (Nova York: John Wiley and Sons, 1977). Links para vários dos textos de Kantor podem ser encontrados em: <http://w3.execnet.com/kantor/pm00.htm> (1997); <http://w3.execnet.com/kantor/1b2p.htm> (1989); e <http://w3.execnet.com/kantor/ipoim.htm> (1982). Ver também <http://www.kx.com/listbox/k/msg05621.html>.

61. Konrad Zuse, "Rechnender Raum", *Elektronische Datenverarbeitung*, v. 8, pp. 336-44, 1967. O livro de Konrad Zuse sobre um universo baseado em autômatos celulares foi publicado dois anos depois: *Rechnender Raum, Schriften zur Datenverarbeitung* (Braunschweig, Alemanha: Friedrich Vieweg & Sohn, 1969). Tradução para inglês: *Calculating Space*, MIT Technical Translation AZT-70-164-GEMIT, fev. 1970. MIT Project MAC, Cambridge, Mass., 02139. PDF.

62. Edward Fredkin citado em Robert Wright, "Did the Universe Just Happen?", *Atlantic Monthly, pp. 24-44, abr. 1988*, disponível em: <http://digitalphysics.org/Publications/Wri88a/html>.

63. Ibid.

64. Muitos dos resultados de Fredkin se devem a ter estudado seus próprios modelos de computação, o que reflete explicitamente vários dos princípios fundamentais da física. Ver o clássico artigo de Edward Fredkin e Tommaso Toffoli, "Conservative Logic", *International Journal of Theoretical Physics, v. 21, n. 3-4, pp. 219-53, 1982*, disponível em: <http://www.digitalphilosophy.org/download_documents/ConservativeLogic.pdf>. Também podem ser achadas questões sobre a física da computação parecidas analiticamente com aquelas de Fredkin em Norman Margolus, Physics and Computation, tese de doutoramento, MIT/LCS/TR-415, MIT Laboratory for Computer Science, 1988.

65. Já abordei o ponto de vista de Norbert Wiener e Ed Fredkin de que informação é a pedra angular da física e outros níveis de realidade em meu livro de 1990, *The Age of Intelligent Machines*.

A complexidade de fundir toda a física em termos de transformações computacionais provou ser um projeto imensamente desafiador, mas Fredkin tem continuado seus esforços. Wolfram dedicou parte considerável de sua obra da década passada a essa ideia, aparentemente com só uma comunicação limitada com alguns dos outros da comunidade de física que também pesquisam a ideia. O objetivo declarado de Wolfram "não é apresentar um modelo definitivo específico para a física", mas em sua "Note for Physicists" (que em essência iguala um grande desafio), Wolfram descreve as "características que [ele] acredita que deverá ter esse modelo" (*A New Kind of Science*, pp. 1043-65, <http://www.wolframscience.com/nksonline/page-1043c-text>).

Em *The Age of Intelligent Machines*, discuto "a questão de se a natureza definitiva da realidade é analógica ou digital" e ressalto que "à medida que investigamos cada vez mais fundo em ambos os processos, natural e artificial, vemos que, com frequência, a natureza do processo alterna-se entre representação análoga e digital da informação". Para ilustrar, discuti o som. Em nossos cérebros, a música é representada como o disparo digital dos neurônios na cóclea, representando frequências diferentes de banda. No ar e nos fios que levam aos alto-falantes, é um fenômeno analógico. A representação do som em um disco compacto é digital, que é interpretada por circuitos digitais. Mas os circuitos digitais consistem em transistores limiarizados, que são amplificadores analógicos. Enquanto amplificadores, os transistores manipulam elétrons individuais, que podem ser contados e, portanto, são digitais, mas em um nível mais profundo os elétrons estão sujeitos a equações de campo quânticas analógicas. Em um nível ainda mais profundo, Fredkin e agora Wolfram teorizam uma base digital (computacional) para essas equações contínuas.

Note-se ainda que, se alguém na verdade conseguir ter sucesso em estabelecer essa teoria digital da física, então ficaríamos tentados a examinar que tipo de mecanismos mais profundos estão na verdade implementando as computações e os links do autômato celular. Talvez subjacentes aos autômatos celulares que fazem o universo funcionar estão fenômenos analógicos ainda mais básicos que, como os transistores, estão sujeitos a limiares que lhes permitem realizar transações digitais. Assim, estabelecer uma base digital para a física não vai decidir o debate filosófico sobre se a realidade é, em última análise, digital ou analógica. Não obstante, estabelecer um modelo computacional viável da física seria um feito fundamental.

Então, até onde isso é provável? Pode-se com facilidade estabelecer uma prova de vida de que um modelo digital é factível, pela razão de que equações contínuas podem sempre ser expressas em qualquer nível de precisão que se queira na forma de transformações distintas em mudanças distintas de valor. Afinal, essa é a base do teorema fundamental do cálculo. Entretanto, expressar fórmulas contínuas desse modo é uma complicação inerente e iria renegar a máxima de Einstein de expressar as coisas "do modo mais simples possível, mas não mais simples". Então a pergunta real é se se pode expressar os relacionamentos básicos de que se tem consciência em termos mais elegantes, usando algoritmos de autômatos celulares. Um teste para uma nova teoria da física é se ela permite fazer previsões verificáveis. Pelo menos em um modo importante isso poderia ser um desafio difícil para uma teoria baseada em autômatos celulares porque a falta de previsibilidade é um dos aspectos fundamentais dos autômatos celulares.

Wolfram começa descrevendo o universo como uma grande rede de nódulos. Os nódulos não existem no "espaço", mas, antes, o espaço como o percebemos é uma ilusão criada pela suave transição de fenômenos através da rede de nódulos. Pode-se imaginar com facilidade construir tal rede para representar a física "ingênua" (newtoniana), simplesmente construindo uma rede tridimensional com qualquer grau de granularidade que se deseje. Fenômenos como "partículas" e "ondas" que parecem mover-se pelo espaço seriam representados por "planadores celulares", que são padrões apresentados através da rede para cada ciclo de computação. Fãs do jogo Life (que é baseado em autômatos celulares) irão reconhecer o fenômeno comum dos planadores e a diversidade de padrões que podem mover-se suavemente pela rede de autômatos celulares. A velocidade da luz, então, é o resultado da velocidade do relógio do computador celestial, já que planadores só podem avançar uma célula por ciclo computacional.

A relatividade geral de Einstein, que descreve a gravidade como perturbações no próprio espaço, como se nosso mundo tridimensional fosse curvo em alguma quarta dimensão não vista, também é direta para representar esse plano. Pode-se imaginar uma rede quadridimensional e representar curvaturas aparentes no espaço do mesmo modo que curvas normais são representadas no espaço tridimensional. Ou a rede pode ficar mais densa em certas regiões para representar o equivalente dessa curva.

Uma noção de autômatos celulares prova ser útil para explicar o aumento aparente de entropia (desordem) que está implícito na segunda lei da termodinâmica. Temos que supor que a regra dos autômatos celulares subjacentes ao universo é uma regra de classe 4 (ver o texto principal) — se não for assim, o universo seria um lugar realmente chato. A observação primária de Wolfram, de que um autômato celular de classe 4 produz rápido uma aparente aleatoriedade (apesar de seu processo determinante), é consistente com a tendência para aleatoriedade que se pode ver no movimento browniano e que está implícita na segunda lei.

Relatividade especial é mais difícil. Há um mapeamento fácil do modelo newtoniano para a rede de células. Mas o modelo de Newton não funciona na relatividade especial. No mundo de Newton, se um trem vai a oitenta milhas por hora, e se você estiver dirigindo ao lado dele em uma estrada paralela a sessenta milhas por hora, vai parecer que o trem distancia-se de você a vinte milhas por hora. Mas, no mundo da relatividade especial, se você deixar a Terra com três quartos da velocidade da luz, ainda vai parecer que se distancia de você com a velocidade total da luz. De acordo com essa perspectiva aparentemente paradoxal, para dois observadores, tanto o tamanho quanto a passagem subjetiva do tempo irão variar dependendo de suas velocidades relativas. Assim, nosso mapeamento fixo de espaço e nódulos fica consideravelmente mais complexo. Em essência, cada observador precisa de uma rede própria. Entretanto, considerando a relatividade especial, pode-se essencialmente aplicar a mesma conversão em nossa rede "newtoniana" que é feita no espaço newtoniano. Entretanto, não está claro se se está atingindo maior simplicidade ao representar a relatividade especial desse modo.

A representação da realidade por nódulos celulares pode ter seu maior benefício ao compreender alguns aspectos dos fenômenos da mecânica quântica. Isso poderia fornecer uma explicação para a aparente aleatoriedade que se encontra em fenômenos quânticos. Por exemplo, veja a criação aparentemente aleatória dos pares de partícula-antipartícula. A aleatoriedade poderia ser do mesmo tipo de aleatoriedade que se vê nos autômatos celulares de classe 4. Embora predeterminado, o comportamento dos autômatos de classe 4 não pode ser previsto (a não ser que se ponha para funcionar os autômatos celulares) e, de fato, é aleatório.

Esta não é uma nova perspectiva. É equivalente à formulação de "variáveis ocultas" da mecânica quântica, que afirma que há algumas variáveis que não podem ser acessadas de outro modo, que controlam o que parece ser comportamento aleatório que se pode observar. A noção de variáveis ocultas da mecânica quântica não é inconsistente com as fórmulas da mecânica quântica. É possível mas não é popular entre os físicos do quantum porque requer que um grande número de suposições funcione de modo muito especial. Entretanto, não vejo isso como um bom argumento contra. A existência de nosso próprio universo é, ela mesma, pouco provável e requer que muitas suposições funcionem de maneira muito precisa. No entanto, aqui estamos nós.

Uma pergunta mais importante é: Como poderia ser testada uma teoria de variáveis ocultas? Se baseada em um processo semelhante aos autômatos celulares, as variáveis ocultas seriam inerentemente imprevisíveis, mesmo que deterministas. Teria de ser encontrado algum outro jeito para "des-ocultar" as variáveis ocultas.

A concepção de Wolfram do universo fornece uma perspectiva potencial sobre o fenômeno de emaranhamento quântico e o colapso da função onda. O colapso da função onda, que resulta em propriedades aparentemente ambíguas de uma partícula (por exemplo, sua localização), pode ser visto da perspectiva de rede celular como a interação do fenômeno observado com o próprio observador. Como observadores, não estamos fora da rede, mas, sim, existimos dentro dela. A mecânica celular afirma que duas entidades não podem interagir sem que ambas sofram uma alteração, o que sugere uma base para o colapso da função onda.

Wolfram escreve: "Se o universo é uma rede, em certo sentido ele pode conter facilmente fios que continuam a conectar partículas mesmo quando estas ficam bem distantes em termos de espaço ordinário". Isso poderia explicar recentes experimentos dramáticos mostrando uma não localização da ação em que duas partículas "emaranhadas quanticamente" parecem continuar a agir em conjunto embora separadas por grandes distâncias. Einstein chamava isso de "ação assustadora à distância" e a rejeitava, embora experiências recentes pareçam confirmá-la.

Alguns fenômenos encaixam-se melhor do que outros nessa noção de rede de autômatos celulares. Algumas sugestões parecem elegantes, mas, como esclarece a "Note for Physicists" de Wolfram, a tarefa de traduzir toda a física para um sistema consistente baseado em autômatos celulares é, de fato, desencorajadora.

Estendendo essa discussão para a filosofia, Wolfram "explica" o aparente fenômeno do livre-arbítrio como decisões que são determinadas mas imprevisíveis. Uma vez que não há maneira de predizer o resultado de um processo celular sem que este seja posto, na realidade, para funcionar, e uma vez que nenhum simulador poderia funcionar mais rápido do que o próprio universo, não há maneira de prever as decisões humanas. Assim, mesmo que nossas ações sejam determinadas, não há maneira de pré-identificar como serão. Entretanto, esse não é um exame plenamente satisfatório do conceito. Essa observação referente à falta de previsibilidade pode ser feita em relação ao resultado da maioria dos processos físicos — por exemplo, onde uma partícula de poeira vai cair no chão. Essa perspectiva, portanto, iguala o livre-arbítrio humano com a queda aleatória de uma partícula de pó. De fato, essa parece ser a opinião de Wolfram quando afirma que o processo no cérebro humano é "computacionalmente equivalente" àqueles que ocorrem em processos como a turbulência de fluidos.

Alguns dos fenômenos na natureza (por exemplo, nuvens, litoral) caracterizam-se por simples processos repetitivos, tais como autômatos celulares e fractais, mas padrões inteligentes (como o cérebro humano) requerem um processo evolutivo (ou, como alternativa, a engenharia reversa dos resultados de tal processo). Inteligência é o produto inspirado da evolução e também é, na minha opinião, a "força" mais potente do mundo, em última análise transcendendo a potência de forças naturais irracionais.

Em suma, o tratado abrangente e ambicioso de Wolfram pinta uma imagem convincente, mas, no final, exagerada e incompleta. Wolfram une-se a uma comunidade crescente de vozes que sustenta que padrões de informação, mais do que matéria e energia, representam o elemento fundamental da realidade. Ele aumentou nosso conhecimento de como padrões de informação criam o mundo em que vivemos, e tenho a expectativa de ver um período de colaboração entre Wolfram e seus colegas, para que possamos construir uma visão mais sólida do ubíquo papel dos algoritmos no mundo.

A falta de previsibilidade dos autômatos celulares de classe 4 pressupõe no mínimo alguma aparente complexidade dos sistemas biológicos e representa um dos importantes paradigmas biológicos que podemos procurar emular em nossa tecnologia. Não explica toda a biologia. Entretanto, continua possível que tais métodos possam explicar toda a física. Se Wolfram, ou qualquer outro, nesse sentido, tiver sucesso em formular a física em termos de operações de autômatos celulares e seus padrões, o livro de Wolfram terá merecido sua fama. Em todo caso, acho o livro um trabalho importante de ontologia.

66. A regra 110 afirma que uma célula fica branca se sua cor anterior e seus dois vizinhos forem todos brancos ou todos pretos, ou se sua cor anterior for branca e seus dois vizinhos forem branco e preto, respectivamente; caso contrário, a célula fica preta.

67. Wolfram, *New Kind of Science*, p. 4, disponível em: <http://www.wolframscience.com/nksonline/page-4-text>.

68. Note-se que certas interpretações da mecânica quântica dizem que o mundo não se baseia em regras deterministas e que há uma aleatoriedade inerente ao quantum para cada interação na escala quântica (pequena) da realidade física.

69. Como foi discutido na nota 57 acima, o genoma não comprimido tem cerca de 6 bilhões de bits de informação (ordem da grandeza = 10^{10} bits) e o genoma comprimido tem de 30 a 100 milhões de bytes. Alguma parcela dessa informação do projeto aplica-se, é claro, a outros órgãos. Mesmo admitindo que todos os 100 milhões de bytes se aplicam ao cérebro, obtém-se um número conservadoramente alto de 10^9 bits para o projeto do cérebro no genoma. No capítulo 3, discuto uma estimativa para "memória humana em nível de conexões interneurais individuais", incluindo "os padrões de conexão e as concentrações de neurotransmissores" de 10^{18} (bilhões de bilhões) bits em um cérebro adulto. Isso é cerca de 1 bilhão (10^9) de vezes mais informação do que aquela no genoma que descreve o projeto do cérebro. Esse aumento é produto da auto-organização do cérebro enquanto ele interage com o ambiente da pessoa.

70. Ver as sessões "Disdisorder" e "The Law of Increasing Entropy Versus the Growth of Order" em meu livro, *The Age of Spiritual Machines: When Computers Exceed Human Intelligence* (Nova York: Viking, 1999), pp. 30-3.

71. Um computador universal pode aceitar como entrada de dados a definição de qualquer outro computador e então simular o outro computador. Isso não aborda a velocidade da simulação, que pode ser relativamente baixa.

72. C. Geoffrey Woods, "Crossing the Midline", *Science*, v. 304, n. 5676, pp. 1455-6, 4 jun. 2004; Stephen Matthews, "Early Programming of the Hypothalamo-Pituitary-Adrenal Axis", *Trends in Endocrinology and Metabolism*, v. 13, n. 9, pp. 373-80, 1º nov. 2002; Justin Crowley e Lawrence Katz, "Early Development of Ocular Dominance Columns", *Science*, v. 290, n. 5495, pp. 1321-4, 17 nov. 2000; Anna Penn et al., "Competition in the Retinogeniculate Patterning Driven by Spontaneous Activity", *Science*, v. 279, n. 5359, pp. 2108-12, 27 mar. 1998.

73. Os sete comandos de uma máquina de Turing são: (1) Ler a fita, (2) Mover a fita para esquerda, (3) Mover a fita para a direita, (4) Escrever 0 na fita, (5) Escrever 1 na fita, (6) Pular para outro comando e (7) Parar.

74. Na que é talvez a análise mais impressionante de seu livro, Wolfram mostra como uma máquina de Turing com apenas dois estágios e cinco cores possíveis pode ser uma máquina de Turing universal. Por quarenta anos, tem-se pensado que uma máquina de Turing universal teria de ser mais complexa do que isso. Também impressionante é a demonstração de Wolfram de que a regra 110 está apta para a computação universal, dado o software adequado. É claro que a computação universal por si mesma não pode desempenhar tarefas úteis sem o software adequado.

75. A porta "nor" transforma duas entradas de dados em uma saída. A saída de "nor" só é verdadeira se, e somente se, nem A nem B forem verdadeiros.

76. Ver a seção "A *nor* B: The Basis of Intelligence?", em *The Age of Intelligent Machines* (Cambridge, Mass.: MIT Press, 1990), pp. 152-7, disponível em: <http://www.KurzweilAI.net/meme/frame.html?m=12>.

77. United Nations Economic and Social Commission for Asia and the Pacific — Unescap, "Regional Road Map Towards an Information Society in Asia and the Pacific", ST/ESCAP/2283, <http://www.unescap.org/publications/detail.asp?id=771>; Economic and Social Commission for Western Asia, "Regional Profile of the Information Society in Western Asia", 8 out. 2003, <http://www.escwa.org.lb/information/publications/ictd/docs/ictd-03-11-e.pdf>; John Enger, "Asia in the Global Information Economy: The Rise of Region-States, The Role of Telecommunications", palestra na International Conference on Satellite and Cable Television nas regiões chinesa e asiática, Communication Arts Research Institute, Fu Jen Catholic University, 4 a 6 jun. 1996.

78. Ver "The 3 by 5 Initiative", Folha de Informação 274, dez. 2003, disponível em: <http://www.who.int/mediacentre/factsheets/2003/fs274/en/print.html>.

79. Investimentos em tecnologia responderam por 76% dos investimentos em capital de risco de 1998 ($10,1 bilhões) (PricewaterhouseCoopers, comunicado à imprensa, "Venture Capital Investments Rise 24 Percent and Set Record at $14.7 Billion, Pricewaterhouse-Coopers Finds", 16 fev. 1999). Em 1999, empresas baseadas em tecnologia receberam 90% dos investimentos em capital de risco ($32 bilhões) (PricewaterhouseCoopers, comunicado à imprensa, "Venture Funding Explosion Continues: Annual and Quarterly Investment Records Smashed, According to PricewaterhouseCoopers Money Tree National Survey", 14 fev. 2000). É certo

que os níveis de capital de risco caíram durante a recessão da alta tecnologia; mas só no segundo quadrimestre de 2003, as empresas de software sozinhas atraíram perto de $1 bilhão (PricewaterhouseCoopers, comunicado à imprensa, "Venture Capital Investments Stabilize in Q2 2003", 29 jul. 2003). Em 1974, dentre todas as indústrias manufatureiras dos Estados Unidos, 42 receberam um total de $ 26,4 milhões em capital de risco (em dólares de 1974 ou $81 milhões em dólares de 1992). Samuel Kortum e Josh Lerner, "Assessing the Contribution of Venture Capital to Innovation", *RAND Journal of Economics*, v. 31, n. 4, pp. 674-92, inverno de 2000, <http://econ.bu.edu/kortum/rje_Winter'00_Kortum.pdf>. Como Gompers e Josh Lerner dizem, "entradas de fundos de capital de risco expandiram-se de virtualmente zero em meados dos anos 1970...". Gompers e Lerner, *The Venture Capital Cycle* (Cambridge, Mass.: MIT Press, 1999). Ver também Paul Gompers, "Venture Capital", em B. Espen Eckbo (org.), *Handbook of Corporate Finance: Empirical Corporate Finance*, nas séries de manuais sobre finanças (Holanda: Elsevier), capítulo 11, 2005, <http://mba.tuck.dartmouth.edu/pages/faculty/espen.eckbo/PDFs/Handbookpdf/CH11-VentureCapital.pdf>.

80. Um relato do como as tecnologias da "nova economia" estão provocando importantes transformações nas indústrias da "velha economia": Jonathan Rauch, "The New Old Economy: Oil, Computers, and the Reinvention of the Earth", *Atlantic Monthly*, 3 jan. 2001.

81. U.S. Department of Commerce, Bureau of Economic Analysis <http://www.bea.doc.gov>. Use este site e selecione Tabela 1.1.6: <http://www.bea.doc.gov/bea/dn/nipaweb/SelectTable.asp?Selected=N>.

82. U.S. Department of Commerce, Bureau of Economic Analysis, <http://www.bea.doc.gov>. Dados para 1920-99: Population Estimates Program, Population Division, U.S. Census Bureau, "Historical National Population Estimates: July 1, 1900 to July 1, 1999", <http://www.census.gov/popest/archives/1990s/popclockest.txt>; dados para 2000-04: <http://www.census.gov/popest/states/tables/NST-EST2004-01.pdf>.

83. "The Global Economy: From Recovery to Expansion", resultados de *Global Economic Prospects 2005: Trade, Regionalism and Prosperity* (World Bank, 2004), <http://globaloutlook.worldbank.org/globaloutlook/outside/globalgrowth.aspx>; "World Bank: 2004 Economic Growth Lifts Millions from Poverty", *Voice of America News*, <http://www.voanews.com/english/2004-11-17-voa41.cfm>.

84. Mark Bils e Peter Klenow, "The Acceleration in Variety Growth", *American Economic Review*, v. 91, n. 2, pp. 274-80, maio 2001, disponível em: <http://www.klenow.com/Acceleration.pdf>.

85. Ver notas 84, 86 e 87.

86. U.S. Department of Labor, Bureau of Labor Statistics, boletim de notícias, 3 jun. 2004. Podem ser gerados relatórios de produtividade em: <http://www.bls.gov/bls/productivity.htm>.

87. Bureau of Labor Statistics, Major Sector Multifactor Productivity Index, Manufacturing Sector: Output per Hour All Persons (1996 = 100), <http://data.bls.gov/PDQ/outside.jsp?survey=mp> (requer JavaScript: selecionar "Manufacturing", "Output Per Hour All Persons", e ano inicial 1979), ou <http://data.bls.gov/cgi-bin/srgate> (use a série "MPU300001", "All Years" e Format 2).

88. George M. Scalise, Semiconductor Industry Association, em "Luncheon Address: The Industry Perspective on Semiconductors", *2004 Productivity and Cyclicality in Semiconductors: Trends, Implications, and Questions: Report of a Symposium (2004)* (National Academies Press, 2004), p. 40, disponível em: <http://www.nap.edu/openbook/0309092744/html/index.html>.

89. Dados de Kurzweil Applied Intelligence, agora parte de ScanSoft (antes Kurzweil Computer Products).

90. eMarketer, "E-Business in 2003: How the Internet Is Transforming Companies, Industries, and the Economy: A Review in Numbers", fev. 2003; "US B2C E-Commerce to Top $90 Billion in 2003", 30 abr. 2003, <http://www.emarketer.com/Article.aspx?1002207>; e "Worldwide B2B E-Commerce to Surpass $1 Trillion By Year's End", 19 mar. 2003, <http://www.emarketer.com/Article.aspx?1002125>.

91. As patentes usadas neste gráfico são, conforme descritas pelo U.S. Patent and Trademark Office, "patentes para invenções", também conhecidas como patentes "utilitárias". U.S. Patent and Trademark Office, Table of Annual U.S. Patent Activity, disponível em: <http://www.uspto.gov/web/offices/ac/ido/oeip/taf/h_counts.htm>.

92. O tempo para duplicar a parcela da TI da economia é de 23 anos. U.S. Department of Commerce, Economics and Statistics Administration, "The Emerging Digital Economy", figura 2, disponível em: <http://www.technology.gov/digeconomy/emerging.htm>.

93. O tempo para duplicar os gastos com educação nos Estados Unidos, per capita, é de 23 anos. National Center for Education Statistics, Digest of Education Statistics, 2002, disponível em: <http://nces.ed.gov/pubs2003/digest02/tables/dt030.asp>.

94. A ONU estimou que o total da capitalização no mercado de ações global em 2000 foi de 37 trilhões de dólares. United Nations, "Global Finance Profile", *Report of the High-Level Panel of Financing for Development*, jun. 2001, disponível em: <http://www.un.org/reports/financing/profile.htm>.

Se nossa previsão de taxas futuras de crescimento fosse aumentar (comparada com as expectativas atuais) por um índice anual composto de tão pouco quanto 2%, e considerando um índice anual de desconto (para descontar valores futuros hoje) de 6%, então levando em conta o valor atual aumentado que resulta de apenas vinte anos de crescimento (adicional) futuro composto e descontado, os valores atuais deverão triplicar. Como o diálogo seguinte ressalta, essa análise não leva em consideração o provável aumento do índice de desconto que iria resultar dessa previsão de crescimento futuro aumentado.

Capítulo 3: Atingindo a capacidade de computar do cérebro humano

1. Gordon E. Moore, "Cramming More Components onto Integrated Circuits", *Electronics, v.* 38, n. 8, pp. 114-7, 19 abr. 1965. Disponível em: <ftp://download.intel.com/research/silicon/moorespaper.pdf>.

2. A projeção inicial de Moore neste texto de 1965 era de que o número de componentes iria dobrar todo ano. Em 1975, foi revisado para cada dois anos. Entretanto, isso mais do que dobra o preço-desempenho a cada dois anos porque componentes menores funcionam mais rápido (porque a eletrônica tem que cobrir uma distância menor). Assim, o custo-desempenho geral (para o custo de cada ciclo de transistor) vem diminuindo pela metade a cada treze meses mais ou menos.

3. Paolo Gargini citado em Ann Steffora Mutschler, "Moore's Law Here to Stay", ElectronicsWeekly.com, 14 jul. 2004, disponível em: <http://www.electronicsweekly.co.uk/articles/article.asp?liArticleID=36829>. Ver também Tom Krazit, "Intel Prepares for Next 20 Years of Chip Making", *Computerworld*, 25 out. 2004, disponível em: <http://www.computerworld.com/hardwaretopics/hardware/story/0,10801,96917,00.html>.

4. Michael Kanellos, "'High-rise' Chips Sneak on Market", CNET News.com, 13 jul. 2004. Disponível em: <http://zdnet.com.com/2100-1103-5267738.html>.

5. Benjamin Fulford, "Chipmakers Are Running Out of Room: The Answer Might Lie in 3-D", Forbes.com, 22 jul. 2002. Disponível em: <http://www.forbes.com/forbes/2002/0722/173_print.html>.

6. Press release da NTT, "Three-Dimensional Nanofabrication Using Electron Beam Lithography," 2 fev. 2004. Disponível em: <http://www.ntt.co.jp/news/news04e/0402/040202.html>.

7. László Forró e Christian Schönenberger, "Carbon Nanotubes, Materials for theFuture", *Europhysics News, v.* 32, n. 3, 2001. Disponível em: <http://www.europhysicsnews.com/full/09/article3/article3.html>. Ver também <http://www.research.ibm.com/nanoscience/nanotubes.html> para uma visão geral dos nanotubos.

8. Michael Bernstein, press release da American Chemical Society, "High-Speed Nanotube Transistors Could Lead to Better Cell Phones, Faster Computers", 27 abr. 2004, disponível em: <http://www.eurekalert.org/pub_releases/2004-04/acs-nt042704.php>.

9. Calculo que um transistor baseado em nanotubos e circuitaria e conexões de suporte requer aproximadamente um cubo de dez nanômetros (o transistor será uma fração disso) ou dez nanômetros cúbicos. Esse é um cálculo conservador, pois nanotubos de parede única têm só um nanômetro de diâmetro. Uma polegada = 2,54 centímetros = $2,54 \times 10^7$ nanômetros. Então, um cubo de uma polegada = $2,54 \, 3 \times 10^{21} = 1,6 \times 10^{22}$ nanômetros cúbicos. Assim, um cubo de uma polegada pode compreender $1,6 \times 10^{19}$ transistores. Cada computador precisando mais ou menos de 10^7 transistores (que é um aparelho muito mais complexo do que aquele que compreende cálculos em uma conexão interneural humana) pode suportar cerca de 10^{12} (1 trilhão) de computadores paralelos.

Um computador de nanotubos baseado em transistores a 10^{12} cálculos por segundo (baseado na estimativa de Burke) fornece uma velocidade estimada em 10^{24} cps para o cubo de uma polegada de circuitaria de nanotubos. Ver também Bernstein, "High-Speed Nanotube Transistors".

Com uma estimativa de 10^{16} cps para a emulação funcional do cérebro humano (ver a discussão mais adiante neste capítulo), isso dá cerca de 100 milhões (10^8) de equivalentes ao cérebro humano. Se usarmos a estimativa mais conservadora de 10^{19} cps necessária para a simulação neuromórfica (simular toda a não linearidade em todo componente neural; ver a discussão seguinte neste capítulo), um cubo de uma polegada de circuitaria de nanotubos iria fornecer apenas uma centena de milhares de equivalentes a cérebro humano.

10. "Faz só quatro anos que medimos pela primeira vez um transporte eletrônico através de um nanotubo. Agora estamos explorando o que pode e o que não pode ser feito em termos de dispositivos de molécula única. O passo seguinte será pensar como combinar esses elementos em circitos complexos", diz um dos autores, Cees Dekker, de Henk W. Ch. Postma et al., "Carbon Nanotube Single-Electron Transistors at Room Temperature", *Science, v.* 293, n. 5527, pp. 76-129, 6 jul. 2001, descrito no press release da Associação Americana para o Avanço da Ciência, "Interruptores de Nano-Transistores com apenas um elétron podem ser ideais para computadores moleculares, mostra o estudo de Science", disponível em: <http://www.eurekalert.org/pub_releases/2001-07/aaft-nsw062901.php>.

11. Os pesquisadores da IBM resolveram um problema na fabricação de nanotubos. Quando a fuligem de carbono é aquecida para criar os tubos, um grande número de tubos metálicos sem uso são criados junto com os tubos semicondutores adequados para transistores. A equipe incluiu ambos os tipos de nanotubos

em um circuito e depois usou pulsos elétricos para destruir os não desejados — uma abordagem muito mais eficiente do que escolher a dedo os tubos úteis com um microscópio de força atômica. Mark K. Anderson, "Mega Steps Toward the Nanochip", *Wired News, 27 abr. 2001, em:* <http://www.wired.com/news/technology/0,1282,43324,00.html>, referindo-se a Philip G. Collins, Michael S. Arnold e Phaedon Avouris, "Engineering Carbon Nanotubes and Nanotube Circuits Using Electrical Breakdown", *Science, v.* 292, n. 5517, pp. 706-9, 27 abr. 2001.

12. "Um nanotubo de carbono, que parece tela de galinheiro enrolada quando examinado em nível atômico, é dezenas de milhares de vezes mais fino do que um cabelo humano, mas notavelmente forte." Press release da Universidade da Califórnia em Berkeley, "Pesquisadores criam o primeiro circuito integrado de silicone com transistores de nanotubos", 5 jan. 2004, em <http://www.berkeley.edu/news/media/releases/2004/01/05_nano.shtml>, fazendo referência a Yu-Chih Tseng et al., "Monolithic Integration of Carbon Nanotube Devices with Silicon MOS Technology", *Nano Letters, v.* 4, n. 1, pp. 123-7, 2004, disponível em: <http://pubs.acs.org/cgi-bin/sample.cgi/nalefd/2004/4/i01/pdf/nl0349707.pdf>.

13. R. Colin Johnson, "IBM Nanotubes May Enable Molecular-Scale Chips", *EETimes, 26 abr. 2001. Disponível em:* <http://eetimes.com/article/showArticle.jhtml?articleId=10807704>.

14. Avi Aviram e Mark A. Ratner, "Molecular Rectifiers", *Chemical Physics Letters, pp. 277-83,* 15 nov. 1974, mencionado em Charles M. Lieber, "The Incredible Shrinking Circuit", *Scientific American,* set. 2001, em <http://www.sciam.com> e <http://www-mcg.uni-r.de/downloads/lieber.pdf>. O retificador de molécula única descrito por Aviram e Ratner podia deixar passar corrente em qualquer direção.

15. Will Knight, "Single Atom Memory Device Stores Data", NewScientist.com, 10 set. 2002, em <http://www.newscientist.com/news/news.jsp?id=ns99992775>, referindo-se a R. Bennewitz et al., "Atomic Scale Memory at a Silicon Surface", *Nanotechnology, v. 13, pp. 499-502,* 4 jul. 2002.

16. Seu transistor é feito de fosfito de índio e arsenieto de gálio e índio. Press release da Universidade de Illinois em Urbana-Champaign, "Pesquisadores de Illinois criam o transistor mais rápido do mundo — de novo", disponível em: <http://www.eurekalert.org/pub_releases/2003-11/uoia-irc110703.php>.

17. Michael R. Diehl et al., "Self-Assembled Deterministic Carbon Nanotube Wiring Networks", *Angewandte Chemie International Edition, v.* 41, n. 2, pp. 353-6, 2002; C. P. Collier et al., "Electronically Configurable Molecular-Based Logic Gates", *Science, v.* 285, n. 5426, pp. 391-4, jul. 1999. Ver: <http://www.its.caltech.edu/~heathgrp/papers/Paperfiles/2002/diehlangchemint.pdf> e <http://www.cs.duke.edu/~thl/papers/Heath.Switch.pdf>.

18. Os "nanotubos rosetas" projetados pela equipe de Purdue contêm carbono, nitrogênio, hidrogênio e oxigênio. Os rosetas montam-se sozinhos porque seu interior é hidrofóbico e seu exterior é hidrófilo; assim, para proteger seu interior da água, os rosetas empilham-se em nanotubos. "As propriedades físicas e químicas de nossos nanotubos rosetas agora podem ser modificadas quase que à vontade através de uma abordagem discada", de acordo com o pesquisador-chefe Hicham Fenniri. R. Colin Johnson, "Purdue Researchers Build Made-to-Order Nanotubes", *EETimes, 24 out. 2002,* <http://www.eetimes.com/article/showArticle.jhtml?articleId=18307660>; H.Fenniri et al., "Entropically Driven Self-Assembly of Multichannel Rosette Nanotubes", *Proceedings of the National Academy of Sciences, v.* 99, suplemento 2, pp. 6487-92, 30 abr. 2002; press release de Purdue, "Adaptable Nanotubes Make Way for Custom-Built Structures, Wires", <http://news.uns.purdue.edu/UNS/html4ever/020311.Fenniri.scaffold.html>.

Um trabalho parecido tem sido feito por cientistas na Holanda: Gaia Vince, "Nano-Transistor Self-Assembles Using Biology", NewScientist.com, 20 nov. 2003, <http://www.newscientist.com/news/news.jsp?id=ns99994406>.

19. Liz Kalaugher, "Lithography Makes a Connection for Nanowire Devices", 9 jun. 2004, em: <http://www.nanotechweb.org/articles/news/3/6/6/1>, mencionando Song Jin et al., "Scalable Interconnection and Integration of Nanowire Devices Without Registration", *Nano Letters, v.* 4, n. 5, pp. 215-9, 2004.

20. Chao Li et al., "Multilevel Memory Based on Molecular Devices", *Applied Physics Letters, v.* 84, n. 11, pp. 1949-51, 15 mar. 2004. Ver também <http://www.technologyreview.com/articles/rnb_051304.asp?p=1> e <http://nanolab.usc.edu/PDF%5CAPL84-1949.pdf>.

21. Gary Stix, "Nano Patterning", *Scientific American,* 9 fev. 2004, <http://www.sciam.com/print_version.cfm?articleID=000170D6-C99F-101E-861F83414B7F0000>; Michael Kanellos, "IBM Gets Chip Circuits to Draw Themselves", CNET News.com, <http://zdnet.com.com/2100-1103-5114066.html>. E ver também <http://www.nanopolis.net/news_ind.php?type_id=3>.

22. IBM está trabalhando em chips que automaticamente se reconfiguram de acordo com o necessário, como acrescentando memória ou aceleradores. "No futuro, o chip que você tem pode não ser o chip que você comprou", disse Bernard Meyerson, tecnólogo-chefe, IBM Systems and Technology Group. Press release da IBM, "IBM Plans Industry's First Openly Customizable Microprocessor", em <http://www.ibm.com/investor/press/mar-2004/31-03-04-1.phtml>.

23. BBC News, "'Nanowire' Breakthrough Hailed", 1º abr. 2003. Disponível em: <http://news.bbc.co.uk/1/hi/sci/tech/2906621.stm>. Artigo publicado por Thomas Scheibel et al., "Conducting Nanowires Built by

Controlled Self-Assembly of Amyloid Fibers and Selective Metal Deposition", *Proceedings of the National Academy of Sciences*, v. 100, n. 8, pp. 4527-32, 15 abr. 2003, publicado on-line em 2 abr. 2003, em: <http://www.pnas.org/cgi/content/full/100/8/4527>.

24. Press release da Universidade Duke, "Duke Scientists 'Program' DNA Molecules to Self Assemble into Patterned Nanostructures", em <http://www.eurekalert.org/pub_releases/2003-09/du-ds092403.php>, mencionando Hao Yan et al., "DNA-Templated Self-Assembly of Protein Arrays and Highly Conductive Nanowires", *Science*, v. 301, n. 5641, pp. 1882-4, 26 set. 2003. Ver também <http://www.phy.duke.edu/~gleb/Pdf_FILES/DNA_science.pdf>.

25. Ibid.

26. Aqui está um exemplo do procedimento para resolver o que é chamado de o problema do caixeiro viajante. Tentamos encontrar o melhor caminho para um hipotético viajante entre múltiplas cidades sem ter de visitar uma cidade mais do que uma vez. Só alguns pares de cidades são ligados por estradas, portanto achar o caminho certo não é simples.

Para resolver o problema do caixeiro viajante, o matemático Leonard Adleman da Universidade do Sul da Califórnia executou as seguintes etapas:

1. Gere uma pequena cadeia de DNA com um código único para cada cidade.

2. Reproduza essas cadeias (uma para cada cidade) trilhões de vezes usando PCR.

3. A seguir, junte os pools de DNA (um para cada cidade) em um tubo de ensaio. Essa etapa usa a afinidade do DNA para ligar cadeias. Cadeias mais compridas serão formadas automaticamente. Cada cadeia dessas representa um caminho possível de múltiplas cidades. As cadeias pequenas representando cada cidade ligam-se umas com as outras de modo aleatório, de modo que não há certeza matemática de que uma cadeia ligada a outra representando a resposta correta (sequência de cidades) será formada. Entretanto, o número de cadeias é tão grande que há virtualmente certeza que pelo menos uma cadeia – e provavelmente milhões – que representa a resposta correta será formada.

As etapas seguintes usam enzimas especialmente projetadas para eliminar os trilhões de cadeias que representam respostas erradas, deixando apenas as cadeias que representam a resposta certa:

4. Use moléculas chamadas de "primers" para destruir aquelas cadeias de DNA que não começam com a cidade inicial bem como aquelas que não terminam com a cidade do fim; então replique as cadeias que sobraram usando PCR.

5. Use uma reação com enzimas para eliminar aquelas cadeias de DNA que representam um caminho a percorrer maior do que o número total de cidades.

6. Use uma reação com enzimas para destruir aquelas cadeias que não incluem a cidade 1. Repita para cada uma das cidades.

7. Agora, cada uma das cadeias que sobrou representa a resposta certa. Multiplique essas cadeias sobreviventes (usando PCR) até que haja bilhões delas.

8. Usando uma técnica chamada de eletroforese, imprima a sequência de DNA dessas cadeias corretas (como um grupo). O impresso parece um conjunto de linhas distintas, que especifica a sequência correta das cidades.

Ver L. M. Adleman, "Molecular Computation of Solutions to Combinatorial Problems," Science 266 (1994): 1021–24.

27. Charles Choi, "DNA Computer Sets Guinness Record". Disponível em: <http://www.upi.com/view.cfm?StoryID=20030224-045551-7398r>. Ver também Y. Benenson et al., "DNA Molecule Provides a Computing Machine with Both Data and Fuel", *Proceedings of the National Academy of Sciences*, v. 100, n. 5, pp. 2191-6, 4 mar. 2003, disponível em <http://www.pubmedcentral.nih.gov/articlerender.fcgi?tool=pubmed&pubmedid=1260114&>; Y. Benenson et al., "An Autonomous Molecular Computer for Logical Control of Gene Expression", *Nature*, v. 429, n. .6990, pp. 423-9, 27 maio 2004 (publicado on-line em 28 abr. 2004), disponível em: <http://www.wisdom.weizmann.ac.il/~udi/ShapiroNature2004.pdf>.

28. Press release da Universidade de Stanford, "Stanford University news release, 'Spintronics' Could Enable a New Generation of Electronic Devices, Physicists Say", em <http://www.eurekalert.org/pub_releases/2003-08/su-ce080803.php>, referindo-se a Shuichi Murakami, Naoto Nagaosa e Shou-Cheng Zhang, "Dissipationless Quantum Spin Current at Room Temperature", *Science*, v. 301, n. 5638, pp. 1348-51, 5 set. 2003.

29. Celeste Biever, "Silicon-Based Magnets Boost Spintronics", NewScientist.com, 22 mar. 2004, em <http://www.newscientist.com/news/news.jsp?id=ns99994801>, referindo-se a Steve Pearton, "Silicon-Based Spintronics", *Nature Materials*, v. 3, n. 4, pp. 203-4, abr. 2004.

30. Will Knight, "Digital Image Stored in Single Molecule", NewScientist.com, 1º dez. 2002, em <http://www.newscientist.com/news/news.jsp?id=ns99993129>, referindo-se a Anatoly K. Khitrin, Vladimir L. Ermakov e B. M. Fung, "Nuclear Magnetic Resonance Molecular Photography", *Journal of Chemical Physics*, v. 117, n. 15, pp. 690-6, 15 out. 2002.

31. Reuters, "Processing at the Speed of Light", *Wired News. Disponível em:* <http://www.wired.com/news/technology/0,1282,61009,00.html>.

32. Até hoje, o maior número a ser fatorado é um de 512 bits, de acordo com RSA Security.

33. Stephan Gulde et al., "Implementation of the Deutsch-Jozsa Algorithm on an Ion-Trap Quantum Computer", *Nature*, v. 421, pp. 48-50, 2 jan. 2003. Disponível em: <http://heart-c704.uibk.ac.at/Papers/Nature03—Gulde.pdf>.

34. Como estamos atualmente dobrando o preço-desempenho da computação a cada ano, um fator de mil requer dez duplicações, ou dez anos. Mas também estamos (devagar) diminuindo o próprio tempo de duplicar, portanto o número real é oito anos.

35. Cada aumento seguinte em mil vezes acontece em um ritmo ligeiramente mais rápido. Ver a nota anterior.

36. Hans Moravec, "Rise of the Robots", *Scientific American, pp. 124-35*, dez. 1999. Disponível em: <http://www.sciam.com> e <http://www.frc.ri.cmu.edu/~hpm/project.archive/robot.papers/1999/SciAm.scan.html>. Moravec é professor no Instituto de Robótica na Universidade Carnegie Mellon. Seu Laboratório Móvel de Robots explora como usar câmeras, sonares e outros sensores para dar aos robots consciência espacial em 3-D. Nos anos 1990, ele descreveu uma sucessão de geração de robots que iriam "essencialmente [ser] nossa prole por meios não convencionais. "Basicamente, acho que estão por conta deles mesmos e farão coisas que não conseguimos imaginar ou entender — sabe como é, como as crianças fazem", entrevista de Nova Online com Hans Moravec, out. 1997, em <http://www.pbs.org/wgbh/nova/robots/moravec.html>. Seus livros *Mind Children: The Future of Robot and Human Intelligence e Robot: Mere Machine to Transcendent Mind* exploram as habilidades de gerações de robots atuais e futuras.

Revelação: o autor é investidor e faz parte do conselho diretor de Seegrid, empresa de robótica de Moravec.

37. Embora instruções por segundo como usadas por Moravec e cálculos por segundo sejam conceitos ligeiramente diferentes, estão suficientemente perto para as finalidades dessas estimativas sobre ordem de grandeza. Moravec desenvolveu as técnicas matemáticas para sua visão robótica independente dos modelos biológicos, mas semelhanças (entre os algoritmos de Moravec e aqueles executados biologicamente) foram notadas posteriormente. Em termos de funcionalidade, as computações de Moravec recriam o que é realizado nessas regiões neurais, assim as estimativas computacionais baseadas nos algoritmos de Moravec são adequadas para determinar o que se precisa para alcançar transformações funcionalmente equivalentes.

38. Lloyd Watts, "Event-Driven Simulation of Networks of Spiking Neurons", sétima conferência da fundação de processamento de informações neurais, 1993; Lloyd Watts, "The Mode-Coupling Liouville-Green Approximation for a Two-Dimensional Cochlear Model", *Journal of the Acoustical Society of America*, v. 108, n. 5, pp. 2266-71, nov. 2000. Watts é fundador de Audience, Inc., que se dedica a aplicar simulação funcional a regiões do aparelho auditivo humano, a aplicações no processamento de sons, incorporando simulação funcional de regiões, incluindo criar um modo de processar som para sistemas de reconhecimento automático da fala. Para maiores informação, ver: <http://www.lloydwatts.com/neuroscience.shtml>.

Revelação: o autor é conselheiro de Audience.

39. Pedido de Patente 20030095667 nos Estados Unidos, U.S. Patent and Trademark Office, 22 maio 2003.

40. O pâncreas artificial de ciclo fechado da Medtronic MiniMed, atualmente em testes clínicos com humanos, está dando resultados animadores. A empresa anunciou que o dispositivo deverá estar no mercado dentro dos próximos cinco anos. Press release da Medtronic, "Medtronic Supports Juvenile Diabetes Research Foundation's Recognition of Artificial Pancreas as a Potential 'Cure' for Diabetes", 23 mar. 2004, disponível em: <http://www.medtronic.com/newsroom/news_2004323a.html>. Tais dispositivos precisam de um sensor de glicose, uma bomba de insulina e um mecanismo automático de feedback para monitorar os níveis de insulina (International Hospital Federation, "Progress in Artificial Pancreas Development for Treating Diabetes". Disponível em: <http://www.hospitalmanagement.net/informer/technology/tech10>). Roche também está na corrida para produzir um pâncreas artificial por volta de 2007. Ver: <http://www.roche.com/pages/downloads/science/pdf/rtdcmannh02-6.pdf>.

41. Uma porção de modelos e simulações tem sido criada com base em análises de neurônios individuais e conexões interneurais. Tomaso Poggio escreve: "Uma visão do neurônio é que ele é mais como um chip com milhares de equivalentes de portas lógicas em vez de um único portal". Tomaso Poggio, comunicação pessoal com Ray Kurzweil, jan. 2005.

Ver também T. Poggio e C. Koch, "Synapses That Compute Motion", *Scientific American*, v. 256, pp. 46-52, 1987.

C. Koch e T. Poggio, "Biophysics of Computational Systems: Neurons, Synapses, and Membranes", em G. M. Edelman, W. E. Gall e W. M. Cowan, eds (orgs.), *Synaptic Function* (Nova York: John Wiley and Sons, 1987), pp. 637-97.

Outro conjunto de modelos e simulações detalhados sobre neurônios está sendo criado no Laboratório de Pesquisas em Neuroengenharia da Universidade da Pensilvânia, baseado em engenharia reversa da função do cérebro no nível de neurônios. Dr. Leif Finkel, chefe do laboratório, afirma: "Agora mesmo estamos construindo um modelo em nível celular de um pequeno pedaço de córtex visual. É uma simulação muito detalhada por computador que reflete com alguma precisão ao menos as operações básicas de neurônios reais. [Meu colega Kwabena Boahen] tem um chip que modela a retina com precisão e produz picos de saída que correspondem de perto com as retinas reais". Ver: <http://nanodot.org/article.pl?sid=01/12/18/1552221>.

Análises destes e outros modelos e simulações em nível de neurônios indicam que uma estimativa de 10^3 cálculos por transações neurais (uma única transação envolvendo transmissão de sinais e reconfiguração em um único dendrito) é um limite superior razoável. A maioria das simulações usa bem menos do que isso.

42. Planos para o Blue Gene/L, segunda geração de computadores Blue Gene, foram anunciados no final de 2001. O novo supercomputador, planejado para ser quinze vezes mais rápido do que os supercomputadores atuais, e para ter um vinte avos do tamanho, está sendo construído em conjunto pelo Laboratório Nacional Lawrence Livermore da Agência Nacional de Segurança Nuclear e pela IBM. Em 2002, a IBM anunciou que Linux de software livre tinha sido escolhido como o sistema operacional dos novos supercomputadores. Por volta de julho de 2003, os chips inovadores de processamento para o supercomputador, que são sistemas completos em chips, estavam sendo produzidos. "Blue Gene/L é um exemplo por excelência do que é possível com o conceito de sistema-em-um-chip. Mais de 90% desse chip foi construído de blocos padrão de nossa biblioteca de tecnologia", de acordo com Paul Coteus, um dos gerentes do projeto (Timothy Morgan, "IBM's Blue Gene/L Shows Off Minimalist Server Design", *The Four Hundred*, em <http://www.midrangeserver.com/tfh/tfh120103-story05.html>). Por volta de junho de 2004, os sistemas do protótipo do Blue Gene/L apareceram pela primeira vez na lista dos dez mais supercomputadores. Press release da IBM, "A IBM ressurge passando o hp para liderar na supercomputação global", em: <http://www.research.ibm.com/bluegene>.

43. Esse tipo de rede também é chamado de peer-to-peer (entre pares), many-to-many (muitos para muitos) e "multihop" (múltiplos saltos). Nele, nódulos da rede podem ser conectados a todos os outros nódulos ou a um subconjunto, e há múltiplos caminhos através de nódulos emaranhados para cada destino. Essas redes são altamente adaptáveis e organizam a si mesmas. "A característica de uma rede de malha é que não há um dispositivo regulador central. Em vez disso, cada nódulo é dotado de um aparelho de radiocomunicação e funciona como um relê para outros nódulos." Sebastian Rupley, "Wireless: Mesh Networks", *PC Magazine*, 1º jul. 2003, <http://www.pcmag.com/article2/0,1759,1139094,00.asp>; Robert Poor, "Wireless Mesh Networks", Sensors Online, fev. 2003, <http://www.sensorsmag.com/articles/0203/38/main.shtml>; Tomas Krag e Sebastian Büettrich, "Wireless Mesh Networking", O'Reilly Wireless DevCenter, 22 jan. 2004, <http://www.oreillynet.com/pub/a/wireless/2004/01/22/wirelessmesh.html>.

44. Carver Mead, fundador de mais de 25 empresas e dono de mais de cinquenta patentes, está sendo pioneiro no novo campo de sistemas eletrônicos neuromórficos, circuitos modelados no cérebro e sistema nervoso. Ver Carver A. Mead, "Neuromorphic Electronic Systems", *IEEE Proceedings*, v. 78, n. 10, pp. 1629-36, out. 1990. Seu trabalho levou ao touchpad (painel tátil) do computador e ao chip coclear usado em aparelhos auditivos digitais. Sua empresa startup Foveon de 1999 fabrica sensores de imagem analógicos que imitam as propriedades de filmes.

45. Edward Fredkin, "A Physicist's Model of Computation", Proceedings of the Twenty-Sixth Rencontre de Moriond, Tests of Fundamental Symmetries, pp. 283-97, 1991. Disponível em: <http://digitalphilosophy.org/physicists_model.htm>.

46. Gene Frantz, "Digital Signal Processing Trends", *IEEE Micro*, v. 20, n. 6, pp. 52-9, nov.-dez. 2000. Disponível em: <http://csdl.computer.org/comp/mags/mi/2000/06/m6052abs.htm>.

47. Em 2004 a Intel anunciou um interruptor de "virar para a direita" para a arquitetura de dual-core (mais de um processador em um chip) depois de atingir uma "parede térmica" (ou "power wall") causada por aquecimento demais de processadores únicos cada vez mais rápidos: <http://www.intel.com/employee/retiree/circuit/righthandturn.htm>.

48. R. Landauer, "Irreversibility and Heat Generation in the Computing Process", *IBM Journal of Research Development*, v. 5, pp. 183-91, 1961. Disponível em: <http://www.research.ibm.com/journal/rd/053/ibmrd0503C.pdf>.

49. Charles H. Bennett, "Logical Reversibility of Computation", *IBM Journal of Research Development*, v. 17, pp. 525-32, 1973, <http://www.research.ibm.com/journal/rd/176/ibmrd1706G.pdf>; Charles H. Bennett, "The Thermodynamics of Computation: A Review", *International Journal of Theoretical Physics*, v. 21, pp. 905-40, 1982; Charles H. Bennett, "Demons, Engines, and the Second Law", *Scientific American*, v. 257, pp. 108-16, nov. 1987.

50. Edward Fredkin e Tommaso Toffoli, "Conservative Logic", *International Journal of Theoretical Physics*, v. 21, pp. 219-53, 1982, <http://digitalphilosophy.org/download_documents/ConservativeLogic.pdf>; Edward Fredkin, "A Physicist's Model of Computation", Proceedings of the Twenty-Sixth Rencontre de Moriond, Tests of Fundamental Symmetries, pp. 283-97, 1991, <http://www.digitalphilosophy.org/physicists_model.htm>.

51. Knight, "Digital Image Stored in Single Molecule", referindo-se a Khitrin et al., "Nuclear Magnetic Resonance Molecular Photography"; ver nota 30, acima.

52. Dez bilhões (10^{10}) de humanos a 10^{19} cps cada dá 10^{29} cps para todos os cérebros humanos; 10^{42} cps é 10 trilhões (10^{13}) maior do que isso.

53. Fredkin, "Physicist's Model of Computation"; ver notas 45 e 50, acima.

54. Duas portas dessas são a Porta da Interação, uma porta de lógica reversível com duas entradas e quatro saídas universais

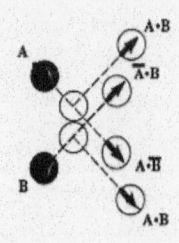

e a Porta Feynman, uma porta de lógica universal, com duas entradas e três saídas reversíveis.

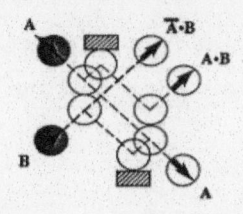

Ambas as imagens são de ibid., p. 7.

55. Ibid., p. 8.

56. C. L. Seitz et al., "Hot-Clock nMOS", *Proceedings of the 1985 Chapel Hill Conference on VLSI* (Rockville, Maryland: Computer Science Press, 1985), pp. 1-17, <http://caltechcstr.library.caltech.edu/archive/00000365>; Ralph C. Merkle, "Reversible Electronic Logic Using Switches", *Nanotechnology*, v. 4, pp. 21-40, 1993; S. G. Younis e T. F. Knight, "Practical Implementation of Charge Recovering Asymptotic Zero Power CMOS", *Proceedings of the 1993 Symposium on Integrated Systems* (Cambridge, Mass.: MIT Press, 1993), pp. 234-50.

57. Hiawatha Bray, "Your Next Battery", *Boston Globe*, 24 nov. 2003. Disponível em: <http://www.boston.com/business/technology/articles/2003/11/24/your_next_battery>.

58. Seth Lloyd, "Ultimate Physical Limits to Computation", *Nature*, v. 406, pp. 1047-54, 2000.

Trabalho pioneiro sobre os limites da computação foi feito por Hans J. Bremermann em 1962: Hans J. Bremermann, "Optimization Through Evolution and Recombination", em M. C. Yovits, C. T. Jacobi e C. D. Goldstein (orgs.), *Self-Organizing Systems* (Washington, D.C.: Spartan Books, 1962), pp. 93-106.

Em 1984, Robert A. Freitas Jr. baseou-se no trabalho de Bremermann, em Robert A. Freitas Jr., "Xenopsychology", *Analog*, v. 104, pp. 41-53, abr. 1984, <http://www.rfreitas.com/Astro/Xenopsychology.htm#SentienceQuotient>.

59. π x energia máxima (10^{17} kg x metros^2/segundos^2) / ($6,6$ x 10^{34}) joule-segundos = ~ 5 x 10^{50} operações por segundo.

60. 5 x 10^{50} cps é equivalente a 5 x 10^{21} (5 bilhões de trilhões) civilizações humanas (cada uma requerendo 10^{29} cps).

61. Dez bilhões (10^{10}) de humanos a 10^{16} cps cada dá 10^{26} cps para a civilização humana. Então 5 x 10^{50} cps são equivalentes a 5 x 10^{24} (5 trilhões de trilhões) de civilizações humanas.

62. Essa estimativa mostra a suposição conservadora de que houve 10 bilhões de humanos pelos 10 mil anos passados, o que, obviamente, não é o caso. O real número de humanos tem aumentado gradualmente no passado até atingir 6,1 bilhões em 2000. Há 3 x 10^7 segundos em um ano e 3 x 10^{11} segundos em 10 mil anos. Assim, usando a estimativa de 10^{26} cps para a civilização humana, o pensamento humano em 10 mil anos é equivalente a não mais do que 3 x 10^{37} cálculos com certeza. O mais novo laptop realiza 5 x 10^{50} cálculos em um segundo. Assim, simular 10 mil anos de pensamento de 10 bilhões de humanos iria levar cerca de 10^{-13} segundos, o que é um décimo milésimo de nanosegundo.

63. Anders Sandberg, "The Physics of the Information Processing Superobjects: Daily Life Among the Jupiter Brains", *Journal of Evolution & Technology*, v. 5, 22 dez. 1999. Disponível em: <http://www.transhumanist.com/volume5/Brains2.pdf>.

64. Ver a nota 62, acima; 10^{42} cps é um fator de 10^{-8} menos do que 10^{50} cps, portanto um décimo milésimo de nanosegundo é igual a dez microssegundos.

65. Ver <http://e-drexler.com/p/04/04/0330drexPubs.html> para uma lista das publicações e patentes de Drexler.

66. À taxa de 10^{12} e 10^{26} cps por mil dólares (10^3), temos 10^{35} cps por ano em meados dos anos 2040. A razão disto para os 10^{26} cps de todo o pensamento biológico da civilização humana é 10^9 (1 bilhão).

67. Em 1984, Robert A. Freitas propôs uma escala logarítmica de "quociente de sensibilidade" (SQ) baseado na capacidade de computar de um sistema. Em uma escala que vai de -70 a 50, os cérebros humanos situam-se no 13. O supercomputador Cray 1 está no 9. O quociente de sensibilidade de Freitas baseia-se na quantidade de computação por unidade de massa. Um computador muito rápido com um algoritmo simples teria um alto SQ. A medida que descrevo para computação nesta seção baseia-se no SQ de Freitas e em tentativas de levar em consideração a utilidade da computação. Assim, se um computador mais simples é equivalente ao que está funcionando agora, baseamos a eficiência computacional na computação equivalente (mais simples). Também em minha medida a computação precisa ser "útil". Robert A. Freitas Jr., "Xenopsychology", *Analog*, v. 104, pp. 41-53, abr. 1984. Disponível em: <http://www.rfreitas.com/Astro/Xenopsychology.htm#SentienceQuotient>.

68. Como observação incidental, gravações em pequenas pedras representaram, sim, uma forma de armazenamento computacional. Uma das formas mais antigas de linguagem escrita, cuneiforme, que foi desenvolvida na Mesopotâmia por volta de 3000 a.C., usava marcas em pedras para armazenar informações. Registros agrícolas eram mantidos como marcações cuneiformes em pedras colocadas em bandejas e organizadas em linhas e colunas. Essas pedras marcadas foram essencialmente a primeira planilha. Um desses registros cuneiformes em pedra é um artefato precioso da minha coleção de computadores históricos.

69. Mil (10^3) bits é menos do que a capacidade teórica dos átomos da pedra de armazenar informações (estimada em 10^{27} bits) por um fator de 10^{-24}.

70. 1 cps (10^0 cps) é menos do que a capacidade teórica de computar dos átomos na pedra (estimados em 10^{42} cps) por um fator de 10^{-42}.

71. Edgar Buckingham, "Jet Propulsion for Airplanes", relatório da NACA n. 159, em *Ninth Annual Report of NACA-1923* (Washington, D.C.: NACA, 1924), pp. 75-90. Ver: <http://naca.larc.nasa.gov/reports/1924/naca-report-159/>.

72. Belle Dumé, "Microscopy Moves to the Picoscale", *PhysicsWeb*, 10 jun. 2004, <http://physicsweb.org/article/news/8/6/6>, mencionando Stefan Hembacher, Franz J.Giessibl e Jochen Mannhart, "Force Microscopy with Light-Atom Probes", *Science*, v. 305, n. 5682, pp. 380-3, 16 jul. 2004. Esse novo microscópio de força "mais harmônico", desenvolvido por físicos da Universidade de Augsburgo, usa um único átomo de carbono como sonda e tem uma resolução pelo menos três vezes melhor do que a dos microscópios tradicionais de tunelamento por varredura. Como funciona: quando se faz oscilar a ponta de tungstênio da sonda em amplitudes de subnanômetros, a interação entre o átomo da ponta e o átomo de carbono produz componentes mais harmônicos no padrão da onda sinusoidal subjacente. Os cientistas mediram esses sinais para obter uma imagem com resolução ultra-alta do átomo da ponta que mostrou características de apenas 77 picômetros (milésimos de um nanômetro) de largura.

73. Henry Fountain, "New Detector May Test Heisenberg's Uncertainty Principle", *New York Times*, 22 jul. 2003.

74. Mitch Jacoby, "Electron Moves in Attoseconds", *Chemical and Engineering News*, v. 82, n. 25, p. 5, 21 jun. 2004, referindo-se a Peter Abbamonte et al., "Imaging Density Disturbances in Water with a 41.3-Attosecond Time Resolution", *Physical Review Letters*, v. 92, n. 23, pp. 237-401, 11 jun. 2004.

75. S. K. Lamoreaux e J. R. Torgerson, "Neutron Moderation in the Oklo Natural Reactor and the Time Variation of Alpha", *Physical Review* D 69, pp. 121701-6, 2004, <http://scitation.aip.org/getabs/servlet/GetabsServlet?prog=normal&id=PRVDAQ 000069000012121701000001&idtype=cvips&gifs=yes>; Eugenie S. Reich, "Speed of Light May Have Changed Recently", *New Scientist*, 30 jun. 2004, <http://www.newscientist.com/news/news.jsp?id=ns99996092>.

76. Charles Choi, "Computer Program to Send Data Back in Time", UPI, 1º out. 2002, <http://www.upi.com/view.cfm?StoryID=20021001-125805-3380r>; Todd Brun, "Computers with Closed Timelike Curves Can Solve Hard Problems", *Foundation of Physics Letters*, v. 16, pp. 245-53, 2003. Edição eletrônica, 11 set. 2002: <http://arxiv.org/PS_cache/gr-qc/pdf/0209/0209061.pdf>.

Capítulo 4: Projetando o software da inteligência humana. Como aplicar a engenharia reversa no cérebro humano

1. Lloyd Watts, "Visualizing Complexity in the Brain", em D. Fogel e C. Robinson (orgs.), *Computational Intelligence: The Experts Speak* (Piscataway, NJ: IEEE Press/Wiley, 2003). Disponível em: <http://www.lloydwatts.com/wcci.pdf>.

2. J. G. Taylor, B. Horwitz e K. J. Friston, "The Global Brain: Imaging and Modeling", *Neural Networks*, n. 13, p. 827, 2000.

3. Neil A. Busis, "Neurosciences on the Internet", <http://www.neuroguide.com>; "Neuroscientists Have Better Tools on the Brain", *Bio IT Bulletin*, <http://www.bio-itworld.com/news/041503_report2345.html>; "Brain Projects to Reap Dividends for Neurotech Firms", *Neurotech Reports*, <http://www.neurotechreports.com/pages/brainprojects.html>.

4. Robert A. Freitas Jr., *Nanomedicine*, v. 1, *Basic Capabilities*, seção 4.8.6, "Noninvasive Neuroelectric Monitoring" (Georgetown, Texas: Landes Bioscience, 1999), pp. 115-6. Disponível em: <http://www.nanomedicine.com/NMI/4.8.6.htm>.

5. O capítulo 3 analisou essa questão; ver a seção "A capacidade de computar do cérebro humano".

6. Pesquisa e desenvolvimento de reconhecimento da fala, Kurzweil Applied Intelligence, que fundei em1982, agora parte da ScanSoft (anteriormente Kurzweil Computer Products).

7. Lloyd Watts, Pedido de Patente nos Estados Unidos, U.S. Patent and Trademark Office, 20030095667, 22 de maio de 2003, "Computation of Multi-Sensor Time Delays". Sinopse: "Como determinar o intervalo de tempo entre um primeiro sinal recebido por um primeiro sensor e um segundo sinal recebido por um segundo sensor. O primeiro sinal é analisado para dar origem a inúmeros canais de primeiros sinais em diferentes frequências, e o segundo sinal é analisado para dar origem a inúmeros canais de segundos sinais em diferentes frequências. Detecta-se uma primeira característica, que ocorre em um primeiro momento em um dos primeiros canais de sinais. Detecta-se uma segunda característica, que ocorre em um segundo momento em um dos segundos canais de sinais. A primeira característica é comparada com a segunda, e o primeiro momento é comparado com o segundo momento para determinar o intervalo de tempo". Ver também Nabil H. Farhat, pedido de patente nos Estados Unidos, 20040073415, U.S. Patent and Trademark Office, 15 de abril de 2004, "Dynamical Brain Model for Use in Data Processing Applications".

8. Estimo o genoma comprimido em 30 a 100 milhões de bites (ver nota 57 do capítulo 2); isso é menor do que o código objeto para a Microsoft Word, e muito menor do que o código fonte. Ver requisitos do sistema Word 2003, 20 out. 2003, em: <http://www.microsoft.com/office/word/prodinfo/sysreq.mspx>.

9. Wikipedia, <http://en.wikipedia.org/wiki/Epigenetics>.

10. Ver nota 57 no capítulo 2 para uma análise do conteúdo de informação no genoma, que estimo entre 30 a 100 milhões de bytes, portanto, menor do que 109 bits. Ver a seção "Capacidade da memória humana" no capítulo 3, na página 146, para minha análise da informação em um cérebro humano, estimada em 10^{18} bits.

11. Marie Gustafsson e Christian Balkenius, "Using Semantic Web Techniques for Validation of Cognitive Models against Neuroscientific Data", Workshop AILS 04, Workshop SAIS/SSLS (Swedish Artificial Intelligence Society; Swedish Society for Learning Systems), 15-16 abr. 2004, Lund, Suécia. Disponível em: <www.lucs.lu.se/People/Christian.Balkenius/PDF/Gustafsson.Balkenius.2004.pdf>.

12. Ver a discussão no capítulo 3. Em uma referência útil, quando modelando neurônio por neurônio, Tomaso Poggio e Christof Koch descrevem o neurônio como sendo parecido com um chip com milhares de portas lógicas. Ver T. Poggio e C. Koch, "Synapses That Compute Motion", *Scientific American*, v. 256, pp. 46-52, 1987. Também C. Koch e T. Poggio, "Biophysics of Computational Systems: Neurons, Synapses, and Membranes", em G. M. Edelman, W. E. Gall e W. M. Cowan (orgs.), *Synaptic Function* (Nova York: John Wiley and Sons, 1987), pp. 637-97.

13. Sobre Mead, ver <http://www.technology.gov/Medal/2002/bios/Carver_A._Mead.pdf>. Carver Mead, *Analog VLSI and Neural Systems* (Reading, Mass.: Addison-Wesley, 1986).

14. Ver nota 172, no capítulo 5, para uma descrição algorítmica de uma rede neural que organiza a ela mesma, e nota 175, no capítulo 5, para uma descrição de um algoritmo genético que organiza a si mesmo.

15. Ver Gary Dudley et al., "Autonomic Self-Healing Systems in a Cross-Product IT Environment", atas da IEEE International Conference on Autonomic Computing, Nova York, 17-19 maio 2004, <http://csdl.computer.org/comp/proceedings/icac/2004/2114/00/21140312.pdf>; "About IBM Autonomic Computing", <http://www-3.ibm.com/autonomic/about.shtml>; e Ric Telford, "The Autonomic Computing Architecture", 14 abr. 2004, <http://www.dcs.st-andrews.ac.uk/undergrad/current/dates/disclec/2003–2/RicTelfordDistinguished2.pdf>.

16. Christine A. Skarda e Walter J. Freeman, "Chaos and the New Science of the Brain", *Concepts in Neuroscience*, v. 1, n. 2, pp. 275-85, 1990.

17. C. Geoffrey Woods, "Crossing the Midline", *Science*, v. 304, n. 5676, pp. 1455-6, 4 jun. 2004; Stephen Matthews, "Early Programming of the Hypothalamo-Pituitary-Adrenal Axis", *Trends in Endocrinology and Metabolism*, v. 13, n. 9, pp. 373-80, 1º nov. 2002; Justin Crowley e Lawrence Katz, "Early Development of Ocular Dominance Columns", *Science*, v. 290, n. 5495, pp. 1321-4, 1º nov. 2000; Anna Penn et al., "Competition in the Retinogeniculate Patterning Driven by Spontaneous Activity", *Science*, v. 279, n. 5359, pp. 2108-12, 27 mar. 1998; M. V. Johnston et al., "Sculpting the Developing Brain", *Advances in Pediatrics*, v. 48, pp. 1-38, 2001; P. La Cerra e R. Bingham, "The Adaptive Nature of the Human Neurocognitive Architecture: An Alternative Model", *Proceedings of the National Academy of Sciences*, v. 95, pp. 11290-4, 15 set. 1998.

18. Redes neurais são modelos simplificados de neurônios que podem se auto-organizar e resolver problemas. Ver nota 172, no capítulo 5, para uma descrição algorítmica de redes neurais. Algoritmos genéticos são modelos da evolução que usam a reprodução sexuada com taxas de mutação controladas. Ver a nota 175, no capítulo 5, para uma descrição detalhada de algoritmos genéticos. Modelos de Markov são produtos de uma técnica matemática que, em alguns aspectos, assemelham-se às redes neurais.

19. Aristóteles, *The Works of Aristotle*, trad. de W. D. Ross (Oxford: Clarendon Press, 1908-1952; ver, especialmente, *Física*); ver também <http://www.encyclopedia.com/html/section/aristotl_philosophy.asp>.

20. E. D. Adrian, *The Basis of Sensation: The Action of Sense Organs* (Londres: Christophers, 1928).

21. A. L. Hodgkin e A. F. Huxley, "Action Potentials Recorded from Inside a Nerve Fibre", *Nature*, n. 144, pp. 710-2, 1939.

22. A. L. Hodgkin e A. F. Huxley, "A Quantitative Description of Membrane Current and Its Application to Conduction and Excitation in Nerve", *Journal of Physiology*, n. 117, pp. 500-44, 1952.

23. W. S. McCulloch e W. Pitts, "A Logical Calculus of the Ideas Immanent in Nervous Activity", *Bulletin of Mathematical Biophysics*, n. 5, pp. 115-33, 1943. Esse artigo fundamental é difícil de entender. Para uma introdução e explicação claras, ver "A Computer Model of the Neuron", Mind Project, Illinois State University, disponível em: <http://www.mind.ilstu.edu/curriculum/perception/mpneuron1.html>.

24. Ver nota 172, no capítulo 5, para uma descrição algorítmica das redes neurais.

25. E. Salinas e P. Thier, "Gain Modulation: A Major Computational Principle of the Central Nervous System", *Neuron*, n. 27, pp. 15-21, 2000.

26. K. M. O'Craven e R. L. Savoy, "Voluntary Attention Can Modulate fMRI Activity in Human MT/MST", *Investigational Ophthalmological Vision Science*, n. 36, p. S856 (supl.), 1995.

27. Marvin Minsky e Seymour Papert, *Perceptrons* (Cambridge, Mass.: MIT Press, 1969).

28. Frank Rosenblatt, Cornell Aeronautical Laboratory, "The Perceptron: A Probabilistic Model for Information Storage and Organization in the Brain", *Psychological Review*, v. 65, n. 6, pp. 386-408, 1958. Ver Wikipedia: <http://en.wikipedia.org/wiki/Perceptron>.

29. O. Sporns, G. Tononi e G. M. Edelman, "Connectivity and Complexity: The Relationship Between Neuroanatomy and Brain Dynamics", *Neural Networks*, v. 13, n. 8-9, pp. 909-22, 2000.

30. R. H. Hahnloser et al., "Digital Selection and Analogue Amplification Coexist in a Cortex-Inspired Silicon Circuit", *Nature*, v. 405, n. 6789, pp. 947-51, 22 jun. 2000; "MIT and Bell Labs Researchers Create Electronic Circuit That Mimics the Brain's Circuitry", *MIT News*, 21 jun. 2000. Disponível em: <http://web.mit.edu/newsoffice/nr/2000/machinebrain.html>.

31. Manuel Trajtenberg, *Economic Analysis of Product Innovation: The Case of CT Scanners* (Cambridge, Mass.: Harvard University Press, 1990); Michael H. Friebe, ph.D., presidente da Neuromed GmbH; P-M. L. Robitaille, A. M. Abduljalil e A. Kangarlu, "Ultra High Resolution Imaging of the Human Head at 8 Tesla: 2K x 2K para Y2K", *Journal of Computer Assisted Tomography*, v. 24, n. 1, pp. 2-8, jan.-fev. 2000.

32. Seong-Gi Kim, "Progress in Understanding Functional Imaging Signals", *Proceedings of the National Academy of Sciences*, v. 100, n. 7 1º abr. 2003, <http://www.pnas.org/cgi/content/full/100/7/3550>. Ver também Seong-Gi Kim et al., "Localized Cerebral Blood Flow Response at Submillimeter Columnar Resolution", *Proceedings of the National Academy of Sciences*, v. 98, n. 19, pp. 10904-9, 11 set. 2001, <http://www.pnas.org/cgi/content/abstract/98/19/10904>.

33. K. K. Kwong et al., "Dynamic Magnetic Resonance Imaging of Human Brain Activity During Primary Sensory Stimulation", *Proceedings of the National Academy of Sciences*, v. 89, n. 12, pp. 5675-9, 15 jun. 1992.

34. C. S. Roy e C. S. Sherrington, "On the Regulation of the Blood Supply of the Brain", *Journal of Physiology*, n. 11, pp. 85-105, 1890.

35. M. I. Posner et al., "Localization of Cognitive Operations in the Human Brain", *Science*, v. 240, n. 4859, pp. 1627-31, 17 jun. 1988.

36. F. M. Mottaghy et al., "Facilitation of Picture Naming after Repetitive Transcranial Magnetic Stimulation", *Neurology*, v. 53, n. 8, pp. 1806-12, 10 nov. 1999.

37. Daithí Ó hAnluain, "TMS: Twilight Zone Science?" *Wired News*, 18 abr. 2002. Disponível em: <http://wired.com/news/medtech/0,1286,51699,00.html>.

38. Lawrence Osborne, "Savant for a Day", *New York Times Magazine*, 22 jun. 2003. Disponível em: <http://www.wireheading.com/brainstim/savant.html>.

39. Bruce H. McCormick, "Brain Tissue Scanner Enables Brain Microstructure Surveys", *Neurocomputing*, n 44-46, pp. 1113-8, 2002; Bruce H.McCormick, "Design of a Brain Tissue Scanner", *Neurocomputing*, n. 26-27, pp. 1025-32, 1999; Bruce H.McCormick, "Development of the Brain Tissue Scanner", *Brain Networks Laboratory Technical Report*, Texas A&M University Department of Computer Science, College Station, Texas, 18 mar. 2002, disponível em: <http://research.cs.tamu.edu/bnl/pubs/McC02.pdf>.

40. Leif Finkel et al.,"Meso-scale Optical Brain Imaging of Perceptual Learning", bolsa 2000-01737 da Universidade da Pensilvânia (2000).

41. E. Callaway e R. Yuste, "Stimulating Neurons with Light", *Current Opinions in Neurobiology*, v. 12, n. 5, pp. 587-92, out. 2002.

42. B. L. Sabatini e K. Svoboda, "Analysis of Calcium Channels in Single Spines Using Optical Fluctuation Analysis", *Nature*, v. 408, n. 6812, pp. 589-93, 30 nov. 2000.

43. John Whitfield,"Lasers Operate Inside Single Cells", *News@nature.com*, 6 out. 2003, <http://www.nature.com/nsu/030929/030929-12.html> (necessário assinar); Mazur's lab: <http://mazur-www.harvard.edu/research/>; Jason M. Samonds e A. B. Bonds, "From Another Angle: Differences in Cortical Coding Between Fine and Coarse Discrimination of Orientation", *Journal of Neurophysiology*, n. 91, pp. 1193-202, 2004.

44. Robert A. Freitas Jr., *Nanomedicine*, v. 2A, *Biocompatibility*, seção 15.6.2, "Bloodstream Intrusiveness" (Georgetown, Texas: Landes Bioscience, 2003), pp. 157-9, disponível em: <http://www.nanomedicine.com/NMIIA/15.6.2.htm>.

45. Id., *Nanomedicine*, v. 1, *Basic Capabilities*, seção 7.3, "Communication Networks" (Georgetown, Texas: Landes Bioscience, 1999), pp. 186-8, disponível em: <http://www.nanomedicine.com/NMI/7.3.htm>.

46. Id., *Nanomedicine*, v. 1, *Basic Capabilities*, seção 9.4.4.3, "Intercellular Passage" (Georgetown, Texas: Landes Bioscience, 1999), pp. 320-1, disponível em: <http://www.nanomedicine.com/NMI/9.4.4.3.htm#p2>.

47. Keith L. Black e Nagendra S. Ningaraj, "Modulation of Brain Tumor Capillaries for Enhanced Drug Delivery Selectively to Brain Tumor", *Cancer Control*, v. 11, n. 3, pp. 165-73, maio-jun. 2004. Disponível em: <http://www.moffitt.usf.edu/pubs/ccj/v11n3/pdf/165.pdf>.

48. Robert A. Freitas Jr., *Nanomedicine*, v. 1, *Basic Capabilities*, seção 4.1, "Nanosensor Technology" (Georgetown, Texas: Landes Bioscience,1999), p. 93, disponível em: <http://www.nanomedicine.com/NMI/4.1.htm>.

49. Conferência sobre Nanotecnologia Avançada, <http://www.foresight.org/Conferences/AdvNano2004/index.html>; Congresso e Exposição da NanoBioTech, <http://www.nanobiotec.de/>; Tendências do Nanonegócio de Nanotecnologia, <http://www.nanoevent.com/>; e Conferência e Feira de Negócios de Nanotecnologia de NSTI, <http://www.nsti.org/events.html>.

50. Peter D. Kramer, *Listening to Prozac* (Nova York: Viking, 1993).

51. A pesquisa de LeDoux é sobre as regiões do cérebro que lidam com estímulos ameaçadores, cujo ator principal é a amígdala, uma região de neurônios em forma de amêndoa localizada na base do cérebro. A amígdala armazena lembranças de estímulos ameaçadores e controla respostas que têm a ver com medo.

Tomaso Poggio, pesquisador de cérebro no MIT, aponta que "a plasticidade sináptica é um substrato de hardware para o aprendizado, mas ela pode ser importante para enfatizar que aprender é muito mais do que memória". Ver T. Poggio e E. Bizzi, "Generalization in Vision and Motor Control", *Nature*, v. 431, pp. 768-74, 2004. Ver também E. Benson, "The Synaptic Self", *APA Online*, nov. 2002, disponível em: <http://www.apa.org/monitor/nov02/synaptic.html>.

52. Anthony J. Bell, "Levels and Loops: The Future of Artificial Intelligence and Neuroscience", *Philosophical Transactions of the Royal Society of London B*, v. 354, n. 1352, pp. 2013-20, 29 dez. 1999. Disponível em: <http://www.cnl.salk.edu/~tony/ptrsl.pdf>.

53. Peter Dayan e Larry Abbott, *Theoretical Neuroscience: Computational and Mathematical Modeling of Neural Systems* (Cambridge, Mass.: MIT Press, 2001).

54. D. O. Hebb, *The Organization of Behavior: A Neuropsychological Theory* (Nova York: Wiley, 1949).

55. Michael Domjan e Barbara Burkhard, *The Principles of Learning and Behavior*, 3. ed. (Pacific Grove, Califórnia: Brooks/Cole, 1993).

56. J. Quintana e J. M. Fuster, "From Perception to Action: Temporal Integrative Functions of Prefrontal and Parietal Neurons", *Cerebral Cortex*, v. 9, n. 3, pp. 213-21, abr.-maio 1999; W. F. Asaad, G. Rainer e E. K.Miller, "Neural Activity in the Primate Prefrontal Cortex During Associative Learning", *Neuron*, v. 21, n. 6, pp. 1399-407, dez. 1998.

57. G. G. Turrigiano et al., "Activity-Dependent Scaling of Quantal Amplitude in Neocortical Neurons", *Nature*, v. 391, n. 6670, pp. 892-6, 26 fev. 1998; R. J. O'Brien et al., "Activity-Dependent Modulation of Synaptic AMPA Receptor Accumulation", *Neuron*, v. 21, n. 5, pp. 1067-78, nov. 1998.

58. De "A New Window to View How Experiences Rewire the Brain", Howard Hughes Medical Institute, 19 nov. 2002, <http://www.hhmi.org/news/svoboda2.html>. Ver também J. T. Trachtenberg et al., "Long-Term in Vivo Imaging of Experience-Dependent Synaptic Plasticity in Adult Cortex", *Nature*, v. 420, n. 6917, pp. 788-94, dez. 2002, <http://cpmcnet.columbia.edu/dept/physio/physio2/Trachtenberg_NATURE.pdf>; e Karen Zita e Karel Svoboda, "Activity-Dependent Synaptogenesis in the Adult Mammalian Cortex", *Neuron*, v. 35, n. 6, pp. 1015-7, set. 2002, <http://svobodalab.cshl.edu/reprints/2414zito02neur.pdf>.

59. Ver: <http://whyfiles.org/184make_memory/4.html>. Para mais informações sobre espinhas neuronais e memória, ver J. Grutzendler et al., "Long-Term Dendritic Spine Stability in the Adult Cortex", *Nature*, v. 420, n. 6917, pp. 812-6, 19 a 26 nov. 2002.

60. S. R. Young e E. W. Rubel, "Embryogenesis of Arborization Pattern and Typography of Individual Axons in N. Laminaris of the Chicken Brain Stem", *Journal of Comparative Neurology*, v. 254, n. 4, pp. 425-59, 22 dez. 1986.

61. Scott Makeig, "Swartz Center for Computational Neuroscience Vision Overview", disponível em: <http://www.sccn.ucsd.edu/VisionOverview.html>.

62. D. H.Hubel e T. N.Wiesel, "Binocular Interaction in Striate Cortex of Kittens Reared with Artificial Squint", *Journal of Neurophysiology*, v. 28, n. 6, pp. 1041-59, nov. 1965.

63. Jeffrey M. Schwartz e Sharon Begley, *The Mind and the Brain: Neuroplasticity and the Power of Mental Force* (Nova York: Regan Books, 2002). Ver também C. Xerri, M.Merzenich et al., "The Plasticity of Primary Somatosensory Cortex Paralleling Sensorimotor Skill Recovery from Stroke in Adult Monkeys", *The Journal of Neurophysiology*, v. 79, n. 4, pp. 2119-48, abr. 1980. Ver também S. Begley, "Survival of the Busiest", *Wall Street Journal*, 11 out. 2002, <http://webreprints.djreprints.com/606120211414.html>.

64. Paula Tallal et al., "Language Comprehension in Language-Learning Impaired Children Improved with Acoustically Modified Speech", *Science*, v. 271, pp. 81-4, 5 jan. 1996. Paula Tallal é professora de neurociência e codiretora do CMBN (Center for Molecular and Behavioral Neuroscience) na Universidade Rutgers e cofundadora e diretora da SCIL (Scientific Learning Corporation); ver: <http://www.cmbn.rutgers.edu/faculty/tallal.html>. Ver também Paula Tallal, "Language Learning Impairment: Integrating Research and Remediation", *New Horizons for Learning*, v. 4, n. 4, ago.-nov. 1998, <http://www.newhorizons.org/neuro/tallal.htm>; A. Pascual-Leone, "The Brain That Plays Music and Is Changed by It", *Annals of the New York Academy of Sciences*, v. 930, pp. 315-29, jun. 2001. Ver também a nota 63 acima.

65. F. A. Wilson, S. P. Scalaidhe e P. S. Goldman-Rakic, "Dissociation of Object and Spatial Processing Domains in Primate Prefrontal Cortex", *Science*, v. 260, n. 5116, pp. 1955-8, 25 jun. 1993.

66. C. Buechel, J. T. Coull e K. J. Friston", The Predictive Value of Changes in Effective Connectivity for Human Learning", *Science*, v. 283, n. 5407, pp. 1538-41, 5 mar. 1999.

67. Produziram imagens dramáticas de células do cérebro formando conexões temporárias e permanentes como resposta a vários estímulos, ilustrando mudanças estruturais entre neurônios que, muitos cientistas têm acreditado há muito tempo, ocorrem quando armazenamos memórias. "Pictures Reveal How Nerve Cells Form Connections to Store Short- and Long-Term Memories in Brain", Universidade da Califórnia, San Diego, 29 nov. 2001, <http://ucsdnews.ucsd.edu/newsrel/science/mccell.htm>; M. A. Colicos et al., "Remodeling of Synaptic Action Induced by Photoconductive Stimulation", *Cell*, v. 107, n. 5, pp. 605-16, 30 nov. 2001. Vídeo link: <http://www.qflux.net/NeuroStimo1.rm>, Neural Silicon Interface —Quantum Flux.

68. S. Lowel e W. Singer, "Selection of Intrinsic Horizontal Connections in the Visual Cortex by Correlated Neuronal Activity", *Science*, v. 255, n. 5041, pp. 209-12, 10 jan. 1992.

69. K. Si et al., "A Neuronal Isoform of CPEB Regulates Local Protein Synthesis and Stabilizes Synapse-Specific Long-Term Facilitation in Aplysia", *Cell*, v. 115, n. 7, pp. 893-904, 26 dez. 2003; K. Si, S. Lindquist e E. R. Kandel, "A Neuronal Isoform of the Aplysia CPEB Has Prion-Like Properties", *Cell*, v. 115, n. 7, pp. 879-91, 26 dez. 2003. Esses pesquisadores descobriram que CPEB pode ajudar a formar e preservar memórias de longo prazo ao terem mudanças de forma nas sinapses parecidas com as deformações dos príons (fragmentos de proteínas envolvidos no mal da vaca louca e outras doenças neurológicas). O estudo sugere que essa proteína executa seu bom trabalho ainda em estado de príon, contradizendo uma crença amplamente difundida de que uma proteína que tem atividade de príon é tóxica ou, no mínimo, não funciona adequadamente. Esse mecanismo do príon também pode ter um papel em áreas como manutenção de câncer e desenvolvimento de órgãos, suspeita Eric R. Kandel, professor universitário de fisiologia e biofísica celular, psiquiatria, bioquímica e biofísica molecular na Universidade Columbia e ganhador do Prêmio Nobel de medicina de 2000. Ver o press release do Instituto Whitehead, em: <http://www.wi.mit.edu/nap/features/nap_feature_memory.html>.

70. M. C. Anderson et al., "Neural Systems Underlying the Suppression of Unwanted Memories", *Science*, v. 303, n. 5655, pp. 232-5, 9 jan. 2004. As descobertas poderiam incentivar o desenvolvimento de novas manei-

ras para que as pessoas superassem memórias traumáticas. Keay Davidson, "Study Suggests Brain Is Built to Forget: MRIs in Stanford Experiments Indicate Active Suppression of Unneeded Memories", *San Francisco Chronicle*, 9 jan. 2004, disponível em: <http://www.sfgate.com/cgi-bin/article.cgi?file=/c/a/2004/01/09/FORGET.TMP&type=science>.

71. Dieter C. Lie et al.,"Neurogenesis in the Adult Brain: New Strategies for CNS Diseases", *Annual Review of Pharmacology and Toxicology*, n. 44, pp. 399-421, 2004.

72. H. van Praag, G. Kempermann e F. H. Gage, "Running Increases Cell Proliferation and Neurogenesis in the Adult Mouse Dentate Gyrus", *Nature Neuroscience*, v. 2, n. 3, pp. 266-70, mar. 1999.

73. Minsky e Papert, *Perceptrons*.

74. Ray Kurzweil, *The Age of Spiritual Machines* (Nova York: Viking, 1999), p. 79.

75. Funções de base são funções não lineares que podem ser combinadas linearmente (acrescentando as funções de base de múltiplos pesos) para se aproximarem de qualquer função não linear. Pouget e Snyder, "Computational Approaches to Sensorimotor Transformations", *Nature Neuroscience*, v. 3, n. 11, suplemento, pp. 1192-8, nov. 2000.

76. T. Poggio, "A Theory of How the Brain Might Work", em *Proceedings of Cold Spring Harbor Symposia on Quantitative Biology*, v. 4 (Cold Spring Harbor, Nova York: Cold Spring Harbor Laboratory Press, 1990), pp. 899-910. Ver também T. Poggio e E. Bizzi, "Generalization in Vision and Motor Control", *Nature*, v. 431, pp. 768-74, 2004.

77. R. Llinas e J. P.Welsh, "On the Cerebellum and Motor Learning", *Current Opinion in Neurobiology*, v. 3, n. 6, pp. 958-65, dez. 1993; E. Courchesne e G. Allen, "Prediction and Preparation, Fundamental Functions of the Cerebellum", *Learning and Memory*, v. 4, n. 1, pp. 1-35, maio-jun. 1997; J. M. Bower, "Control of Sensory Data Acquisition", *International Review of Neurobiology*, n. 41, pp. 489-513, 1997.

78. J. Voogd e M. Glickstein, "The Anatomy of the Cerebellum", *Trends in Neuroscience*, v. 21, n. 9, pp. 370-5, set. 1998; John C. Eccles, Masao Ito e János Szentágothai, *The Cerebellum as a Neuronal Machine* (Nova York: Springer-Verlag, 1967); Masao Ito, *The Cerebellum and Neural Control* (Nova York: Raven, 1984).

79. N. Bernstein, *The Coordination and Regulation of Movements* (Nova York: Pergamon Press, 1967).

80. Press release do U.S. Office of Naval Research, "Boneless, Brainy, and Ancient", 26 set. 2001, disponível em: <http://www.eurekalert.org/pub_releases/2001-11/oonr-bba112601.php>; o tentáculo do polvo "poderia muito bem ser a base dos braços robóticos da próxima geração para usos no mar, no espaço e na terra."

81. S. Grossberg e R. W. Paine, "A Neural Model of Cortico-Cerebellar Interactions During Attentive Imitation and Predictive Learning of Sequential Handwriting Movements", *Neural Networks*, v. 13, n. 8-9, pp. 999-1046, out.-nov. 2000.

82. Voogd e Glickstein, "Anatomy of the Cerebellum"; Eccles, Ito e Szentágothai, *Cerebellum as a Neuronal Machine*; Ito, *Cerebellum and Neural Control*; R. Llinas, em *Handbook of Physiology*, v. 2, *The Nervous System*, org. de V. B. Brooks (Bethesda, Md.: American Physiological Society, 1981), pp. 831-976.

83. J. L. Raymond, S. G. Lisberger e M. D. Mauk, "The Cerebellum: A Neuronal Learning Machine?" *Science*, v. 272, n. 5265, pp. 1126-31, 24 maio 1996; J. J. Kim e R. F. Thompson, "Cerebellar Circuits and Synaptic Mechanisms Involved in Classical Eyeblink Conditioning", *Trends in Neuroscience*, v. 20, n. 4, pp. 177-81, abr. 1997.

84. A simulação incluiu 10 mil células granulares, novecentas células de Golgi, quinhentas fibras musgosas, vinte células de Purkinje e seis células nucleares.

85. J. F. Medina et al., "Timing Mechanisms in the Cerebellum: Testing Predictions of a Large-Scale Computer Simulation", *Journal of Neuroscience*, v. 20, n. 14, pp. 5516-25, 15 jul. 2000; Dean Buonomano e Michael Mauk, "Neural Network Model of the Cerebellum: Temporal Discrimination and the Timing of Motor Reponses", *Neural Computation*, v. 6, n. 1, pp. 38-55, 1994.

86. Medina et al., "Timing Mechanisms in the Cerebellum".

87. Carver Mead, *Analog VLSI and Neural Systems* (Boston: Addison-Wesley Longman, 1989).

88. Lloyd Watts, "Visualizing Complexity in the Brain", em D. Fogel e C. Robinson (orgs.), *Computational Intelligence: The Experts Speak*, (Hoboken, NJ: IEEE Press/Wiley, 2003), pp. 45-56. Disponível em: <http://www.lloydwatts.com/wcci.pdf>.

89. Ibid.

90. Ver: <http://www.lloydwatts.com/neuroscience.shtml>. NanoComputer Dream Team, "The Law of Accelerating Returns, Part II", disponível em: <http://nanocomputer.org/index.cfm?content=90&Menu=19>.

91. Ver: <http://info.med.yale.edu/bbs/faculty/she_go.html>.

92. Gordon M. Shepherd (org.), *The Synaptic Organization of the Brain*, 4. ed. (Nova York: Oxford University Press, 1998), p. vi.

93. E. Young, "Cochlear Nucleus", in ibid., pp. 121-58.

NOTAS   591

94. Tom Yin, "Neural Mechanisms of Encoding Binaural Localization Cues in the Auditory Brainstem", em D. Oertel, R. Fay e A. Popper (orgs.), *Integrative Functions in the Mammalian Auditory Pathway* (Nova York: Springer-Verlag, 2002), pp. 99-159.

95. John Casseday, Thane Fremouw e Ellen Covey, "The Inferior Colliculus: A Hub for the Central Auditory System", em Oertel, Fay e Popper (orgs.), *Integrative Functions in the Mammalian Auditory Pathway*, pp. 238–318.

96. Diagrama por Lloyd Watts, disponível em: <http://www.lloydwatts.com/neuroscience.shtml>, adaptado de E. Young, "Cochlear Nucleus", em G. Shepherd (org.), *The Synaptic Organization of the Brain*, 4. ed. (Nova York: Oxford University Press, 2003 [1. ed. 1998]), pp. 121-58; D. Oertel, em D. Oertel, R. Fay e A. Popper (orgs.), *Integrative Functions in the Mammalian Auditory Pathway* (Nova York: Springer-Verlag, 2002), pp. 1-5; John Casseday, T. Fremouw e E. Covey, "Inferior Colliculus" in ibid.; J. LeDoux, *The Emotional Brain* (Nova York: Simon & Schuster, 1997); J. Rauschecker e B. Tian, "Mechanisms and Streams for Processing of 'What' and 'Where' in Auditory Cortex", *Proceedings of the National Academy of Sciences*, v. 97, n. 22, pp. 11800-6.

Regiões do cérebro modeladas:

Cóclea: Órgão sensitivo da audição. Trinta mil fibras convertem o movimento dos estribos em representações espectrotemporais de som.

MC: Células multipolares. Medem a energia espectral.

GBC: Células pilosas globulares. Espinhas de transmissão do nervo auditivo ao complexo (includes LSO and MSO). Encoding of timing and amplitude of signals for binaural comparison of level.

SBC: Células pilosas esféricas. Fornecem maior acuidade no momento de chegada, como pré-processador para calcular a diferença de tempo interaural (diferença do momento de chegada entre os dois ouvidos, usadas para definir de onde vem o som).

OC: Octopus cells. Detection of transients.

DCN: Núcleo coclear dorsal. Detecta limites espectrais e calibra níveis de ruído.

VNTB: Núcleo ventral do corpo trapezoide. Sinais de feedback para modular a função das células pilosas externas na cóclea.

VNLL, PON: Núcleo ventral do lemnisco lateral; núcleos periolivarianos: processam transients do OC.

MSO: Oliva superior medial. Computa a diferença de tempo interaural.

LSO: Oliva superior lateral. Também envolvida em computar a diferença de tempo interaural.

ICC: Núcleo central do colículo inferior. Local das principais integrações de múltiplas representações de som.

ICx: Núcleo externo do colículo inferior. Refinamento adicional da localização do som.

SC: Colículo superior. Local onde se funde auditivo com visual.

MGB: Corpo geniculado medial. Porção auditiva do tálamo.

LS: Sistema límbico. Compreende muitas estruturas associadas a emoção, memória, território etc.

AC: Córtex auditivo.

97. M. S. Humayun et al., "Human Neural Retinal Transplantation", *Investigative Ophthalmology and Visual Science*, v. 41, n. 10, pp. 3100-6, set. 2000.

98. Information Science and Technology Colloquium Series, 23 de maio de 2001, disponível em: <http://isandtcolloq.gsfc.nasa.gov/spring2001/speakers/poggio.html>.

99. Kah-Kay Sung e Tomaso Poggio, "Example-Based Learning for View-Based Human Face Detection", *IEEE Transactions on Pattern Analysis and Machine Intelligence*, v. 20, n. 1, pp. 39-51, 1998. Disponível em: <http://portal.acm.org/citation.cfm?id=275345&dl=ACM&coll=GUIDE>.

100. Maximilian Riesenhuber e Tomaso Poggio, "A Note on Object Class Representation and Categorical Perception", Center for Biological and Computational Learning, MIT, AI Memo 1679 (1999). Disponível em: <ftp://publications.ai.mit.edu/ai-publications/pdf/AIM-1679.pdf>.

101. K. Tanaka, "Inferotemporal Cortex and Object Vision", *Annual Review of Neuroscience*, n. 19, pp. 109-39, 1996; Anuj Mohan, "Object Detection in Images by Components", Center for Biological and Computational Learning, MIT, AI Memo 1664 (1999), <http://citeseer.ist.psu.edu/cache/papers/cs/12185/ftp:zSzzSzpublications.ai.mit.eduzSzai-publicationszSz1500–1999zSzAIM-1664.pdf/mohan99object.pdf>; Anuj Mohan, Constantine Papageorgiou e Tomaso Poggio, "Example-Based Object Detection in Images by Components", *IEEE Transactions on Pattern Analysis and Machine Intelligence*, v. 23, n. 4, abr. 2001, <http://cbcl.mit.edu/projects/cbcl/publications/ps/mohan-ieee.pdf>; B.Heisele, T. Poggio e M. Pontil", Face Detection in Still Gray Images", Artificial Intelligence Laboratory, MIT, Technical Report AI Memo 1687 (2000). Ver também Bernd Heisele, Thomas Serre e Stanley Bilesch, "Component-Based Approach to Face Detection", Artificial Intel-

ligence Laboratory and the Center for Biological and Computational Learning, MIT (2001), <http://www.ai.mit.edu/research/abstracts/abstracts2001/vision-applied-to-people/03heisele2.pdf>.

102. D. Van Essen e J. Gallant, "Neural Mechanisms of Form and Motion Processing in the Primate Visual System", *Neuron*, v. 13, n. 1, pp. 1-10, jul. 1994.

103. Shimon Ullman, *High-Level Vision: Object Recognition and Visual Cognition* (Cambridge, Mass.: MIT Press, 1996); D. Mumford, "On the Computational Architecture of the Neocortex. II. The Role of Corticocortical Loops", *Biological Cybernetics*, v. 66, n. 3, pp. 241-51, 1992; R. Rao e D. Ballard, "Dynamic Model of Visual Recognition Predicts Neural Response Properties in the Visual Cortex", *Neural Computation*, v. 9, n. 4, pp. 721-63, 15 maio 1997.

104. B. Roska e F. Werblin, "Vertical Interactions Across Ten Parallel, Stacked Representations in the Mammalian Retina", *Nature*, v. 410, n. 6828, pp. 583-7, 29 mar. 2001; Universidade da Califórnia, Berkeley, press release, "Eye Strips Images of All but Bare Essentials Before Sending Visual Information to Brain, UC Berkeley Research Shows", 28 mar. 2001, disponível em: <www.berkeley.edu/news/media/releases/2001/03/28_wers1.html>.

105. Hans Moravec e Scott Friedman fundaram uma empresa robótica chamada Seegrid, baseada nas pesquisas de Moravec. Ver: <www.Seegrid.com>.

106. M. A. Mahowald e C. Mead, "The Silicon Retina", *Scientific American*, v. 264, n. 5, pp. 76-82, maio 1991.

107. Especificamente, um filtro de low-pass é aplicado a um receptor (como um fotoreceptor). Isso é multiplicado pelo sinal do receptor vizinho. Se isso for feito em ambas as direções e o resultado de cada operação for subtraído de zero, teremos um output que reflete a direção do movimento.

108. Sobre Berger, ver: <http://www.usc.edu/dept/engineering/CNE/faculty/Berger.html>.

109. "The World's First Brain Prosthesis", *New Scientist*, v. 177, n. 2386, p. 4, 15 mar. 2003. Disponível em: <http://www.newscientist.com/news/news.jsp?id=ns99993488>.

110. Charles Choi, "Brain-Mimicking Circuits to Run Navy Robot", UPI, 7 jun. 2004. Disponível em: <http://www.upi.com/view.cfm?StoryID=20040606-103352-6086r>.

111. Giacomo Rizzolatti et al., "Functional Organization of Inferior Area 6 in the Macaque Monkey. II. Area F5 and the Control of Distal Movements", *Experimental Brain Research*, v. 71, n. 3, pp. 491-507, 1998.

112. M. A. Arbib, "The Mirror System, Imitation, and the Evolution of Language", em Kerstin Dautenhahn e Chrystopher L. Nehaniv (orgs.), *Imitation in Animals and Artifacts* (Cambridge, Mass.: MIT Press, 2002).

113. Marc D. Hauser, Noam Chomsky e W. Tecumseh Fitch, "The Faculty of Language: What Is It, Who Has It, and How Did It Evolve?", *Science*, v. 298, pp. 1569-79, nov. 2002. Disponível em: <www.wjh.harvard.edu/~mnkylab/publications/languagespeech/Hauser,Chomsky,Fitch.pdf>.

114. Daniel C. Dennett, *Freedom Evolves* (Nova York: Viking, 2003).

115. Ver Sandra Blakeslee, "Humanity? Maybe It's All in the Wiring", *New York Times*, 11 dez. 2003. Disponível em: <http://www.nytimes.com/2003/12/09/science/09BRAI.html?ex=1386306000&en=294f5e91dd262a1a&ei=5007&partner=USERLAND>.

116. Antonio R. Damasio, *Descartes' Error: Emotion, Reason and the Human Brain* (Nova York: Putnam, 1994).

117. M. P. Maher et al., "Microstructures for Studies of Cultured Neural Networks", *Medical and Biological Engineering and Computing*, v. 37, n. 1, pp. 110-8, jan. 1999; John Wright et al., "Towards a Functional MEMS Neurowell by Physiological Experimentation", *Technical Digest*, ASME, 1996 International Mechanical Engineering Congress and Exposition, Atlanta, nov. 1996, DSC (Dynamic Systems and Control Division), v. 59, pp. 333-8.

118. W. French Anderson, "Genetics and Human Malleability", *Hastings Center Report*, v. 23, n. 20, p. 1, jan.-fev. 1990.

119. Ray Kurzweil, "A Wager on the Turing Test: Why I Think I Will Win", KurzweilAI.net, 9 abr. 2002. Disponível em: <http://www.KurzweilAI.net/meme/frame.html?main=/articles/art0374.html>.

120. Robert A. Freitas Jr. propõe um sistema de fazer upload em um cérebro baseado em uma futura nanotecnologia que seria efetivamente instantânea. De acordo com Freitas (comunicação pessoal, jan. 2005), "uma rede in vivo de fibras, como proposto em <http://www.nanomedicine.com/NMI/7.3.1.htm>, pode lidar com 10^{18} bits por segundo de tráfego de dados, espaço bastante para monitorar o estado do cérebro em tempo real. A rede de fibras tem um volume de 30 cm^3 e gera de 4 a 6 watts de calor residual, ambos bastante pequenos para uma instalação segura em um cérebro humano de 1.400 cm^3 e 25 watts. Os sinais viajam no máximo uns poucos metros a uma velocidade próxima da velocidade da luz, assim o tempo de trânsito da origem do sinal nos sites de neurônios dentro do cérebro até o sistema externo de computação que faz a mediação do upload é de ~0,00001 ms, o que é consideravelmente menos do que os ~5 ms do tempo de descarregar do ciclo dos neurônios. Sensores químicos de monitoramento de neurônios separados em média por ~2 mícrons conseguem capturar eventos químicos relevantes que ocorrem dentro de uma janela de ~5 ms, já que esse é aproximadamente o tempo de difusão de, digamos, um pequeno neu-

ropeptídeo percorrer uma distância de 2 mícrons, <http://www.nanomedicine.com/NMI/Tables/3.4.jpg>. Portanto, o monitoramente do estado do cérebro humano pode provavelmente ser instantâneo, ao menos na escala de tempo das respostas neurais humanas, no sentido de que 'nada significativo foi perdido'".

121. M. C. Diamond et al., "On the Brain of a Scientist: Albert Einstein", *Experimental Neurology*, v. 88, pp. 198-204, 1985.

Capítulo 5: GNR. Três revoluções sobrepostas

1. Samuel Butler (1835-1902), "Darwin Among the Machines", *Christ Church Press*, 13 jun. 1863 (republicado por Festing Jones em 1912, em *The Notebooks of Samuel Butler*).

2. Peter Weibel, "Virtual Worlds: The Emperor's New Bodies". In: Timothy Druckery (org.), *Ars Electronica: Facing the Future* (Cambridge: MIT Press, 1999), pp. 207-23. Disponível em: <http://www.aec.at/en/archiv_files/19902/E1990b_009.pdf>.

3. James Watson e Francis Crick, "Molecular Structure of Nucleic Acids: A Structure for Deoxyribose Nucleic Acid", *Nature*, v. 171, n. 4356, pp. 737-8, 23 abr. 1953. Disponível em: <http://www.nature.com/nature/dna50/watsoncrick.pdf>.

4. Robert Waterston citado em "Scientists Reveal Complete Sequence of Human Genome", CBC News, 14 abr. 2003. Disponível em: <http://www.cbc.ca/story/science/national/2003/04/14/genome030414.html>.

5. Ver capítulo 2, nota 57.

6. Os relatórios originais de Crick e Watson, que ainda são uma leitura indispensável hoje, podem ser encontrados em James A. Peters (org.), *Classic Papers in Genetics* (Englewood Cliffs: Prentice-Hall, 1959). Um relato muito interessante dos sucessos e fracassos que levaram à dupla hélice encontra-se em J. D. Watson, *The Double Helix: A Personal Account of the Discovery of the Structure of DNA* (Nova York: Atheneum, 1968). Nature.com tem uma coleção de textos de Crick disponível on-line em: <http://www.nature.com/nature/focus/crick/index.html>.

7. Miroslav Radman e Richard Wagner, "The High Fidelity of DNA Duplication", *Scientific American*, v. 259, n. 2, pp. 40-6, ago. 1988.

8. A estrutura e o comportamento do DNA e do RNA estão descritos em Gary Felsenfeld, "DNA", e James Darnell, "RNA", ambos em *Scientific American*, v. 253, n. 4, pp. 58-67, 68-78, respectivamente, out. 1985.

9. Mark A. Jobling e Chris Tyler-Smith, "The Human Y Chromosome: An Evolutionary Marker Comes of Age", *Nature Reviews Genetics*, n. 4, pp. 598-612, ago. 2003; Helen Skaletsky et al., "The Male-Specific Region of the Human Y Chromosome Is a Mosaic of Discrete Sequence Classes", *Nature*, v. 423, pp. 825-37, 19 jun. 2003.

10. As proteínas deformadas talvez sejam a mais perigosa toxina de todas. As pesquisas sugerem que proteínas mal dobradas podem estar no âmago de inúmeros processos patológicos no corpo. Doenças tão diversas como mal de Alzheimer, mal de Parkinson, a forma humana da doença da vaca louca, fibrose cística, cataratas e diabetes são todas consideradas como resultado da falta de habilidade do corpo de eliminar adequadamente as proteínas mal dobradas.

As moléculas das proteínas desempenham a parte do leão no trabalho celular. As proteínas são feitas dentro de cada célula de acordo com as plantas do DNA. Elas começam como cadeias compridas de aminoácidos que, então, têm de ser dobradas em configurações tridimensionais precisas para funcionar como enzimas, proteínas de transporte etc. As toxinas dos metais pesados interferem no funcionamento normal dessas enzimas, exacerbando ainda mais o problema. Também há mutações genéticas que predispõem os indivíduos ao acúmulo de proteínas malformadas.

Quando as protofibrilas começam a ficar coladas, elas formam filamentos, fibrilas e, finalmente, estruturas globulares maiores chamadas de placa amiloide. Até recentemente, essas acumulações de placas insolúveis eram consideradas como os agentes patológicos para aquelas doenças, mas agora se sabe que as próprias protofibrilas são o problema real. A velocidade com que uma protofibrila é transformada na placa amiloide insolúvel está inversamente relacionada à progressão da doença.

Isso explica por que algumas pessoas têm grandes acumulações de placa em seus cérebros, mas nenhuma evidência do mal de Alzheimer, enquanto outras têm pouca placa visível mas extensas manifestações da doença. Algumas pessoas formam rapidamente a placa amiloide, o que as protege de maiores danos feitos pela protofibrila. Outras ainda transformam as protofibrilas em placas mais devagar, permitindo danos maiores. Essas pessoas também têm pouca placa amiloide visível. Ver Per Hammarström, Frank Schneider e Jeffrey W. Kelly, "*Trans*-Suppression of Misfolding in an Amyloid Disease", *Science*, v. 293, n. 5539, pp. 2459-62, 28 set. 2001.

11. Um relato fascinante de nova biologia é dado em Horace F. Judson, *The Eighth Day of Creation: The Makers of the Revolution in Biology* (Woodbury, Nova York: CSHL Press, 1996).

12. Raymond Kurzweil e Terry Grossman, *Fantastic Voyage: Live Long Enough to Live Forever* (Nova York: Rodale, 2004). Disponível em: <http://www.Fantastic-Voyage.net e http://www.RayandTerry.com>.

13. Raymond Kurzweil, *The 10% Solution for a Healthy Life: How to Eliminate Virtually All Risk of Heart Disease and Cancer* (Nova York: Crown Books, 1993).

14. Um relato fascinante de nova biologia é dado em Horace F. Judson, *The Eighth Day of Creation: The Makers of the Revolution in Biology* (Woodbury, Nova York: CSHL Press, 1996).

15. O teste da "idade biológica", chamado de H-Scan Test, inclui testes para tempo de reação à audição, mais alto tom audível, sensibilidade vibrotática, tempo de reação visual, tempo de mover músculos, volume do pulmão (expiração forçada), tempo de reação visual com decisão, tempo de mover músculos com decisão, memória (comprimento da sequência), tempo de apertar botões alternadamente e acomodação visual. O autor fez esse teste no Frontier Medical Institute (clínica de saúde e longevidade de Grossman), <http://www.FMIClinic.com>. Para informações sobre o H-Scan Test, ver Diagnostic and Lab Testing, Longevity Institute, Dallas, <http://www.lidhealth.com/diagnostic.html>.

16. Kurzweil e Grossman, *Fantastic Voyage*, capítulo 10: "Ray's Personal Program".

17. Ibid.

18. Aubrey D. N. J. de Grey, "The Foreseeability of Real Anti-Aging Medicine: Focusing the Debate", *Experimental Gerontology*, v. 38, n. 9, pp. 927-34, set. 2003; Id., "An Engineer's Approach to the Development of Real Anti-Aging Medicine", *Science of Aging, Knowledge, Environment*, n. 1, 2003; Aubrey D. N. J. de Grey et al., "Is Human Aging Still Mysterious Enough to Be Left Only to Scientists?", *BioEssays*, v. 24, n. 7, pp. 667-79, jul. 2002.

19. Aubrey D. N. J. de Grey (org.), *Strategies for Engineered Negligible Senescence: Why Genuine Control of Aging May Be Foreseeable*, Anais da Academia de Ciências de Nova York, v. 1019 (Nova York: New York Academy of Sciences, jun. 2004).

20. Além de prover as funções dos diferentes tipos de células, duas outras razões para que as células controlem a expressão dos genes são os estímulos ambientais e os processos de desenvolvimento. Até organismos simples como as bactérias conseguem ligar e desligar a síntese das proteínas conforme os estímulos ambientais. *E. coli*, por exemplo, pode desligar a síntese de proteínas que lhe permite controlar o nível do gás nitrogênio do ar, quando existem, no ambiente, outras fontes de nitrogênio que usam menos energia. Um estudo recente com 1.800 genes do morango descobriu que a expressão de duzentos desses genes variava durante diferentes estágios do desenvolvimento. E. Marshall, "An Array of Uses: Expression Patterns in Strawberries, Ebola, TB, and Mouse Cells", *Science*, v. 286, n. 5439, p. 445, 1999.

21. Junto com uma região codificadora de proteínas, os genes incluem sequências reguladoras chamadas de promotores e operadores que controlam onde e quando aquele gene é expressado. Promotores de genes que codificam proteínas normalmente estão localizados "rio acima" no DNA. Um operador aciona o uso de um promotor, controlando assim a taxa de expressão do gene. A maioria dos genes requer operadores para ser expressada. Os operadores têm sido chamados de "o principal determinador da transcrição diferencial no espaço (tipo de célula) e no tempo"; e qualquer dado gene pode ter vários diferentes sites de operadores ligados a ele (S. F. Gilbert, *Developmental Biology*, 6. ed. [Sunderland: Sinauer Associates, 2000]. Disponível em: <www.ncbi.nlm.nih.gov/books/bv.fcgi?call=bv.View..ShowSection&rid=.0BpKYEB-SPfx18nm8QOxH>.

Ligando-se às regiões de operadores ou promotores, os fatores de transcrição começam ou reprimem a expressão de um gene. Novos conhecimentos dos fatores da transcrição transformaram nosso entendimento da expressão de genes. Per Gilbert, no capítulo "The Genetic Core of Development: Differential Gene Expression": "O próprio gene não é mais visto como uma entidade independente que controla a síntese das proteínas. Em vez disso, o gene tanto dirige quanto é dirigido pela síntese das proteínas. Natalie Anger (1992) escreveu: 'Uma série de descobertas sugere que o DNA é mais como certo tipo de político, rodeado por um bando de operadores de proteínas e conselheiros, que deve massageá-lo vigorosamente, torcê-lo e, às vezes, reinventá-lo antes que a enorme planta do corpo consiga fazer algum sentido disso'.".

22. Bob Holmes, "Gene Therapy May Switch Off Huntington's", 13 mar. 2003, <http://www.newscientist.com/news/news.jsp?id=ns99993493>. "Surgindo como uma ferramenta potente para a análise genética reversa, RNAi está rapidamente sendo aplicado para estudar a função de muitos genes associados com as doenças humanas, especialmente aquelas associadas com a oncogênese e as doenças infecciosas." J. C. Cheng, T. B. Moore e K. M. Sakamoto, "RNA Interference and Human Disease", *Molecular Genetics and Metabolism*, v. 80, n. 1-2, pp. 121-8, out. 2003. RNAi é um "mecanismo potente e altamente específico para sequências". L. Zhang, D. K. Fogg e D. M. Waisman, "RNA Interference-Mediated Silencing of the S100A10 Gene Attenuates Plasmin Generation and Invasiveness of Colo 222 Colorectal Cancer Cells", *Journal of Biological Chemistry*, v. 279, n. 3, pp. 2023-62, 16 jan. 2004.

23. Cada chip contém oligonucleotidos sintéticos que replicam as sequências que identificam genes específicos. "Para determinar quais genes foram expressados em uma amostra, os pesquisadores isolam o RNA mensageiro das amostras do teste, convertem-no para DNA complementar (cDNA), marcam-no com corante fluorescente, e rodam a amostra pelo wafer. Cada cDNA marcado vai se prender a um oligo com uma sequência correspondente, acendendo um lugar no wafer onde a sequência é conhecida. Um scanner

automático, então, determina quais os oligos que se ligaram e, portanto, quais genes foram expressados..."
E. Marshall, "Do-It-Yourself Gene Watching", *Science*, v. 286, n. 5439, pp. 444-7, 15 out. 1999.

24. Ibid.

25. J. Rosamond e A. Allsop, "Harnessing the Power of the Genome in the Search for New Antibiotics", *Science*, v. 287, n. 5460, pp. 1973-6, 17 mar. 2000.

26. T. R. Golub et al., "Molecular Classification of Cancer: Class Discovery and Class Prediction by Gene Expression Monitoring", *Science*, v. 286, n. 5439, pp. 531-7, 15 out. 1999.

27. Ibid., como relatado em A. Berns, "Cancer: Gene Expression in Diagnosis", *Nature*, v. 403, pp. 491-2, 3 fev. 2000. Em outro estudo, 1% dos genes estudados mostrou uma redução de expressão em músculos idosos. Esses genes produziam proteínas associadas com a produção de energia e a construção de células, portanto uma redução faz sentido dado o enfraquecimento associado com a idade. Os genes com a expressão aumentada produziram proteínas de estresse, que são usadas para reparar o DNA ou as proteínas danificadas. J. Marx, "Chipping Away at the Causes of Aging", *Science*, v. 287, n. 5462, pp. 2390, 31 mar. 2000.

Como outro exemplo, metástases do fígado são uma causa comum do câncer coloretal. Essas metástases respondem ao tratamento de modo diferente, dependendo de seu perfil genético. Fazer um perfil da expressão é uma maneira excelente para determinar um modo de tratamento adequado. J. C. Sung et al., "Genetic Heterogeneity of Colorectal Cancer Liver Metastases", *Journal of Surgical Research*, v. 114, n. 2, p. 251, out. 2003.

Como exemplo final, os pesquisadores têm tido dificuldade em analisar a célula Reed-Sternberg da doença de Hodgkin por causa de sua extrema raridade no tecido afetado. Fazer o perfil da expressão agora fornece uma pista referente à linhagem dessa célula. J. Cossman et al., "Reed-Sternberg Cell Genome Expression Supports a B-Cell Lineage", *Blood*, v. 94, n. 2, pp. 411-6, 15 jun. 1999.

28. T. Ueland et al., "Growth Hormone Substitution Increases Gene Expression of Members of the IGF Family in Cortical Bone from Women with Adult Onset Growth Hormone Deficiency — Relationship with Bone Turn-Over", *Bone*, v. 33, n. 4, pp. 638-45, out. 2003.

29. R. Lovett, "Toxicologists Brace for Genomics Revolution", *Science*, v. 289, n. 5479, pp. 536-7, 28 jul. 2000.

30. A transferência de genes para as células somáticas afeta um subconjunto de células do corpo por certo tempo. Também é possível em teoria alterar a informação genética nas células do ovo e do esperma (germinativas), para a finalidade de passar essas alterações às gerações seguintes. Essa terapia levanta muitas questões éticas e ainda não foi tentada. "Gene Therapy", Wikipedia. Disponível em: <*http://en.wikipedia.org/wiki/Gene_therapy*>.

31. Os genes codificam as proteínas, que desempenham funções vitais no corpo humano. Os genes anormais ou mutantes codificam proteínas que não conseguem realizar aquelas funções, o que resulta em desordens genéticas e doenças. O objetivo da terapia gênica é substituir os genes defeituosos para que sejam produzidas proteínas normais. Isso pode ser feito de inúmeras maneiras, mas o modo mais usual é um gene terapêutico de substituição nas células-alvo do paciente usando uma molécula de transporte chamada vetor. "Hoje em dia, o vetor mais comum é um vírus que tenha sido alterado geneticamente para transportar DNA humano normal. Os vírus evoluíram para encapsular e entregar seus genes às células humanas de um modo patogênico. Os cientistas tentaram aproveitar essa aptidão e manipularam o genoma do vírus para remover os genes causadores de doenças e inserir os genes terapêuticos" (Human Genome Project, "Gene Therapy". Disponível em: <http://www.ornl.gov/TechResources/Human_Genome/medicine/gene-therapy.html>. Ver o site do Human Genome Project para maiores informações sobre a terapia gênica e ligações. A terapia genética é uma área de pesquisa bastante importante para haver atualmente seis publicações e quatro associações profissionais dedicadas a esse tópico.

32. K. R. Smith, "Gene Transfer in Higher Animals: Theoretical Considerations and Key Concepts", *Journal of Biotechnology*, v. 99, n. 1, pp. 1-22, 9 out. 2002.

33. Anil Ananthaswamy, "Undercover Genes Slip into the Brain", 20 mar. 2003. Disponível em: <http://www.newscientist.com/news/news.jsp?id=ns99993520>.

34. A. E. Trezise et al., "In Vivo Gene Expression: DNA Electrotransfer", *Current Opinion in Molecular Therapeutics*, v. 5, n. 4, pp. 397-404, ago. 2003.

35. Sylvia Westphal, "DNA Nanoballs Boost Gene Therapy", 12 maio 2002. Diponível em: <http://www.newscientist.com/news/news.jsp?id=ns99992257>.

36. L. Wu, M. Johnson e M. Sato, "Transcriptionally Targeted Gene Therapy to Detect and Treat Cancer", *Trends in Molecular Medicine*, v. 9, n. 10, pp. 421-9, out. 2003.

37. S. Westphal, "Virus Synthesized in a Fortnight", 14 nov. 2003. Disponível em: <http://www.newscientist.com/news/news.jsp?id=ns99994383>.

38. G. Chiesa, "Recombinant Apolipoprotein A-I(Milano) Infusion into Rabbit Carotid Artery Rapidly Removes Lipid from Fatty Streaks", *Circulation Research*, v. 90, n. 9, pp. 974-80, 17 maio 2002; P. K. Shah et al., "High-Dose Recombinant Apolipoprotein A-I(Milano) Mobilizes Tissue Cholesterol and Rapidly Reduces

Plaque Lipid and Macrophage Content in Apolipoprotein e-Deficient Mice", *Circulation*, v. 103, n. 25, pp. 3047-50, 26 jun. 2001.

39. S. E. Nissen et al., "Effect of Recombinant Apo A-I Milano on Coronary Atherosclerosis in Patients with Acute Coronary Syndromes: A Randomized Controlled Trial", *JAMA*, v. 290, n. 17, pp. 2292-2300, 5 nov. 2003.

40. Um estudo recente de fase 2 relatou "um aumento marcante nos níveis de colesterol HDL e também níveis decrescentes no colesterol LDL". M. E. Brousseau et al., "Effects of an Inhibitor of Cholesteryl Ester Transfer Protein on HDL Cholesterol", *New England Journal of Medicine*, v. 35, n. 15, pp. 1505-15, 8 abr. 2004. Disponível em: <http://content.nejm.org/cgi/content/abstract/350/15/1505>. Os testes globais de fase 3 começaram no final de 2003. Informações sobre Torcetrapib podem ser encontradas no site da Pfizer: <http://www.pfizer.com/are/investors_reports/annual_2003/review/p2003ar14_15.htm>.

41. O. J. Finn, "Cancer Vaccines: Between the Idea and the Reality", *Nature Reviews: Immunology*, v. 3, n. 8, pp. 630-41, ago. 2003; R. C. Kennedy e M. H. Shearer, "A Role for Antibodies in Tumor Immunity", *International Reviews of Immunology*, v. 22, n. 2, pp. 141-72, mar.-abr. 2003.

42. T. F. Greten e E. M. Jaffee, "Cancer Vaccines", *Journal of Clinical Oncology*, v. 17, n. 3, pp. 1047-60, mar. 1999.

43. "Cancer 'Vaccine' Results Encouraging", BBCNews, 8 jan. 2001, <http://news.bbc.co.uk/2/hi/health/1102618.stm>, em uma reportagem sobre a pesquisa de E. M. Jaffee et al., "Novel Allogeneic Granulo-cyte-Macrophage Colony-Stimulating Factor-Secreting Tumor Vaccine for Pancreatic Cancer: A Phase I Trial of Safety and Immune Activation", *Journal of Clinical Oncology*, v. 19, n. 1, pp. 145-56, 1º jan. 2001.

44. John Travis, "Fused Cells Hold Promise of Cancer Vaccines", 4 mar. 2000, <http://www.sciencenews.org/articles/20000304/fob3.asp>, referindo-se a D. W. Kufe, "Smallpox, Polio and Now a Cancer Vaccine?", *Nature Medicine*, n. 6, pp. 252-3, mar. 2000.

45. J. D. Lewis, B. D. Reilly e R. K. Bright, "Tumor-Associated Antigens: From Discovery to Immunity", *International Reviews of Immunology*, v. 22, n. 2, pp. 81-112, mar.-abr. 2003.

46. T. Boehm et al., "Antiangiogenic Therapy of Experimental Cancer Does Not Induce Acquired Drug Resistance", *Nature*, v. 390, n. 6658, pp. 404-7, 27 nov. 1997.

47. Angiogenesis Foundation, "Understanding Angiogenesis". Disponível em: <http://www.angio.org/understanding/content_understanding.html>; L. K. Lassiter e M. A. Carducci, "Endothelin Receptor Antagonists in the Treatment of Prostate Cancer", *Seminars in Oncology*, v. 30, n. 5, pp. 678-88, out. 2003. Para uma explicação do processo, ver o site do National Cancer Institute, "Understanding Angiogenesis", em: <http://press2.nci.nih.gov/sciencebehind/angiogenesis/angio02.htm>.

48. I. B. Roninson, "Tumor Cell Senescence in Cancer Treatment", *Cancer Research*, v. 63, n. 11, pp. 2705-15, 1º jun. 2003; B. R. Davies et al., "Immortalization of Human Ovarian Surface Epithelium with Telomerase and Temperature-Sensitive SV40 Large T Antigen", *Experimental Cell Research*, v. 288, n. 2, pp. 390-402, 15 ago. 2003.

49. Ver também R. C. Woodruff e J. N. Thompson Jr., "The Role of Somatic and Germline Mutations in Aging and a Mutation Interaction Model of Aging", *Journal of Anti-Aging Medicine*, v. 6, n. 1, pp. 29-39, primavera 2003. Ver também as notas 18 e 19.

50. Aubrey D. N. J. de Grey, "The Reductive Hotspot Hypothesis of Mammalian Aging: Membrane Metabolism Magnifies Mutant Mitochondrial Mischief", *European Journal of Biochemistry*, v. 269, n. 8, pp. 2003-9, abr. 2002; P. F. Chinnery et al., "Accumulation of Mitochondrial DNA Mutations in Ageing, Cancer, and Mitochondrial Disease: Is There a Common Mechanism?", *Lancet*, v. 360, n. 9342, pp. 1323-5, 26 out. 2002; A. D. de Grey, "Mitochondrial Gene Therapy: An Arena for the Biomedical Use of Inteins", *Trends in Biotechnology*, v. 18, n. 9, pp. 394-9, set. 2000.

51. "A ideia de 'vacinar' indivíduos contra uma desordem neurodegenerativa como o mal de Alzheimer é um afastamento marcante do pensamento clássico sobre mecanismo e tratamento, e, contudo, vacinas terapêuticas para o mal de Alzheimer, bem como para a esclerosa múltipla, foram autenticadas em modelos animais e fazem parte da clínica médica. Entretanto, tais abordagens têm o potencial de induzir respostas inflamatórias indesejadas tanto quanto trazer benefícios." (H. L. Weiner e D. J. Selkoe, "Inflammation and Therapeutic Vaccination in CNS Diseases", *Nature*, v. 420, n. 6917, pp. 879-84, 19 a 26 dez. 2002). Esses pesquisadores mostraram que uma vacina na forma de gotas nasais poderia desacelerar a deterioração do cérebro causada por Alzheimer. H. L. Weiner et al. "Nasal Administration of Amyloid-beta Peptide Decreases Cerebral Amyloid Burden in a Mouse Model of Alzheimer's Disease", *Annals of Neurology*, v. 48, n. 4, pp. 567-79, out. 2000.

52. S. Vasan, P. Foiles e H. Founds, "Therapeutic Potential of Breakers of Advanced Glycation End Product-Protein Crosslinks", *Archives of Biochemistry and Biophysics*, v. 419, n. 1, pp. 89-96, 1º nov. 2003; D. A. Kass, "Getting Better Without AGE: New Insights into the Diabetic Heart", *Circulation Research*, v. 92, n. 7, pp. 704-6, 18 abr. 2003.

53. S. Graham, "Methuselah Worm Remains Energetic for Life", 27 out. 2003. Diponível em: <www.sciam.com/article.cfm?chanID=sa003&articleID=000C601F-8711-1F99-86FB83414B7F0156>.

54. A home page de Ron Weiss na Universidade de Princeton (http://www.princeton.edu/~rweiss) lista suas publicações, como "Genetic Circuit Building Blocks for Cellular Computation, Communications, and Signal Processing", *Natural Computing, an International Journal*, v. 2, n. 1, pp. 47-84, jan. 2003.

55. S. L. Garfinkel, "Biological Computing", *Technology Review*, maio-jun. 2000. Disponível em: <http://static.highbeam.com/t/technologyreview/may012000/biologicalcomputing>.

56. Ibid. Ver também a lista das pesquisas atuais no site do MIT Media Lab. Disponível em: <http://www.media.mit.edu/research/index.html>.

57. Aqui, uma explicação possível: "Nos mamíferos, os embriões femininos têm dois cromossomos X e os masculinos têm só um. Durante o desenvolvimento inicial nas fêmeas, um dos Xs e a maioria de seus genes estão normalmente silenciados ou desativados. Assim, a quantidade de expressão de genes em machos e fêmeas é a mesma. Mas, em animais clonados, um cromossomo X já está desativado no núcleo doado. Ele tem de ser reprogramado e depois desativado de novo, o que traz a possibilidade de erros". CBC News online, "Genetic Defects May Explain Cloning Failures", 27 maio 2002. Disponível em: <http://www.cbc.ca/stories/2002/05/27/cloning_errors020527>. Essa história é relatada em F. Xue et al., "Aberrant Patterns of X Chromosome Inactivation in Bovine Clones", *Nature Genetics*, v. 31, n. 2, pp. 216-20, jun. 2002.

58. Rick Weiss, "Clone Defects Point to Need for 2 Genetic Parents", *Washington Post*, 10 maio 1999. Disponível em: <http://www.gene.ch/genet/1999/Jun/msg00004.html>.

59. A. Baguisi et al., "Production of Goats by Somatic Cell Nuclear Transfer", *Nature Biotechnology*, n. 5, pp. 456-61, maio1999. Para mais informações sobre a parceria entre Genzyme Transgenics Corporation, Louisiana State University, e Tufts University School of Medicine, que produziu esse trabalho, ver o press release de 27 de abril de 1999, "Genzyme Transgenics Corporation Announces First Successful Cloning of Transgenic Goat", em: <http://www.transgenics.com/pressreleases/pr042799.html>.

60. Luba Vangelova, "True or False? Extinction Is Forever", *Smithsonian*, jun. 2003. Disponível em: <http://www.smithsonianmag.com/smithsonian/issues03/jun03/phenomena.html>.

61. J. B. Gurdon e A. Colman, "The Future of Cloning", *Nature*, v. 402, n. 6763, pp. 743-6, 16 dez. 1999; Gregory Stock e John Campbell (orgs.), *Engineering the Human Germline: An Exploration of the Science and Ethics of Altering the Genes We Pass to Our Children* (Nova York: Oxford University Press, 2000).

62. Como o Scripps Research Institute assinala: "A habilidade para diferenciar ou reverter as células comprometidas com a linhagem para células genitoras multipotentes pode superar muitos dos obstáculos associados, como uso do silêncio elétrico cerebral (ECS) e das células-tronco adultas em aplicações clínicas (diferenciação ineficiente, rejeição das células alogênicas, isolamento e expansão eficientes etc.). Com um processo eficiente de desdiferenciação, é possível que células adultas saudáveis, abundantes e facilmente acessíveis possam ser usadas para gerar diferentes tipos de células funcionais a fim de reparar tecidos e órgãos danificados" (http://www.scripps.edu/chem/ding/sciences.htm).

A conversão direta de um tipo de célula diferenciada em outro — processo a que se referem como transdiferenciação — seria benéfico para produzir células isogênicas (do próprio paciente), a fim de substituir tecidos ou células doentes ou danificadas. As células-tronco adultas apresentam um potencial mais amplo de diferenciação do que se previa, e podem contribuir para tecidos diferentes daqueles onde elas residem. Como tais, elas poderiam ser agentes terapêuticos valiosos. Os avanços recentes na transdiferenciação envolvem transplante nuclear, manipulação das condições da cultura de células, indução de expressão gênica ectópica e absorção de moléculas dos extratos celulares. Essas abordagens abrem as portas para novos caminhos para fabricar células isogênicas substitutas. Para evitar uma transformação imprevista de tecidos, a reprogramação nuclear requer modificações epigenéticas controladas que passem aos descendentes. Resta um trabalho considerável para desembaraçar os processos moleculares em que se baseia na reprogramação nuclear e para avaliar a estabilidade das alterações nas células reprogramadas.

Citado de P. Collas e Anne-Mari Håkelien, "Teaching Cells New Tricks", *Trends in Biotechnology* , v. 21, n. 8, pp. 354-61, ago. 2003; P. Collas, "Nuclear Reprogramming in Cell-Free Extracts", *Philosophical Transactions of the Royal Society of London, B*, v. 358, p. 1436, pp. 1389-95, 29 ago. 2003.

63. Uns pesquisadores converteram células humanas do fígado em células do pâncreas no laboratório: Jonathan Slack et al., "Experimental Conversion of Liver to Pancreas", *Current Biology*, v. 13, n. 2, pp. 105-15, jan. 2003. Pesquisadores reprogramaram células para se comportarem como outras células usando extratos de células; por exemplo, células da pele foram reprogramadas para exibir as características das células T. Anne-Mari Håkelien et al., "Reprogramming Fibroblasts to Express T-Cell Functions Using Cell Extracts", *Nature Biotechnology*, v. 20, n. 5, pp. 460-6, maio 2002; Anne-Mari Håkelien e P. Collas, "Novel Approaches to Transdifferentiation", *Cloning Stem Cells*, v. 4, n. 4, pp. 379-87, 2002. Ver também David Tosh e Jonathan M. W. Slack, "How Cells Change Their Phenotype", *Nature Reviews Molecular Cell Biology*, v. 3, n. 3, pp. 187-94, mar. 2002.

64. Ver a descrição dos fatores da transcrição na nota 21 acima.

598   A SINGULARIDADE ESTÁ PRÓXIMA

65. R. P. Lanza et al., "Extension of Cell Life-Span and Telomere Length in Animals Cloned from Senescent Somatic Cells", *Science*, v. 288, n. 5466, pp. 665-9, 28 abr. 2000. Ver também J. C. Ameisen, "On the Origin, Evolution, and Nature of Programmed Cell Death: A Timeline of Four Billion Years", *Cell Death and Differentiation*, v. 9, n. 4, p. 367-93, abr. 2002; Mary-Ellen Shay, "Transplantation Without a Donor", *Dream: The Magazine of Possibilities* (Children's Hospital, Boston), outono de 2001.

66. Em 2000, a Immune Tolerance Network (http://www.immunetolerance.org), um projeto dos National Institutes of Health (NIH) e da Juvenile Diabetes Foundation, anunciaram uma experiência clínica multi-cêntrica para verificar a eficácia do transplante de ilhotas.

De acordo com um sumário da experiência clínica (James Shapiro, "Campath-1H and One-Year Temporary Sirolimus Maintenance Monotherapy in Clinical Islet Transplantation", <http://www.immunetolerance. org/public/clinical/islet/trials/shapiro2.html>): "Esta terapia não é adequada para todos os pacientes com diabetes tipo 1, mesmo que não houvesse limitações de suprimento das ilhotas, por causa dos potenciais riscos a longo prazo de câncer, infecções graves e efeitos colaterais de medicamentos relacionados com a terapia antirrejeição. Se a tolerância [função indefinida do enxerto sem precisar de drogas a longo prazo para prevenir a rejeição] pudesse ser alcançada com um mínimo de risco antecipado, então o transplante de ilhotas poderia ser usado com segurança mais cedo no curso da diabetes, e eventualmente em crianças quando forem diagnosticadas".

67. "Lab Grown Steaks Nearing Menu", <http://www.newscientist.com/news/news.jsp?id=ns99993208>, inclui debates sobre questões técnicas.

68. A redução pela metade para tamanhos padrões é de cinco anos em cada dimensão. Ver a discussão no capítulo 2.

69. Uma análise de Robert A. Freitas Jr. indica que substituir 10% das células vermelhas do sangue de uma pessoa por respirócitos robóticos iria permitir que ela prendesse a respiração por cerca de quatro horas, que é mais ou menos 240 vezes mais tempo do que um minuto (cerca do tempo possível com as células vermelhas do sangue biológicas). Já que esse aumento deriva da substituição de apenas 10% das células vermelhas do sangue, os respirócitos são milhares de vezes mais eficazes.

70. A nanotecnologia é "o controle minucioso, barato, da estrutura da matéria, baseado no controle molécula-por-molécula dos produtos e subprodutos; os produtos e processos da fabricação molecular, inclusive a maquinaria molecular" (Eric Drexler e Chris Peterson, *Unbounding the Future: The Nanotechnology Revolution* [Nova York:William Morrow, 1991]). De acordo com os autores:

A tecnologia está movendo-se na direção de maior controle da estrutura da matéria por milênios... Tecnologias avançadas do passado — tubos de micro-ondas, lasers, supercondutores, satélites, robots e similares — têm saído gotejando das fábricas, no começo com preços altos e aplicações restritas. A fabricação molecular, entretanto, será mais como computadores: uma tecnologia flexível com uma ampla gama de aplicações. E a fabricação molecular não sairá gotejando das fábricas convencionais como fizeram os computadores; ela vai substituir fábrica e substituir ou melhorar seus produtos. Isso é novo e básico, não só outra engenhoca do século XX. Ela vai originar-se das tendências científicas do século XX, mas irá romper as linhas de tendência na tecnologia, economia e assuntos do meio ambiente. [Cap. 1]

Drexler e Peterson esboçam o alcance possível dos efeitos da revolução: células solares eficientes "tão baratas quanto os jornais e tão resistentes quanto o asfalto", mecanismos moleculares que podem matar os vírus do resfriado em seis horas antes de se biodegradarem, máquinas imunes que destroem as células malignas do corpo como um apertar de um botão, supercomputadores de bolso, o fim do uso de combustíveis fósseis, viagem pelo espaço e a restauração das espécies perdidas. Ver também E. Drexler, *Engines of Creation* (Nova York: Anchor Books, 1986). O Foresight Institute tem uma lista útil de perguntas e respostas sobre nano-tecnologia, <http://www.foresight.org/NanoRev/FIFAQ1.html>, e outras informações. Outros recursos na web incluem a National Nanotechnology Initiative, <http://www.nano.gov>; <http://nanotechweb.org>; a página de nanotecnologia de Ralph Merkle <http://www.zyvex.com/nano>; e *Nanotechnology*, um jornal on-line, <http://www.iop.org/EJ/journal/0957-4484>. Um material extenso sobre nanotecnologia pode ser encontrado no site do autor: <http://www.kurzweilAI.net/meme/frame.html?m=18>.

71. Richard P. Feynman, "There's Plenty of Room at the Bottom", encontro anual da American Physical Society, Pasadena, Estados Unidos, 1959; transcrição em <http://www.zyvex.com/nanotech/feynman.html>.

72. John von Neumann, *Theory of Self-Reproducing Automata*, org. de A. W. Burks. (Urbana: University of Illinois Press, 1966).

73. O levantamento mais completo da replicação de máquinas cinemáticas é Robert A. Freitas Jr. e Ralph C. Merkle, *Kinematic Self-Replicating Machines* (Georgetown: Landes Bioscience, 2004). Disponível em: <http://www.MolecularAssembler.com/KSRM.html>.

74. K. Eric Drexler, *Engines of Creation*, e K. Eric Drexler, *Nanosystems: Molecular Machinery, Manufacturing, and Computation* (Nova York: Wiley Interscience, 1992).

75. Ver a discussão sobre circuitos de nanotubos no capítulo 3, incluindo a análise do potencial dos circuitos de nanotubos na nota 9 daquele capítulo.

76. K. Eric Drexler e Richard E. Smalley, "Nanotechnology: Drexler and Smalley Make the Case for and Against 'Molecular Assemblers'", *Chemical and Engineering News*, 30 nov. 2003. Disponível em: <http://pubs.acs.org/cen/coverstory/8148/8148counterpoint.html>.

77. Ralph C. Merkle, "A Proposed 'Metabolism' for a Hydrocarbon Assembler", *Nanotechnology*, n. 8, pp. 149-62, dez. 1997, <http://www.iop.org/EJ/abstract/0957-4484/8/4/001 ou http://www.zyvex.com/nanotech/hydroCarbonMetabolism.html>. Ver também "Binding Sites for Use in a Simple Assembler", *Nanotechnology*, n. 8, pp. 23-8, 1997, <http://www.zyvex.com/nanotech/bindingSites.html>; Id., "A New Family of Six Degree of Freedom Positional Devices", *Nanotechnology*, n. 8, pp. 47-52, 1997, <http://www.zyvex.com/nanotech/6dof.html>; Id., "Casing an Assembler", *Nanotechnology*, n. 10, pp. 315-22, 1999, <http://www.zyvex.com/nanotech/casing>; Robert A. Freitas Jr., "A Simple Tool for Positional Diamond Mechanosynthesis, and Its Method of Manufacture", Pedido provisório de patente nos Estados Unidos n. 60/543,802, apresentado em 11 de fevereiro de 2004, processo descrito em: <http://www.MolecularAssembler.com/Papers/PathDiamMolMfg.htm>; Ralph C. Merkle e Robert A. Freitas Jr., "Theoretical Analysis of a Carbon-Carbon Dimer Placement Tool for Diamond Mechanosynthesis" *Journal of Nanoscience and Nanotechnology*, n. 3, pp. 319-24, ago. 2003, http://www.rfreitas.com/Nano/JNNDimerTool.pdf; Id., "Merkle-Freitas Hydrocarbon Molecular Assembler", em *Kinematic Self-Replicating Machines*, seção 4.11.3 (Georgetown: Landes Bioscience, 2004), pp. 130-5, <http://www.MolecularAssembler.com/KSRM/4.11.3.htm>.

78. Robert A. Freitas Jr., *Nanomedicine*, v. 1, *Basic Capabilities*, seção 6.3.4.5, "Chemoelectric Cells" (Georgetown: Landes Bioscience, 1999), pp. 152-4, <http://www.nanomedicine.com/NMI/6.3.4.5.htm>; Id., *Nanomedicine*, v. 1, *Basic Capabilities*, seção 6.3.4.4, "Glucose Engines" (Georgetown: Landes Bioscience, 1999), pp. 149-52, <http://www.nanomedicine.com/NMI/6.3.4.4.htm>; K. Eric Drexler, *Nanosystems: Molecular Machinery, Manufacturing, and Computation*, seção 16.3.2, "Acoustic Power and Control" (Nova York: Wiley Interscience, 1992), pp. 472-6. Ver também Robert A. Freitas Jr. e Ralph C. Merkle, *Kinematic Self-Replicating Machines*, apêndice B.4, "Acoustic Transducer for Power and Control" (Georgetown: Landes Bioscience, 2004), pp. 225-33, <http://www.MolecularAssembler.com/KSRM/AppB.4.htm>.

79. O levantamento mais completo dessas propostas pode ser encontrado em Robert A. Freitas Jr. e Ralph C. Merkle, *Kinematic Self-Replicating Machines*, capítulo 4, "Microscale and Molecular Kinematic Machine Replicators" (Georgetown: Landes Bioscience, 2004), pp. 89-144. Disponível em: <http://www.MolecularAssembler.com/KSRM/4.htm>.

80. Drexler, *Nanosystems*, p. 441.

81. O levantamento mais completo dessas propostas pode ser encontrado em Robert A. Freitas Jr. e Ralph C. Merkle, *Kinematic Self-Replicating Machines*, capítulo 4, "Microscale and Molecular Kinematic Machine Replicators" (Georgetown: Landes Bioscience, 2004), pp. 89-144. Disponível em: <http://www.MolecularAssembler.com/KSRM/4.htm>.

82. T. R. Kelly, H. De Silva e R. A. Silva, "Unidirectional Rotary Motion in a Molecular System", *Nature*, v. 401, n. 6749, pp. 150-2, 9 set. 1999.

83. Carlo Montemagno e George Bachand, "Constructing Nanomechanical Devices Powered by Biomolecular Motors", *Nanotechnology*, n. 10, pp. 225-31, 1999; George D. Bachand e Carlo D. Montemagno, "Constructing Organic/Inorganic NEMS Devices Powered by Biomolecular Motors", *Biomedical Microdevices*, v. 2, n. 3, pp. 179-84, jun. 2000.

84. N. Koumura et al., "Light-Driven Monodirectional Molecular Rotor", *Nature*, v. 401, n. 6749, pp. 152-5, 9 set. 1999.

85. Berkeley Lab, "A Conveyor Belt for the Nano-Age", 28 abr. 2004. Disponível em: <http://www.lbl.gov/Science-Articles/Archive/MSD-conveyor-belt-for-nanoage.html>.

86. "Study: Self-Replicating Nanomachines Feasible", 2 jun. 2004, <http://www.smalltimes.com/document_display.cfm?section_id=53&document_id=8007>, referindo-se a Tihamer Toth-Fejel, "Modeling Kinematic Cellular Automata", 30 abr. 2004, <http://www.niac.usra.edu/files/studies/final_report/pdf/883Toth-Fejel.pdf>.

87. W. U. Dittmer, A. Reuter e F. C. Simmel, "A DNA-Based Machine That Can Cyclically Bind and Release Thrombin", *Angewandte Chemie International Edition*, n. 43, pp. 3550-3, 2004.

88. Shiping Liao e Nadrian C. Seeman, "Translation of DNA Signals into Polymer Assembly Instructions", *Science*, v. 306, pp. 2072-4, 17 dez. 2004. Disponível em: <http://www.sciencemag.org/cgi/reprint/306/5704/2072.pdf>.

89. Scripps Research Institute, "Nano-origami", 11 fev. 2004. Disponível em: <http://www.eurekalert.org/pub_releases/2004-02/sri-n021004.php>.

90. Jenny Hogan, "DNA Robot Takes Its First Steps", 6 maio 2004, <http://www.newscientist.com/news/news.jsp?id=ns99994958>, referindo-se a Nadrian Seeman e William Sherman, "A Precisely Controlled DNA Biped Walking Device", *Nano Letters*, v. 4, n. 7, pp. 1203-7, jul. 2004.

91. Helen Pearson, "Construction Bugs Find Tiny Work", *Nature News*, 11 jul. 2003. Disponível em: <http://www.nature.com/news/2003/030707/full/030707-9.html>.

92. Richard E. Smalley, "Nanofallacies: Of Chemistry, Love and Nanobots", *Scientific American*, v. 285, n. 3, pp. 76-7, set. 2001; é necessária a assinatura para este link: <http://www.sciamdigital.com/browse.cfm?sequencenameCHAR=item2&methodnameCHAR=resource_getitembrowse&interfacenameCHAR=browse.cfm&ISSUEID_CHAR=6A628AB3-17A5-4374-B100-3185A0CCC86&ARTICLEID_CHAR=F90C4210-C153-4B2F-83A1-28F2012B637&sc=I100322>.

93. Ver a bibliografia de referência nas notas 108 e 109 abaixo. Ver também Drexler, *Nanosystems*, para sua proposta. Para confirmação, ver Xiao Yan Chang, Martin Perry, James Peploski, Donald L. Thompson e Lionel M. Raff, "Theoretical Studies of Hydrogen-Abstraction Reactions from Diamond and Diamondlike Surfaces", *Journal of Chemical Physics*, v. 99, pp. 4748-58, 15 set. 1993. Ver também L. J. Lauhon e W. Ho, "Inducing and Observing the Abstraction of a Single Hydrogen Atom in Bimolecular Reaction with a Scanning Tunneling Microscope", *Journal of Physical Chemistry*, v. 105, pp. 3987-92, 2000; G. Allis e K. Eric Drexler, "Design and Analysis of a Molecular Tool for Carbon Transfer in Mechanosynthesis", *Journal of Computational and Theoretical Nanoscience*, v. 2, n. 1, mar.-abr. 2005.

94. Lea Winerman, "How to Grab an Atom", *Physical Review Focus*, 2 maio 2003, <http://focus.aps.org/story/v11/st19>, referindo-se a Noriaki Oyabu, "Mechanical Vertical Manipulation of Selected Single Atoms by Soft Nanoindentation Using a Near Contact Atomic Force Microscope", *Physical Review Letters*, v. 90, n. 17, p. 176102, 2 maio 2003.

95. Robert A. Freitas Jr., "Technical Bibliography for Research on Positional Mechanosynthesis", site do Foresight Institute, 16 dez. 2003. Disponível em: <http://foresight.org/stage2/mechsynthbib.html>.

96. Ver a equação e a explicação na p. 3 de Ralph C.Merkle, "That's Impossible! How Good Scientists Reach Bad Conclusions". Disponível em: <http://www.zyvex.com/nanotech/impossible.html>.

97. "Então ΔX_c é só ~5% do diâmetro usual da nuvem de elétrons atômicos de ~0,3 nm, impondo apenas uma restrição adicional modesta na fabricação e estabilidade das estruturas nanomecânicas. (Mesmo na maioria dos líquidos em ponto de ebulição, todas as moléculas podem se mover apenas ~0,07 nm de sua posição normal.)." Robert A. Freitas Jr., *Nanomedicine*, v. 1, *Basic Capabilities*, seção 2.1, "Is Molecular Manufacturing Possible?" (Georgetown: Landes Bioscience, 1999), p. 39. Disponível em: <http://www.nanomedicine.com/NMI/2.1.htm#p9>.

98. Robert A. Freitas Jr., *Nanomedicine*, v. 1, *Basic Capabilities*, seção 6.3.4.5, "Chemoelectric Cells" (Georgetown: Landes Bioscience, 1999), pp. 152-54. Disponível em: <http://www.nanomedicine.com/NMI/6.3.4.5.htm>.

99. Montemagno e Bachand, "Constructing Nanomechanical Devices Powered by Biomolecular Motors".

100. Carta aberta do presidente da Foresight, K. Eric Drexler, para o ganhador do prêmio Nobel de química, Richard Smalley, <http://www.foresight.org/NanoRev/Letter.html>, e reimpressa aqui: <http://www.KurzweilAI.net/meme/frame.html?main=/articles/art0560.html>. A história completa pode ser encontrada em Ray Kurzweil, "The Drexler-Smalley Debate on Molecular Assembly", em: <http://www.KurzweilAI.net/meme/frame.html?main=/articles/art0604.html>.

101. K. Eric Drexler e Richard E. Smalley, "Nanotechnology: Drexler and Smalley Make the Case for and Against 'Molecular Assemblers'", *Chemical & Engineering News*, v. 81, n. 48, pp. 37-42, 1º dez. 2003. Disponível em: <http://pubs.acs.org/cen/coverstory/8148/8148counterpoint.html>.

102. A. Zaks e A. M. Klibanov, "Enzymatic Catalysis in Organic Media at 100 Degrees C", *Science*, v. 224, n. 4654, pp. 1249-51, 15 jun. 1984.

103. Patrick Bailey, "Unraveling the Big Debate About Small Machines", *BetterHumans*, 16 ago. 2004. Disponível em: <http://www.betterhumans.com/Features/Reports/report.aspx?articleID=2004-08-16-1>.

104. Charles B. Musgrave et al., "Theoretical Studies of a Hydrogen Abstraction Tool for Nanotechnology", *Nanotechnology*, v. 2, pp. 187-95, 2 out. 1991; Michael Page e Donald W. Brenner, "Hydrogen Abstraction from a Diamond Surface: *Ab initio* Quantum Chemical Study with Constrained Isobutane as a Model", *Journal of the American Chemical Society*, v. 113, n. 9, pp. 3270-4, 1991; Xiao Yan Chang, Martin Perry, James Peploski, Donald L. Thompson e Lionel M. Raff, "Theoretical Studies of Hydrogen-Abstraction Reactions from Diamond and Diamond-like Surfaces", *Journal of Chemical Physics*, v. 99, pp. 4748-58, 15 set. 1993; J. W. Lyding, K. Hess, G. C. Abeln et al., "UHV-STM Nanofabrication and Hydrogen/Deuterium Desorption from Silicon Surfaces: Implications for CMOS Technology", *Applied Surface Science*, v. 132, p. 221, 1998. Disponível em: <http://www.hersam-group.northwestern.edu/publications.html>; E. T. Foley et al., "Cryogenic UHV-STM Study of Hydrogen and Deuterium Desorption from Silicon(100)", *Physical Review Letters*, v. 80, pp. 1336-9, 1998. Disponível em: <http://prola.aps.org/abstract/PRL/v80/i6/p1336_1>; L. J. Lauhon e W. Ho, "Inducing and Observing the Abstraction of a Single Hydrogen Atom in Bimolecular Reaction with a Scanning Tunneling Microscope", *Journal of Physical Chemistry*, v. 105, pp. 3987-92, 2000.

105. Stephen P. Walch e Ralph C. Merkle, "Theoretical Studies of Diamond Mechanosynthesis Reactions", *Nanotechnology*, n. 9, pp. 285-96, set. 1998; Fedor N.Dzegilenko, Deepak Srivastava e Subhash Saini, "Simulations of Carbon Nanotube Tip Assisted Mechano-Chemical Reactions on a Diamond Surface", *Nan-*

otechnology, n. 9, pp. 325-30, dez. 1998; Ralph C. Merkle e Robert A. Freitas Jr., "Theoretical Analysis of a Carbon-Carbon Dimer Placement Tool for Diamond Mechanosynthesis", Journal of Nanoscience and Nanotechnology, n. 3, pp. 319-24, ago. 2003, <http://www.rfreitas.com/Nano/DimerTool.htm>; Jingping Peng, Robert A. Freitas Jr. e Ralph C. Merkle, "Theoretical Analysis of Diamond Mechano-Synthesis. Part I. Stability of C2 Mediated Growth of Nanocrystalline Diamond C(110) Surface", Journal of Computational and Theoretical Nanoscience, n. 1, pp. 62-70, mar. 2004, <http://www.molecularassembler.com/JCTNPengMar04. pdf>; David J. Mann, Jingping Peng, Robert A. Freitas Jr. e Ralph C. Merkle, "Theoretical Analysis of Diamond MechanoSynthesis. Part II. C2 Mediated Growth of Diamond C(110) Surface via Si/Ge-Triadamantane Dimer Placement Tools", Journal of Computational and Theoretical Nanoscience, n. 1, pp. 71-80, mar. 2004, <http://www.molecularassembler.com/JCTNMannMar04.pdf>.

106. A análise da ferramenta de extrair o hidrogênio e das ferramentas de depositar o carbono envolveu muitas pessoas, incluindo: Donald W. Brenner, Tahir Cagin, Richard J.Colton, K. Eric Drexler, Fedor N. Dzegilenko, Robert A. Freitas Jr., William A.Goddard III, J. A. Harrison, Charles B. Musgrave, Ralph C. Merkle, Michael Page, Jason K. Perry, Subhash Saini, O. A. Shenderova, Susan B. Sinnott, Deepak Srivastava, Stephen P.Walch e Carter T.White.

107. Ralph C. Merkle, "A Proposed 'Metabolism' for a Hydrocarbon Assembler", Nanotechnology, n. 8, pp. 149-62, dez. 1997. Disponível em: <http://www.iop.org/EJ/abstract/0957-4484/8/4/001> ou <http://www.zyvex.com/nanotech/hydroCarbonMetabolism.html>.

108. Uma bibliografia útil para referências: Robert A. Freitas Jr., "Technical Bibliography for Research on Positional Mechanosynthesis", site do Foresight Institute, 16 dez. 2003, <http://foresight.org/stage2/mechsynthbib.html.; Wilson Ho e Hyojune Lee, "Single Bond Formation and Characterization with a Scanning Tunneling Microscope", Science, v. 286, n. 5445, pp. 1719-22, 26 nov. 1999, < http://www.physics.uci.edu/~wilsonho/stm-iets.html>; K. Eric Drexler, Nanosystems, capítulo 8; Ralph Merkle, "Proposed 'Metabolism' for a Hydrocarbon Assembler"; Musgrave et al., "Theoretical Studies of a Hydrogen Abstraction Tool for Nanotechnology"; Michael Page e Donald W. Brenner, "Hydrogen Abstraction from a Diamond Surface: Ab initio Quantum Chemical Study with Constrained Isobutane as a Model", Journal of the American Chemical Society, v. 113, n. 9, pp. 3270-4, 1991; D.W. Brenner et al., "Simulated Engineering of Nanostructures", Nanotechnology, n. 7, pp. 161-7, set. 1996, <http://www.zyvex.com/nanotech/nano4/brennerPaper.pdf>; S. P.Walch, W. A. Goddard III e Ralph Merkle, "Theoretical Studies of Reactions on Diamond Surfaces", Quinta Conferência Foresight sobre Nanotecnologia Molecular, 1997, <http://www.foresight.org/Conferences/MNT05/Abstracts/Walcabst.html>; Stephen P. Walch e Ralph C. Merkle, "Theoretical Studies of Diamond Mechanosynthesis Reactions", Nanotechnology, n. 9, pp. 285-96, set. 1998; Fedor N. Dzegilenko, Deepak Srivastava e Subhash Saini, "Simulations of Carbon Nanotube Tip Assisted Mechano-Chemical Reactions on a Diamond Surface", Nanotechnology, n. 9, pp. 325-30, dez. 1998; J. W. Lyding et al., "UHVSTM Nanofabrication and Hydrogen/Deuterium Desorption from Silicon Surfaces: Implications for CMOS Technology", Applied Surface Science, n. 132, p. 221, 1998, <http://www.hersam-group.northwestern.edu/publications.html>; E. T. Foley et al., "Cryogenic UHV-STM Study of Hydrogen and Deuterium Desorption from Silicon", Physical Review Letters, n. 80, pp. 1336-9, 1998, <http://prola.aps.org/abstract/PRL/v80/i6/p1336_1>; M. C. Hersam, G. C. Abeln e J. W. Lyding, "An Approach for Efficiently Locating and Electrically Contacting Nanostructures Fabricated via UHV-STM Lithography on Si(100)", Microelectronic Engineering, n. 47, pp. 235-7, 1999; L. J. Lauhon e W.Ho, "Inducing and Observing the Abstraction of a Single Hydrogen Atom in Bimolecular Reaction with a Scanning Tunneling Microscope", Journal of Physical Chemistry, n. 105, pp. 3987-92, 2000, <http://www.physics.uci.edu/~wilsonho/stm-iets.html>.

109. Eric Drexler, "Drexler Counters", publicado pela primeira vez em KurzweilAI.net, 1º nov. 2003, <http://www.KurzweilAI.net/meme/frame.html?main=/articles/art0606.html>. Ver também K. Eric Drexler, Nanosystems: Molecular Machinery, Manufacturing, and Computation (Nova York: Wiley Interscience, 1992), capítulo 8; Ralph C. Merkle, "Foresight Debate with Scientific American" (1995), <http://www.foresight.org/SciAmDebate/SciAmResponse.html>; Wilson Ho e Hyojune Lee, "Single Bond Formation and Characterization with a Scanning Tunneling Microscope", Science, v. 286, n. 5445, pp. 1719-22, 26 nov. 1999, <http://www.physics.uci.edu/~wilsonho/stm-iets.html>; K. Eric Drexler, David Forrest, Robert A. Freitas Jr., J. Storrs Hall, Neil Jacobstein, Tom McKendree, Ralph Merkle e Christine Peterson, "On Physics, Fundamentals, and Nanorobots: A Rebuttal to Smalley's Assertion that Self-Replicating Mechanical Nanorobots Are Simply Not Possible: A Debate About Assemblers" (2001), <http://www.imm.org/SciAmDebate2/smalley.html>.

110. Ver: <http://pubs.acs.org/cen/coverstory/8148/8148counterpoint.html>; <http://www.kurzweilAI.net/meme/frame.html?main=/articles/art0604.html?>.

111. D. Maysinger et al., "Block Copolymers Modify the Internalization of Micelle-Incorporated Probes into Neural Cells", Biochimica et Biophysica Acta, v. 1539, n. 3, pp. 205-17, 20 jun. 2001; R. Savic et al., "Micellar Nanocontainers Distribute to Defined Cytoplasmic Organelles", Science, v. 300, n. 5619, pp. 615-8, 25 abr. 2003.

112. T. Yamada et al., "Nanoparticles for the Delivery of Genes and Drugs to Human Hepatocytes", Nature Biotechnology, v. 21, n. 8, pp. 885-90, ago. 2003. Publicado eletronicamente em 29 de junho de 2003. Sumário: <http://www.nature.com/cgi-taf/DynaPage.taf?file=/nbt/journal/v21/n8/abs/nbt843.html.> Press release curto da Nature: <http://www.nature.com/nbt/press_release/nbt0803.html>.

113. Richards Grayson et al., "A BioMEMS Review: MEMS Technology for Physiologically Integrated Devices", *IEEE Proceedings*, n. 92, pp. 6-21, 2004; Richards Grayson et al., "Molecular Release from a Polymeric Microreservoir Device: Influence of Chemistry, Polymer Swelling, and Loading on Device Performance", *Journal of Biomedical Materials Research*, v. 69A, n. 3, pp. 502-12, 1º jun. 2004.

114. D. Patrick O'Neal et al., "Photo-thermal Tumor Ablation in Mice Using Near Infrared-Absorbing Nanoparticles", *Cancer Letters*, v. 209, n. 2, pp. 171-6, 25 jun. 2004.

115. International Energy Agency, de uma apresentação de R. E. Smalley, "Nanotechnology, the S&T Workforce, Energy & Prosperity", p. 12, apresentada em PCAST (President's Council of Advisors on Science and Technology), Washington, 3 mar. 2003. Disponível em: <http://www.ostp.gov/PCAST/PCAST%203-3-03%20 R%20Smalley%20Slides.pdf>; também em: <http://cohesion.rice.edu/NaturalSciences/Smalley/emplibrary/PCAST%20March%203,%202003.ppt>.

116. Smalley, "Nanotechnology, the S&T Workforce, Energy & Prosperity".

117. "FutureGen — A Sequestration and Hydrogen Research Initiative", U.S. Department

of Energy, Office of Fossil Energy, fev. 2003. Disponível em: <http://www.fossil.energy.gov/programs/ powersystems/futuregen/futuregen_factsheet.pdf>.

118. Drexler, *Nanosystems*, pp. 428, 433.

119. Barnaby J. Feder, "Scientist at Work/Richard Smalley: Small Thoughts for a Global Grid", *New York Times*, 2 set. 2003; é preciso assinatura ou compra para o seguinte link: <http://query.nytimes.com/gst/abstract. html?res=F30C17FC3D5C0C718CDDA00894DB404482>.

120. International Energy Agency, de Smalley, "Nanotechnology, the S&T Workforce, Energy & Prosperity", p. 12.

121. American Council for the United Nations University, Millennium Project Global Challenge 13: <http:// www.acunu.org/millennium/ch-13.html>.

122. "Wireless Transmission in Earth's Energy Future", Environment News Service, 19 nov. 2002, referindo-se a Jerome C. Glenn e Theodore J. Gordon em "2002 State of the Future", American Council for the United Nations University (ago. 2002).

123. Revelação: o autor é conselheiro e investidor nessa empresa.

124. "NEC Unveils Methanol-Fueled Laptop", Associated Press, 30 jun. 2003, <http://www.siliconvalley.com/ mld/siliconvalley/news/6203790.htm>, referindo-se ao press release da NEC, "NEC Unveils Notebook PC with Built-In Fuel Cell", 30 jun. 2003, <http://www.nec.co.jp/press/en/0306/3002.html>.

125. Tony Smith, "Toshiba Boffins Prep Laptop Fuel Cell", *The Register*, 5 mar. 2003,

<http://www.theregister.co.uk/2003/03/05/toshiba_boffins_prep_laptop_fuel>; Yoshiko Hara, "Toshiba Develops Matchbox-Sized Fuel Cell for Mobile Phones", *EE Times*, 24 jun. 2004, <http://www.eet.com/article/showArticle.jhtml?articleId=22101804>, referindo-se ao press release da Toshiba, "Toshiba Announces World's Smallest Direct Methanol Fuel Cell with Energy Output of 100 Milliwats", <http://www.toshiba. com/taec/press/dmfc_04_222.shtml>.

¹26. Karen Lurie, "Hydrogen Cars", *ScienceCentral News*, 13 maio 2004. Disponível em: <http://www.sciencentral.com/articles/view.php3?language=english&type=article&article_id = 218392247>.

127. Louise Knapp, "Booze to Fuel Gadget Batteries", *Wired News*, 2 abr. 2003, <http://www.wired.com/news/ gizmos/0,1452,58119,00.html>, e o press release da Universidade de St. Louis, "Powered by Your Liquor Cabinet, New Biofuel Cell Could Replace Rechargeable Batteries", 24 mar. 2003, <http://www.slu.edu/readstory/ newsinfo/2474>, referindo-se a Nick Akers e Shelley Minteer, "Towards the Development of a Membrane Electrode Assembly", apresentado no encontro nacional da American Chemical Society, Anaheim, Estados Unidos (2003).

128. "Biofuel Cell Runs on Metabolic Energy to Power Medical Implants", *Nature Online*, 12 nov. 2002, <http:// www.nature.com/news/2002/021111/full/021111-1.html>, referindo-se a N. Mano, F. Mao e A. Heller, "A Miniature Biofuel Cell Operating in a Physiological Buffer", *Journal of the American Chemical Society*, n. 124, pp. 12962-63, 2002.

129. "Power from Blood Could Lead to 'Human Batteries'", *FairfaxDigital*, 4 ago. 2003. Disponível em: <http://www.smh.com.au/articles/2003/08/03/1059849278131.html?oneclick=true>. Para ler mais sobre as células de combustível de micróbios: <http://www.geobacter.org/research/microbial/>. O laboratório BioMEMs de Matsuhiko Nishizawa fez o diagrama de uma microcélula de combustível: <http:// www.biomems.mech.tohoku.ac.jp/research_e.html>. Esse artigo curto descreve o trabalho em uma fonte de energia implantável, não tóxica, que agora pode produzir 0.2 watts: <http://www.iol.co.za/index. php?set_id=1&click_id=31&art_id=qw111596760144B215>.

130. Mike Martin, "Pace-Setting Nanotubes May Power Micro-Devices", *NewsFactor*, 27 fev. 2003. Disponível em: <http://physics.iisc.ernet.in/~asood/Pace-Setting%20Nanotubes%20May%20Power%20Micro-Devices.htm>.

131. "Finalmente, é possível deduzir um limite para a massa total dos nanorrobots ativos no planeta, considerando o balanço energético global. O total da insolação solar recebida na superfície de Terra é ~1.75 x 1017 watts (I_{Terra} ~ 1370 W/m² ± 0,4% na incidência normal)", Robert A. Freitas Jr., *Nanomedicine*, v. 1, *Basic Capabilities*, seção 6.5.7, "Global Hypsithermal Limit" (Georgetown: Landes Bioscience, 1999), pp. 175-76. Disponível em: <http://www.nanomedicine.com/NMI/6.5.7.htm#p1>.

132. Isso presume 10 bilhões (10^{10}) de pessoas, uma densidade de energia para os nanorrobots de cerca de 10^7 watts por metro, o tamanho do nanorrobot de um mícron cúbico, e um consumo de energia de cerca de 10 picowatts (10^{11} watts) por nanorrobot. O limite hipsitérmico de 10^{16} watts implica cerca de dez quilos de nanorrobots por pessoa ou 10^{16} nanorrobots por pessoa. Robert A. Freitas Jr., *Nanomedicine*, v. 1, *Basic Capabilities*, seção 6.5.7, "Global Hypsithermal Limit" (Georgetown: Landes Bioscience, 1999), pp. 175-76. Disponível em: <http://www.nanomedicine.com/NMI/6.5.7.htm#p4>.

133. Por outro lado, a nanotecnologia pode ser projetada para ser extremamente eficiente em energia, em primeiro lugar, assim a recaptura de energia seria desnecessária e impossível porque haveria relativamente pouca dispersão de calor a ser recapturada. Em um comunicado particular (jan. 2005), Robert A. Freitas Jr. escreve: "Drexler (*Nanosystems*, p. 396) afirma que a dissipação de energia pode ser, em teoria, tão baixa quanto E_{diss} ~ 0,1MJ/kg 'se se presumir que o desenvolvimento de um conjunto de processos mecanoquímicos capazes de transformar moléculas de matéria-prima em estruturas de produtos complexos usando apenas etapas de confiança, quase reversíveis', 0,1 MJ/kg de diamantes corresponde a mais ou menos o ruído térmico mínimo na temperatura ambiente (por exemplo, kT ~ 4 zJ/átomo a 298 K)".

134. Alexis De Vos, *Endoreversible Thermodynamics of Solar Energy Conversion* (Londres: Oxford University Press, 1992), p. 103.

135. R. D. Schaller e V. I. Klimov, "High Efficiency Carrier Multiplication in PbSe Nanocrystals: Implications for Solar Energy Conversion", *Physical Review Letters*, v. 92, n. 18, p. 186601, 7 maio 2004.

136. National Academies Press, Commission on Physical Sciences, Mathematics, and Applications, *Harnessing Light: Optical Science and Engineering for the 21st Century*, (Washington: National Academy Press, 1998), p. 166,. Disponível em: <http://books.nap.edu/books/0309059917/html/166.html>.

137. Matt Marshall, "World Events Spark Interest in Solar Cell Energy Start-ups", *Mercury News*, 15 ago. 2004. Disponível em: <http://www.konarkatech.com/news_articles_082004/b-silicon_valley.php e http://www.nanosolar.com/cache/merco81504.htm>.

138. John Gartner, "NASA Spaces on Energy Solution", *Wired News*, 22 jun. 2004. Disponível em: <http://www.wired.com/news/technology/0,1282,63913,00.html>. Ver também Arthur Smith, "The Case for Solar Power from Space". Disponível em: <http://www.lispace.org/articles/SSPCase.html>.

139. "The Space Elevator Primer", Spaceward Foundation. Disponível em: <http://www.elevator2010.org/site/primer.html>.

140. Kenneth Chang, "Experts Say New Desktop Fusion Claims Seem More Credible", *New York Times*, 3 mar. 2004, <http://www.rpi.edu/web/News/nytlahey3.html>, referindo-se a R. P. Taleyarkhan, "Additional Evidence of Nuclear Emissions During Acoustic Cavitation", *Physical Review E: Statistical, Nonlinear, and Soft Matter Physics*, v. 69, n. 3, parte 2, p.036109, mar. 2004.

141. O método original de fusão a frio de Pons e Fleischman usando eletrodos de paládio não está morto. Defensores entusiastas têm prosseguido com a tecnologia, e o Departamento de Energia dos Estados Unidos anunciou em 2004 que estava fazendo uma nova revisão formal das pesquisas recentes nesse campo. Toni Feder, "DOE Warms to Cold Fusion", *Physics Today*, abr. 2004. Disponível em: <http://www.physicstoday.org/vol-57/iss-4/p27.html>.

142. Akira Fujishima, Tata N. Rao e Donald A. Tryk, "Titanium Dioxide Photocatalysis", *Journal of Photochemistry and Photobiology C: Photochemistry Review*, n. 1, pp. 1-21, 29 jun. 2000; Prashant V. Kamat, Rebecca Huehn e Roxana Nicolaescu, "A 'Sense and Shoot' Approach for Photocatalytic Degradation of Organic Contaminants in Water", *Journal of Physical Chemistry B*, n. 106, p. 788-94, 31 jan. 2002.

143. A. G. Panov et al., "Photooxidation of Toluene and p-Xylene in Cation-Exchanged Zeolites X, Y, ZSM-5, and Beta: The Role of Zeolite Physicochemical Properties in Product Yield and Selectivity", *Journal of Physical Chemistry B*, n. 104, pp. 5706-14, 22 jun. 2000.

144. Gabor A. Somorjai e Keith McCrea, "Roadmap for Catalysis Science in the 21st Century: A Personal View of Building the Future on Past and Present Accomplishments", *Applied Catalysis* A: General, v. 222, n. 1-2, pp. 3-18, 2001, Lawrence Berkeley National Laboratory número 3.LBNL-48555. Disponível em: <http://www.cchem.berkeley.edu/~gasgrp/2000.html> (publicação 877). Ver também Zhao, Lu e Millar, "Advances in Mesoporous Molecular Sieve MCM-41", *Industrial & Engineering Chemistry Research*, n. 35, pp. 2075-90, 1996. Disponível em: <http://cheed.nus.edu.sg/~chezxs/Zhao/publication/1996_2075.pdf>.

145. Relatório de NTSC/NSET, *National Nanotechnology Initiative: The Initiative and Its Implementation Plan*, jul. 2000. Disponível em: <http://www.nano.gov/html/res/nni2.pdf>.

146. Wei-xian Zhang, Chuan-Bao Wang e Hsing-Lung Lien, "Treatment of Chlorinated Organic Contaminants with Nanoscale Bimetallic Particles", *Catalysis Today*, n. 40, pp. 387-95, 14 maio 1988.

147. R. Q. Long e R. T. Yang, "Carbon Nanotubes as Superior Sorbent for Dioxin Removal", *Journal of the American Chemical Society*, v. 123, n. 9, pp. 2058-9, 2001.

148. Robert A. Freitas Jr., "Death Is an Outrage!", apresentado na Fifth Alcor Conference on Extreme Life Extension, Newport Beach, Estados Unidos, 16 nov. 2002. Disponível em: <http://www.rfreitas.com/Nano/DeathIsAnOutrage.htm>.

149. Por exemplo, a quinta conferência anual de BIOMEMS, jun. 2003, San Jose. Disponível em: <http://www.knowledgepress.com/events/11201717.htm>.

150. Primeiros dois volumes de uma série planejada de quatro volumes: Robert A. Freitas Jr., *Nanomedicine*, v. I, *Basic Capabilities* (Georgetown: Landes Bioscience, 1999); *Nanomedicine*, vol. IIA, *Biocompatibility* (Georgetown: Landes Bioscience, 2003). Disponível em: <http://www.nanomedicine.com>.

151. Robert A. Freitas Jr., "Exploratory Design in Medical Nanotechnology: A Mechanical Artificial Red Cell", *Artificial Cells, Blood Substitutes, and Immobilization Biotechnology*, n. 26, pp. 411-30, 1998. Disponível em: <http://www.foresight.org/Nanomedicine/Respirocytes.html>.

152. Robert A. Freitas Jr., "Microbivores: Artificial Mechanical Phagocytes using Digest and Discharge Protocol", pré-impressão de Zyvex, mar. 2001, <http://www.rfreitas.com/Nano/Microbivores.htm>; Robert A. Freitas Jr., "Microbivores: Artificial Mechanical Phagocytes", *Foresight Update*, n. 44, pp. 11-3, 31 mar. 2001, <http://www.imm.org/Reports/Rep025.html>; ver também imagens de microbívoros na Nanomedicine Art Gallery: <http://www.foresight.org/Nanomedicine/Gallery/Species/Microbivores.html>.

153. Robert A. Freitas Jr., *Nanomedicine*, v. I, *Basic Capabilities*, seção 9.4.2.5, "Nanomechanisms for Natation" (Georgetown: Landes Bioscience, 1999), pp. 309-12. Disponível em: <http://www.nanomedicine.com/NMI/9.4.2.5.htm>.

154. George Whitesides, "Nanoinspiration: The Once and Future Nanomachine", *Scientific American*, v. 285, n. 3, pp. 78-83, 16 set. 2001.

155. "De acordo com a estimativa de Einstein para o movimento browniano, depois que passou um segundo na temperatura ambiente, uma molécula fluídica de água percorreu, em média, uma distância de ~50 mícrons (~400 mil diâmetros moleculares), enquanto um nanorrobot de um mícron mergulhado nesse mesmo fluido deslocou-se por apenas ~0,7 mícrons (só ~0,7 do diâmetro do dispositivo) durante o mesmo período de tempo. Portanto, o movimento browniano é, no máximo, uma fonte menor de erros de navegação para os nanorrobots médicos móveis." Ver K. Eric Drexler et al., "Many Future Nanomachines: A Rebuttal to Whitesides' Assertion That Mechanical Molecular Assemblers Are Not Workable and Not a Concern", um Debate sobre os Montadores, Institute for Molecular Manufacturing, 2001. Disponível em: <http://www.imm.org/SciAmDebate2/whitesides.html>.

156. Tejal A. Desai, "MEMS-Based Technologies for Cellular Encapsulation", *American Journal of Drug Delivery*, v. 1, n. 1, pp. 3-11, 2003, sumário disponível em: <http://www.ingentaconnect.com/search/expand?pub=infobike://adis/add/2003/00000001/00000001/art00001>.

157. Conforme citado por Douglas Hofstadter em *Gödel, Escher, Bach: An Eternal Golden Braid* (Nova York: Basic Books, 1979).

158. O autor dirige uma empresa, FATKAT (Financial Accelerating Transactions by Kurzweil Adaptive Technologies), que aplica o reconhecimento computadorizado de padrões nos dados financeiros para tomar decisões de investimento na bolsa, <http://www.FatKat.com>.

159. Ver a discussão no capítulo 2 sobre melhorias do preço-desempenho na memória de computadores e nos aparelhos eletrônicos em geral.

160. A IA fora de controle se refere a um cenário em que, como Max More descreve, "*máquinas* superinteligentes, inicialmente usadas para benefício humano, logo nos deixarão para trás". Max More, "Embrace, Don't Relinquish, the Future". Disponível em: <http://www.KurzweilAI.net/articles/art0106.html?printable=1>. Ver também a descrição de Damien Broderick de "Seed AI": "Uma IA que melhora a si mesma poderia rodar gélida e vagarosamente em um substrato mecânico limitado. Enquanto ela tiver a capacidade de melhorar a si mesma, em algum ponto ela irá fazê-lo convulsivamente, rompendo qualquer engarrafamento arquitetônico para projetar seu próprio hardware melhorado, talvez até construí-lo (se lhe permitirem controlar as ferramentas em uma fábrica)". Damien Broderick, "Tearing Toward the Spike", apresentado em "Australia at the Crossroads? Scenarios and Strategies for the Future" (31 abr. a 2 maio 2000), publicado em KurzweilAI.net , em 7 maio 2001. Disponível em: <http://www.KurzweilAI.net/meme/frame.html?main=/articles/art0173.html>.

161. David Talbot, "Lord of the Robots", *Technology Review*, abr. 2002.

162. Heather Havenstein escreve que as "ideias infladas geradas por escritores de ficção científica sobre a convergência de humanos e máquinas denegriu a imagem da IA nos anos 1980 porque a IA era vista como não alcançando seu potencial". Heather Havenstein, "Spring Comes to AI Winter: A Thousand Applications Bloom in Medicine, Customer Service, Education and Manufacturing", *Computerworld*, 14 fev. 2005. Disponível em: <http://www.computerworld.com/softwaretopics/software/story/0,10801,99691,00.html>. Essa imagem manchada levou ao "AI Winter" [Inverno da IA], definido como "um termo criado por Richard

Gabriel para o rompimento (cerca de 1990-1994?) da onda de entusiasmo pela linguagem Lisp da IA e pela própria IA, que se seguiu à expansão repentina dos anos 1980". Duane Rettig escreveu: "... as empresas viajaram na grande maré da IA no começo dos anos 1980, quando grandes companhias despejaram bilhões de dólares na promoção exagerada da IA, que prometia máquinas pensantes em dez anos. Quando as promessas mostraram-se mais difíceis do que se pensou originalmente, a maré da IA se abateu, e Lisp abateu-se junto com ela por causa de sua associação com a IA. Falamos nisso com sendo o Inverno da IA". Duane Rettig citada em "AI Winter". Disponível em: <http://c2.com/cgi/wiki?AiWinter>.

163. O programa de computador The General Problem Solver (GPS — o Grande Solucionador de Problemas), escrito em 1957, foi capaz de resolver problemas através de regras que permitiam que o GPS dividisse o objetivo de um problema em vários subobjetivos, e depois verificasse se chegar a um determinado subobjetivo, deixava o GPS mais próximo de resolver o objetivo geral. No começo dos anos 1960, Thomas Evan escreveu ANALOGY, um "programa [que] resolve problemas analógico-geométricos na forma A:B::C:? extraídos de testes de QI e vestibulares". Boicho Kokinov e Robert M. French, "Computational Models of Analogy-Making". In: L. Nadel (org.), *Encyclopedia of Cognitive Science*, v. 1 (Londres: Nature Publishing Group, 2003), pp. 113-8. Ver também A. Newell, J. C. Shaw e H. A. Simon, "Report on a General Problem-Solving Program", *Proceedings of the International Conference on Information Processing* (Paris: Unesco House, 1959), pp. 256-64; Thomas Evans, "A Heuristic Program to Solve Geometric-Analogy Problems". In: M. Minsky (org.), *Semantic Information Processing* (Cambridge: MIT Press,1968).

164. Sir Arthur Conan Doyle, "The Red-Headed League", 1890. Disponível em: <http://www.eastoftheweb.com/short-stories/UBooks/RedHead.shtml>.

165. V. Yu et al., "Antimicrobial Selection by a Computer: A Blinded Evaluation by Infectious Diseases Experts", *JAMA*, v. 242, n. 12, pp. 1279-82, 1979.

166. Gary H. Anthes, "Computerizing Common Sense", *Computerworld*, 8 abr. 2002. Disponível em: <http://www.computerworld.com/news/2002/story/0,11280,69881,00.html>.

167. Kristen Philipkoski, "Now Here's a Really Big Idea", *Wired News*, 25 nov. 2002, <http://www.wired.com/news/technology/0,1282,56374,00.html>, apresentando um relatório sobre Darryl Macer, "The Next Challenge Is to Map the Human Mind", *Nature*, n. 420, p. 121, 14 nov. 2002; ver também uma descrição do projeto em: <http://www.biol.tsukuba.ac.jp/~macer/index.html>.

168. Thomas Bayes, "An Essay Towards Solving a Problem in the Doctrine of Chances", publicado em 1763, dois anos depois de sua morte em 1761.

169. Filtro de spam SpamBayes: <http://spambayes.sourceforge.net>.

170. Lawrence R. Rabiner, "A Tutorial on Hidden Markov Models and Selected Applications in Speech Recognition", *Proceedings of the IEEE*, n. 77, pp. 257-6, 1989. Para um tratamento matemático dos modelos de Markov, ver: <http://jedlik.phy.bme.hu/~gerjanos/HMM/node2.html>.

171. Kurzweil Applied Intelligence (KAI), fundada pelo autor em 1982, foi vendida em 1997 por 100 milhões de dólares e agora é parte de ScanSoft (antes chamada de Kurzweil Computer Products, a primeira empresa do autor, que foi vendida a Xerox em 1980), agora uma empresa pública. KAI introduziu o primeiro sistema comercial de reconhecimento de fala com um grande vocabulário em 1987 (Kurzweil Voice Report, com um vocabulário de 10 mil palavras).

172. Aqui está a estrutura básica para um algoritmo neural de rede. Muitas variações são possíveis, e o projetista do sistema tem de fornecer certos parâmetros críticos e métodos, detalhados a seguir.

Criar uma solução de redes neurais para o problema envolve os seguintes passos:

- Definir o input.
- Definir a topologia da rede neural (isto é, as camadas de neurônios e as conexões entre os neurônios).
- Treinar a rede neural com exemplos do problema.
- Rodar a rede neural treinada para resolver novos exemplos do problema.
- Abrir o capital de sua empresa de redes neurais.

Esses passos (exceto o último) estão detalhados abaixo:

O input do problema

O input do problema das redes neurais consiste em uma série de números. Esse input pode ser:

- Em um sistema visual de reconhecimento de padrões, um arranjo bidimensional dos números, representando os pixels de uma imagem; ou
- Em um sistema auditivo de reconhecimento (por exemplo: a fala) , um arranjo bidimensional de números representando um som, em que a primeira dimensão representa parâmetros do som (isto é, componentes da frequência) e a segunda dimensão representa diferentes pontos no tempo; ou

- Em um sistema arbitrário de reconhecimento de padrões, um arranjo *n*-dimensional de números representando o padrão do input.

Definir a topologia

Para montar a rede neural, a arquitetura de cada neurônio consiste em:

- Inputs múltiplos em que cada input está "conectado" ao input de outro neurônio ou a um dos números do input.
- Em geral, um único input que está conectado ao input de outro neurônio (que em geral está em uma camada mais alta) ou ao input final.

Configurar a primeira camada de neurônios

- Criar N_0 neurônios na primeira camada. Depois, "conectar" cada um dos múltiplos inputs desses neurônios a "pontos" (isto é, números) no input do problema. Essas conexões podem ser determinadas aleatoriamente ou usando um algoritmo evolucionário (ver abaixo).
- Atribuir uma "força sináptica" inicial para cada conexão criada. Esses pesos podem começar todos iguais, serem atribuídos aleatoriamente, ou podem ser determinados de outro jeito (ver abaixo).

Configurar camadas adicionais de neurônios

Estabeleça um total de M camadas de neurônios. Estabeleça os neurônios de cada camada.

Para a camada$_i$:

- Criar N_i neurônios na camada $_i$. Para cada um desses neurônios, "conectar" todos os múltiplos inputs do neurônio aos outputs dos neurônios da camada$_{i-1}$ (ver variações abaixo).
- Atribuir uma "força sináptica" inicial para cada conexão criada. Esses pesos podem começar todos iguais, serem atribuídos aleatoriamente, ou podem ser determinados de outro jeito (ver abaixo).

Os outputs dos neurônios da camada$_M$ são os outputs da rede neural (ver variações abaixo).

Os testes de reconhecimento

Como trabalha cada neurônio

Depois do neurônio estabelecido, ele faz o seguinte para cada teste de reconhecimento:

- Cada input com peso é computado ao multiplicar o output do outro neurônio (ou input inicial) a que está conectado o input deste neurônio pela força sináptica dessa conexão.
- Todos os inputs com peso são somados.

Se essa soma for maior do que o limite de disparo desse neurônio, então se considera que esse neurônio dispara e seu output é de 1. Se for o contrário, seu output é zero (ver variações abaixo).

Faça o seguinte para cada teste de reconhecimento.

Para cada camada, da camada$_0$ à camada$_M$:

Para cada neurônio na camada:

- Some seus inputs com peso (cada input com peso = output do outro neurônio (ou input inicial) ao que o input desse neurônio está conectado, multiplicado pela força sináptica.
- Se a soma dos inputs com peso for maior do que o limite do disparo desse neurônio, estabeleça o output desse neurônio = 1, caso contrário, = 0.

Treinar a rede neural

- Rode testes de reconhecimento repetidas vezes em amostras de problemas.
- Depois de cada teste, ajuste as forças sinápticas de todas as conexões interneurais para melhorar o desempenho da rede neural nesse teste (ver abaixo como fazer isso).
- Continue esse treinamento até que a taxa de precisão da rede neural não melhore mais (isto é, atinja uma assíntota).

Decisões-chave do projeto

• No esquema simples acima, o projetista desse algoritmo de rede neural precisa determinar no início:

• O que representam os números do input.

• A quantidade de camadas de neurônios.

• A quantidade de neurônios em cada camada. (Não é necessário que todas as camadas tenham o mesmo número de neurônios.)

• A quantidade de inputs de cada neurônio em cada camada. A quantidade de inputs (isto é, de conexões interneurais) também pode variar de neurônio para neurônio e de camada para camada.

• A "fiação" real (isto é, as conexões). Para cada neurônio em cada camada, consiste em uma lista dos outros neurônios, cujos outputs constituem os inputs deste neurônio. Essa é uma área fundamental do projeto. Há várias maneiras possíveis de se fazer isso:

(i) Conectar a rede neural aleatoriamente; ou

(ii) Usar um algoritmo evolucionário (ver abaixo) para determinar a melhor fiação possível; ou

(iii) Usar o bom senso do projetista para determinar a fiação.

• As forças sinápticas iniciais (isto é, pesos) de cada conexão. Há várias maneiras possíveis de fazer isso:

(i) Determinar o mesmo valor para as forças sinápticas; ou

(ii) Determinar valores diferentes aleatórios para as forças sinápticas; ou

(iii) Usar um algoritmo evolutivo para determinar o melhor conjunto possível de valores iniciais; ou

(iv) Usar o bom senso do projetista do sistema para determinar os valores iniciais.

• O limite de disparo de cada neurônio.

• O output. O output pode ser:

(i) os outputs da camada$_M$ de neurônios; ou

(ii) o output de um único neurônio, cujos inputs são os outputs dos neurônios na camada$_M$; ou

(iii) uma função (por exemplo, uma soma) dos outputs dos neurônios da camada$_M$; ou

(iv) outra função dos outputs de neurônios em camadas múltiplas.

• Como as forças sinápticas de todas as conexões são ajustadas durante o treinamento dessa rede neural. Essa é uma decisão-chave do projeto e é objeto de muitas pesquisas e discussões. Há várias maneiras de se fazer isso:

(i) Para cada teste de reconhecimento, aumentar ou diminuir cada força sináptica por um valor fixo, de modo que o output da rede neural fique o mais próximo da resposta certa. Uma maneira de fazer isso é tanto aumentar quanto diminuir e verificar qual tem o efeito mais desejável. Isso pode ser demorado, assim existem outros métodos para tomar decisões locais sobre aumentar ou diminuir cada força sináptica.

(ii) Existem outros métodos estatísticos para modificar as forças sinápticas depois de cada teste de reconhecimento, de modo que o desempenho da rede neural nesse teste chegue o mais perto possível da resposta certa. Note que o treinamento da rede neural irá funcionar mesmo que as respostas dos testes de treinamento não sejam todas corretas. Isso permite usar dados de treinamento do mundo real que podem ter uma taxa inerente de erros. Uma chave para o sucesso de um sistema de reconhecimento baseado em redes neurais é a quantidade de dados usados para o treinamento. Em geral, precisa-se de uma quantidade bem substancial para obter resultados satisfatórios. Assim como estudantes humanos, a quantidade de tempo que uma rede neural gasta com seu treinamento é um fator-chave para seu desempenho.

Variações

Muitas variações do que está acima são factíveis:

Há maneiras diferentes para determinar a topologia. Em especial, a fiação interneural pode ser feita aleatoriamente ou usando um algoritmo evolucionário.

Há maneiras diferentes para determinar as forças sinápticas iniciais.

•Os inputs dos neurônios na camada, não precisam necessariamente vir dos outputs dos neurônios na camada$_{i-1}$. Ou os inputs dos neurônios de cada camada podem vir de qualquer camada inferior ou de qualquer camada.

•Há maneiras diferentes para determinar o output final.

•O método descrito acima resulta em um disparo "tudo ou nada" (1 ou 0) chamado de não linearidade. Há outras funções não lineares que podem ser usadas. Em geral, usa-se uma função que vai de 0 a 1 de um modo rápido, mas mais gradual. E também os outputs podem ser números diferentes de 0 e 1.

•Os diferentes métodos para ajustar as forças sinápticas durante o treinamento representam decisões-chave para o projeto.

O esquema acima descreve uma rede neural "sincrônica", em que cada teste de reconhecimento avança computando os outputs de cada camada, começando com a camada$_0$ até a camada$_M$. Em um sistema realmente paralelo, em que cada neurônio opera independente dos outros, os neurônios podem operar "assincronicamente" (ou seja, independentemente). Em uma abordagem assincrônica, cada neurônio está constantemente escaneando seus inputs e dispara sempre que a soma de seus inputs com peso ultrapassa seu limite (ou o que especifica sua função de output).

173. Ver o capítulo 4 para uma análise detalhada da engenharia reversa do cérebro. Como um exemplo da progressão, S. J. Thorpe escreve: "Na realidade, nós só começamos o que certamente será um projeto demorado cujo objetivo é aplicar a engenharia reversa ao sistema visual dos primatas. Até o momento, apenas exploramos umas arquiteturas muito simples, envolvendo essencialmente apenas arquiteturas do tipo feedforward abrangendo uma quantidade relativamente pequena de camadas [...]. Nos próximos anos, estaremos empenhados em incorporar tantos truques computacionários usados pelo sistema visual dos primatas e humanos quantos possível. Mais precisamente, parece que, ao adotar a abordagem do neurônio de fuso, logo será possível desenvolver sistemas sofisticados capazes de simular redes neuronais muito grandes em tempo real". S. J. Thorpe et al., "Reverse Engineering of the Visual System Using Networks of Spiking Neurons", *Proceedings of the IEEE 2000 International Symposium on Circuits and Systems*, v. IV (IEEE Press), pp. 405-8. Disponível em: <http://www.sccn.ucsd.edu/~arno/mypapers/thorpe.pdf>.

174. T. Schoenauer et al. escrevem: "Pelos últimos anos, uma grande diversidade de hardware para redes neurais artificiais (ANN — Artificial Neural Networks) tem sido projetada [...] Hoje, pode-se escolher dentre uma ampla gama de hardware de redes neurais. Os projetos diferem em termos de abordagens arquitetônicas, como neurochips, placas de aceleração e neurocomputadores de multiplacas, bem como relativos ao propósito do sistema, como os algoritmos ANN e a versatilidade do sistema [...] Neurohardware digital pode ser classificado por: (*sic*) arquitetura do sistema, grau de paralelismo, compartilhamento normal de rede neural por processador, rede de comunicação interprocessador e representação numérica". T. Schoenauer, A. Jahnke, U. Roth e H. Klar, "Digital Neurohardware: Principles and Perspectives", *Proc. Neuronale Netze in der Anwendung* — Neural Networks in Applications NN'98, Magdeburgo, convidado (fev. 1998), pp. 101-6. Disponível em: <http://bwrc.eecs.berkeley.edu/People/kcamera/neural/papers/schoenauer98digital.pdf>. Ver também Yihua Liao, "Neural Networks in Hardware: A Survey" (2001), em: <http://ailab.das.ucdavis.edu/~yihua/research/NNhardware.pdf>.

175. A seguir, um esquema básico para um algoritmo genético (evolucionário). São possíveis muitas variações, e o projetista do sistema precisa fornecer certos métodos e parâmetros críticos, detalhados abaixo.

O ALGORITMO EVOLUCIONÁRIO

Criar N "criaturas" de solução. Cada uma tem:

•Um código genético: uma sequência de números que caracterizam uma solução para o problema. Os números podem representar parâmetros críticos, etapas de uma solução, regras etc.

Para cada geração da evolução, faça o seguinte:

•Faça o seguinte para cada uma das criaturas das N soluções:

(i) Aplique a solução dessa criatura de solução (como representada por seu código genético) ao problema ou ambiente simulado.

(ii) Avalie a solução.

•Tome as criaturas L de solução com a maior avaliação para sobreviver na geração seguinte.

•Elimine as criaturas (N — L) de solução não sobreviventes.

•Crie novas criaturas (N — L) de solução a partir das criaturas L de solução sobreviventes através de:

(i) Fazer cópias das criaturas L sobreviventes. Introduzir pequenas variações aleatórias em cada cópia; ou

Criar criaturas de solução adicionais combinando partes do código genético (usando a reprodução "sexual" ou combinando porções dos cromossomos) das criaturas L sobreviventes; ou

(ii) Combinar *(i)* e *(ii)*.

• Determinar se a evolução continua ou não:

Melhoria = (maior avaliação desta geração) — (maior avaliação a geração anterior)

Se a melhoria < limite da melhoria, então acabou.

• A criatura de solução com a maior avaliação da última geração da evolução tem a melhor solução. Aplicar a solução definida por seu código genético ao problema.

Decisões-chave para o projeto

No esquema simples acima, o projetista precisa determinar no começo:

• Parâmetros principais:

N

L

Limite da melhoria

• O que representam os números do código genético e como a solução é computada do código genético.

• O método para determinar as criaturas N de solução na primeira geração. Em geral, essas só precisam ser tentativas "razoáveis" de solução. Se essa primeira geração de soluções estiver muito avançada, o algoritmo evolucionário pode ter dificuldade para chegar a uma solução boa. Muitas vezes, vale a pena criar as criaturas iniciais de solução como sendo razoavelmente diversificadas. Isso ajudará a prevenir que o processo evolucionário apenas ache uma solução "localmente" ótima.

• Como são avaliadas as soluções.

• Como se reproduzem as criaturas de solução sobreviventes.

Variações

São factíveis muitas das variações acima. Por exemplo:

• Não é preciso que haja um número fixo de criaturas de solução sobreviventes (L) de cada geração. A(s) regra(s) de sobrevivência podem permitir um número variável de sobreviventes.

• Não é preciso haver um número fixo de novas criaturas de solução criadas em cada geração (N — L). As regras de procriação podem ser independentes do tamanho da população. A procriação pode estar relacionada com a sobrevivência, permitindo desse modo que as mais aptas criaturas de solução procriem mais.

• A decisão sobre continuar evoluindo ou não pode ser variada. Ela pode levar em consideração mais do que somente a criatura de solução com a avaliação mais alta da geração mais recente. Ela também pode considerar uma tendência que vai além das últimas duas gerações.

176. Sam Williams, "When Machines Breed", 12 ago. 2004. Disponível em: <http://www.salon.com/tech/feature/2004/08/12/evolvable_hardware/index_np.html>.

177. Aqui está o esquema básico (descrição do algoritmo) da busca recursiva. Muitas variações são possíveis, e o projetista do sistema precisa fornecer certos parâmetros críticos e métodos, detalhados abaixo.

O ALGORITMO RECURSIVO

Defina uma função (programa) "Pick Best Next Step" (escolha a melhor etapa seguinte). A função devolve um valor de "SUCESSO" (resolvemos o problema) ou "FRACASSO" (não resolvemos o problema). Se a função devolver um valor de SUCESSO, ela também devolve a sequência de etapas que resolveram o problema.

PICK BEST NEXT STEP faz o seguinte:

• Determina se o programa pode escapar de recursões continuadas neste ponto. Este tópico e os dois seguintes lidam com essa decisão de escapar.

Primeiro, determine se o problema agora foi solucionado. Uma vez que essa chamada a Pick Best Next Step provavelmente veio da própria chamada do programa, podemos agora ter uma solução satisfatória. São exemplos:

(i) No contexto de um jogo (por exemplo, xadrez), o último movimento nos permite ganhar (com um xeque-mate).

(ii) No contexto de resolver um teorema matemático, a última etapa demonstra o teorema.

(iii) No contexto de um programa artístico (por exemplo, um computador poeta ou compositor), a última etapa combina com os objetivos para a palavra ou a nota seguinte.

Se o programa tiver sido resolvido satisfatoriamente, o programa devolve um valor de "SUCESSO" e a sequência de etapas que causaram o sucesso.

• Se o problema não foi resolvido, determine se uma solução agora é impossível. São exemplos:

(i) No contexto de um jogo (como xadrez), esse movimento nos faz perder (xeque-mate para o adversário).

(ii) No contexto de demonstrar um teorema matemático, esse passo infringe o teorema.

(iii) No contexto de uma criação artística, esse passo infringe os objetivos para a palavra ou nota seguinte.

Se a solução neste ponto for considerada impossível, o programa devolve um valor de "FRACASSO".

• Se o problema não foi resolvido nem considerado impossível neste ponto da expansão recursiva, determine se a expansão deve ser abandonada. Isso é um aspecto fundamental do projeto e leva em consideração a quantidade limitada de tempo de computador que temos para gastar. São exemplos:

(i) No contexto de um jogo (como xadrez), esse movimento põe nosso lado suficientemente "à frente" ou "atrás". Determinar isso pode não ser tão simples, e é a decisão primária do projeto. Entretanto, abordagens simples (como somar valores de peças) ainda podem dar bons resultados. Se o programa determinar que nosso lado está bastante à frente, Pick Best Next Step devolve de modo semelhante uma determinação de que nosso lado ganhou (isto é, um valor de "SUCESSO"). Se o programa determinar que nosso lado está bastante atrás, Pick Best Next Step devolve de modo semelhante uma determinação de que nosso lado perdeu (isto é, um valor de "FRACASSO").

(ii) No contexto de resolver um teorema matemático, esse passo envolve determinar se é provável que a sequência de passos na prova não vá fornecer uma prova. Se for isso, esse caminho deve ser abandonado e Pick Best Next Step devolve de modo semelhante uma determinação de que esse passo infringe o teorema (isto é, um valor de "FRACASSO"). Não há um equivalente "soft" do sucesso. Só podemos devolver um valor de "SUCESSO" quando tivermos realmente resolvido o problema. Essa é a natureza da matemática.

(iii) No contexto de um programa artístico (como um computador poeta ou compositor), esse passo envolve determinar se é provável que a sequência de passos (como as palavras em um poema, notas em uma música) não irá satisfazer os objetivos do passo seguinte. Se for isso, este caminho deve ser abandonado, e Pick Best Next Step devolve de modo semelhante uma determinação de que esse passo infringe os objetivos para o passo seguinte (isto é, um valor de "FRACASSO").

• Se Pick Best Next Step não devolveu (porque o programa não determinou sucesso nem fracasso nem determinou que esse caminho devesse ser abandonado nesse ponto), não escapamos da expansão recursiva contínua. Neste caso, geramos uma lista de todos os passos seguintes possíveis. É aqui onde entra a formulação precisa do problema:

(i) No contexto de um jogo (como xadrez), isso envolve gerar todos os movimentos possíveis para o "nosso" lado na situação corrente do tabuleiro. Envolve uma codificação direta das regras do jogo.

(ii) No contexto de achar uma prova para um teorema matemático, isso envolve fazer uma lista dos axiomas possíveis ou de teoremas demonstrados previamente que possam ser aplicados neste ponto da solução.

(iii) No contexto de um programa cibernético de arte, isso envolve fazer uma lista de possíveis segmentos de palavras/notas/linhas que poderiam ser usados neste ponto.

Para cada passo seguinte possível desses:

(i) Crie a situação hipotética que iria existir se este passo fosse implementado. Em um jogo, isso quer dizer o estado hipotético do tabuleiro. Em uma prova matemática, isso quer dizer adicionar este passo (por exemplo, axioma) à prova. Em um programa de arte, isso quer dizer adicionar este segmento de palavra/nota/linha.

(ii) Agora chame Pick Best Next Step para examinar essa situação hipotética. É aqui, é claro, que entra a recursividade porque agora o programa está chamando a si mesmo.

(iii) Se a chamada acima a Pick Best Next Step devolve um valor de "SUCESSO", devolve da chamada a Pick Best Next Step (onde agora estamos) também um valor de "SUCESSO". Caso contrário, considere o passo seguinte possível.

Se todos os passos seguintes possíveis foram levados em consideração sem que se achasse um passo que resultasse em uma devolução do chamado a Pick Best Next Step com um valor de "SUCESSO", então devolva esse chamado a Pick Best Next Step (onde estamos agora) com um valor de "FRACASSO".

Fim de PICK BEST NEXT STEP

Se o chamado original a Pick Best Next Move devolve um valor de "SUCESSO", ele também devolverá a sequência correta de passos:

(i) No contexto de um jogo, o primeiro passo nesta sequência é o movimento seguinte que você deve fazer.

(ii) No contexto de uma prova matemática, toda a sequência de passos é a prova.

(iii) No contexto de um programa cibernético de arte, a sequência dos passos é sua obra de arte.

Se a chamada original a Pick Best Next Step devolve um valor de "FRACASSO", você tem de voltar à prancheta.

Decisões-chave do projeto

No esquema simples acima, o projetista do algoritmo recursivo tem de determinar o seguinte no princípio:

• A chave de um algoritmo recursivo é a determinação por Pick Best Next Step de quando abandonar a expansão recursiva. Isso é fácil quando o programa tiver alcançado um sucesso nítido (como um xeque-mate no xadrez ou a solução indispensável para um problema matemático ou combinatório) ou um fracasso nítido. É mais difícil quando ainda não se alcançou uma vitória ou uma derrota nítidas. Abandonar uma linha de investigação antes de um resultado bem claro é necessário porque, de outro modo, o programa poderia rodar por bilhões de anos (ou, pelo menos, até que acabe a garantia de seu computador).

• O outro requisito primário para o algoritmo recursivo é uma codificação clara do problema. Em um jogo de xadrez, isso é fácil. Mas em outras situações nem sempre é tão fácil chegar a uma definição clara do problema.

178. Ver Kurzweil CyberArt, <http://www.KurzweilCyberArt.com>, para uma maior descrição do Cybernetic Poet de Ray Kurzweil e para baixar uma cópia gratuita do programa. Ver a patente U.S. n. 6.647.395, "Poet Personalities", inventores: Ray Kurzweil e John Keklak. Resumo: "Um método para gerar uma personalidade de poeta, incluindo a leitura de poemas, cada um contendo texto, gerando modelos de análise, cada modelo de análise representando um dos poemas e armazenando os modelos de análise em uma estrutura de dados de personalidade. A estrutura de dados de personalidade inclui também pesos, cada um destes associados a cada modelo de análise. Os pesos incluem valores inteiros".

179. Ben Goertzel: *The Structure of Intelligence* (Nova York: Springer-Verlag, 1993); *The Evolving Mind* (Gordon and Breach, 1993); *Chaotic Logic* (Plenum, 1994); *From Complexity to Creativity* (Plenum, 1997). Para um link para os livros e ensaios de Ben Goertzel, ver: <http://www.goertzel.org/work.html>.

180. KurzweilAI.net (http://www.KurzweilAI.net) fornece centenas de artigos de uns cem "grandes pensadores" e outros textos sobre "inteligência acelerada". O site oferece um boletim diário ou semanal sobre os mais recentes desenvolvimentos nas áreas cobertas por este livro. Para assinar, preencha seu endereço de e-mail (que não será compartilhado com ninguém) na home page.

181. John Gosney, Business Communications Company, "Artificial Intelligence: Burgeoning Applications in Industry", jun. 2003. Disponível em: <http://www.bccresearch.com/comm/G275.html>.

182. Kathleen Melymuka", Good Morning, Dave . . .", *Computerworld*, 11 nov. 2002. Disponível em: <http://www.computerworld.com/industrytopics/defense/story/0,10801,75728,00.html>.

183. JTRS Technology Awareness Bulletin, ago. 2004. Disponível em: <http://jtrs.army.mil/sections/technicalinformation/fset_technical.html?tech_aware_2004-8>.

184. Otis Port, Michael Arndt e John Carey, "Smart Tools", primavera 2003. Disponível em: <http://www.businessweek.com/bw50/content/mar2003/a3826072.htm>.

185. Wade Roush, "Immobots Take Control: From Photocopiers to Space Probes, Machines Injected with Robotic Self-Awareness Are Reliable Problem Solvers", *Technology Review*, dez. 2002-jan. 2003. Disponível em: <http://www.occm.de/roush1202.pdf>.

186. Jason Lohn citado no boletim da Nasa "Nasa 'Evolutionary' Software Automatically Designs Antenna". Disponível em: <http://www.nasa.gov/lb/centers/ames/news/releases/2004/04_55AR.html>.

187. Robert Roy Britt, "Automatic Astronomy: New Robotic Telescopes See and Think", 4 jun. 2003. Disponível em: <http://www.space.com/businesstechnology/technology/automated_astronomy_030604.html>.

188. H. Keith Melton, "Spies in the Digital Age". Disponível em: <http://www.cnn.com/SPECIALS/cold.war/experience/spies/melton.essay>.

189. "United Therapeutics (UT) é uma empresa de biotecnologia focada no desenvolvimento de terapias crônicas para doenças graves em três áreas terapêuticas: cardiovascular, oncologia e doenças infecciosas", <http://www.unither.com>. Kurzweil Technologies trabalha com a UT para desenvolver análises baseadas em reconhecimento de padrões tanto do monitoramento "Holter" (registro de 24 horas) quanto do monitoramento "Event" (trinta dias ou mais).

190. Kristen Philipkoski, "A Map That Maps Gene Functions", *Wired News*, 28 maio 2002. Disponível em: <http://www.wired.com/news/medtech/0,1286,52723,00.html>.

191. Jennifer Ouellette, "Bioinformatics Moves into the Mainstream", *The Industrial Physicist*, out.-nov. 2003. Disponível em: <http://www.sciencemasters.com/bioinformatics.pdf>.

192. Port, Arndt e Carey, "Smart Tools".

193. "Protein Patterns in Blood May Predict Prostate Cancer Diagnosis", National Cancer Institute, 15 out. 2002, <http://www.nci.nih.gov/newscenter/ProstateProteomics>, fazendo um relatório sobre Emanuel F. Petricoin et al., "Serum Proteomic Patterns for Detection of Prostate Cancer", *Journal of the National Cancer Institute*, n. 94, pp. 1576-8, 2002.

194. Charlene Laino, "New Blood Test Spots Cancer", 13 dez. 2002, <http://my.webmd.com/content/Article/56/65831.htm>; Emanuel F. Petricoin III et al., "Use of Proteomic Patterns in Serum to Identify Ovarian Cancer", *Lancet*, v. 359, n. 9306, pp. 572-7, 16 fev. 2002.

195. Para informações sobre TriPath's FocalPoint, ver "Make a Diagnosis", *Wired*, out. 2003, <http://www.wired.com/wired/archive/10.03/everywhere.html?pg=5>. Mark Hagland, "Doctors' Orders", jan. 2003, <http://www.healthcare-informatics.com/issues/2003/01_03/cpoe.htm>.

196. Ross D. King et al., "Functional Genomic Hypothesis Generation and Experimentation by a Robot Scientist", *Nature*, n. 427, pp. 247-52, 15 jan. 2004.

197. Port, Arndt e Carey, "Smart Tools".

198. "Future Route Releases AI-Based Fraud Detection Product", 18 ago. 2004. Disponível em:

<http://www.finextra.com/fullstory.asp?id=12365>.

199. John Hackett, "Computers Are Learning the Business", *Collections World*, 24 abr. 2001. Disponível em: <http://www.creditcollectionsworld.com/news/042401_2.htm>.

200. "Innovative Use of Artificial Intelligence, Monitoring NASDAQ for Potential Insider Trading and Fraud", press release da AAAI, 30 jul. 2003. Disponível em: <http://www.aaai.org/Pressroom/Releases/release-03-0730.html>.

201. "Adaptive Learning, Fly the Brainy Skies", *Wired News*, mar. 2002. Disponível em:

<http://www.wired.com/wired/archive/10.03/everywhere.html?pg=2>.

202. "Introduction to Artificial Intelligence", EL 629, Maxwell Air Force Base, curso da Air University Library. Disponível em: <http://www.au.af.mil/au/aul/school/acsc/ai02.htm>. Sam Williams, "Computer, Heal Thyself", *Salon.com*, 12 jul. 2004. Disponível em: <http://www.salon.com/tech/feature/2004/07/12/self_healing_computing/index_np.html>.

203. Ver: <http://www.Seegrid.com>. Revelação: o autor é investidor na Seegrid e membro do conselho.

204. No Hands Across America: <http://cart.frc.ri.cmu.edu/users/hpm/project.archive/reference.file/nhaa.html>, e "Carnegie Mellon Researchers Will Prove Autonomous Driving Technologies During a 3,000 Mile, Hands-off-the-Wheel Trip from Pittsburgh to San Diego", press release da Carnegie Mellon: <http://www-2.cs.cmu.edu/afs/cs/user/tjochem/www/nhaa/official_press_release.html>; Robert J. Derocher, "Almost Human", set. 2001, <http://www.insight-mag.com/insight/01/09/col-2-pt-1-ClickCulture.htm>.

205. "Search and Rescue Robots", Associated Press, 3 set. 2004. Disponível em: <http://www.smh.com.au/articles/2004/09/02/1093939058792.html?oneclick=true>.

206. "From Factoids to Facts", *Economist*, 26 ago. 2004. Disponível em: <http://www.economist.com/science/displayStory.cfm?story_id=3127462>.

NOTAS 613

207. Joe McCool, "Voice Recognition, It Pays to Talk", maio 2003. Disponível em: <http://www.bcs.org/BCS/Products/Publications/JournalsAndMagazines/ComputerBulletin/Online> e <Archive/may03/voicerecognition.htm>.

208. John Gartner, "Finally a Car That Talks Back", *Wired News*, 2 set. 2004. Disponível em: <http://www.wired.com/news/autotech/0,2554,64809,00.html?tw=wn_14techhead>.

209. "Computer Language Translation System Romances the Rosetta Stone", Information Sciences Institute, USC School of Engineering, 24 jul. 2003. Disponível em: <http://www.usc.edu/isinews/stories/102.html>.

210. Torsten Reil citado em Steven Johnson, "Darwin in a Box", *Discover*, v. 24, n. 8, ago. 2003. Disponível em: <http://www.discover.com/issues/aug-03/departments/feattech/>.

211. "Let Software Catch the Game for You", 3 jul. 2004. Disponível em: <http://www.newscientist.com/news/news.jsp?id=ns99996097>.

212. Michelle Delio, "Breeding Race Cars to Win", *Wired News*, 18 jun. 2004. Disponível em: <http://www.wired.com/news/autotech/0,2554,63900,00.html>.

213. Marvin Minsky, *The Society of Mind* (Nova York: Simon & Schuster, 1988).

214. Hans Moravec, "When Will Computer Hardware Match the Human Brain?", *Journal of Evolution and Technology*, n. 1, 1998.

215. Ray Kurzweil, *The Age of Spiritual Machines* (Nova York: Viking, 1999), p. 156.

216. Ver capítulo 2, notas 22 e 23, sobre o International Technology Roadmap for Semiconductors.

217. "The First Turing Test". Disponível em: <http://www.loebner.net/Prizef/loebner-prize.html>.

218. Douglas R. Hofstadter, "A Coffeehouse Conversation on the Turing Test", maio 1981, incluído em Ray Kurzweil, *The Age of Intelligent Machines* (Cambridge: MIT Press, 1990), pp. 80-102. Disponível em: <http://www.KurzweilAI.net/meme/frame.html?main=/articles/art0318.html>.

219. Ray Kurzweil, "Why I Think I Will Win", e Mitch Kapor, "Why I Think I Will Win", regras: <http://www.KurzweilAI.net/meme/frame.html?main=/articles/art0373.html>; Kapor: <http://www.KurzweilAI.net/meme/frame.html?main=/articles/art0412.html>; Kurzweil: <http://www.KurzweilAI.net/meme/frame.html?main=/articles/art0374.html>; "última palavra" de Kurzweil: <http://www.KurzweilAI.net/meme/frame.html?main=/articles/art0413.html>.

220. Edward A. Feigenbaum, "Some Challenges and Grand Challenges for Computational Intelligence", *Journal of the Association for Computing Machinery*, n. 50, pp. 32-40, jan. 2003.

221. De acordo com a teoria endossimbiótica serial da evolução eucariota, os ancestrais das mitocôndrias (as estruturas nas células que produzem energia e têm seu próprio código genético de treze genes nos humanos) eram originalmente bactérias independentes (ou seja, não parte de outra célula) semelhantes à bactéria *Daptobacter* de hoje. "Serial Endosymbiosis Theory". Disponível em: <http://encyclopedia.thefreedictionary.com/Serial%20endosymbiosis%20theory>

Capítulo 6: O impacto...

1. Donovan, "Season of the Witch", *Sunshine Superman* (1966).

2. As razões para a redução de mão de obra agrícola incluem a mecanização, que reduziu a necessidade do trabalho humano e animal, as oportunidades econômicas, que foram criadas nas áreas urbanas durante a Segunda Guerra Mundial, e o desenvolvimento de técnicas agrícolas intensivas, que exigiam menos terra para colheitas semelhantes. Ministério da Agricultura dos Estados Unidos, Serviço Nacional de Estatísticas Agrícolas, Tendências na Agricultura dos Estados Unidos, em: <http://www.usda.gov/nass/pubs/trends/farmpopulation.htm>. A produção assistida por computador, a produção *just-in-time* (que resulta em um estoque menor) e a fabricação offshore para reduzir custos são alguns dos modos que contribuíram para a perda de empregos fabris. Ver U.S. Department of Labor, Futurework: Trends and Challenges of Work in the 21st Century. Disponível em: <http://www.dol.gov/asp/programs/history/herman/reports/futurework/report.htm>.

3. Por exemplo, ver Natasha Vita-More, "The New [Human] Genre Primo [First] Posthuman", palestra feita em Ciber@RT Conference, Bilbao, Espanha, abr. 2004. Disponível em: <http://www.natasha.cc/paper.htm>.

4. Rashid Bashir resume em 2004:

> Também se fez muito progresso na micro e na nanotecnologia terapêutica [...]. Alguns exemplos específicos incluem (1) dispositivos implantáveis baseados em silicone que podem ser estimulados eletricamente para abrir um orifício por onde drogas pré-carregadas podem ser liberadas; (2) dispositivos de silicone com polímeros ativados eletricamente que podem agir como uma válvula ou músculo para

liberar drogas pré-carregadas; (3) microcápsulas com base em silicone com membranas nanoporosas para a liberação de insulina; (4) partículas de polímeros (ou hidrogel) que podem ser pré-carregadas com drogas e depois forçadas a se expandirem quando expostas a condições ambientais específicas, tais como uma mudança de pH, liberando a droga pré-carregada; (5) nanopartículas de metal revestidas de proteínas, que podem ser aquecidas por energia óptica externa, aquecendo e danificando localmente células e tecidos não desejados etc.

R. Bashir, "BioMEMS: State-of-the-Art in Detection, Opportunities and Prospects", *Advanced Drug Delivery Reviews*, v. 56, n. 11, pp. 1565-89, 22 set. 2004. Impressão disponível em: <https://engineering.purdue.edu/LIBNA/pdf/publications/BioMEMS%20review%20ADDR%20final.pdf>. Ver também Richard Grayson et al., "A BioMEMS Review: MEMS Technology for Physiologically Integrated Devices", *IEEE Proceedings*, v. 92, pp. 6-21, 2004.

5. Para as atividades da International Society for BioMEMS and Biomedical Nanotechnology, ver: <http://www.bme.ohio-state.edu/isb>. As conferências da BioMEMS também estão relacionadas no SPIE: <http://www.spie.org/Conferences>.

6. Os pesquisadores usaram uma nanopartícula de ouro para monitorar o açúcar no sangue de diabéticos. Y. Xiao et al., "'Plugging into Enzymes': Nanowiring of Redox Enzymes by a Gold

Nanoparticle", *Science*, v. 299, n. 5614, pp. 1877-81, 21 mar. 2003. Ver também T. A. Desai et al., "Abstract Nanoporous Microsystems for Islet Cell Replacement", *Advanced Drug Delivery Reviews*, v. 56, n. 11, pp. 1661-73, 22 set. 2004.

7. A. Grayson et al., "Multi-Pulse Drug Delivery from a Resorbable Polymeric Microchip Device", *Nature Materials*, n. 2, pp. 767-72, 2003.

8. Q. Bai e K. D.Wise, "Single-Unit Neural Recording with Active Microelectrode Arrays", *IEEE Transactions on Biomedical Engineering*, v. 48, n. 8, pp. 911-20, ago. 2001. Ver o debate sobre o trabalho de Wise em J. DeGaspari, "Tiny, Tuned, and Unattached", Mechanical Engineering", jul. 2001, <http://www.memagazine.org/backissues/july01/features/tinytune/tinytune.html>; K. D. Wise, "The Coming Revolution in Wireless Integrated MicroSystems", Digest International Sensor Conference 2001 (convidado ao plenário), Seoul, out. 2001. Versão digital (13 jan. 2004): <http://www.stanford.edu/class/ee392s/Stanford392S-kw.pdf>.

9. "'Microbots' Hunt Down Disease", BBC News, 13 jun. 2001. Disponível em: <http://news.bbc.co.uk/1/hi/health/1386440.stm>. As micromáquinas baseiam-se em ímãs cilíndricos; ver K. Ishiyama, M. Sendoh, e K. I. Arai, "Magnetic Micromachines for Medical Applications", *Journal of Magnetism and Magnetic Materials*, v. 242, n. 45, parte 1, pp. 41-6, abr. 2002.

10. Ver o comunicado de imprensa dos Sandia National Laboratories, "Pac-Man-Like Microstructure Interacts with Red Blood Cells", 15 ago. 2001, <http://www.sandia.gov/media/NewsRel/NR2001/gobbler.htm>. Para a resposta, ver um artigo de D. Wilson, "Microteeth Have a Big Bite", 17 ago. 2001, <http://www.e4engineering.com/item.asp?ch=e4_home&type=Features&id=42543>.

11. Ver os livros de Freitas: *Nanomedicine*, v. 1, *Basic Capabilities* (Georgetown: Landes Bioscience, 1999) e *Nanomedicine*, v. 2A, *Biocompatibility* (Georgetown: Landes Bioscience, 2003), ambos disponíveis on-line, sem custo, em: <http://www.nanomedicine.com>. Ver também a página Nanomedicine, de Robert Freitas no Foresight Institute, que traz uma lista de suas obras técnicas atuais: <http://www.foresight.org/Nanomedicine/index.html#MedNanoBots>.

12. Robert A. Freitas Jr., "Exploratory Design in Medical Nanotechnology: A Mechanical Artificial Red Cell", *Artificial Cells, Blood Substitutes, and Immobilization Biotechnology*, v. 26, pp. 411-30, 1998. Disponível em: <http://www.foresight.org/Nanomedicine/Respirocytes.html>.

13. Robert A. Freitas Jr., "Clottocytes: Artificial Mechanical Platelets", *Foresight Update*, n. 41, pp. 9-11, 30 jun. 2000. Disponível em: <http://www.imm.org/Reports/Rep018.html>.

14. Robert A. Freitas Jr., "Microbivores: Artificial Mechanical Phagocytes", Foresight Update, n. 44, pp. 11-3, 31 mar. de 2001. Disponível em: <http://www.imm.org/Reports/Rep025.html ou http://www.KurzweilAI.net/meme/frame.html?main=/articles/art0453.html>.

15. Robert A. Freitas Jr., "The Vasculoid Personal Appliance", Foresight Update, n. 48, pp. 10-2, 31 mar. 2002. Disponível em: <http://www.imm.org/Reports/Rep031.html>; artigo inteiro: Robert A. Freitas Jr. e Christopher J. Phoenix, "Vasculoid: A Personal Nanomedical Appliance to Replace Human Blood", *Journal of Evolution and Technology*, n. 11, abr. 2002. Disponível em: <http://www.jetpress.org/volume11/vasculoid.html>.

16. Carlo Montemagno e George Bachand, "Constructing Nanomechanical Devices Powered by Biomolecular Motors", *Nanotechnology*, n. 10, pp. 225-31, set. 1999; "Biofuel Cell Runs on Metabolic Energy to Power Medical Implants", *Nature*, 12 nov. 2002, <http://www.nature.com/news/2002/021111/full/021111—1.html>, fazendo um relatório em N. Mano, F. Mao e A. Heller, "A Miniature Biofuel Cell Operating in a Physiological Buffer", *Journal of the American Chemical Society*, n. 124, pp. 12962-3, 2002; Carlo Montemagno et al., "Self-Assembled Microdevices Driven by Muscle", *Nature Materials*, v. 4, n. 2, pp. 180-4, fev. 2005, publicado eletronicamente em 16 jan. 2005.

17. Ver o web site de Lawrence Livermore National Laboratory, <http://www.llnl.gov>, para informações atualizadas sobre essa iniciativa, junto com o web site de Medtronic MiniMed, <http://www.minimed.com/corpinfo/index.shtml>.

18. "A comunicação direta de cérebro-a-cérebro [...] parece mais coisa dos filmes de Hollywood do que de relatórios do governo — mas estes estão entre os avanços previstos em um recente relatório do U.S. National Science Foundation and Department of Commerce." G. Brumfiel, "Futurists Predict Body Swaps for Planet Hops", *Nature*, v. 418, p. 359, 25 jul. 2002.

Estimulação profunda do cérebro, pela qual a corrente elétrica de eletrodos implantados influencia a função cerebral, é um implante neural aprovado pela FDA para o Mal de Parkinson e está sendo testado para outras desordens neurológicas. Ver Al Abbott, "Brain Implants Show Promise Against Obsessive Disorder", *Nature*, v. 419, p. 658, 17 out. 2002, e B. Nuttin et al., "Electrical Stimulation in Anterior Limbs of Internal Capsules in Patients with Obsessive-Compulsive Disorder", *Lancet*, v. 354, n. 9189, p. 1526, out. 1999.

19. Ver site do Retinal Implant Project, <http://www.bostonretinalimplant.org>, que contém uma gama de recursos, inclusive artigos recentes. Um desses artigos é: R. J. Jensen et al., "Thresholds for Activation of Rabbit Retinal Ganglion Cells with an Ultrafine, Extracellular Microelectrode", *Investigative Ophthalmalogy and Visual Science*, v. 44, n. 8, pp. 3533-43, ago. 2003.

20. A FDA aprovou o implante da Medtronic para esse fim em 1997 só para um lado do cérebro; foi aprovado para ambos os lados do cérebro em 14 de janeiro de 2002. S. Snider, "FDA Approves Expanded Use of Brain Implant for Parkinson's Disease", U.S. Food and Drug Administration, FDA Talk Paper, 14 jan. 2002. Disponível em: <http://www.fda.gov/bbs/topics/ANSWERS/2002/ANS01130.html>. As versões mais recentes permitem o upgrade dos softwares pelo exterior do paciente.

21. A Medtronic também fabrica um implante para paralisia cerebral. Ver S. Hart, "Brain Implant Quells Tremors", ABC News, 23 dez. 1997. Disponível em: <http://nasw.org/users/hart/subhtml/abcnews.html>. Ver também o website da Medtronic: <http://www.medtronic.com>.

22. Günther Zeck e Peter Fromherz, "Noninvasive Neuroelectronic Interfacing with Synaptically Connected Snail Neurons Immobilized on a Semiconductor Chip", *Proceedings of the National Academy of Sciences*, v. 98, n. 18, pp. 10457-62, 28 ago. 2001.

23. Ver R. Colin Johnson, "Scientists Activate Neurons with Quantum Dots", *EE Times*, 4 dez. 2001. Disponível em: <http://www.eetimes.com/story/OEG20011204S0068>. Pontos quânticos também podem ser usados para imagem; ver M. Dahan et al., "Diffusion Dynamics of Glycine Receptors Revealed by Single-Quantum Dot Tracking", *Science*, v. 302, n. 5644, pp. 442-5, 17 out. 2003; J. K. Jaiswal e S. M. Simon, "Potentials and Pitfalls of Fluorescent Quantum Dots for Biological Imaging", *Trends in Cell Biology*, v. 14, n. 9, pp. 497-504, set. 2004.

24. S. Shoham et al., "Motor-Cortical Activity in Tetraplegics", *Nature*, v. 413, n. 6858, p. 793, 25 out. 2001. Para o comunicado de imprensa da Universidade de Utah, ver "An Early Step Toward Helping the Paralyzed Walk", 24 out. 2001. Disponível em: <http://www.utah.edu/news/releases/01/oct/spinal.html>.

25. As observações de Stephen Hawking, que foram mal traduzidas por Focus, foram citadas em Nick Paton Walsh, "Alter Our DNA or Robots Will Take Over, Warns Hawking", *Observer*, 2 set. 2001. Disponível em: <http://observer.guardian.co.uk/uk_news/story/0,6903,545653,00.html>. A tradução ruim muito divulgada dizia que Hawking estava avisando contra desenvolver uma inteligência maior do que a humana nas máquinas. Na verdade, ele defendia a pressa em estreitar a relação entre as inteligências biológica e não biológica. Hawking forneceu as citações corretas para KurzweilAI.net ("Hawking Misquoted on Computers Taking Over", 13 set. 2001, em: <http://www.KurzweilAI.net/news/frame.html?main=news_single.html?id%3D495>).

26. Ver nota 34 do capítulo 1.

27. Um exemplo, Nomad para utilização militar, foi produzido por Microvision, uma companhia sediada em Bothell, Washington. Ver: <http://www.microvision.com/nomadmilitary/index.html>.

28. Olga Kharif, "Your Lapel Is Ringing", *Business Week*, 21 jun. 2004.

29. Laila Weir, "High-Tech Hearing Bypasses Ears", *Wired News*, 16 set. 2004. Disponível em: <http://www.wired.com/news/technology/0,1282,64963,00.html?tw=wn_tophead_4>.

30. Tecnologia Hypersonic Sound, <http://www.atcsd.com/tl_hss.html>; Audio Spotlight, <http://www.holosonics.com/technology.html>.

31. Phillip F. Schewe e Ben Stein, *American Institute of Physics Bulletin of Physics News*, v. 236, 7 de agosto de 1995. Disponível em: <http://www.aip.org/enews/physnews/1995/physnews.236.htm>. Ver também R. Weis e P. Fromherz, "Frequency Dependent Signal-Transfer in Neuron-Transistors", *Physical Review E*, v. 55, pp. 877-89, 1997.

32. Ver nota 18 acima. Ver também J. O. Winter et al., "Recognition Molecule Directed Interfacing Between Semiconductor Quantum Dots and Nerve Cells", *Advanced Materials*, n. 13, pp. 1673-7, nov. 2001; I. Willner e B. Willner, "Biomaterials Integrated with Electronic Elements: En Route to Bioelectronics", Trends in Biotech-

nology, n. 19, pp. 222-30, jun. 2001; Deborah A. Fitzgerald, "Bridging the Gap with Bioelectronics", *Scientist*, v. 16, n. 6, p. 38, 18 mar. 2002.

33. Robert Freitas analisa esse cenário: Robert A. Freitas Jr., *Nanomedicine*, v. 1, *Basic Capabilities*, seção 7.4.5.4, "Cell Message Modification" (Georgetown: Landes Bioscience, 1999), pp. 194-6, <http://www.nano-medicine.com/NMI/7.4.5.4.htm#p5>, e seção 7.4.5.6, "Outmessaging to Neurons", pp. 196-7, <http://www.nanomedicine.com/NMI/7.4.5.6.htm#p2>.

34. Para descrições do projeto Ramona, inclusive vídeos da apresentação da realidade virtual na conferência TED e um vídeo dos bastidores, "Making of Ramona", ver "All About Ramona". Disponível em: <http://www.KurzweilAI.net/meme/frame.html?m=9>.

35. I. Fried et al., "Electric Current Stimulates Laughter", *Nature*, v. 391, n. 6668, p. 650, 12 fev. 1998. Ver Ray Kurzweil, *The Age of Spiritual Machines* (Nova York: Viking, 1999).

36. Robert A. Freitas Jr., *Nanomedicine*, v. 1, *Basic Capabilities*, seção 7.3, "Communication Networks" (Georgetown,: Landes Bioscience, 1999), pp. 186-8, <http://www.nanomedicine.com/NMI/7.3.htm>.

37. Allen Kurzweil, *The Grand Complication: A Novel* (Nova York: Hyperion, 2002); Allen Kurzweil, *A Case of Curiosities* (Nova York: Harvest Books, 2001). Allen Kurzweil é meu primo em primeiro grau.

38. Como citado em Aubrey de Grey, "Engineering Negligible Senescence: Rational Design of Feasible, Comprehensive Rejuvenation Biotechnology", Kronos Institute Seminar Series, 8 fev. 2002. Apresentação em PowerPoint disponível em: <http://www.gen.cam.ac.uk/sens/sensov.ppt>.

39. Robert A. Freitas Jr., "Death Is an Outrage!" apresentação na 5ª Conferência Alcor sobre prolongamento extremo da vida, Newport Beach, Estado Unidos, 16 nov. 2002. Disponível em: <http://www.rfreitas.com/Nano/DeathIsAnOutrage.htm>, publicado em KurzweilAI.net, 9 jan. 2003: <http://www.KurzweilAI.net/articles/art0536.html>.

40. Cro-magnon, "30 years or less, often much less...": <http://anthro.palomar.edu/homo2/sapiens_culture.htm>.

Egito: Jac J. Janssen citado em Brett Palmer, "Playing the Numbers Game", em *Skeptical Review*, publicada on-line em 5 de 2004, em: <http://www.theskepticalreview.com/palmer/numbers.html>.

Europe 1400: *Gregory Clark, The Conquest of Nature: A Brief Economic History of the World* (Princeton University Press, a ser publicado em 2005), capítulo 5, "Mortality in the Malthusian Era". Disponível em: <http://www.econ.ucdavis.edu/faculty/gclark/GlobalHistory/Global%20History-5.pdf>.

1800: James Riley, *Rising Life Expectancy: A Global History* (Cambridge, Inglaterra: Cambridge University Press, 2001), pp. 32-3.

1900: <http://www.cdc.gov/nchs/data/hus/tables/2003/03hus027.pdf>.

41. Originalmente, o museu localizava-se em Boston e agora está em Mountain View, Califórnia, Estados Unidos, <http://www.computerhistory.org>.

42. Lyman e Kahle sobre armazenamento de longo prazo: "Enquanto o papel de boa qualidade dura quinhentos anos, as fitas de computador duram dez. Enquanto houver organizações ativas para fazer cópias, manteremos nossas informações em segurança, não temos um mecanismo eficaz para fazer quinhentos anos de cópias de materiais digitais..." Peter Lyman e Brewster Kahle, "Archiving Digital Cultural Artifacts: Organizing an Agenda for Action", *D-Lib Magazine*, jul.-ago. 1998.

Stewart Brand escreve: "Por trás de todo novo e quente computador que funciona, está um rastro de corpos de computadores extintos, de mídias extintas de armazenamento, de aplicações extintas, de arquivos extintos. Bruce Sterling, escritor de ficção científica, refere-se a nossa época como "a Idade de Ouro das mídias mortas, a maioria com uma idade útil de funcionamento igual a um pacote de Twinkies (que são parecidos com bolinho Ana Maria)". Stewart Brand, "Written on the Wind", *Civilization Magazine*, nov. 1998 ("01998" na terminologia Long Now), disponível em: <http://www.longnow.org/10klibrary/library.htm>.

43. O projeto nessa linha do Information Processing Technology Office da DARPA é chamado de LifeLog, <http://www.darpa.mil/ipto/Programs/lifelog>; ver também Noah Shachtman, "A Spy Machine of DARPA's Dreams", *Wired News*, 20 maio 2003, <http://www.wired.com/news/business/0,1367,58909,00.html>; o projeto de Gordon Bell (para a Microsoft) é MyLifeBits, <http://research.microsoft.com/research/barc/MediaPresence/MyLifeBits.aspx>; para a Long Now Foundation, ver <http://longnow.org>.

44. Bergeron é um professor assistente de anestesiologia na Harvard Medical School e é autor de livros como *Bioinformatics Computing, Biotech Industry: A Global, Economic, and Financing Overview* e *The Wireless Web and Healthcare*.

45. A Long Now Foundation está desenvolvendo uma possível solução: o Disco Rosetta, que conterá arquivos extensos de texto em línguas que podem ser perdidas em um futuro distante. Eles planejam usar uma tecnologia única de armazenamento baseada em um disco de níquel que pode armazenar até 350 mil páginas por disco, com uma estimativa de vida de 2 mil a 10 mil anos. Ver Long Now Foundation, Library Ideas. Disponível em: <http://longnow.org/10klibrary/10kLibConference.htm>.

46. John A. Parmentola, "Paradigm Shifting Capabilities for Army Transformation", convidado a apresentar uma palestra no simpósio europeu da SPIE sobre óptica/fotônica na segurança e defesa, 25 a 28 out. 2004; disponível em *Bridge*, v. 34, n. 3, out. 2004: <http://www.nae.edu/NAE/bridgecom.nsf/weblinks/MKEZ-65RLTA?OpenDocument>.

47. Fred Bayles, "High-Tech Project Aims to Make Super-soldiers", *USA Today*, 23 maio 2003, <http://www.usatoday.com/news/nation/2003-05-22-nanotech-usat_x.htm>; ver o web site do Institute for Soldier Nanotechnologies: <http://web.mit.edu/isn>; Sarah Putnam, "Researchers Tout Opportunities in Nanotech", MIT News Office, 9 out. 2002, <http://web.mit.edu/newsoffice/2002/cdc-notech-1009.html>.

48. Ron Schafer, "Robotics to Play Major Role in Future Warfighting", <http://www.jfcom.mil/newslink/storyarchive/2003/pa072903.htm>; Dr. Russell Richards, "Unmanned Systems: A Big Player for Future Forces?", Unmanned Effects Workshop no Applied Physics Laboratory, Johns Hopkins University, Baltimore, Estados Unidos, 29 jul. a 1º ago. 2003.

49. John Rhea, "NASA Robot in Form of Snake Planned to Penetrate Inaccessible Areas", Military and Aerospace Electronics, nov. 2000. Disponível em: <http://mae.pennnet.com/Articles/Article_Display.cfm?Section=Archives&Subsection=Display&ARTICLE_ID=86890>.

50. Lakshmi Sandhana, "The Drone Armies Are Coming", *Wired News*, 30 ago. 2002, <http://www.wired.com/news/technology/0,1282,54728,00.html>. Ver também Mario Gerla, Kaixin Xu e Allen Moshfegh, "Minuteman: Forward Projection of Unmanned Agents Using the Airborne Internet", IEEE Aerospace Conference 2002, Big Sky, Estados Unidos, mar. 2002:

<http://www.cs.ucla.edu/NRL/wireless/uploads/mgerla_aerospace02.pdf>.

51. James Kennedy e Russell C. Eberhart, com Yuhui Shi, Swarm Intelligence (San Francisco: Morgan Kaufmann, 2001). Disponível em: <http://www.swarmintelligence.org/SIBook/SI.php>.

52. Will Knight, "Military Robots to Get Swarm Intelligence", 25 abr. 2003. Disponível em: <http://www.newscientist.com/news/news.jsp?id=ns99993661>.

53. Ibid.

54. S. R.White et al., "Autonomic Healing of Polymer Composites", *Nature*, v. 409, pp. 794-7, 15 fev. 2001, <http://www.autonomic.uiuc.edu/files/NaturePaper.pdf>; Kristin Leutwyler, "Self-Healing Plastics", ScientificAmerican.com, 15 fev. 2001, <http://www.sciam.com/article.cfm?articleID=000B307F-C71A-1C5AB882809EC588ED9F>.

55. Sue Baker, "Predator Missile Launch Test Totally Successful", *Strategic Affairs*, 1º abr. 2001. Disponível em: <http://www.stratmag.com/issueApr-1/page02.htm>.

56. Ver a lista de cursos da OpenCourseWare em: <http://ocw.mit.edu/index.html>.

57. Brigitte Bouissou citada nas páginas adicionais de citações do MIT OpenCourseWare em: <http://ocw.mit.edu/OcwWeb/Global/AboutOCW/additionalquotes.htm>, e Eric Bender, "Teach Locally, Educate Globally", *MIT Technology Review*, jun. 2004. Disponível em: <http://www.techreview.com/articles/04/06/bender0604.asp?p=1>.

58. Kurzweil Educational Systems, <http://www.Kurzweiledu.com>, fornece o sistema Kurzweil 3000 de leitura para pessoas com dislexia. Ele pode ler qualquer livro para o usuário enquanto ressalta o que está sendo lido em uma imagem em alta resolução da página. Inclui uma gama de recursos para melhorar a habilidade de leitura dos usuários.

59. Conforme citado por Natasha Vita-More, "Arterati on Ideas", <http://64.233.167.104/search?q=cache:QAnJsLcXHXUJ:www.extropy.com/ideas/journal/previous/1998/02-01.html+Arterati+on+ideas&hl=en> e <http://www.extropy.com/ideas/journal/previous/1998/02-01.html>.

60. Christine Boese, "The Screen-Age: Our Brains in our Laptops", CNN.com, 2 ago. 2004.

61. Thomas Hobbes, *Leviathan* (1651).

62. Seth Lloyd e Y. Jack Ng, "Black Hole Computers", *Scientific American*, nov. 2004.

63. Alan M. MacRobert, "The Allen Telescope Array: SETI's Next Big Step", *Sky & Telescope*, abr. 2004. Disponível em: <http://skyandtelescope.com/printable/resources/seti/article_256.asp>.

64. Ibid.

65. Ibid.

66. C. H. Townes, "At What Wavelength Should We Search for Signals from Extraterrestrial Intelligence?", *Proceedings of the National Academy of Sciences USA*, v. 80, pp. 1147-51, 1983; S. A. Kingsley em *The Search for Extraterrestrial Intelligence in the Optical Spectrum*, v. 2; S. A. Kingsley e G. A. Lemarchand (orgs.), *Proc. WPIE*, v. 2704, pp. 102-16, 1996.

67. N. S. Kardashev, "Transmission of Information by Extraterrestrial Civilizations", *Soviet Astronomy*, v. 8, n. 2, pp. 217-20, 1964. Resumido em Guillermo A. Lemarchand, "Detectability of Extraterrestrial Technological Activities", *SETIQuest*, v. 1, n. 1, pp. 3-13. Disponível em: <http://www.coseti.org/lemarch1.htm>.

68. Frank Drake e Dava Sobel, *Is Anyone Out There?* (Nova York: Dell, 1994); Carl Sagan e Frank Drake, "The Search for Extraterrestrial Intelligence", *Scientific American*, pp. 80-9, maio 1975. Mais informações sobre a equação de Drake podem ser encontradas em: <http://www.activemind.com/Mysterious/Topics/SETI/drake_equation.html>.

69. Muitas das descrições da equação de Drake expressam f_L como a fração da vida do planeta em que ocorrem as transmissões de rádio, mas isso deveria ser mais bem expressado como uma fração da vida do universo, já que, na verdade, não interessa há quanto tempo existe esse planeta; em vez disso, interessa a duração das transmissões de rádio.

70. Seth Shostak fez "uma estimativa de 10 mil a 1 milhão de transmissores de rádio na galáxia". Marcus Chown, "ET First Contact 'Within 20 Years'", *New Scientist*, v. 183, n. 2457, 24 jul. 2004. Disponível em: <http://www.newscientist.com/article.ns?id=dn6189>.

71. T. L. Wilson, "The Search for Extraterrestrial Intelligence", *Nature*, 22 fev. 2001.

72. A maioria das estimativas tem sido entre 10 e 15 bilhões de anos. Em 2002, as estimativas baseadas em dados do telescópio espacial Hubble estavam entre 13 e 14 bilhões de anos. Um estudo publicado pelo cientista Lawrence Krauss da Universidade Case Western Reserve e por Brian Chaboyer da Universidade de Dartmouth aplicou uns achados recentes sobre a evolução das estrelas e concluiu que havia 95% de confiança de que a idade do universo fica entre 11,2 e 20 bilhões de anos. Lawrence Krauss e Brian Chaboyer, "Irion, the Milky Way's Restless Swarms of Stars", *Science*, v. 299, pp. 60-2, 3 jan. 2003. Pesquisas recentes da Nasa definiram a idade do universo em 13,7 bilhões de anos, mais ou menos 200 milhões. Disponível em: <http://map.gsfc.nasa.gov/m_mm/mr_age.html>.

73. Citado em Eric M. Jones, "'Where Is Everybody?': An Account of Fermi's Question", Los Alamos National Laboratories, mar. 1985. Disponível em: <http://www.bayarea.net/~kins/AboutMe/Fermi_and_Teller/fermi_question.html>.

74. Primeiro, considere a estimativa de 10^{42} cps para o laptop frio mais recente (como no capítulo 3). Pode-se estimar a massa do sistema solar como aproximadamente a mesma massa do Sol, que é de 2×10^{30} quilos. Um vinteavos de 1% dessa massa é 10^{27} quilos. A 10^{42} cps por quilo, 10^{27} quilos forneceriam 10^{69} cps. Usando a estimativa de 10^{50} cps para o laptop quente mais recente, chega-se a 10^{77} cps.

75. Anders Sandberg, "The Physics of Information Processing Superobjects: Daily Life Among the Jupiter Brains", *Journal of Evolution and Technology*, n. 5, 22 dez. 1999. Disponível em: <http://www.jetpress.org/volume5/Brains2.pdf>.

76. Freeman John Dyson, "Search for Artificial Stellar Sources of Infrared Radiation", Science, v. 131, pp. 1667-8, 3 jun. 1960.

77. Citado em Sandberg, "Physics of Information Processing Superobjects".

78. Em 1994, foram despachadas 195,5 bilhões de unidades de chips semicondutores; em 2004, foram 433,5 bilhões. Jim Feldhan, presidente, Semico Research Corporation. Disponível em: <http://www.semico.com>.

79. Robert Freitas tem sido um pioneiro defensor do uso de sondas robóticas, especialmente as autorreplicantes. Ver Robert A. Freitas Jr., "Interstellar Probes: A New Approach to SETI", *J. British Interplanet. Soc.*, n. 33, pp. 95-100, mar. 1980, <http://www.rfreitas.com/Astro/InterstellarProbesJBIS1980.htm>; Robert A. Freitas Jr., "A Self-Reproducing Interstellar Probe", *J. British Interplanet. Soc.*, n. 33, pp. 251-64, jul. 1980, <http://www.rfreitas.com/Astro/ReproJBISJuly1980.htm>; Francisco Valdes e Robert A. Freitas Jr., "Comparison of Reproducing and Nonreproducing Starprobe Strategies for Galactic Exploration", *J. British Interplanet. Soc.*, n. 33, pp. 402-8, nov. 1980, <http://www.rfreitas.com/Astro/ComparisonReproNov1980.htm>; Robert A. Freitas Jr., "Debunking the Myths of Interstellar Probes", *AstroSearch*, v. 1, pp. 8-9, jul.-ago. 1983, <http://www.rfreitas.com/Astro/ProbeMyths1983.htm>; Robert A. Freitas Jr., "The Case for Interstellar Probes", *J. British Interplanet. Soc.*, n. 36, pp. 490-5, nov. 1983, <http://www.rfreitas.com/Astro/TheCaseForInterstellarProbes1983.htm>.

80. M. Stenner et al., "The Speed of Information in a 'Fast-Light' Optical Medium", *Nature*, v. 425, pp. 695-8, 16 out. 2003. Ver também Raymond Y. Chiao et al., "Superluminal and Parelectric Effects in Rubidium Vapor and Ammonia Gas", *Quantum and Semiclassical Optics*, n. 7, p. 279, 1995.

81. I. Marcikic et al., "Long-Distance Teleportation of Qubits at Telecommunication Wavelengths", *Nature*, v. 421, pp. 509-13, jan. 2003; John Roach, "Physicists Teleport Quantum Bits over Long Distance", *National Geographic News*, 29 jan. 2003; Herb Brody, "Quantum Cryptography", em "10 Emerging Technologies That Will Change the World", *MIT Technology Review*, fev. 2003; N. Gisin et al., "Quantum Correlations with Moving Observers", *Quantum Optics*, p. 51, dez. 2003; Quantum Cryptography exhibit, ITU Telecom World 2003, Genebra, Suíça, 1º out. 2003; Sora Song, "The Quantum Leaper", *Time*, 15 mar. 2004; Mark Buchanan, "Light's Spooky Connections Set New Distance Record", *New Scientist*, 28 jun. 1997.

82. Charles H. Lineweaver e Tamara M. Davis, "Misconceptions About the Big Bang", *Scientific American*, mar. 2005.

83. A. Einstein e N. Rosen, "The Particle Problem in the General Theory of Relativity", *Physical Review*, v. 48, p. 73, 1935.

84. J. A.Wheeler, "Geons", *Physical Review*, v. 97, pp. 511-36, 1955.

85. M. S. Morris, K. S. Thorne e U. Yurtsever, "Wormholes, Time Machines, and the Weak Energy Condition", *Physical Review Letters*, v. 61, n. 13, pp. 1446-9, 26 set. 1988; M. S. Morris e K. S. Thorne, "Wormholes in Space-time and Their Use for Interstellar Travel: A Tool for Teaching General Relativity", *American Journal of Physics*, v. 56, n. 5, pp. 395-412, 1988.

86. M. Visser, "Wormholes, Baby Universes, and Causality", *Physical Review D*, v. 41, n. 4, pp. 1116-24, 15 fev. 1990.

87. Sandberg, "Physics of Information Processing Superobjects".

88. David Hochberg e Thomas W. Kephart, "Wormhole Cosmology and the Horizon Problem", *Physical Review Letters*, v. 70, pp. 2265-8, 1993, <http://prola.aps.org/abstract/PRL/v70/i18/p2665_1>; D. Hochberg e M.Visser, "Geometric Structure of the Generic Static Transversable Wormhole Throat", *Physical Review D*, v. 56, p. 4745, 1997.

89. J. K.Webb et al., "Further Evidence for Cosmological Evolution of the Fine Structure Constant", Physical Review Letters, v. 87, n. 9, p. 091301, 27 ago. 2001; "When Constants Are Not Constant", *Physics in Action*, out. 2001. Disponível em: <http://physicsweb.org/articles/world/14/10/4>.

90. João Magueijo, John D. Barrow e Haavard Bunes Sandvik, "Is It e or Is It c? Experimental Tests of Varying Alpha", *Physical Letters B*, v. 549, pp. 284-9, 2002.

91. John Smart, "Answering the Fermi Paradox: Exploring the Mechanisms of Universal Transcension", <http://www.transhumanist.com/Smart-Fermi.htm>. Ver também <http://singularitywatch.com> e sua biografia em <http://www.singularitywatch.com/bio_johnsmart.html>.

92. James N. Gardner, *Biocosm: The New Scientific Theory of Evolution: Intelligent Life Is the Architect of the Universe* (Maui: Inner Ocean, 2003).

93. Lee Smolin em "Smolin vs. Susskind: The Anthropic Principle", *Edge*, n. 145, <http://www.edge.org/documents/archive/edge145.html>; Lee Smolin, "Scientific Alternatives to the Anthropic Principle", <http://arxiv.org/abs/hep-th/0407213>.

94. Kurzweil, *Age of Spiritual Machines*, pp. 258-60.

95. Gardner, Biocosm.

96. S. W. Hawking, "Particle Creation by Black Holes", *Communications in Mathematical Physics*, v. 43, pp. 199-220, 1975.

97. A aposta original está em <http://www.theory.caltech.edu/people/preskill/info_bet.html>. Ver também Peter Rodgers, "Hawking Loses Black Hole Bet", Physics World, ago. 2004. Disponível em: <http://physicsweb.org/articles/news/8/7/11>.

98. Para chegar a essas estimativas, Lloyd tomou a densidade observada da água — cerca de um átomo de hidrogênio por metro cúbico — e computou a energia total no universo. Dividindo esse número pela constante de Planck, ele obteve cerca de 10^{90} cps. Seth Lloyd, "Ultimate Physical Limits to Computation", *Nature*, v. 406, n. 6799, pp. 1047-54, 31 ago. 2000. Versões eletrônicas (a versão 3, datada de 14 fev. 2000) disponíveis em: <http://arxiv.org/abs/quant-ph/9908043> (31 ago. 2000). O link a seguir exige pagamento para permitir o acesso: <http://www.nature.com/cgi-taf/DynaPage.taf?file=/nature/journal/v406/n6799/full/4061047a0_fs.html&content_filetype=PDF>.

99.Jacob D.Bekenstein,"Information in the HolographicUniverse:TheoreticalResultsaboutBlackHolesSuggest That the Universe Could Be Like a Gigantic Hologram", Scientific American, v. 289, n. 2, pp. 58-65, ago. 2003. Disponível em: <http://www.sciam.com/article.cfm?articleID=000AF072-4891-1F0A-97AE80A84189EEDF>.

Capítulo 7: Ich bin ein Singularitarian

1. Em Jay W. Richards et al., *Are We Spiritual Machines? Ray Kurzweil vs. the Critics of Strong A.I.* (Seattle: Discovery Institute, 2002), introdução. Disponível em: <http://www.KurzweilAI.net/meme/frame.html?main=/articles/art0502.html>.

2. Ray Kurzweil e Terry Grossman, *Fantastic Voyage: Live Long Enough to Live Forever* (Nova York: Rodale Books, 2004).

3. Ibid.

4. Ibid.

5. Max More e Ray Kurzweil, "Max More and Ray Kurzweil on the Singularity", 26 fev. 2002. Disponível em: <http://www.KurzweilAI.net/articles/art0408.html>.

6. Ibid.

7. Ibid.

8. Arthur Miller, *After the Fall* (Nova York: Viking, 1964).

9. De um artigo lido na Oxford Philosophical Society em 1959 e depois publicado como "Minds, Machines and Gödel," *Philosophy*, v. 36, pp. 112-27, 1961. Foi reimpresso pela primeira vez de muitas em Kenneth Sayre e Frederick Crosson (orgs.), *The Modeling of Mind* (Notre Dame: University of Notre Dame Press, 1963), pp. 255-71.

10. Martine Rothblatt, "Biocyberethics: Should We Stop a Company from Unplugging an Intelligent Computer?", 28 set. 2003. Disponível em: <http://www.KurzweilAI.net/meme/frame.html?main=/articles/art0594.html> (inclui links para um webcast e transcrições).

11. Jaron Lanier, "One Half of a Manifesto", *Edge*, <http://www.edge.org/3rd_culture/lanier/lanier_index.html>; ver também Jaron Lanier, "One-Half of a Manifesto", *Wired News*, dez. 2000, <http://www.wired.com/wired/archive/8.12/lanier.html>.

12. Ibid.

13. Norbert Wiener, *Cybernetics: Or, Control and Communication in the Animal and the Machine* (Cambridge: MIT Press, 1948).

14. "How Do You Persist When Your Molecules Don't?", *Science and Consciousness Review* v. 1, n. 1, jun. 2004. Disponível em: <http://www.sci-con.org/articles/20040601.html>.

15. David J. Chalmers, "Facing Up to the Problem of Consciousness", *Journal of Consciousness Studies*, v. 2, n. 3, pp. 200-19, 1995. Disponível em: <http://jamaica.u.arizona.edu/~chalmers/papers/facing.html>.

16. Huston Smith, *The Sacred Unconscious*, videotape (The Wisdom Foundation, 2001). Disponível para venda em: <http://www.fonsvitae.com/sacredhuston.html>.

17. Jerry A. Fodor, *RePresentations: Philosophical Essays on the Foundations of Cognitive Science* (Cambridge: MIT Press, 1981).

Capítulo 8: GNR: Promessa e perigo profundamente entrelaçados

1. Bill McKibben, "How Much Is Enough? The Environmental Movement as a Pivot Point in Human History", Seminário de Harvard sobre Valores Ambientais, 18 out. 2000.

2. Nos anos de 1960, o governo dos Estados Unidos realizou uma experiência em que pediu a três estudantes de física recém-formados que construíssem uma arma nuclear usando apenas informações disponíveis ao público. O resultado foi um sucesso; os três estudantes construíram uma em cerca de três anos, ver <http://www.pimall.com/nais/nl/n.nukes.html>. Planos de como construir uma bomba atômica estão disponíveis na internet e foram publicados em livro por um laboratório nacional. Em 2002, o Ministério da Defesa britânico liberou medidas, diagramas e detalhes exatos sobre a construção de bombas para o Public Record Office, depois removidos, ver <http://news.bbc.co.uk/1/hi/uk/1932702.stm>. Estes links não contêm planos reais para construir armas atômicas.

3. "The John Stossel Special: You Can't Say That!", ABC News, 23 mar. 2000.

4. Há informações extensas na rede, inclusive manuais militares, sobre como construir bombas, armas e explosivos. Parte está errada, mas a informação correta continua acessível apesar dos esforços para removê-la. O Congresso aprovou uma emenda (a Feinstein Amendment, SP 419) para o orçamento do Ministério da Defesa, em junho de 1997, banindo a disseminação das instruções para construir bombas. Ver Anne Marie Helmenstine, "How to Build a Bomb", 10 fev. 2003, <http://chemistry.about.com/library/weekly/aa021003a.htm>. Informações sobre elementos químicos industriais tóxicos estão amplamente disponíveis na rede e nas bibliotecas, bem como informações e ferramentas para cultivar bactérias e vírus e técnicas para criar vírus de computador e para hackear computadores e redes. Note-se que não forneço exemplos específicos de tais informações, pois poderiam ajudar pessoas e grupos destruidores. Percebo bem que a mera afirmação da disponibilidade dessa informação tem o mesmo potencial, mas acho que o benefício de um diálogo aberto sobre isso pesa mais do que a preocupação. Além disso, a disponibilidade desse tipo de informação tem sido discutida na mídia e em outros lugares.

5. Ray Kurzweil, The Age of Intelligent Machines (Cambridge: MIT Press, 1990).

6. Ken Alibek, Biohazard (Nova York: Random House, 1999).

7. Ray Kurzweil, The Age of Spiritual Machines (Nova York: Viking, 1999).

8. Bill Joy, "Why the Future Doesn't Need Us", Wired, abr. 2000. Disponível em: <http://www.wired.com/wired/archive/8.04/joy.html>.

9. Manuais para manipulação de genes (como A. J. Harwood (org.), Basic DNA and RNA Protocols. Totowa: Humana Press, 1996) junto com reagentes e kits que permitem manipular genes estão disponíveis normalmente. Mesmo que o acesso a esses materiais fosse limitado no Ocidente, há um grande número de empresas russas que podem fornecer materiais equivalentes.

10. Para um site detalhado da simulação "Dark Winter", ver "DARK WINTER: A Bioterrorism Exercise June 2001": <http://www.biohazardnews.net/scen_smallpox.shtml>. Para um breve resumo, ver: <http://www.homelandsecurity.org/darkwinter/index.cfm>.

11. Richard Preston, "The Specter of a New and Deadlier Smallpox", New York Times, 14 out. 2002. Disponível em: <http://www.ph.ucla.edu/epi/bioter/specterdeadliersmallpox.html>.

12. Alfred W. Crosby, America's Forgotten Pandemic: The Influenza of 1918 (Nova York: Cambridge University Press, 2003).

13. "Power from Blood Could Lead to 'Human Batteries'", Sydney Morning Herald, 4 ago. 2003. Disponível em: <http://www.smh.com.au/articles/2003/08/03/1059849278131.html>. Ver nota 129 do capítulo 5. Ver também S. C. Barton, J. Gallaway e P. Atanassov, "Enzymatic Biofuel Cells for Implantable and Microscale Devices", Chemical Reviews, v. 104, n. 10, pp. 4867-6, out. 2004.

14. J. M. Hunt calculou que há $1,55 \times 10^{19}$ quilos (10^{22} gramas) de carbono orgânico na Terra. Com base nesse número e considerando que todo esse "carbono orgânico" está contido na biomassa (note que a biomassa não está definida com clareza, por isso estamos assumindo uma posição amplamente conservadora), podemos calcular o número aproximado de átomos de carbono como segue:

Peso atômico médio do carbono (ajustando para isótopos) = 12,011.

Carbono na biomassa = $1,55 \times 10^{22}$ gramas / 12,011 = $1,3 \times 10^{21}$ mols.

$1,3 \times 10^{21} \times 6,02 \times 10^{23}$ (número de Avogadro) = $7,8 \times 10^{44}$ átomos de carbono.

J. M. Hunt, Petroleum Geochemistry and Geology (San Francisco: W. H. Freeman, 1979).

15. Robert A. Freitas Jr., "The Gray Goo Problem", 20 mar. 2001. Disponível em: <http://www.KurzweilAI.net/articles/art0142.html>.

16. "Gray Goo Is a Small Issue", documento informativo do Center for Responsible Nanotechnology, 14 dez. de 2003, <http://crnano.org/BD-Goo.htm>; Chris Phoenix e Mike Treder, "Safe Utilization of Advanced Nanotechnology", Center for Responsible Nanotechnology, jan. 2003, <http://crnano.org/safe.htm>; K. Eric Drexler, Engines of Creation, capítulo 11, "Engines of Destruction" (Nova York: Anchor Books, 1986), pp. 171-90, <http://www.foresight.org/EOC/EOC_Chapter_11.html>; Robert A. Freitas Jr. e Ralph C. Merkle, Kinematic Self-Replicating Machines, seção 5.11, "Replicators and Public Safety" (Georgetown: Landes Bioscience, 2004), pp. 196-9, <http://www.MolecularAssembler.com/KSRM/5.11.htm, e seção 6.3.1>, "Molecular Assemblers Are Too Dangerous", pp. 204-6, <http://www.MolecularAssembler.com/KSRM/6.3.1.htm>; Foresight Institute, "Molecular Nanotechnology Guidelines: Draft Version 3.7", 4 jun. 2000, <http://www.foresight.org/guidelines/>.

17. Robert A. Freitas Jr., "Gray Goo Problem" e "Some Limits to Global Ecophagy by Biovorous Nanoreplicators, with Public Policy Recommendations", Zyvex, abr. 2000, seção 88.4: "Malicious Ecophagy", e seção 6.0: "Ecophagic Thermal Pollution Limits (ETPL)". Disponível em: <http://www.foresight.org/NanoRev/Ecophagy.html>.

18. Nick D. Bostrom, "Existential Risks: Analyzing Human Extinction Scenarios and Related Hazards", 29 maio 2001. Disponível em: <http://www.KurzweilAI.net/meme/frame.html?main=/articles/art0194.html>.

19. Robert Kennedy, 13 Days (Londres: Macmillan, 1968), p. 110.

20. Em H. Putnam, "The Place of Facts in a World of Values". In: D. Huff e O. Prewitt (orgs.), The Nature of the Physical Universe (Nova York: John Wiley, 1979), p. 114.

21. Graham Allison, Nuclear Terrorism (Nova York: Times Books, 2004).

22. Martin I. Meltzer, "Multiple Contact Dates and SARS Incubation Periods", Emerging Infectious Diseases, v. 10, n. 2, fev. 2004. Disponível em: <http://www.cdc.gov/ncidod/EID/vol10no2/03-0426-G1.htm>.

23. Robert A. Freitas Jr., "Microbivores: Artificial Mechanical Phagocytes Using Digest and Discharge Protocol", Zyvex mar. 2001, <http://www.rfreitas.com/Nano/Microbivores.htm>, e "Microbivores: Artificial Mechanical Phagocytes", Foresight Update, n. 44, pp. 11-3, 31 mar. 2001, <http://www.imm.org/Reports/Repo25.html>.

24. Max More, "The Proactionary Principle", maio 2004, <http://www.maxmore.com/proactionary.htm> e <http://www.extropy.org/proactionaryprinciple.htm>. More resume o princípio pró-acionário como segue:

1. A liberdade do povo para inovar em tecnologia é valiosa para a humanidade. O ônus da prova, portanto, cabe àqueles que propõem medidas restritivas. Todas as medidas propostas devem ser examinadas bem de perto.

2. Avaliar os riscos de acordo com a ciência disponível, não com a percepção popular, e permitir vieses comuns de raciocínio.

3. Dar precedência para melhorar as ameaças, conhecidas e comprovadas, à saúde humana e à qualidade do meio ambiente, em vez de agir contra riscos hipotéticos.

4. Tratar os riscos tecnológicos na mesma base que os riscos naturais; evitar subestimar os riscos naturais e sobre-estimar os riscos tecnológicos. Levar em conta todos os benefícios dos avanços tecnológicos.

5. Fazer uma estimativa das oportunidades perdidas ao abandonar uma tecnologia, e levar em conta os custos e riscos de substituir por outras opções possíveis, considerando com cuidado os efeitos amplamente distribuídos e os efeitos resultantes.

6. Considerar medidas restritivas apenas se o impacto potencial de uma atividade tiver probabilidade e severidade significativas. Nesses casos, se a atividade também gerar benefícios, descontar os impactos de acordo com a possibilidade de adaptação aos efeitos adversos. Se as medidas para limitar o avanço tecnológico parecem ser justificadas, garantir que a extensão delas seja proporcional à extensão dos efeitos prováveis.

7. Escolhendo medidas para restringir a inovação tecnológica, dar prioridade aos critérios de decisão como segue: priorizar os riscos aos humanos e a outras vidas inteligentes sobre os riscos a outras espécies; priorizar ameaças não letais à saúde humana sobre ameaças limitadas ao meio ambiente (dentro de limites razoáveis); priorizar ameaças imediatas sobre ameaças distantes; preferir a medida com o valor de expectativa mais alto ao dar prioridade às ameaças mais certas sobre as menos certas, e aos impactos irreversíveis ou persistentes ao impactos transitórios.

25. Martin Rees, Our Final Hour: A Scientist's Warning: How Terror, Error, and Environmental Disaster Threaten Humankind's Future in This Century — on Earth and Beyond (Nova York: Basic Books, 2003).

26. Scott Shane, Dismantling Utopia: How Information Ended the Soviet Union (Chicago: Ivan R. Dee, 1994); ver também a resenha de James A. Dorn, disponível em: <http://www.cato.org/pubs/journal/cj16n2-7.html>.

27. Ver George DeWan, "Diary of a Colonial Housewife", Newsday (2005), para um relato das dificuldades da vida humana há um par de séculos: <http://www.newsday.com/community/guide/lihistory/ny-history--hs331a,0,6101197.story>.

28. Jim Oeppen e James W. Vaupel, "Broken Limits to Life Expectancy", Science, v. 296, n. 5570, pp. 1029-31, 10 maio 2002.

29. Steve Bowman e Helit Barel, Weapons of Mass Destruction: The Terrorist Threat, relatório para o Congresso americano do Congressional Research Service, 8 dez. 1999. Disponível em: <http://www.cnie.org/nle/crsreports/international/inter-75.pdf>.

30. Eliezer S. Yudkowsky, "Creating Friendly AI 1.0, The Analysis and Design of Benevolent Goal Architectures" (2001), The Singularity Institute, <http://www.singinst.org/CFAI/>; Eliezer S. Yudkowsky, "What Is Friendly AI?", 3 maio 2001, <http://www.KurzweilAI.net/meme/frame.html?main=/articles/art0172.html>.

31. Ted Kaczynski, "The Unabomber's Manifesto", 14 maio 2001. Disponível em: <http://www.KurzweilAI.net/meme/frame.html?main=/articles/art0182.html>.

32. Bill McKibben, Enough: Staying Human in an Engineered Age (Nova York: Times Books, 2003).

33. Kaczynski, "The Unabomber's Manifesto".

34. Foresight Institute e IMM, "Foresight Guidelines on Molecular Nanotechnology", 21 fev. 1999, <http://www.foresight.org/guidelines/current.html>; Christine Peterson, "Molecular Manufacturing: Societal Implications of Advanced Nanotechnology", 9 abr. 2003, <http://www.KurzweilAI.net/meme/frame.html?main=/articles/art0557.html>; Chris Phoenix e Mike Treder, "Safe Utilization of Advanced Nanotechnology", 28 jan. 2003, <http://www.KurzweilAI.net/meme/frame.html?main=/articles/art0547.html>; Robert A. Freitas Jr., "The Gray Goo Problem", KurzweilAI.net, 20 mar. 2002, <http://www.KurzweilAI.net/meme/frame.html?main=/articles/art0142.html>.

35. Robert A. Freitas Jr., comunicação particular com Ray Kurzweil, jan. 2005. Freitas descreve sua proposta com detalhes em Robert A. Freitas Jr., "Some Limits to Global Ecophagy by Biovorous Nanoreplicators, with Public Policy Recommendations".

36. Ralph C. Merkle, "Self Replicating Systems and Low Cost Manufacturing", 1994. Disponível em: <http://www.zyvex.com/nanotech/selfRepNATO.html>.

37. Neil King Jr. e Ted Bridis, "FBI System Covertly Searches E-mail", Wall Street Journal Online, 10 jul. 2000. Disponível em: <http://zdnet.com.com/2100-11-522071.html?legacy=zdnn>.

38. Patrick Moore, "The Battle for Biotech Progress — GM Crops Are Good for the Environment and Human Welfare", Greenspirit, fev. 2004. Disponível em: <http://www.greenspirit.com/logbook.cfm?msid=62>.

39. "GMOs: Are There Any Risks?", Comissão Europeia, 9 out. 2001. Disponível em: <http://europa.eu.int/comm/research/biosociety/pdf/gmo_press_release.pdf>.

40. Rory Carroll, "Zambians Starve As Food Aid Lies Rejected", Guardian, 17 out. 2002. Disponível em: <http://www.guardian.co.uk/gmdebate/Story/0,2763,813220,00.html>.

41. Larry Thompson, "Human Gene Therapy: Harsh Lessons, High Hopes", FDA Consumer Magazine, set.-out. 2000. Disponível em: <http://www.fda.gov/fdac/features/2000/500_gene.html>.

42. Bill Joy, "Why the Future Doesn't Need Us".

43. As Orientações Foresight (Foresight Institute, versão 4.0, out. 2004, <http://www.foresight.org/guidelines/current.html>) são destinadas a tratar das potenciais consequências positivas e negativas da nanotecnologia. Seu propósito é informar cidadãos, empresas e governos, e fornecer orientações específicas para desenvolver responsavelmente a fabricação molecular baseada na nanotecnologia. As Foresight Guidelines foram desenvolvidas inicialmente no workshop do instituto sobre a política de pesquisa da nanotecnologia molecular, patrocinado pelo instituto e pelo Institute for Molecular Manufacturing (IMM), 19 a 21 de fevereiro de 1999. Os participantes incluíam: James Bennett, Greg Burch, K. Eric Drexler, Neil Jacobstein, Tanya Jones, Ralph Merkle, Mark Miller, Ed Niehaus, Pat Parker, Christine Peterson, Glenn Reynolds e Philippe Van Nedervelde. As orientações têm sido atualizadas várias vezes.

44. Martine Rothblatt, CEO da United Therapeutics, propôs substituir essa moratória por um regime regulador em que uma autoridade internacional de xenotransplantes inspecione e aprove varas livres de patógenos de porcos geneticamente criados como fontes aceitáveis de xenoenxertos. A solução de Rothblatt também ajuda a identificar os cirurgiões ruins de transplantes, ao prometer a todos os países que se juntarem ao IXA e ajudarem a pôr em prática as regras dentro de suas fronteira uma boa parcela de material livre de patógenos para seus próprios cidadãos que sofrem com falência de órgãos. Ver Martine Rothblatt, "Your Life or Mine: Using Geoethics to Resolve the Conflict Between Public and Private Interests". In: Xenotransplantation (Burlington: Ashgate, 2004). Uma revelação: estou no conselho de administração da United Therapeutics.

45. Ver o Singularity Institute: <http://www.singinst.org>. Ver também a nota 30, acima. Yudkowsky formou o Singularity Institute for Artificial Intelligence (SIAI) para desenvolver "IA amigável", destinada a "criar conteúdo cognitivo, projetar características e arquiteturas cognitivas que resultem em benevolência" antes que IAs quase humanas ou melhor-do-que-humanas sejam possíveis. O SIAI desenvolveu orientações sobre IA amigável: "Friendly AI", <http://www.singinst.org/friendly/>. Ben Goertzel e seu Artificial General Intelligence Research Institute também têm examinado questões relativas a desenvolver IA amigável; seu foco atual é desenvolver o Novamente AI Engine, um conjunto de arquiteturas e algoritmos. Peter Voss, fundador do Adaptive A.I., Inc., também tem colaborado nas questões da IA amigável: <http://adaptiveai.com/>.

46. Integrated Fuel Cell Technologies: <http://ifctech.com>. Revelação: o autor é um dos primeiros investidores e um conselheiro do IFCT.

47. New York Times, 23 set. 2003, página dos editoriais.

48. O comitê de ciências da Câmara dos Deputados dos Estados Unidos realizou uma audiência em 9 de abril de 2003 para "examinar as implicações na sociedade da nanotecnologia e do H.R.766, a lei de pesquisa e desenvolvimento da nanotecnologia de 2002". Ver "Full Science Committee Hearing on the Societal Implications of Nanotechnology", <http://www.house.gov/science/hearings/full03/index.htm>, e "Hearing Transcript", <http://commdocs.house.gov/committees/science/hsy86340.000/hsy86340_of.htm>. Para o testemunho de Ray Kurzweil, ver <http://www.KurzweilAI.net/meme/frame.html?main=/articles/art0556.html>. Ver também Amara D. Angelica, "Congressional Hearing Addresses Public Concerns About Nanotech", 14 abr. 2003, <http://www.KurzweilAI.net/articles/art0558.html>.

Capítulo 9: Respostas às críticas

1. Michael Denton, "Organism and Machine". In: Jay W. Richards et al., *Are We Spiritual Machines? Ray Kurzweil vs. the Critics of Strong A.I.* (Seattle: Discovery Institute Press, 2002). Disponível em: <http://www.KurzweilAI.net/meme/frame.html?main=/articles/art0502.html>.

2. Jaron Lanier, "One Half of a Manifesto", *Edge*, 25 set. 2000. Disponível em: <http://www.edge.org/documents/archive/edge74.html>.

3. Ibid.

4. Ver os capítulos 5 e 6 para exemplos da IA restrita, agora profundamente inserida em nossa moderna infraestrutura.

5. Lanier, "One Half of a Manifesto".

6. Um exemplo é a Kurzweil Voice, desenvolvida originalmente por Kurzweil Applied Intelligence.

7. Alan G. Ganek, "The Dawning of the Autonomic Computing Era", *IBM Systems Journal*, mar. 2003. Disponível em: <http://www.findarticles.com/p/articles/mi_moISJ/is_1_42/ai_98695283/print>.

8. Arthur H. Watson e Thomas J. McCabe, "Structured Testing: A Testing Methodology Using the Cyclomatic Complexity Metric", publicação especial de NIST 500-35, Computer Systems Laboratory, National Institute of Standards and Technology, 1996.

9. Mark A. Richards e Gary A. Shaw, "Chips, Architectures and Algorithms: Reflections on the Exponential Growth of Digital Signal Processing Capability", apresentado a *IEEE Signal Processing*, dez. 2004.

10. Jon Bentley, "Programming Pearls", *Communications of the ACM*, v. 27, n.11, pp. 1087-92, nov. 1984.

11. C. Eldering, M. L. Sylla e J. A. Eisenach, "Is There a Moore's Law for Bandwidth", *IEEE Communications*, pp. 117-21, out. 1999.

12. J. W. Cooley e J. W. Tukey, "An Algorithm for the Machine Computation of Complex Fourier Series", *Mathematics of Computation*, v. 19, pp. 297-301, abr. 1965.

13. Calcula-se que haja 100 bilhões de neurônios com conexões interneurais "em leque" estimadas em cerca de mil, portanto há cerca de 100 trilhões (10^{14}) de conexões. Cada conexão precisa de ao menos setenta bits para armazenar uma ID para os dois neurônios em cada ponta da conexão. Então, isso dá aproximadamente 10^{16} bits. Até mesmo o genoma não comprimido é de cerca de 6 bilhões de bits (cerca de 10^{10}), uma razão de, no mínimo, 10^6: 1. Ver o capítulo 4.

14. Robert A. Freitas Jr., *Nanomedicine*, v. I, *Basic Capabilities*, seção 6.3.4.2, "Biological Chemomechanical Power Conversion" (Georgetown: Landes Bioscience, 1999), pp. 147-8, <http://www.nanomedicine.com/NMI/6.3.4.2.htm#p4>; ver ilustrações em: <http://www.nanomedicine.com/NMI/Figures/6.2.jpg>.

15. Richard Dawkins, "Why Don't Animals Have Wheels?", *Sunday Times*, 24 nov. 1996. Disponível em: <http://www.simonyi.ox.ac.uk/dawkins/WorldOfDawkins-archive/Dawkins/Work/Articles/1996-11--24wheels.shtml>.

16. Thomas Ray, "Kurzweil's Turing Fallacy". In: Richards et al., *Are We Spiritual Machines?*

17. Ibid.

18. Anthony J. Bell, "Levels and Loops: The Future of Artificial Intelligence and Neuroscience", *Philosophical Transactions of the Royal Society of London B*, v. 354, pp. 2013-20, 1999. Disponível em: <http://www.cnl.salk.edu/~tony/ptrsl.pdf>.

19. Ibid.

20. David Dewey, "Introduction to the Mandelbrot Set". Disponível em: <http://www.ddewey.net/mandelbrot>.

21. Christof Koch citado em John Horgan, *The End of Science* (Reading: Addison-Wesley, 1996).

22. Roger Penrose, *Shadows of the Mind: A Search for the Missing Science of Consciousness* (Nova York: Oxford University Press, 1996); Stuart Hameroff e Roger Penrose, "Orchestrated Objective Reduction of Quantum Coherence in Brain Microtubules: The 'Orch OR' Model for Consciousness", *Mathematics and Computer Simulation*, v. 40, pp. 453-80, 1996. Disponível em: <http://www.quantumconsciousness.org/penrosehameroff/orchOR.html>.

23. Sander Olson, "Interview with Seth Lloyd", 17 nov. 2002. Disponível em: <http://www.nanomagazine.com/i.php?id=2002_11_17>.

24. Bell, "Levels and Loops".

25. Ver os gráficos do crescimento exponencial da computação no capítulo 2, página 87.

26. Alfred N. Whitehead e Bertrand Russell, *Principia Mathematica*, 3 v. (Cambridge: Cambridge University Press, 1910, 1912, 1913).

27. O teorema incompleto de Gödel apareceu pela primeira vez em seu "Uber formal unenscheiderbare Satze der *Principia Mathematica* und verwandter Systeme I", *Monatshefte für Mathematik und Physik*, v. 38, pp. 173-98, 1931.

28. Alan M. Turing, "On Computable Numbers with an Application to the Entscheidungsproblem", *Proceedings of the London Mathematical Society*, v. 42, pp. 230-65, 1936. O "Entscheidungsproblem" é a decisão ou o que para um problema, isto é, como determinar antecipadamente se um algoritmo irá parar (chegar a uma decisão) ou continuar em um loop infinito.

29. A versão de Church apareceu em Alonzo Church, "An Unsolvable Problem of Elementary Number Theory" *American Journal of Mathematics*, v. 58, pp. 345-63, 1936.

30. Para um relato introdutório divertido de algumas das implicações da tese Church-Turing, ver Douglas R. Hofstadter, *Gödel, Escher, Bach: An Eternal Golden Braid* (Nova York: Basic Books, 1979).

31. O problema do *castor atarefado* é um exemplo de uma grande classe de funções não computáveis, como visto em Tibor Rado, "On Noncomputable Functions", *Bell System Technical Journal*, v. 41, n. 3, pp. 877-84, 1962.

32. Ray, "Kurzweil's Turing Fallacy".

33. Lanier, "One Half of a Manifesto".

34. Um humano, isto é, que não está dormindo nem em coma e com desenvolvimento suficiente (isto é, não um feto antes de desenvolver o cérebro) para estar consciente.

35. John R. Searle, "I Married a Computer". In: Richards et al., *Are We Spiritual Machines?*.

36. Id., *The Rediscovery of the Mind* (Cambridge: MIT Press, 1992).

37. Hans Moravec, Carta ao Editor, *New York Review of Books*. Disponível em: <http://www.kurzweiltech.com/Searle/searle_response_letter.htm>.

38. John Searle para Ray Kurzweil, 15 dez. 1998.

39. Lanier, "One Half of a Manifesto".

40. David Brooks, "Good News About Poverty", *New York Times*, 27 nov. 2004, A35.

41. Hans Moravec, Carta ao Editor, *New York Review of Books*. Disponível em: <http://www.kurzweiltech.com/Searle/searle_response_letter.htm>.

42. Patrick Moore, "The Battle for Biotech Progress — GM Crops Are Good for the Environment and Human Welfare", *Greenspirit*, fev. 2004. Disponível em: <http://www.greenspirit.com/logbook.cfm?msid=62>.

43. Joel Cutcher-Gershenfeld, comunicação particular com Ray Kurzweil, fev. 2005.

44. William A. Dembski, "Kurzweil's Impoverished Spirituality". In: Richards et al., *Are We Spiritual Machines?*.

45. Denton, "Organism and Machine".

Epílogo

1. Conforme citado em James Gardner, "Selfish Biocosm", *Complexity*, v. 5, n. 3, pp. 34-45, jan.-fev. 2000.

2. Na função $y = 1/x$, se $x = 0$, então a função é literalmente indefinida, mas podemos mostrar que o valor de y excede qualquer número finito. Podemos transformar $y + 1/x$ em $x = 1/y$ trocando o numerador e o denominador de ambos os lados da equação. Então, se atribuirmos um número finito grande a y, podemos ver que x torna-se muito pequeno, mas não 0, não importando quão grande fica y. Assim, o valor de y em $y = 1/x$ pode ser visto como superando qualquer valor finito de y se $x = 0$. Outro modo de expressar isso é que podemos superar qualquer valor finito possível de y, determinando que x seja maior do que o mas menor do que 1 dividido por aquele valor.

3. Com estimativas de 10^{16} cps para uma simulação funcional do cérebro humano (ver capítulo 3) e cerca de 10^{10} (abaixo de 10 bilhões) de cérebros humanos, isso resulta em 10^{26} cps para o total de cérebros humanos biológicos. Então, 10^{90} cps excede esse número por um fator de 10^{64}. Usando um número mais conservador de 10^{19} cps, que estimei necessário para simular cada não linearidade em cada componente de neurônio (dendrito, axônio etc.), chega-se a um fator de 10^{61} cps. Um trilhão de trilhões de trilhões de trilhões de trilhões é 10^{60}.

4. Veja as estimativas na nota anterior; 10^{42} cps excedem isso por um fator de 10 mil trilhões (10^{16}).

5. Stephen Jay Gould, "Jove's Thunderbolts", *Natural History*, v. 103, n. 10, pp. 6-12, out. 1994; capítulo 13 em *Dinosaur in a Haystack: Reflections in Natural History* (Nova York: Harmony Books, 1995).

OBSERVATÓRIO
ITAÚ CULTURAL

Este livro foi composto em *The serif* pela *Iluminuras* e terminou de
ser impresso em novembro de 2018 nas oficinas da *Paym Gráfica*,
em São Paulo, SP, em papel off-white 70g.